Andreas Suchantke · Metamorphose – Kunstgriff des Lebens

ANDREAS SUCHANTKE

Metamorphose

Kunstgriff des Lebens

Mit einem Geleitwort von Dr. med. Matthias Girke, biographischen Portraits von Prof. Dr. med. Peter Heusser und Johannes Kühl sowie einer Bibliographie der Publikationen Suchantkes

Andreas Suchantke (1933–2014), geboren in Basel. Nach einem Studium der Zoologie und Botanik Lehrer an der Rudolf Steiner-Schule Zürich mit zunehmendem Schwerpunkt in der Lehrerbildung und -fortbildung in europäischen und außereuropäischen Ländern. Zwischen 1975 und 1983 wiederholte Aufenthalte im tropischen Südamerika zwischen Atlantik und Pazifik mit dem Auftrag, eine grundlegende Ökogeografie Südamerikas als Unterrichtshilfe zu erstellen (*Der Kontinent der Kolibris. Landschaften und Lebensformen im tropischen Südamerika,* 1982). Danach, mit ähnlicher Zielsetzung, in Israel/Palästina auf Einladung und mit Unterstützung der israelischen Naturschutzorganisation (*Mitte der Erde,* 2. Aufl. 1996). Weitere Aufenthalte in Süd- und Ostafrika (*Sonnensavannen und Nebelwälder,* 2. Aufl. 1992), in Sibirien, Südasien und Neuseeland. Dabei ging es stets auch darum, die Aufmerksamkeit auf den Erhalt nicht nur der Natur-, sondern auch der traditionellen Kulturlandschaft zu richten (*Partnerschaft mit der Natur,* 1993). Die im vorliegenden Buch behandelte Thematik war als begleitende «Unterströmung» bei allen übrigen Arbeiten immer dabei und bereicherte sich im Lauf der Zeit durch einen ständig wachsenden Erfahrungsschatz.

Bibliografische Information der Deutschen Nationalbibliothek
Die Deutsche Nationalbibliothek verzeichnet diese Publikation in der Deutschen Nationalbibliografie; detaillierte bibliografische Daten sind im Internet über http://dnb.d-nb.de abrufbar.

Reprint 2019 **ISBN:** 978-3-928914-36-9
1. Auflage erschienen unter dem Titel »Metamorphose – Kunstgriff der Evolution« im Verlag Freies Geistesleben Stuttgart 2002

Autor: Andreas Suchantke
Umschlaggestaltung: www.ninapolumsky.de
Bildnachweis: Apollo-Falter. Dal, B.: Fjärilar i naturen. Wahlström & Widstrand Stockholm 1981. S. 45

14089 Berlin, Kladower Damm 221
www.salumed-verlag.de
info@salumed-verlag.de

Printed in Germany (druckhaus köthen GmbH & Co. KG)

Inhalt

Geleitwort

Es ist eine große Freude, dass dieses wesentliche Buch von Andreas Suchantke (1933–2014), dem bedeutenden Naturforscher, Goetheanisten und Pädagogen, nun wieder verfügbar ist. Das umfassende Werk widmet sich dem Verständnis des Lebendigen und führt in die Welt der Gestaltverwandlung, der Metamorphose, ein.

Leben ist keiner analysierenden Methode zugänglich. Im Jahr 1932 veröffentlichte der Nobelpreisträger Niels Bohr (1885–1962) ein Vortragsmanuskript, in dem er auf die Unmöglichkeit der Erkenntnis des Lebendigen durch eine analysierende und kausal verknüpfende Methodik hinwies. Diese würde mit ihrer Untersuchung von Organismen deren Leben auslöschen und folglich nicht zur Erkenntnis des Lebendigen führen.

In der gegenwärtigen Biologie und Medizin steht die analysierende Methode im Zentrum, und Leben gilt ihr als mechanistischer Funktionsablauf. Damit verliert die Forschung am Lebendigen methodenbedingt ihr Objekt, also das Leben. Demgegenüber leitet die goetheanistische Betrachtungsart zum Wesen des Lebendigen. Alle räumlichen Gestaltungen der Organismen erscheinen als Ergebnis in der Zeit verlaufender Bildeprozesse und sind einer Methodik zugänglich, die vom Gewordenen zum Werdenden, d. h. dem Lebendigen führt. Mit dieser Betrachtungsweise ändert sich auch das Verhältnis des Wissenschaftlers zum Forschungsgegenstand: Es bleibt nicht länger bei einer distanzierten Relation, in dem die Untersuchung ihren Gegenstand sezierend analysiert und dadurch letztlich zerstört, sondern es entsteht eine sich dem Objekt anverwandelnde, „freundschaftliche Beziehung".

In den goetheanistischen Darstellungen dieses Buches ist auf jeder Seite die Liebe zur Welt des Lebendigen, zur Natur zu spüren, und diese Zuwendung entfaltet sich in einem teilnehmenden Interesse. Das Werk stellt eine Forschungsmethodik vor, die nicht abstrakte Modelle konstruiert, um die Welt des Lebendigen scheinbar zu erklären (bzw. nach statistischer „Absicherung" quantitativer Daten strebt), sondern die nachsinnende Betrachtung als „anschauende Urteilskraft" (J.W. Goethe) mit den Lebenserscheinungen verbindet. Dadurch erscheinen qualitative Zusammenhänge und Ganzheiten, eine Sprache der Natur „erklingt", die Wesensbegegnung mit dem Lebendigen ermöglicht. Die Stufen höheren Erkennens, die Rudolf Steiner als die imaginative, inspirative und intuitive Erkenntnis beschrieb und die bereits keimhaft dem gewöhnlichen Erkennen des Menschen zugrunde liegen, wirken in der goetheanistischen Methodik. Sie verbinden den Menschen über das Studium der Natur mit dem Geistigen in der Welt und geben seinem Erkennen Entwicklungsfähigkeit und Würde.

Damit ist Suchantkes Werk von großem Interesse für alle Freunde des Lebendigen, besonders für Naturwissenschaftler, Landwirte, Pädagogen und natürlich alle medizinisch-therapeutischen wie auch pharmazeutischen Berufe. Dieses Buch möge eine weite Verbreitung finden und zu einer gern genutzten Hilfe in der Begegnung mit dem Lebendigen werden!

BERLIN, IM SEPTEMBER 2019

DR. MED. MATTHIAS GIRKE, INTERNIST

Gemeinschaftskrankenhaus Havelhöhe, Berlin

Leitung der Medizinischen Sektion am Goetheanum, Dornach (Schweiz)

Metamorphose – Kunstgriff der Evolution

Was kann uns die Beschäftigung mit Metamorphosen, mit Bildung und Umbildung organischer Formen, heute noch erbringen, wo sich die Lebenswissenschaften doch schon wenige Jahre nach Goethe in eine ganz andere Richtung entwickelten? Seit der Formulierung der Zelltheorie durch Schwann und Schleiden 1838 hat sich die Aufmerksamkeit radikal vom Ganzen auf die Teile verlagert – das Ganze ist dieser Auffassung zufolge letztlich nur die Summe seiner konkurrierenden oder kooperierenden Teile. Dass auf solche Weise bestenfalls ein Konglomerat, aber niemals ein differenziertes Ganzes entstehen kann, noch dazu ein solches, das sich in der Zeit umgestaltet, seine Teile ständig auswechselt und dennoch immer es selber bleibt, ist nachdenklicheren Forschern natürlich aufgefallen.[1] Es zeigte sich, dass es in einem Organismus eben keine Einbahnstraßen gibt in Gestalt simpler Kausalketten vom Gen zum Phän, zum Organismus («bottom up»), dass sich vielmehr überall *zirkuläre* Abläufe verfolgen lassen und Gene dann aufgerufen werden, wenn ihre Aktivität vom Organismus gebraucht wird («top down»). Es herrschen zirkuläre Prozessgestalten vor,[2] die auf ein übergeordnetes, *sich selbst erhaltendes, selbst organisierendes und gleichzeitig selbst verwandelndes Ganzes* verweisen.

Dieses ist alles andere als ein starres, fixiertes System, es ist vielmehr ein Lebendiges – eben der Organismus –, das selber ständiger Wandlung unterworfen ist und sich in der Jugend anders darstellt als in der Reife oder im Alter. Seine Gestalt ist nicht nur räumlicher, sondern vor allem zeitlicher Natur – andernfalls wäre es ein Kristall, ein Mineral. Diese lebendigen Prozessgestalten als das übergeordnet Dominierende und sich selber Erhaltende ins Auge zu fassen ist mithin genauso wichtig, wenn nicht wichtiger, als die Erforschung der untergeordneten und ständig ausgewechselten Teile. Letzteres, die Kenntnis der Komponenten, kann Grundlage für gezielte Eingriffe beispielsweise bei der Behandlung lokaler Defekte sein – die jedoch so lange problematisch sind, wie ihre Auswirkungen auf das Ganze des Organismus unbekannt bleiben. Ersteres hingegen führt zu Wesenserkenntnis und zum Verständnis der Zusammenhänge. Wobei sich natürlich die Frage stellt, ob sich daraus für die Praxis verwertbare Einsichten ergeben oder ob es in Folge seiner hohen Komplexität nicht eher zu vereinfachenden und unscharfen Begriffskonstruktionen verführt.

Zunächst einmal wiederholt sich die bereits gemachte Erfahrung, dass auch der Organismus selber Teil eines übergeordneten Ganzen ist und ohne dieses in seiner charakteristischen Gestalt und Lebensweise ebenso wenig zu begreifen ist wie das übergeordnete Ökosystem ohne ihn und seinesgleichen. Die Gestalt einer blattlosen Kaktee oder einer großblättrigen Bananenstaude ist ohne den formbestimmenden Einfluss ihrer jeweiligen Lebensräume nicht zu verstehen.

Das aber ist nur die eine Seite. Die andere zeigt sich in der eigenständigen Natur, in der Eigenart des betreffenden Organismus, der sich seiner Umwelt zwar einfügt und gestaltlich und funktionell anpasst, aber doch gleichzeitig immer sich selber treu bleibt und seinem eigenen «Motiv» folgt. Dieses drückt sich vor allem in seiner Zeitgestalt aus, in seiner individuellen (ontogenetischen) wie über die Generationen hinweg verlaufenden (phylogenetischen) Entwicklung. Hier vor allem liegt die Bedeutung, die Wichtigkeit der Metamorphoseforschung. Goethe hat es beispielhaft vorgeführt, wie sich auf dem Wege wiederholter «Ausdehnungs»- und «Zusammenziehungs»-Prozesse die allmähliche *Steigerung* der pflanzlichen Bildung vom grünen Laubblatt über die Blütenkrone zur Frucht- und Samenbildung vollzieht.[3] Ein anderes Beispiel wäre in der stammesgeschichtlichen Entwicklung der Blütenpflanzen die charakteristische *Verjugendlichung*, etwas, das wiederum von eminenter Bedeutung für die Evolution ganzer Ökosysteme ist, aber auch anderer Organismen, nicht zuletzt des Menschen. Unterschiedliche Wege werden hingegen in der Evolution der Wirbeltiere eingeschlagen, hin zu einer zunehmenden «*Verinnerlichung*» und zumindest partiellen Autonomie gegenüber der Umwelt. Wiederum andere Teile des Tierreiches, unter ihnen besonders die Insekten, gehen den entgegengesetzten Weg bis hin in die gestaltliche Prägung und Formung durch ihre Umwelt. Um diese und andere Zeitgestalten soll es im Weiteren gehen.

Maßgebend muss dabei Goethes Hinweis sein, dass in der belebten Natur «nirgends ein Bestehendes, nirgends ein Ruhendes, nirgends ein Abgeschlossenes vorkommt … Das Gebildete wird sogleich wieder umgebildet, und wir haben uns, wenn wir einigermaßen zum lebendigen Anschauen der Natur gelangen wollen, selbst so beweglich und bildsam zu erhalten, nach dem Beispiele, mit dem sie uns vor(an)geht» (man vergleiche den vollständigen Text im Anschluss auf S. 13). So soll es sich denn auch im Folgenden darum handeln, von der mit den Sinnen wahrnehmbaren *gewordenen Raumesgestalt* zu ihrem nur gedanklich nachvollziehbaren *Werden* und der sich darin ausdrückenden *Zeitgestalt* vorzudringen, um sie in ihren Bewegungsabläufen zu erfahren und zu beschreiben.

Hier taucht allerdings ein Verständnisproblem auf, das der Klärung bedarf: Eine einmal gebildete, «geprägte Form» kann sich nicht mehr in eine andere Gestalt verwandeln. Das gilt auch für die Metamorphose der Pflanze, wo Goethe einen Wandel der Blattgestalt beschreibt, *der gar nicht stattfindet*: Wenn Goethe feststellt, dass bei einer Pflanze gegen die Blüte hin «die Stängelblätter von ihrer Peripherie herein sich wieder anfangen zusammenzuziehen, besonders ihre mannigfaltigen äußeren Einteilungen zu verlieren, sich dagegen an ihren unteren Teilen, wo sie mit dem Stängel zusammenhängen, mehr oder weniger auszudehnen ...», so ist das seine eigene gedanklich-bildnerische Tätigkeit – die Verwandlung vollzieht sich in seinem Geist und nirgendwo sonst; ein einmal gebildetes Blatt verändert sein Aussehen, seine Form nicht mehr. Dennoch spielt sich eine Wandlung, eine Metamorphose ab, allerdings nicht der fertigen, geprägten Form, sondern *vor* ihrem Erscheinen, im Keim- und Knospenstadium, wo noch alles offen und unbestimmt ist. Dadurch kann ein Gestaltbildungsimpuls, der im einen Blatt zur abschließenden, festen Form geronnen ist, vom zeitlich folgenden Blatt während seiner Entstehung aufgegriffen und fortgesetzt werden. In Wirklichkeit also spielt sich die Metamorphose – der Gestaltwandel – unsichtbar während des Heranwachsens der Pflanze auf dem Wege von einem Blatt zum anderen ab, und das folgende Blatt ist das Ergebnis der stattgehabten Verwandlung. Obwohl nicht sichtbar, ist sie doch gedanklich nachvollziehbar, wenn man innerlich die eine Form in die andere verwandelt, also genauso vorgeht, wie es Goethe tat!

Das Gleiche gilt für Entwicklungsprozesse im Tierreich. Die Kiemen der Molch- und Froschlarven verwandeln sich nicht in die Lungen der Alttiere; die Lungen bilden sich neu und an anderer Stelle des Organismus. Das Kontinuum ist die Atmung, die sich im Verlauf der Entwicklung verinnerlicht und sich ein neues Organ schafft. Bedeutsam dabei ist die qualitative Veränderung, die sich in dieser Metamorphose ausdrückt: Aus der Umkreisoffenheit führt der Weg, wie bereits erwähnt, in die Verinnerlichung, ein immer wiederkehrendes, zentrales Motiv der Wirbeltier-Evolution, der im Folgenden breiter Raum gewidmet sein wird. Entsprechendes gilt in noch erheblich radikalerer Weise für den nahezu vollständigen Ab- und neuerlichen Aufbau fast des gesamten Organismus bei der Verwandlung der Raupe in den Schmetterling (bei der es freilich nicht zu einer Verinnerlichung, sondern zur Ausbreitung der Organe in den Umkreis kommt). Von hier aus bedeutet der Übergang zur Phylogenese, zur Aufeinanderfolge jetzt ganzer Organismen im Laufe der Stammesentwicklung keinen prinzipiellen Unterschied, einzig die zeitlichen Größenordnungen sind andere. Davon abgesehen ist die evolutive Aufeinanderfolge der Organismen in den einzelnen Verwandtschaftslinien durchaus mit dem sukzessiven Erscheinen und dem gestaltlichen Wandel der Blätter an einer sich entfaltenden Pflanze nicht nur vergleichbar, sondern – wie zu zeigen sein wird – wesensgleich. Zu diesem Thema existiert eine überzeugende Studie von Wolfgang Tittmann.[4] Ist es bei der Pflanze das noch undifferenzierte Bildungsgewebe, so im Falle des evolutiven Gestaltwandels im Tierreich die Ebene der Keimbahn, aber auch undifferenziert embryonal gebliebenes Gewebe.

Von wenigen Ausnahmen abgesehen sind diese Ansätze bis in die jüngste Zeit hinein kaum aufgegriffen worden. Dass bei Goethe nicht die inhaltlichen Aussagen, sondern die entwickelnde Methode mit ihrer Möglichkeit, in der inneren Anschauung Verwandlungszusammenhänge nachzubilden, das eigentlich Neue und Revolutionäre ist, blieb unverstanden. Dass hier der Schlüssel schlechthin zum Verständnis des Lebendigen liegt, der einzig brauchbare Schlüssel, der die reduktionistische Auflösung (und damit Zerstörung) organismischer Ganzheiten in elementare Teile, seine Reduzierung auf chemisch-physikalische Mechanismen vermeidet, wurde bis heute kaum erkannt. Vielleicht, weil auf Goethe niemand mehr folgte, der seine Ansätze aufgriff und weiterführte. Auch der Morphologe Wilhelm Troll nicht,[5] dessen anti-evolutionäre und präformistische Auffassung von der «Urpflanze» als unwandelbares, alle nur denkbaren Erscheinungsformen der Pflanzenwelt in sich enthaltendes Urbild platonischer Observanz letztlich nicht weiterführte. Dass für Goethe selber eine derartige dualistische Trennung in ein transzendentes Urbild und dessen Abkömmlinge in der Sinneswelt nicht existierte, ist Thema eines der folgenden Kapitel. An mehreren Stellen wird auch zu zeigen versucht, dass manches, was man Goethe als Irrtümer ankreidete – z.B. seine Wirbeltheorie der Schädelknochen –, in Wirklichkeit nicht verstanden wurde: Man meinte, er rede von (genetisch fixierten) Bildepotenzen als innenbürtigen Eigenschaften des organischen Materials, wo es ihm in Wirklichkeit um die Aktivität von Gestaltbildungskräften ging, die sich ganz unterschiedlichen Materials, gleichgültig welcher Herkunft, bedienen. Er hat sich allerdings in manchem auch nicht sehr deutlich-eindeutig geäußert; beides, Organisch-Physisches und Ideell-Wesenhaftes, bildete für ihn so sehr eine Einheit, dass es ihm wohl kein Anliegen war, beide Bereiche gedanklich abstrakt zu trennen. (Allerdings gab es auch Forscher, die ihn verstanden und ihn von ihrem materialistischen Standpunkt aus umso mehr bekämpften. Mehr darüber in dem betreffenden Kapitel.)

Einen Durchbruch brachten dann die Arbeiten von Jochen Bockemühl,[6] die in den sechziger Jahren erschienen. Jetzt kamen die Antworten auf die Fragen, was sich im Formenwandel der Blätter einer blühenden Pflanze ausdrückt; der Blick wurde auf die Existenz zeitlich gegenläufiger Bildebewegungen gelenkt, von denen die eine auf der physisch-organischen Ebene, die andere auf derjenigen der Bildekräfte verläuft, vom Jugendstadium in die Reifephase führend die eine, in zunehmende Verjugendlichung leitend die andere Bewegung. Die Arbeiten

Bockemühls, sein methodisches Vorgehen und die daraus entwickelten Begriffe erwiesen sich als fruchtbar und anregend auch dann, wenn sie über den Bereich der Entwicklung des Einzelorganismus hinaus auf die Gesamtheit der Evolution des Tier- wie des Pflanzenreiches ausgedehnt werden.[7] Sie führten gleichzeitig zu einem neuen Verständnis ökologischer Zusammenhänge, nicht zuletzt im Sinne einer für beide Seiten fruchtbaren Wechselbeziehung von Mensch und Natur. Auch davon ist in einigen Kapiteln die Rede.

Das sicherlich mit Abstand bedeutendste Ereignis in diesem Themenkreis, das völlig neue, weit über Goethe hinausreichende Dimensionen erschloss, ist die Entdeckung der physiologischen (und morphologischen) Dreigliederung des menschlichen Organismus durch Rudolf Steiner.[8] Mit ihr ist geleistet, was Goethe anstrebte und aus seinen Voraussetzungen heraus nicht erreichen konnte – zur «Urpflanze» hinzu das «Urtier», besser: den der tierischen Evolution zugrunde liegenden Archetypus zu entdecken, den Menschen. Die Fruchtbarkeit der Idee der Dreigliederung, die nicht nur der Forschung, sondern zahlreichen anderen und höchst lebenspraktischen Feldern – wie etwa der Pädagogik – weite Räume erschloss und zu einem völlig neuen Menschenverständnis führte, braucht im Grunde nicht erwähnt zu werden, die Wirkungen sprechen für sich. Auch nicht, dass sie zu einem vertiefteren und, wenn der Ausdruck erlaubt ist, wesensgerechteren Verständnis der Tiere geführt hat,[9] nicht zuletzt auch deren Evolution; ihr gilt ebenfalls ein Kapitel dieses Buches.

Es wäre jedoch fatal, würde man die Idee der Dreigliederung als eine Art starres begriffliches Raster benutzen, um es der Fülle der Erscheinungen überzustülpen und sie damit auf ein simples Schema zu reduzieren. Dann wäre alles eliminiert, was sich als lebendiges Beziehungsgefüge, als prozessualer Austausch und Verwandlungszusammenhang zwischen den einzelnen Bereichen hin und her bewegt. In ihnen äußern sich nicht starre, sondern höchst bewegliche Strukturen, etwa in den dynamischen Zusammenhängen von Sinnes-Nerven- und Stoffwechsel-Gliedmaßen-System, die auf ein Gleiches in unterschiedlicher Erscheinungsform und polarer Wirkensweise aufmerksam machen. Lebendige Wechselwirkungen dieser Art, der Austausch auch zwischen Umkreis und Zentrum sind Ausdruck von Lebensprozessen, die sich nicht in abstrakte Schemata pressen lassen. Man hätte sonst etwas, das in seiner Formelhaftigkeit anorganischen Abläufen entspräche, die stets zur Ruhe und Zeitlosigkeit streben. Um Lebensprozesse zu begreifen, ist ein anderes Denken gefragt, eines, das sich in Verwandlungszusammenhängen bewegen kann und dabei vollkommen exakt und mit den Erscheinungen in Übereinstimmung bleibt. Das soll im Folgenden versucht werden.

Dennoch: Die Gefahr des Hineininterpretierens und der Verwendung liebgewordener Begriffe aus reiner Gewohnheit ist immer gegeben: Man «sieht», was man schon kennt oder unbewusst sehen will. Wie ist das zu vermeiden? Zunächst, indem man sich willentlich und aktiv der Sinneswahrnehmung hingibt, und dies unter bewusster Verwendung gerade solcher rein assoziativer und analogisierender Begriffe! Das ist in dem Moment nicht nur erlaubt, sondern sogar notwendig, wo man sich klar ist, dass diese Begriffe zunächst keinerlei erklärenden oder interpretierenden, sondern lediglich hinweisenden Charakter besitzen – mit der alleinigen Funktion, ins wache Bewusstsein zu heben, was sonst unbeachtet bliebe. Wenn man beispielsweise das Blatt einer Pflanze als keilförmig und gesägt bezeichnet, dann können die dabei verwendeten Begriffe bei Bedarf jederzeit durch andere, treffendere ersetzt werden; sie haben reine Hilfsfunktion und stehen allein im Dienste der Bewusstmachung. Unterlässt man dieses Emporheben des Wahrnehmungsobjektes ins Bewusstsein, dann bleibt meist nur ein diffuses, unkonturiertes Erinnerungsbild zurück.

Danach erst beginnt die eigentliche Arbeit. Man kann jetzt das exakte, an Details reiche innere Bild jederzeit in sich wachrufen und betrachtend darauf ruhen – oder, wenn es sich um aufeinander folgende Sequenzen bestimmter Organismen handelt, im bildhaft beweglichen Denken die eine Phase in die andere umwandeln. Wiederholt man diese Tätigkeit, und zwar so, dass auf dieser Stufe jegliches assoziierende Denken vermieden wird, dann beginnen die Objekte allmählich zu sprechen und sich innerhalb des Bewusstseins des Forschers zu artikulieren.

Zu danken bleibt schließlich den vielen Anregern zu den einzelnen Themenbereichen, den Studenten des Wittener Institutes für Waldorfpädagogik beispielsweise, zukünftigen Lehrern, mit denen so manches gemeinsam in den Kursen und auf unvergesslichen Exkursionen erarbeitet wurde. Ernst Schuberth steuerte einen Beitrag über eine bestimmte und im betreffenden Zusammenhang aussagekräftige geometrische Transformation bei. Johannes Kiersch und Frank Teichmann lasen Teile des Manuskriptes. Ihnen allen sei ebenso herzlich gedankt wie meiner Frau Michaela für ihre innere und äußere Begleitung der Arbeit. Dank gebührt nicht zuletzt auch dem Kollegium des Institutes für Waldorfpädagogik Witten, im Besonderen Wolfgang Fackler, für die Übernahme der Herausgeberschaft. Und last not least ermöglichte die Pädagogische Forschungsstelle des Bundes der Freien Waldorfschulen die Beschaffung wichtiger Literatur.

Zur Morphologie – Die Absicht eingeleitet.

Wenn wir Naturgegenstände, besonders aber die lebendigen, dergestalt gewahr werden, dass wir uns eine Einsicht in den Zusammenhang ihres Wesens und Wirkens zu verschaffen wünschen, so glauben wir zu einer solchen Kenntnis am besten durch Trennung der Teile gelangen zu können; wie denn auch wirklich dieser Weg uns sehr weit zu führen geeignet ist. Was Chemie und Anatomie zur Ein- und Übersicht der Natur beigetragen haben, dürfen wir nur mit wenigen Worten den Freunden des Wissens ins Gedächtnis zurückrufen.

Aber diese trennenden Bemühungen, immer und immer fortgesetzt, bringen auch manchen Nachteil hervor. Das Lebendige ist zwar in Elemente zerlegt, aber man kann es aus diesen nicht wieder zusammenstellen und beleben … Es hat sich daher auch in dem wissenschaftlichen Menschen zu allen Zeiten ein Trieb hervorgetan, die lebendigen Bildungen als solche zu erkennen, ihre äußeren sichtbaren, greiflichen Teile im Zusammenhange zu erfassen, sie als Andeutungen des Innern aufzunehmen und so das Ganze in der Anschauung gewissermaßen zu beherrschen …

Der Deutsche hat für den Komplex des Daseins eines wirklichen Wesens das Wort Gestalt. Er abstrahiert bei diesem Ausdruck von dem Beweglichen, er nimmt an, dass ein Zusammengehöriges festgestellt, abgeschlossen und in seinem Charakter fixiert sei.

Betrachten wir aber alle Gestalten, besonders die organischen, so finden wir, dass nirgends ein Bestehendes, nirgends ein Ruhendes, ein Abgeschlossenes vorkommt, sondern dass vielmehr alles in einer steten Bewegung schwanke. Daher unsere Sprache das Wort Bildung sowohl von dem Hervorgebrachten als von dem Hervorgebrachtwerdenden gehörig genug zu brauchen pflegt.

Wollen wir also eine Morphologie einleiten, so dürfen wir nicht von Gestalt sprechen; sondern wenn wir das Wort brauchen, uns allenfalls dabei nur die Idee, den Begriff oder ein in der Erfahrung nur für den Augenblick Festgehaltenes denken.

Das Gebildete wird sogleich wieder umgebildet, und wir haben uns, wenn wir einigermaßen zum lebendigen Anschauen der Natur gelangen wollen, selbst so beweglich und bildsam zu erhalten, nach dem Beispiele, mit dem sie uns vorgeht.

Johann Wolfgang Goethe

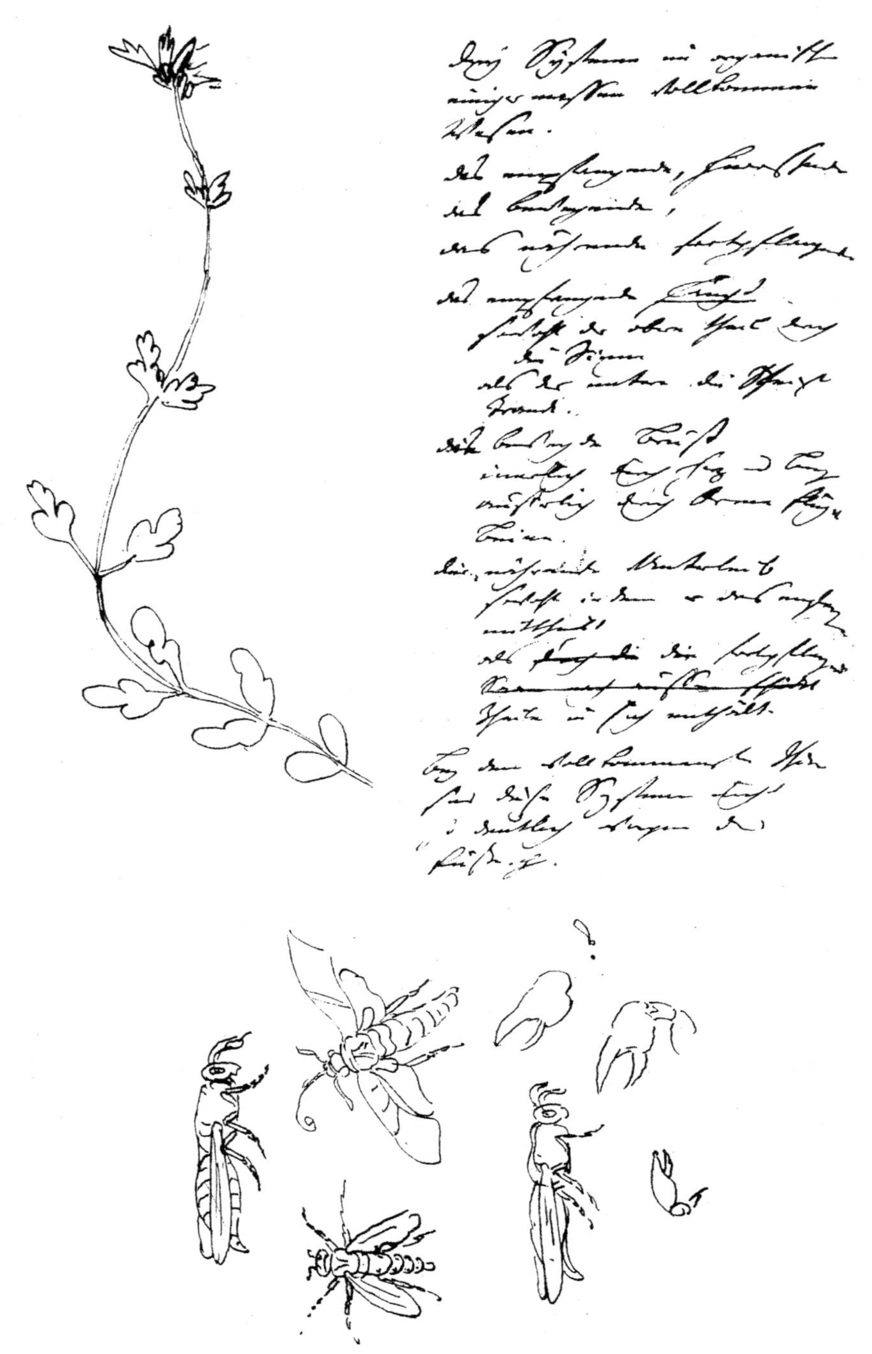

Zeichnungen und Notizen Goethes, um 1790.

Typus der einjährigen höheren Pflanze: Blattformen am Stängel aufwärts zunehmend differenziert, vor der Blüte wieder reduziert.

Typus des Insekts: In dem Text stellt Goethe drei Systeme des Organismus vor, das empfangende, das bewegende und das fortpflanzende, und setzt sie zu Kopf, Brust und Unterleib in Beziehung. (D. Kuhn, in: *Corpus der Goethezeichnungen*, Band VB, Leipzig 1976.)

1. Typus und Evolution – ein Widerspruch? Die Bedeutung der Metamorphose

Für die heutige Biologie besitzen Goethes naturwissenschaftliche Arbeiten, Studien und Versuche bestenfalls historisches Interesse. Sie gelten als in der Sache widerlegt und methodisch überholt. Der Zeitgenosse, Freund und berühmte Verteidiger Darwins, Thomas Henry Huxley, charakterisierte Goethes Geistesart bereits um die Mitte des 19. Jahrhunderts am Beispiel von dessen Wirbeltheorie mit den folgenden Worten: Sie sei das Ergebnis einer «Denkweise, die einem obsoleten, scholastischen Realismus entspringt»[10] – eine Formulierung, die den Nagel auf den Kopf trifft! Huxley hat Goethes geistigen Standort völlig richtig erkannt: Goethe war in der Tat durch und durch Realist, im Gegensatz zur nominalistischen Richtung, die in der Naturwissenschaft bis heute beherrschend ist und Begriffe und Ideen als subjektive Konstrukte betrachtet, die lediglich Ordnungsfunktion besitzen, der intersubjektiven Verständigung dienen und mit dem Wesen der Erscheinung, dem prinzipiell unerreichbaren «Ding an sich», nichts zu tun haben. Anders Goethe, Realist im Sinne des hochmittelalterlichen Universaliendisputes, für den die begrifflich fassbaren Ideen als real wirkende, bewirkende «in re», *in* den Erscheinungen sind und diese bedingen und nicht irgendwo außerhalb und unergründbar, gewissermaßen aus fernen geistigen Höhen *vor* allen Dingen, «ante rem», im platonischen, aber auch konfessionell kirchlichen Sinne («Gott ist unbegreiflich in seiner Güte und unfassbar in seinem Ratschluss») – und schon gar nicht «post rem», vom ordnenden Verstand als bloße Abstrakta, als reine «nomina» den Erscheinungen nachträglich hinzugefügt, wie es die Ansicht der Nominalisten ist. Für Goethe ist die real existierende Idee der Pflanze, der «Typus» oder die «Urpflanze» (die es uns ermöglicht, in jedem Gewächs die Pflanze zu erkennen), als bedingende und schaffende Wesenheit in jeder Pflanze konkret anwesend.

Schlaglichtartig verdichtet sich der Gegensatz von Goethes Geistesart zur heraufkommenden nominalistischen, von Kant geprägten Wissenschaft in dem berühmten Dialog mit Schiller, welcher fassungslos vor

Goethe steht, als dieser behauptet, die Urpflanze zu *sehen,* wo es sich doch in Wirklichkeit um eine bloße Idee handele. Worauf Goethe bekanntlich repliziert: «Das kann mir sehr lieb sein, dass ich Ideen habe, ohne es zu wissen, und sie sogar mit Augen sehe.»[11]

Er sieht sie wirklich mit Augen – die Ideen springen ihm gewissermaßen entgegen im Moment der Sinneswahrnehmung: Wahrnehmung und begriffliches Erfassen der Idee sind ihm eins in der «anschauenden Urteilskraft». Goethe wehrte sich gegen die dualistische Vorstellung, dass die Wahrnehmung nur die Außenseite liefere, das innere Wesen jedoch verborgen bliebe: «Natur hat weder Kern noch Schale, alles ist sie mit einem Male ...»

Ein Weiteres kommt hinzu. Goethe empfiehlt uns, anstelle des Wortes «Gestalt» den Begriff «Bildung» (und Umbildung!) zu verwenden, da es «nirgends ein Ruhendes, ein Abgeschlossenes» gebe und, wenn wir doch das Wort «Gestalt» gebrauchen, «uns allenfalls dabei nur die Idee, den Begriff oder ein in der Erfahrung nur für den Augenblick Festgehaltenes denken». Damit aber ist deutlich, dass Lebendiges, dass ein Organismus nur als *Zeitgestalt* begriffen werden kann. Das wiederum hat zur Folge, *dass nie der ganze Organismus gleichzeitig physisch anwesend ist,* in der Regel wenigstens. Was bei einjährigen Kräutern gelegentlich noch neben- oder übereinander vorhanden sein kann – die Kotyledonen und alle Folgeblätter, zusammen mit Blüten und Fruchtansätzen –, ist bei der Mehrzahl der Gewächse nicht mehr zu finden, obwohl, anders als bei den Tieren, die Ausbildung eines neuen Organs nicht mit der Einschmelzung einer älteren Vorläuferbildung verknüpft ist wie bei der erwähnten Verwandlung der Kaulquappe in den Frosch oder, erheblich umfassender noch, beim vollständigen Ab- und anschließenden Neuaufbau so gut wie der gesamten Organisation bei der Verwandlung der Raupe in den Schmetterling.

Bei der Pflanze treten die neuen Bildungen in der Regel unter Beibehaltung der vorausgehenden Stadien auf, besonders typisch und weit verbreitet bei der zeitlichen Aufeinanderfolge der Stängel- und der anschließenden Blütenblätter etwa bei einer Glockenblume oder einem Hahnenfuß: *Die Raumesgestalt wird zum Bild der Zeitgestalt.* Objekte dieser Art erleichtern das gedankliche, imaginative Nachbilden und Ineinander-Überführen der einzelnen Gestaltbildungsetappen, da sie sich ständig an der sinnenfälligen Erscheinung überprüfen lassen.

Damit weist Goethe den methodischen Weg zur Erforschung und zur Erkenntnis des Lebendigen, der sich von den Methoden, die dem Anorganischen angemessen sind, grundsätzlich unterscheidet – ein außerordentlich bedeutsamer Tatbestand vor dem Hintergrund der reduktionistischen Biologie unserer Tage, die in den Erscheinungen des Lebendigen lediglich besonders komplexe Spezialfälle von Chemie und Physik sieht.[12] In der «Metamorphose der Pflanzen» demonstriert Goethe seine Vorgehensweise, und an anderen Stellen (z.B. in der Geschichte seiner botanischen Studien) reflektiert er die Methode. Wir werden uns in den folgenden Kapiteln ausführlich damit beschäftigen.

In der bildhaft-imaginativen Tätigkeit des Nachbildens oder Nachschaffens wird zur Erfahrung, dass sich Zeitlichkeit dabei als ein dreifach Differenziertes offenbart: In der Gegenwart ist stets die Vergangenheit präsent in den älteren, vorausgegangenen Bildungen; und auch die Zukunft ist real anwesend, z.B. wenn während des Heranwachsens eines Pflanzensprosses die Blätter auf zunehmend früherem Entwicklungsstadium stehen bleiben – ein charakteristischer Vorgang, bei dem die Blüte, *die physisch erst später in Erscheinung treten wird, in ihrem Einfluss auf die Wachstumsvorgänge bereits anwesend und wirksam ist.* Offensichtlich gibt es neben dem physischen – als einem raum-zeitlich begrenzten – den *ganzheitlichen und unbegrenzten Zeitorganismus,* der im Unterschied zu seinem physischen Pendant jederzeit als Ganzes anwesend ist, wenn auch mit ständig wechselnder Verankerung auf der physisch-leiblichen Ebene. Seine Unbegrenztheit äußert sich auch darin, dass er keine zeitliche Grenze zwischen den verschiedenen, durch die Keimbahn verbundenen Generationen kennt, die zunächst nicht viel mehr als rhythmische Wiederholungen ein und desselben sind.

Allerdings nicht nur. Denn genauso wie das herausgegriffene Individuum lediglich eine vorübergehend auftauchende, sich bildende und wieder vergehende «Welle» in einem stetigen Generationenfluss ist, so ist auch in diesem, genau wie im Leben des Einzelindividuums, Wandel und Entwicklung ein ständiges Ereignis. Es ist das ewige und immer wieder neue Zusammenspiel des «Typus», der «Urpflanze» mit der spezifischen Umwelt, in die sie sich hineinverkörpert und die sie dabei zur Auseinandersetzung mit ihr zwingt. Die jeweilige Besonderheit, Einseitigkeit, Spezialisierung der einzelnen Pflanzenarten ist dann das Ergebnis des Zusammenspiels des Archetypus mit den lokalen Gegebenheiten des Wuchsortes, des Klimas usw.: «Hier kommen die Verschiedenheiten des Bodens in Betracht; reichlich genährt durch Feuchte der Täler, verkümmert durch Trockne der Höhen, geschützt vor Frost und Hitze in jedem Maße oder beiden unausweichbar bloßgestellt, kann das Geschlecht sich zur Art, die Art zur Varietät und diese wiederum durch andere Bedingungen ins Unendliche sich verändern ...», resümiert Goethe in der «Geschichte meines botanischen Studiums»[13] seine Eindrücke über die Veränderung der Pflanzenwelt anlässlich der Alpenüberquerung. Er greift damit das Zusammenspiel der *beiden großen Beweger der Evolution auf: Typus und Umwelt.*

Beide verändern sich dabei, beide «lernen» voneinander. Die Tatsache der Evolution steht nicht nur in keinerlei Widerspruch zur Existenz des Typus, der schließlich nicht in irgendwelchen unerreichbaren transzendenten Höhen existiert,[14] vielmehr in jedem Individuum real gestaltbildend anwesend ist, sie ist sogar die logische Konsequenz: *Der Typus verwirklicht sich im Zwiegespräch mit den externen Bedingungen, er wirkt verändernd auf diese ein und verändert sich selber durch die Erfahrungen, die er dabei macht.*

Wenn heute in der Wissenschaft mit einer gewissen Befriedigung konstatiert wird, dass man auch die letzten Reste «typologischen Denkens» überwunden habe, so ist damit ein anderer Typusbegriff gemeint: die Vorstellung einer platonischen, unwandelbaren Idee der Pflanze, des Tieres usw., in der von Anfang an und in vollkommener Zeitlosigkeit bereits alles enthalten ist, was die Pflanzen- und die Tierwelt je an Bildungen hervorbringt. «Entwicklung» wird hier im Wortsinn verstanden und bedeutet lediglich die Auswicklung von etwas längst Vorhandenem – und daher stammt der Begriff ja letztlich auch. Ein solches Denken ist tatsächlich mittelalterlich-präformistisch und kann nur denjenigen befriedigen, der nie das Zusammenspiel der Organismen mit den prägenden, formenden und zu Neubildungen anregenden Wirkungen ihrer Umwelt, besser: Mitwelt, wahrgenommen hat, in der Art, wie es in der zitierten Äußerung Goethes formuliert ist; der so ausschließlich Morphologe ist, dass er hinter einer pflanzlichen oder tierischen Bildung stets nur den unwandelbaren Archetypus sieht, aber nie das Umgekehrte wagt: den Blick auf das jeweilige Fortschreiten des Typus und auf das, was sich als diesen Wandel bedingend zu erkennen gibt.

Der wahre Typus ist nicht derjenige, der von Anfang an alles ideell bereits in sich enthält, jede mögliche Blüten- und Blattform usw., sondern der über gewisse Grundwesensmerkmale verfügt, die sich in allen Entwicklungsschritten treu bleiben; der sich den jeweiligen Gegebenheiten anpasst und dadurch «dazulernt» und doch gleichzeitig er selber bleibt. Es ist ein ewiges Wechselspiel – der Typus ist immer der gleiche, der sich ausprägt, aber im Laufe der Evolution lernt, sich auf immer neue und reichere, vollkommenere Weise auszudrücken: Kontinuum und Wandel in einem – am ehesten zu vergleichen mit der Persönlichkeit oder dem Ich eines Menschen, das im Laufe seiner Biografie wächst, umfassender wird, lernt, sich verändert und doch immer es selbst bleibt.

Der Typus ist also keineswegs zeitlos. Indem er sich in einen bestimmten Organismus «inkarniert», verbindet er sich mit zeitlichen Abläufen; inhärente Zeitlichkeit ist mit den Lebensvorgängen eines Organismus identisch – alle Prozesse sind schließlich Zeitgestalten, und diese sind genauso *gegliedert* wie Raumesgestalten, ja in der Regel sind letztere lediglich das «gefrorene» Ergebnis und damit der Ausdruck (oder Abdruck) der ersteren. Wo die inhärente Zeitlichkeit fehlt, haben wir es mit toter Materie zu tun, wie in der gesamten mineralischen Welt. Und wo Minerale gegliedert und strukturiert sind, da ist das stets das Ergebnis zeitlicher Prozesse (z.B. der Kristallisation); aber diese zeitlichen Ereignisse sind stets *von außen* angeregt und tendieren allesamt zu einem Gleichgewichtszustand hin, in dem alle Prozesse zur Ruhe gekommen sind und nichts mehr passiert. In Erdtiefen vor jeglicher Veränderung bewahrt, vermögen Gesteine Äonen unverändert zu überdauern in einem Zustand absoluter Zeitlosigkeit. Die Frage nach der möglichen Länge dieser Zeiträume ist gegenstandslos; es gibt in diesem Bereich keine Zeit.[15]

Zeit «an sich» gibt es offensichtlich nicht. Wir erleben zeitliche Abläufe *als Eigenschaften oder Wesensmerkmale von etwas,* als gewissermaßen inhärente Zeit – jedes Lebewesen hat seine artspezifische Zeitgestalt, eine einjährige Pflanze wie die Ackertaubnessel eine andere als der zweijährige Rote Fingerhut und beide wiederum andere als die fünftausendjährigen Grannenkiefern der kalifornischen Sierra Nevada. Andererseits gibt es die Zeitlosigkeit aus sich heraus unveränderlicher Erscheinungen im Bereich des Mineralischen, physisch Toten. Veränderungen treten hier nur auf, wenn Zeitlichkeit von außen, an andere Phänomene gebunden (Atmosphäre, Erdumwälzungen) einwirkt. Es erhebt sich allerdings die Frage, ob nicht die Erscheinung der äußeren, der «Umkreis-Zeit», die so typisch ist für den anorganisch-toten Bereich, letztlich doch auch eine Äußerung von Lebenserscheinungen ist, jetzt allerdings von solchen, die reinen *Umkreischarakter* in Bezug auf die fraglichen Objekte besitzen. Als Beispiel ließen sich die Gebirgsbildungen anführen, die durch plattentektonische Bewegungen ausgelöst werden; heute wissen wir, dass sich in Mega-Zeiträumen zentrifugale Ausbreitungsbewegungen der Platten mit entgegengesetzten Tendenzen zu ihrem Zusammenschluss in einem einzigen Riesenkontinent («Pangaea») abwechseln, die dann neuerlich von zentrifugalen Bewegungen abgelöst werden.[16]

Nicht die einzelne, der Überformung unterworfene Platte, wohl aber die ganze Erde verhält sich als Lebewesen, das einen eigenen *Zeitenleib* besitzt, *der rhythmische Ein- und Ausatmungsbewegungen vollführt;* in dem sich – um das Begriffspaar zu verwenden, mit dem Goethe die grundlegende Äußerungsform aller Lebensprozesse charakterisierte – *Ausdehnung und Zusammenziehung* abwechseln.[17] Zeit, so ließe sich vielleicht formulieren, *ist die Verwirklichungsform des Lebendigen.*

Da die sinnliche Wahrnehmung eines Lebewesens – einer Pflanze, eines Tieres, des Menschen – immer nur den augenblicklichen Zustand wiedergibt, einen Ausschnitt, herausgegriffen und künstlich festgehalten gleich der Momentaufnahme eines Flusses, dessen strömendes Wasser in jedem Augenblick ein anderes ist, so stellt sich die Frage, ob ein Organismus je in seiner Totalität erfasst und begriffen werden kann. In der äußeren, sinnlichen Wahrnehmung ersichtlich nicht. Anders im Denken, im bildhaft-beweglichen, das sich auf die zeitliche Folge der Beobachtungen stützt und die Entwicklung und Entfaltung, Reife und Alterung und all die Verwandlungsschritte, die dabei durchlaufen werden, nachvollzieht – *eins ins andere umwandelnd.* Im Denken ist es möglich, in den Bereich des Zeitenflusses, der Entwicklungsvorgänge einzutauchen und die Bildebewegungen des Lebendigen mitzuvollziehen. Offensichtlich ist das Denken diesen Erscheinungen wesensverwandt: Gleiches erkennt Gleiches. Es sieht so aus, als hätten wir es hier mit dem wichtigsten Beitrag Goethes zu tun.

Es ist ein Beitrag, der alles andere als obsolet ist, wie Thomas Henry Huxley nur wenige Jahrzehnte nach Goethes Tod im Siegesrausch des wissenschaftlichen Materialismus und des soeben triumphal etablierten Darwinismus glaubte. Und es könnte durchaus sein, dass Goethes Beitrag weit über das auch von ihm selbst bereits Erkannte hinaus in Dimensionen weist, in denen die Erkenntnisgrundlagen und die angemessenen Begriffe einer Wissenschaft des Lebendigen liegen, die diesen Namen verdient – anders als die heutige Biologie, deren Ziel es letztlich ist, in Chemie und Physik aufzugehen. Steiner bezeichnet Goethe im Hinblick darauf klarsichtig als den Kepler und Kopernikus der Lebenswissenschaft,[18] einer Wissenschaft, die wir bis heute noch nicht haben. Es existieren aber immerhin Ansätze in dieser Richtung, nicht zuletzt wohl auch aufgrund bisheriger Misserfolge und problematischer Entwicklungen, die im allgemeinen Wissenschaftsbetrieb eine zunehmende Bereitschaft fördern, sich unkonventionellen Gedanken zu öffnen. Schließlich fällt auf, dass man im Entwickeln von Modellen lebender Systeme viel weniger erfolgreich ist als dort, wo es um physikalische Phänomene geht. «Irgendetwas ist falsch – etwas Fundamentales und gegenwärtig noch jenseits des Vorstellbaren scheint unseren Konzepten im Bereich der Biologie zu fehlen», stellt R. Brooks fest – bezeichnenderweise ein Wissenschaftler, der sich in einer der Hochburgen moderner Naturwissenschaft, dem Massachusetts Institute of Technology, mit Fragen der künstlichen Intelligenz beschäftigt und darüber auch noch einen Aufsatz ausgerechnet im Wissenschaftsjournal *Nature* veröffentlicht. «Es müsste etwas sein, das mit der Entdeckung der Röntgenstrahlen vor einem Jahrhundert vergleichbar ist, was schließlich zu unserem sich immer noch weiter vertiefenden Verständnis der Quantenmechanik führte. Die Relativitätstheorie war die andere dieser entscheidenden Entdeckungen des 20. Jahrhunderts und hatte einen ähnlich revolutionierenden Einfluss auf das Weltbild der Physik. Eine ähnliche Entdeckung könnte unser Verständnis von der Grundlage lebendiger Systeme erschüttern.»[19]

Darüber zu spekulieren, ob und wann und wie ein Paradigmenwechsel eintreten könnte, ist natürlich müßig. Dass die Zeichen nicht besonders günstig stehen, zeigt sich an der zunehmenden Tendenz, nur noch diejenigen Bereiche der Biologie zu fördern, die im Hinblick auf ihre technische Anwendung von Interesse sind: Entwicklung der Biotechnologie im Agrarsektor und im Bereich der Humanmedizin. Klärende Forschungen darüber, wie sich Eingriffe auf molekularer oder zellbiologischer Ebene innerhalb des Ganzen des Organismus auswirken, in dem schließlich alles miteinander vernetzt ist, unterbleiben weitgehend. Eine wissenschaftliche Biologie, die sich um Erkenntnisfragen im Bereich des Lebendigen bemüht, bleibt zunehmend auf der Strecke. Um ein beliebiges Beispiel herauszugreifen: Wer nimmt schon Notiz von den Ergebnissen der Symbiose-Forschung, die immerhin dabei ist, die darwinistische Auffassung des am stärksten ausschlaggebenden Faktors der Evolution – der natürlichen Selektion, d.h. des Überlebens des Tüchtigsten im Kampf ums Dasein – entscheidend zu korrigieren. Kooperation und gegenseitige Ergänzung erweisen sich in zunehmendem Maße als wirkmächtige Faktoren, die das Entstehen und die Entfaltung ganzer Naturreiche (der grünen Pflanzen) oder bestimmter Organismengruppen (der Flechten) ermöglichen.

Da nicht durch Einsicht und Vernunft gelernt wird, werden erst die zu erwartenden Folgeschäden des Herumbastelns in der Sphäre elementarer Lebensprozesse eine Rückbesinnung darauf erzwingen, dass ohne Einsicht in die grundlegenden Gesetzmäßigkeiten des Lebendigen kein sachgemäßer Umgang möglich ist.

2.
Beispiel einer Metamorphose: Goethes Idee von der Wirbelnatur der Schädelknochen. Klärung der Begriffe

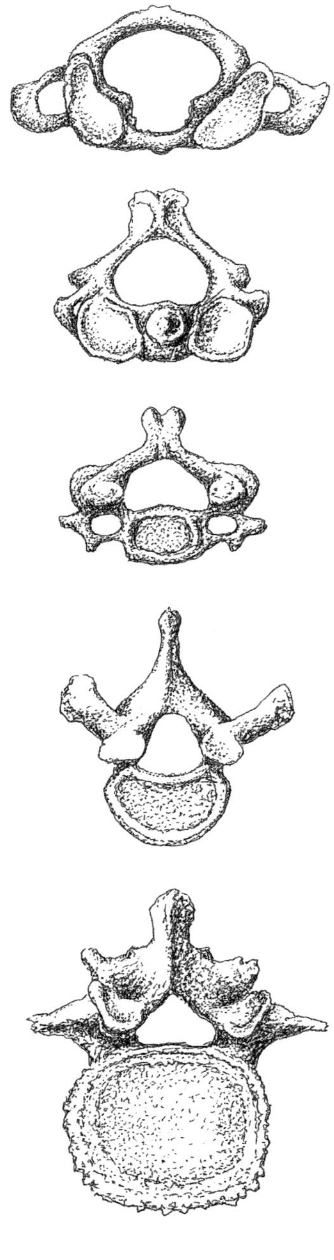

Abb. 1a: Wirbelreihe (Auswahl). Von oben: erster und zweiter Halswirbel (Atlas und Axis), fünfter Halswirbel, mittlerer Brustwirbel, Lendenwirbel.

Um eine sichere Ausgangsbasis zu haben, sei im Folgenden Goethes Vorgehensweise etwas näher in Augenschein genommen. Statt auf sein bekanntestes morphologisches Opus, auf die «Metamorphose der Pflanzen», einzugehen, sei etwas aufgegriffen, das von Goethe selber nur andeutungsweise und fast zögerlich behandelt, aber nie gründlich ausgearbeitet wurde. Das war allerdings kein Hinderungsgrund, dass das Problem mit allem Pro und Kontra zu einem der wichtigsten Forschungsvorhaben des 19. Jahrhunderts wurde: Die großen Knochen des Schädels seien «umgewandelte» Wirbelknochen – eine Ansicht Goethes[20] und, offenbar unabhängig formuliert, Okens.[21] Diese so genannte Wirbeltheorie gilt heute als widerlegt, was man mit dem Tatbestand entschuldigt, dass es zur Goethezeit noch keine embryologische Wissenschaft gab, die allein Auskunft über die Entwicklung der Organe vor der Geburt zu geben vermag.[22]

Der Anlass ist bekannt: Goethe stößt 1790 am Strand des venezianischen Lido auf einen zerborstenen Schafschädel, der in seine einzelnen Knochen auseinander gefallen ist. Intuitiv erfasst er in der Vielheit die ideelle Einheit – alle Knochen gehen, so Goethes Geistesblitz, auf die gleichen Anlagen zurück, und zwar auf die *Anlagen* zu Wirbelknochen. (Die Wiederholung des Wortes «Anlagen» ist Absicht: Umbilden können sich nur «Keime», die noch keine definitive Determination erfahren haben, niemals jedoch fertige und ausdifferenzierte *Gestaltungen:* Die Flügel der Vögel z.B. entstanden nicht durch Umwandlung von Vordergliedmaßen der Reptilien, sondern durch Umdetermination der noch völlig undifferenzierten embryonalen Gliedmaßen-*Anlagen.*)

Goethes Bestreben, in der Vielheit die ihr innewohnende und bedingende Einheit zu finden, hatte schließlich, nach seinen botanischen Forschungen in den vorausgegangenen Jahren, während der ersten italienischen Reise zu großartigen Erfolgen geführt, zum Erfassen des Archetypus, zur «Urpflanze»; *dieser Archetypus ist in jeder Pflanze unmittelbar gegenwärtig als bedingendes und schaffendes Wesen,* wie wir im Vorausgehenden formulierten. Sieht Goethe nun in Anlehnung daran im Wirbel einen archetypischen Knochen, dann müsste er sich die Frage gefallen lassen, ob er nun eine physische Bildung als Archetyp gelten lassen will. Er hatte ja auch zuerst bei der Urpflanze geglaubt, sie als physisch reales Gewächs irgendwo anzutreffen, vielleicht im Botanischen Garten von Palermo. Ein interessantes Phänomen, das wohl weniger auf irgendwelche Verschwommenheiten in Goethes Denken deutet als darauf, dass bei ihm der rein ideelle, rein geistige Bereich in den sinnlich-gegenständlichen so direkt hineinspielt, das Ideelle in der Sinnesanschauung so unmittelbar präsent ist, *dass sich die Unterschiede verwischen und eins mit dem anderen verschmilzt.*

Für Goethe war das Erlebnis mit dem Schafschädel am Lido im Grunde nur die Bestätigung von etwas schon lange halb Gewusstem, halb Erahntem: «Deswegen ich denn auch nur kürzlich meine vieljährig gehegte Überzeugung wiederhole, dass das Oberhaupt der Säugetiere aus sechs Wirbelknochen abzuleiten sei. Drei gelten für das Hinterhaupt, als den Schatz des Gehirns einschließend ...; drei hinwieder bilden das Vorderhaupt, gegen die Außenwelt sich aufschließend ...

Jene drei ersten sind anerkannt: das Hinterhauptbein, das hintere Keilbein, und das vordere Keilbein, die drei letzteren aber noch anzuerkennen: das Gaumbein, die obere Kinnlade und der Zwischenknochen.»[23]

Diese Elemente des Schädelskelettes – zu denen noch weitere wie die beiden Scheitelbeine und andere hinzutreten – haben allerdings, wie wir längst wissen, mit Wirbeln nichts zu tun und sind gänzlich anderer Herkunft, etwas, das man zu Goethes Zeiten noch nicht wissen konnte. Es ist längst gesicherte Erkenntnis, *dass es verschiedene Arten der Schädelknochenbildung gibt* (vgl. Abb. 2): Die Knochenbildner des Rumpfes, der Gliedmaßen, aber auch der Schädel*basis* (vergleiche die Abbildung) sind Abkömmlinge des mittleren der drei Keimblätter, des Mesoderms. Dieses besitzt eine ausgeprägte Tendenz zu metameren, d.h. rhythmisch-wiederholten Bildungen, besonders deutlich sichtbar in den Ursegmenten des Embryos und in *abgewandelter späterer* (!) Form noch erkennbar in der rhythmischen Gliederung beispielsweise der Wirbelsäule. Diese Metamerie setzt sich während der Embryonalentwicklung bis in den Vorderkopf hinein fort. Um keine Missverständnisse aufkommen zu lassen: Diese rhythmisch wiederholten Segmente im Kopfbereich wie im Rumpf sind *keine* Wirbelanlagen,[24] sondern dem ganzen Körper auf einer frühen Entwicklungsstufe eigene Strukturen; die später auf komplizierte Weise im Rumpfbereich entstehenden Wirbel behalten gleichsam als «phylogenetische Erinnerung» (und natürlich aus funktionellen Gründen) die seriale Anordnung in stark abgewandelter Form bei. Das metamer gegliederte Kopfmesoderm ist für die Bildung des so genannten *Primordialcraniums* verantwortlich, also der schalenförmi-

Abb. 1b: Schema der absoluten und relativen Größenverhältnisse von Wirbelkörper und Wirbelkanal bei (von oben) Atlas, Axis, Brust- und Lendenwirbel.

gen Basis des Schädels, auf der das Gehirn ruht. Diese Knochenbildung verläuft – und das gilt auch für sämtliche Skelettelemente des Rumpfes und der Gliedmaßen – über eine knorpelige Vorstufe, die dann durch Kalkbildungen ersetzt wird ***(Ersatzknochen)***.

Zu ihr gesellt sich eine weitere Art der Knochenbildung: durch unmittelbare Kalkabscheidung ohne knorpelige Vorstufe direkt aus dem (mesektodermalen, d.h. der embryonalen Neuralleiste entstammenden) Bindegewebe der Unterhaut; das Ergebnis sind die so genannten ***Deckknochen***, die als Stirn- und Scheitelbeine den gesamten Oberkopf ausmachen, teilweise an den Ersatzknochen der Schädelbasis andocken und mit ihnen zu neuer Einheit verschmelzen (oberer Teil des Hinterhauptbeines, Schläfenbein) bzw. die ursprünglich knorpelige Anlage verdrängen und sich an deren Stelle setzen (Unterkiefer). Man vergleiche die Abbildungen.

Es ist gesicherte Erkenntnis, dass die seriale, «rhythmische» Fortsetzung der Ursegmente durch die gesamte embryonale Kopfanlage hindurch gleichen Materiales ist wie die mesodermalen Anlagen des Rumpfes, aus denen die Wirbel hervorgegangen sind. Was jedoch das fertige Schädelskelett ausmacht, sind die völlig anderen, neu hinzutretenden Elemente der schalenartig umhüllenden Deckknochen, die im Bereich des Schädels dominieren und formbestimmend sind, während sie im übrigen Skelett – wenn sie denn überhaupt auftreten – eine bestenfalls marginale Rolle spielen. Es kann also keine Rede davon sein, dass die Schädelknochen aus Wirbeln «abzuleiten» sind, d.h. reale, lediglich modifizierte Wirbel darstellen (leider finden sich solche Erklärungsversuche immer noch in goetheanistischer Literatur[25]). Die Tendenz zu sphärischen Bildungen ist eben *nicht* vom Material her bedingt. Schließlich sind auch innerhalb des Schädels Ersatzknochen-Elemente an sphärischen Bildungen zumindest mitbeteiligt: das Hinterhauptbein, eminenter Teil der Schädelkalotte, besteht in seinem basalen Teil aus Ersatz-, im oberen Bereich aus Deckknochen.

An dieser Stelle nun erscheint es nötig, kurz anzuhalten und vorübergehend einen Umweg einzuschlagen, der sich nur scheinbar vom Thema entfernt, in Wirklichkeit jedoch notwendig ist zur Formulierung exakter Begriffe, die dem Wesen der Erscheinung – konkret: der Natur der Wirbel und der Schädelknochen – gerecht werden. Alle Versuche, die Gestaltähnlichkeit von Wirbel und Kopfknochen auf die Identität des Materials zurückzuführen und in ihr die Gründe für die Übereinstimmung zu suchen, ignorieren nämlich eine entscheidende Klarstellung, die im 19. Jahrhundert durch den Anatomen Richard Owen[26] vorgenommen wurde und ohne die sich eine vergleichende Morphologie, aber auch eine Phylogenetik (Abstammungslehre) und Systematik (Lehre von den Verwandtschaftsbeziehungen der Organismen) gar nicht hätten

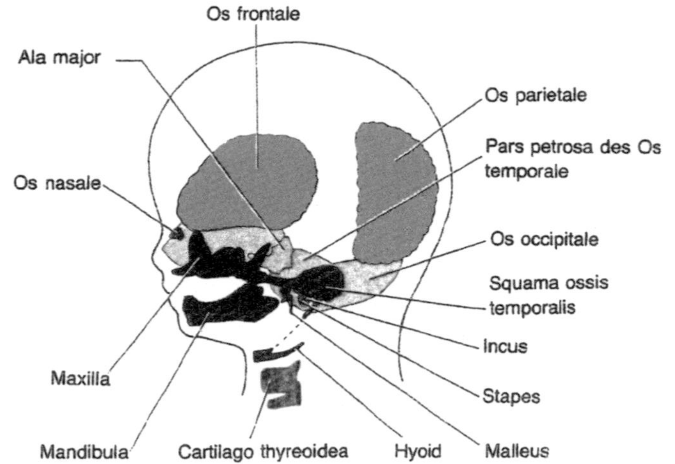

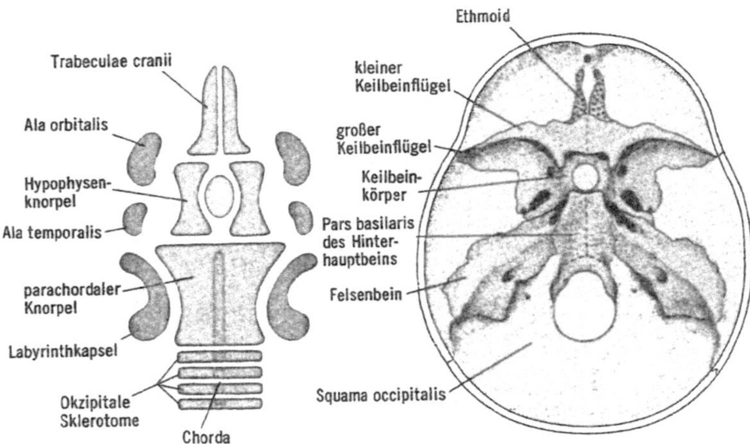

Abb. 2: Oben: Die unterschiedlichen Elemente des Schädelskelettes. Hellgrau und dunkelgrau: knorpelig vorgebildetes Schädelbasisskelett (und Kehlkopf-Zungenbein-Anlage); mittelgrau und schwarz: Deckknochen. (Aus Moore 1980.)
Unten: links Schema der segmental gegliederten Anlagen des knorpeligen Schädelbasisskelettes; rechts Blick von oben auf die Schädelbasis des Erwachsenen mit der definitiven Ausbildung der links dargestellten Elemente. (Aus Langman 1974.)

herausbilden können. Gemeint ist die Unterscheidung und klare Gegenüberstellung *homologer* und *analoger* Bildungen. Der Homologienforschung, die eine Anzahl eindeutiger Kriterien entwickelte (vgl. Remane 1957[27]), gelingt es beispielsweise, die vielerlei Abwandlungen der Gliedmaßen bei landbewohnenden und fliegenden Wirbeltieren, bei Ein- und Paarhufern, Vögeln und Maulwürfen, Walen und Fledermäusen auf *eine* Ausgangsform zurückzuführen – auf die fünfzehige Gliedmaße, von der sie sich alle ableiten lassen, da sie bei aller äußerlichen Verschiedenheit den gleichen inneren Bau besitzen; es sind *homologe* Bildungen (Abb. 3, S. 26).

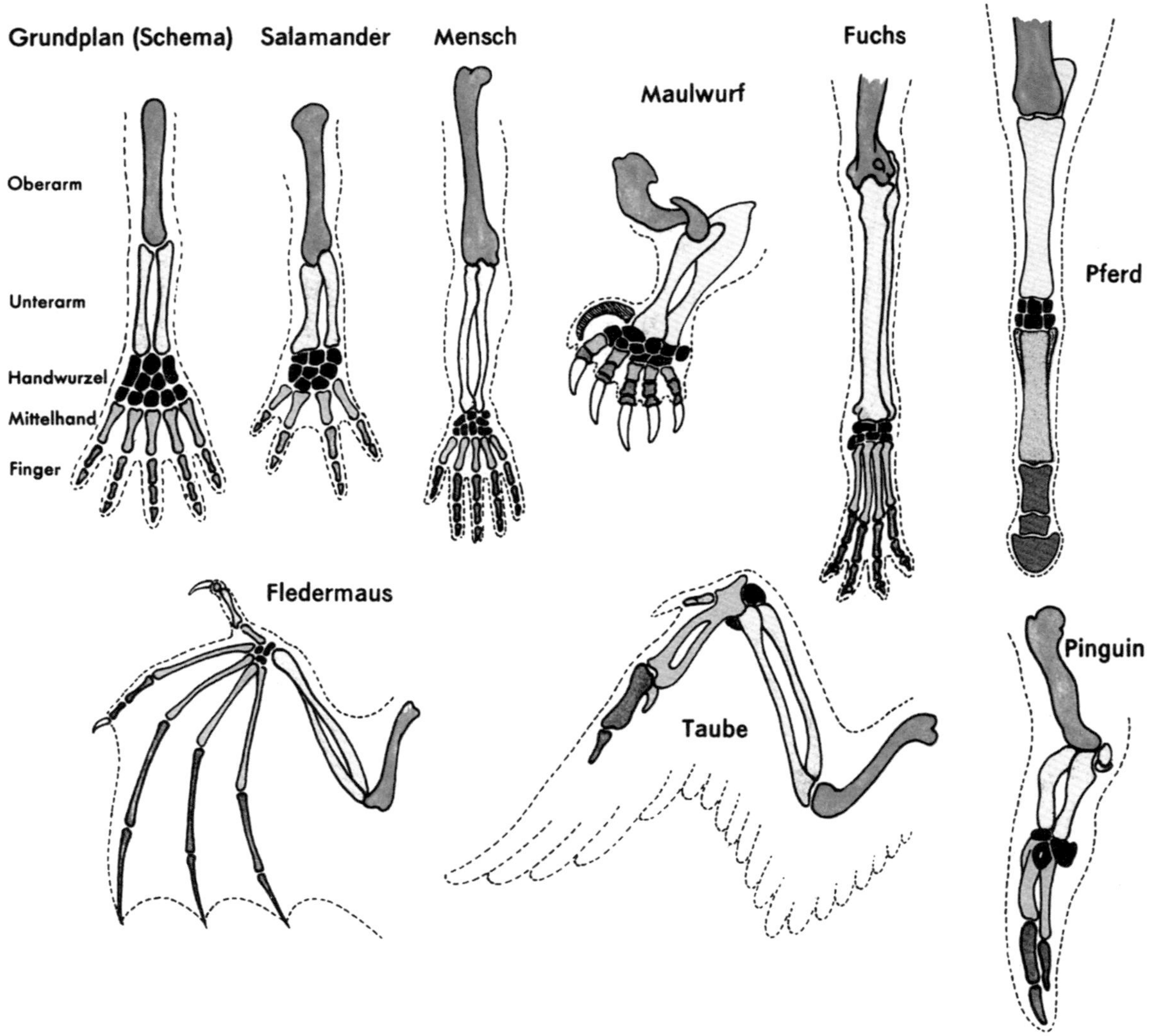

Abb. 3: Homologie der Bauelemente der Wirbeltiergliedmaßen. (Nach K. v. Frisch.)

Anders liegen die Dinge bei einem Vergleich der Flugorgane von Vogel und Insekt, wobei es in einigen Fällen immerhin zu extremer Ähnlichkeit kommen kann (Abb. 4), obwohl beide doch ganz unterschiedlicher Herkunft und von völlig verschiedenem Bau sind, also Analogien darstellen: Was beim Insekt seitliche Hautausstülpungen sind, durch strahlenartige Verstärkungen gestützt, zwischen denen sich eine hauchdünne Membran erstreckt, stellt sich beim Vogel bekanntermaßen als modifizierte Vordergliedmaßen mit deutlich ausgebildetem Innenskelett dar. Gelegentliche verblüffende Übereinstimmungen wie im abgebildeten Fall sind Ausdruck gleicher Lebensweise und gleicher Flugtechnik bei gleicher (minimaler) Körpergröße.

Diese etwas ausführliche Darstellung einer scheinbar nur Spezialisten interessierenden Definition ist deshalb nötig, weil sie zu bestimmten Einengungen der Blickrichtung mit weitreichenden Folgen geführt hat: Von Interesse für die biologische Forschung sind längst nur noch die Homologien, da sie auf reale physische Verwandtschaft und Abstammung deuten. Analogien hingegen gelten als bloße äußerliche «Anpassungsähnlichkeiten», durch gleiche Lebensweise im gleichen Milieu durch Selektionsdruck herausgezüchtet (so die landläufige Ansicht), wie im Fall von Kolibri und Schmetterling oder bei nicht näher miteinander verwandten wüstenbewohnenden Pflanzen von täuschend ähnlichem cactoiden Habitus (Abb. 5, S. 28): Kakteen im amerikanischen Raum, Wolfsmilchgewächse (Euphorbiaceen) und Vertreter anderer Familien in den heißen Wüsten der Alten Welt usw. Für einen Systematiker, der sich für die realen Verwandtschafts- und damit Abstammungsverhältnisse interessiert, sind derlei als *Konvergenzen* bezeichnete Erscheinungen «wahrhaft störende Elemente»,[28] und der junge Wilhelm Troll spricht 1928 vom «trügerischen Schleier», der die *wirklichen (d.h. abstammungsmäßigen) Zusammenhänge* verberge.[29]

Abb. 4: Konvergente Gestaltbildung und Färbung (beide sind blau-schwarz mit weißer Hinterleibsbinde) bei Insekt (Schwärmer, *Sphingidae; oben*) und Vogel (Kolibri; unten) als Ausdruck übereinstimmender Lebensweise. (Zeichnung O. Kleinschmidt.)

Damit sind für die Homologienforschung die ganze Fülle abweichender Umformungen der zugrunde liegenden Urgestalt lediglich «wahrhaft störende Elemente»; sie zielt stattdessen auf den «reinen» Typus, den sie andererseits als idealistisches Relikt auch nicht gelten lassen darf, sondern als reale gemeinsame Urform versteht (die ihrerseits bereits ein Ergebnis vorausgegangener Entwicklungen ist). Für diese Forschungsrichtung schwebt das Untersuchungsobjekt gewissermaßen im leeren Raum, da alle Umwelteinbindungen die «wirklichen» (d.h. verwandtschaftsmäßigen) Verhältnisse unter einem «trügerischen Schleier» verstecken. Im Gegensatz dazu ist für die Analogienforschung die verwandtschaftliche Abkunft der Organismen ohne Interesse, da diese überhaupt nichts auszusagen vermag über die Ursachen der übereinstimmenden Gestaltungen (des cactoiden Wuchses, der Angleichung von Schmetterling und Kolibri usw.). Hier erscheinen allein das Milieu, die Umwelt und die Lebensweise mit allen ihren Eigenschaften bedingend.

Im Folgenden sollen – und das wird der Duktus des gesamten Buches sein – beide Begriffe, Homologie wie Analogie, und die damit verbundenen Betrachtungsweisen ernst genommen und gelegentlich ein Standpunkt eingenommen werden, der gewissermaßen *über* den Gegensätzen steht und beide einbezieht. Das dürfte gerade im Fall der Wirbelmetamorphose von Vorteil sein. Dabei soll zunächst gar nicht die Herkunft und die Natur des Materials interessieren, sondern der Ausdruck, die «Aussage» der Gestaltbildung, die sich im einzelnen Wirbel findet. Erst

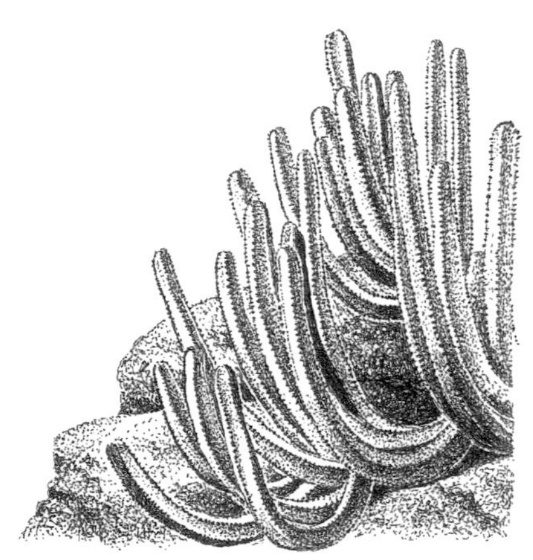

Abb. 5: Oben die mehr als mannshohe Kaktee *Neoraimondia rosiflora* aus der peruanischen Küstenwüste, unten die ebenso große Wolfsmilch *Euphorbia canariensis* von den Trockenhängen Teneriffas. (Aus Suchantke 1982.)

nach dieser Betrachtung der Grundgestalt wird die Frage nach den *Vorgängen* gestellt, die zur Bildung und Umbildung führten.

Nimmt man einen Wirbel irgendwo annähernd aus der Mitte der Wirbelsäule heraus, etwa im oberen Brustbereich (Abb. 1a, S. 22), dann zeigen sich in relativ ausgewogener Komposition drei Bildungs-«Gesten» in entsprechenden Formtendenzen: zum einen der massive *Wirbelkörper,* daneben der halbkreisförmig ausgespannte *Wirbelbogen* und schließlich die zentrifugal ausgerichteten *Querfortsätze* und der median dem Wirbelbogen aufsitzende *Dornfortsatz.* Jede dieser Bildungen ist der perfekte Ausdruck ihrer jeweiligen Funktion:

- Die massiven Wirbelkörper bilden, übereinander getürmt, die zentrale Achse des Körpers, mit der alle übrigen Teile des Skelettes verbunden sind, die sie zusammenhält, trägt und zur Einheit verbindet.
- Der Neuralbogen umhüllt das Rückenmark und bildet mit seinesgleichen eine (allerdings nicht völlig geschlossene) Röhre.
- Die Fortsätze schließlich dienen der Anheftung der Muskulatur und der Rippen.

Dieser Bau ist allen Wirbeln des Menschen eigen, lediglich die Gewichtung der einzelnen Teile ist (bis hin zum Verschwinden eines der Elemente) je nach Lage verschieden. Diese Tatsache ist durchaus funktionell bedingt: Von einer Mittellage im Brustbereich werden nach oben, gegen den Kopf hin, die Wirbelkörper immer kleiner und schwächer, bis sie im obersten Wirbel, dem Atlas, gänzlich verschwunden sind (der seinen Körper an den nächstfolgenden, den Axis, abgegeben hat, dem er als kleiner Zapfen aufsitzt und um den sich der ringförmige Atlas drehen kann). Umso mächtiger und ausladender wird der Wirbelbogen, dessen Lumen nach oben, kopfwärts, von einem zunehmend mächtigeren Rückenmark ausgefüllt wird. Zuoberst, im Axis, ist (wie bereits betont) nur noch Wirbelbogen vorhanden.
Entgegengesetzt verhält es sich in umgekehrter Richtung: Die Wirbelkörper werden immer massiver, sie haben ja auch ein zunehmend größeres Gewicht zu tragen, am stärksten im Beckenbereich. Ganz anders die Wirbelbögen, die immer kleiner werden (das Rückenmark hört bereits im oberen Lendenwirbelbereich auf). Und macht man dann den Sprung über das Becken hinaus – das in den beiden Darmbeinschaufeln und den damit korrespondierenden Wirbelflügeln den Druck seitlich auf die Gliedmaßen ableitet –, dann kommt man zu den unentwickeltsten Teilen des menschlichen Skelettes, zum Steißbein mit seinen winzigen Andeutungen von Wirbeln, die jetzt nur noch aus (funktionslosen) Wirbelkörpern bestehen.

Von einer harmonischen Mittellage aus kommt es also nach beiden Seiten hin zu immer stärker werdender Vereinseitigung und Schwerpunktbildung, wobei nach unten das massive Element des Wirbelkörpers zunehmend an Boden gewinnt, einen Bildungsgestus verkörpernd, der erst in der Vereinigung mit seinesgleichen das Gestaltungsprinzip offenbart, das er vertritt: das *axiale Element,* das sich in den Gliedmaßen, aber auch den Rippen und vor allem in der Säule des Rückgrates darstellt. Ihm diametral gegenüber steht das *sphärische Bildungsprinzip,* das im Hirnschädel sein Zentrum und seinen Höhepunkt besitzt. Nicht uninteressant ist in diesem Zusammenhang auch die Tatsache, dass die Verknöcherung der Wirbel im Hals- und Brustbereich in den Wirbel*bögen* beginnt, im Lendenbereich dagegen in den Wirbel*körpern*.[30]

Nimmt man alles zusammen, dann erweist sich die Wirbelsäule als Brücke, eingespannt zwischen *zwei Bildungsfelder polarer Natur,* zwei morphogenetische Felder. Das eine Feld regt *axiale* Gestaltungen an und hat sein Zentrum ganz offensichtlich in der Region der unteren Gliedmaßen und konvergierend im Beckenbereich; in der Wirbelsäule manifestiert es sich in den Wirbelkörpern; sein kopfwärts abnehmender Einfluss äußert sich im zunehmenden Bedeutungsverlust der Wirbelkörper. Entgegengesetzt dazu ist die Bildetendenz, die zu *sphärischen,* die Nervensubstanz umhüllenden Bildungen führt. Diese Tendenz steigert sich beim Übergang vom letzten Wirbel – der ja ohnehin nur noch den umhüllenden Teil ohne Wirbelkörper ausbildet – zum Gehirnschädel, in dem sich jetzt nicht nur einer, sondern mehrere Knochen zur sphärisch das Gehirn umhüllenden Rundform vereinen. Der Hirnschädel stellt eine *Steigerung* der in den Wirbelbögen ausgedrückten Bildetendenz dar! *Diese Bildetendenz ist die gleiche wie in den Wirbeln,* das Material jedoch, in das sie sich einprägt, ist jeweils ein anderes.

Eine Zwischenbemerkung: Der Begriff der «morphogenetischen Felder» ist im Bereich der embryologischen Forschung seit langem geläufig (und seine Erweiterung und Umbenennung in «morphische Felder» durch Sheldrake[31] unter Einbeziehung anderer, zweifellos verwandter Phänomene sicherlich nicht unberechtigt, aber ohne Belang für die hier erörterten Fragen). Erst kürzlich wurden die bahnbrechenden Untersuchungen auf diesem Gebiet durch C. Nüsslein-Vollhardt[32] (Abb. 88, S. 171) durch die Verleihung des Nobelpreises gewürdigt: Morphogenetische Felder bestimmen bereits im unbefruchteten *Drosophila*-Ei Vorder- und Hinterpol des späteren Embryos, rechte und linke, ventrale und dorsale Körperseite und die Anordnung und Differenzierung der Körpersegmente. Für diese Differenzierung und die in ihr veranlagten Organbildungen sind jeweils bestimmte Proteine zuständig, deren Verteilung im Ei und im Embryo genetisch festgelegt ist. Damit sind die Fragen nach dem Zustandekommen der «differenzierten Einheit» des Organismus natürlich nicht beantwortet, sondern lediglich zurückverschoben: Wer oder was ruft die jeweiligen Gene in dem Moment auf, in dem sie aktiv werden sollen, und, mehr noch, koordiniert ihre Aktivitäten? An dieser Stelle, wie üblich, die zufälligen Mutationen als Deus ex machina einzuführen, kann die Frage auch nicht beantworten: Wo viele Faktoren koordiniert zusammenwirken, kann von Zufall keine Rede sein,[33] vor allem dann nicht, wenn es sich nur um einen Teil, eine einzelne Zelle aus einer Blastozyste handelt, aus der dann, wie im Fall der eineiigen Mehrlinge, ein ganzer Organismus wird. Also muss der wirkliche «Organisator» eine von Art und Anzahl des Materials unabhängige Existenz haben. Deutlich wird dieser Tatbestand auch dadurch, dass das Ordnungsgefüge des Organismus längst vor dessen physischer Verwirklichung da ist und sich der Organismus als zwar nicht sinnlich wahrnehmbare, aber sich auf der sinnlich-materiellen Ebene verwirklichende Bildekräfte-Gestalt allmählich inkarniert und das organische Material zu seinem Abbild ausgestaltet.

Aber zurück zu dem unterschiedlichen Material der Schädel- und der Wirbelknochen. Für die Homologienforschung liegen Fragestellungen der soeben erörterten Art außerhalb ihres Bereiches. Sie sieht nur, dass es sich um organisches Material unterschiedlicher Herkunft handelt, und damit ist der Fall für sie erledigt. Und es macht keinen Sinn, immer noch auf etwas zu beharren, was die vergleichende Anatomie längst und mit überzeugenden Argumenten widerlegt hat. Es ist eben *nicht* das physisch-organische Material, in dem die Anlage zu dieser oder jener Bildung steckt, sondern eindeutig die *Bildekräfte-Konstellation*, die sich betätigt, gleichgültig, um welches Material es sich handelt, Deck- oder Ersatzknochen; diese sind ja selber bereits das Ergebnis derartiger Wirkungen! Im Schädel ab- und umgewandelte Wirbel sehen zu wollen ist letztlich Materialismus – als seien es Eigenschaften und Fähigkeiten des Materials.

Rudolf Steiner formuliert das sehr eindeutig in einer leider etwas versteckten und dadurch leicht zu übersehenden Fußnote zu Goethes Abhandlung über den Zwischenknochen,[34] die an Klarheit nichts zu wünschen übrig lässt, wenn man sich verdeutlicht, was mit «äußerer Analogie» und «innerer Identität» gemeint ist: «Die Schädelknochen sind bei ihm (d.h. bei Goethe, Anm. A.S.) den Wirbelknochen verwandt, weil letztere die erste Ausgestaltung einer Idee sind, aber die noch unvollkommene, und diese Ausgestaltung in den Schädelknochen erst vollkommen wird, weil sich in den beiden Bildungen auf verschiedene Weise ein und dasselbe äußert. Bei Goethe ist die äußerliche Analogie nichts Ursprüngliches, sondern bloß die Folge der *inneren* Identität. Bei der modernen Morphologie ist jene äußere Verwandtschaft das Ursprüngliche, die ideelle Identität nur die Folge dieser.»

Wenn wir zum Schluss einen Blick zurück werfen, dann zeigt sich, dass im Verlauf der Betrachtungen zwei Ebenen erkennbar wurden, auf denen sich das Bildegeschehen abspielt:

1. Der Gestaltwandel der Wirbel, verfolgt von der Mitte der Wirbelsäule aus nach beiden Seiten. Sichtbar wurde dabei das starke *Variieren* des Verhältnisses von Wirbelkörper und Wirbelbogen auf der *physischen* Ebene. Nach der kaudalen Seite vergrößert sich der Wirbelkörper bis zu absoluter Dominanz, im Occipitalbereich schiebt sich dagegen der Wirbelbogen immer stärker in der Vordergrund.

2. Auf der Ebene der gestaltbildenden (morphogenetischen) Wirksamkeiten – nennen wir sie Bildekräfte – wurden zwei polare Kräftefelder erkennbar, von denen das eine, mit Schwerpunkt im Kopfbereich, die Bildung von abschirmenden *Hüllformen* anregt; es ist am stärksten im Bereich des Gehirnschädels wirksam und strahlt von dort in die Wirbelsäule hinein aus, in Schädelnähe naturgemäß am stärksten wirksam (Dominanz der Wirbelbögen), während es mit zunehmender Entfernung an Einfluss verliert und mehr und mehr ersetzt wird durch die Wirksamkeit der polaren Bildetendenz, die zu *axialen Bildungen* führt und sich in zunehmender Dominanz der Wirbelkörper ausdrückt. Sicherlich werden sich auch hier bestimmte Gene und Proteine finden, welche die jeweiligen Formbildungen auslösen (aber nicht verursachen!). Woher es kommt, dass sie in der Kopfregion «innenzentriert» wirken und in der Gliedmaßenregion «umkreishaft», ist damit naturgemäß nicht beantwortet, ebenso wenig wie die Existenz der ausgleichenden, die Polaritäten verbindenden und zu gegenseitiger Ergänzung bringenden Mitte. In diesen Ordnungsprinzipien drückt sich die Existenz einer übergeordneten Gesamtkomposition aus, eines *Bildekräfteleibes*, der vor jeder physischen Manifestation als «Dirigent» anwesend und tätig ist und sich in der leiblichen Entwicklung des Organismus seinen physischen Ausdruck verschafft; er ist in seinem Antagonismus von Umkreishaftigkeit und Innenzentrierung offensichtlich grundlegendes Merkmal jedes Organismus.

Goethe erkannte oder erahnte, dass der Wirbel in gewissem Sinne das archetypische Element des Skelettes ist, nicht weil alle anderen Knochen ihrem Material nach mit ihm identisch und deshalb aus ihm ableitbar (= homolog) wären (dann müssten schließlich auch die Gliedmaßenknochen transformierte Wirbel sein), sondern weil er deutlicher als alle anderen Teile des Skelettes die *beiden polaren Bildegebärden in sich vereinigt*, die in den übrigen Bereichen des Skelettes in unterschiedlich starker Vereinseitigung auftreten.

Eine dritte Ebene sei lediglich angedeutet, da sie sich sowohl außerhalb des mit den Sinnen Beobachtbaren wie jenseits des rein gedanklich Erschließbaren befindet. Dass wir überhaupt von ihr wissen, ist Hinweisen Rudolf Steiner zu verdanken.[35] Es handelt sich um eine gänzlich anders dimensionierte Art von Umbildung und betrifft die Umwandlung der strahligen Röhrenknochen in die sphärischen Teile des Schädelskelettes, und zwar auf dem Wege von einer Inkarnation des Menschen zur nächsten. Selbstverständlich handelt es sich auch hier nicht um die physischen Knochen (was eine absurde Vorstellung wäre), sondern um die in den jeweiligen morphogenetischen Feldern wirksamen Gestaltungsqualitäten – sie sind es, die sich «umstülpen» (Steiner). Zwei Verständnisansätze bieten sich hier an, der erste durchaus ungenügend, weil auf Analogieschlüssen beruhend, der zweite rein symbolischer Natur. Zum ersten: Die Skelettbildungsform der sphärisch die Weichteile umhüllende Kapsel oder Schale ist entwicklungsgeschichtlich das älteste Prinzip, während das strahlig gebaute Innenskelett vor allem der Gliedmaßen eine späte, phylogenetisch junge Errungenschaft darstellt. Sollte sich letzteres – wie auch immer – in Kopfknochen umwandeln, so würde sich tatsächlich etwas Jugendliches, Entwicklungsoffenes in etwas Gealtertes, Ausgereiftes metamorphosieren. Der andere Zugang, symbolischer Art, gehört dem Bereich der geometrischen Transformationen an. Bestimmte Bereiche der Mathematik und Geometrie haben sich als gute Versinnbildlichungen von Bildeprozessen des Lebendigen erwiesen.[36] Eine dieser Transformationen nun ist deshalb interessant, weil sie die Umwandlung der Linie in die Kreisform darstellt, in einem Vorgang, der von der räumlichen Ebene ausgehend diesen Bereich ins Nichträumliche verlässt, um am Ende wieder in den Raum einzutreten. Ernst Schuberth war als Mathematiker so freundlich, diese Verwandlung in ihren einzelnen Schritten darzustellen. Des unvermeidlichen Umfanges wegen und um den laufenden Text nicht allzu sehr zu unterbrechen, sind diese Formulierungen im Anhang auf S. 306 ff. wiedergegeben.

3.
«Vorwärts und rückwärts ist die Pflanze immer nur Blatt.» Bildetendenzen im Blattbereich

Alles nur Blatt?

Ist für Goethe der Wirbel der «Ur-Knochen», das Grundelement des Skelettes, aus dem sich alle übrigen Teile ableiten lassen, so ist ihm in noch weit stärkerem Maße das Blatt das Urelement der Pflanze. Versuchen wir uns damit in ähnlicher Weise wie zuvor bei der Wirbeltheorie auseinander zu setzen, um tiefer in das Verständnis der Metamorphose-Idee einzudringen.

1823 betitelt Goethe eine kurze Notiz mit der Bemerkung: «Bedeutende Förderung durch ein einziges geistreiches Wort» und nimmt damit Bezug auf eine Äußerung des Anatomen Heinroth, Goethes Denken sei «gegenständlich». Er zeigt sich erfreut darüber, dass sein Denken konkret, objekt- und damit wirklichkeitsbezogen sei und nicht, losgelöst von der Realität, in abstrakten Höhen den Kontakt mit der Wirklichkeit verlöre.[37]

Beim Verfasser dieser Zeilen war es nicht ein Wort, sondern ein ganzer Satz, auch nicht *über* Goethe, sondern von ihm selbst, ersichtlich in euphorischem Überschwang geschrieben, der ihm, dem Autor dieses Buches, zunächst anstößig erschien und Grund zum Hadern mit dem großen Manne gab. Im Lauf der Zeit begann der Satz aber auf unerwartete Weise einzuleuchten und lenkte den Blick in Richtungen, die vorher im Dunkeln lagen und in ähnlicher Weise wie bei der so genannten Wirbeltheorie des Schädels zu Denkbewegungen anregte, durch die sich das Dunkel allmählich aufhellte.

Es handelt sich – wie in der Kapitelüberschrift bereits verkürzt wiedergegeben – um einige Formulierungen in dem berühmten Brief, den Goethe am 17. Mai 1787 aus Neapel an Herder schreibt und in dem er voller Begeisterung von seiner Entdeckung der Urpflanze berichtet.[38] Nach einigen allgemeinen Sätzen wird es konkret: «... es war mir nämlich aufgegangen, dass in demjenigen Organ der Pflanze, welches wir als Blatt gewöhnlich anzusprechen pflegen, der wahre Proteus verborgen liege, der sich in allen Gestaltungen verstecken und offenbaren könne.

Vorwärts und rückwärts ist die Pflanze immer nur Blatt.» An anderer Stelle wird das dann noch im Einzelnen exemplifiziert: «Alles ist Blatt. Und durch diese Einfachheit wird die größte Mannigfaltigkeit möglich … Ein Blatt, das nur Feuchtigkeit unter der Erde einsaugt, nennen wir Wurzel. Ein Blatt, das von der Feuchtigkeit ausgedehnt wird, p.p. Zwiebeln. Bulbus. Ein Blatt, das sich gleich ausdehnt, einen Stiel. Stängel».[39]

Was für eine grenzenlose Verallgemeinerung – alles ist Blatt! Dass die Wurzel eine Bildung sui generis ist und durchaus kein umgebildetes Blatt, das ist Goethe dann später schon noch aufgegangen. In seinen «Vorarbeiten zu einer Morphologie» aus den neunziger Jahren des 18. Jahrhunderts[40] gibt er eine Gliederung des umfangreichen Stoffes – ein bemerkenswertes und reifes Resultat jahrelanger Beschäftigung mit der Metamorphose. Obwohl der Aufsatz nie zu voller Ausarbeitung gelangte, enthält er doch wesentliche Charakterisierungen der pflanzlichen Lebensform, ihrer Bildungen und Umbildungen, und auch die Wurzel wird in einer ihr angemessenen Weise zumindest erwähnt:

Auf Abschnitt III, «Organische Einheit» (auf dessen Wiedergabe an dieser Stelle verzichtet werden kann), folgt Abschnitt IV, «Organische Entzweiung», aus dem folgende Passagen zitiert seien:

«Kurze Darstellung des Dualismus der Natur überhaupt.
Übergang auf die Pflanze.
....
Keim der Wurzel und des Blattes.
Sie sind miteinander ursprünglich vereint, ja eins lässt sich nicht ohne das andere denken.
Sie sind auch einander ursprünglich entgegengesetzt.
Wir beantworten die Frage, warum die Wurzelkeime sich abwärts, die Blätterkeime sich aufwärts entwickeln, dadurch, dass wir sagen, sie seien einander nach dem allgemeinen Naturdualism, der hier in ihnen spezifiziert ist, entgegengesetzt.
Indessen lässt sich über die näheren Bedingungen etwas sagen.*
Eine Pflanze, wie jedes Naturwesen, lässt sich nicht ohne umgebende Bedingungen denken.
Sie verlangt eine Basis der Existenz zur Befestigung, zur Hauptnahrung der Masse nach.
Sie verlangt Luft und Licht zur mannigfaltigen Entwicklung, feinere Nahrung zur Ausbildung.
Wir finden, die Wurzel bedürfe der Feuchtigkeit und der Finsternis, das Blatt des Lichtes und der Trockne, um sich zu entwickeln.
Und so sind die Bedürfnisse von Anfang an einander entgegengesetzt.
An jedem Knoten, ja an noch viel mehreren Punkten des Pflanzenkörpers, kann sich die Wurzel entwickeln, wenn die Bedingungen, Feuchtig-

* Die anschließenden Zeilen zeigen, wie weit sich Goethe darüber klar war, dass die Pflanze überhaupt nur unter Einbeziehung ihrer Umwelt – ihrer *Mit*welt – zu verstehen ist. Der ökologische Aspekt ist bei Goethe durchaus da und taucht immer wieder auf, zu einer Ausarbeitung kommt es allerdings nicht.

keit und Finsternis, ja nur jene gewissermaßen allein, gegenwärtig ist.
An jedem Punkt der Pflanze kann sich der Blattkeim entwickeln, sobald Licht und Trockne darauf wirken.
Beispiele.
Hauptunterschied des Wurzel- und Blattkeims,
Jener bleibt immer einfach.
Es ist nur eine Fortsetzung der Fortsetzung ohne Mannigfaltigkeit.
Dieser entwickelt sich aufs Mannigfaltigste und nähert sich stufenweise der Vollendung.
...............»

Im letzten Satz ist Goethes «Metamorphose der Pflanzen» wie in einer Essenz zusammengezogen. Und im vorausgehenden Satz wird klar, warum die Wurzel dabei nicht vorkommt: Eine «Fortsetzung der Fortsetzung ohne Mannigfaltigkeit» enthält nichts, was sich stufenweise der Vollendung nähern könnte. Goethe konnte im Rahmen seiner Darstellung der Pflanzenbildung und -umbildung, die sich über eine dreimalige Ausdehnung und Zusammenziehung hinweg steigert, mit der kaum wandlungsfähigen Wurzel ganz einfach nichts anfangen. Er versucht denn auch gegen Ende seines Lebens, als er der ständigen Fragen überdrüssig war, warum er bei der Darstellung seiner «Metamorphose» die Wurzel weggelassen habe, unter dem Titel «Unbillige Forderung» sein Vorgehen zu begründen: «Vor den Wurzeln hab ich so viel Respekt als vor dem Fundament des Straßburger und Cölner Doms, und wie es damit beschaffen ist, ist mir auch nicht ganz unbekannt geblieben ..., aber unsere eigentliche Betrachtung des Gebäudes fängt an von der Oberfläche.»[41] Der nicht eben glückliche Vergleich spricht für sich und offenbart die Bedeutung, die in Goethes Augen die Wurzel hat. Und er sagt es dann selber, mit aller wünschenswerten Deutlichkeit, im Schlussabsatz: «Die Wurzel, sie ging mich eigentlich gar nichts an; denn was habe ich mit einer Gestaltung zu tun, die sich in Fäden, Strängen, Bollen und Knollen und, bei solcher Beschränkung, sich nur in unerfreulichem Wechsel allenfalls darzustellen vermag, wo unendliche Varietäten zur Erscheinung kommen, niemals aber eine Steigerung; und diese ist es allein, die mich auf meinem Gange, nach meinem Beruf an sich ziehen, festhalten und mit sich fortreißen konnte. Gehe doch ebenmäßig jeder seinen Gang und schaue auf das, was er leistete, in vierzig Jahren zurück, wie uns ein guter Genius zu tun vergönnt hat.»

Sie waren dem schönheitsempfänglichen Augenmenschen ganz einfach zuwider, die «Bollen und Knollen», er konnte ihrer Formlosigkeit nichts abgewinnen. Aber man sollte diese Äußerungen nicht nur so obenhin lesen, offenbart Goethe doch in den wenigen Zeilen vieles von dem, was ihm innerstes Anliegen bei seinen Forschungen war. Er sah in der Metamorphose ein universelles Prinzip, das keineswegs auf die Pflanze beschränkt ist. Gelegentliche Äußerungen in Gesprächen verraten es: «Es ist immer nur dieselbe Metamorphose oder Verwandlungsfähigkeit der Natur, die aus dem Blatt eine Blume, eine Rose, aus dem Ei eine Raupe und aus der Raupe einen Schmetterling heraufführt», bemerkt er 1813 gegenüber Falk;[42] und Sulpice Boisserée übermittelt uns zwei Jahre später die Ansicht Goethes: «Alles ist Metamorphose im Leben, bei den Pflanzen und den Tieren, ja bis zum Menschen, und bei diesem auch.» Und dann, in dem immer etwas saloppen Stil Boisserées: «Es ist alles so einfach und immer dasselbe, es ist wahrhaft keine Kunst, unser Herr Gott zu sein, es gehört nur ein einziger Gedanke dazu, wenn die Schöpfung da ist.»[43]

Von all dem soll die Wurzel ausgenommen sein? Das ist nicht einzusehen und entspricht Goethes ganzheitlichem Denken durchaus nicht! Vielleicht bietet sich doch ein Zugang, ausgehend von den eingangs zitierten überschwänglichen Passagen des Briefes an Herder: «Vorwärts und rückwärts ist die Pflanze immer nur Blatt.» In diesem Satz steckt eben doch eine großartige, das Wesen der Pflanze im Kern treffende Charakterisierung – in einer Form, die vielleicht die Wurzel mit einbezieht? Wir werden sehen ...

Bei der Formulierung, die Pflanze sei «vorwärts und rückwärts» Blatt, geht es nicht so sehr um die Entdeckung, dass letztlich alle oberirdischen Bildungen, die nicht Sprosscharakter tragen, Blattorgane sind, gleichgültig, ob Stängel-, Kelch-, Kron-, Staub- oder Fruchtblätter; es geht vielmehr um die Grundeigenschaften des Blattes, ganz und gar *Oberfläche* zu sein. In keinem anderen Organ drückt sich das Wesen der Pflanze so klar und umfassend aus wie im Blatt, Oberflächen zu bilden, Außenseiten, und diese Eigenschaft trifft auf die Wurzel ganz genauso zu. Wohlgemerkt: Die Wurzel ist dem Blatt nicht etwa homolog und stellt kein metamorphosiertes Blatt dar. Aber dieses besitzt eben doch morphologische und physiologische Elemente, die, gesteigert und vereinseitigt, auch in der Wurzel anzutreffen sind. Darüber hinaus tritt dann noch anderes hinzu, das sich im Blatt nicht findet, im Allgemeinen wenigstens nicht; immerhin gibt es ja auch Fälle, in denen die Blätter die Funktion der Wurzel übernehmen: bei wurzellosen epiphytischen oder wüstenbewohnenden Bromeliazeen (Ananasgewächsen), bei denen die angewehten Mineralstoffe durch Blattschuppen aufgenommen werden. So können Blätter Wurzelfunktionen übernehmen; umgekehrt benutzen epiphytische Orchideen abgeflachte und ergrünte Luftwurzeln als zusätzliche Organe der Photosynthese. Was schließlich die Oberflächenbildung im Wurzelbereich angeht, so ergaben Messungen ein Vielfaches an Oberflächen im Vergleich mit dem Laubblattbereich – verständlich, da sie hier drei- und nicht nur zweidimensional sind wie bei den Blättern. Nimmt man die gewaltigen Oberflächen hinzu, die nicht nur durch die nahezu unbegrenzte Verzweigung der Wurzeln und Wurzeläste, sondern vor allem durch den dichten, pelzartigen Besatz mit Wurzelhaaren erreicht werden, dann ergeben sich staunenswerte Größenordnungen. In einem Versuch, in dem man eine Roggenpflanze in einem Behälter wachsen ließ und die Wurzeln nach vier Monaten vermaß, ergab sich für die Wurzeln (ohne Wurzelhaare) eine Gesamtlänge von 623 km (387 Meilen), mit Wurzelhaaren von 11.263 km (7.000 [siebentausend!] Meilen, die gesamte Oberfläche betrug ohne Wurzelhaare 23.727 m^2, mit Wurzelhaaren 65 032 m^2 – das Ganze zusammengedrängt auf einen knappen Kubikmeter: ein Phänomen jenseits allen Vorstellungsvermögens![44]

Dass sich der ober- und der unterirdische Teil der Pflanze ergänzen, ist im Grunde selbstverständlich. Die Wachstumsbewegungen des oberirdischen Teiles werden kontinuierlich durch Entsprechungen im Wurzelbereich begleitet. Kommt es beispielsweise vor und während der Blühphase bei einem einjährigen Kraut *(Senecio vulgaris)* zu Verzweigungen und zur Ausbildung von Seitensprossen, so bilden sich, wie die Untersuchungen von J. Bockemühl ergaben,[45] ebenfalls vermehrt Seitenwurzeln, die von der Hauptwurzel ausgehen und zahlreiche Seitentriebe ausbilden. Blatt und Wurzel sind einander ergänzende Hälften ein und desselben – der in sich differenzierten, besser: polarisierten Pflanze, die in erster Linie Oberfläche, Grenzfläche ist und deren Inneres quantitativ völlig unbedeutend erscheint und sich, verglichen mit der Organisation selbst niederer Tiere, denkbar einfach darstellt. Hier zeigt sich ein fundamentaler Unterschied gegenüber der Tierwelt, deren Evolutionsmotiv eine zunehmende innere Komplizierung und Differenzierung ist, jedenfalls in der Entwicklungslinie der Wirbeltiere. Ein echtes «Innen» kennt die Pflanze nicht – wie viele Stängel sind hohl (z.B. beim Löwenzahn) oder bestehen als Stämme fast ganz aus totem Holz!

Im Gegensatz zum Tier ist die Oberfläche der Pflanze nicht Grenze, die durch Haare, Schuppen, Federn oder durch Panzerung das Innere gegen die Umwelt abschirmt, sondern transparenter Filter und Durchgangsfläche, unter und an der die prozesshafte Begegnung der Stoffe stattfindet, die einerseits aus der umgebenden Atmosphäre herankommen, aus dem Luft- und Lichtraum, andererseits aus der Wasser-Mineralsphäre des Bodens: Das «Innen» der Pflanze ist ihr Umkreis! Beides, zunächst aus dem außerorganischen Umkreis stammend, wird in diesem Grenzflächenbereich von den Lebenskräften des Organischen ergriffen und auf eine höhere Stufe emporgehoben. Verdichtungsprozesse durchdringen sich mit Lösungs- und Strömungsvorgängen: Einerseits wird aus gasförmigen und flüssigen Komponenten Traubenzucker gebildet, zu Stärke und Zellulose verfestigt, andererseits werden die ursprünglich festen Mineralsalze der Erde in gelöster Form in die lebendigen

Strömungsbewegungen des Zelleiweißes aufgenommen. Ausdruck davon sind die beiden Flüssigkeitsströme, die in gegenläufigem Sinn die zentrale Achse durchziehen.

Wir haben es hier mit Verdichtung und Auflösung zu tun, mit «Zusammenziehung und Ausdehnung», um das Begriffspaar aufzugreifen, das von Goethe stammt und das er beweglich und in Fluss gehalten wissen wollte: «Bei der fortschreitenden Veränderung der Pflanzenteile wirkt eine Kraft, die ich nur uneigentlich Ausdehnung und Zusammenziehung nennen darf. Besser wäre es, ihr ein x oder y nach algebraischer Weise zu geben, denn die Worte Ausdehnung und Zusammenziehung drücken diese Wirkung nicht in ihrem ganzen Umfange aus. Sie zieht zusammen, dehnt aus, bildet aus, bildet um, verbindet, sondert, färbt, entfärbt, verbreitet, verlängt, erweicht, verhärtet, teilt mit, entzieht, und nur allein wenn wir alle ihre verschiedenen Wirkungen in *einem* sehen, dann können wir das anschaulicher kennen, was ich durch diese vielen Worte zu erklären und auseinander zu setzen gedacht habe …»[46]

Formenwandel in der Evolution einer Pflanzenfamilie: Der Weg der Kakteen vom Wald in die Wüste und wieder zurück in den Wald

Blatt und Wurzel sind in der Regel gestaltlich klar definierte Organe, andererseits lassen sie sich aber auch, entsprechend ihrer Funktionen, als *Tätigkeiten* charakterisieren. Und dann können, wenn es nötig ist, auch andere Organe an die Stelle von Wurzeln und Blättern treten und deren Aktivitäten übernehmen, wie wir bereits am Beispiel der Bromeliazeenblätter sahen, die Wurzelfunktionen, und der Orchideenwurzeln, die Blattfunktionen ausüben.

In anderen als den erwähnten Fällen kann das dann bis in verblüffende gestaltliche Übereinstimmungen gehen: bei Organen, die in Wirklichkeit ganz anderer Herkunft sind und gewissermaßen Stellvertreterfunktionen übernehmen. Wer in schattigen, aber relativ trockenen Laubwäldern südlich der Alpen, im Tessin etwa, aufmerksam die Vegetation beobachtet, dem sind vielleicht die niedrigen, derben, dunkelgrünen Büsche des Mäusedorns *(Ruscus aculeatus)* aufgefallen, vor allem dann, wenn leuchtend rote Beeren oder kleine weiße Blütchen an seinen ovalen und zugespitzten, ledrig harten Blättchen sitzen. Aber – Früchte und Blüten an Blättern? Das ist doch nicht möglich, das gibt es bei keiner Pflanze! Blätter können in manchen Fällen der *vegetativen* Fortpflanzung dienen, durch Ableger (etwa bei *Bryophyllum* oder bei Begonien), aber niemals Organe hervorbringen, die wie Blüten der sexuellen Vermehrung dienen. Auch der Mäusedorn kann es nicht – genaues Hinsehen zeigt nämlich, dass die echten Blätter zu kleinen Schuppen reduziert sind und stattdessen Sprossglieder, Verzweigungen des Stammes also, blattartig abgeflacht sind und als so genannte *Phyllokladien* die Funktion der Blätter übernehmen (vgl. Abb. 6).

Bildungen solcher Art sind Beispiele für die unglaubliche Plastizität der Pflanze, die ihre Gestalt je nach den Gegebenheiten des Wuchsortes abzuwandeln in der Lage ist. Im ersten Kapitel wurde bereits der Hinweis Goethes auf das Zusammenspiel des Archetypus, der «Urpflanze», mit den lokalen Bedingungen zitiert: «Reichlich genährt durch die Feuchte der Täler, verkümmert durch die Trockne der Höhen kann das Geschlecht sich zur Art, die Art zur Varietät und diese wiederum durch andere Bedingungen ins Unendliche sich vermehren».[47] Goethe wurde zu dieser Bemerkung durch den Wandel der Pflanzenwelt angeregt, der ihm beim Überqueren der Alpen auffiel. Erstaunlich dabei ist lediglich das Fehlen jedes Hinweises darauf, in welch hohem Maße die Pflanze unter diesen Umständen zum Ausdruck, ja geradezu zum Abdruck der jeweiligen Umgebungsverhältnisse ihres Lebensraumes wird, der «Feuchte» oder der «Trockne», der Klima- und der Bodenverhältnisse allgemein. Das ist ja in einem so hohen Maße der Fall, dass bei ein wenig Erfahrung aus der Gestalt einer Pflanze, die in eine fremde Umgebung verbracht wurde, der ursprüngliche Lebensraum ohne Schwierigkeit rekonstruiert, besser: bildhaft gedanklich ergänzt werden kann – die Pflanze ist sozusagen die eine Hälfte des Ganzen, ihre Umwelt die andere.

Abb. 6: Mäusedorn *(Ruscus aculeatus)* mit großen roten Beeren und winzigen weißen Blüten auf der Oberseite der blattartigen Phyllokladien. Die echten Blätter sind als kleine Schuppen am Grund der Zweige und der Phyllokladien zu erkennen. (Aus Valdés et al.)

Die Folge davon ist zweierlei: Einerseits werden unter gleichen Lebensbedingungen Gewächse unterschiedlicher Verwandtschaft einander gestaltlich sehr ähnlich; umgekehrt können nah verwandte Pflanzen, die hinsichtlich Klima, Bodenverhältnisse usw. unterschiedliche Räume bewohnen, so verschieden gestaltet sein, dass ihre systematische Zugehörigkeit erst nach genauer Untersuchung festgestellt werden kann. Der erste Fall ist in besonders spektakulärer Weise bei Wüstenbewohnern vertreten.[48] Ob man in den extremen Trockenlandschaften Namibias, Perus oder sogar Teneriffas unterwegs ist, überall begegnen einem dieselben Säulenkakteen – scheinbar, denn nur in Peru sind es wirklich Kakteen, in den anderen Wüsten hingegen Wolfsmilch-(*Euphorbia*-)Arten. Gemeinsam ist ihnen und noch manch weiteren Vertretern anderer Familien (z.B. Korbblütlern [Asteraceen], Seidenpflanzen [Asclepiadaceen]) die *cactoide* Wuchsform (Abb. 5, S. 28), ausgezeichnet durch die Reduktion der Oberflächen auf ein Minimum durch Verzicht auf Blätter und durch Verdickung des Stammes zur Säulen- und schließlich zur Kugelform, also zum Körper mit der im Verhältnis zum Volumen kleinsten Oberfläche. Alles, was in den Umkreis hinausragt, stirbt ab und nimmt den Charakter trockener, harter Dornen und Stacheln an. Dieser

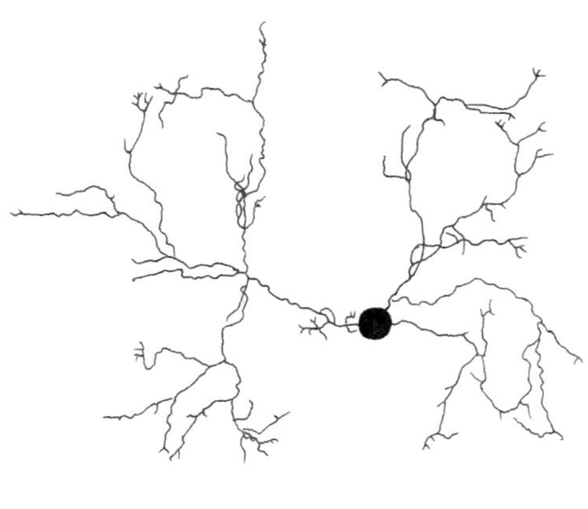

Rückzug des Organismus auf sich selbst ist die Antwort auf die Lebensfeindlichkeit der Umgebung, auf die höchst unregelmäßigen und viele Monate ausbleibenden Regenfälle. Unter der Erde allerdings findet die «Ergänzung» statt, hier herrscht Ausdehnung statt Zusammenziehung: Die Wurzeln mancher Kakteen (nicht aller; manche haben tief reichende Pfahlwurzeln) strahlen unmittelbar unter der Erdoberfläche weit nach allen Seiten aus, um beim geringsten Niederschlag, der kaum in den Boden eindringt, sofort und bevor es wieder verdunstet, ein Maximum an Wasser aufnehmen zu können.

Eine besonders formenreiche Familie unter diesen Gestalten ist die der eigentlichen Kakteen. Die Kugelgestalt ist sicherlich einer der Höhe- und Endpunkte der Kakteenevolution – wohlgemerkt einer; wir werden uns gleich noch mit anderen Entwicklungsrichtungen beschäftigen. Angefangen hat alles auf der Stufe normal belaubter Gewächse, wie sie in den *Rhodocactus*- und *Peireskia*-Arten der südamerikanischen Trockenwälder noch heute existieren. Es sind holzige, verzweigte Büsche oder kleine Bäumchen mit derbem, großblättrigem Laub, die noch keinerlei Kakteenhabitus aufweisen. Von nahem betrachtet, fallen allerdings die kakteentypischen, wild und lang bestachelten Alveolen entlang der Stämme und Zweige auf (vgl. Abb. 7) und die nicht weniger bezeichnenden rosa Blüten mit den großen, wächsernen Blütenblättern. Der «Weg in die Wüste», den die Angehörigen der Kakteenfamilie dann beschritten, führte zu dem erwähnten Verlust der Blätter (die bei jugendlichen Exemplaren aus der Verwandtschaft der Feigenkakteen *[Opuntia]* anfänglich noch gebildet und dann abgeworfen werden, vgl. Abb. 7) und zur Aufblähung des Stammes und seiner Bestimmung als Wasserspeicher.

Eigenartigerweise gibt es nun auch den entgegengesetzten Weg, und dies nicht etwa bloß zurück in den jahreszeitlich dürren und laublosen Trockenwald, sondern, höchst verblüffend, in den dauerfeuchten Regenwald! Eine umso erstaunlichere Tatsache, als die Grundvoraussetzung für das Leben in der dämmrigen Atmosphäre des Regenwaldes der Besitz großflächiger Blätter ist, wie es schließlich alle übrigen hier lebenden Gewächse zeigen, die aber den blattlos gewordenen Kakteen vollständig fehlen. Doch jetzt zeigt sich die unglaubliche Bildsamkeit und Wandlungsfähigkeit der Pflanzen: Da ohne Blätter kein Überleben möglich ist,

Abb. 7: Blätter und Blattrudimente bei primitiven Kakteen.
Oben: *Peireskia grandifolia* mit großen, bis 15 cm langen Blättern und typischen Kakteenstacheln. Darunter junge Sprosse einer *Opuntia* mit kleinen, fleischigen Blättchen, die später abfallen. (Aus Suchantke 1982.)
Unten: Das Wurzelsystem von *Ferrocactus wislizenii*, oben in Aufsicht, unten in Seitenansicht; die Wurzeln streichen in 2 cm Tiefe allseitig in den Umkreis. (Aus Walter 1968.)

werden «Blätter» eben aus anderen Organen gebildet! Es sind bei den Regenwaldkakteen – zu denen der jedermann bekannte Weihnachtskaktus *(Zygocactus truncatus)* gehört – die *Sprossglieder*, die nun die Funktion der Laubblätter übernehmen und deren Gestalt dazu. Da werden große Oberflächen gebildet durch Abflachung und seitliche Ausdehnung der Sprosse (die als solche immer daran zu erkennen sind, dass sie auseinander hervorsprossen, was echte Blätter bei Blütenpflanzen niemals tun; wenn es bei Farnen doch vorkommt, so zeigt das lediglich, dass Farnwedel keine echten Blätter sind, sondern Spross und Blatt bei diesen Gewächsen noch eine unentmischte Einheit bilden). Eichenblattartige und an Farne erinnernde, aber doch erheblich fleischigere und nicht selten erstaunlich große Bildungen kommen zustande, richtige «Blätter» (Abb. 8). Junge Pflanzen verraten oft noch ihre Herkunft durch rundlich dicke, vielkantige und bestachelte Stämmchen, mit denen ihr Wachstum begann, die sich dann rasch in die flächige und stachellose Form verwandeln (Abb. 8). Die Umformung ist nicht auf die Gestalt, auf die «neuen Blätter» beschränkt, sondern betrifft die gesamte Lebensweise: Es sind allesamt Epiphyten, die hoch in den Wipfeln der Urwaldbäume nisten (z.B. der Weihnachtskaktus in den Regenwäldern der brasilianischen Küstengebirge), als lange Ketten und Schnüre von den Ästen hängen (*Rhipsalis*-Arten) oder als Lianengewirr in den Zweigen herumklettern (z.B. die «Königin der Nacht» *Selenicereus grandiflorus)*.

Drastischer wohl als manch anderes Beispiel zeigt die Entfaltung der Kakteen, wie die Pflanze «nicht ohne umgebende Bedingungen» zu verstehen ist. In erheblich stärkerem Maße als ein Tier, das sich seiner Eigengesetzlichkeit entsprechend formt, ist die Pflanze kein Gebilde für sich, wie es der analysierende Verstand sieht, der sie aus ihrem Lebenszusammenhang herauslöst und als Isolat betrachtet. Sie steht vielmehr in ständigem Austausch mit dem Licht-Luft-Raum und den Wasser-Mineral-Verhältnissen des Bodens – im Austausch wohlgemerkt, denn sie gestaltet ihre Umwelt, besser: *Mit*welt, genauso mit, wie sie von dieser geformt wird. Gerade der Regenwald ist dafür ein konkretes Beispiel – er ist bis in sein Klima und die Bodenverhältnisse hinein durch und durch ein Produkt seiner Pflanzenwelt.[49]

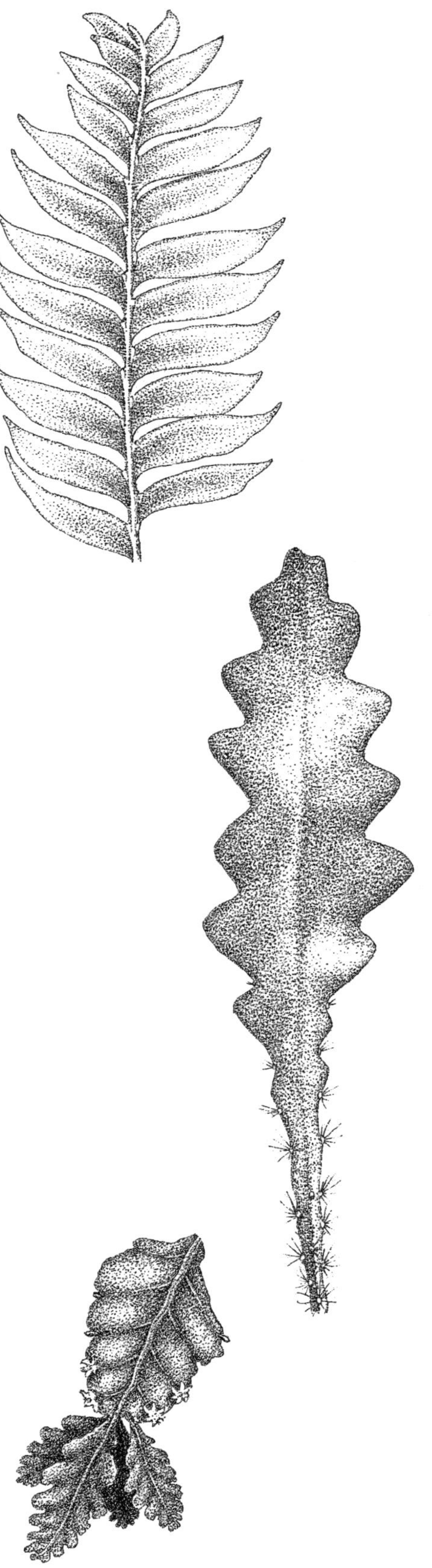

Abb. 8: «Blattkakteen». Oben *Marniera chrysocardium* und das eichenblattartige *Rhipsalis* (unten). Mitte: *Epiphyllum anguliger*, an dessen Basis das kakteentypisch geformte und bestachelte Jugendstadium noch zu sehen ist. (Aus Suchantke 1982.)

Das «Urblatt»: der Algenteppich der Ozeane

Die Pflanze, das zeigt sich in allen Bereichen, ist wirklich «vorwärts und rückwärts Blatt», und fehlt ihr dieses aus irgendeinem Grund, dann schafft sie es sich aus anderem Material. Sie hält sich nicht an die Homologiekriterien der Morphologen und bedient sich des Materials, das jeweils zur Verfügung steht. Das Blatt, gleichgültig welcher Herkunft, aber von charakteristischer Gestalt und mit typischer physiologischer Aktivität, ist mit seinen assimilierenden Fähigkeiten der Lebensermöglicher schlechthin. Es ist wirklich der «wahre Proteus» und *die älteste und ursprünglichste Erscheinungsform der Pflanze.* Eine zunächst befremdlich anmutende Behauptung – das flächige Laubblatt ist nachweislich eine späte Errungenschaft in der Evolution der Landpflanzen!

Anders sieht es jedoch aus, wenn wir von «Blatt» immer dann reden, wenn, wie bisher, seine spezifische Eigenart und seine Funktion betrachtet wird: durchlässige Grenzfläche zu sein, an der sich die Lebensprozesse im Zusammenführen der Substanzen und Kräftewirkungen des Luft-Licht-Raumes und der Wasser-Mineral-Sphäre abspielen, und ihre Steigerung zu einem höheren Dritten, der Pflanzengestalt.

Genau das führen heute noch die urtümlichsten aller Pflanzen vor, die Algen; nicht jene Arten, die als Tange im Küstensaum, im Grenzbereich von Wasser und Land wachsen, wo von der einen Seite her schon der dreidimensional gegliederte Raum des Festlandes in Klippen und Felsvorsprüngen hereinragt, und die in ihren eigentümlichen gestaltlichen Scheindifferenzierungen so mancherlei Anklänge an Landpflanzen zeigen. Nein, gemeint sind hier diejenigen Formen einfachster Algen, die *als zarte Oberflächenschicht das offene Meer überziehen und eine hauchdünne Grenzfläche auf dem Wasser bilden:* einzellige Kiesel- und Grünalgen, Dinoflagellaten und andere. Ihre Bezeichnung als «Einzeller» wird ihrer Lebenswirklichkeit in keiner Weise gerecht und ist ein Ergebnis unreflektierten Mikroskopierens, das für Wirklichkeit hält, was durch den zwischen den Beobachter und das Objekt geschalteten Apparat übermittelt wird. Nichts gegen den Gebrauch des Mikroskopes, aber doch bitte so, dass man dabei die durch Vergrößerung und Isolierung bewirkte Verfälschung eines normalerweise in seine Umgebung eingebundenen Objektes beachtet! In unserem Falle gibt es den einzelnen Einzeller, der in seiner Winzigkeit völlig bedeutungslos ist, in der Realität gar nicht: Die gewaltige Masse macht es, die *Gesamtfläche.*

Die ursprünglichste und erste Form pflanzlichen Lebens entsteht als Grenzfläche dort, wo sich Erde und Kosmos berühren, wo die beiden Sphären aneinander grenzen. *Das «Urblatt» entsteht,* noch kaum verdichtet, noch ohne jede Zusammenziehung vollkommen in der Ausbreitung, in der Ausdehnung lebend. Und diese erste Gestaltung pflanzlicher

Existenz ist so prototypisch – oder proteushaft –, dass sie in der ganzen weiteren Entwicklung des Pflanzenreiches als dasjenige Formbildungs- und Funktionsmotiv beibehalten wird, das allem anderen übergeordnet ist.

Die Blattgestalt – Ergebnis eines Zwiegesprächs von Erde und Kosmos

Bezeichnenderweise zeigt sich die Form des Blattes auch später, bei den hoch entwickelten Blütenpflanzen, gerade dann am reinsten, wenn diese wieder zum Wasserleben zurückkehren und ihre Blätter auf der Wasseroberfläche ausbreiten. Jetzt bildet sich das Blatt in größter Vollkommenheit und Einfachheit zugleich aus, die kreisrunde Form anstrebend als verkleinertes, «zusammengezogenes» Abbild der erdumspannend ausgedehnten Wasserfläche. Viele, gar nicht näher miteinander verwandte Blütenpflanzen verhalten sich da ganz übereinstimmend, die Seerosen *(Nymphaea)* allen voran (Abb. 9, S. 44), aber auch die winzigen Wasserlinsen oder der Froschbiss *(Hydrocharis morsus-ranae,* der auf französisch bezeichnenderweise Petit Nénuphar, Kleine Seerose, heißt), die goldgelbe Seekanne *(Nymphoides peltata;* Abb. 10, S. 45), ja sogar wasserbewohnende Farne gibt es darunter: die rundlich-ovalen Wedelchen der schwimmenden *Salvinia* (Abb. 13, S. 48) oder die eigenartigen vier «Fiedern» des Kleefarns *(Marsilia),* die sich, auf langem, dünnem Stängel nach oben strebend, im Kreisrund auf der Oberfläche ausbreiten (Abb. 10).

Die klare Vollkommenheit dieser Blattgestalten der Wasseroberfläche wird noch erhöht durch ihre innere Polarität – durch die Sonderung in die weit ausgebreitete gerundete Blattfläche und in den langen, schmal zusammengezogenen Blattstiel: Kreis und Radius. Letzterer ist immer untergetaucht. Bezeichnenderweise nehmen nun auch die Blätter, wenn sie untergetaucht leben, diese lange, dünne Fadenform an, fast nur noch die Blattrippen bleiben erhalten, wurzelartige, wiewohl grüne Stränge treiben flutend im Wasser. Gleich in mehreren Verwandtschaftskreisen treffen wir Arten, die sowohl untergetauchte, faserförmig zerschlissene als auch schildförmig ausgebreitete Oberflächenblätter besitzen; manche Wasserhahnenfüße, z.B. *Ranunculus aquatilis* und *peltatus* (Abb. 11, S. 46), aber auch die Seerosenverwandte *Cabomba* (Abb. 11), zeigen solche unterschiedlich geformten Schwimm- und Unterwasserblätter. Das Gleiche führt der bereits erwähnte Wasserfarn *Salvinia* (Abb. 13) vor: An jedem Sprossknoten werden drei Wedel gebildet; zwei sind «seerosenartig» rundlich und schmiegen sich dem Wasserspiegel an, während der dritte in wurzelartige Stränge aufgelöst ist, die ins Wasser

Seite 44 und 45:

Abb. 9: Seerosenblätter, vorne bei einer roten Zuchtform, hinten bei der Riesenseerose *(Victoria regia)* aus der Amazonasregion. Botanischer Garten Zürich. (Aufnahme A. Suchantke.)

Abb. 10: Blätter wie bei Seerosen, aber erheblich kleiner und ganz anderen Wasserpflanzen gehörend. Links oben Froschbiss *(Hydrocharis morsus-ranae),* an den drei Kronblättern als Monokotyledone (Einkeimblättrige) zu erkennen, während die runden Blätter für diese Verwandtschaft sehr ungewöhnlich sind. Daneben die gelb blühende Seekanne *(Nymphoides peltata)* aus der Enzian- und Fieberklee-Verwandtschaft. Unten der vom Aussterben bedrohte eigenartige Kleefarn *(Marsilea quadrifolia),* der seine vier Fiederchen ebenfalls zu einem Blattrund zusammenlegt. Der Standort des Kleefarns im Elsass ist heute zerstört. (Aufnahmen A. Suchantke.)

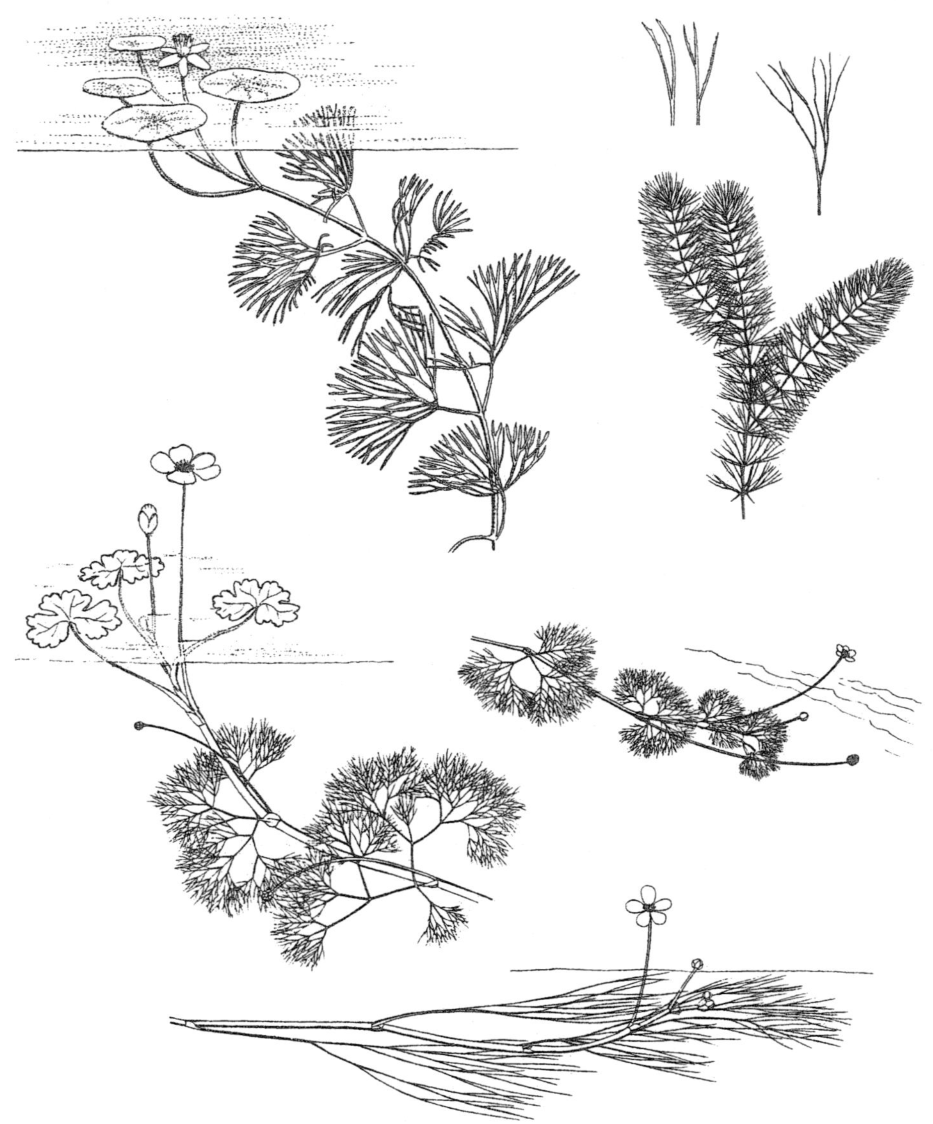

Abb. 11: Oben zwei Seerosen-Verwandte. Links *Cabomba* mit schildförmigen Oberflächen- und zerschlissenen Unterwasserblättern. Rechts das Hornkraut *(Ceratophyllum demersum)*, das nur fein zerteilte untergetauchte Blätter besitzt; darüber, stärker vergrößert, einzelne Blattsegmente der beiden europäischen Arten *Ceratophyllum demersum* (links) und *submersum*. Darunter ähnliche Gestaltungen bei Wasserhahnenfüßen. Links *Ranunculus peltatus*, ähnlich *Cabomba* mit zwei verschiedenen Blattformen – die schildförmigen liegen auf der Oberfläche, die fein zerteilten sind untergetaucht. Rechts *Ranunculus baudotii* und zuunterst *R. fluitans*. Beide verfügen wie *Ceratophyllum* nur über haarförmig zerschlissene Unterwasserblätter.

herabhängen und bei deren Anblick niemand auf den Gedanken käme, Blatt*homologien* vor sich zu haben – so groß ist die Wurzel*analogie.* In den Gruppen der wasserbewohnenden Hahnenfüße wie der Seerosenverwandten gibt es daneben noch andere Arten, welche nur über untergetauchte Blätter verfügen, die dann folgerichtigerweise alle zerschlissen sind: bei den Hornblattarten *Ceratophyllum* aus der weitläufigen Seerosenverwandtschaft, und bei Wasserhahnenfüßen wie *Ranunculus fluitans, trichophyllus, baudotii* und anderen. Besonders schön demonstriert das Pfeilkraut *(Sagittaria sagittifolia)* den Einfluss der verschiedenen

Abb. 12: Das Pfeilkraut *(Sagittaria sagittifolia)* mit drei verschiedenen Blattformen: im Wasser die riemenförmig schmalen und mehrere Meter langen Unterwasserblätter, auf dem Wasser schwimmend seerosenartige Schildblätter und außerhalb des Wassers die steil aufgerichteten und stark durchformten Pfeilblätter.

Sphären in seinen unterschiedlichen Blattformen: Die untergetauchten Blätter sind schmale, wenige Millimeter breite Bänder von Meterlänge, die schwimmend auf der Oberfläche ausgebreiteten tragen dagegen auf langem, dünnem Stiel eine gerundete Blattspreite («Seerosentyp»), und die über das Wasser emporragenden Blätter erweisen sich als extrem überformt in ihrer dreispitzigen Pfeilgestalt (Abb. 12).

Aufschlussreich ist, dass sich dazu noch eine weitere Pflanze gesellt, die den gleichen Habitus besitzt und neben verhältnismäßig breiten, der Rundform zustrebenden Schwimmblättern – die dann in einem regelmäßigen Mosaik erreicht wird, in das sich diese Blätter rosettenförmig einordnen – dieselben fein zerschlissenen Unterwasserorgane besitzt wie die Hahnenfüße oder *Cabomba,* die aber in diesem Fall echte Wurzeln sind: die Wassernuss *(Trapa natans;* Abb. 13). Bei ihr

Abb. 13: In der Mitte die eigenartige Wassernuss *(Trapa natans)*, ein schwimmendes, nicht im Boden verwurzeltes Gewächs; oben die Blattrosette, die der Wasseroberfläche aufliegt; unten hängt noch der Same daran, aus dem die Pflanze keimte. Wenn sich im Laufe des Wachstums der Spross verlängert und die zuerst gebildeten Blätter abgestorben und abgefallen sind, entstehen an ihrer Stelle an den Sprossknoten fiederig feingliedrige Bildungen, die, obwohl grün, echte sprossbürtige Wurzeln sind.
Links das Tausendblatt *(Myriophyllum spicatum)*, dessen habituell ähnliche Bildungen untergetauche Blätter sind.
Rechts oben der Schwimmfarn *(Salvinia)*, in Aufsicht auf der Wasseroberfläche, mit fünf Wedelpaaren, von denen das letzte, jüngste, in Entfaltung begiffen ist. Darunter, in Seitenansicht, ein Sprossglied mit zwei blattartigen Wedeln und einem dritten Wedel, der in Form wurzelartiger, zart behaarter Stränge ins Wasser herabhängt. In der Mitte, am Sprosspunkt, die Sporenkapseln.

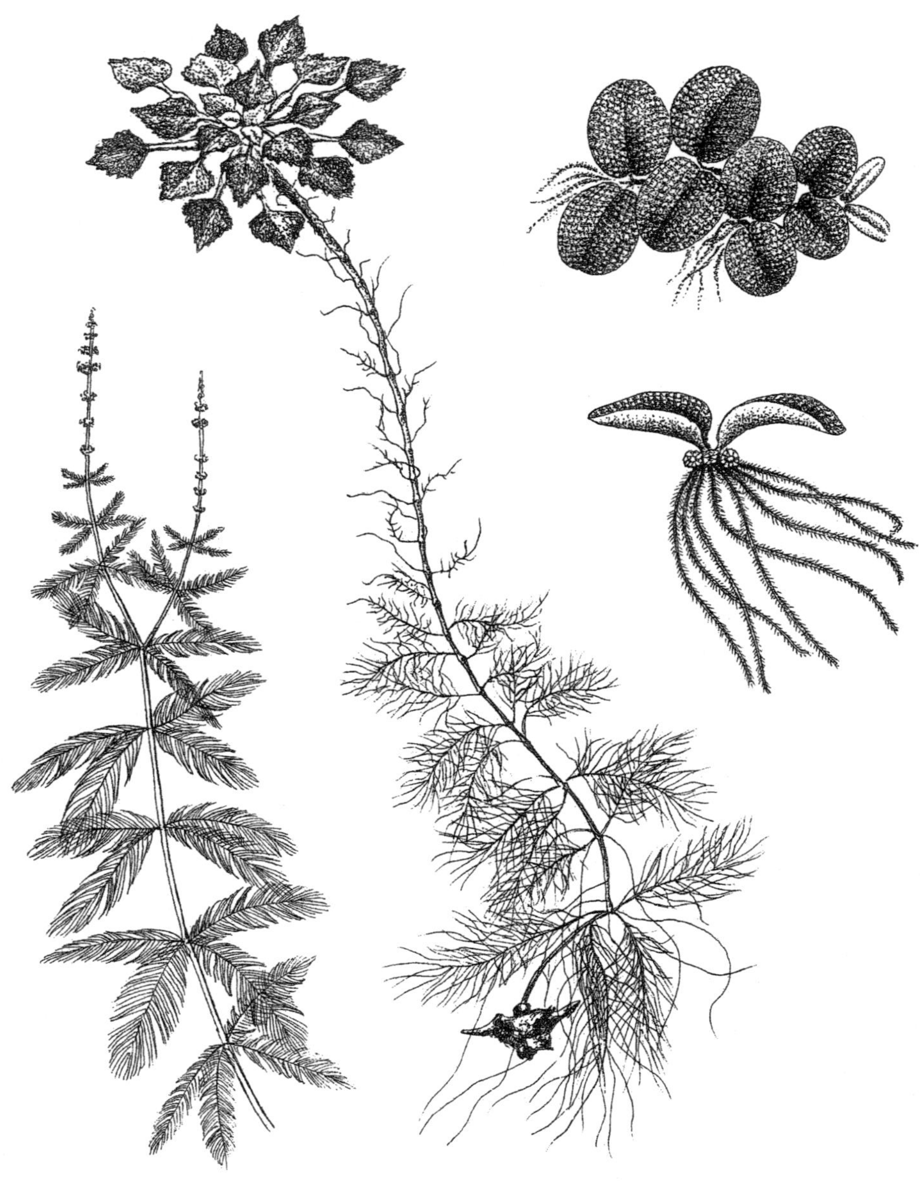

haben wir es tatsächlich mit Wurzeln zu tun, bei den so ganz ähnlichen untergetauchten Organen der Hahnenfüße, von *Cabomba* usw. dagegen mit wurzelanalogen Blättern. Was beide verbindet, echte Wurzel und wurzelhaftes Blatt, ist ihr untergetauchter Zustand im Wasser-Mineral-Bereich. In dieser Region wird das Blatt wurzelhaft überformt. Dass es noch grün ist – wie auch die Wassernuss-Wurzel am selben Ort ergrünt –, hängt mit der Durchlichtung der oberflächennahen Wasserschichten zusammen.

Abb. 14: Lotosteich auf Ceylon mit «Wasserfasan», einem grazilen Blatthühnchen, das mit seinen überlangen Zehen geschickt über die schwimmenden Teppiche läuft. Man beachte den Unterschied zwischen den flachen, der Wasseroberfläche aufliegenden und den höher emporragenden, schalenartig aufgewölbten Lotosblättern.

Den entgegengesetzten Weg geht eine berühmte und von Mythen umwobene Pflanze, die Lotosblume *(Nelumbo nucifera)*, die nur einen Teil ihrer Blätter auf der Wasseroberfläche ausbreitet und immer wieder einzelne auf langen Stielen hoch über das Wasser erhebt, genau wie ihre leuchtenden, großen Blüten. Im Unterschied zu den scheibenförmig flachen Blättern, die dem Wasserspiegel aufliegen, sind die darüber emporragenden, wiewohl ebenfalls kreisrund, schalen- oder kelchförmig an den Rändern aufgewölbt und dadurch in der Gebärde Blüten nicht unähnlich (Abb. 14).

Die beiden gegensätzlichen Gebärden sind sprechend: Die sich der Schalen- oder Kelchform annähernden Lotosblätter und die zerschlissenen Wasserblätter von *Cabomba, Ceratophyllum* und den Hahnenfußarten sind Abweichungen nach zwei Richtungen, ausgehend von der Mittellage, die im Seerosenblatt verwirklicht ist. Beide Tendenzen deuten den Weg an, den die Pflanzenwelt als Ganzes bei ihrem Entwicklungsweg aus dem Wasser auf das Land beschritten hat, vom «Urblatt» auf urtümlichster Algenstufe bis zur hoch differenzierten Blütenpflanze – aus der «Einheit» in die «organische Entzweiung».

Dieser Weg bedeutete ja die Eroberung des dreidimensionalen Raumes, heraus aus der zweidimensionalen Flächenverhaftung im Berührungsbereich von Wasser-Mineral-Raum und Licht-Luft-Raum. Auf dem Land nun sind die beiden aneinander grenzenden Sphären verschiedenartiger, einander gewissermaßen fremder geworden: Der Luft-Licht-Raum wird trockener, der Wasser-Mineralbereich fester und vor allem lichtlos. Wie antwortet die Pflanze darauf? Großflächige Blätter bringt sie, wenn überhaupt, nur noch im unmittelbaren Grenzbereich, in Bodennähe, hervor; in den mitunter breit gerundeten Grundblättern und Rosetten finden sich noch am ehesten Erinnerungen an das «Urblatt». Je höher die (krautige) Pflanze dann emporwächst, desto verhaltener bleibt sie, verharrt immer mehr in dem Zustand, mit dem alle ihre oberirdischen Bildungen beginnen: in dem der Knospe. Die Laubblätter des Stängelbereiches entfalten sich noch mehr oder weniger flächenhaft in den Umkreis hinaus und stehen entfernt voneinander. Die Blütenblätter bleiben schon enger geschart und zeigen deutlich die Tendenz zur Schalen- bis Krugbildung (was sich in den hochstehenden Blättern der Lotosblume ebenfalls andeutet), die sich dann in der sphärischen Bildung der Frucht vollendet, deren Elemente, die Fruchtblätter, bis zum Aufspringen in der Samenreife im Grunde immer auf im Knospenstadium verharren. So antwortet die Pflanze mit der Gegengebärde, mit zunehmend sphärischen, rundenden Bildungen auf das allseits einstrahlende Licht.

In den Spalten und engen Klüften der Erde sind andere als faserige, dünne Stränge gar nicht denkbar, jedenfalls solange Wachstumsbewegungen erfolgen (ruhende Knollen oder fest verankerte Rüben sind etwas anderes). In verstärktem Maße jedenfalls zeigen die Wurzeln das, was auch das ins (ebenfalls gegenüber dem Licht-Luft-Raum verdichtete) Wasser eingetauchte Blatt der Wasserhahnenfüße, des Pfeilkrautes, von *Cabomba* usw. demonstriert: faden- und strangförmige Bildungen. Die Wurzel ist in ihrer radiären Gestalt die Antwort auf die *sphärische* Form der Erde – in die jede Primärwurzel, der Schwerkraft folgend, *radiär* hineinwächst.

So wird die Pflanzengestalt immerhin ansatzweise verständlich als Ergebnis eines Zwiegespräches von Kosmos und Erde, von Licht-Luft-Sphäre und Wasser-Mineral-Sphäre. Und als ein dreigegliederter Organismus – gegliedert in den Wurzel-Pol, den Blüten-Frucht-Pol und den mittleren, vermittelnden Blattbereich, dessen Mitte, das Blatt, noch immer den Charakter der ursprünglichsten Form pflanzlichen Lebens besitzt: der Grenzfläche als Ort des Austausches und der gegenseitigen Ergänzung und Bereicherung. Das Blatt, und da müssen wir Goethe zustimmen, ist der «wahre Proteus»: Die Pflanze ist vorwärts und rückwärts Blatt!

Wieder sind es die beiden Urgebärden organischer Gestaltung, die schon bei der Betrachtung der Wirbel im Mittelpunkt standen: *Sphäre* und *Radius.* Aus ihrer Begegnung und Durchdringung entsteht allmählich höheres, zu weiterer Entwicklung prädestiniertes pflanzliches Leben durch die Aufnahme der beiden Prinzipien in die eigene Gestaltbildung. Das ermöglicht dann den Schritt über die erste Stufe des ganz in der Fläche ausgebreiteten «Urblattes» hinaus: Das *sphärische* Prinzip, Gestaltelement der Erde, d.h. des Wasser-Mineral-Raumes, wird in der Knospen- und Fruchtbildung in den Luft-Licht-Raum emporgehoben, während sich umgekehrt dessen aus dem Umkreis einstrahlende Gebärde in der *radial* auf den Erdmittelpunkt zuwachsenden (Primär-)Wurzel in das Dunkel der Erde hinein fortsetzt (und interessanterweise, wie Untersuchungen ergaben, Licht in tiefere Erdschichten hinableitet![50]).

Im Kleinen, Verborgenen wiederholt sich die Durchdringung dieser Ur-Zweiheit, eine neue Ur-Einheit schaffend, *in jeder Befruchtung,* wenn sich die aus dem Umkreis aktiv eindringende männliche Keimzelle mit ihrem ruhenden, sphärischen weiblichen Pendant verbindet. Das Leben erschaffende zentrale Ereignis wäre damit nicht in ferne, vergangene Zeiten entrückt, *sondern vollzöge sich in jeder Befruchtung aufs Neue.* Möglich, dass hier die wirkliche Bedeutung, der Sinn der Sexualität liegt.

4.
Die Blütenkrone

Der Antagonismus von Blatt- und Blütensphäre

Bei der Betrachtung der Blüte betreten wir eine neue Ebene, auf der wir es nicht mehr wie zuvor im Laubblattbereich mit klarem und schrittweise nachvollziehbarem Formenwandel zu tun haben. Etwas qualitativ Anderes, Neues tritt auf, das durch Farbe, Geruch und ausgeprägte Form seine starke Beziehung zur Sinnessphäre dokumentiert, zu wie auch immer mit Bewusstsein begabten Wesen. Dieses Seelische prägt sich den Blüten gleichsam abbildhaft ein. Ein Weiteres kommt als morphologische Fragestellung nach der Herkunft der visuell so auffälligen «Blütenblätter» hinzu, einer entwicklungsgeschichtlich sehr jungen Errungenschaft der Pflanzen. Dieser morphologische Aspekt ist mit dem zuvor angesprochenen psychischen – des psychisch begabten Gegenübers oder besser Partners der Blüte – eng verbunden.

Welch ein Unterschied, ja Gegensatz zum vegetativen Bereich des pflanzlichen Organismus, zu den Laubblättern, zum Spross, zur Wurzel! Sind dort Gestalt und gestaltbedingende und -formende Umwelt noch zwei Hälften ein und desselben, so sehr, dass aus der Gestalt der Pflanze ihr Lebensraum bis in Einzelheiten erschlossen werden kann, so ändert sich das grundsätzlich, sowie man es mit der Blüte zu tun hat. Konnte man bei den so einheitlich cactoiden Gestalten der Wüstenpflanzen infolge ihrer verblüffenden Ähnlichkeit noch unsicher sein über ihre Familienzugehörigkeit, so genügt ein Blick auf die Blüten, um ihre tiefgreifende Verschiedenheit und systematisch-verwandtschaftliche Ferne sofort zu erkennen. Alle Ähnlichkeit hört auf, die leuchtend rosa, strahlend ausgebreitete und relativ einfach gebaute Kakteenblüte ist eine völlig andere Bildung als das hoch differenzierte Cyathium einer Wolfsmilch *(Euphorbia)* oder die schmutzig schwarzbraune, nach Aas und Verwesung stinkende Trompete einer *Caralluma* oder *Stapelia* aus der Familie der Asclepiadaceen (Abb. 15). Die spiegelbildliche Zusammengehörigkeit, ja Einheitlichkeit von Pflanze und Lebensraum hört bei der Blüte auf, die ganz offensichtlich einer anderen Dimension angehört.

Das geht so weit, dass es sich in einem fundamentalen Antagonismus zwischen vegetativer Fülle auf der einen und Blütenentfaltung auf der anderen Seite ausdrückt. So neigen gerade Trockenlandschaften, in denen das Element des grünen Laubblattes deutlich zurücktritt und

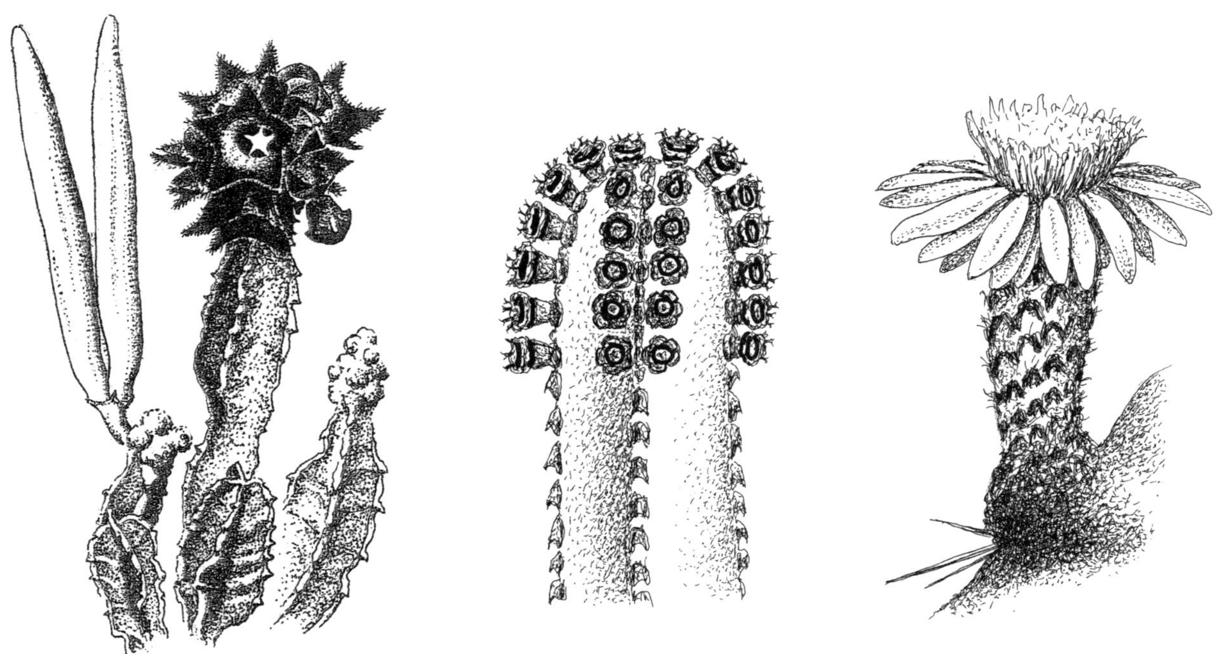

Abb. 15: Höchst unterschiedliche Blüten trotz übereinstimmendem vegetativem «Unterbau». Von links: die schwarzvioletten, nach verwesendem Fleisch riechenden Glocken der afrikanischen Aasblume *Stapelia,* in Reihen angeordnete rötlich-schwarze Blüten der Kanaren-Wolfsmilch (*Euphorbia canariensis),* hellrosa Blüte der peruanischen Kaktee *Neoraimondia rosiflora* – man vergleiche die beiden letzteren Arten mit Abbildung 5, S. 28.

die Pflanzen entweder zur Ausbildung fleischiger, wasserspeichernder Sukkulenz, zu sparrig verholzten, den größten Teil des Jahres laublosen Sträuchern tendieren oder kurzlebige, nur während der kurzen Regenzeit erscheinende Annuelle (Einjährige) sind, während gewisser Zeiten zu einer überwältigenden Blütenpracht. Beispiele wären die kargen Hochgebirgsmatten oberhalb der Baumgrenze oder, eindrucksvoller noch, das geschlossene, den Boden lückenlos verhüllende, vielfarbige Blütenkleid, das manche Wüsten kurz nach einem der seltenen Regenfälle überzieht – in der südafrikanischen Karroo, in den Lomas der peruanischen Küstenwüste, im Negev und der Wüste Juda. Nur wenige Wochen später sind viele der kurzlebigen Gewächse wieder vertrocknet, vom Sand zerrieben und fortgeweht, und niemand käme auf die Idee, dass hier überhaupt Pflanzen zu wachsen vermögen.

Auch bei uns sind es gerade die – selten gewordenen – Trockenwiesen, die im Frühsommer in allen Farben erstrahlen, im Goldgelb der Sonnenröschen (*Helianthemum*), dem Karminrot des Blutstorchschnabels (*Geranium sanguineum*), dem tiefen Blau des Wiesensalbeis (*Salvia pratensis*) und vieler anderer. Feuchte Riedwiesen und üppige Hochstaudenfluren sind dagegen viel farbärmer; das saftige Grün der vegetativen Sphäre, des «Blattes» im allgemeinsten Sinne, dominiert. Und als krasses Gegenstück zu den so kargen und gerade deshalb so blütenreichen Landschaften erweisen sich jene Landschaftsformen, in denen das vegetative Wuchern reinen Grüns seinen Höhepunkt erreicht: die Regenwälder der Tropen und der gemäßigten meernahen und niederschlagsreichen Zonen Neuseelands oder Chiles, der «kalten Tropen». Eine treffende Beschreibung des Charakters dieser Landschaften findet sich in einem Bericht des berühmten Erforschers der indo-australischen Inselwelt und Zeitgenossen und Freund Darwins, Alfred Russel Wallace: «Vergeblich schaue ich über die breiten Wände des Grüns, über die herabhängenden Lianen und das Gebüsch ... nicht eine einzige Stelle, an der leuchtende Farben zu sehen sind; kein einziger Baum, kein Busch und keine Liane tragen auch nur eine einzige Blüte, die zu einem auffälligen Punkt in der Landschaft würde. Viele [tropische Blütenpflanzen] ... sind sehr selten, andere von sehr begrenztem Vorkommen, und eine beträchtliche Anzahl bewohnt eher die trockeneren Gebiete ..., in denen sich die tropische Vegetation nicht in ihrer üblichen luxuriösen Fülle zeigt ... Reiche Entfaltung des Blattwerkes ist viel bezeichnender für die Gebiete, in denen die tropische Vegetation ihre höchste Entwicklungsstufe erreicht, als leuchtende Blüten ... Meine Beobachtungen haben mich überzeugt, dass der Einfluss leuchtender Blütenfarben auf den allgemeinen Landschaftscharakter in gemäßigten Klimaten viel stärker ist als in tropischen. Während zwölf Jahren inmitten der großartigsten Tropenvegetation habe ich nichts gesehen, was sich mit der Wirkung vergleichen ließe, die in unseren Landschaften durch Ginster und Heide, Blaustern, Weißdorn, Purpurorchideen und Hahnenfüße hervorgerufen wird.»[51] (Vgl. Abb. 16, S. 56).

Zwei charakteristische Erscheinungen, die schlaglichtartig das Verhältnis von Blüten- und Laubblatt-Sphäre beleuchten, seien am Rande noch erwähnt: zum einen die Tatsache, dass zahlreiche Regenwaldbäume nur in *laublosem* Zustand blühen. Beim niedrigen Überfliegen erblickt man sie als gelbe oder rosa Farbtupfer im eintönigen Grün des geschlossenen Kronendaches. Die andere Erscheinung betrifft das freudige Erstaunen, das einen bei Waldgängen im Amazonasraum immer wieder überfällt, wenn man endlich, nach langem Suchen und am ehesten entlang eines Flussufers, doch noch auf leuchtend rote Blüten stößt – die sich bei näherem Hinsehen als blütenhaft gefärbte und verbreiterte Basen von Trag-, also Laubblättern erweisen, in denen dann die kleinen und unscheinbaren weißen oder gelblichen Blüten sitzen. Es sind am Boden wachsende *Heliconia*-Arten oder epiphytische Bromelien von der Art, wie sie bei uns vielfach in Blumenläden angeboten werden (vgl. Abb. 17, S. 57). Man gewinnt den Eindruck, dass ein wesentlicher, ja besonders bestimmender Aspekt der Blüte, die leuchtende, mit sinnesbegabten Wesen, mit bestäubenden Tieren (in unserem Falle mit Kolibris) kommunizierende *Farbigkeit*, aus dem eigentlichen Blütenbereich herabgestiegen ist in den Laubblattbereich. Oder, anders herum: Die Laubblattsphäre hat die Blüte in gewisser Weise verschluckt. Dies ist ja eine Erscheinung, die gerade bei Tropengewächsen nicht selten ist – die in allen erdenklichen Farben gezüchtete Liane *Bougainvillea* zeigt sie ebenso wie der allbekannte und beliebte Weihnachtsstern *Poinsettia* mit seinen prachtvollen scharlachroten Hochblättern, zwischen denen man die unscheinbaren «eigentlichen» Blüten leicht übersieht.

Aber nicht nur in den unterschiedlichen Lebensräumen zeigt sich der Antagonismus von Blüten- und Laubblattbereich, er wird auch an ein und derselben Pflanze erlebbar, wenn sie sich zum Blühen anschickt. Besonders bei zwei- und mehrjährigen Kräutern (Stauden) springt der Unterschied ins Auge zwischen den großen, breitlappigen Grundblättern der Rosette im Jahr vor der Blüte und den immer kleiner *bleibenden* (nicht *-werdenden*!) Stängelblättern an der emporschießenden Achse, an der sich im oberen Bereich bereits die Blütenknospen ankündigen: Roter Fingerhut, Rittersporn, Nesselblättrige Glockenblume und viele andere verhalten sich so. Zum Schluss bleiben dann nur noch kleine Tragblättchen direkt unter den Blütenstielen oder noch kleinere Kelchblätter in unmittelbarer Nähe der vergleichsweise mächtigen Kronblätter der Blüte. Auch bei Holzgewächsen ist es nicht anders, bei der Rose, bei Apfel und Birne, wenn auch erst unmittelbar unter der Blüte einsetzend – der überwiegende Teil der Belaubung eines Baumes oder Busches ist davon nicht betroffen.

Die Farben der Blüten

Was also ist es, mit dem wir es hier in der Blüte zu tun haben und das so deutlich vitalitätshemmend auftritt – und schließlich selber, im Kronblatt, der entvitalisierteste Part der Pflanze ist? In diesem, d.h. in demjenigen, was für das Auge die Blüte zur Blüte macht, haben wir es tatsächlich mit einem Organ zu tun, in dem – in ausgereiftem, voll entfaltetem Zustand – keinerlei Aufbau- und nur noch Abbauprozesse stattfinden, ein fundamentaler Unterschied zum Laubblatt. Gleichzeitig steht das Kronblatt dadurch im Gegensatz zu den anderen Organen der Blüte, vor allem dem (oder den) Fruchtknoten, den Vitalitätszentren der Reproduktion, der Samen- und Embryobildung der nächsten Generation.

Aber diese Teile der Blüte sind – in der Regel wenigstens – unscheinbar, unauffällig, nach innen und nicht in auffälliger Weise in den Umkreis gerichtet. Was die Kronblätter auszeichnet, ist gerade ihre Umkreisorientierung, ihre Zuwendung an *bewusstseinsbegabte Sinneswesen*, an Tiere also, seien es Insekten, in warmen Ländern auch Vögel, gelegentlich Säugetiere, Fledermäuse vor allem, aber auch, in Australien, kleine Beuteltiere oder Mäuse (als Bestäuber von Proteaceen) in Südafrika. Hier existiert eine reiche Literatur,[53] und die Riesenfülle bekannter und oft genug staunenswerter Einzelheiten braucht an dieser Stelle nicht ausgebreitet zu werden. Lediglich auf einige charakteristische Ten-

Seite 56 und 57:

Abb. 16: Oben: Grün und nichts als Grün in allen Schattierungen – Regenwald im brasilianischen Küstengebirge, dem einfallenden Sonnenlicht entlang eines Bachlaufes geöffnet. Außerhalb davon versinkt alles in einheitlichem Dunkel, in dem sich kein Baumfarn entfalten könnte.
Unten: Kurzlebige frühlingshafte Blütenfülle in der Negev-Wüste nach ergiebigen winterlichen Regenfällen. In wenigen Wochen wird nichts mehr zu sehen sein außer Sand. (Aufnahmen A. Suchantke.)

Abb. 17: Oben: eine *Heliconia* im Regenwald Amazoniens. Die unscheinbaren weißen Blüten stehen in den Achseln leuchtend roter Hochblätter, die nur noch die breite Blattbasis, aber keine Spreite mehr ausgebildet haben. Unten die epiphytische Bromelie *Canistrum lindeni* aus den küstennahen Regenwäldern Brasiliens. In dieser «Überblüte» haben Organe des Laubblattbereiches – die Hüllblätter –, die einen ganzen Blütenstand umgeben (man erkennt die winzigen Blüten dichtgedrängt im Innern), die Rolle der auffälligen Kronblätter übernommen. Die farbliche Auffälligkeit beider weist darauf hin, dass ihre wichtigsten Bestäuber Kolibris sind. (Aufnahmen A. Suchantke.)

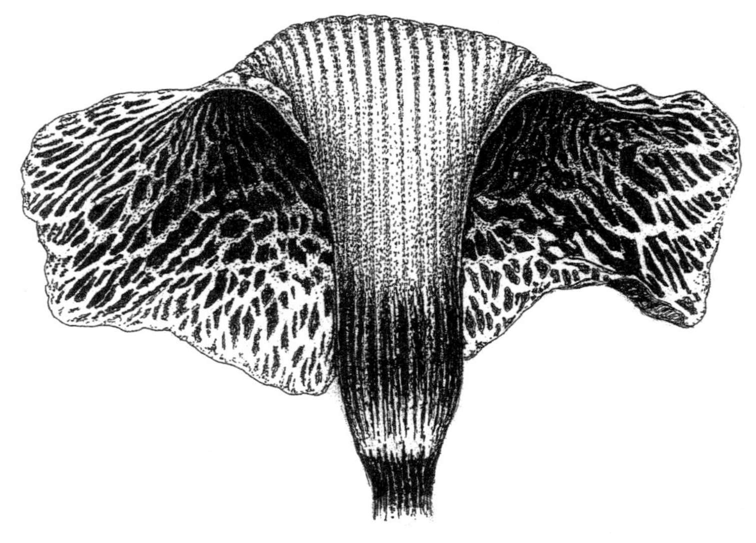

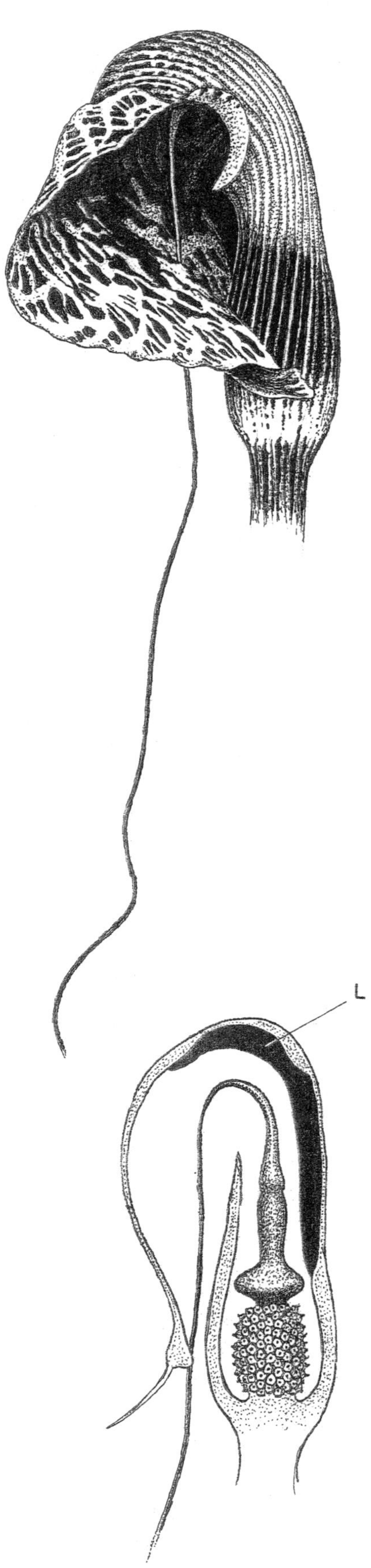

denzen, die immer wieder auftauchen, sei hingewiesen und zusätzlich, etwas detaillierter, auf einen kaum bekannten Einzelfall, an dem der gestaltende Einfluss des Bestäubers auf die Blüte sichtbar wird. In diesem Bereich kann es ja zu gegenseitigen Angleichungen bis hin zu vollständigen Abhängigkeiten kommen; extreme Beispiele solcher Co-Evolution wären manche Orchideenblüten, deren gestaltliche Insektenähnlichkeit bis in kleinste Details geht, Feige und Feigenwespe, aber auch unser Wiesensalbei, dessen Blüte in allem das «Negativ» der bestäubenden Biene ist und ohne diese weder zu verstehen ist noch zu existieren vermöchte: Co-Evolution, *gemeinsame* Entwicklung hin zu einem beide vereinenden Superorganismus (bei der Feige).

Zu welch eigenartigen Bildungen es dabei kommen kann, sei an einem Einzelfall etwas näher ausgeführt. Es betrifft ein zunächst höchst unauffälliges Gebilde, einem verwelkten, fleckigen Blatt oder in Fäulnis begriffenen Pilz in seiner schmutzig-braunen, dunkel-fleckigen Färbung nicht unähnlich (Abb. 18). In Wirklichkeit ist es eine Blüte, genauer ein Blütenstand eines Aronstabgewächses namens *Arisaema griffithii,* und wir fanden sie auf einer vorfrühlingshaften Wiese, umgeben von Wäldern aus scharlachrot blühenden Baum-Rhododendren und Himalaya-Tannen in 3500 m Höhe in Sikkim. Bei genauerem Hinsehen fiel uns ein langes, fadenartig dünnes, an einen Wurm erinnerndes Gebilde auf, das unter der umgeklappten Spatha hervorkam und auf der umliegenden Vegetation herumzukriechen schien, wohin es aber wohl vom Wind

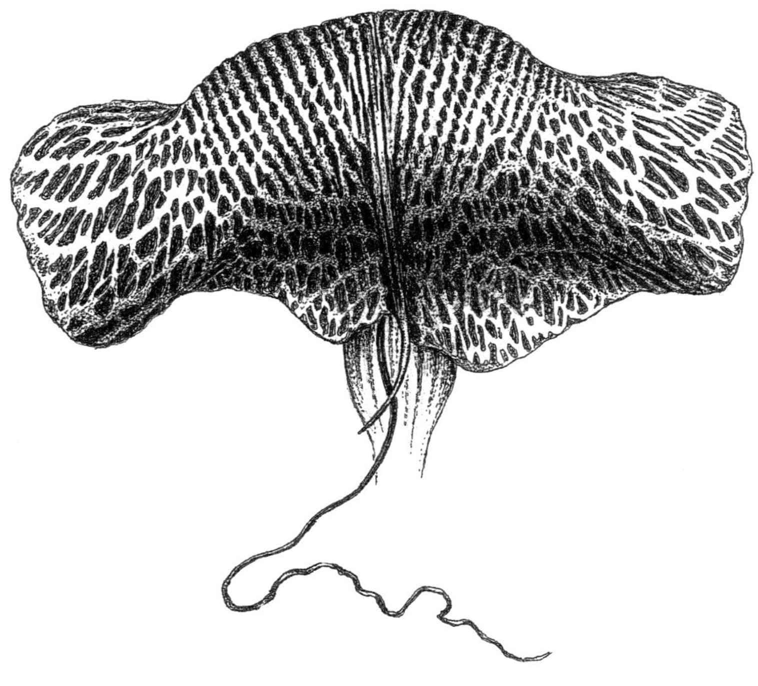

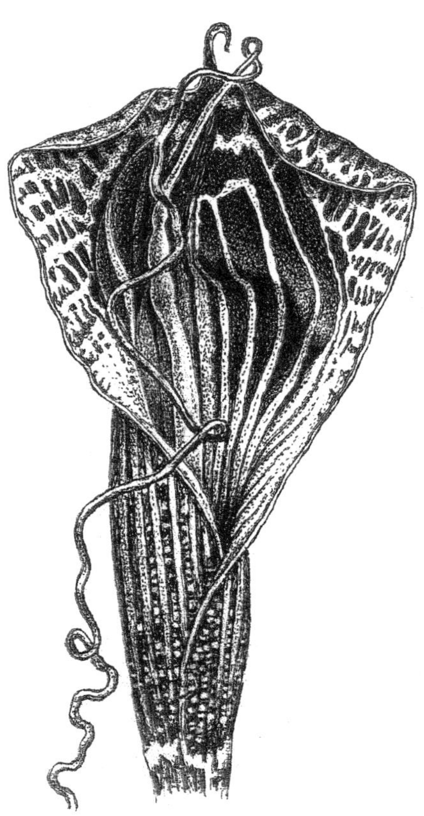

Abb. 18 und 19: Die merkwürdige Pilzmückenblume *Arisaema griffithii,* ein Aronstabgewächs aus dem Sikkim-Himalaya. Seitenansicht, Rück- und Vorderseite mit dem eigenartigen langen Anhängsel. Links unten, halbschematisch, ein Schnitt durch den Blütenstand. L = die nach innen vorspringenden, sehr zarthäutigen Lamellen (die bei dem noch unaufgeblühten und künstlich geöffneten Exemplar gut zu erkennen sind); darunter der Blütenstand, in diesem Jahr weiblich, im nächsten Jahr vielleicht männlich – das wechselt aus noch unbekannten Gründen. (Original, Lachung-Jakchey 3500 m, März 1997.)

angeweht worden war: ein Organ, das einen unangenehmen, wenn auch für menschliche Nasen nur sehr schwach wahrnehmbaren Uringeruch verbreitete. Beim Aufschneiden des merkwürdigen Gebildes zeigte sich Erstaunliches: An Pilzlamellen erinnernde dunkle Leisten sprangen ins Innere der Höhle vor, augenscheinlich partiell abgelöste und abgespreizte Blattepidermis, im Durchlicht von innen einen starken Kontrast senkrechter Hell-Dunkel-Streifen ergebend (Abb. 19). Tatsächlich handelt es sich hier um einen Fall von *Pilzmimese:* Winzige Pilzmücken werden durch den Geruch angelockt und legen ihre Eier, wie sie es von echten Pilzen gewohnt sind, zwischen die Lamellen. Dabei bestäuben sie während ihres Herumlaufens und -fliegens die Blüten. Ihre Nachkommen jedoch gehen wahrscheinlich zugrunde, da ihnen das Blattgewebe keine Nahrung bietet.[53] Sicher ist das allerdings nicht – uns fiel auf, dass wir, wohl der frühen Jahreszeit wegen (die Schneeschmelze war noch in vollem Gange), nirgends Pilze fanden. Stattdessen kamen überall die «Pseudopilze» von *griffithii* aus dem Boden. Es ist schlecht vorstellbar, dass die gesamten Nachkommen der Frühlingsgeneration von Pilzmücken tatsächlich an «Täuschblumen» zugrunde gehen sollten! Hier sind wohl noch weitere Untersuchungen nötig.

Es könnte bei alledem – gleichgültig, ob *Arisaema griffithii,* Wiesensalbei oder die bunte Pracht der übrigen Blumen – der Eindruck entstehen, als seien Gestalt und Farben der Blüten durch die sensorischen Fähigkeiten der Bestäuber herausgezüchtet worden. Tatsächlich ist das heute die herrschende Lehrmeinung, auch wenn niemand sagen kann, wie so etwas vor sich gegangen sein soll; züchten, heraus- und weiterzüchten ist nur möglich, wenn an etwas angesetzt werden kann, was bereits in Anfängen da ist, und seien sie auch noch so keimhaft und undifferenziert. Wie aber kommt es zu diesen «Anfängen», und wer züchtet da? Nichts als Anthropomorphismen, Begriffe aus der Sphäre des Menschen, übertragen auf die Natur! (Tatsächlich hat Darwin seinen Begriff der «natürlichen Auslese» von der Kulturpflanzenzüchtung übernommen, die mit «künstlicher Auslese» arbeitet.)

Farbige Blüten werden von den bestäubenden Insekten durch ihre Fähigkeit, ultraviolettes Licht wahrzunehmen, ganz anders rezipiert als von uns. *Wie* sie die Blüten wahrnehmen, wissen wir nicht genau, so viel jedoch ist sicher, sie sehen viele Farben *anders* als wir. Somit ist es nicht möglich, von unserem Farbempfinden auf das der Insekten zu schließen. Nun bilden jedoch die UV-reflektierenden Partien auf den Blüten meist bestimmte charakteristische Muster und üben damit eine ähnliche zur Nektarquelle leitende Funktion aus wie die so genannten «Saftmale» – optisch auffällige Strukturen in Gestalt von Punkten oder Linien, wie sie in zahlreichen Blüten vorkommen (Abb. 20). Das aber sind «grafische» Elemente, Formen und geometrische Strukturen, mindestens so wichtige und grundsätzliche Charakteristika wie die Farben.

Auf diese sei noch einmal zurückgekommen. Wenn Farbigkeit kausal mit Tier-, vor allem Insektenblütigkeit verknüpft wäre, dann müssten alle windblütigen Gewächse unscheinbar sein und farblos grünlich-gelbe oder grünlich-weiße Blüten besitzen, wie es bei Gräsern ja auch tatsächlich der Fall ist. Aber es ist durchaus nicht überall so. Die Blütenstände vieler Koniferen, die jungen weiblichen Zapfen beispielsweise der Lärche und der Fichte, sind leuchtend rot und weithin sichtbar (Abb. 22, S. 64). Kein farbempfindliches Auge in ihrem Umkreis, mit Ausnahme des aufmerksamen Wanderers, interessiert sich für diese Farbe, die offensichtlich sich selbst genug ist. Sie ist *Ausdruck des eigenen Wesens.* Nichts anderes als die Pflanze selber ist ursächlich verantwortlich für deren Existenz.

Dass Vergleichbares in noch viel weiterem Umfange gilt, beweist eine heute verschollene, leider nie wieder aufgelegte Studie von Wilhelm Troll aus dem Jahr 1928 mit dem Titel *Organisation und Gestalt im Bereich der Blüte.*[54] Darin untersuchte der Forscher den *Zusammenhang von Blütenform und Blütenfarbe* und gelangte zu der Feststellung, dass Blüten mit der Tendenz zu offener, strahlender Ausbreitung ihrer Kronblätter zu weißen und gelben Farben neigen, während jene Arten, die in ihren Röhrenblüten zur Innenraumbildung und damit in gewissem Sinne zur Verinnerlichung tendieren, blaue, blauviolette oder blaurote Farbgebungen bevorzugen.

Abb. 20: Oben und Mitte «Saftmale» als visuelle Leitlinien zur Nektarquelle in Blüten von Veilchen: Spornveilchen *(Viola calcarata)* (oben links, Mitte rechts), Zweiblütiges Veilchen *(Viola biflora)* und Ackerstiefmütterchen *(Viola tricolor)* (Mitte links). Unten Blüte vom Immergrün *(Vinca minor)*, in normaler Beleuchtung und (rechts) im UV-Licht; die nicht reflektierenden Partien erscheinen schwarz.

Im Einzelnen zeigte sich, dass innerhalb der *getrenntkronblättrigen* Dikotyledonen*, der Choripetalen (einer heute nicht mehr üblichen Einteilung), immerhin 80,7 % zu den Vertretern gelber oder weißer Blüten gehören, aber nur 16,9 % blaue oder blaurote Blüten besitzen. Bei den *Verwachsenkronblättrigen,* den Sympetalen**, ist das Verhältnis umgekehrt: 30,3 % sind den Weiß-Gelben zuzurechnen und 60,3 % den Blauen und Blauroten. Sieht man sich einzelne Familien an, dann wiederholt sich das Bild. Bei den sympetalen Lippenblütlern überwiegen die blauroten Vertreter mit 57 % gegenüber den mit 21 % vertretenen gelb oder weiß blühenden Arten. Umgekehrt wiederum liegen die Verhältnisse bei den getrenntkronblättrigen Hahnenfußgewächsen: 74,6 % blühen weiß oder gelb, 20,9 % blauviolett, und bei den Rosaceen sind 80,7 % der Blüten weiß oder gelb, 16,9 % blaurot. Bezeichnend sind auch die Verhältnisse bei den Korbblütlern (Abb. 21): Alle Vertreter mit umkreishaft ausgebreiteten Zungenblüten neigen zu weißen oder gelben Blüten, sowohl in der Unterfamilie *Lactucoideae (= Liguliflorae),* z.B. Löwenzahn, Pippau, Habichtskräuter, wie in der Unterfamilie *Asteroideae (= Tubuliflorae),* in der weiße und gelbe Blüten immerhin dominieren, bei Gänseblümchen und Margerite, Kamille und Schafgarbe, Arnika, Ringelblume und Sonnenblume, Huflattich und vielen anderen. Markant ist hingegen das Vorherrschen der «Gegenfarbe» Blaurot unter den *Carduae,* der Gruppe der Disteln und Flocken-(Korn-)blumen, die ausschließlich Röhren-, aber keine Strahlblüten besitzen.

Von Interesse sind auch die Ausnahmen, etwa die Wegwarte, die innerhalb der überwiegend gelben *Lactucoideae* (z.B. Löwenzahn) recht isoliert dasteht. Ihr Blau ist allerdings sehr aufgehellt, fast fahl, vor allem, wenn man es mit dem Blau und Blauviolett geschlossener Blüten vergleicht, von Eisenhut und Wiesensalbei und anderen. Aufgrund von (unveröffentlichten) Untersuchungen kommt J. Brakel[55] zur Feststellung, dass in Fällen, wo in Gruppen nah verwandter blaublühender Arten einzelne helle, fahl grüngelblich bis weiße Vertreter mit auffallend blassen, wie entfärbt erscheinenden Blüten auftauchen – z.B. die in unseren Wäldern häufige Ährige Rapunzel *(Phyteuma spicatum)* oder die gelben Eisenhut-Arten *Aconitum anthora* und *vulparia* –, es sich um so genannt «unterfarbige» Arten handelt, d.h. um solche, die ihrer Farbigkeit verlustig gegangen sind und «eigentlich» dunkel blauviolett gefärbt sein sollten. Vielleicht ist ja auch die Wegwarte in umgekehrter Richtung auf einem ähnlichen Weg.

Verinnerlichung und Umkreishaftigkeit – farblicher und gestaltlicher Ausdruck seelischer Stimmungen. Die Gefahr, hier etwas in die Pflanze hineinzuinterpretieren, liegt nahe: Sanguinik und Melancholie, Freude und Trauer, all das mithin, wofür Blumen als Symbole herhalten, wenn die betreffenden Gefühle und Empfindungen *im Menschen* angespro-

* Zum Beispiel die Familien *Ranunculaceae, Cruciferae, Papaveraceae, Fabaceae (=Papilionaceae), Rosaceae, Apiaceae (= Umbelliferae), Euphorbiaceae.*

** Zum Beispiel *Asteraceae (= Compositae), Ericaceae, Gentianaceae, Primulaceae, Lamiaceae (= Labiatae), Borraginaceae, Scrophulariaceae, Solanaceae, Convolvulaceae, Campanulaceae.*

chen werden. Tatsächlich findet sich in der Pflanze nichts, was auf den Besitz seelischer Fähigkeiten schließen lässt, auf Stimmungen, Gefühle, auf ein wie auch immer geartetes Bewusstsein. Gefühle und Stimmungen werden beim Mensch und bei den höheren Tieren durch Gebärden, durch Laute ausgedrückt, sie sind bewegt, wechselhaft, situationsabhängig und tendieren ihrem Wesen nach zum Schwanken zwischen Extremen («himmelhoch jauchzend, zu Tode betrübt»). Nichts dergleichen bei der Pflanze. Vor allem fehlt ihr das physische Trägerorgan, das stets mit Bewusstsein korreliert ist, und sei es auch noch so rudimentär oder traumhaft: Die Pflanze besitzt kein Nervensystem.

Und doch! Gerade in den polaren gestaltlichen und farbigen Gegensätzen, wie sie die Blüten eines Maßliebchens und einer Teufelskralle ausdrücken, taucht etwas auf, das in so verblüffend genauer Weise *Bild* seelischer Stimmungen ist, dass wir es unmittelbar mit diesen in Verbindung bringen oder, besser: dass wir die in irgendeiner Weise existierende Verbindung zu unserem eigenen Gefühls- und Stimmungsbereich deutlich empfinden. Diese Beziehung ist so real, dass der Anblick einer bestimmten Blüte das entsprechende innerseelische Äquivalent aufruft oder aufrufen kann, wobei die Skala tatsächlich vom Maßliebchen bis zur edlen Rose und zur Lotosblume reicht. Blüten sind nicht umsonst Boten unserer Gefühle, die vom Empfänger durchaus verstanden werden.

Für die Pflanze bleibt umkreishaft, was der Mensch verinnerlicht. Was aber ist es, was die Pflanze umkreishaft umgibt? Es ist das, was sich mit allen typischen Ausdrucksformen des Seelischen ausspricht: mit Bewegung und Mimik, mit Farben und Formen in wechselnden Bildern, mit Geräuschen, mit allen nur denkbaren Stimmungen, die von friedlichster Ruhe bis zum tobenden Zorn, ja unbeherrschter, zerstörerischer Wut reichen, von befreitem Aufatmen bis zu ängstlichem Innehalten, von grauer Trostlosigkeit bis zu jäher Freude und so weiter. Es sind die atmosphärischen Erscheinungen, und das, was sich in ihnen ausdrückt, steht in seiner unglaublichen Differenziertheit und seinem Formen- und Erscheinungsreichtum, seinem lebendigen Wechsel unserem eigenen Seelenleben noch erheblich näher als jede Blüte. So sehr, dass wir sie, auch wenn wir uns nur selten Rechenschaft darüber ablegen, ständig mit den entsprechenden seelischen Bewegungen begleiten, obwohl wir als Städter mit unserer täglichen Arbeit längst nicht mehr vom Wetter und seinen Launen abhängig sind.

Wiederum ergibt sich der Eindruck eines Gleichen in verschiedenen Erscheinungsformen – einmal allgemein umkreishaft, unindividuell, unbewusst, das andere Mal verinnerlicht, individualisiert und mit der Möglichkeit, bewusst erlebt zu werden. *Es sind Metamorphosen ein und desselben.* Die «Verinnerlichung» ist eine typische Begleiterscheinung der Evolution zum Menschen – typisch darin, dass sie dem zentralen

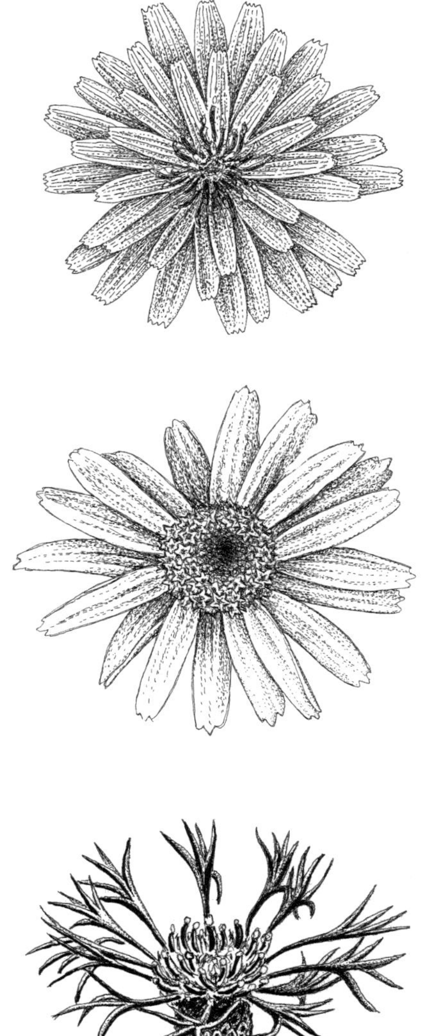

Abb. 21: Strahlen- und Röhrenblüten bei Korbblütlern *(Asteraceae = Compositae)*. Oben Pippau *(Crepis sp.)*, ein Verwandter des Löwenzahns, der nur über Strahlenblüten verfügt. Darunter Arnika *(Arnica montana)* mit randständigen Strahlen- und mittenorientierten Röhrenblüten Unten Blütenkopf der Bergflockenblume *(Centaurea montana)*, die ausschließlich Röhrenblüten besitzt – am Rand sehr große, intensiv blaue, sterile, die die Rolle der Kronblätter einer einfachen Blüte übernehmen.

Abb. 21: Oben leuchtend roter weiblicher Blütenstand der Lärche *(Larix decidua)*. Unten männliche Zapfen der Zwergkiefer *(Pinus pumila)*. Anders als bei den Regenwaldblüten von Abb. 17 wendet sich die rote Farbe nicht an ein wahrnehmendes Auge. (Aufnahmen A. Suchantke.)

Geschehen folgt, die Elemente, die ursprünglich umkreishaft waren und den Organismus gleichsam von außen, aus der Umgebung trugen, zunehmend zu verinnerlichen und damit eigenverfügbar zu machen: Nach der ersten Stufe, dem Erringen der Autonomie des Wasserhaushaltes beim Übergang vom Wasser aufs Land, vom Fisch über das Amphib zum Reptil, bedeutete der nächste Schritt die Verinnerlichung und Autonomie der Wärme. In beiden Fällen wird ein zunächst rein Umkreishaftes in eine neue, verinnerlichte und dadurch verfügbare Form gebracht. Selbstverständlich bleiben diese Elemente, das Wasser und die Wärme, nach wie vor überwiegend umkreishaft, aber sie existieren jetzt in zwei Erscheinungsformen: zum einen allgemein und umkreishaft, zum anderen verinnerlicht und individualisiert. Offensichtlich ist auf dem Evolutionsplateau Mensch eine neue Stufe fällig, auf der es um die (keineswegs bereits erreichte) Verinnerlichung des Lichtes und der Finsternis und ihres Zusammenspiels im Reigen der Farben geht oder genauer, um das, was sich in ihnen als Beseelung äußert, als Beseelung des Umkreises: Autonomie und Eigenverfügbarkeit des verinnerlichten Lichtes und Kultivierung der Seele und ihrer Farbensphären sind die Ziele. Auch dieser Bereich existiert damit in zweifacher Form, ebenso umkreishaft allgemein wie verinnerlicht und individualisiert; allerdings mit einem entscheidenden Unterschied: Was in der Durchseelung der Natur träumend-unbewusst lebt, vermag vom Ich des Menschen, wenn er denn will, auf das Niveau bewussten Erkennens und bewusster Handhabung und Steuerung erhoben zu werden.

Das aber würde auch bedeuten, dass die reichen und unterschiedlichen Erscheinungsformen des Innerseelischen des Menschen in der umgebenden Welt und in der Natur ebenso anzutreffen sind, in den atmosphärischen Erscheinungen beispielsweise, aber auch in den Formen und Gestaltungen der Landschaft, die uns genauso differenziert ansprechen: Eine wilde Hochgebirgslandschaft, ein liebliches Tal, die stürmische See, sie alle sind beseelt, und wir erleben bei ihrem Anblick das Aufklingen der Entsprechungen in unserer eigenen Seele wie in einem Echo-Effekt.

Das gilt natürlich auch für die Pflanzen und in besonderem Maße für die Blüten, auf die wir in diesem Zusammenhang wieder zurückkommen wollen (und denen der ganze bisherige Umweg letztlich gegolten hat). Ihnen gelten schließlich sehr konkrete Anregungen Rudolf Steiners bezüglich ihrer Bedeutung als Bilder seelischer Stimmungen und Charakterzüge,[56] und der Lehrer beispielsweise sollte sich dadurch zu bildhaften Schilderungen in der ersten Pflanzenkunde anregen lassen – ein nicht einfaches Unterfangen, da hier sehr exakt vorgegangen und jede Fantastik vermieden werden muss. Im Folgenden sei ein (nicht für den Unterricht bestimmtes) Beispiel vorgestellt, in dem es um die *Verwandlung von seelischen Stimmungen* geht:

Wandert man im frühen Sommer in den südlichen Alpen zwischen Gardasee und Luganer See durch die blütenreichen Matten der oberen Laubwaldregion, dann kommt es immer wieder zu Begegnungen mit den weithin leuchtenden, roten und überraschend großen Blüten der wilden Pfingstrosen *(Paeonia officinalis)*, aus deren Zentrum eine goldene Sonne zu leuchten scheint: der dichtgedrängte Kranz unzähliger Staubblätter (Abb. 23).

Die Lebensdauer der Blüte ist erstaunlich kurz; nach einem Tag ist sie in der Regel verblüht. Es beginnt mit einer großen, runden Endknospe – jede Pflanze bildet nur eine einzige Blüte aus. Die schalenförmigen Kelchblätter, am Rande schon blütenhaft rot überhaucht, werden im Lauf des Morgens vom quellenden Blüteninnern auseinander gepresst, und die noch zusammen geneigten Kronblätter bilden jetzt eine zusehends von innen heraus sich aufblähende, das Blüteninnere vollständig verhüllende Kugel (man vergleiche die abgebildete Reihe). Die seidig glänzenden Blütenblätter erstrahlen in einem unerhört grellen und aggressiven Rot, das den Beobachter unmittelbar anzuspringen scheint – man spürt sofort, dass man es mit einer Giftpflanze zu tun hat. Das Rot scheint Gefahr zu signalisieren, es hat nichts Liebliches an sich. Obwohl die Blüte noch nicht geöffnet ist, sind bereits Besucher da, allerdings solche, die sich an die Zuckerabscheidungen der Kelchblattränder halten: kleine aggressive Ameisen, die sofort in Abwehrhaltung gehen, kommt man ihnen und ihrer Nahrungsquelle zu nahe. Wenig später dann öffnet sich die Blüte, die Kronblätter weiten sich zur Schale, die den Strahlenkranz der leuchtend gelben Staubblätter in schützender Gebärde umgibt und gleichzeitig durch den farblichen Kontrast hervorhebt. Ihre Farbe hat sich verändert, das giftig-aggressive Scharlachrot hat einem dunklen, warmen Karmin mit Purpureinschlag Platz gemacht, ein Bild harmonischer Schönheit bietend. Bienen kommen und tummeln sich im Blüteninnern, das ihnen Pollen in Fülle zur Verfügung stellt.

Einige Stunden später, in der Mittagshitze, hat sich das Bild neuerlich gewandelt; die Blüte hat jetzt keinerlei Ähnlichkeit mehr mit ihrem eigenen Zustand wenige Stunden zuvor: Die Blütenblätter sind flach ausgebreitet und manche schon etwas zerzaust vom Wind. Sie sind jetzt von allerzartester Textur, fast durchsichtig und von neuerlich veränderter Farbgebung: Sie erstrahlen in zartem Rosa und beginnen sich von der Peripherie herein langsam zu entfärben; äußerst verblasstes Rosa, fast schon Weiß, dringt langsam nach innen gegen die Basis vor. Die vertrockneten Staubblätter sind weitgehend abgefallen. Am frühen Nachmittag dann senken sich die Blütenblätter noch tiefer herab, um sich schließlich vom Blütenboden zu lösen und zu Boden zu fallen.

Erlebt man diese Verwandlung nicht nur mit kühlem Verstand äußerlich registrierend, sondern vollzieht sie gefühlsmäßig mit, taucht sozu-

Abb. 23: Blühzyklus verschiedener Exemplare der wilden Pfingstrose *(Paeonia officinalis)* innerhalb eines Tages zwischen 9 und 15 Uhr am gleichen Standort in den Südalpen. Reihenfolge von links oben im Uhrzeigersinn. (Aufnahmen A. Suchantke.)

sagen seelisch in das Geschehen ein und reflektiert dann anschließend die Verwandlung der bildlichen Eindrücke, alles willkürliche Assoziieren vermeidend und ausschließlich hinhorchend auf das, was sich in ihm ausspricht, dann ergibt sich folgender Eindruck: *Flammende Begierde* (der grellroten, von innen herausdrängenden Blüte) *wandelt sich zu vollkommenem, harmonischem Sich-selbst-Sein* (die voll entfaltete Blüte in warmen Farbtönen und der innere Lichtkranz der Staubblätter), *um sich schließlich in vollständiger Hingabe alles Eigenen zu entäußern* (die Blütenfarbe verblasst, sie lässt sich vom Umkreis her durchlichten und auslöschen, die Blütenblätter fallen ab).

Das Bildekräftefeld der Blüte

Was uns im Rahmen unserer Beschäftigung besonders interessiert, und zwar aus einem ähnlichen Grund wie die Beziehung zwischen Wirbeln und Schädelknochen, ist die Natur der Kron-, d.h. der eigentlichen «Blütenblätter». Staubblätter und Fruchtblätter sind natürlich auch noch da, aber sie sind letztlich uralte – wenn auch hochgradig modifizierte – Organe der sexuellen Fortpflanzung, die es seit der Algenstufe im Pflanzenreich gibt. Die Kronblätter aber sind eine neue, junge Errungenschaft. Wo kommen sie her? Sind sie Umwandlungen ursprünglich anderer Blattformen und wenn ja, welcher?

Die Pfingstrose zeigt es in eindrücklicher Weise (Abb. 24): Es ist der *Blattgrund*, der sich beim Übergang vom Hoch- zum Kelchblatt zunehmend ausdehnt und vergrößert, in dem Maße, wie das «eigentliche» Blatt, die Spreite, im Wachstum zurückbleibt. An der Stelle, an der es sich vorher nach außen entfaltete, ist jetzt nur noch ein Negativ, eine leere Einbuchtung im Kelchblatt vorhanden, in der von der ursprünglichen Blattspreite lediglich ein vertrocknetes Zipfelchen übrig geblieben ist. Der Übergang vom Kelch- zum Kronblatt ist gleitend, die Kronblätter der Pfingstrose lassen sich problemlos aus den Kelchblättern ableiten, genauer: aus dem Blattgrund der Stängelblätter, der sich, vergrößert, in den Kelchblättern fortsetzt.

Abb. 24: Pfingstrose (gefüllte Gartenform): Blattfolge von den Hochblättern über den Kelch zu den Kronblättern, anschließend Zwischenformen von Kron- und Staubblättern, ein normales Staubblatt. Reihenfolge zwischen Hochblättern und erstem Kronblatt vollständig, anschließend Auswahl typischer Bildungen.

Ganz anders ist der Eindruck, wenn wir die Blüte einer Seerose betrachten (Abb. 25, S. 71). Sie ist ein überall abgebildetes Paradebeispiel für den gleitenden Übergang ihrer Staub- in Kronblätter. Vom Blüteninnern nach außen werden die Filamente, d.h. die Stielzonen der Staubblätter, immer größer und breiter und nehmen petaloiden (kronblattartigen) Charakter an. Gleichzeitig werden die spitzenständigen Pollensäcke zusehends kleiner und rudimentärer, um schließlich ganz zu verschwinden; nun bieten sie den basalen Teilen, den Filamenten, die Möglichkeit, sich

zum Kronblatt zu weiten. Die Kronblätter der Seerose lassen sich nicht minder problemlos von umgebildeten Staubblatt-Anlagen ableiten wie die Blütenblätter der Pfingstrose von Kelchblättern.

Aber auch bei der wilden Pfingstrose (Abb. 23) finden wir im Innern der Blüte zusätzliche Kronblätter – es können sieben oder sogar acht sein, sechs sind häufig, die Fünfzahl ist fast nie vertreten. Einige dieser zusätzlichen Blütenblätter sind deutlich kleiner, gelegentlich auch asymmetrisch geformt: auf der eine Seite ausgebreitet, auf der anderen zusammengezogen und mit einem etwas verkümmerten Pollensack versehen – halb Kron- und halb Staubblatt. Kronblätter können also prinzipiell sowohl aus Kelch- wie aus Staubblatt-Anlagen gebildet werden, bei der Pfingstrose gleichzeitig aus beiden. In weit überwiegendem Maße dürfte es sich jedoch um *Andro*petalen handeln, um «umgewidmete» Staubblatt-Anlagen. Dafür spricht allein schon die Tatsache, dass die Bildung zusätzlicher Kronblätter im *Innern* der Blüte und mit entsprechenden Übergangsformen von Staub- zu Kronblättern eine häufige Erscheinung ist.

Was die Natur auf diese Weise von sich aus und in gemäßigter Form durchführt, hat der Mensch in der Züchtung seiner Ziergewächse aufgegriffen und gesteigert: Alle gefüllten Blüten sind durch «Petaloidierung» entstanden, d.h. durch Umbestimmen von noch nicht determinierten Blattanlagen, die normalerweise Staubblätter geworden wären, zur Bildung von Kronblättern. Da die Staubblätter in der Regel in viel größerer Zahl in den Blüten vorhanden sind, entsteht bei ihrem züchterischen Ersatz durch Kronblätter nicht selten jenes höchst unnatürliche Gedränge, das wir vor allem von Gartenpfingstrosen kennen.

Die Möglichkeiten des Wandels und des Austausches scheinen unerschöpflich: Kelchblätter können in Kronblätter übergehen (Pfingstrose), Kronblätter anstelle von Kelchblättern entstehen und deren Funktion übernehmen wie bei unseren Hahnenfußarten *(Ranunculus)*, bei denen das, was sich als Kronblätter präsentiert, in Wirklichkeit Honigblätter sind, die hier an der Stelle von Staubblättern stehen. Umgekehrt können Blattanlagen, die eigentlich Kelchblättern gehören, die Stelle der farbigen Kronblätter einnehmen wie in den leuchtend blauen Blüten des Leberblümchens *(Hepatica nobilis)*. Oder wie bei der Christrose *(Helleborus niger)*, bei der sie dann auch nach dem Verblühen und während der Fruchtreife wieder ergrünen und assimilatorische Funktion übernehmen (Abb. 27, S. 73).

Verglichen mit den erheblich höher differenzierten Laubblättern, den eigentlichen vegetativen Organen, erscheinen alle «Kronblätter» (welcher Herkunft auch immer) *deutlich einfacher in ihrem Aufbau*. Sie verfügen nicht über die komplizierte Verzweigung und Anastomosierung des Adergerüstes, sondern gleichen Jugendstadien von Laubblättern

Abb. 25: Oben: zwei Blüten des Asiatischen Hahnenfußes *(Ranunculus asiaticus)*, links die normale Form, rechts mit starker Vermehrung der Blütenblätter – keine Züchtung, sondern bei der Wildform immer wieder auftretend. Bei Jerusalem. (Aufnahmen A. Suchantke.)
Unten: Blütenzentrum der Seerose *(Nymphaea alba)*, den allmählichen Übergang von Staub- zu Kronblättern zeigend. In der Mitte ist das letzte Staubblatt zu sehen, das noch Reste von Pollensäcken besitzt. (Aufnahmen A. Suchantke.)

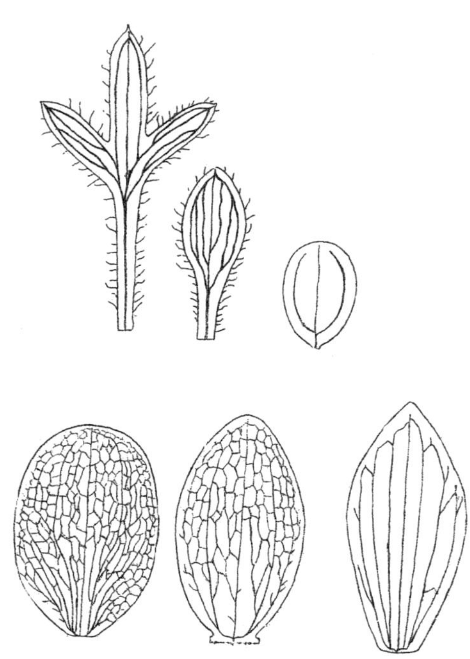

Abb. 26: Obere Reihe: normales Laubblatt, Primärblatt (= erstes auf die Keimblätter folgendes Laubblatt) und Kronblatt vom Moschus-Steinbrech *(Saxifraga moschata)*. Untere Reihe: Laubblatt, Kelch- und Kronblatt des Enziangewächses *Lomatogonium carinthiacum*.
In beiden Fällen weist das Kronblatt, verglichen mit den anderen Blättern, Merkmale des Stehenbleibens auf sehr jugendlicher Stufe auf. (Aus Glück 1919.)

Abb. 27: Zyklus eines Individuums der Christrose *(Helleborus niger)* aus den Südalpen vom Aufblühen bis zum Fruchten (von links oben im Uhrzeigersinn): Das weiße Blütenblatt wird zum ergrünenden Kelchblatt. Man beachte im ersten Bild das kleine Blatt in Blütennähe, das in drei kleine Zipfel ausläuft und sich damit als unausgebildetes, auf extrem jugendlicher Stufe verharrendes Laubblatt verrät. (Aufnahmedaten: 10.2., 4.3., 19.3., 16.5. Aufnahmen A. Suchantke.)

(Abb. 26) oder auf einfacher Stufe stehen gebliebenen Niederblättern. Gerade bei der Pfingstrose ist dieser Zusammenhang sehr auffällig und deutlich erkennbar: Wenn im Frühling die ersten Sprossspitzen aus der Erde hervorbrechen, dann zeigen sich die derben, den Blütenspross schützend umhüllenden Niederblätter im selben brennenden Rot wie später die Kronblätter und ähneln ihnen auch, sind allerdings etwas langgestreckter, in der Form (Abb. 28, S. 75). Dass es sich um neotene, d.h. auf jugendlichem Niveau stehen gebliebene Laubblätter handelt, bewies seinerzeit der bekannte Morphologe K. Goebel, dem es gelang, Niederblätter zur Ausbildung von Blattspreiten zu veranlassen.[57] Gelegentlich ist es auch in der Natur als seltene Ausnahmeerscheinung zu beobachten (Abb. 28).

Sicherlich hat die Plastizität der Blütenorgane mit ihrem Verharren auf jugendlicher Stufe zu tun, ihrer «Verjugendlichung» (Neotenie) – einer Erscheinung, die vor allem die Kronblätter auszeichnet und unter ihnen besonders diejenigen andropetaler Abkunft. Die in sehr viel geringerer Anzahl existierenden Arten, deren Kronblätter sich bracteopetal von Hoch- und Kelchblättern ableiten (z.B. die Pfingstrose), erwiesen sich als weniger erfolgreich. Andropetale Kronblätter, so A.Takhtajan (1991) «sind neotener als alle anderen Blütenorgane und deshalb plastischer und anpassungsfähiger».[58] K. Goebel (1933) zufolge sind Kronblätter Staubblätter mit *angehaltenem Wachstum*. Auf eigenartige Weise demonstriert die Christrose etwas Ähnliches: Die Blütenhülle durchläuft *vor* dem Ergrünen zum assimilierenden Laub-(Kelch-)Blatt die Stufe des weißen und rötlichen «Kron»-Blattes, das sich damit auch in diesem Fall als ein jugendlicheres Stadium erweist (Abb. 27).

Die vielfältigen Möglichkeiten der Pflanze, «Blütenblätter» zu bilden, zeigt, dass es sich hier in ähnlicher Weise, wie es sich schon bei der Betrachtung der Wirbelmetamorphose ergab, um ein *Bildekräftefeld* handelt, das je nach Situation noch undifferenzierte Blattanlagen – also Anlagen allgemeinster Art ohne jegliche spezifische Bestimmung, die dadurch noch für alle Spezialisierungen und Differenzierungen offen sind – ergreift und entsprechend formt. Um es zu wiederholen und keinen Missverständnissen Einlass zu gewähren: Kronblätter (Petalen und Tepalen) sind keine umgewandelten Staub- oder Kelchblätter, auch nicht, um ganz genau zu sein, umgewidmete *Anlagen* zu diesen Organen, sie entstehen vielmehr aus noch undifferenzierten, *undeterminierten* Organ-«Keimen», die normalerweise an der betreffenden Stelle vom Bildeimpuls «Staubblatt» ergriffen würden und nun stattdessen einem anderen Einfluss, demjenigen der Kronblattbildung, unterliegen.

In entsprechender Weise dürfen wir wohl auch Goethe verstehen, der in seiner «Metamorphose der Pflanzen» (§ 120) folgendermaßen formuliert: «... Denn wir können ebenso gut sagen: ein Staubblatt sei ein

zusammengezogenes Blumenblatt, als wir von dem Blumenblatte sagen können: es sei ein Staubgefäß im Zustande der Ausdehnung ...»

Ältere wie zeitgenössische Morphologen vertreten ganz übereinstimmende Auffassungen. So formuliert W. Troll 1928: «Wenn hier von Herkunft der Blumenblätter die Rede ist, so soll das durchaus nicht heißen, dass die Blumenblätter ‹ursprünglich› Staubblätter waren. Sie sind aber *morphologisch* identisch mit ihnen. Mit der Frage nach der Herkunft sind also lediglich die morphologischen Beziehungen der Blumenblätter zu den benachbarten Blattorganen gemeint, also das Problem: stehen die Petala näher den Staubblättern oder den Hochblättern, wie sie als Kelch in die Blütenhülle aufgenommen sind?» Wie sich zeigte, gibt es beide Möglichkeiten (Pfingstrose, Leberblümchen!). In jüngerer Zeit hat vor allem W. Leinfellner umfangreiches Material zu dieser Frage beigetragen,[59] und der Name von Takhtajan (1991) wurde bereits erwähnt.

Aber zeigen nicht die gefüllten Blüten, dass Kronblätter aus Anlagen zu Staubblättern entstehen? Keineswegs, viel eher sieht es so aus, dass sich das Kronblatt-Bildekräftefeld über seinen normalen Bereich bis in die Region ausdehnt, in der normalerweise Staubblätter gebildet werden, und die noch *undeterminierten Blattprimordien* – alle Blattanlagen sind unmittelbar nach ihrer Entstehung am Vegetationskegel eine ganz kurze Zeit noch nicht spezialisiert und damit nach allen Seiten hin offen – unter seine Regie zwingt. (Die definitive Gestaltbildung vollzieht sich wohl auf dem Wege der Aktivierung bestimmter Enzyme, die ihrerseits spezifische Gene aufrufen.) An der Periphere des «Feldes» zeigen sich Misch- und Übergangserscheinungen zwischen Staub- und Kronblättern, offensichtlich Ausdruck der Abschwächung des Bildeimpulses und der Überlappung aneinander grenzender Einflüsse. Ein ähnliches Phänomen, jetzt in die entgegengesetzte Richtung blütenabwärts, zeigt die Buntfärbung der Hochblätter des Weihnachtssternes (und zahlreicher an früherer Stelle erwähnter Pflanzen des Regenwaldes) – sie sind blütenblattartig leuchtend rot gefärbt, haben aber in ihrer Gestalt Mischcharakter: Es sind immer noch typische Laubblätter, die Blattspreite ist jedoch einfacher und gerundeter als die tiefer ansitzenden, stark gezackten Stängelblätter.

Die berühmte, nach einer Skizze Goethes von unbekannter Hand gemalte Tulpe mit dem in abnormer Weise oben, in Blütennähe inserierenden Laubblatt – eine Anomalie, die immer wieder einmal zu beobachten ist (Abb. 29, S. 76) – verdeutlicht die Existenz der unterschiedlichen Bildekräftefelder in schlagender Weise: Der obere, blütennähere Teil ist blütenfarbig, der untere dagegen grün. Bezeichnenderweise ist dieses Mischblatt während der Streckung des Blütenstieles durchgerissen, und zwar weil der blütenhafte obere Teil bei der Streckung des Stieles der Blüte ein Stück weit nach oben mitgenommen wurde, der zur Basis

Abb. 28: Niederblätter von Pfingstrosen. Von links oben im Uhrzeigersinn: Sprossknospe von *Paeonia officinalis* bricht aus dem Boden, die Hüll- oder Niederblätter sind blütenhaft rot. – Spross von *P. mlokosewitchii*, die Laubblätter brechen hervor. Das Niederblatt zeigt an der Stelle, an der die Spreite beginnen sollte, eine Einbuchtung und ähnelt dadurch einem Kelchblatt, wie es auf Abb. 24 zu sehen ist. – Das gleiche Niederblatt, künstlich aufgehellt; seine primitive Parallelnervatur zeigt seinen neotenen Charakter. – Spross von *P. anomala* in beginnender Entfaltung; eines der umhüllenden Niederblätter gelangt zur Bildung einer verzweigten, stark zerteilten Laubblattspreite. (Aufnahmen A. Suchantke.)

Abb. 29: «Merkwürdiger Fall, wo ein Blatt zugleich Stängel- und Kronblatt ist», bemerkt Goethe zu dieser Tulpe (links), die nach seiner Skizze von unbekannter Hand aquarelliert wurde (vgl. Hansen 1907). Ein regelwidrig nach oben bis in die Blütenregion gelangtes Laubblatt zerreißt in zwei unterschiedliche Hälften, von denen die eine bis in Blütennähe mitgenommen und blütenhaft gefärbt wird, während die tiefer verbleibende den Charakter eines grünen Laubblattes behält.
Rechts ein nahezu exaktes Duplikat der Goethe-Tulpe aus unseren Tagen. (Aufnahme A. Suchantke.)

gehörende Laubblattteil hingegen zurückblieb. Es gibt heute Tulpenzüchtungen, die im oberen, blütennahen Bereich zahlreiche zusätzliche Laubblätter ausbilden, bei denen die Blütenhaftigkeit umso größer ist, je näher sie an die Blüte herangerückt sind. Setzen sie tiefer an, dann sind es vielfach nur ihre Spitzen, die dann blütenfarbig werden, wenn sie bis auf die Höhe der Blüte hinaufragen.

Das Bildekräftefeld der Blüte hat aber nicht nur farbliche, sondern auch gestaltliche Charakteristika. Eine Blüte ist eine *gestaltete, d.h. in sich differenzierte Einheit.* Dadurch unterscheidet sie sich grundsätzlich vom vegetativen Bereich der Laubblätter (und von der Wurzel) – auch von der Rosette, die sich bei vielen Pflanzen am Grunde ihres Sprosses findet (z.B. bei der Hauswurz, *Sempervivum)* und ausnahmslos aus gleichartigen – aber nicht unbedingt gleich großen – Blättern besteht.

Diese in sich gegliederte Einheit wird besonders bei den Sammelblüten erkennbar, wie man die Dolden und die Köpfchen der Korbblütler nennen könnte.

Der lang gestreckte Blütenstand eines Fingerhutes *(Digitalis)* oder eines Rittersporns *(Delphinium)* trägt lauter gleichartige Blüten, die übereinander angeordnet sind. Hört die zentrale Achse jedoch zu wachsen auf, sodass sämtliche blütentragenden Verzweigungen von einem Punkte aus nach allen Seiten und auf eine gemeinsame Höhe ausstrahlen (und dadurch ein schirmartiges Gebilde produzieren), so hat man es mit einer Dolde zu tun wie beim Bärenklau *(Heracleum)* oder bei der Wilden Möhre. Die Blüten, die dann in einer Ebene liegen, zeigen nun in mehr oder weniger starkem Maße die Tendenz, so zusammenzurücken, dass eine vergrößerte Version der Einzelblüte entsteht – eine Art von *Überblüte.* Häufig geschieht das dadurch, dass die nach außen weisenden Blüten ihre randständigen Kronblätter besonders groß ausbilden und sich die Teildolden, das Prinzip der Einzelblüte wiederholend, im Fünfeck zusammen gruppieren (Abb. 30). Ein und dasselbe Gestaltprinzip durchgehend auf drei Ebenen: bei der Einzelblüte, der Teildolde und der Dolde!

Noch erheblich weiter gehen bekanntlich die Korbblütler, die einen Blütenstand mit vielen kleinen Einzelblüten aus der Vertikalen in die Horizontale verlagern und seitlich ausdehnen unter Beibehaltung der ursprünglichen spiraligen Anordnung der Einzelblüten (man vergleiche die Scheibe der Sonnenblume!). Hier kommt es jetzt zur echten Überblüte, zum *Pseudanthium,* durch Spezialisierung und Reduzierung der Einzelblüten auf *einen Beitrag unter anderen,* auf das, was in der normalen Einzelblüte, dem *Euanthium, ein* Organ übernimmt – das Staubblatt oder das Fruchtblatt. Im Pseudanthium wird die einzelne Blüte auf das Niveau eines Teiles vom Ganzen herabgedrückt – die Gesamtheit des Pseudanthiums ist jetzt die Blüte! Die im Zentrum stehenden Blüten übernehmen die Funktion der Fortpflanzungsorgane, die Ausbildung der Kronblätter bleibt dagegen rudimentär; umgekehrt die randständigen Röhren- oder Zungenblüten, die nur die Kronblattzipfel ausgestalten und im Übrigen steril sind (Abb. 30).

Nicht nur im Bereich der Farben, sondern auch auf der gestaltlichen Ebene haben wir es immer wieder einmal mit dem Herabwirken von Bildetendenzen der Blütensphäre in den Laubblattbereich zu tun. Die Blätter des Stängelbereiches bilden ja keine Gesamtgestalt, kein «Überblatt», vergleichbar der «Überblüte» des Pseudanthiums. Zwar folgen sie einer festgelegten schraubigen Anordnung entlang des Stängels, aber jedes steht doch für sich und unterscheidet sich in vielen Fällen auch gestaltlich von seinen Nachbarn (jedenfalls bei dikotylen Kräutern). Gegen die Blüte zu kommt es dann in der Regel jedoch zu einer Ver-

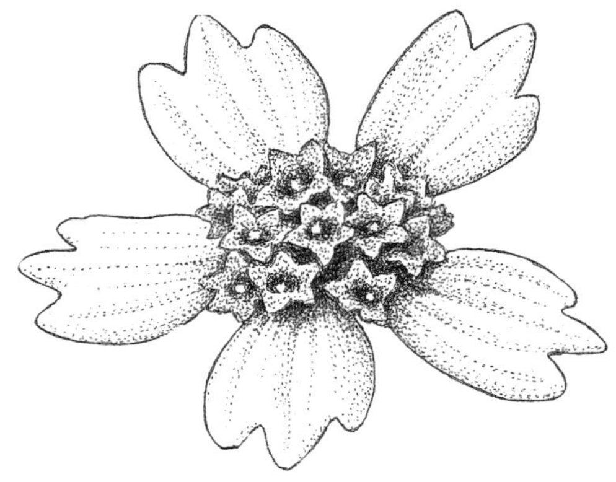

Abb. 30: Unten Doppeldolde von *Orlaya grandiflora.* Die drei mittelständigen Döldchen bleiben gestaltlich unscheinbar, die übrigen gruppieren sich zum Fünfstern, wobei die äußeren Blüten jeweils nur ein randständiges Kronblatt so groß ausbilden, dass das Ganze den Eindruck einer einzigen Blüte macht.
Oben Überblüte *(Pseudanthium)* des Knopfkrautes *(Galinsoga parviflora),* bei dem der Eindruck einer einzigen Blüte durch die fünf randständigen Strahlblüten hervorgerufen wird.

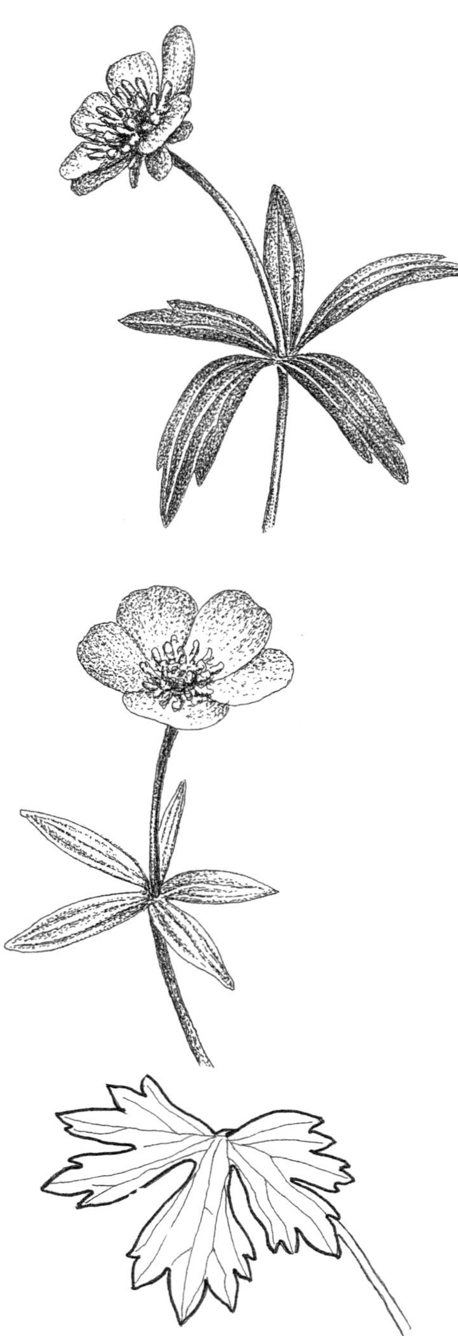

Abb. 31: Berghahnenfuß *(Ranunculus montanus)*. Das – seitlich ansetzende – Hochblatt ist unter fast völliger Unterdrückung des Blattstieles so nah an den Stengel herangerückt, dass der Eindruck eines fünfstrahligen Wirtels entsteht. Unten ein langgestieltes Grundblatt. (Original, Fextal, Engadin.)

kürzung des Blattstieles und zu einem Heranrücken der Blattspreite (= des Oberblattes) an die zentrale Achse und zu dessen teilweisem Umgreifen durch die verbreiterte, ganz nah an das Oberblatt herangerückte Blattbasis. Beim Berghahnenfuß *(Ranunculus montanus)* beispielsweise entsteht dadurch beim einseitig ansetzenden Hochblatt das Bild eines stängelumgreifenden, in seiner Anordnung an eine Blüte gemahnenden Fünfsternes (Abb. 31).

Durch Goethes Darstellung der Metamorphose ist der Eindruck eines linearen Ablaufes der Bildungen und Umbildungen entstanden, der in mehrmaligen Ausdehnungs- und Zusammenziehungsbewegungen von unten nach oben, vom Beginn der Sprossachse bis zur Frucht- und Samenreife fortschreitet. Das ist *eine* mögliche Sichtweise – eine *andere* sieht sich mit *gegenläufigen Bildebewegungen* konfrontiert: emporwirkend, aber ebenso aus dem Blütenbereich nach unten in die Laubblattregion ausstrahlend. Darauf soll im nächsten Kapitel näher eingegangen werden. Dass sich beide Auffassungen in Wirklichkeit ergänzen und gegenseitig bedingen, wird sich im weiteren Verlauf zeigen.

Um etwas ganz anderes handelt es sich, wenn die Blüten nicht senkrecht nach oben oder nach unten gerichtet, sondern seitwärts gewendet sind. Jetzt wird die ursprüngliche Kreissymmetrie zur bilateralen (zweiseitigen) Symmetrie (Ausnahmen z.B. Glockenblumen, *Campanula)*. Gleichzeitig verändert sich tiefgreifend das Verhältnis vom Ganzen der Blüte zu ihren Teilen: Während bei der radiärsymmetrischen Blüte alle Elemente eines Kreises (also alle Staub- oder Kronblätter) gleichartig sind, kommt es jetzt vermehrt zu Differenzierungen innerhalb der Gruppen ursprünglich gleichartiger Organe – einerseits reduzieren sich die Anzahlen, andererseits unterscheiden sich die übrig bleibenden nicht selten erheblich. Das Ganze ist jetzt viel stärker abhängig von seinen Teilen, ganz einfach deshalb, weil der Ausfall eines einzigen Elementes sofort das Ganze in Frage stellt: Der Wegfall des allein übrig gebliebenen einzigen Staubblattes (in Wirklichkeit der übrig gebliebenen *Hälfte*, siehe Abb. 32) des Wiesensalbeis *(Salvia pratensis)* würde der Blüte die Möglichkeit nehmen, Blütenstaub zu produzieren.

Damit herrschen in diesen Fällen ganz andere Verhältnisse als bei den radiärsymmetrischen Blüten, bei denen es schließlich nicht darauf ankommt, ob im Kreis der vielen Staubblätter einige fehlen oder ob eine Arnika so viele Zungenblüten besitzt wie im Falle der Abbildung 21 (S. 63) oder, was der Normalfall ist, erheblich weniger.

Die bilaterale Symmetrie ist etwas, das die Blüten mit den Tieren gemein haben: das Gerichtetsein im Raum – eigentlich eine pflanzenuntypische Eigenschaft, da sie mit der Fähigkeit zur Bewegung zusammenhängt. Diese ist immer gerichtet, während ein sesshaftes, zur Bewegung

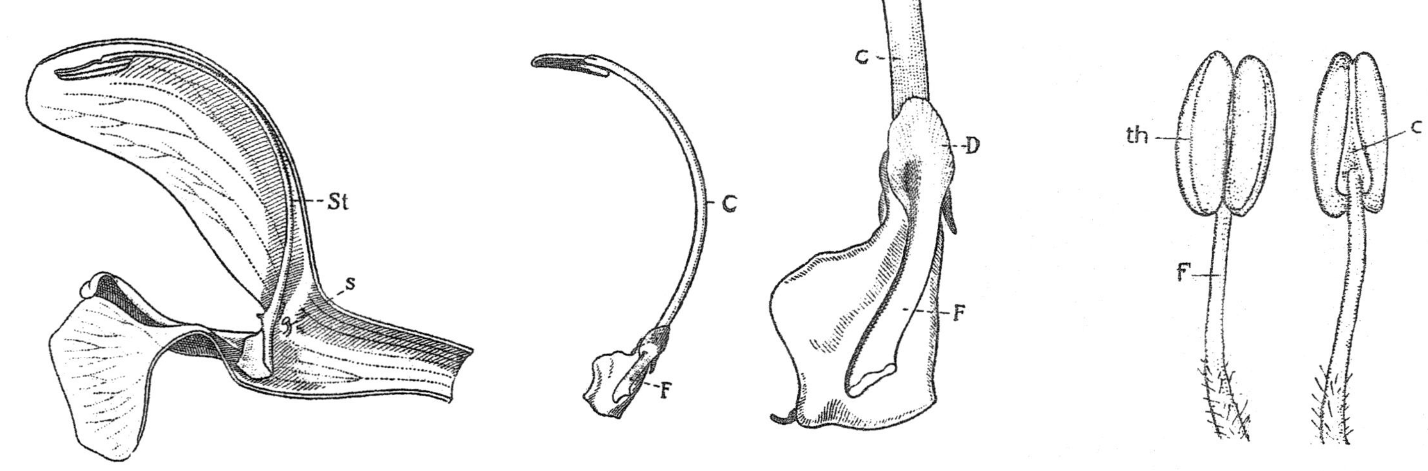

unfähiges Wesen (auch ein Tier, z.B. eine Seeanemone, ein Korallenpolyp) nach allen Seiten des Raumes prinzipiell die gleiche Beziehung hat. Diese Tierhaftigkeit äußert sich nicht zuletzt auch in der eben besprochenen stärkeren Differenzierung der Teile und der Abhängigkeit des Ganzen von ihnen. Ein höher entwickeltes Tier, ob Wirbeltier oder Insekt, kann auf keinen Körperteil, kein Organ verzichten, weil die den primitiven Vorfahren noch eigene undifferenzierte Vielheit gleichartiger Organe den höher stehenden Vertretern nicht mehr eignet und der Verlust eines Körperteils oder Organs das Ganze zerstören würde. Primitive Würmer *(Plathelminten)* und Süßwasserpolypen (*Hydra*) kann man noch in fast beliebig viele Teile zerschneiden, was lediglich zu ihrer Vermehrung beiträgt: Jeder Teil regeneriert sich wieder zum Ganzen. Zwischen dem Ganzen und den Teilen gibt es noch keinen Unterschied, der Teil ist mit dem Ganzen identisch und enthält ihn potenziell stets in sich. Entsprechendes gilt für die vegetativen Teile der Pflanze, konkret: für die Elemente des Sprosses – wie viele Arten lassen sich nicht aus Stecklingen ziehen! Blüten, und unter ihnen besonders die bilateral symmetrischen, sind etwas anderes und damit eher den höheren Tieren verwandt. Vielleicht hängt damit die Tendenz zum extrem engen Zusammenschluss mit manchen Bestäubern, bis hin zu völliger Abhängigkeit von einer einzigen Art, zusammen, aber auch die Tendenz zur Überformung zu verblüffender Tier-, besonders Insektenähnlichkeit (Abb. 33, S. 80), oder zu Gestaltbildungen wie beim Salbei, wo Blüte und Bestäuber nicht nur wie Positiv und Negativ wirken, sondern es auch tatsächlich sind – Ausdruck des zwar nicht Gleichen, aber doch sehr Ähnlichen und vor allem Wesensverwandten, zu der es im Laufe der gemeinsamen Geschichte, der Co-Evolution kam.[60]

Abb. 32: Der raffinierte Mechanismus im Innern der Blüte des Wiesensalbei *(Salvia pratensis)*. Links Längsschnitt durch die Blüte; man erkennt den einen (einzigen!) Ast des Staubblattes (St) sowie ein weiteres verkümmertes Staubblatt (s). Am unteren Ende des großen Staubblattes ist die «Falltür» zu erkennen, die vom Rüssel der Biene hochgeklappt werden muss, um zur Nektarquelle zu gelangen. Dabei senkt sich das Staubblatt nach unten und berührt den Rücken der Biene. Beide, Staubblatt und «Falltür», drehen sich um einen Fixpunkt (auf der mittleren Zeichnung mit D gekennzeichnet) – es ist der Kopf des Filamentes (F), das normalerweise den Stiel des Staubblattes bildet (wie es in der rechten Abbildung «normaler» Staubblätter anderer Pflanzen zu sehen ist). Der lange Hebelarm des Staubblattes ist das umgewandelte Konnektiv (c), das normalerweise das Verbindungsstück zwischen den beiden, den Pollen enthaltenden Theken eines Staubblattes darstellt (th in der rechten Zeichnung). Tatsächlich sitzt an seiner Spitze nur *eine* Theke – es ist also nur ein *halbes* Staubblatt! Die andere Häfte ist zur «Falltür» umgebildet und trägt keine Theka. (Nach Troll und Strasburger.)

Abb. 33: Orchideenblüten mit starker Insektenähnlichkeit. Alle drei sind mit Sicherheit unabhängig voneinander entstanden – ihr unterschiedliches Aussehen, vor allem aber weit getrennte Verbreitungsgebiete sprechen dafür. Alle drei sind von Bienen- oder Hummelgröße und werden nachweislich von Wildbienen oder Wespen aufgesucht, die sich mit den Blüten zu paaren versuchen. Von links: *Trichoceros parviflorus* (Peru), *Cryptostylis subulata* (Australien, Neuseeland), *Ophrys regis-ferdinandii* (Ägäis).

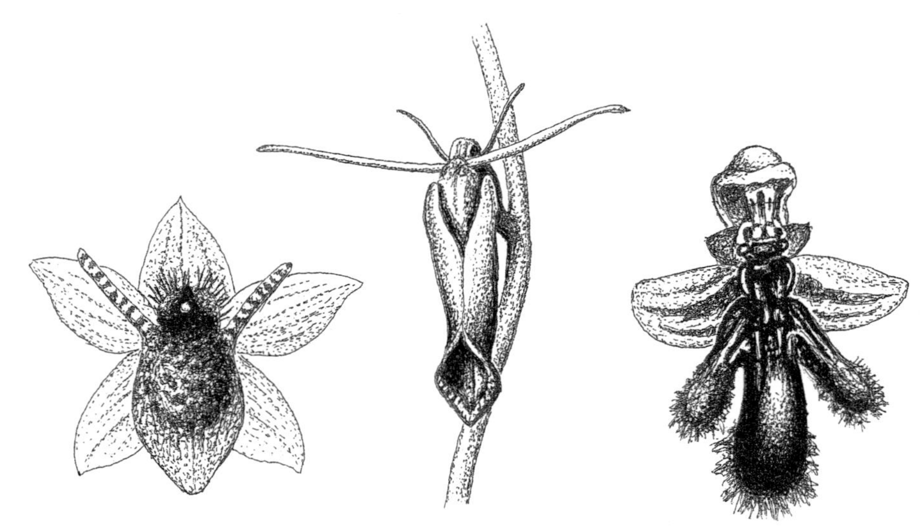

Dass es daneben noch andere Aspekte gibt, die weniger eine Trennung der Sphären oder Stufen, als vielmehr ihre Durchdringung betonen, sei zum Schluss an einem Beispiel illustriert. Gleichzeitig sei dabei der Blick auf eine eigenartige Tendenz in der Evolution der Blüte gelenkt, auf eine Entwicklung, die noch in vollem Gange ist – oder vielleicht erst am Anfang steht, auf jeden Fall aber Rätsel aufgibt.

Sie hängt einerseits mit der Möglichkeit zusammen, *gefüllte* Blüten züchterisch zu erzielen. Wie die bereits erwähnten Beispiele zeigen, wird hier nicht etwas der Pflanze Wesensfremdes und Unnatürliches eingeführt, sondern lediglich eine in der Natur andeutungshaft bleibende, aber doch deutlich vorhandene Tendenz aufgegriffen und gesteigert. Die vollständige Petaloidierung (Umwandlung in Kronblätter) von Blütenorganen, die ursprünglich im Dienste der Fortpflanzung stehen, also von Staubblättern (aber gelegentlich auch von Fruchtblättern), bedeutet, dass keine Samen mehr gebildet werden können. Die Vermehrung wird damit auf den vegetativen Bereich beschränkt, Pflanzen dieser Art sind in vollem Umfang auf den Menschen angewiesen und allein, sich selbst überlassen, nicht überlebensfähig – Gartenrosen beispielsweise.

Eigenartigerweise ist, wenn auch auf andere Art, der Verlust der Sexualität, der Vermehrung durch Befruchtung, eine nicht nur im Reich der Blütenpflanzen, sondern auch bei Algen, Pilzen, Farnen weit verbreitete Tendenz. Der Sachverhalt erscheint noch merkwürdiger, wenn man bedenkt, dass diese Erscheinung bei den Blütenpflanzen beispielsweise immer wieder und völlig unabhängig voneinander in den verschiedensten Familien auftreten kann – bei Gräsern, Korbblütlern (z.B. Löwenzahn,

Taraxacum, Habichtskräuter, *Hieracium)*, Rosaceen (Brombeeren, *Rubus*, Frauenmantel, *Alchemilla* und andere), in der Gattung Ranunculus beim Goldhahnenfuß *(R. auricomus)*. Allerdings werden bei all diesen Blütenpflanzen durchaus noch Samen gebildet, wenn auch *ohne vorherige Befruchtung*. Das gilt auch für den Löwenzahn, obwohl dessen Blüten eifrig von Bienen besucht werden, die den Pollen einsammeln – der jedoch steril und nicht mehr befruchtungsfähig ist. Durch diese so genannte *Apomixis* kommt es zu keinerlei genetischem Austausch mehr, was dann im Lauf der Zeit zu einer immer stärkeren Aufsplitterung in regional begrenzte Kleinarten führt, die nur noch der Spezialist auseinander halten kann – jede Mutation bleibt auf die direkten Nachkommen beschränkt und geht nicht mehr in den Genpool der gesamten Art ein. Es kommt zu einer merkwürdigen «Pseudo-Individualisierung», deren (theoretischer) Endeffekt bedeuten würde, dass zum Schluss jedes Individuum eine eigene Art (Spezies) wäre. Andererseits bedeutet es für die Pflanzen eine Möglichkeit, optimal an die jeweiligen lokalen Lebensbedingungen angepasste «Sorten» herauszubilden. Insgesamt wird dadurch also die Vitalität gesteigert.[61]

Ein deutlicher Trend zur Aufgabe der Sexualität, hier wie dort, in der Apomixis wie in den unter menschlichem Einfluss gesteigerten Tendenzen zur Umwandlung von Staub- in Kronblätter? Zur Aufgabe wohl nicht, eher zur *Verwandlung*, und diese Richtung ist denn auch deutlich zu erkennen, wenn auch auf sehr unterschiedlichen Wegen. Diese Verschiedenheit festzuhalten ist wichtig, da der züchterische Eingriff des Menschen, beispielsweise bei der Entwicklung einer edlen Rosensorte, etwas völlig anderes bedeutet als die Apomixis: Natur wird nicht bloß verwandelt, sondern *gesteigert*. Durch das Vermögen des Züchters, in der Regel zugleich Künstler und Liebhaber seiner Pfleglinge, wird Natur auf eine höhere Stufe emporgehoben: *Natur wird Kunst*. Durch Verlust der Sexualität? Nein, durch ihre Verwandlung in Schönheit!

Steigerung – es ist Goethes Anliegen par excellence. Erinnern wir uns an den Ausruf (in «Unbillige Forderung») «… eine Steigerung, und diese ist es allein, die mich auf meinem Gange, nach meinem Beruf an sich ziehen, festhalten und mit sich fortreißen konnte». Sie ist schließlich auch das Leitmotiv seiner «Metamorphose der Pflanzen», in dreimaliger Ausdehnung und Zusammenziehung und darauf folgender *Steigerung* jeweils eine höhere Stufe der Vollendung zu erreichen. Hier wird Goethe zum neuzeitlichen Interpreten dessen, was in allen Gemüts- und Gefühlskulturen gewusst wurde und in unserer modernen Verstandesära zum entleerten Ritual veräußerlichte: die Blüte als Bild für die Steigerung und Höherentwicklung der Seelenkräfte – die Rose, die über das Dornengestrüpp hinauswächst oder, in den östlichen Kulturen, die

Lotosblume («Om mani padme hum» = «O du Glückseliger in der Lotosblüte»); es gibt kaum ein sprechenderes Bild als deren reinweiße oder zartrosa Blüte, die sich hoch über den Schlamm und Morast erhebt, in dem sich die Krokodile suhlen – nicht als etwas Fremdes, Fernes, Andersartiges, sondern als die *Verwandlung* all dessen, was an dumpfen Triebkräften im Schlamm steckt, in dem sie schließlich wurzelt und aus dem sie ihre Lebenskräfte bezieht. «Suchst du das Höchste, das Größte? Die Pflanze kann es dich lehren: Was sie willenlos ist, sei du es wollend – das ist's!» (Friedrich Schiller, Maximen)

Steigerung und Verwandlung der Naturkräfte – Aufgabe des Menschen schlechthin. Es war bereits an früherer Stelle die Rede davon, wie sehr das die *eigenen* Bildekräfte betrifft, die sich nicht vollständig in der Ausgestaltung des Leibes erschöpft haben. Das Gleiche gilt aber auch für den *Leib der Natur,* für die Umgestaltung von Natur in Kultur. Die Züchtung der Kulturpflanzen und der Haustiere sind dafür Beispiele, gelungene und positive, wenn es sich um eine echte Steigerung bereits veranlagter Möglichkeiten und Fähigkeiten handelt, negative und destruktive, wenn es allein um die Züchtung von Masse und deren Ausbeutung geht. Beispielhaft ist immer noch die Züchtung des Hundes aus dem Wolf: Das weltweit vom Menschen am meisten gefürchtete Raubtier (ob zu Recht, sei dahin gestellt; es handelt sich wohl eher um die Projektion des Wölfischen im Menschen in das Tier) wird zum treuen Hirtenhund «gesteigert», der die Tiere bewacht, die der Wolf reißt!

Auch das wiederum ein Bild für die Verwandlung der menschlichen Seeleneigenschaften auf eine höhere Stufe, vom sozial destruktiven in den sozial gestaltenden, aufbauenden Bereich. Leider sind solche Kulturleistungen Vergangenheit und in ihrer Bedeutung vergessen. Heute herrscht anderes: die Ausrottung der Wölfe, der Tiger, der Raubtiere. Bleibt die Frage, welche Folgen das für den innerseelischen Bereich des Menschen hat.

5.
Zwischenresümee: Metamorphosen – Schlüssel zum Verständnis des Lebendigen

Der Umgang mit Metamorphosen ist etwas grundsätzlich anderes als die übliche Art der Naturbetrachtung und Naturerkenntnis. Untersucht man eine Pflanze und registriert ihren Aufbau, die Form ihrer Blätter, die Art der Blüte, aber auch ihre Beziehung zur Umwelt, in der sie lebt, zum Boden und zu den klimatischen Gegebenheiten, dann hat man es mit feststehenden Parametern und deren Verhältnissen zueinander zu tun; einmal erforscht, behalten sie ihre Gültigkeit in der Regel unverändert durch die Zeit hindurch bei. Man weiß eben, wie sie aussehen, ein festes Erinnerungsbild hat sich eingeprägt, durch das man die betreffende Spezies immer wieder erkennt.

Anders die Beobachtungen und Untersuchungen von Metamorphosen. Hier geht es nicht um Bleibendes, Beharrendes, sondern um das, was sich zwischen und auf dem Wege von einem Bleibenden und Beharrenden zum nächsten verändert und umformt. Jetzt handelt es sich darum, diese Bewegungen, besser: *Bewegungsgestalten,* mitzuvollziehen – nicht in der direkten Beobachtung durch die Sinne, wo sie nicht zu sehen sind, sondern in der inneren, gedanklich-bildhaften Durchführung. Es ist alles andere als ein bloßes Registrieren, vielmehr *aktive Tätigkeit,* und ist der Prozess durchlaufen und mitvollzogen, *dann bleibt nichts übrig,* weil nicht das Ergebnis interessiert, sondern der Prozess, der dorthin führt. Metamorphosen kann man nicht «wissen», sie sind keine festen, fixierbaren Inhalte für das Gedächtnis, man muss sie immer aufs Neue vollziehen, durchführen, *tun!*

Es ist ein anderes Denken, eine andere, ganz in der Tätigkeit, im Bilden und Umbilden lebende Art des Bewusstseins, und damit genau diejenige, die den Erscheinungen des Lebendigen angemessen ist und ihnen gerecht zu werden vermag. Hier liegt die nicht hoch genug zu veranschlagende Leistung Goethes: die Methode aufgezeigt und vorgeführt zu haben, die zur Erkenntnis des Lebendigen führt. Übt man sich darin, dann beginnt man immer stärker das Bestehende als bloßen vorübergehenden Ausschnitt aus einem sich ständig wandelnden Geschehen zu erleben. Das gilt für die Natur, die über den jahreszeitlichen Wechsel hinaus erheblich größeren Entwicklungen und Veränderungen unterworfen ist; und das gilt für den Umgang mit Menschen, ganz besonders mit Kindern – bei denen es besonders wichtig ist, ein Wahrnehmungsorgan für das zu entwickeln, was noch verborgen ist und was werden will. Allein daran kann man bemerken, dass die Beschäftigung mit Metamorphosen keine bloße geistvolle Spielerei ist, l'art pour l'art gewissermaßen, sondern tiefer in die Lebenswirklichkeit einzuführen vermag.

Am Anfang ist das alles gar nicht so einfach. Beginnt man sich als ersten Einstieg mit den vielfältigen Bildungsformen und Gestaltungen im Blattbereich der Pflanzen zu beschäftigen, so kann es einem zuerst ähnlich wie Goethe ergehen: «Wenn ich an demselben Pflanzenstängel erst rundliche, dann eingekerbte, zuletzt beinahe gefiederte Blätter entdeckte, die sich alsdann wieder zusammenzogen, vereinfachten, zu Schüppchen wurden und zuletzt gar verschwanden, da verlor ich den Mut …»[62]

Man bemerkt allerdings bald, dass die Verschiedenartigkeit keine regellose und willkürliche ist, sondern einem bestimmten Duktus folgt (was ja auch in den Worten Goethes deutlich zum Ausdruck kommt). Es können gleitende Übergänge zwischen einzelnen Blättern sein, aber auch Sprünge, wenn wenig Blätter da sind und diese auch noch weit auseinander stehen. Schließlich kann auch jeder sichtbare Wandel fehlen, etwa wenn alle Blätter an der Basis vereint sind wie bei der Tulpe oder der Narzisse.

Goethe genügt es nun keineswegs, die Verschiedenartigkeit der Blattorgane bloß zu registrieren – ihn interessiert der *Wandel* der Gestalt, der im Laufe des Heranwachsens geschieht, und er vollzieht ihn in der *inneren* Anschauung beweglich mit: «Den Übergang zum Blütenstande sehen wir schneller oder langsamer geschehen. In dem letzten Falle bemerken wir gewöhnlich, dass die Stängelblätter von ihrer Peripherie herein sich wieder anfangen zusammenzuziehen, besonders ihre mannigfaltigen äußeren Einteilungen zu verlieren, sich dagegen an den unteren Teilen, wo sie mit dem Stängel zusammenhängen, mehr oder weniger auszudehnen …»[63]

Nur – was Goethe hier formuliert, vollzieht sich, wie wir bereits einleitend festhielten, keineswegs im Bereich der sichtbaren Erscheinungen; ein fertig gebildetes Blatt zieht sich nicht mehr zusammen oder verliert «seine mannigfaltigen äußeren Einteilungen». Ist das Blatt einmal entstanden und sind seine Ausgestaltungen abgeschlossen, dann verändert sich nichts mehr – ein Sachverhalt, der an früherer Stelle bereits ausführlich erörtert wurde. Die einzig sichtbare Veränderung ist der irgendwann eintretende Verfall, das Verwelken, aber das bedeutet schließlich keine Gestaltung, sondern im Gegenteil «Entstaltung», Gestaltauflösung. Vollzieht sich also der Formenwandel allein im Bewusstsein des Betrachters, in seiner Fantasie und wird dann in die Pflanze hineinprojiziert?

Natürlich nicht, um es noch einmal zu sagen. Veränderung und Formenwandel geschehen völlig unabhängig vom Beobachter, sonst könnte es nicht im zeitlichen Nacheinander zu unterschiedlichen Gestaltungen

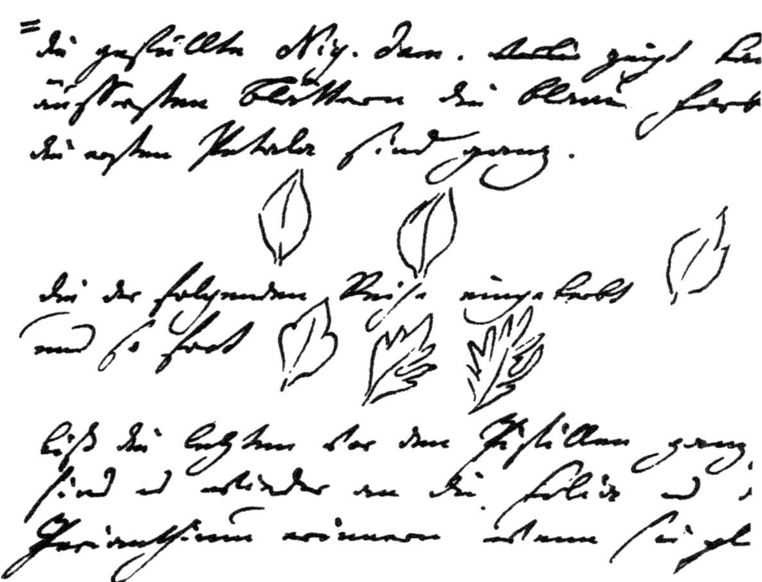

Abb. 34: Skizzen und Notizen Goethes zu den Übergängen zwischen Kelch- und Kronblättern bei einer gefüllten Jungfer im Grünen *(Nigella arvensis)*, vermutlich aus der Entstehungszeit der «Metamorphose der Pflanzen» um 1790 (Goethe- und Schiller-Archiv Weimar.)

kommen, und dies auch noch in einer in sich zusammenhängenden, die einzelnen Blattbildungen übergreifenden und zusammenfassenden Folge. Der Wandel ist lediglich nicht sichtbar, da er sich nicht im einzelnen, physisch vorhandenen Organ vollzieht, sondern auf dem Wege *zwischen den einzelnen Bildungen:* Das nächstfolgende Blatt, das eine veränderte Gestalt aufweist, ist bereits das *Ergebnis* eines Formwandels, der zwischen der Ausformung des vorangegangenen und dem Erscheinen des darauffolgenden Blattes stattgefunden hat. Etwas anderes ist auch gar nicht möglich, da ein fertig ausgebildetes Organ, auch das stellten wir bereits früher fest, nicht mehr umbildungsfähig ist.

Warum also das alles noch einmal wiederholen? Um mit aller wünschenswerten Deutlichkeit herauszuarbeiten, *dass zwischen zwei Betrachtungsebenen unterschieden werden muss:* Da ist zum *einen* die in zeitlichen Abständen und räumlicher Distanz erfolgende Ausbildung sichtbarer Blattorgane, jedes unabhängig vom anderen. Was *andererseits* die einzelnen Gestaltungen verbindet und zur Einheit zusammenfasst, ist nun allerdings nicht mehr sichtbar und nur dem bildhaften, beweglichen Denken – der exakten Fantasie – erfahrbar: das durchgängige Kontinuum eines Impulses oder einer Tendenz, die ein bestimmtes Formbildungsmuster verstärkt oder abschwächt. Und die bewirkt – um ein beliebiges Beispiel zu nehmen –, dass sich von einem Blatt zum anderen und über dieses hinaus zu den folgenden die Blattbasis verbreitert und dafür die Spitze zunehmend zurückgehalten wird.

Man erfasst diese Bildebewegung, indem man sie gedanklich-bildhaft nachvollzieht und in der Vorstellung tatsächlich *ein Blatt in das andere umwandelt,* also etwas vollführt, was in der Natur gerade nicht passiert. Das aber ist dann erlaubt und sogar zwingend, wenn man sich darüber klar wird, dass man jetzt die Bildebewegungen dessen *nachvollzieht,* was den physischen Bildungen als Bewirkendes zugrunde liegt *und was der Anschauung zunächst nicht zugänglich ist* (auf das «zunächst» wird gleich noch zurückzukommen sein), aber die erst später sichtbare, weil physisch manifeste Erscheinung doch bereits in sich trägt. Man muss sich nur klar sein, was man dabei macht: Man tut so, «als ob» – als ob die physischen Blätter sich verwandelten, der Not gehorchend gewissermaßen, da das Verwandelnde, die Verwandlung Bewirkende, wie wir soeben feststellten, selber sinnlich nicht anschaubar ist.

Es ist also in gewissem Sinne eine symbolische Handlung, die aber notwendig ist, da wir andernfalls die durchgehende Bewegungsgestalt, dasjenige, was die Umbildungen verursacht, nicht verfolgen könnten. Was jedoch ist dies Bewirkende selber, dem wir bisher nur anhand der Abdrücke, die es hinterlässt, «auf die Spur» kamen? An früherer Stelle gelangten wir zu der Einsicht, dass es sich um etwas handeln müsse, das mit unserem Denken wesensverwandt sei, da dieses die Bildebewegungen der Pflanze so mitvollziehen kann, als seien es seine eigenen: Gleiches erkennt Gleiches, und Gleiches handelt gleich oder doch zumindest ähnlich. Schließlich ist auch das Denken eine gestaltende, gestaltschaffende Tätigkeit, gleichgültig, ob bildhaft oder bildlos – auch das Formulieren eines Begriffes, einer mathematischen Formel, einer in sich zusammenhängenden logischen Gedankenfolge ist ein Bildeprozess, der sich entwickelt (oder entwickelt wird) und allmählich heranreift. Alle Gedanken haben dieses Kennzeichen des Aktiv-gebildet-Werdens, auch dann, wenn man einen Gedanken ungeprüft übernimmt – er muss vom «Empfänger» *selber gedacht,* aufs Neue gedacht werden, andernfalls bleibt es eine rein akustische Wahrnehmung wie das Anhören einer fremden, unverständlichen Sprache. Ein Gedanke kann nur verstanden werden, wenn man ihn selber denkt, d.h. nachschafft, neu erschafft (mit allen Fehlern und Missverständnissen, die dabei unterlaufen können).

An dieser Stelle wird ein Hinweis Rudolf Steiners wichtig, bei dem er darauf aufmerksam macht, dass dieses aktiv gestaltende Denken, von dem soeben die Rede war, erst von dem Zeitpunkt an möglich und vor allem frei verfügbar wird, ab dem während des Heranwachsens des menschlichen Organismus die letzten Neubildungen erfolgt sind und bestimmte Organsysteme ihre definitive Ausgestaltung erfahren haben – am Ende der frühkindlichen Phase um das siebte Lebensjahr: «Die ganze Veränderung, die mit dem Seelenleben des Kindes vor sich geht, zeigt, dass gewisse seelische Kräfte in dem Kinde vom 7. Jahre ab tätig sind ..., die vorher im Organismus wirksam waren ... Die ganze Zeit bis zum Zahnwechsel, während der das Kind wächst, ist ein Ergebnis derselben Kräfte, die nach dem 7. Jahre als Verstandeskräfte, als intellektuelle Kräfte auftreten».[64]

Es sind dieselben Wirksamkeiten – freilich in unterschiedlicher Ausprägung –, die als Bildekräfte eines Organismus dessen physische Ausgestaltung betreiben und, partiell frei geworden, im Denken als die Begriffe hervorbringendes und gestaltendes Agens zur Verfügung stehen – als gestaltendes wohlgemerkt und als hervorbringendes im Sinne von In-Erscheinung-Bringen der *Inhalte, die selber anderer Art sind.* Sie können durch das Denken gefasst (erfasst) und gegriffen (begriffen), aber nicht erzeugt werden, da sie als wirkende Ideen – z.B. als «Urpflanze» – auch dann vorhanden sind, wenn niemand sie denkt.

Diese «Umlenkung» der gestaltschaffenden Aktivitäten des Bildekräfteleibes ist möglich dank einer fundamentalen Besonderheit der menschlichen Organisation, dank seiner *Pädomorphose,* die gewisse Bereiche des Leibes (nicht alle!) auf unausgereiftem, frühkindlichem, ja foetalem Niveau verharren lässt,[65] ein im Übrigen so bekanntes und vielfach abgehandeltes Phänomen, dass an dieser Stelle nicht näher darauf eingegangen werden muss. Lediglich auf einen Aspekt, eine Folgeerscheinung von entscheidender Bedeutung ist hinzuweisen: auf das Reservoir an gestalterischen Potenzen, die bei der Bildung des menschlichen Leibes nicht voll aufgebraucht wurden, jetzt gewissermaßen frei verfügbar sind und daher in jenen Bereich einfließen, den man als «zweite Natur» bezeichnen könnte – den Bereich der Kultur. Hier wird der Mensch gestaltschaffend tätig, jetzt allerdings nicht wie die Natur nur unter gesetzmäßigen Zwängen, sondern prinzipiell frei gemäß eigenen geistigen und seelischen Intentionen. Die hierbei entstehenden Gestalten können unterschiedlichster Art sein, es können Bauwerke sein, Kathedralen, aber auch reine Zeitgestalten wie musikalische Werke, es können dichterische oder rein gedankliche Schöpfungen sein.

Am leichtesten ist der Gang durch den Gestaltwandel des Blattes bei solchen Gewächsen, die über relativ einfach geformtes Laub verfügen und an denen gerade deshalb ein bestimmtes Muster besonders klar hervortritt. Gleichgültig, ob es sich um die einheimische Gemswurz *(Doronicum),* ein unscheinbares, rot blühendes Unkraut aus Südamerika (*Emilia sonchifolia)* (Abb. 35, S. 89) oder irgendein anderes, dem gleichen Prinzip gehorchendes Gewächs handelt, stets wird ein typisches Spannungsverhältnis, eine deutlich ausgeprägte Polarität zwischen Ober- und Unterblatt in Form eigenartiger Durchdringungs- und Austauschbewegungen erkennbar:

Sind die grundständigen Blätter noch klar und relativ einfach in eine gerundete Blattspreite und einen langen, schmalen Stiel gegliedert, so beginnen die Gegensätze in den folgenden Blättern immer stärker ineinander überzugehen: Die Ansatzstelle des Blattstieles verbreitert sich, und die Blattfläche wird schmaler. Das steigert sich in einem der folgenden, eigenartig unproportioniert erscheinenden Blätter, bei dem das Unterblatt (= der Stiel) spreitenartig verbreitert ist, und zwar genau so weit, wie sich das Oberblatt in einer Gegenbewegung verschmälert hat. Im weiteren Verlauf sind die Verhältnisse dann vertauscht – auf einem spreitenartig verbreiterten Unterblatt sitzt das Oberblatt als dünnes Spitzchen.

Was ist es nun, was sich ausgetauscht hat? Die Vorstellung, dass der Blattstiel auf dem Weg von den unteren zu den höher am Stängel ansitzenden Blättern durch die Blattspreite hindurchgewandert sein könnte und nun dem Oberblatt – das in umgekehrter Richtung unterwegs ist – als Spitze oben aufsitzt, wäre natürlich absurd. Blattstiel bleibt Blattstiel, ob «zusammengezogen» oder «ausgedehnt», und dasselbe gilt für das Oberblatt. Wieder einmal geht es nicht um das physische Material als Initiator und Träger des Bildungsimpulses, *sondern um die plastisch-gestaltenden Wirksamkeiten,* die in Bewegung sind und ihre Positionen austauschen, gleichgültig, um welches Material es sich handelt.

Eine eigenartige Tendenz, in der es neuerlich um die beiden längst bekannten, immer wieder auftauchenden und wohl auch wichtigsten aller Gestaltungselemente geht: um Sphäre und Radius. Zwar ist das Blatt keine Sphäre, aber, wie die Schwimmblätter der Wasserpflanzen zeigen, doch ein Ausschnitt davon, außerdem ist es kaum jemals völlig eben, sondern meistens etwas nach unten oder oben gewölbt.

Beschränkt man sich nun nicht nur auf den mittleren Bereich der Pflanze, sondern nimmt den Wurzel- und den Blüten-Frucht-Pol mit hinzu, dann werden die beiden Bildegebärden überhaupt erst verständlich. Ihre einander entgegengerichteten und sich überkreuzenden Bewegungen bedeuten ja, wie wir bereits sahen, dass einerseits das radiäre Gestaltungselement an der Basis der Pflanze «innen» ansitzt und in den Blattstielen vom Stängelgrund aus in den Umkreis ausstrahlt (vgl. Abb. 37, S. 92) und dass es auf dem Gang nach oben durch das Blatt hindurch an die Peripherie wandert und sich nun «außen» befindet. Das sphärische Pendant, im unteren Bereich «außen», an der Spitze der langen Blattstiele sitzend, findet sich dagegen oben am Blattgrund, d.h. an der Basis des Blattes, also «innen» lokalisiert, wo es jetzt oft genug als echte sphärische Bildung den Stängel, an dem es ansitzt, mit einer schützenden Hülle umgibt. (Vor allem bei gewissen Doldenblütlern wie Bärenklau oder Engelwurz – Abb. 36, S. 91 – betrifft dies nicht nur den Stängel, sondern auch den Blütenstand vor dem Aufblühen.)

Die Fortsetzung nach unten wie nach oben über diesen Bereich hinaus bedeutet insofern einen qualitativen Sprung, als wir es jetzt nach unten, zur Wurzel hin, nur noch mit radiären Bildungen zu tun haben, die von einem Zentrum aus in den Umkreis ausstrahlen. Wo aber ist das sphä-

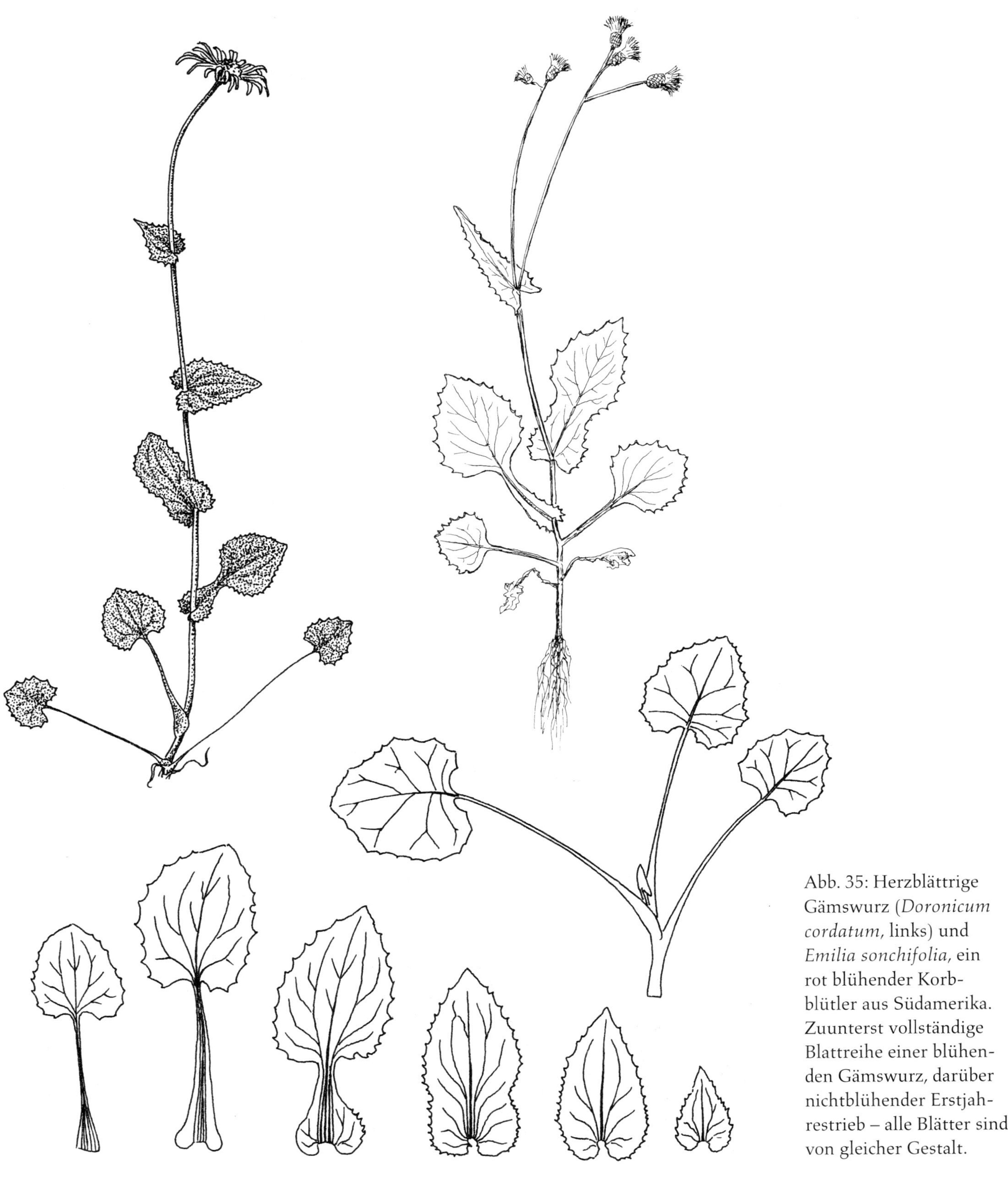

Abb. 35: Herzblättrige Gämswurz (*Doronicum cordatum,* links) und *Emilia sonchifolia,* ein rot blühender Korbblütler aus Südamerika. Zuunterst vollständige Blattreihe einer blühenden Gämswurz, darüber nichtblühender Erstjahrestrieb – alle Blätter sind von gleicher Gestalt.

rische Gestaltungselement geblieben? In konsequenter Fortsetzung der Bewegung vom Zentrum im oberen Bereich der Pflanze an die Peripherie in der unteren, bodennahen Region hat sich die sphärische Formtendenz vollständig in den Umkreis geweitet und *ist jetzt nicht mehr eigene organische Bildung der Pflanze, sondern die gesamte Erdsphäre:* Erde und Wurzel sind jetzt Sphäre und Radius; sämtliche Primärwurzeln aller terrestrischen, bodenbewohnenden Pflanzen wachsen als Radien auf den Erdmittelpunkt zu! In der Gegenrichtung wandert das sphärische Gestaltungsmotiv «Erde», das in den untersten Blättern noch ganz weit außen sitzt, wie in einer ersten Annäherung von der Peripherie her, gegen den oberen Bereich der Pflanze immer mehr in das Zentrum, das dann im Fruchtknoten, in der gerundeten Frucht voll eingenommen wird: *emporgehobene Erde!* Die sphärische Bildungstendenz ist in diesem Bereich so stark, dass sie die gesamte Blüte überformt, was im Verlauf der Blütenpflanzenevolution immer wieder (unabhängig voneinander bei Mono- und Dikotylen) zur Innenraumbildung in Form geschlossener Kronröhren geführt hat: Maiglöckchen und Preiselbeere seien stellvertretend als Beispiele genannt.

Und das andere, polare Element, der Radius? Im unteren Bereich der Pflanze strahlt es vom Zentrum hinaus in den Umkreis, um dann nach oben allmählich durch das Blatt hindurch an dessen Peripherie zu gelangen und schließlich als eigene Bildung der Pflanze in ihrem von sphärischen Gestaltmotiven beherrschten Blüten-Frucht-Pol nicht mehr vorhanden zu sein – *es ist jetzt der gesamte Umkreis, genauer: der Lichtraum, der von allen Seiten und von oben auf die Pflanze einstrahlt.* In umgekehrter Richtung betrachtet, zeigt sich die Pflanze im oberen Bereich vom einstrahlenden Licht zunächst wie von außen berührt, um dann dessen Gestaltungselement aufzunehmen, sich zu eigen zu machen und so stark zu verinnerlichen, dass es schließlich in der (lichtleitenden!) Wurzel als dem Gegenpol der Blüte und der Frucht vom Zentrum in den Umkreis ausstrahlt. – *Was im einen Pol der Pflanze als eigene organische Bildung auftritt, ist, mit umgekehrten Vorzeichen, im Gegenpol reine Umkreisaktivität.*

Neuerlich, lediglich in metamorphosierter Form, erweist sich das Zusammenspiel von Sphäre und Radius als Ausdruck des schaffenden und gestaltenden Ineinanderspiels des Licht-Luft-Raumes und der Wasser-Mineral-Sphäre, wie wir es in der Begegnung mit dem «Urblatt» als Ursprung pflanzlicher Existenz kennen gelernt haben.

So ist man dem Geschehen wohl ein Stück weit näher gekommen und hat gelernt, die übergreifenden Bildungsbewegungen und ihr Zusammenspiel gedanklich nachzuvollziehen, aber gleichzeitig erfahren müssen, dass sich seit der Begegnung mit dem Urblatt nichts grundlegend Neues oder anderes ergab und sich lediglich die früher gemachten

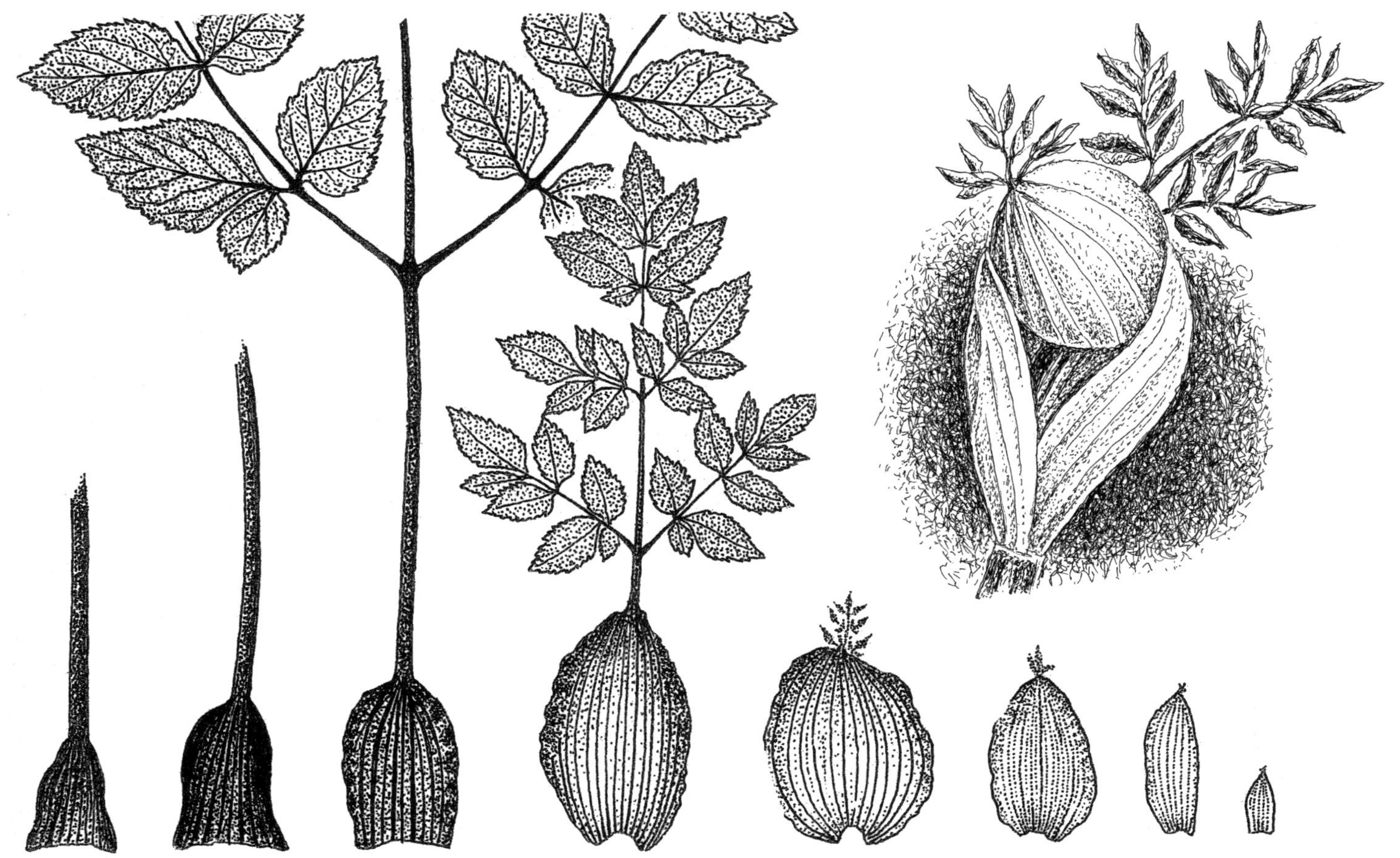

Abb. 36: Engelwurz *(Angelica silvestris)*: Je höher die Blätter stehen, desto mehr verschiebt sich das Verhältnis vom gegliederten Ober- zum gerundeten Unterblatt. Dieses übernimmt die Funktion einer schützenden Hülle um den in Bildung begriffenen Blütenstand.

Einsichten bestätigten und vertieften. Wieder und vielleicht noch stärker erwies sich dabei, dass die Pflanze als isoliert und für sich allein betrachtete Erscheinung überhaupt nicht existiert und bestenfalls ein Artefakt darstellt; dass sie nur verstanden werden kann, wenn sie als *Ergebnis des Zwiegespräches von Erde und Kosmos* begriffen wird.

Nach wie vor bleibt das «Eigentliche», das Tätige, die Bildungen und Umbildungen Hervorbringende und Gestaltende nur indirekt erfahrbar. Es war bisher gewissermaßen der Versuch, aus den Fußspuren, die jemand hinterlassen hat, auf denjenigen zu schließen, der sie verursachte. Man kann nun noch einen Schritt weitergehen, wobei es dann jedoch schwieriger und anspruchsvoller wird, vor allem, weil man sich von der unmittelbaren Anschauung löst. Das allerdings hat zur Voraussetzung, dass man ein detailliertes und genaues Erinnerungsbild von der sinnlich realen Erscheinung in all ihren Einzelheiten besitzt.

Man kann jetzt dazu übergehen, die Bildebewegungen der Pflanze, wie sie sich in der Aufeinanderfolge der Blätter zeigen, innerlich nachzuvollziehen und eins ins andere zu verwandeln. Das bedeutet aber,

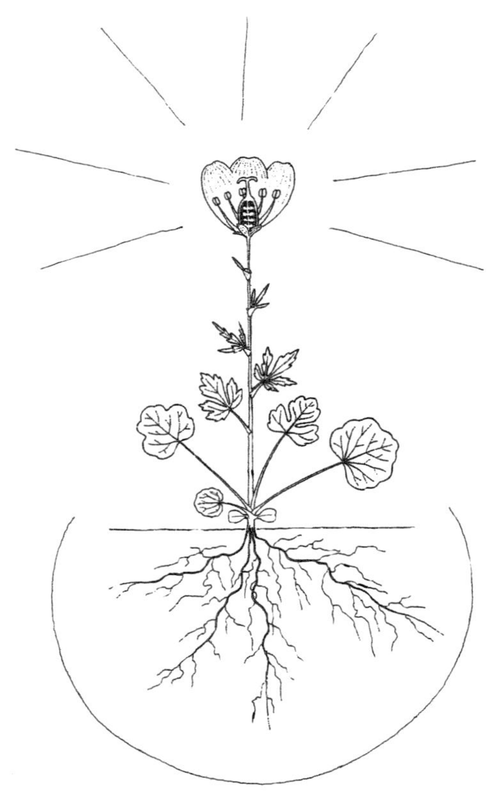

Abb. 37: Die Pflanze zwischen Zentrum und Umkreis, zwischen Erde und Kosmos.

dass man *beiden* gegenläufigen Bewegungen folgt und sie *gleichzeitig* durchzuführen versucht. Dabei ist es natürlich nötig, der Anordnung der Blätter am Stängel der Pflanze zu folgen, in Spiralbewegungen auf- und absteigend die sich durchdringenden und austauschenden antagonistischen Bildegebärden nachzuvollziehen. Nach einiger Zeit beginnen dann die konturierten Erinnerungsbilder der einzelnen Organe der Pflanze immer mehr in den Hintergrund zu treten und zu verblassen, während die reinen Bewegungsgestalten immer stärker hervortreten, die nichts Bleibendes und Abgegrenztes wie die physischen Bildungen besitzen, sondern sich in unentwegtem Fluss, in strömendem Auf- und Absteigen bewegen. Sie erscheinen als sich verdichtende Lichtgestaltungen und, in der Gegenbewegung, als heller werdende Dunklungsformen in wechselseitiger Durchdringung, beide aus dem Umkreis hereindringend und gemeinsam die Pflanze als Bewegungsgestalt bildend.

Es ist das eine ausgezeichnete Übung, sich Goethes Forderung zu Eigen zu machen und sich «so beweglich und bildsam zu erhalten», konkret: von den Endprodukten aller Entwicklung, den fertigen Raumesgestalten der Organismen, zu den bildsamen und in Bildung begriffenen Zeitgestalten vorzudringen.

6.
Bildung und Umbildung im Pflanzenreich – Verwandlungsformen der Pflanze

Die Metamorphose und das Jüngerwerden der Pflanze

Es stellt sich natürlich die Frage, ob die Metamorphose der Pflanzen, insbesondere der Formenwandel im Bereich der Laubblätter, nicht eher eine Ausnahmeerscheinung ist als die Regel? Bei den meisten Gewächsen sind doch kaum irgendwelche Unterschiede zu sehen! Löwenzahn, Brennnessel, Lilien: wo zeigen sich da Metamorphosen? Erst recht bei den Laubbäumen, ob Eiche, Buche oder Apfelbaum – überall am ganzen Baum die gleichen Blätter!

In der Tat: Wäre die Metamorphose Ausnahme und nicht eine allgemein gültige Erscheinung, so wäre es kaum der Mühe wert, sich diesem Phänomen mit der Ausgiebigkeit zu widmen, wie es an dieser Stelle geschieht. Sieht man sich jedoch die bisher erwähnten Beispiele und beliebige andere genauer an, dann zeigt sich, dass die Metamorphose in grundsätzlich übereinstimmender Form tatsächlich allgemein gültig und beherrschend ist – sie muss ja nicht immer in gleich starker Ausprägung auftreten, es kann viel dezenter sein, sodass man schon genauer hinsehen muss, um sie zu erkennen.

Der Löwenzahn ist sogar ein ausgezeichnetes Beispiel: Die jungen, kürzlich gekeimten Pflänzchen in ihrem ersten Herbst zeigen als Erstes gerundete Blattflächen, die sich deutlich vom dünnen und proportional langen Stiel absetzen (Abb. 38, S. 94). Bei den folgenden Blättern gehen Stiel und Spreite zunehmend fließender ineinander über, der Stiel verbreitert sich, und das Oberblatt wird schmaler. Im kommenden Jahr ist dann eine Rosette großer und teilweise tief eingeschnittener und gezackter Grundblätter vorhanden, während oben, den Hüllkelch des Köpfchens direkt unter den Blüten bildend, kleine, nach oben spitz auslaufende schuppenartige Hochblätter mit breiter Basis ansitzen. Mitunter ist das eine oder andere dieser Hüllblätter etwas den Stängel herabgerutscht und damit, wenn auch nur andeutungshaft, den grundständigen Rosettenblättern angenähert; prompt trägt es kleine Zähnchen oder Zacken. Das Gestaltbildungsfeld der stark strukturierten Rosettenblätter reicht offensichtlich, wenn auch abgeschwächt und sichtlich an seiner Grenze, bis direkt unter das Blütenkörbchen (Abb. 38).

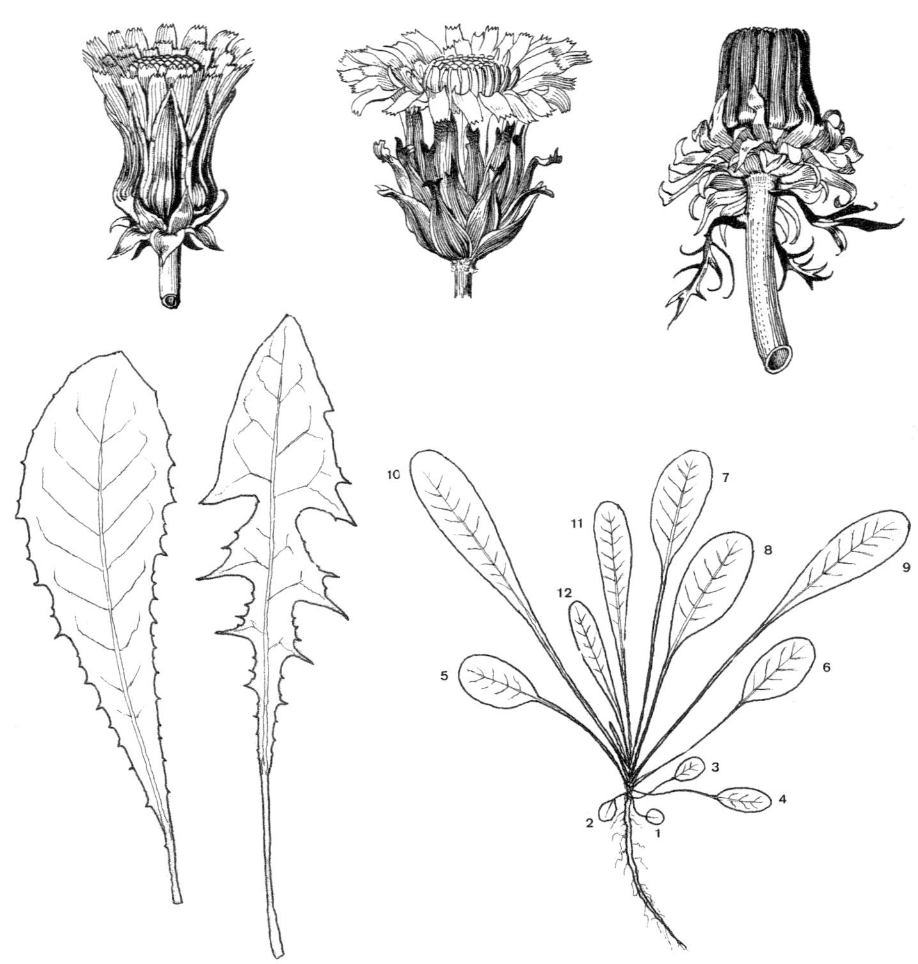

Abb. 38: Die drei Schritte der Blattmetamorphose beim Löwenzahn *(Taraxacum officinale)*: im Jugendzustand Spreiten und Stielen der ersten Blätter (die Zahlen entsprechen der Reihefolge des Erscheinens). Später folgen die mehr oder weniger gegliederten Rosettenblätter und als letzte im Hüllkelch unter der Blüte dicht gedrängt kleine, zungenartige Blättchen, die auf dem Niveau des Sprießens stehen geblieben sind. Dass sie auch anders können, wenn sie dazu «aufgerufen» werden, zeigen drei dieser Hüllblätter des rechten Köpfchens, die etwas tiefer am Stängel ansetzen und dadurch unter den Einfluss des Bildungsfeldes des Gliederns (der Rosettenblätter) geraten sind. (Die Blütenköpfe aus Hegi.)

Die Brennnessel ist ein nicht weniger typischer Fall der Laubblatt-Metamorphose (Abb. 39). Jungpflanzen besitzen runde Blättchen, die Blattspreite ist deutlich vom langen Stiel abgesetzt. Letzterer verkürzt sich dann immer mehr, je höher es an der Pflanze emporgeht, die Blattspreite wird schmaler und spitzer und rückt infolge der Verkürzung des Blattstieles immer näher an die zentrale Achse der Pflanze – ein schönes Beispiel für die «Vertauschung der Proportionen»: Der gerundete Blattbereich, ursprünglich an der Peripherie, ist jetzt an die Basis gerückt. Und entsprechend hat sich das radiale, strahlige Prinzip an die Peripherie verschoben.

Bei diesem typischen und immer und überall zu beobachtenden Proportionswechsel ist es auch gleichgültig, ob es sich um einfache oder um differenziertere und vielfach unterteilte Blätter handelt: Die zarte griechische Silberwinde *(Convolvulus elegantissimus)* der Abbildung 40 (S. 96) zeigt genau das gleiche Prinzip, und der Unterschied zum ganzrandigen Blatt – das in den seltensten Fällen vollkommen ganzrandig ist – ist auch kein prinzipieller: Das Motiv der Verschmälerung und Zu-

Abb. 39: Brennnessel *(Urtica dioeca)*. Rechts eine Jungpflanze, daneben die obersten Blätter eines ausgewachsenen, blühenden Exemplars.

spitzung des Oberblattes, bei der Brennnessel und anderen bisher betrachteten Pflanzen (Gemswurz, *Doronicum, Emilia)* das ganze Blatt umfassend, hat sich im Falle des eingeschnitten-gegliederten Blattes gewissermaßen vermannigfacht – sehr schön übrigens am Löwenzahn zu sehen, bei dem es alle Übergänge vom nur leicht am Rande gezähnten zum tief bis auf die Mittelrippe hin eingeschnittenen Blatt gibt. Noch weiter geht die Acker-Witwenblume *(Knautia arvensis)*, bei der Exemplare mit tief eingeschnittenem Laub direkt neben solchen mit völlig ungegliederten Blättern wachsen (Abb. 40, S. 96).

Die Einkeimblättrigen (Monokotyledonen, heute *Liliopsida)*, die Lilien und die Lilienverwandten, also die Orchideen und Gräser, verhalten sich hingegen tatsächlich anders – so anders, dass sie einer gesonderten Besprechung bedürfen (siehe S. 116 ff.). Eine Ausnahme bilden lediglich die Aronstabgewächse (Araceen), ohnehin durch ihre netznervigen und vielgestaltigen Blätter[66] untypische Liliopsida: Arten wie unser heimischer Gefleckter Aronstab *(Arum maculatum)* oder das häufig als Topfpflanze gehaltene *Spathiphyllum* mit dem weißen, blütenblattartigen Hochblatt zeigen die typischen Metamorphoseschritte, wie sich jedermann leicht überzeugen kann.

Und die Gehölze, die Laubbäume und -sträucher? Auch sie haben Blattmetamorphosen, zum einen als Keimpflanzen, wo beispielsweise die Esche *(Fraxinus excelsior)* ganz einfache Blattformen zeigt, die interessanterweise kaum von denjenigen des Bergahorn *(Acer platanoides)* zu unterscheiden sind (Abb. 41, S. 97) und die mit der späteren, stark

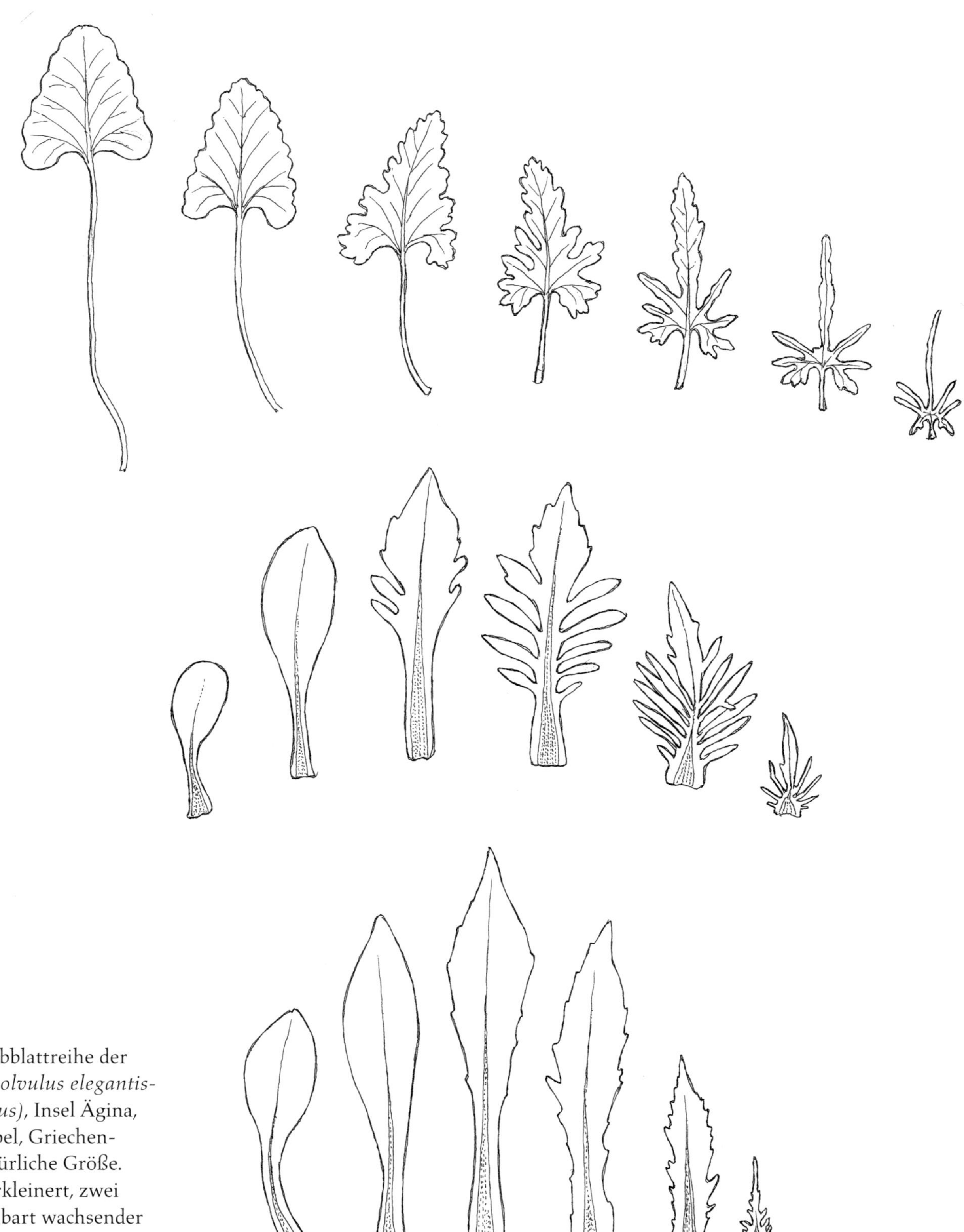

Abb. 40: Oben Laubblattreihe der Silberwinde (*Convolvulus elegantissimus = tenuissimus*), Insel Ägina, beim Aphaia-Tempel, Griechenland; ungefähr natürliche Größe. Darunter, stark verkleinert, zwei Blattreihen benachbart wachsender Exemplare der Acker-Witwenblume (*Knautia arvensis*).

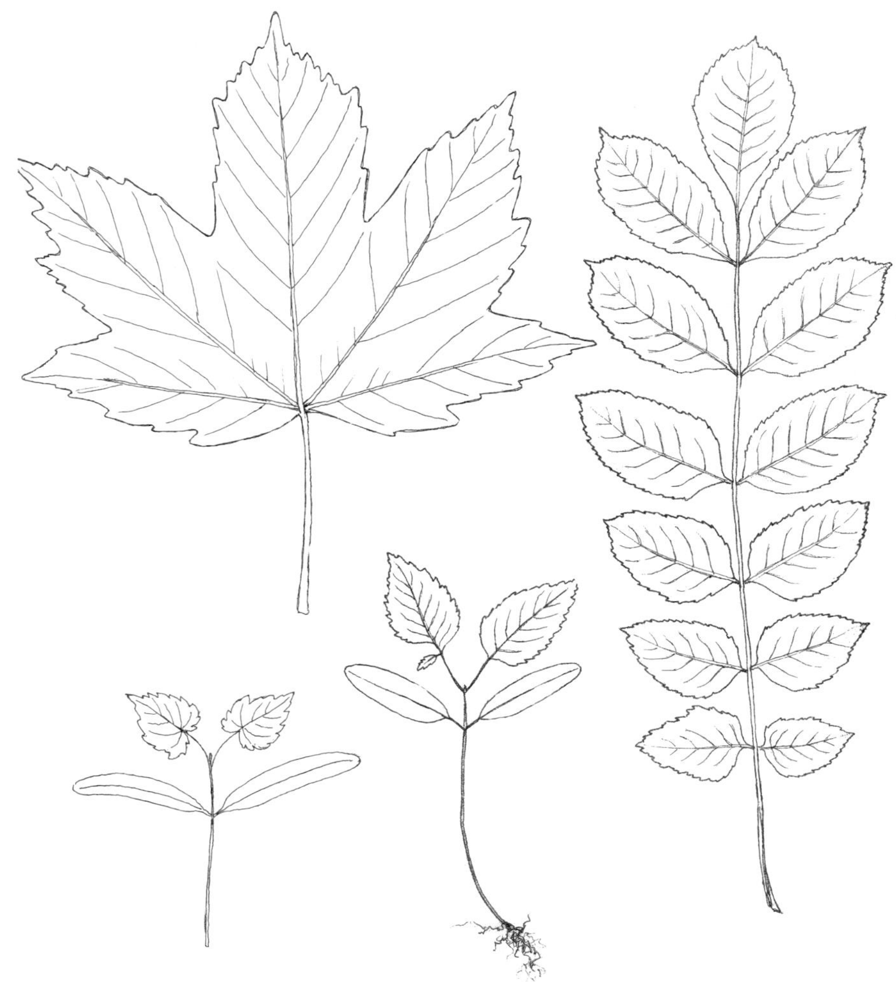

Abb. 41: Keimpflanzen von Bergahorn *(Acer pseudoplatanus)* und Esche *(Fraxinus excelsior)*. Darüber die Blätter erwachsener Bäume.

gegliederten Form nichts gemein haben – die definitive Blattgestalt arbeitet sich erst allmählich heraus. Was da als Primärblatt unmittelbar auf die Keimblätter folgt, ist offenbar das generalisierte Dikotyledonenblatt schlechthin, das Blatt in seiner allgemeinsten Form. – Zum anderen spielt sich ein deutlicher Wandel innerhalb der Knospen zwischen den Knospenschuppen und den ersten echten Blättern ab (Abb. 51, S. 112), also im Kleinen und fast Verborgenen, weshalb oberflächlich der Eindruck entsteht, bei Laubgehölzen seien alle Blätter gleich (von Ausnahmen wie die Maulbeere, *Morus*, abgesehen). Hoch interessant bei diesen «Knospenmetamorphosen» ist nun, dass die Bildungsschritte an reinen Laubknospen *gegenläufig* zu den entsprechenden Abfolgen an den Blütenknospen ablaufen; da sich darin Entscheidendes ausdrückt, sei auch dieses Phänomen einer ausführlichen Besprechung an anderer Stelle vorbehalten (S. 112 f.).

Umso mehr, als eine Zuwendung zu den krautigen Dikotylen angebracht erscheint – aus mehreren Gründen. Zum einen, weil sich an ihnen die Metamorphose der Laubblätter am ausgeprägtesten und am stärksten entwickelt zeigt, und zum anderen, weil gerade an diesen Pflanzen in den letzten Jahrzehnten entscheidende Untersuchungen durchgeführt wurden, welche – erstmalig seit Goethe – erheblich tiefer in das Wesen der Metamorphose einzudringen erlauben. Der Forscher Jochen Bockemühl, dem diese Arbeiten zu verdanken sind,[67] beschränkte sich dabei nicht auf den Vergleich einzelner fertig gebildeter Blätter, wie sie sich entlang der zentralen Achse dem Auge darbieten, sondern untersuchte zusätzlich deren Bildung in der Knospe, ihre Embryonalentwicklung also. Bei einem grundständigen Blatt, das in ausgewachsenem Zustand deutlich in Stiel und gerundete Spreite gegliedert ist, zeigt sich als erster Bildungsschritt ein mikroskopisch kleiner Höcker, der sich in ein zungenartiges und immer noch winziges Spitzchen verlängert (man vergleiche die Abb. 42). Bockemühl nennt diesen ersten Entwicklungsschritt *«Sprießen»*. Als Nächstes beginnt sich das junge Blatt vom Rand her in Ein- und Ausbuchtungen zunehmend zu differenzieren, die Blattanlage durchläuft jetzt die Phase des *«Gliederns»*. Im weiteren Voranschreiten dehnt sich das noch ganz in der Knospe verborgene Blatt zu einer gerundeten Spreite, durch örtlich begrenzte Wachstumsbewegungen werden die Einbuchtungen ausgefüllt und teilweise in einer leichten Gegenbewegung nach außen vorgeschoben; es ist das Stadium des *«Spreitens»* (daran lässt Bockemühl eine weitere Phase anschließen, die des «Stielens», d.h. die Streckung des Blattstieles – wobei sich allerdings die Frage erhebt, ob das Stielen nicht einfach die andere Hälfte des Spreitens ist: Das ursprünglich einheitliche Blatt differenziert sich in der Endphase seines Reifens in polarer Gestalt, radiär die eine Hälfte, sphärisch die andere.[68]

Das wahrhaft Verblüffende an dieser Abfolge ist, dass das einzelne Blatt in seiner physisch *kontinuierlichen* Entwicklung in *umgekehrter Reihenfolge* durchläuft, was sich in der physisch *diskontinuierlichen* Aufeinderfolge der verschiedenen Blätter in entgegengesetzter Richtung abspielt. Dieser Tatbestand stellt ein absolutes Novum dar, Vergleichbares ist unseres Wissens bisher nicht bekannt geworden. Es ist auch mit dem «biogenetischen Grundgesetz» nicht vergleichbar, bei dem es sich beide Male, auf der ontogenetischen wie auf der phylogenetischen Ebene, um gleichsinnige, gleich gerichtete Abläufe handelt. Hier geht es jedoch darum, dass in der Aufeinanderfolge der Blätter von unten nach oben zuerst das «Spreiten» vorherrscht, das dann in den folgenden Blättern vom «Gliedern» abgelöst wird, und schließlich oben, schon in Blütennähe, das «Sprießen» dominiert – während das einzelne Blatt zuerst «sprießt», dann «gliedert» und zum Schluss «spreitet». Dies allerdings

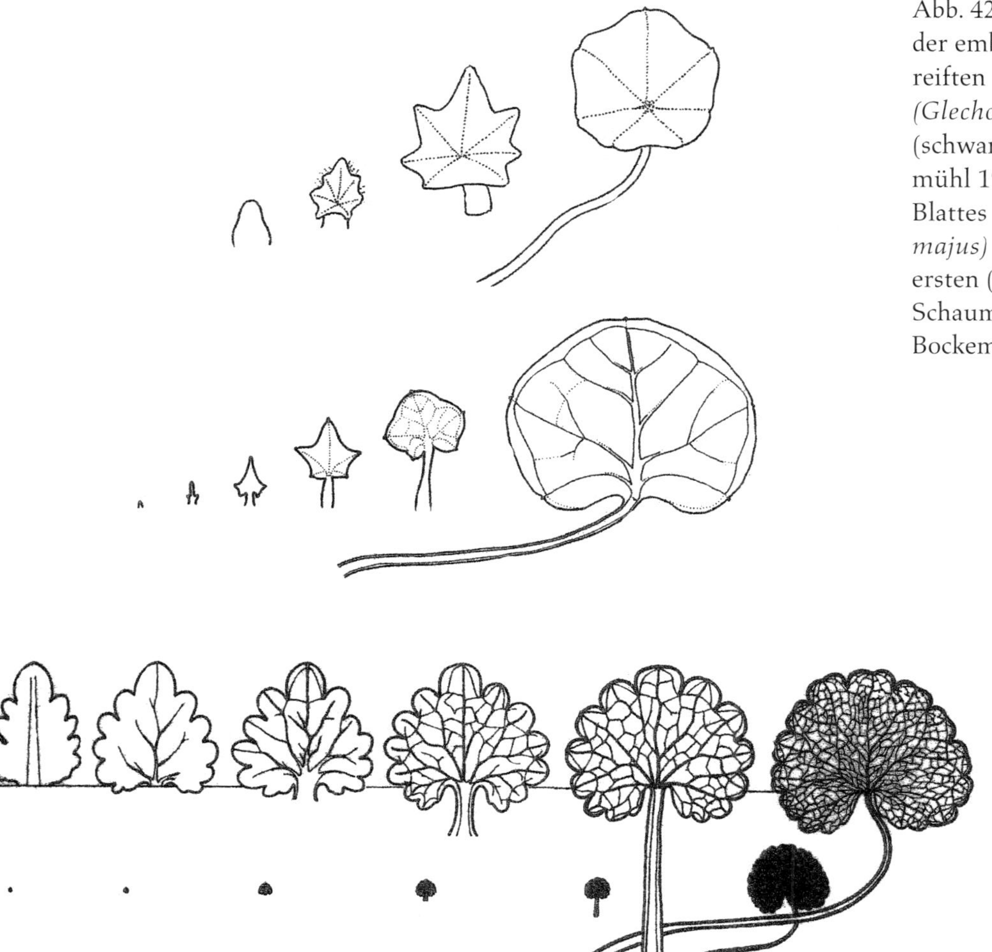

Abb. 42: Entwicklung einzelner Blätter von der embryonalen Anlage bis zur ausgereiften Gestalt. Unten bei der Gundelrebe *(Glechoma hederacea)*, vergrößert und (schwarz) in natürlicher Größe. (Aus Bockemühl 1967.) Darüber Entwicklung je eines Blattes der Kapuzinerkresse *(Tropaeolum majus)* (zuoberst, nach Chodat) und des ersten (untersten) Blattes des Behaarten Schaumkrautes *(Cardamine hirsuta)*. (Nach Bockemühl 1967.)

nur, wenn es sich um ein grundständiges Blatt handelt; die mittelständigen bleiben bereits auf dem Stadium des «Gliederns» stehen, und die allerobersten gelangen gar nicht über die erste Stufe des «Sprießens» hinaus (Abb. 43, S. 101).

Zwei Aspekte – in Wirklichkeit zwei Seiten ein und desselben – sind an dem Ganzen so bedeutsam: Im Laufe des Reifens, also des physischen Älterwerdens, bleibt die (krautige) Pflanze auf immer jugendlicherem Bildungsniveau stehen. Nur die untersten Blätter erreichen die volle Reife, die obersten verharren auf praktisch unentwickelter Stufe. Unter diesem Gesichtspunkt gilt auch die früher gemachte Feststellung vom Antagonismus des Blüten- und des Laubblattbereiches nicht: Die Verjugendlichung, die letzteren kennzeichnet, setzt sich, wie an früherer Stelle bereits betont (S. 72), in den Organen der Blütenhülle, den Kelch- und

Kronblättern, fort. Gerade dadurch sind sie in so hohem Maße offen für prägende und überformende Einflüsse, und diese sind es dann, die ihrem Wesen nach mit dem Laubblattbereich nichts zu tun haben (wenn sie auch gelegentlich in ihn herabsteigen).

Zwei Zeitenströme oder -richtungen werden erkennbar: zum einen das Reifen und Älterwerden, aus der Vergangenheit zur Zukunft hin gerichtet; andererseits das zunehmende Jüngerwerden (oder -bleiben), ein Impuls, der von der noch unausgebildeten, aber sich ankündigenden Blüte aus der Zukunft hereinwirkt. Tatsächlich findet die Metamorphose nur an Blütentrieben statt. Bei zwei- und mehrjährigen Pflanzen werden in nichtblühendem Zustand die immer gleichen Blätter gebildet, auf höchstem Differenzierungsniveau, d.h. spreitend und stielend (Abb. 44, S. 103); erst im Jahr des Erblühens kommt es dann zur Aufeinanderfolge der Metamorphoseschritte.

Das eine, das *kontinuierliche* Durchlaufen der Entwicklungsstadien vom Jugend- zum Reifezustand, die reale Verwandlung des einen in das andere und dieses wiederum in das nächste, erfolgt auf der *physischen* Ebene in ein und derselben Organanlage.

Das andere, die Umkehrung der Bildungsschritte vom Reife- zum Jugendzustand, verläuft physisch *diskontinuierlich* auf der Ebene der *Bildekräfte* zwischen den einzelnen Blättern – die veränderte Gestalt des folgenden Blattes ist das Ergebnis dieser Umformung. Die Wirkung dieser Verjugendlichung ist ein zunehmendes Zurückbehalten der Bildepotenzen, die dann dem Neueinschlag der Blüte voll zur Verfügung stehen.

Die Neuartigkeit der Entdeckung Bockemühls deutet den Beginn eines bisher noch nicht begangenen Weges in der Erforschung wie im Verständnis der Lebensprozesse an. Durch ihre Neu- und Andersartigkeit lässt sie sich ihrem Wesen nach nicht in den Rahmen des längst Bekannten als ein weiteres Beispiel einordnen – sie passt in keinen Bereich der modernen Biologie und ihrer Fragestellungen herein. Die Neuartigkeit liegt im Erfassen und Erforschen einer Dimension, die bisher – sieht man von Goethes richtungsweisenden Ansätzen ab – nicht beachtet wurde: im grundlegend erweiterten Verständnis des Organismus als Wesenheit, deren Existenz nur in der Zeit, d.h. im Wandel, als *Zeitgestalt* begriffen werden kann und nicht im festgehaltenen «Zustand» als bloße Verwirklichung durch Generationen hindurch fixierter Erbanlagen, die sich in charakteristischen und zur Artdiagnose verwendbaren Merkmalen ständig wiederholen. Natürlich gibt es diese Ebene auch, aber sie allein genügt nicht zum Verständnis des Lebendigen, dessen Daseinsform nicht Zustand, sondern «Bildung und Umbildung» (Goethe) ist.

Die Entdeckung erleidet damit das gleiche Schicksal wie manch andere

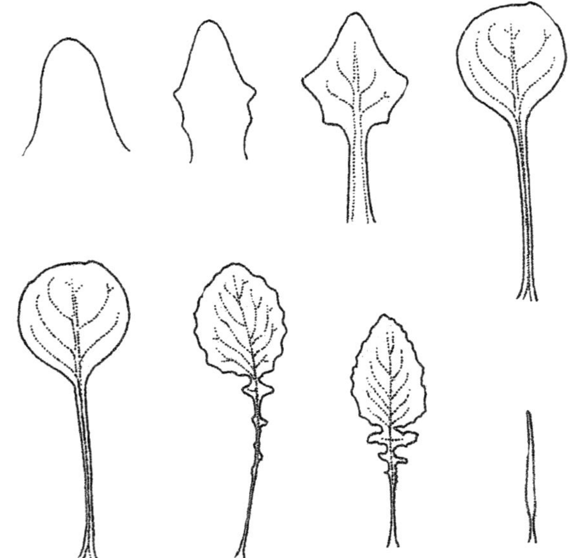

Abb. 43: Unten: Die Beziehung zwischen der Formverwandlung während des Wachstums der einzelnen Blätter von ihrem Entstehen am Vegetationspunkt bis zum ausgewachsenen Blatt (vom Zentrum ausgehende Pfeile) einerseits und der Formverwandlung, welche sich andererseits in der Reihenfolge der fertigen Blattformen vom Keimblatt bis zum Hochblatt zeigt (äußerer Bogen mit Pfeilen von links nach rechts), am Beispiel des Rainkohls *(Lapsana communis)*. (Aus Bockemühl 1967.)
Darüber, in der unteren der beiden Reihen: grund-, mittel- und oberständige Blätter des Rainkohls als Beispiele des Spreitens/Stielens, Gliederns, Sprießens. In der Reihe darüber die Entwicklung des in der darunter stehenden Reihe ganz links abgebildeten Blattes, vom Stadium des Sprießens über das Gliedern zum Spreiten.

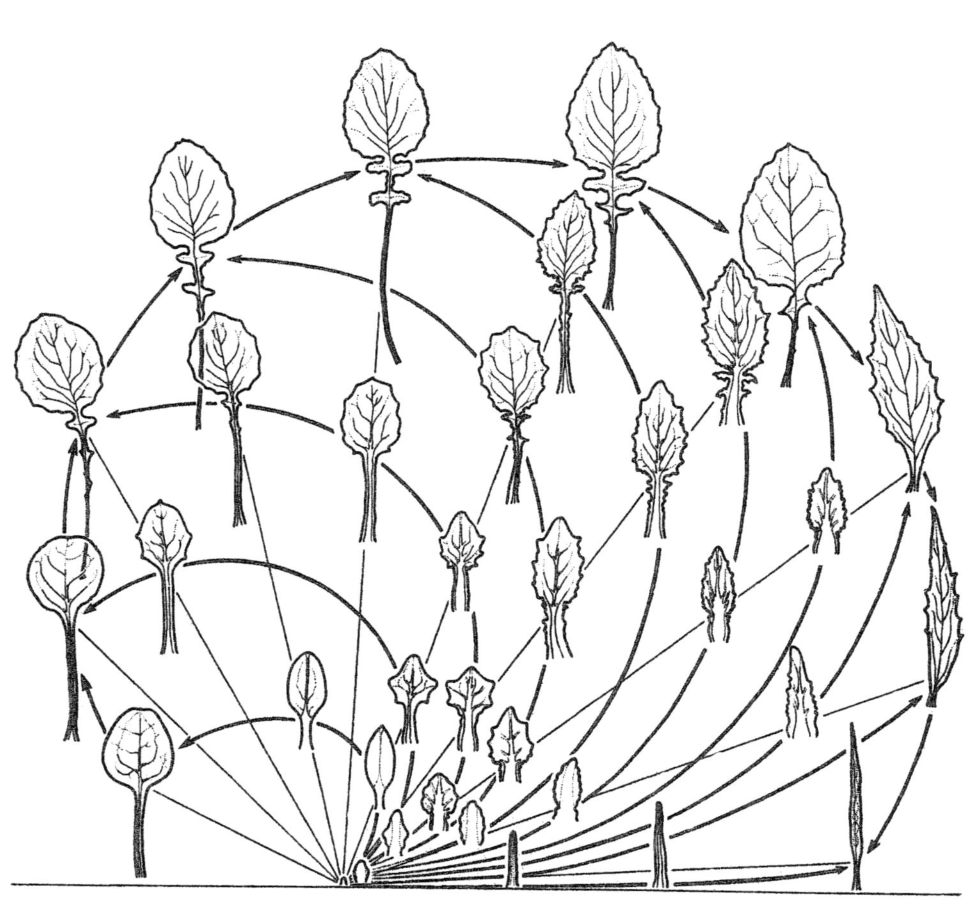

bedeutende, das bisherige Weltbild revolutionierende Entdeckung, durch die neue Richtungen initiiert und neue begriffliche Konzepte notwendig wurden und damit zu einem «Paradigmenwechsel» im Sinne von T. Kuhn führten.[69] Gerade wegen dieses revolutionären Charakters und ihrer Neuartigkeit, die in kein herkömmliches Schema passte, wurde so manche dieser Entdeckungen zunächst nicht beachtet, in ihrer Bedeutung nicht erkannt und blieb im Abseits, von der «scientific community» und der Öffentlichkeit nicht beachtet. Klassische Beispiele sind etwa die Entdeckung der Zelle im 17. Jahrhundert durch Leeuwenhoek, deren Bedeutung erst zwei Jahrhunderte später mit der Formulierung der Zellentheorie der Organismen durch Schwann und Schleiden erkannt – und bekannt – wurde. Ähnlich erging es Gregor Mendel, dessen geniale Experimente, die zur Entdeckung (und 1865 erfolgten Veröffentlichung) der Vererbungsgesetze führten, lange völlig unbeachtet und unbekannt blieben, bis sich an der Wende zum 20. Jahrhundert die Wissenschaft so weit entwickelt hatte, dass sie die «Mendelschen Gesetze» verstehen konnte und prompt noch einmal entdeckte.

Den Bockemühlschen Entdeckungen ergeht es so, weil sie ein erweitertes und damit anderes Denken erfordern, ein Denken, das nicht nur die Gesetze der physischen Materie gelten lässt, sondern dem Lebendigen einen eigenen Seinscharakter zubilligt. Die kausalen Gesetze physischer Abläufe werden damit keineswegs außer Kraft gesetzt, sehr wohl aber ergänzt und auf einer höheren, korrelativen Stufe komplexer Vernetzungen in die Lebensprozesse integriert, die damit anderen Bedingungen gehorchen;[70] dadurch versprechen diese Entdeckungen die eingangs zitierten Forderungen[71] nach neuen Erkenntnisansätzen und -zugängen zu diesem Bereich zu erfüllen.

Nicht uninteressant sind in diesem Zusammenhang Gegenbeispiele, also Fälle sofortiger und vollständiger Akzeptanz mit großer Breitenwirkung in der Öffentlichkeit, von denen Darwins Evolutionstheorie alles andere in den Schatten stellen dürfte. Ihre vom ersten Tag bis heute ungebrochene Popularität, ja Suggestion hängt bekanntlich in nicht geringem – wahrscheinlich in überwiegendem – Maße damit zusammen, dass Darwin in der Natur dieselben Gesetze «entdeckt», welche die frühindustrielle englische Klassengesellschaft beherrschten und die sich bis heute kaum geändert haben (man vergleiche dazu die an wenig bekannten Einzelheiten reiche Darstellung von Brinton[72]).

Abb. 44: Die rückschreitende (regressive) Metamorphose – vom Reife- zum Jugendstadium der Blätter – findet nur an Blütentrieben statt, wie zwei nicht näher verwandte Gewächse übereinstimmend zeigen: links der Asiatische Hahnenfuß *(Ranunculus asiaticus)* (Familie *Ranunculaceae*) und rechts *Emilia sonchifolia* (Familie *Asteraceae*). Unten jeweils nichtblühende Jungpflanzen.

Die Evolution des Blattes durch die Erdzeitalter

Auf zwei Ebenen wurde im bisherigen Verlauf das Bildegeschehen betrachtet: im Bereich der Entwicklung des einzelnen Organs, des Einzelblattes, also der *Organogenese,* und auf der höheren Ebene der *Ontogenese,* der Entfaltung des Gesamtorganismus. Daran schließt sich nun naturgemäß die Frage an, wie sich diese beiden, zeitlich gegenläufigen Bildebewegungen zu der dritten, die beiden anderen übergreifenden Ebene der *Phylogenese* verhalten, d.h. zu der Evolution des gesamten Pflanzenreiches. Im Sinne des biogenetischen Grundgesetzes – demzufolge die Ontogenese eine verkürzte, andeutungshafte Wiederholung der Phylogenese ist – sind ja im Kleinen Parallelen zur Stammesentwicklung zu erwarten. Offen ist allerdings, welche der beiden Richtungen nun die (angedeutete) Wiederholung darstellt.

Um es vorwegzunehmen: Die naheliegende Vermutung, die «Metamorphose», also die Aufeinanderfolge verschiedenartiger Blätter an der ganzen Pflanze, müsse es sein, denn das sei doch schließlich die Ontogenese, ist unrichtig. Nicht sie, sondern die Organogenese, d.h. die physisch kontinuierliche Entwicklung des Einzelorgans, verläuft gleichsinnig mit der Phylogenese. *Die Metamorphose hingegen ist die Umkehrung der Phylogenese.* Dementsprechend müsste man dann auch von einem «umgekehrten biogenetischen Grundgesetz» sprechen! Wir werden auf diesen Sachverhalt noch an späterer Stelle ausführlich zurückkommen.

Ein (notgedrungen skizzenhafter) Überblick über die Entwicklung des Blattes im Verlaufe der Erdgeschichte möge das Gesagte illustrieren. Früheste, noch mehr oder weniger amphibisch lebende «Land»-Pflanzen kannten noch keine Differenzierung in Spross und Blatt. Das archaische Farngewächs *Rhynia* aus dem Devon (Abb. 45) etwa hatte aufgerichtete, gabelig verzweigte, gleichartige Triebe, von denen einige Sporenstände trugen, während andere steril, also rein vegetativ blieben. Blätter besaßen die Pflanzen auf dieser Entwicklungsstufe noch nicht, «die ganze Pflanze bestand vielmehr aus lauter gleichen Trieben, aus Einzelorganen» (Zimmermann).[73] Das änderte sich auch nicht beim Übergang zu scheinbar komplizierterem Bau, wie ihn *Asteroxylon* und *Pseudosporochnus* (Abb. 45) vorführen, beide ebenfalls devonische Formen. Alle Bildungen dieser Pflanzen blieben auf der Stufe einfachen «Sprießens», das sich gewissermaßen unbegrenzt vervielfachte. *Asteroxylon* und mehr noch *Pseudosporochnus* zeigten in der Wuchsgestalt wohl eine zunehmende Zentralisierung, die Aufrichtetendenz der typischen Landpflanze wurde immer stärker, aber die Seitensprosse waren alles andere als differenzierte Blattbildungen, sondern einfach seitlich

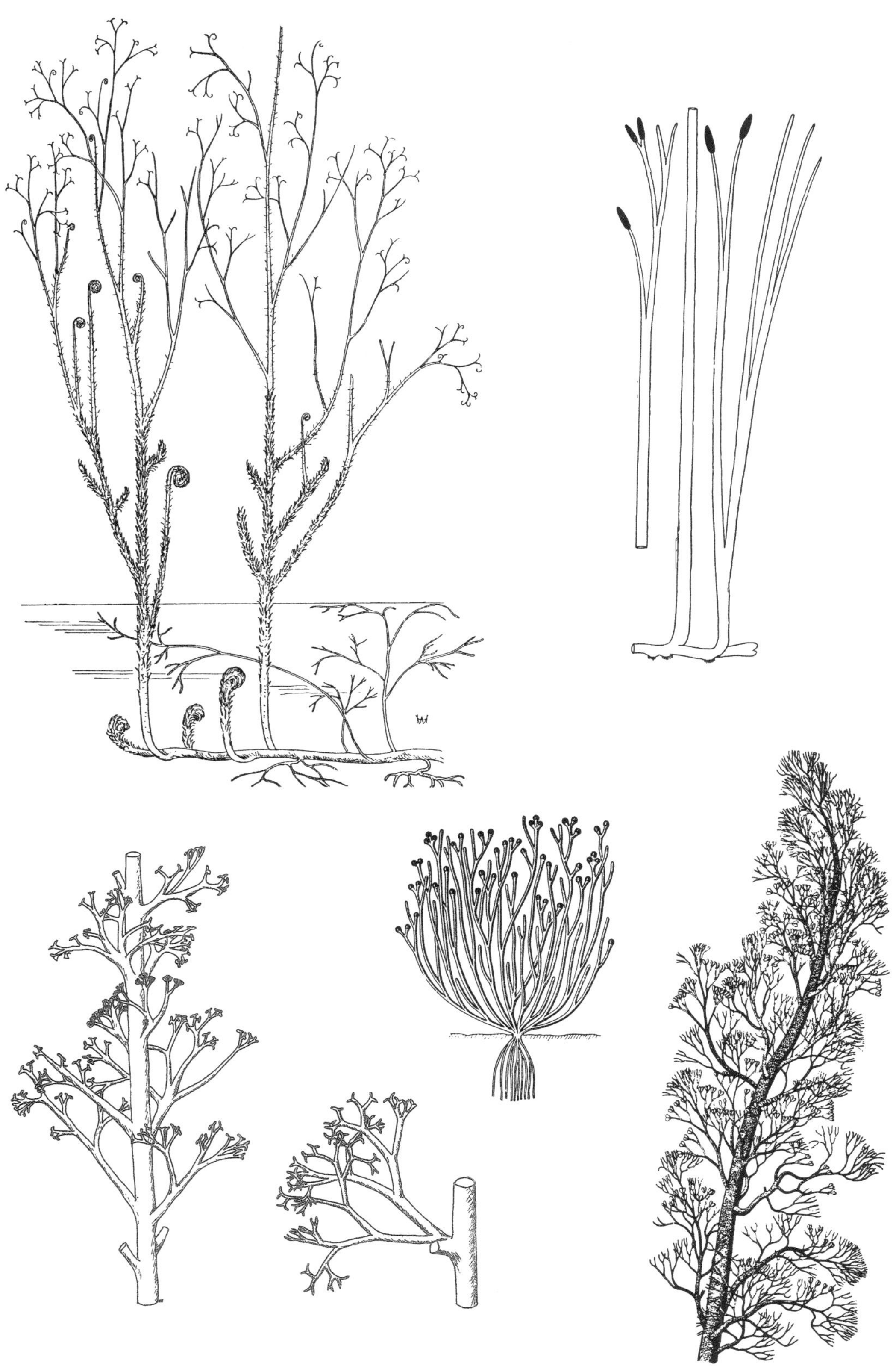

Abb. 45: Frühe, urtümliche, vielfach noch amphibisch lebende Landpflanzen des Devon; deutlich ist die Tendenz zur Aufrichtung – aus eigener Kraft jetzt und nicht mehr getragen vom umgebenden Medium. Eine klare Differenzierung in verschiedene Abschnitte existiert noch nicht, es herrscht das Prinzip gabelteiliger (dichotomer) Verzweigung einfacher Sprosse .
Oben links *Asteroxylon elberfeldense* aus der Umgebung von Wuppertal (nach Kräusel aus Mägdefrau 1968), rechts daneben *Rhynia* (nach Kidston und Lang 1921 aus Zimmermann 1969), darunter das verwandte *Hicklingia* (nach Zimmermann 1969). Links unten *Pertica varia*, ein drei Meter hohes Gewächs mit ersten Anzeichen von Differenzierung in monopodialen Stamm und seitliche Verzweigungen. Diese folgen immer noch dem urtümlichen dichotomen Muster, wie die rechts unten abgebildete *Pertica quadrifaria* demonstriert (aus Thomas und Spicer 1986).

zurückbleibende und gabelteilig weiterwachsende Verzweigungen – «der Unterschied zwischen Achsenteilen und Seitenorganen [ist] nicht groß» (Zimmermann). Das Gleiche gilt sogar noch für den primitiven Farn *Stauropteris* aus dem westfälischen Karbon (Abb. 46): Was auf den ersten Blick wie ein Farnwedel aussieht, ist in Wirklichkeit eine Gruppe sich ständig weiter verzweigender Sprosse, wobei jede neue Verzweigung auf der vorhergehenden im rechten Winkel ansetzt; das Ergebnis ist ein dreidimensionales buschiges Gebilde, also alles andere als eine *zwei*dimensi-onale, in Einzelabschnitte gegliederte Blattfläche, wie sie höhere Farne besitzen (Abb. 47, S. 108). Wir sind hier noch nicht auf der Entwicklungsstufe des *gegliederten Blattes* angelangt. Der Begriff der Gliederung setzt schließlich eine Ganzheit voraus, die gegliedert ist – das Glied ist immer *Teil* des Ganzen. Die frühen *blattähnlichen* Gestaltungen zeigen indes nichts anderes als eine vielfache, beliebige Wiederholung ein und desselben. «Je unvollkommener ein Geschöpf ist, desto mehr sind die Teile einander gleich oder ähnlich, und desto mehr gleichen sie dem Ganzen. Je vollkommener das Geschöpf ist, desto unähnlicher werden die Teile einander. In jenem Falle ist das Ganze den Teilen mehr oder weniger gleich, in diesem das Ganze den Teilen unähnlich. Je ähnlicher die Teile einander sind, desto weniger sind sie einander subordiniert. Die Subordination der Teile deutet auf ein vollkommeneres Geschöpf» (Goethe).[74]

Echte Gliederung zeigen erst die typischen Farnwedel, die sich gegen Ende des Erdaltertums, im Karbon und Perm, herausbilden und deren Gestaltung sich bis heute in den «modernen» Farnen erhalten hat. Zwar haben wir es auch hier immer noch nicht mit einem echten Blatt wie bei den höheren Blütenpflanzen zu tun, sondern mit einer Bildung, die gleichzeitig Sprossmerkmale aufweist (die Wachstumszone befindet sich an der Spitze, nicht an der Basis) und überdies in den Sporen die Fortpflanzungsorgane trägt; was bei den Blütenpflanzen in Spross, Blüte und Blatt auseinander gelegt und «entmischt» ist, hat hier noch die ursprüngliche Einheit bewahrt. Dennoch besitzt der Farnwedel *auch* eindeutigen Blattcharakter, was sich etwa in der geschlossenen Gesamtgestalt ausdrückt, der sich die einzelnen Fiedern und Fiederchen als typische Glieder, als Teile unterordnen; hinzu kommt die blatttypische Differenzierung in Ober- und Unterseite.

In diese Zeit fällt auch der Übergang zur geschlossenen Blattfläche, also zur nächstfolgenden morphogenetischen Stufe des Spreitens, entweder vom gefiederten (gegliederten) Stadium aus oder direkt vom vielfach gabelteiligen Spross auf der Stufe des Sprießens (vgl. Abb. 46). Dabei werden verschiedene Stufen oder Grade der Vollkommenheit sichtbar: *Sphenophyllum* zeigt im Grunde nur eine Zusammenfassung gleichartiger Teile zu einer einheitlichen, einfachen Blattfläche ohne weitere Differenzierung. Die *Emplectopteriden* wiederholen diesen

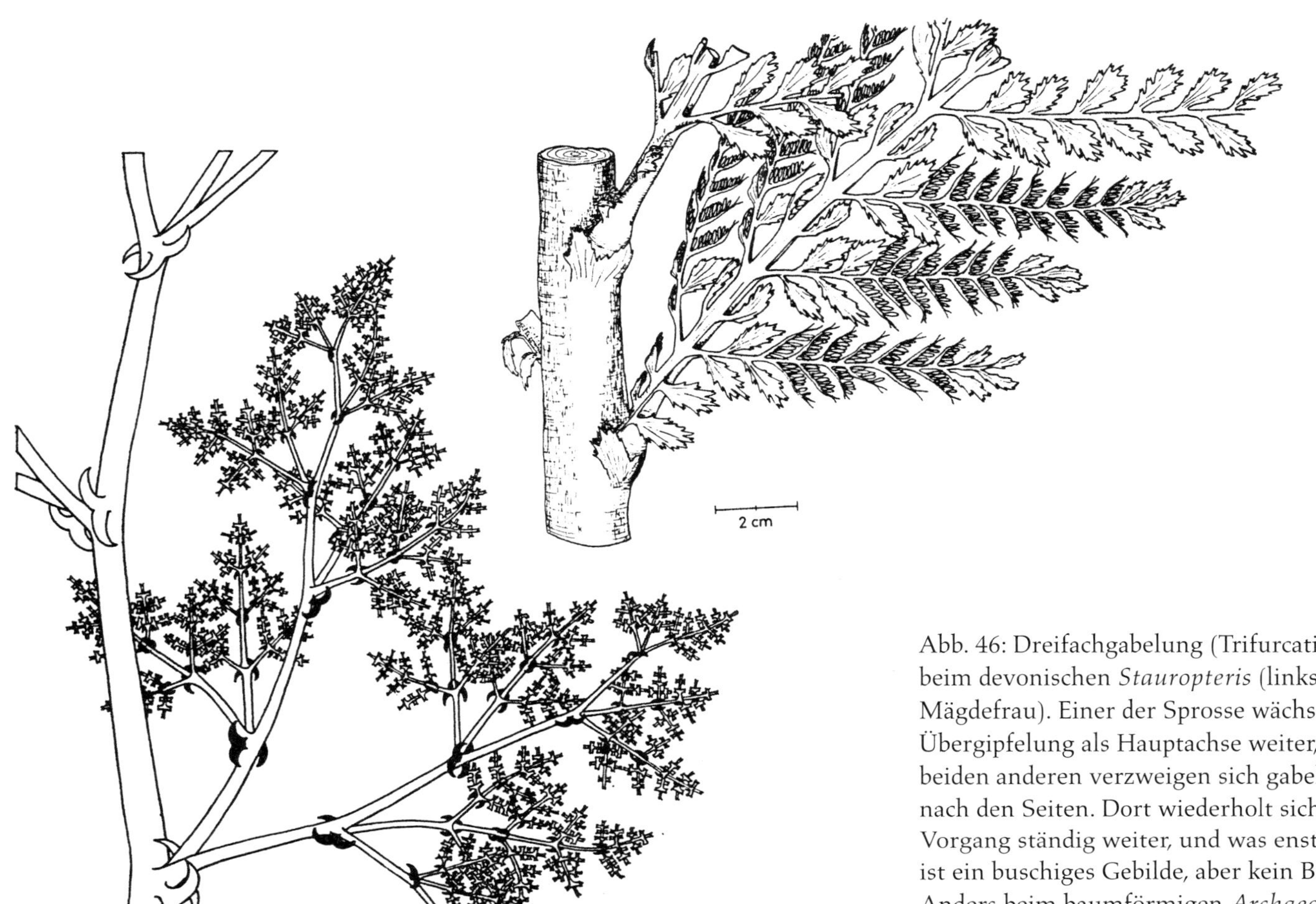

Abb. 46: Dreifachgabelung (Trifurcation) beim devonischen *Stauropteris* (links; nach Mägdefrau). Einer der Sprosse wächst durch Übergipfelung als Hauptachse weiter, die beiden anderen verzweigen sich gabelig nach den Seiten. Dort wiederholt sich der Vorgang ständig weiter, und was ensteht, ist ein buschiges Gebilde, aber kein Blatt. Anders beim baumförmigen *Archaeopteris* (nach Zimmermann), ebenfalls aus dem Devon, bei dem sich die Seitensprosse des Astes in eine Ebene legen – erste Anfänge der flächigen Blattbildung.

Schritt auf der Stufe des Gliederns, die in der Fiedernervatur auch bei geschlossener Blattfläche noch beibehalten wird. Das netznervige Blatt (Abb. 48, S. 109) stellt dann die höchste Stufe der Spreitenbildung dar, es spiegelt in seinem Aufbau alle drei Entwicklungsschritte: in der zentralen Achse, der Rhachis, die erste Phase des Sprießens, in den fiederig davon ausstrahlenden Seitenrippen die Stufe des Gliederns und im Zusammenfluss der Adern, in den Anastomosen, den nächstfolgenden Schritt des Spreitens, des übergreifenden Zusammenschlusses zu einem einheitlichen Ganzen.

Aber es sind nicht nur die farnartigen Pflanzen, an denen diese Ent-

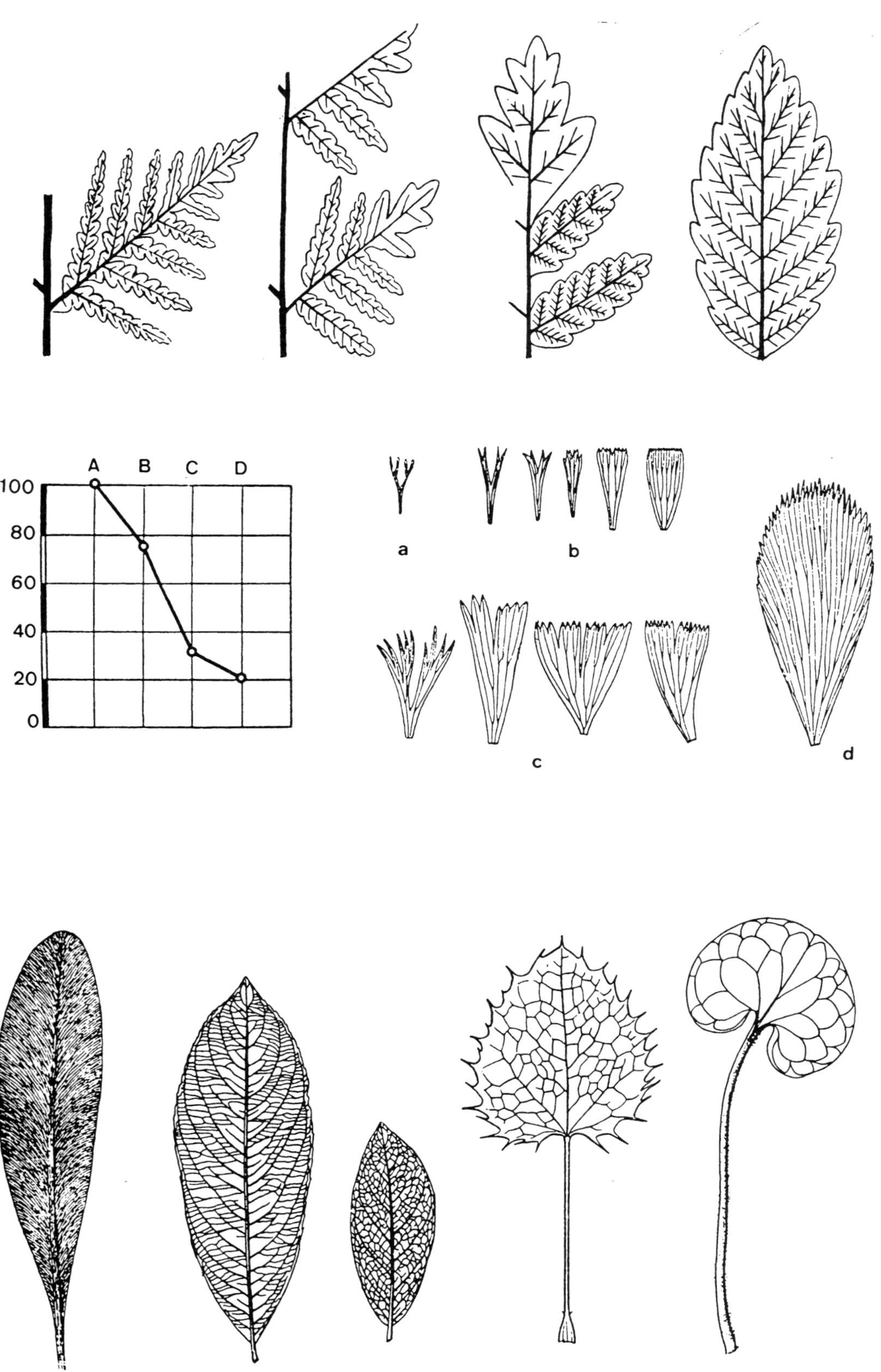

Abb. 47 (linke Seite): Bei den modernen Farnen dominieren ganzheitliche Blattgestalten, deren Glieder sich einer übergreifenden Formgebung unterordnen. Links Kanaren-Frauenfarn *(Diplazium caudatum)*, rechts, von oben: Berg-Blasenfarn *(Cystopteris montana)*, Buchenfarn *(Thelypteris phegopteris)*.

Abb. 48: Oben: vom Gliedern zum Spreiten. Entwicklung des Wedels in der Farnsippe der Emplectopteriden in aufeinander folgenden Schichten des Perm. (Nach Asama 1962.) Mitte: Abnahme der freien Sprosse und Übergang zur geschlossenen Blattfläche in der Farngattung *Sphenophyllum* im Verlauf der geologischen Zeiten. Diagramm: A Oberdevon, B Unterkarbon, C Oberkarbon, D Rotliegendes. Ordinate: Prozentsatz der bekannt gewordenen Arten mit freien Sprossen. Rechts: a *Sphenophyllum tenerrimum* (Unterkarbon bis unteres Oberkarbon), b *S. cuneifolium* (mittleres Oberkarbon), *c S. maius* (mittleres Oberkarbon), *d S. thoni* (oberes Oberkarbon bis Rotliegendes). (Nach Mägdefrau 1968 und Zimmermann 1969.) Unten: Netznervige Blätter unterschiedlicher Differenzierungshöhe. Von links: *Glossopteris*, ein Farnsamer des Perm. Alle übrigen heute lebende Arten: Grauweide *(Salix cinerea)*, Heidelbeerblättrige Weide *(Salix myrtilloides)*, Berberitze *(Berberis)*, Haselwurz *(Asarum)*.

wicklungsschritte abzulesen sind. Urtümliche, frühe nacktsamige Blütenpflanzen (Gymnospermen) wie die Ginkgogewächse *(Ginkgoales)* zeigen vom Ende des Erdaltertums an bis zu dem einzigen bis heute überlebenden *Ginkgo biloba* ganz übereinstimmende Blattbildungsstufen (Abb. 51, S. 112f.).

Die Beispiele ließen sich beliebig vermehren und würden doch stets nur dasselbe zeigen: *dass die phylogenetische Entwicklung des Blattes der «Metamorphose»* – dem Gestaltwandel der verschiedenen Blätter an einer Pflanze – *entgegengesetzt ist.* Bedeutet das nun, dass bei der Pflanze die Ontogenese der Phylogenese entgegengesetzt und damit das biogenetische Grundgesetz ungültig, das Pflanzenreich davon ausgenommen ist? Kaum vorstellbar! Viel naheliegender ist dagegen die Vermutung, *dass die Metamorphose nicht einfach mit der Ontogenese gleichgesetzt werden darf und möglicherweise etwas ganz anderes darstellt und einer anderen Ebene angehört.* Der Ginkgobaum vermag darauf den ersten konkreten Hinweis zu liefern. Er vollzieht in seinen Blattfolgen während des Heranwachsens vom Jungbaum zum Reifestadium, also während seiner Ontogenese, auf andeutungshafter, aber doch deutlich erkennbarer Weise eine Rekapitulation der phylogenetischen Entwicklung, die sich innerhalb der Verwandtschaftsgruppe, der er angehört, seit dem ausgehenden Erdaltertum abgespielt hat (Abb. 51).

Es sind die Bäume, die Holzgewächse unter den Bedecktsamern, die den scheinbaren Widerspruch, der hier auftaucht, die Verwirrung, die zu entstehen scheint, auflösen und klären. Sieht man sich die Entwicklung eines Laubsprosses einer beliebigen Baum- oder Strauchart an, sei es Rose oder Kirsche, Apfel (Abb. 49) oder eine strauchige Pfingstrose (Abb. 50, S. 112f.), so ist ganz deutlich die gleiche Abfolge zu erkennen, wie sie aus der (oben beschriebenen) Phylogenese und aus der Organogenese (der Entwicklung des Einzelblattes) vertraut ist: Zuerst, in den Knospenschuppen, sind es kleine, undifferenziert-anlagenhaft gebliebene Bildungen, auf der Stufe des Sprießens angehalten. Aus ihnen wächst bei den folgenden Bildungen spitzenwärts allmählich das Laubblatt heraus, zunächst noch klein und andeutungshaft, dann immer größer und beherrschender. An der Entwicklung des Apfelblattes (Abb. 49) ist deutlich sichtbar, wie auf das Sprießen als Nächstes das Stadium des Gliederns folgt (auf dem beispielsweise das Blatt der Rose stehen bleibt) – die beiden Stipel (Nebenblätter) zeigen es, die dann später, bei der vollen Entfaltung der Spreite, abgeworfen werden.

Endet allerdings der Trieb mit einer oder mit mehreren Blüten, so kehrt sich im Anschluss an die eben beschriebene Reihe die Abfolge um, und wir beobachten eine zunehmende Regression nicht nur der Größe, sondern vor allem ein schrittweises Anhalten der Blattbildungen auf immer jugendlicherem Stadium (Suchantke 1982, Schad 1989).[75] Hier

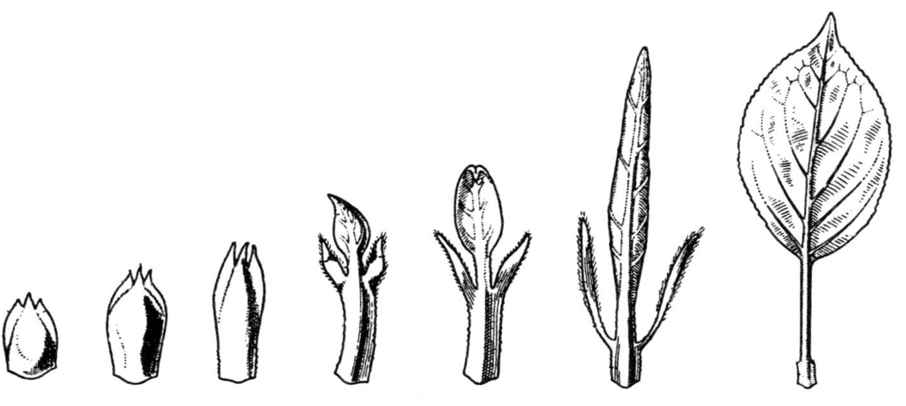

Abb. 49: Blattfolge von den Knospenschuppen über Zwischenformen zum Laubblatt beim Apfel *(Malus domesticus)*: vom Sprießen über das Gliedern zum Spreiten und Stielen. Das voll ausgebildete Blatt rechts ist im Verhältnis viel zu klein abgebildet. An seiner Stielbasis sind die Stellen zu erkennen, an denen die beiden anfänglich vorhandenen Nebenblätter (Stipel) – die bei den vorausgehenden Stadien sichtbar sind – abgeworfen wurden: Überwindung des Stadiums des Gliederns. (Nach Troll, verändert.)

haben wir jetzt die gleiche Erscheinung vor uns, wie wir sie, freilich ausgeprägter und differenzierter, von den krautigen Pflanzen in der Stufenfolge der Metamorphose kennen. Die Abbildungen mögen das veranschaulichen. Sie verdeutlichen, dass es die *Nähe der Blüte* ist, auf die es ankommt, während die Natur der Organe, in denen sich die Metamorphose ausprägt, keine Rolle spielt – es kann sich um Tragblätter handeln, die unterhalb der Blüte sitzen (Apfel), um Knospenschuppen (z.B. Rhododendron), um den Kelch (Rose) oder um den fließenden Übergang zwischen Hoch- und Kelchblättern (strauchige Pfingstrose). *Es ist mithin der Einfluss der Blüte, der sich in der Umkehrung der Gestaltungsfolge der Blätter gegenüber der Phylogenese ausdrückt;* das «umgekehrte biogenetische Grundgesetz»[76] ist Ausdruck des Blütenbilde-Impulses.

Erstaunlich ist in diesem Zusammenhang der Unterschied zwischen Baum und Kraut. Nicht nur, dass die «Umkehrung», wie wir soeben sahen, beim Baum andeutungshafter bleibt, weniger ausgeprägt ist als bei den krautigen Pflanzen; viel mehr noch überrascht, dass die bei den Bäumen gegenüber der «Umkehrung» viel stärker betonte phylogenetisch «richtige» Abfolge bei den Kräutern völlig unterdrückt ist: Sie beginnen in ihren ersten Blättern, den Primärblättern, bereits auf der höchsten, in runde Spreite und langen Blattstiel differenzierten Stufe.[77] Alles, was eigentlich vorausgehen sollte und bei den Bäumen auch ausgebildet wird, fehlt!

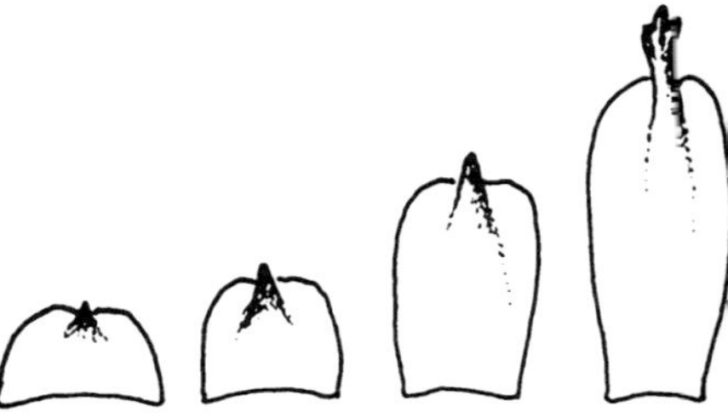

Abb. 50 (linke und rechte Seite): Gegenläufige Bildebewegungen in der Aufeinanderfolge der Blätter von den Knospenschuppen zum Laubblatt (linke Hälfte beider Reihen) und vom Laubblatt über den Kelch zum Kronblatt (rechte Hälfte der Reihen) bei der Strauchigen Pfingstrose *(Paeonia moutan)* und einer Gartenrosa *(Rosa)* (unten). Die jeweils dazwischen liegenden Bereiche voll ausgebildeter Laubblätter sind weggelassen. (Original.)

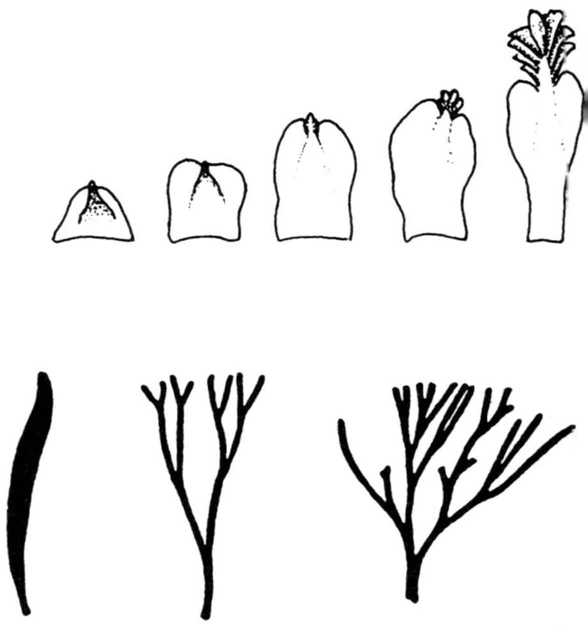

Abb. 51 (linke und rechte Seite): Formenwandel des Ginkgoblattes im Laufe der Phylogenese. Von links: *Glossophyllum florini,* Keuper; *Sphenobaiera furcata,* Keuper; *Sphenobaiera digitata,* Zechstein; *Baiera muensteriana,* Rhät/Lias; *Baiera brauniana,* Wealden; *Ginkyoites pluripartitus,* Wealden; zwei Blätter von *Ginkgo adiantoides,* Pliozän (kombiniert, nach Kräusel 1953 und Mägdefrau 1968).
Darunter: Formenwandel des Ginkgoblattes im Laufe der Ontogenese. *Gingko biloba,* heute lebende Art. Von links: Blatt eines jungen, 1 m hohen Baumes, von einem Lang- und einem Kurztrieb eines ausgewachsenen Baumes. (Nach Mägdefrau.)

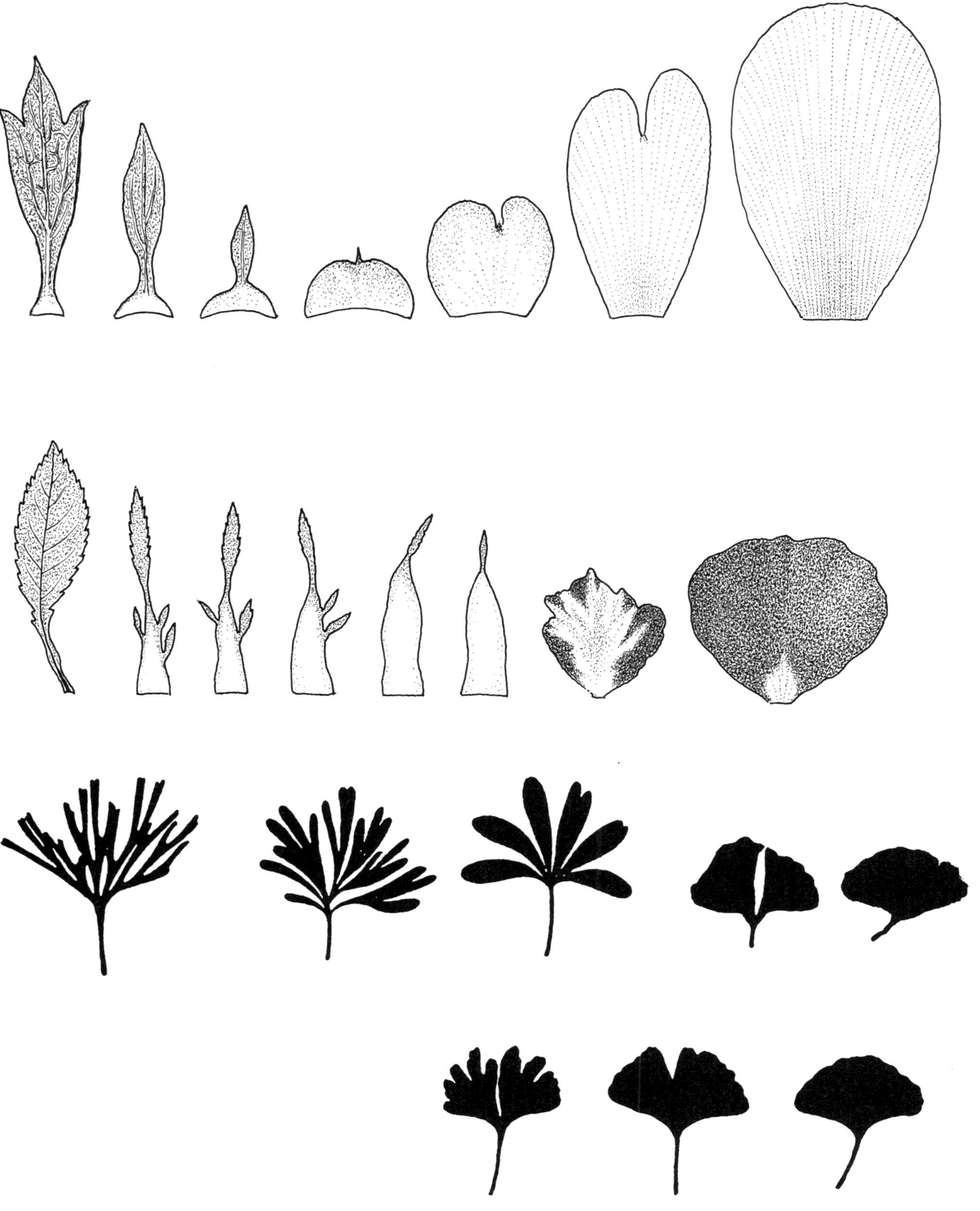

Alterungs- und Verjugendlichungstendenzen in der Evolution

Um die Bedeutung dieser beiden Erscheinungen – der Umkehrung der phylogenetischen Richtung im Zusammenhang mit der Blütenentwicklung und die auffallende Divergenz zwischen Baum und Kraut – zu erfassen, ist es nötig, einen kurzen Blick auf zwei antagonistische Tendenzen zu werfen, die sich in der Evolution der Lebewesen verwirklichen.

Die eine stellt sich als «Anagenese» *(Höherentwicklung)* dar. Sie führt, beginnend mit einfachen Formen, zu steigender Differenzierung der Gestalt, ihrer Teile und Funktionen, zu zunehmender Verflechtung und gegenseitiger Abhängigkeit der Organe unter der Regie des übergeordneten Bildekräfteleibes. Die zunehmende Differenzierung drückt sich auch in vermehrter Artenfülle und Mannigfaltigkeit der Gattungen und Familien aus, d.h. in einer steigenden Vielfalt unterschiedlichster Ausformungen des Grundtypus – man denke etwa an die Formenvielfalt der Hahnenfußgewächse, von der Anemone und Sumpfdotterblume zu Akelei und Waldrebe, Rittersporn und Wiesenraute.

Besonders ausgeprägt tritt der Charakter dieses Evolutionsmodus im Tierreich auf. Da zeigen sich nicht nur die Tendenzen zur Mannigfaltigkeit in der Ausformung der Gestalt, sondern nicht selten auch eine schrittweise Größenzunahme bis zum Gigantismus (letzte Ammoniten, Saurier, unter den Vögeln die Moas, zahlreiche, überwiegend ausgestorbene Säugetierarten) und, verbunden damit, exzessiven Ausgestaltungen bestimmter Körperteile: die Lobenlinien der Ammoniten, Stoßzähne der Elefanten, Nasenschaufeln der ausgestorbenen Titanotherien, Geweihe der Riesenhirsche usw. Was sich hier zeigt, sind klare «Orthogenesen»,[78] d.h. gerichtete Entwicklungen mit deutlich erkennbarer Linienführung, die von einfachen, urtümlichen, kleinen und gestaltlich oftmals recht unbestimmten Formen ihren Ausgang nehmen, um dann über eine Phase des Aufblühens und der Gestaltenvielfalt zum letztmöglichen Ausschöpfen der veranlagten Bildetendenzen zu führen und schließlich zur Überdifferenzierung und Alterung, auf die zum Schluss unweigerlich das Aussterben folgt: Die Stadien von Jugend, Reife, Alter, Vergreisung, Tod gelten offenbar nicht nur für das einzelne Individuum, sondern auch für ganze Entwicklungslinien. In vielen Tiergruppen zeigt sich dieses Prinzip, das zur Mannigfaltigkeit und mitunter enormer Formenvielfalt führt, aber nichts prinzipiell Neues hervorbringt (Artenfülle der Mäuse, Gehörn- und Geweihformen der Wiederkäuer, Stoßzähne der – überwiegend bereits ausgestorbenen – Elefantensippe usw.). Extrembeispiele wären die Reptilien des Erdmittelalters, die Saurier.[79]

Der Anagenese steht nun eine andere Evolutionstendenz unter

gleichsam umgekehrten Vorzeichen gegenüber, die hier als *Verjugendlichung (Juvenilisation)* bezeichnet sei. Sie tritt uns mit besonderer Deutlichkeit im Pflanzenreich entgegen, am eindringlichsten vielleicht in der oben charakterisierten Divergenz von Baum- (oder allgemein Holz-)Gewächsen und krautigen Pflanzen. Ein starker orthogenetischer Impuls ist hier erkennbar; man ist sich heute überwiegend einig, dass die Baumform die ursprünglichere, die krautige Lebensform die abgeleitete, spätere Stufe darstellt. So weist Takhtajan[80] darauf hin, dass die «sekundäre Natur» des krautigen Sprosses durch eine Vielzahl von Tatsachen aus der vergleichenden Morphologie und Systematik demonstriert wird. «Während krautige Pflanzen unter den [besonders archaischen bedecktsamigen Blütenpflanzen der] *Magnoliales* (Magnolienartigen) und *Laurales* (Lorbeerartigen) sehr selten sind, beginnen sie in Richtung zur Spitze des Stammbaumes schnell zu dominieren und gewinnen bei den sympetalen (verwachsenkronblättrigen) Familien eindeutig die Vorherrschaft ... Es ist offensichtlich, dass in der Regel die Kräuter in ihrer Struktur progressiver sind als die verwandten Holzpflanzen. Schließlich sei daran erinnert, dass weder unter den rezenten noch unter den ausgestorbenen Gymnospermen krautige Pflanzen bekannt sind», d.h. unter den Nacktsamern, das sind heute in erster Linie die Nadelhölzer (sie sind erdgeschichtlich viel älter als die vergleichsweise jungen Bedecktsamer, zu denen alle krautigen Pflanzen gehören).

Was hier als «progressiv» bezeichnet wird, bedarf einer genaueren Beleuchtung. Bleiben wir im vegetativen Bereich der Pflanze, so ist deutlich, dass wir es bei der «Verjugendlichung» nicht mit einer Anagenese, einer «Höher»-Entwicklung zu tun haben im Sinne zunehmender Differenzierung, Vermannigfachung und Synorganisation (vgl. Remane 1952)[81] bzw. einer «Subordination der Teile» (Goethe, vgl. S. 106) unter das ganzheitlich-übergreifende Regulativ des Organismus. Im Gegenteil: Bei den Kräutern wird im Unterschied zu den Holzgewächsen gerade die ontogenetische Rekapitulation der Anagenese, die stufenweise Entwicklung der Blattfolge vom archaisch-einfachen über das gegliederte «hinauf» zum hoch differenzierten, in Spreite und Stiel gegliederten Blatt unterdrückt oder übersprungen; die Entwicklung beginnt überhaupt erst auf dieser höchsten Stufe und führt an den blühenden Trieben in umgekehrter Richtung schrittweise zum Verharren auf immer undifferenzierterem Niveau. *Die krautige Pflanze baut gerade diese Entwicklungslinie gegenüber den Holzgewächsen, bei denen sie viel andeutungshafter bleibt, verstärkt und alleinbeherrschend aus.*

Innerhalb der angiospermen (bedecktsamigen) Blütenpflanzen setzt sich diese Tendenz weiter fort: Die meisten Einkeimblättrigen (Monokotyledonen), also die Lilienverwandten, Gräser, Orchideen, bilden mit ihren einfachen, lang gestreckten, parallelnervigen Blättern *nur noch die jugendlichste Stufe der Blattentwicklung aus*, diejenige des Sprießens, überspringen also auch noch die Phase der Regression vom «alten» zum «jungen» Blatt, wie sie von den zweikeimblättrigen Pflanzen (Dikotyledonen) durchgeführt wird. Um noch einmal Takhtajan zu zitieren: «Im Vergleich zu den meisten dikotylen Pflanzen sind die typischen Monokotylen (alle primitiven Formen inbegriffen) durch eine gewisse ‹Infantilisierung› im vegetativen Bereich charakterisiert. Sie weisen bestimmte Vereinfachungen auf, die den Eindruck eines vorzeitigen Abschlusses der Ontogenese machen. Die Kambiumtätigkeit ist bei ihnen in achsenständigen Organen herabgesetzt, und die Hauptwurzel entwickelt sich nicht weiter. Die Blätter differenzieren sich überhaupt nicht oder nur undeutlich in Stiel und Spreite und ähneln in der Nervatur unvollkommen entwickelten Blattorganen der Dikotylen (Nebenblättern, Vorblättern, Knospenschuppen, Kelchblättern usw.). Aufgrund dieser aller Tatsachen habe ich die Vermutung ausgesprochen, dass bei der Entstehung der Monokotylen die Neotenie (= Foetalisation: Beibehalten jugendlicher Merkmale im Erwachsenenstadium) eine entscheidende Rolle gespielt hat ... Die Vorstellung von einer neotenischen Entwicklung ist, wie mir scheint, der Schlüssel zum Verständnis vieler ihrer morphologischen Besonderheiten.»

Genauso wie die Anagenese, die Höherentwicklung, spielt sich auch die Verjugendlichung im Pflanzen- wie im Tierreich ab. W. Schad konnte detailliert zeigen, wie es in der Evolution der Tiere immer wieder gerade die pädomorphen Formen sind, die «primitiv» gebliebenen, gestaltlich nach allen Seiten hin offenen, die zu Trägern neuer großer (makroevolutiver) Entwicklungseinschläge wurden, an den Grenzen Fisch – Amphib, Amphib – Reptil, Reptil – Säuger (vgl. Abb. 164, S. 271).[82]

Wir wollen an dieser Stelle bei der Evolution der Pflanze bleiben und bei dem, was sie auszeichnet und an Errungenschaften aufzuweisen hat. Neotenisierung, Verjugendlichung – die Metamorphose der Pflanzen hat gleichsam urbildhaft gezeigt, was in ihr wirkt und durch sie wirksam wird. Das Stehenbleiben auf jugendlichem Niveau bedeutet schließlich zweierlei: Einerseits kündigt sich darin ein zukünftiger Bildungsimpuls an, der auf das Ältere, Frühergebildete zurückdrängend und hemmend einwirkt; auf der anderen Seite werden dadurch Kräfte und Aktivitäten zurückbehalten und davor bewahrt, sich zu verausgaben; die dann, wenn es so weit ist, für das Neue da sind und ihm die Möglichkeit geben, sich zu realisieren.

Was aber ist das Neue? So ganz neu ist es schließlich auch nicht mehr und schon eine ganze Weile wirksam beim Übergang vom baum- (und gehölz-)artigen zum krautigen Wuchs (Verjugendlichung auch hier). Dadurch verschiebt sich das Verhältnis von Individuum und Generationenfolge, letztere verläuft bei einer einjährigen Pflanze doch erheblich schneller als bei einem Baum, der erst nach vielen Jahren Samen bildet. Außerdem fällt die Fixierung toter, aus den Lebensprozessen langfristig herausgenommener organischer Substanz – des Holzes – weg, die Evolutionsrate beschleunigt sich, größere Mannigfaltigkeit und Formenfülle ist zu erwarten – schon allein deshalb, weil jugendliche Organismen ganz einfach über größere Bildungspotenzen verfügen.

Höhepunkte pflanzlicher Evolution: Orchidee und Gras

Natürlich ist die Blüte schon vor dem Übergang von der Baum- zur Krautdominanz bei den Angiospermen da, man denke nur an die Magnolien. Aber sie bekommt bei den Kräutern ein größeres Gewicht im allgemeinen Erscheinungsbild, was sich dann beim Übergang von den Dikotylen zu den Monokotylen noch weiter verstärkt, bei denen die Blattmetamorphose und damit die Regression vom ausgereiften zum jugendlichen Zustand unterdrückt wird. Es bleibt ja bei den Einkeimblättrigen bei der jugendlichen Blattbildung des reinen Sprießens. Was dadurch entsteht, ist beeindruckend: das Bild der Lilie, der Tulpe, der Schwertlilie, d.h. von Blüten, die im Erscheinungsbild der Pflanze unerhört dominieren (vgl. Abb. 53, S. 119). Den Höhepunkt dieser Entwicklungslinie stellen die *Orchideen* dar mit ihren im Verhältnis zum vegetativen Teil oft unverhältnismäßig großen, vor allem aber unglaublich komplizierten und überaus vielgestaltigen Blüten – von königlicher Pracht bis hin zu abartiger Bizarrerie – das exzessivste Luxurieren, das es im Pflanzenreich gibt.

In eine diametral entgegengesetzte Richtung führt eine andere große und vor allem erheblich bedeutungsvollere Entwicklungslinie innerhalb der Monokotylen – diejenige der *Gräser*. Hier ist es ganz und gar nicht die Blüte, auf der das Schwergewicht liegt – im Gegenteil, die Blüte ist aufs äußerste reduziert, auf die Samenanlage samt Narben und Staubblätter. *Eine Blütenhülle, also Kelch und vor allem Kronblätter, existiert auch nicht in Ansätzen* (möglicherweise, so die Annahme, sind die *Lodiculae*, die Schwellkörper, die die Deckspelzen beim Aufblühen zum Abspreizen bringen, ursprünglich Anlagen von Teilen der Blütenhülle; vgl. Abb. 52). Die umhüllenden Spelzen hingegen sind keineswegs umgewandelte Blütenorgane, sondern sklerotisierte Tragblätter, gehören also der Laubblattregion an. Das Schwergewicht liegt nun, nach dem Wegfall der Blütenhülle, vollständig auf der Seite der Samenproduktion – alle Kräfte, also auch diejenigen, die bei anderen Gewächsen zur Bildung der

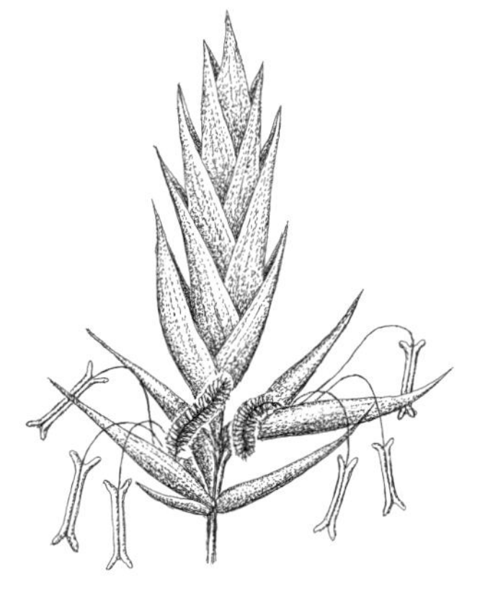

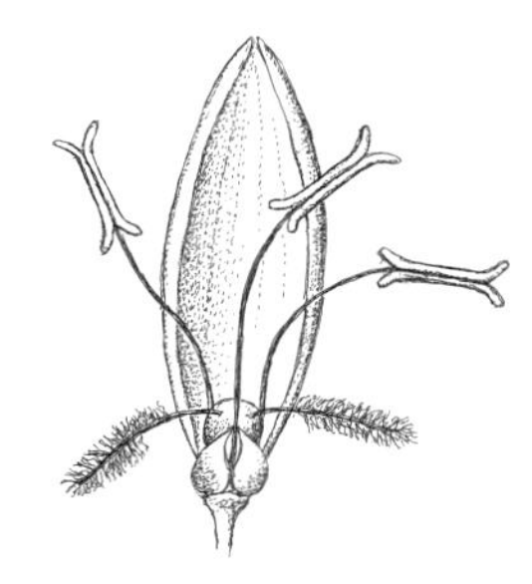

Abb. 52: Grasblüten. Oben Ährchen (= Teil einer ganzen Ähre), unten Einzelblüte des Wiesen-Schwingels *(Festuca pratensis)*. Oben sind zwei Blüten in Folge des Auseinanderspreizens der Vorspelze (oben) und der Deckspelze (unten) geöffnet, die Staubblätter und die federartigen Narben hängen frei im Wind. Unten ist die Vorspelze entfernt, man erkennt vorne, vor dem Fruchtknoten, die beiden Schwellkörper *(Lodiculae)*, die das Spreizen der umhüllenden Spelzen bewirken. (Nach Strasburger.)

Kronblätter verwendet werden, stehen nun uneingeschränkt der Samenproduktion zur Verfügung. Dadurch kommt jetzt etwas voll zum Tragen, was zwar eine Errungenschaft aller angiospermen (bedecktsamigen) Blütenpflanzen ist, aber erst durch die Gräser in seinen Möglichkeiten voll ausgeschöpft wird: *die doppelte Befruchtung.*

Was bedeutet diese doppelte Befruchtung? Zunächst nur, dass nicht nur zwei Zellkerne, ein weiblicher und ein männlicher, miteinander verschmelzen, sondern eine weitere Vereinigung stattfindet, diesmal eines zusätzlichen (haploiden) Pollenkernes mit einem diploiden Kern der Samenanlage. Aus diesem triploiden Gebilde geht während der Samenreife die *Bildung des Endosperm hervor, des Nährgewebes.* Dieses füllt den Samen (oder die Keimblätter) so gut wie vollständig und bis auf den winzigen Embryo aus und stellt die Nahrungsreserve für den Keimling dar, solange dieser noch nicht selber assimilieren kann.

Die Gräser sind wahrscheinlich diejenigen Pflanzen, bei denen, bezogen auf die gesamte Biomasse, die Samen rein quantitativ in einer Weise dominieren wie wohl bei keinen anderen Gewächsen. Der gesamte vegetative Bereich ist das Sparsamste und Nährstoffärmste, das sich denken lässt; alles, was die Pflanze aufbaut, wird in die Körner gelegt. Auch darin ist das Gras der Gegenpol zur Orchidee – diese besitzt die kleinsten Samen unter den Blütenpflanzen, einen halben bis dreiviertel Millimeter lang und mit einem Gewicht von 0,3 bis 14 Microgramm. Die Samen sind so winzig, dass für den Embryo kaum Platz ist und vor allem nicht für Nährsubstanzen: *Es kommt von vornherein zu keiner Endospermbildung, die betreffenden Zellen degenerieren nach der Befruchtung.* Der Embryo kann nur wachsen, wenn die Myzelien eines bestimmten Pilzes in den Samen einwachsen und es dadurch gleichsam zu einer Art «zweiten Befruchtung» kommt (Abb. 55, S. 120); jedenfalls liefert der Pilz die Nährstoffe, ohne die eine Keimung nicht möglich ist.[83] Umso größer ist die Zahl der gebildeten Samen, es können mehr als eine Million pro Pflanze sein. Darwin, der sich intensiv mit den Fortpflanzungsverhältnissen bei Orchideen befasste, ermittelte bei einem einzigen Exemplar des Gefleckten Knabenkrautes *(Dactylorrhiza maculata)* 6.200 Samen pro Samenkapsel und 186.300 bei der ganzen Pflanze. Würden alle keimen und deren Samen dann ebenso, dann würden die Nachkommen dieser einen Pflanze in der vierten Generation den ganzen Erdball bedecken.[84] Wenn! Tatsache ist, dass die überwältigende Mehrzahl aller Orchideensamen «taube Nüsse» sind, steril und unfruchtbar, solange sie nicht die Chance haben, auf einen Pilz zu treffen. Wie groß diese Chance ist, erkennt man an der Seltenheit und damit Schutzbedürftigkeit so gut wie aller Orchideenarten.

Es ist nach all dem Gesagten verlockend, die Wesenseigenschaften von Gras und Orchidee als Bilder seelischer Qualitäten zu verstehen.
Es ohne Vermenschlichung zu formulieren, ist allerdings fast nicht mög-

Abb. 53: Einer der großen Höhepunkte der Blütenentwicklung stellt die Schwertlilie dar. Zu den prächtigsten und gleichzeitig seltensten unter ihnen gehört *Iris lortetii,* von der nur einige wenige Standorte in Galiläa und im benachbarten Libanon bekannt sind. Bei der Blüte handelt es sich um eine «shelter flower»: Die dunkel pigmentierte Höhlung unter den doppelt geschwungenen Narbenzipfeln lädt solitäre (einzeln lebende) Bienenarten zur Übernachtung ein, die bei dieser Gelegenheit die Bestäubung vollziehen. (Aufnahme A. Suchantke).

lich, da man stets seine Projektion im menschlichen Bewusstsein erlebt und beschreibt – und damit ist es schon in seinem Charakter verändert, schon bewusst geworden und der moralischen Bewertung anheim gegeben. Das mag in Erzählungen für Kinder angemessen sein, für die alles in der Natur als beseelt erlebt wird (man vergleiche etwa die gelungenen Darstellungen bei Grohmann[85], müsste dann aber später in der Schule ersetzt werden durch eine moralfreie, nicht vermenschlichende Naturkunde. Am ehesten wäre wohl eine Beschreibung geeignet, welche die Art der Beziehung zwischen dem jeweiligen Organismus und seiner Umwelt ausdrückt: Einerseits haben wir in der Orchidee eine völlig auf sich selbst bezogene Lebensweise ohne jeden Beitrag zum bewohnten Ökosystem vor uns. Vereinzelung, ohne fremde Hilfe nicht lebensfähig. Als konsequenter Endpunkt der Orchideenevolution erscheint die parasitische Lebensweise, wie sie die Vogelnestwurz *(Neottia nidus-avis)* oder der bleiche Widerbart *(Epipogium aphyllum)* vorführen, chlorophyllfreie Bewohner lichtlosen Waldschattens, die ausschließlich von den Pilzen leben, auf denen sie schmarotzen. In allem gegenbildlich dazu erscheint das Gras, in unermesslicher Fülle sich vollständig verausgabend und dadurch unendlich vielfältiges Leben im weiten Umkreis ermöglichend. Damit sind tatsächlich Wesen und Bedeutung des Grases exakt getroffen. Durch die allmähliche Ausbreitung der Graslandschaften in Afrika seit dem Miozän[86] entstand die noch heute existierende Savannenlandschaft, die nach den Fossilfunden zu schließen eine ähnliche Tierwelt beherbergt haben muss wie heute. Zahlreiche Arten von Pflanzenfressern bevölkerten schon damals die locker mit Bäumen bestandenen Grasfluren. In diesen Landschaften entwickelte sich der moderne *Homo sapiens*, der dann später über Afrika hinaus die ganze Welt besiedeln sollte und überallhin seine Ursprungslandschaft mitnahm, die Savanne, jetzt als «Kultursavanne» (Abb. 54).[87]

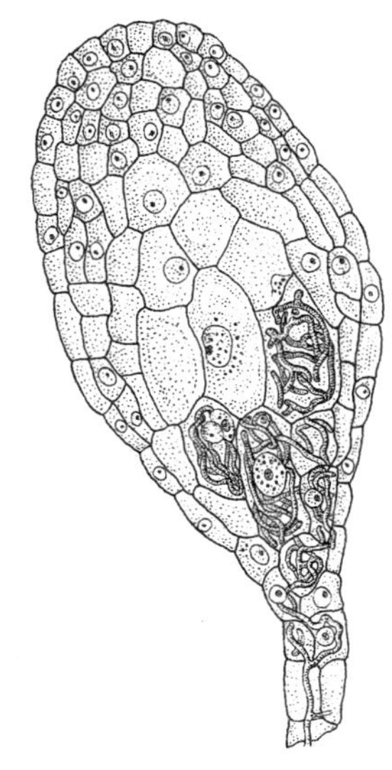

Abb. 55: Orchideensame, in den Pilzhyphen eindringen und damit die Keimung ermöglichen. (Nach Arditti.)

«Reproduktion» und «Nährhaftigkeit»

Es ist nun interessant, sich die Antagonisten Gras und Orchidee unter dem Gesichtspunkt der beiden die Natur beherrschenden Regulative näher anzusehen, wie sie R. Steiner anlässlich des Kurses, der zur Begründung der biologisch-dynamischen Landwirtschaft führte,[88] mit den Begriffen «Reproduktion» und «Nährhaftigkeit» benannte: Unter diesen beiden Aspekten ist so gut wie jedes Lebewesen und besonders die Pflanze in doppelter Weise in den ökosystemaren Großorganismus ihres Lebensraumes eingebunden, in dem es schließlich nicht als beziehungsloses Isolat, sondern als Mitgestalter in vielfacher Wechselwirkung mit anderen Organismen lebt.

Abb. 54 (linke Seite): In den Graslandschaften und Taboreichen-Savannen Galiläas und des Golan wachsen die Wildformen der Gerste und des Weizen (unten *Triticum dicoccoides*, die Stammform des Emmers), die hier vor rund zehntausend Jahren erstmals in Kultur genommen wurden. (Aufnahme A. Suchantke.)

Abb. 56 (linke und rechte Seite): Gräser.
(Aus Lid: *Norsk, Svensk, Finsk Flora.)*

Da ist einmal die Reproduktion, d.h. das Weiterleben der Art über das Individuum hinaus, das einen erheblichen Teil seiner Existenz dieser Notwendigkeit widmet, gleichgültig, ob als Pflanze oder als Tier. Andererseits trägt das Einzelwesen zur Erhaltung des Ganzen der Lebensgemeinschaft bei, der es angehört, und dies auf unterschiedlichste Weise: in Symbiosen mit anderen Organismen (z.B. Pilze), als Bestäuber von Blüten oder als Nahrung für andere Lebewesen. Im Allgemeinen ist eine Tierpopulation, eine Gruppe von Pflanzen der gleichen Art zahlenmäßig so groß, dass beiden Anforderungen gedient werden kann: Ein Teil der Individuen ernährt andere Organismen, ein anderer pflanzt sich fort. Bei Tieren (Säugetieren und Vögeln) ist das so – bei ihnen schließen sich in der Regel beide «Aufgaben» gegenseitig aus: Ein Tier pflanzt sich dann fort, wenn es seine gefährdetste Lebensphase, seine Jugend, überlebt hat; es ist inzwischen so erfahren, dass es Beutegreifern kaum noch zum Opfer fällt. Bei der Pflanze ist dieser Gegensatz kaum gegeben, in vielen symbiotischen Gemeinschaften herrscht Gegenseitigkeit wie bei Biene und Blüte, wo beides, Reproduktion und Nährhaftigkeit, in eins zusammenfällt, und bei verlockenden Früchten ist es ebenso.

In besonderem Maße gilt dies für die Gräser (Abb. 56). Ihr Reproduktionspotenzial ist enorm, ihre «Nährhaftigkeit» eher noch größer: Die Evolution mancher Tiergruppen wäre ohne Gräser sicherlich anders verlaufen, die der Pferde jedenfalls, deren Schritt vom Laub- zum Grasäser

an den fossil erhaltenen Zähnen genau nachvollziehbar ist. Vergleichbares gilt natürlich auch für die Wiederkäuer, die in den Steppen und Savannen, den ausgesprochenen Graslandschaften, ihre größte Formenfülle (Antilopen, Gazellen, Böckchen, Büffel) und die einzigartige Fähigkeit entwickelten, mittels hoch spezialisierter Verdauungssysteme und mithilfe von Mikroorganismen das Wertloseste, das die Pflanzenwelt zu bieten hat – überwiegend aus Zellulose bestehende tote Grasblätter – wieder in die Lebensprozesse zurückzuführen. Das dadurch erschlossene, praktisch unerschöpfliche Nahrungsreservoir ermöglichte das Entstehen gewaltiger Herden. Als die ersten Europäer nach Südafrika kamen, erlebten sie, dass die Steppenlandschaften zu bestimmten Jahreszeiten tagelang bis zum Horizont bedeckt waren von wandernden Springböcken, Gnus und Antilopen, und in den nordamerikanischen Prärien lebten um 1700 noch rund sechzig Millionen Bisons.[89]

Das Wertvollste wiederum, das Allerbeste und Nahrhafteste – die Grassamen mit ihrem Reichtum an Nährstoffen – bildete die Grundlage für eine noch erheblich größere Artenvielfalt der Muriden (Mäuseartigen), aber auch der körnerfressenden Hühnervögel, der Finken, Sperlinge, Webervögel, Ammern und, in ihrem Gefolge (und dem der Wiederkäuer), die Radiation vor allem der Groß- und Kleinkatzen, aber auch der Wiesel, Füchse usw.

Vor allem aber wäre die Kulturentwicklung des Menschen ohne die

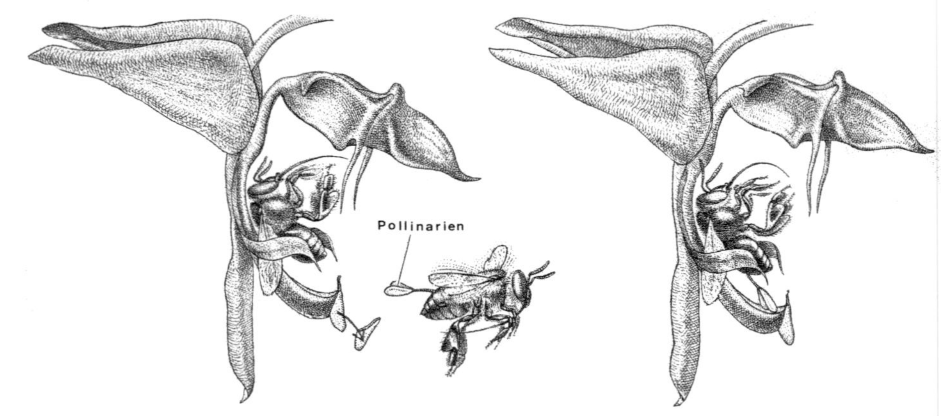

Abb. 57: Eine Biene ist beim Besuch der tropisch-amerikanischen Orchidee *Gongora* auf der schlüpfrig-glatten Oberfläche ausgeglitten und rutscht nun das Gynostemium hinab. Dabei kommt sie (in der linken Zeichnung) an den Pollinarien vorbei, den Trägern des Blütenpollens, die sich an ihren Rücken heften und eine andere Blüte bei der Wiederholung der Rutschpartie (rechts) bestäuben. (Nach Arditti.)

Gräser kaum möglich gewesen. Die bevölkerungsstarken Hochkulturen entwickelten sich in den Graslandschaften der Erde bzw. in solchen, die in Graslandschaften verwandelt worden waren, Flusstäler beispielsweise. Schließlich brachte der Mensch überall, wohin er von seiner Urheimat Afrika aus gelangte, «seine» Graslandschaften mitsamt den Wiederkäuerherden mit, in kultivierter Form allerdings – als Weideland für seine Rinder und als Getreidefeld. Jede der großen Hochkulturen besitzt eine Grasart als ursprüngliches Hauptnahrungsmittel: Reis, Weizen, Mais.

Und die Orchideen? Von «Nährhaftigkeit» keine Spur. Orchideensamen enthalten keine Nährstoffe, und mit der Reproduktion ist es auch nicht weit her, sie gelingt, wie wir sahen, nicht ohne fremde Hilfe durch Pilze, die in den Samen eindringen und ihn mit ersten Nährstoffen versorgen (Abb. 55).

Alle Kräfte, die beim Gras unter Verzicht auf die Bildung einer Blüte in die Samenbildung und damit in Nährhaftigkeit und Reproduktion gehen, werden bei den Orchideen aus diesen Bereichen vollständig herausgehalten und stattdessen für die überschwängliche Ausgestaltung der Blüte verwendet – deshalb finden sich hier die gestalterisch vielfältigsten und luxuriösesten aller Blüten. Ein Fall, an dem sich Goethes «Kompensationsgesetz» neuerlich bestätigt; es besagt, «dass keinem Teil etwas zugelegt werden könne, ohne dass einem anderen dagegen etwas abgezogen werde».[90] Alle Kräfte sind für die Blüte aufgebraucht worden, und für das, was danach kommt, Samenbildung und Fruchtreife, ist nichts mehr übrig. Durch diese Überfülle an Bildepotenzen, die der Blütengestaltung zur Verfügung stehen, kommt es zu Gebilden von vollkommener und faszinierender Schönheit, aber auch mit einem Hauch von Dekadenz und Morbidezza, in die sich noch anderes, Befremdliches mischt: vor allem die Arten der auch in Mitteleuropa vertretenen, jedoch überwiegend mediterranen Gattung *Ophrys* gleichen den Weibchen bestimmter Bienen- und Wespenarten nicht nur in der äußeren Gestalt (vgl. Abb. 33, S. 80), sondern bis in Details der Behaarung und des Duftes in so hohem Maße, dass sie von den jeweiligen Männchen prompt mit ihren Partnerinnen verwechselt werden. In der anschließenden «Pseudo-Copula» kommt es dann zur Bestäubung der Blüten. Diese verhalten sich dabei tatsächlich wie die echten Geschlechtspartner der Insekten und produzieren die gleichen Phermone, die entweder Aufforderung oder, nach erfolgter «Paarung», Abweisung signalisieren.[91] Wir berühren hier die an früherer Stelle besprochene Offenheit und Prägebereitschaft der Blüte für Seelisches – Umkreishaft-Seelisches wohlgemerkt, da Eigenseelisches ja nicht vorhanden ist: die Blüte als Bild, als Abbild des Seelischen. In diesem Falle nicht eines allgemeinen und unspezifischen Seelischen, sondern im Kontakt und Austausch mit dem Tier als Abbild sehr konkreter Triebe – in vielen Fällen des Nahrungs-, bei den Ophrysarten hingegen des Sexualtriebes. Der erstere, weit verbreitete Fall begegnete uns in der vom Nahrungstrieb der Biene überformten Salbeiblüte (Abb. 32, S. 79); tropische Salbei-Arten und viele andere Gewächse dieser Regionen mit scharlachroten, engen Blütenröhren bilden gestaltlich das «Negativ» des Kolibri- oder Nektarvogelschnabels aus (Abb. 80, S. 157). Orchideen wie die Ragwurz-Arten *Ophrys* hingegen werden zu Abbildern paarungsbereiter Insektenweibchen, im wahrsten Sinne des Wortes: *Sie sind äußerliches Bild des Tieres ohne dessen psychische Innerlichkeit, Attrappen gewissermaßen.* Welch absonderliche Formen das mitunter annehmen kann, zeigen die hoch komplizierten Einrichtungen manch tropischer Orchideen, die mit geradezu abwegigen Vorgängen die Bestäubung garantieren, im Falle der abgebildeten *Gongora* allerdings auf der Ebene des Nahrungs- und nicht des Sexualtriebes.

Aber kommen wir wieder auf das Begriffspaar von Reproduktion und Nährhaftigkeit zurück. Es ist deswegen so wichtig, weil es eine wirklichkeitsgemäße Alternative zum Darwinismus darstellt und seine die belebte Natur angeblich bestimmenden Faktoren von Kampf ums Dasein und Überleben des Bestangepassten um ein wesentliches Element ergänzt. Es ist ja immer noch üblich, bei jedweder Eigenschaft eines Organismus nach ihrem «arterhaltenden» Wert, sprich: Überlebenswert, zu fragen. Wäre allein dieser – nennen wir es ruhig so – «Art-Egoismus» am Werk, dann wäre Leben im Grunde gar nicht möglich, das letztlich in gegenseitigen Abhängigkeiten und Verflechtungen besteht; eine ganze Wissenschaft, die Ökologie, beschäftigt sich schließlich damit. Ohne diese Abhängigkeit könnte kein Organismus überleben und sich fortpflanzen! Es wirft ein eigenartiges Licht auf uns und unser Naturverständnis, dass eine Wissenschaftsideologie, die so völlig unreflektiert das Selbstverständnis der menschlichen Gesellschaft des 19. Jahrhunderts auf die Natur projiziert, bis heute beibehalten und durch alle Schulbücher und populären Natursendungen der Medien weitergeschleppt wird.

7. Von der Polarität zur Dreigliederung: Verwandlungszusammenhänge statt Antagonismen

Man kann die Gestaltbildung der Pflanze noch von einer anderen Seite aus betrachten, indem man den Weg von der ursprünglichen organischen Einheit (des Samens) über die «organische Entzweiung» hinaus weiter verfolgt. Je mehr sich die Pflanze der Blüte nähert, desto ausgeprägter wird die Polarität zwischen Sphäre und Radius, also zwischen der Tendenz des oberirdischen Teiles, dem Licht entgegenzuwachsen und dabei zunehmend auf der sphärischen, das Innere bergenden Form der Knospe, der Frucht zu verharren, und auf der anderen Seite dem radiären Ausstrahlen der Wurzeln in den Umkreis. Vor allem aber baut sich zwischen beiden Extremen immer deutlicher die Region einer gegenseitigen Durchdringung auf, in der sich die polaren Gestaltungstendenzen in rhythmischer Weise abwechseln: Jedes Blatt beginnt als sphärisches Gebilde zusammengezogen in der Knospe, um sich anschließend in den Umkreis hinaus zu weiten (Abb. 58).

Es ist die Region der Atmung, der Aufnahme des Kohlendioxids und der Abgabe des Sauerstoffs durch die Blätter, Zentrum der Zirkulation, des aufsteigenden Stromes, der das Wasser und die darin gelösten Mineralstoffe nach oben leitet, und des anderen Flusses in entgegengesetzter Richtung zur Ernährung der Wurzel und, falls erforderlich, zur Speicherung der Produkte der Photosynthese. Einem aufsteigenden Strom der Lösung und Verdünnung ursprünglich fester Mineralien steht ein absteigender der Verfestigung gegenüber – von Wasser und gasförmigem Kohlendioxid zum gelösten Traubenzucker, zu Stärke und schließlich zu Zellulose und Holz.

Die mittlere Region der Pflanze wird damit zum Zentrum aller aufbauenden Aktivitäten, in denen sich die antagonistischen Prozesse des Wurzel- und des Blüten-Frucht-Bereiches zum einen durchdringen und von wo aus sie andererseits erhalten und ermöglicht werden. Sowohl der Blüten-Frucht-Pol wie die Wurzel sind angewiesen auf die produktive Tätigkeit der «Mitte» – dort, wo die Pflanze am meisten sie selbst ist und die Eigenschaften des «Urblattes», ganz und gar Oberfläche zu sein, am reinsten beibehalten hat. Dazu gehört, dass beide Pole potenziell in der Mitte anwesend sind: Die Knoten (Nodien) vieler Pflanzen sind nicht nur in der Lage, auf Bedarf sprossbürtige Wurzeln zu bilden, sondern,

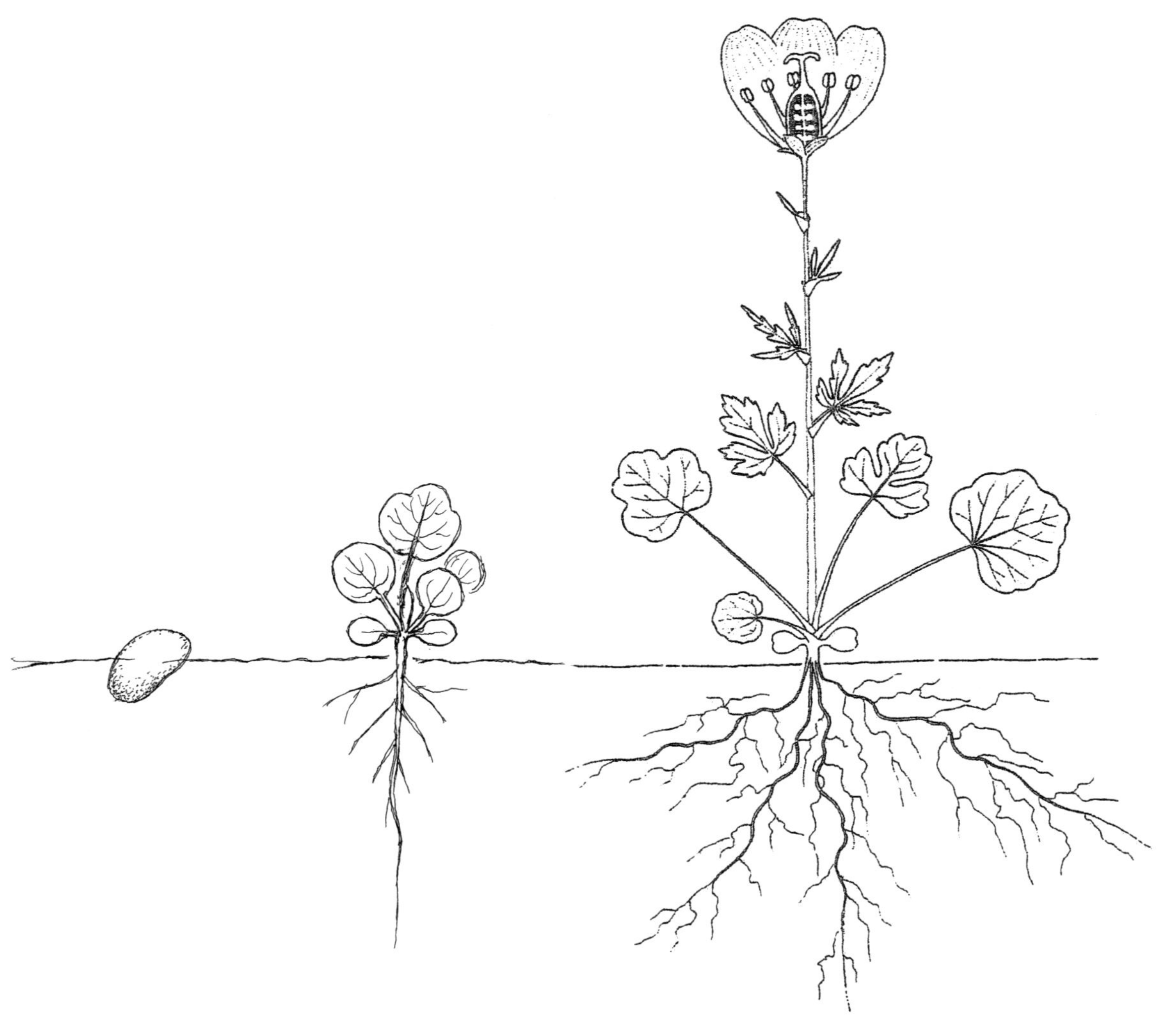

Abb. 58: Von der organischen Einheit im Samen zur organischen Entzweiung in der Keimung und zur Dreigliederung in der voll erblühten Pflanze.

im Falle von Ausläufern, ganze Pflanzenindividuen hervorzubringen (es braucht dazu nicht einmal Ausläufer: ein Weiden- oder Forsythienzweig, in die Erde gesteckt, wird sich am basal gelegenen Knoten bewurzeln und am spitzenwärtigen Blätter und Blüten hervorbringen).

Der verbindende Charakter der Mitte äußert sich noch auf einer anderen Ebene. Sieht man sich die Anordnung der Blätter entlang der zentralen Achse einer krautigen Pflanze an, dann folgt diese bekanntlich in vielen Fällen einer Spiral- oder Schraubenwindung. Das hat zur Folge, dass sich die Blätter in regelmäßiger Weise um den Stängel verteilen – am häufigsten in einer Stellung, bei der nach zwei Umdrehungen der Spirale das sechste Blatt wieder über dem ersten zu stehen kommt. Verfolgt man diese Windungen in der Art, wie sie in der Abbildung 59 (siehe S. 128) dargestellt sind, d.h. nicht an den Ansatzstellen der Blätter an der Achse, sondern entsprechend ihrer Ausdehnung in den Umkreis, dann ergeben sich von unten nach oben immer engere Windungen. Bei urtümlichen Blüten wie bei der Magnolie setzen sich diese Windungen, zunehmend gedrängter und enger, in der Blüte fort, und die Anordnung der Kron- wie der Staub- und der Fruchtblätter folgt der spiraligen Anordnung (Abb. 60). Bei den höheren, «moderneren» Blütenpflanzen ist der Blütenbau selber nicht mehr spiralig, sondern besteht aus ineinander liegenden Kreisen (Abb. 60), die sich um den Mittelpunkt, um den oder die Fruchtknoten mit den Samenanlagen, scharen.

Das konsequente Ende einer Spirale, die in immer engeren Windungen verläuft, ist der Punkt. In umgekehrter Richtung verwirklicht sich die Gegenbewegung – die Windungen der Spirale werden immer weiter und wandeln sich schließlich zur Geraden, die sich in die Peripherie hinaus verliert. In der radiär ausstrahlenden Wurzel, im zentral und «punktuell» gelegenen Fruchtknoten finden sich die gestaltlichen Ausprägungen davon. Die «Spiraltendenz der Vegetation» (Goethe) ist Ausdruck der Offenheit der Pflanze für die antagonistischen Einflüsse von Peripherie und Zentrum und ihrer Durchdringung.

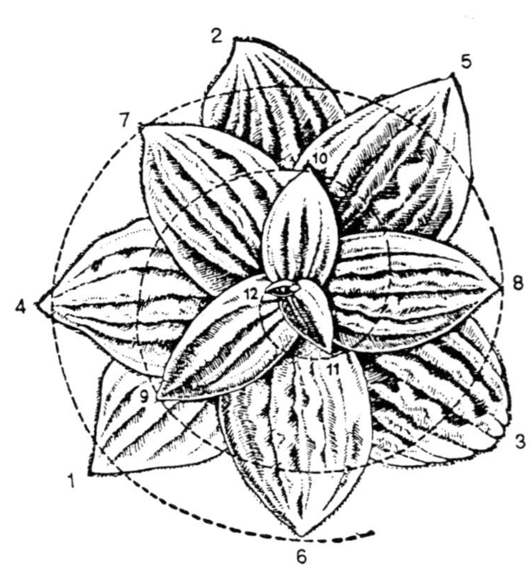

Abb. 59: Spiralige Blattstellungen in einer Rosette des Wegerich *(Plantago media)*. Der Divergenzwinkel beträgt jeweils ca. 135°, was einer $^{3}/_{8}$-Stellung entspricht (das neunte Blatt steht nach drei Umdrehungen – also acht Blätter weiter – wieder über dem ersten). (Nach Troll aus Strasburger.)

Anders als die konkret erkennbare Ausgestaltung der beiden polar entgegengesetzten Regionen entzieht sich jedoch die *Drei*gliederung der Anschauung durch die Sinne! Was zu sehen ist, sind immer Ausprägungen entweder der einen oder der anderen Seite, also entweder radiäre oder sphärische Bildungen. Die «Mitte» besitzt nicht etwa einen dritten Formtyp zu Sphäre und Radius hinzu, ihr Prinzip ist ein grundsätzlich anderes; ihre Funktion ist es, die beiden Extreme zu gegenseitiger Ergänzung und dadurch zur Steigerung zu führen. Das aber ist etwas, das nur dem ganzheitlichen Denken und nicht der Sinnesanschauung – die immer nur das eine und/oder das andere sieht – zugänglich ist. Und sie entzieht sich erst recht dem analytischen Verstand, der nicht in der Lage ist, *differenzierte Ganzheiten, d.h. Gestalten,* zu erkennen; er kann nur Teile erfassen, deren Gesamtheit dann lediglich Konglomerat-, aber nicht Gestaltcharakter aufweist; wenn er mit dem Begriff «Gestalt» konfrontiert wird, dann ist das für ihn eine subjektive Konstruktion oder eine Umschreibung eines komplexen Sachverhaltes, der intellektuell nicht fassbar ist. So kennt die heutige Biologie nur die *Zweiheit* des animalen (= Sinnes-Nerven-) und des vegetativen (= Stoffwechsel-)Poles.

Die Skizze der Abbildung 58, in der die Dreigliederung und in ihr der mittlere Bereich der Pflanze anschaubar zu sein scheinen, täuscht insofern, als es sich um eine symbolische und nicht um eine naturalistische Darstellung handelt. In der Natur stellt sich keine Pflanze dem Auge als dreigliedrige Gestalt dar – schon allein deshalb nicht, weil sich die Wurzel dem Blick entzieht. Besonders deutlich wird es an der menschlichen Gestalt. Betrachtet man ihren Aufbau anhand des Skelettes, so ist von

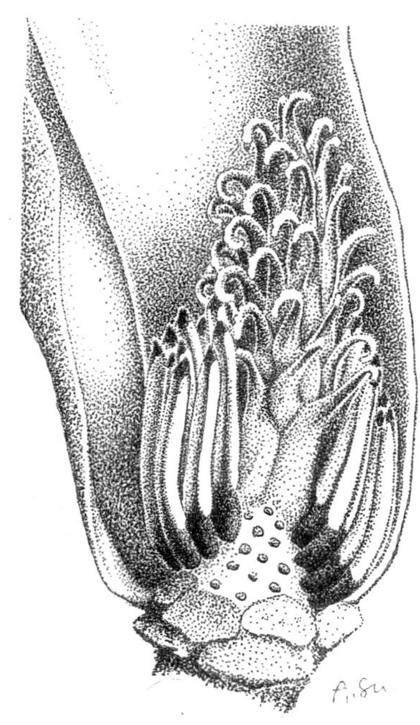
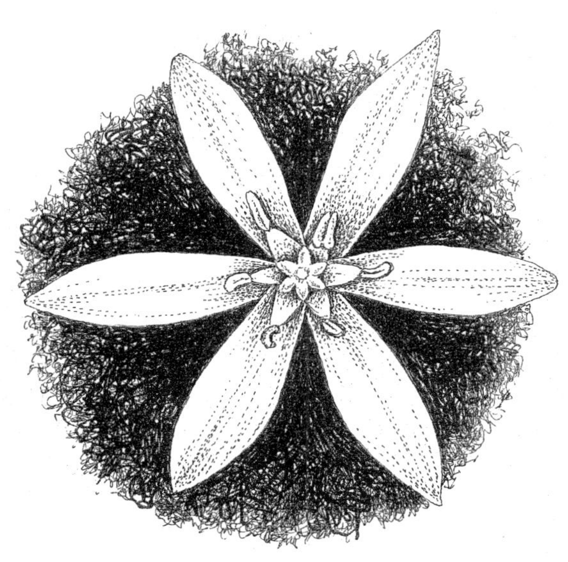

Abb. 60: Links Schnitt durch eine noch geschlossene Magnolienblüte. Man erkennt die spiralige Anordnung der Staub- und darüber der Fruchtblätter. Rechts «moderne» Blüte des Milchsterns (*Ornithogalum umbellatum*), eines Liliengewächses; die Organe sind in Kreisen angeordnet: Jeweils zwei Kron- und zwei Staubblattkreise umgeben den sechszähligen Fruchtknoten.

räumlicher Dreigliederung nichts zu sehen (Abb. 61, S. 130). Stattdessen tauchen die beiden polaren Gestaltungselemente, die bei der Erörterung der Wirbelmetamorphose bereits Gegenstand der Betrachtung waren, mal in stärkerer und dann wieder nur in andeutungshafter Ausprägung auf – das sphärische Prinzip in erster Linie natürlich im Hirnschädel, aber auch im Brustkorb (der sich als *sphärische* Bildung aus *strahligen*, partiell gliedmaßenartig beweglichen Teilen zusammensetzt), in den Gelenkpfannen, im Becken, als Andeutung in der Mittelhand; entsprechendes gilt für das axial-strahlige Prinzip, dessen Ausprägungen hier nicht auch im Einzelnen aufgezählt zu werden brauchen.

Diese Verhüllung der wirklichen Verhältnisse gegenüber der Sinneswahrnehmung ist ein erstaunlicher Tatbestand, umso mehr, als Steiner betonte, die Dreigliederung gerade am menschlichen Organismus entdeckt zu haben! Seine Darstellung, die er 1917 zum ersten Mal veröffentlichte,[92] stützt sich denn auch nicht auf anatomisch-morphologische *Formen*, sondern auf physiologische *Prozesse*. Und er sieht diese in intimem Zusammenhang mit Elementen der *seelischen* Dreigliederung, im Denken und Vorstellen, im Fühlen und im Willen. Diese Dreiheit, so seine Schilderung, war ihm seit langem aus der *inneren* Anschauung vertraut: «Blickte ich in dieser geistigen Art auf die seelische Regsamkeit des Menschen, so gestaltete sich mir der ‹geistige Mensch› bis zur bildhaften Anschaulichkeit.» Und im gleichen Zusammenhang: «Ich konnte nicht stehen bleiben bei den Abstraktionen, an die man gewöhnlich denkt,

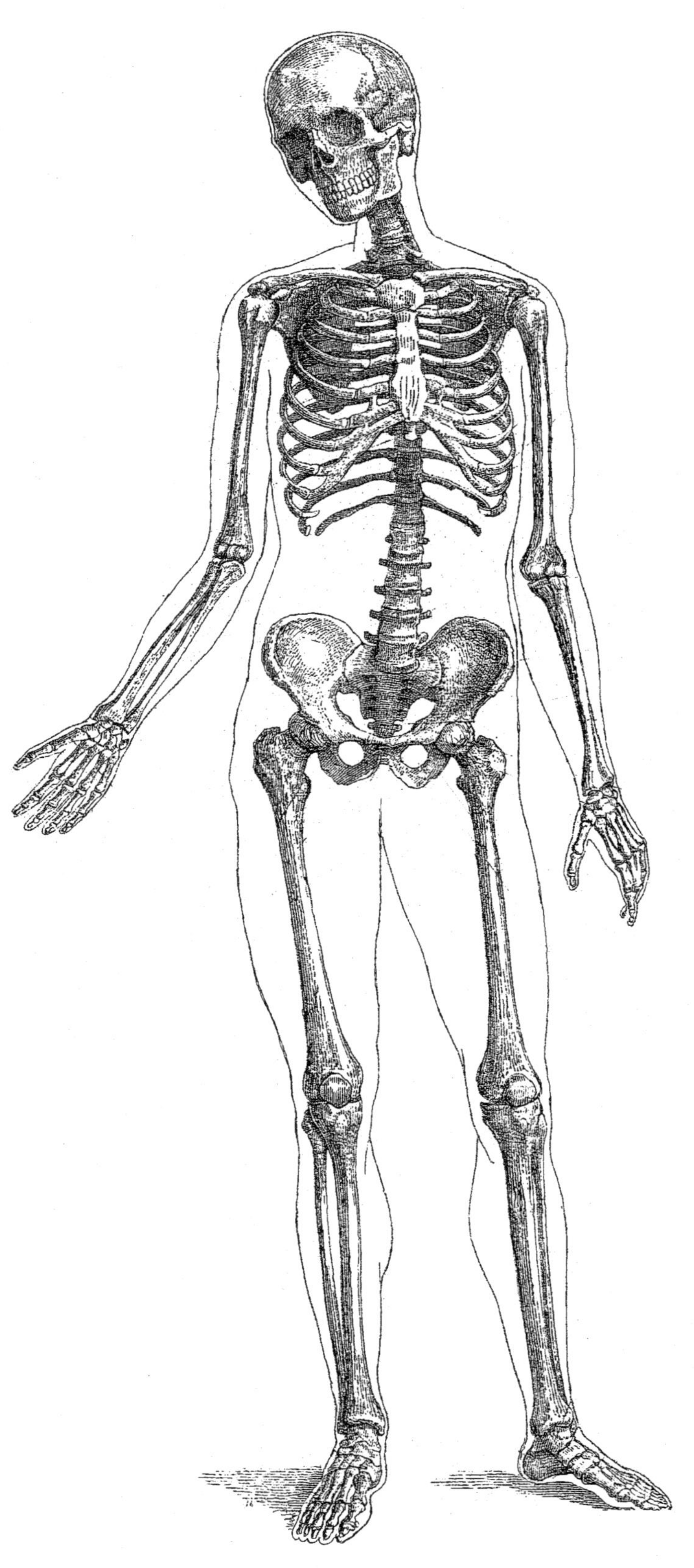

wenn man von Denken, Fühlen und Wollen spricht. Ich sah in diesen inneren Lebensoffenbarungen schaffende Kräfte die den ‹Menschen als Geist› im Geiste vor mich hinstellten. Blickte ich dann auf die sinnliche Erscheinung des Menschen, so ergänzte sich mir diese im betrachtenden Blicke durch die Geistgestalt, die im Sinnlich-Anschaubaren waltet. – Ich kam auf die sinnlich-übersinnliche Form, von der Goethe spricht, und die sich sowohl für eine wahrhaft naturgemäße wie auch für eine geistgemäße Anschauung zwischen das Sinnlich-Erfassbare und das Geistig-Anschaubare einschiebt. – Anatomie und Physiologie drängten Schritt für Schritt zu dieser sinnlich-übersinnlichen Form. Und in diesem Drängen fiel mein Blick zuerst in einer noch ganz unvollkommenen Art auf die Dreigliederung der menschlichen Wesenheit, von der ich erst, nachdem ich im Stillen dreißig Jahre lang die Studien über sie getrieben hatte, öffentlich in meinem Buche ‹Von Seelenrätseln› zu sprechen begann.»[93]

Diese Aussagen sind deshalb so wichtig, weil sie zeigen, in welch wahrhaft Goethescher Weise Rudolf Steiner forschte: Er übertrug oder projizierte nicht einfach die Erkenntnisse und Begriffe, die er aus der seelischen Beobachtung gewonnen hatte, auf die physischen, sinnlich erfahrbaren Erscheinungen, sondern fand ihre jeweiligen Korrelate, ihre Entsprechungen auf der physischen Ebene – sie sprangen ihm gleichsam entgegen (freilich als Ergebnis jahrelangen Suchens). In dem, was er mit dem Goetheschen Begriff «sinnlich-übersinnlich» charakterisiert, überwindet er den üblichen und allseits gebräuchlichen Dualismus von Natur (Materie) und Geist und erkennt beide als verschiedene Erscheinungs- oder Betrachtungsformen ein und desselben. Die Beziehung zwischen beiden ist damit auch keine kausale (die Nerven seien die *Ursache* des Bewusstseins), wie sie im Bereich anorganischer (makrophysikalischer) Abläufe zuträfe, sondern eine *korrelative, gleichsinnige* und damit Lebensprozessen überhaupt erst entsprechende.[94] Die physiologischen Korrelate finden sich Steiner zufolge in den Bereichen des Nervensystems (Vorstellen,

Abb. 61: Das Skelett des Menschen.

Denken), der Atmung und Zirkulation (Fühlen, Empfinden) und der aufbauenden Stoffwechselaktivitäten («Wille»). Daraus ergibt sich eine gewisse Regionalisierung; jedes der drei Systeme hat seinen Schwerpunkt in einer bestimmten Leibesregion, in Kopf, Brust oder Rumpf. Dennoch ist jedes von ihnen ausstrahlend auch in den anderen Regionen vertreten, sodass immer alle drei gemeinsam tätig sind und lediglich eines dominiert: Auch im Zentrum des Nervensystems, im Gehirn, finden selbstverständlich rege Stoffwechselaktivitäten statt, gleichzeitig ist es auf die Sauerstoffzufuhr, also auf Atmung und Blutkreislauf, angewiesen.

Damit aber wird auch klar, dass wir es in der Dreigliederung, wie sie sich in der Durchdringung der physischen wie der psychischen Ebene im Menschen darstellt, mit etwas erheblich Komplexerem zu tun haben als bei der Pflanze. Aus dieser Komplexität ergeben sich Spannungen, ja Gegensätze und sogar Gefährdungen, wie sie die Pflanze nicht kennt, in der schließlich alle Bereiche harmonisch zusammenwirken.

Dabei besitzt auch die Pflanze etwas, was man analog zum Menschen als «Todespol» bezeichnen muss: den Wurzelbereich, in dem keine aufbauende Stoffwechseltätigkeit stattfindet wie in den Laubblättern, sondern ausschließlich zerstörende und auflösende Wirkungen auf die mineralische Umgebung im Erdboden ausgehen. *Was bei der Pflanze in den Umkreis hinaus wirkt, findet beim Menschen (und den höheren Tieren) innerhalb des Organismus statt* und wirkt dort schwächend und zurückdrängend auf die Lebenskräfte; die Rede ist von dem Effekt, der vom Zentralnervensystem auf den übrigen Organismus ausgeht und in starkem Maße vitalitätsmindernd wirkt. Wie stark dieser Einfluss ist, zeigt ein Überblick über die Evolution des Tierreiches: Mit zunehmender Entwicklungshöhe tritt ein immer reicheres und differenzierteres seelisches Leben, verbunden mit steigender Komplexität des Nervensystems (Zerebralisation), auf. Gleichzeitig nimmt schrittweise die Vitalität immer mehr ab. Die Fähigkeit zu vegetativer Vermehrung durch einfache Steigerung des Wachstums, etwa in der Bildung einer vieltausendköpfigen Korallenkolonie aus einem einzigen Gründungspolypen, erlischt ebenso wie die Fähigkeit zur Regeneration verlorener Körperteile: Ein Regenwurm kann immerhin noch den hinteren Teil seines Körpers regenerieren, wenn vom vorderen genügend erhalten geblieben ist; Molche und Salamander können abhanden gekommene Gliedmaßen neu bilden – eine Fähigkeit, die den höher evoluierten Reptilien, Eidechsen etwa, abgeht.

Damit baut sich ein immer größerer Gegensatz innerhalb des Organismus auf, der eine Bedrohung für die Weiterentwicklung darstellt: Wo führt das hin, wenn die Zerebralisation weiter zunimmt und die Vitalität immer mehr schwindet? Anatomisch-physiologischer Ausdruck dieser Situation ist ja die zunehmende räumliche Trennung der vitalsten Zentren der Lebenskräfte, der Fortpflanzungsorgane, von den am höchsten differenzierten Regionen des Zentralnervensystems, dem Großhirn: Während das letztere im Laufe der Embryonalentwicklung einen deutlichen Aszensus, einen Aufstieg bis in den Bereich des Vorderkopfes durchmacht, verlagern sich die Keimdrüsen immer mehr zum Gegenpol des Leibes hin, schließlich sogar aus ihm heraus (vgl. Abb. 183, S. 292) – das Stirnhirn als Sitz der Zentren für die höchsten Bewusstseinsleistungen, die Keimdrüsen als Orte der höchsten aufbauenden Potenzen des Stoffwechselpols in der Reproduktion. Diese größtmögliche regionale Trennung ist Ausdruck des Rückzuges der reinen Lebenskräfte auf die Organe der «Keimbahn»,[95] d.h. derjenigen der sexuellen Fortpflanzung, die sich damit in gewissem Sinne heraussondern aus dem übrigen Körper, dem «Soma», das der starken Entvitalisierung unterworfen ist.

Der «Mitte» kommt damit natürlich eine entscheidende Rolle zu. Atmung und Kreislauf haben die Funktion, den «Todespol» durch ständige Zufuhr von Sauerstoff und ernährenden Substanzen am Leben zu erhalten (gewissermaßen gerade noch: Gehirnpartien, die für kurze Zeit von der Sauerstoffzufuhr abgeschnitten sind, sterben bekanntlich binnen Minutenfrist ab). Ihr vom Rhythmus – in Ein- und Ausatmung, Systole und Diastole – geprägter Wechsel wird durch einen weiteren und längerperiodischen Rhythmus unterlagert, der des Schlafens und Wachens, des Wechsels von zerebraler und metabolischer Aktivität. Im Wechselspiel des Rhythmus, der mal die eine, mal die andere Seite unterstützt, wird nicht nur die Koexistenz, sondern die Ergänzung und damit die *Steigerung* einander im Grunde verneinender Kräfte möglich.

Auf der psychischen Ebene scheint es zunächst ähnlich zu sein; analog der «Regionalisierung» im organischen Bereich sind Denken, Fühlen und Wollen sehr unterschiedliche Regionen auf der seelischen Landkarte. Dennoch tritt keines je für sich allein auf; im Denken ist der Wille stets mit dabei – im tätigen Hervorbringen und Entwickeln eines Gedankens – und gleichfalls, wenn auch zumeist ebenso unbeachtet, das Gefühl (der Befriedigung, der Abneigung usw.). Entsprechendes gilt für den Willen und das Gefühl. Vor allem aber – und das arbeitet Rudolf Steiner an der Stelle, an der er zum allerersten Mal von der Dreigliederung spricht,[96] im Kontrast zur seinerzeit üblichen Psychologie klar heraus – gibt es zwischen den Seelenfähigkeiten des Denkens, Fühlens und Wollens keine festen Trennschranken, es sind keine gegeneinander abgegrenzte Provinzen, sondern viel eher *lebendig strömende Bewegungen,* die fließend ineinander überzugehen vermögen: «Wenn man mit dem geistesforscherisch geschärften Blick das Seelenleben nach Denken, Fühlen und Wollen untersucht, dann findet man darin gerade in einer viel intensiveren Art Metamorphose, Umwandlung als in dem, was durch die äußere Form der lebendigen Natur leuchtet. *Man ergreift gewissermaßen die Umwandlung selber.*»[97]

In den seelischen Aktivitäten von Denken, Fühlen und Wollen haben wir es gleichsam mit einem Einheitlichen in verschiedenen Erscheinungsformen zu tun, mit einem «Verwandlungskontinuum». In den bereits erwähnten Vorträgen zur *Allgemeinen Menschenkunde als Grundlage der Pädagogik*[98] spricht Rudolf Steiner in ganz übereinstimmender Weise davon, dass sich beispielsweise das Fühlen nach der einen Seite hin in Willen, nach der anderen in gedankliches Vorstellen zu verwandeln vermag, sozusagen durch seelisches «Erwärmen» oder «Erkalten» – etwas, das sicher jeder aus eigener Erfahrung bestätigen kann. Wobei sich dann echte Polaritäten zu erkennen geben: Wenn sich das Fühlen erwärmt und zur Tat drängt, wird eine Willenshandlung daraus; kühlt es sich infolge von Bedenken oder Zweifeln, also Vorstellungselementen, zum Gedanken ab, dann kommt es zur Distanzierung, zum Rückzug in sich selbst, ganz im Gegensatz zum Willen, der zur Verbindung mit demjenigen tendiert, was ihn aus dem Umkreis heraus erregt: Sympathie und Antipathie sind die Begriffe, die Steiner an dieser Stelle einführt; mit ihnen sind nicht bewusste Gefühle der Sympathie oder Antipathie gemeint, sondern die seelischen Gebärden der Zu- wie der Abwendung.

Wieder stoßen wir auf die «psychophysische Parallelität» wenn wir jetzt diejenigen morphologischen Gestaltungstendenzen des menschlichen Leibes heranziehen, in denen die gleichen Bewegungen erkennbar werden: innenzentriert und antipathisch nach außen abweisend der Bau des menschlichen Schädels, Träger des Gehirnes als Basis der höchsten Bewusstseinsformen, des Denkens; entgegengesetzt die radiär ausstrahlenden Gliedmaßen, die Organe der Willensbetätigung, der sympathisch getönten Verbindung mit der Welt.[99] Im mittleren, rhythmisch organisierten Bereich, dem Zentrum von Atmung und Kreislauf, durchdringt sich beides – Radiäres in den Rippen und Sphärisches in der Gesamtheit des Brustkorbes – in besonders ausgewogener Weise.

Was sich im Ganzen an Polaritäten im distanzierten Vorstellen wie in verbindender Willenstätigkeit zeigt, wiederholt sich im Kleinen. Das gilt auch für den Bereich der psychischen Aktivitäten. In der Sphäre des wachen, des «Kopf»-Bewusstseins gibt es schließlich nicht nur das begriffliche Denken und Vorstellen, sondern auch die Sinne und ihre Wahrnehmungsbereiche, Sehen und Hören in erster Linie. Hier kann von Wachheit zunächst keine Rede sein – wenn etwas wirklich wach wahrgenommen (und anschließend erinnert) wird, dann ist immer das Denken dabei, das die wahrgenommenen Inhalte bewusst macht. Ist das Denken abwesend, auf anderes gerichtet, so wird nicht bewusst, was man wahrnimmt (wahrgenommen und festgehalten wird es trotzdem, gelangt jedoch ins Unterbewusstsein). Jeder Autofahrer kennt das, wenn

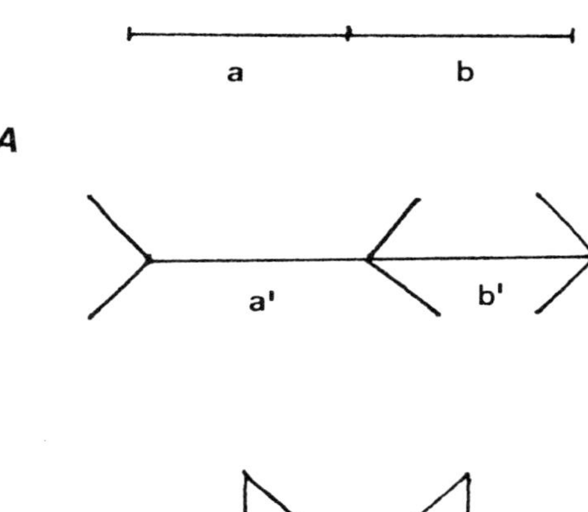

Abb. 62: Erläuterung im Text.

er im Verkehr auf alle Signale richtig reagiert, obwohl er sich mit seinem (wachen) Bewusstsein in intensivem Gedankenaustausch mit seinem Nebensitzer engagiert; hinterher kann er sich an kein Detail der Fahrt erinnern. Um eine Spaltung des Bewusstseins geht es dabei, wie so oft in alltäglichen Situationen, in einen wachen, genau registrierenden und einen unbewussten, in gewissem Sinne schlafenden Teil – Denken und Wille gehen getrennte Wege, das eine abgekapselt und verinnerlicht, das andere extern, *im Umkreis sicher handelnd.*

Die Umkreishaftigkeit der Wahrnehmung hat in jüngster Zeit vermehrt die Aufmerksamkeit auf sich gezogen. Was für den Sehsinn gilt, trifft in mindestens gleichem Maße auf das Hören zu: Beim Anhören von Sprache, Musik und generell von «gestalteten Tönen» machen wir, ohne uns dessen bewusst zu sein, feinmotorisch alle Bewegungen mit, wie Filmaufnahmen zeigen. «Bildlich gesehen ist es, als ob der ganze Körper des Hörers in präziser und fließender Begleitung zur gesprochenen Sprache tanzte.»[100] Wie sehr wir es hier mit einem Zustand des «Außer-uns-Seins» zu tun haben, wie sehr wir *im Objekt der Wahrnehmung darinnen sind,* zeigen unsere Reaktionen auf so genannte optische (besser: visuelle) Täuschungen (Abb. 62). Dass wir sie als Täuschungen betrachten, liegt nicht an ihnen, sondern an wenig oder kaum bewussten Bereichen in uns, die sich offensichtlich sehr selbstständig und gleichzeitig anders verhalten als unser registrierender Verstand.

Warum empfinden wir beispielsweise in der Abbildung 62 die Strecke a′ größer und b′ kleiner als a und b, obwohl wir doch wissen, dass alle gleich lang sind? Weil *etwas in uns* die weitenden wie die einengenden Bewegungen, die von den schrägen Linien an den Enden ausgehen, innerlich mitmacht[101] und unser Gefühl, unser *Empfinden* deshalb anders reagiert als unser Verstand. Ähnlich verhält es sich im Falle des aufgeklappten Buches der gleichen Abbildung: Ist es nach hinten oder nach vorne aufgeschlagen? Der Verstand sagt uns: weder-noch, es sind lediglich schwarze Linien auf einer zweidimensionalen Fläche, und die Erinnerung projiziert die Vorstellung eines Buches oder Heftes hinein. Da es aber nicht um den Verstand, sondern um das *Empfinden* geht (das sich um den Verstand gar nicht kümmert), so ist die Frage trotzdem berechtigt: Wohin *empfinde* ich das Buch aufgeschlagen, nach vorne oder nach hinten? Nun, das Beispiel ist bekannt, ebenso wie die Tatsache, dass die Richtung nach einiger Zeit der Betrachtung von selber in das Gegenteil umschlägt; erschien es vorher nach vorne geöffnet, so wirkt es jetzt nach hinten aufgeschlagen. Aber auch darum geht es an dieser Stelle nicht, sondern um die Frage der bewussten Steuerung der Sichtweise: Ich kann schließlich willentlich bestimmen, wohin es geöffnet sein soll, nach hinten oder nach vorne. *Wie erreiche ich das?* Stellt man diese Frage in Kursen oder seminaristischen Übungen, dann dauert es meist nicht lange, bis einer der Teilnehmer die

Lösung findet: Es hängt davon ab, *wo man mit dem Blick beginnt,* wenn man die Skizze mit dem Auge durchwandert. Fange ich an einer der Außenkanten an und gleite dann mit dem Blick nach innen, so erscheint das Buch zu mir hin aufgeschlagen; beginne ich dagegen an der Mittellinie und lenke anschließend den Blick nach außen, gegen den Rand, dann erlebe ich es nach hinten geöffnet, von mir weg. Es hat den Anschein, als vollführte ich eine reale Bewegung im Raum, bei der ich ja auch bei mir anfange, an der Stelle, an der ich stehe, um von dort aus zu dem entfernten Punkt zu gelangen; das Umgekehrte ist schließlich nicht möglich.

Im Klartext heißt das, dass ich in allem, was ich sehe (und höre), *mit einem bestimmten Bereich meines Wesens darinnen bin,* und das keineswegs passiv registrierend, sondern aktiv handelnd und mitvollziehend. *Ich tue die Dinge, die ich wahrnehme,* und dies nicht etwa auf äußerliche Weise nachahmend, sondern von innen heraus, ganz einfach, weil ich mit ihnen eins bin! Eine ungewohnte Feststellung, weil sie auf den bewussten Teil meines Wesens, mit dem ich den Erscheinungen distanziert gegenüberstehe, nicht zutrifft und weil jener Bereich, von dem hier die Rede ist, sich meiner Reflexion normalerweise entzieht – weil ich mich auf die Inhalte der Wahrnehmung konzentriere und nicht auf die Art, *wie* ich wahrnehme. Im Wahrnehmen habe ich in gewisser Weise das seelische Pendant der Gliedmaßen in mir: aktiv tätig und nur scheinbar außerhalb meiner selbst, in Wirklichkeit bin ich ausgebreitet in den Umkreis; auf dieser Ebene ist der Umkreis mein Innen!

Wozu diese Betrachtungen? Um zu verstehen, wie das dreigliedrige *seelische* Äquivalent der *leiblichen* Dreigliederung sich analog verhält und es nicht nur auf der physisch-leiblichen Ebene in der aktiven Tätigkeit die Verbindung mit der Sinneswelt gibt, sondern wie sich das Gleiche auf der seelischen Ebene abspielt und wir die Erscheinungen der sinnlichen Realität, ihre Zusammenhänge und Gesetzmäßigkeiten nur deshalb «begreifen», weil wir sie – um ein bekanntes, von Platon überliefertes Bild zu verwenden – mit den unsichtbaren Händen, die wir aus unseren Sinnesorganen ausstrecken, auch tatsächlich ergreifen. Wenn wir uns an die zitierten Feststellungen Steiners erinnern, wie sehr die seelischen Qualitäten und Fähigkeiten sich *in*einander verwandeln und *aus*einander hervorgehen, dann wird auch verstehbar, wie es überhaupt zu echter Erkenntnis kommen kann: Sie ist die Metamorphose (oder Verwandlung) vom tätigen Darinnensein in den Wahrnehmungsinhalten zum distanzierten Gegenüberstehen und bewussten Befragen. Damit ergibt sich die Möglichkeit begrifflichen Erkennens der Zusammenhänge als gedankliches Abbild der zuvor unbewusst erfahrenen Realität. Wir stehen also der Welt durchaus nicht beziehungslos gegenüber – dieser Eindruck ergibt sich nur für das Denken –, sondern sind auf uns zunächst unbewusste Weise in sie ausgebreitet und eins mit ihr.[102]

Neuerlich wird die Parallele zu den Entsprechungen auf der leiblichen Ebene erkennbar: von der lebendigen Aktivität im Willensbereich der Sinneswahrnehmung zur Erstarrung im «toten» Begriff – die Lebendigkeit und Fülle der Welt erstirbt zum Schluss in einer mathematischen Formel. So wäre es jedenfalls, wenn mein Ich nicht beteiligt wäre, wenn die mittlere der psychischen Fähigkeiten, das Fühlen, ausgeschlossen bliebe: die Fähigkeit, die mir allein nicht nur den Zugang, sondern eine wirkliche Verbindung mit dem Objekt meiner Zuwendung ermöglicht, willentlich aktiv und doch gedanklich voll bewusst. Diese Verbindung entsteht, wenn ich meine individuellen Seelenfähigkeiten aus der *Sphäre des Fühlens* einbringe, nicht in Gestalt von außen angestoßener, dem Augenblick entstammender Emotionen, sondern tieferer, ganz aus dem Herzen, aus meiner Wesensmitte entspringender Empfindungen der Freude, der Ehrfurcht wie der Zuneigung und der Liebe, der Verantwortung – der Moralität. In diesem besonderen Vermögen des Gefühlsbereiches *verbinden und steigern* sich die Ergebnisse sowohl des Erkenntnisbemühens wie der Zuwendung durch die Sinne auf einer höheren Ebene, in die ich untrennbar mit einbezogen bin.

8.
Polarität und Dreigliederung im Tierreich

Die Säugetiere

Kommt es bei der Pflanze, aber auch in der leiblichen (und seelischen) Organisation des Menschen zu einer gewissen Ausgewogenheit und gegenseitigen Ergänzung der physiologischen Bereiche – des Sinnes-Nerven-Pols, des Stoffwechsel-Gliedmaßen-Systems und des rhythmischen Systems –, so liegen die Verhältnisse bei den Tieren anders. Wiederum in Hinweisen für den Tierkunde-Unterricht machte Rudolf Steiner darauf aufmerksam,[103] dass sich bei den Tieren jeweils eines der drei Organsysteme in den Vordergrund schiebt und dominiert und zu einer extremen Einseitigkeit in allen Lebensäußerungen führt: hoch-, ja überdifferenziert in bestimmten Bereichen, unentwickelt in anderen. Drei Hauptgruppen treten dabei besonders hervor:

Zum einen die *Wiederkäuer* und unter ihnen besonders die echten Rinder (Wild- und Hausrinder, Yak, afrikanische und asiatische Büffel sowie Bison und Wisent). Das hoch spezialisierte Verdauungssystem dominiert durch die Ausbildung einer dem eigentlichen Magen vorgeschalteten voluminösen Gärkammer, des Pansens (Abb. 63). In ihm vollzieht sich mithilfe von Mikroorganismen die Aufbereitung toten, abgestorbe-

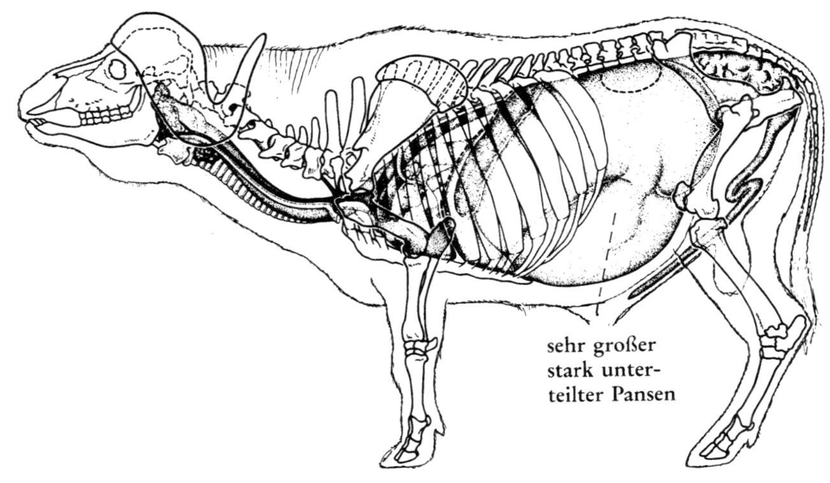

Abb. 63: Der mächtige Pansen füllt fast den ganzen Rumpf des Rindes aus. (Aus Hofmann 1991.)

Abb. 64: Kap-Erdhörnchen *(Xerus inauris)*. Für die in Kolonien lebenden, sehr sehtüchtigen Bodenbewohner halbwüstenhafter Landschaften ist der zu vielfältiger Körpersprache befähigte Schwanz das wichtigste Ausdrucksmittel. Original. Etosha-Nationalpark, Namibia.

nen Pflanzenmaterials, der Zellulose vor allem, und ihre Rückführung in die Lebensprozesse. Der offensichtlich gewaltige Überschuss an aufbauenden Kräften führt nicht nur zur Ausbildung besonders großer und massiger Leiber, sondern auch zum Aufbau radiärer, in den Umkreis ausstrahlender Kopfaufsätze in Form von Gehörnen und Geweihen; diese Bildungen, die durch ihren radiären Bau und ihr beständiges Wachstum eindeutig dem Stoffwechsel-Gliedmaßen-Pol zugehören, werden dem durch seine sphärischen Formungen charakterisierten Nerven-Sinnes-System gleichsam übergestülpt als Ausdruck absoluter Vorherrschaft des Stoffwechsels über alle anderen Funktionssysteme. Mehr dazu an späterer Stelle (S. 278 ff.). Entsprechend dürftig bis unterentwickelt stellt sich der Bereich der höheren Sinne dar, besonders der Sehsinn ist vielfach nur schwach ausgebildet.

Geradezu gegenbildlich stellen sich die *Nagetiere* dar – unerhört sinneswach, nervös, schreckhaft. Der ganze Körper und der Schwanz sind mit Sinneshaaren besetzt, die über das normale Fell hinausragen und ständigen Körperkontakt mit der Umgebung gestatten, deren schützende Hülle von vielen Arten nur ungern hinaus ins Offene verlassen wird. Die Schwäche des Stoffwechsels ist ein zentrales Motiv; auch die wertvollste Nahrung – Körner und Samen und zur Deckung des Eiweißbedarfes Insekten – genügt nicht, es bedarf einer zusätzlichen Anreicherung: Die im Verdauungsprozess ausgelaugten Nahrungsreste gelangen in den voluminösen Blinddarm, wo sie von Bakterien durchsetzt, anschließend ausgeschieden und neuerlich gefressen werden. Hindert man die Tiere an der Aufnahme dieser *Caecotrophe*, dann gehen sie zugrunde. Ausdruck der Stoffwechselschwäche der Nagetiere ist auch ihre Unfähigkeit, große Körpermassen aufzubauen, sowie ihr großes Schlafbedürfnis: Als Nachttiere verschlafen viele Nager den Tag, und tagaktive Arten, Hörnchen etwa, sind ausgesprochene Langschläfer – früh in den Kobel und morgens spät heraus, dazu eine ausgeprägte Mittagsruhe. Solch regenerativen Schlaf brauchen die großen Pflanzenfresser viel weniger: Elefanten schlafen knapp zwei Stunden pro Nacht, Kühe angeblich überhaupt nicht,[104] was allerdings nicht recht glaubhaft erscheint. Im Übrigen ist es, verglichen mit den Wiederkäuern, gerade der Gegenpol des Körpers, der durch auffällige Bildungen besonders betont wird: Unter den Nagetieren finden sich die im Verhältnis zur Körperlänge größten und auffälligsten Schwänze aller Säugetiere, die als Ausdrucksorgane jede Stimmung reflektieren (Abb. 64).[105] Sie gehören damit im Grunde zum Sinnes-Nerven-Pol, der sich gleichsam über seinen Antagonisten hinweg ausgedehnt hat. Die Übereinstimmung – unter umgekehrten Vorzeichen – dieses eigenartigen Prinzips mit den Verhältnissen bei den Wiederkäuern ist offensichtlich: Was im einen Pol seinen *funktionellen* Schwerpunkt hat, schafft sich im Gegenbereich den *gestaltlichen* Ausdruck.

Abb. 65: Gepard. (Nach einer Skizze von J. Kingdon, *East African Mammals.*)

Die *Raubtiere* schließlich nehmen eine Mittelstellung ein, die ganze Leibesorganisation ist ausgewogen und ohne Vereinseitigung, lediglich das mittlere System, Atmung und Kreislauf, sind besonders leistungsfähig und ermöglichen die athletische Lebensweise (Jagd, Beutefang). Entsprechend ist der gesamte Körperbau schlank, sehnig und muskulös, ein mächtiger Brustkorb bildet das Zentrum des Leibes (Abb. 65). Auf der *seelischen* Ebene sind die Raubtiere unübertroffen in den Ausdrucksmöglichkeiten ihrer reichen, ständig zwischen Sympathie und Antipathie schwankenden Gefühlshaftigkeit. Ausdrucksmittel ist ihre nicht nur für die Artgenossen, sondern auch für uns unmissverständliche Körpersprache und Gesichtsmimik,[106] die sich weder bei den Stoffwechseltieren Rind und Schaf noch bei den Sinnes-Nerven-Vertretern Maus und Hörnchen in einer auch nur annähernd vergleichbaren Art finden (Abb. 66, 67). Nicht zuletzt deshalb sind Hund und Katze besonders nahe Genossen des Menschen geworden, zu denen enge Gefühlsbeziehungen bestehen. Der jähe Wechsel der Stimmungen ist bei den Raubtieren immer wieder überraschend, von Gefühlen, die ersichtlich nicht vom Bewusstsein kontrolliert und beherrscht, sondern von der jeweiligen Situation ausgelöst werden – das Tier ist ihnen völlig ausgeliefert. Jeder kennt das sanft schnurrende Schmusekätzchen, dem das Kraulen von einem Moment zum anderen zu viel wird und das sich jäh in ein fauchendes und kratzendes kleines Ungeheuer verwandelt und mit einem Sprung auf und davon ist. Und es gibt wohl kein erschreckenderes Schauspiel als das Austoben nackter Gier und wütenden Hasses, wenn ein männlicher Löwe mit äußerster Brutalität die Weibchen seines Rudels von ihrer frisch gerissenen Beute vertreibt. Ist er dann satt, wird er

Abb. 66: Gesichtsmimik des Geparden. (Nach Skizzen von J. Kingdon, *East African Mammals.*)

Abb. 67: Die Körpersprache des Hundes in ihrem Antagonismus von dominant-aggressiv und unterwürfig-einschmeichelnd ist auch für Nichthunde unmittelbar verständlich! (Aus Darwin, *Expression of the emotions in man and animals,* 1872.)

zum zärtlichen Kumpan, der sich von seinen Weibchen umschmeicheln lässt und sogar den lästigen Kleinen erlaubt, auf ihm herumzutollen und in den Schwanz zu zwicken. Gleiches gilt für das Pendeln zwischen äußerster Sinneswachheit, vor allem auf der Jagd, und bewusstlos tiefem Verdauungsschlaf nach erfolgter Sättigung – auch etwas, das gerade Löwen besonders drastisch vorführen (Abb. 68). In ihnen verbindet sich, nein: prallt unvermittelt in ein und demselben Individuum aufeinander, was sich unter den übrigen Säugetieren auf die Vertreter unterschiedlicher Verwandtschaftskreise verteilt, auf die «überwachen» Nagetiere einerseits und die dumpf nach innen, auf ihre Verdauung konzentrierten Stoffwechselspezialisten, insbesondere die Rinder, andererseits. Dies ist die Besonderheit der «Mitte», dass in ihr die Gegenpole aufeinander treffen und, in diesem Fall zumindest, eine große seelische Spannweite im Hin- und Herschwingen zwischen Sympathie und Antipathie ermöglichen.

Besonders klar zeigen sich die unterschiedlichen Schwerpunkte und Einseitigkeiten der drei Gruppen an ihren Gebissen: Dominieren bei den Nagetieren die mächtigen und ständig nachwachsenden Schneidezähne (der besonders tastempfindliche Sinnespol des Gebisses!), so sind es bei den Wiederkäuern die massiven, durch das Zerreiben der harten Pflanzenkost bereits im Dienste der Verdauung stehenden Mahlzähne; bei den Raubtieren schließlich bestimmen die sowohl den Nagern wie den Wiederkäuern fehlenden großen Eckzähne den Charakter des Gebisses, umso mehr, als auch die übrigen Zähne reißzahnartig überformt sind (Abb. 69, S. 142).

Nimmt man diese und manch andere, hier nicht näher ausgeführte Erscheinungen hinzu, dann entsteht tatsächlich ein völlig anderes Bild, als es sich vorher bei der Betrachtung der Pflanze, aber auch des Menschen ergab: Nicht mehr das einzelne Individuum oder die Art, sondern *die Tierheit als Ganzes* erweist sich als dreigegliedert, das einzelne Tier vertritt in seiner Einseitigkeit vor allem eines der Organsysteme (wäh-

Abb. 68: Schlafende Löwin im Ngorongoro-Krater (Original).

rend die anderen deutlich zurücktreten) und bedarf damit der Ergänzung durch die Vertreter der anderen Systeme.

Dass dies tatsächlich der Fall ist, zeigt sich ganz konkret im Zusammenwirken der jeweiligen Repräsentanten in ihren Lebensräumen, am ehesten noch erlebbar in weithin ungestörten, tierreichen Landschaften wie etwa in den großen Nationalparks Afrikas.[107] Es wurde bereits auf die das Leben immer wieder erneuernde Wirkung der Herden großer Wiederkäuer in den Savannengebieten hingewiesen – dank ihrer Fähigkeit, abgestorbene, wertlose Pflanzensubstanz wieder in den Lebenskreislauf zurückzuführen und gleichzeitig große Mengen tierischer Biomasse aufzubauen. Durchaus polar dazu sind in ihrer grundsätzlich destruktiven Tätigkeit die Nagetiere als Konsumenten der wertvollsten pflanzlichen Produkte: der Samen. Dass beide Seiten – die Vertreter des aufbauenden Stoffwechsels wie diejenigen des Abbaues – nicht überborden und damit das Gleichgewicht zerstören, ist den Regulatoren, den ausgleichenden Vertretern des mittleren Bereiches, zu verdanken, den Raubtieren (und den Greifvögeln). Dabei zeigen sich bestimmte «Zuständigkeiten»: Verschiedene Kleinkatzen, Mungos und Schleichkatzen, Wiesel, aber auch Bussarde, Schlangen und Warane halten die vermehrungsfreudigen Nager in Schach, Großkatzen vom Löwen bis zum Gepard, Wildhunde und Hyänen sorgen dafür, dass sich die Huftiere nicht übermäßig vermehren und in der Folge das Gebiet überweiden und sich damit letztlich die eigene Lebensgrundlage zerstören – was rasch eintritt, wenn der Mensch die Raubtiere vernichtet und seine Viehherden in das Gebiet hereintreibt.

Die gegenseitige Abhängigkeit von Jäger und Beutetier ist so fest gefugt, dass sie sich sogar quantitativ in Zahlen ausdrücken lässt. Durch

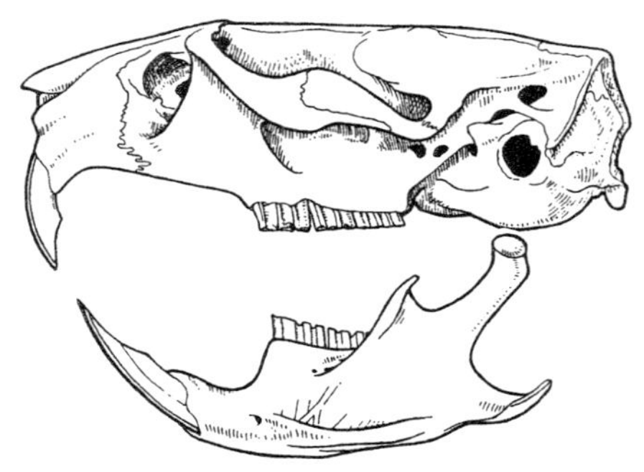

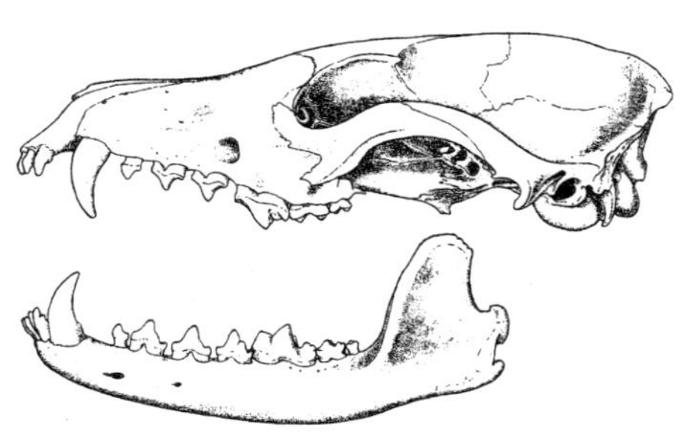

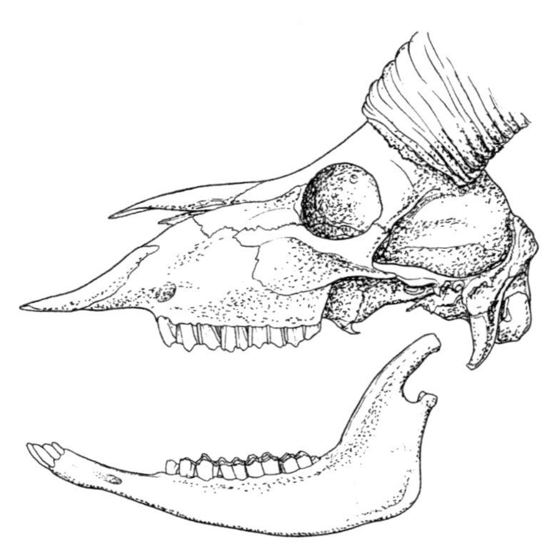

Abb. 69: Drei Schädel, auf gleiche Größe gebracht. Oben Nagetier (Lemming), Mitte Raubtier (Fuchs), unten Wiederkäuer (Wildschaf). (Nach Starck.)

Zählungen und Schätzungen der Huf- wie der Raubtiere der Serengeti fand man heraus, dass sich das Verhältnis von Pflanzenfresser zu Jäger in einer Größenordnung von 100 zu 1 bewegt, womit allerdings nicht Individuen gemeint sind, sondern die *Biomasse:* Auf 100 kg Zebra, Gnu oder Antilope kommt 1 kg Löwe, Hyäne oder Leopard.[108] Dieses Verhältnis bleibt annähernd konstant und findet sich überall, wo es sich um Beutetiere und Jäger handelt, also auch beim Verhältnis von Maus und Fuchs, von Reh und Luchs usw. Es gilt auch dann, wenn die absoluten Zahlen zu- oder abnehmen: Wachsen die Populationen der Zebras und Gnus, dann erreichen mehr Löwen- und Hyänenjunge das Erwachsenenalter, nehmen die Bestände der Beutetiere hingegen ab, dann verhungern viele Junge der Beutegreifer. Man mag die Erscheinungen betrachten, von welcher Seite man will: jeder Aspekt vertieft und bestätigt den Eindruck eines dreigegliederten ökologischen Organismus.

Wolfgang Schad gelang nun der Nachweis, dass sich die dreifache Gliederung nicht nur *zwischen* verschiedenen Tiergruppen und ihrer unterschiedlichen, aber aufeinander bezogenen Lebensweise findet, sondern sich in entsprechender Weise auch *innerhalb* der einzelnen Verwandtschaftsgruppen wiederholt: die Raubtiere, die Nager und die Wiederkäuer zeigen jede für sich, gewissermaßen in kleinerem Maßstab, ebenfalls eine klare innere Dreigliederung.[109] So verfügen die Mitglieder der Familie der Hornträger *(Bovidae)*, also der Stoffwechselvertreter par excellence, einerseits über so extreme Verdauungsspezialisten wie die echten Rinder, andererseits über die hoch sensiblen, wachen und nervösen, außerordentlich sehtüchtigen Gazellen der Graslandschaften, die jeden sich nahenden Jäger schon von weitem registrieren und geschickt auf Distanz halten – ganz anders als die extrem kurzsichtigen und dadurch sehr gefährlichen Büffel, die den Angreifer erst im letzten Augenblick wahrnehmen (und dann ihrerseits blindlings angreifen). Die Gazellen sind *sekundär sinnesbetonte* Stoffwechselvertreter, anspruchsvoller auch in der Nahrungswahl durch selektives Bevorzugen nährstoffreicher Kost, Kräuter beispielsweise,[110] gegenüber den vor allem Gras konsumierenden Büffeln. Ihre antennenartig hoch aufgerichteten Gehörne sind der gestaltliche Ausdruck ihrer Sinneswachheit (Abb. 70), ebenso wie das plakative Hell-Dunkel-Muster ihres Hinterpols, des zu wechselnder Mimik befähigten «Anal-Gesichtes» (Abb. 71); ähnlich wie bei den bereits erwähnten sinnesbetonten Nagern, speziell den Hörnchen, wird das Körperende der sinnesstarken Gazellen zum Ausdruckspol und wichtigen Kommunikationselement innerhalb des oft weit verstreuten Rudels. Das Gegenstück dazu sind die dunklen und dumpfen Büffel mit ihren schweren Gehörnen, die in einer Gegenbewegung zu den nach oben weisenden Spießen der Gazellen den Kopf ihres Trägers wie in einer abschirmenden Bewegung umschließen und nach unten zu drücken scheinen.

Abb. 70: Junge Grantgazelle und Kaffernbüffel. Man vergleiche die schwarzweiße Gesichtsmaske der Gazelle mit dem «Analgesicht» der gleichen Art auf der Abbildung unten.

Polaritäten wie die eben charakterisierten sind meist auffällig und leicht zu erkennen – es sind einfache Dualismen, Entweder-oder-Verhältnisse, Ja und Nein, und mithilfe schlichten Schwarz-Weiß-Denkens leicht zu erfassen. Dreigliederungen sind anders und komplexer, und wer sie als einfache Summierung dreier unterschiedlicher Qualitäten verstehen will, vermag sie in Wirklichkeit nicht zu begreifen. Wolfgang Schad hat sich der Mühe unterzogen und in einer aufwändigen und sehr detaillierten Studie die meisten Ordnungen und Familien der Säugetiere untersucht und in überzeugender Weise die Dreigliederung als das bestimmende Ordnungsprinzip bestätigt, das jeder einzelnen Verwandtschaftsgruppe zugrunde liegt. Es würde den Rahmen bei weitem sprengen, an dieser Stelle die Fülle der von ihm behandelten Tierarten und -familien und ihrer charakteristischen Eigenarten aufzuführen. Das möge an Ort und Stelle nachgelesen werden. Wir beschränken uns an dieser Stelle auf einige wenige aussagekräftige Fälle.

So zeigen sich jeweils deutlich vermittelnde Gruppen zwischen den Extremen, in denen sich die Merkmale beider Pole in einer gewissen Ausgewogenheit einander annähern. Bei den Hornträgern wären die Unterfamilie *Caprinae*, zu der die Ziegen und Schafe gehören, zu nennen, erstere stärker sinnes-, letztere stoffwechselbetont und in ihren extremsten Vertretern, den Moschusochsen *(Ovibos)* schon sehr rinder-

Abb. 71: Junge Grantgazelle mit markantem «Analgesicht». In der Gruppe sehen sich die Tiere vor allem von hinten und teilen sich durch die vielfältigen Möglichkeiten, das Schwänzchen zu bewegen oder aufzurichten und die weißen Haare zu spreizen, die jeweiligen Stimmungen gegenseitig mit. Ngorongoro-Krater. (Original.)

artig. Entsprechendes zeigt sich bei jeder beliebigen Säugetiergruppe, die man herausgreift – die innere Dreigliederung springt demjenigen, der den Blick dafür hat, unmittelbar entgegen. Nimmt man beipielsweise die Nagetiere, diese Vertreter des Sinnes-Nerven-Pols par excellence, dann stellen sich die hypernervösen und ängstlichen Langschwanzmäuse (z.B. unsere Hausmaus) als die eigentlichen Repräsentanten dieser Verwandtschaftsgruppe dar, während die schweren und behäbigen Stachelschweine, «sekundär verstoffwechselt» (Schad), den Gegenpol repräsentieren. Eine vermittelnde Gruppe nehmen die Hörnchenartigen ein, die in sich ebenfalls dreigegliedert sind – das Prinzip der Dreigliederung wiederholt sich tatsächlich auf allen systematischen (= Verwandtschafts-)Ebenen: Die sinnesbetonten und vergleichsweise extrem stoffwechselschwachen Bilche, also vor allem Gartenschläfer und Haselmaus, finden ihr Gegenbild in dem stoffwechselstarken Biber. Die eigentlichen Hörnchen, unser Eichkater und das in England längst vorherrschende amerikanische Grauhörnchen, nehmen eine deutlich vermittelnde Position ein und haben innerhalb der Hörnchenartigen am stärksten (auch) Raubtiercharakter, als Plünderer beispielsweise von Vogelnestern usw. Und in noch engerem Kreis, innerhalb der eigentlichen Hörnchen, kommt es wiederum zu einer Dreiheit – um das Eichhörnchen als mittleren Vertreter gruppieren sich die Flughörnchen auf der Sinnes-Nerven- und das Murmeltier auf der Stoffwechsel-Seite (man vergleiche, um die Ordnung in der etwas verwirrenden Fülle zu finden, das beigegebene Schema [aus Schad 1971]).

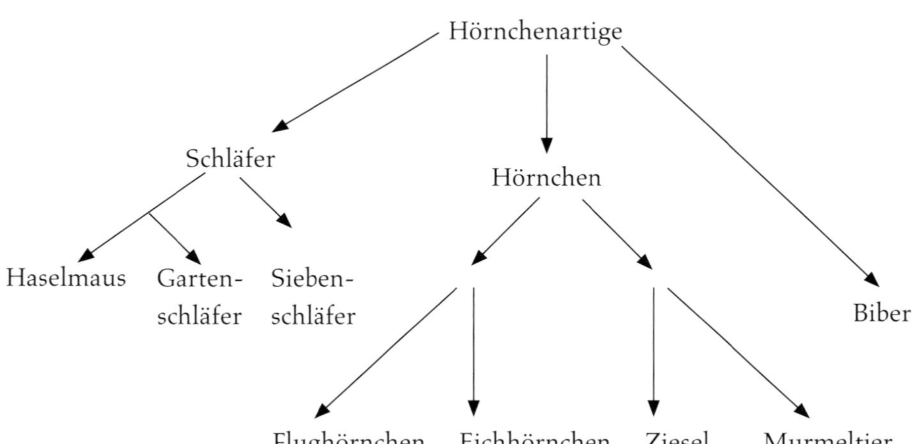

Spannend wird es da, wo sich aus der jeweiligen Vereinseitigung – primär oder sekundär stoffwechsel- oder sinnes-nerven-dominant, der Mitte zugehörig usw. – deutliche Präferenzen für ganz bestimmte Lebensräume ergeben, die dann von den entsprechenden Vertretern der in Frage kommenden Gruppen bewohnt werden. Dadurch werden tatsächlich mit Ausnahme des freien Luftraumes und der Tiefsee alle Lebensräume von Säugetieren bewohnt, vom Wasser über den Erdboden bis ins Hochgebirge, unter der Erde, in Höhlen, auf Bäumen, im Fels, im Sumpf usw. Die Tatsache, dass buchstäblich keine Nische unbesetzt bleibt, könnte darauf hinweisen, dass die Dreigliederungsstrukturen nicht auf die Tiere beschränkt sind, sondern als übergeordnetes Gestaltungselement das Tier und sein Biotop zu höherer Einheit zusammenfassen. Die Dreigliederung der Tiere als Ausdruck der Gliederung ihrer Lebensräume: eine noch zu leistende Forschungsaufgabe!

Auf den grundlegenden Unterschied zwischen der Dreigliederung der Tiere und derjenigen von Pflanze und Mensch sei noch einmal hingewiesen. Ganz offensichtlich ist das einzelne Tierindividuum, aber auch die einzelne Art – Reh, Gazelle, Büffel usw. – *nur Teilglied oder Organ* höherer dreigegliederter Einheiten, d.h. der Verwandtschaftsgruppen auf verschieden hohem Niveau – der Gattung, der Familie, der Ordnung, aber auch ganz offensichtlich des übergeordneten ökologischen Organismus. Diese Kategorien wären es dann, die bei einem Vergleich mit dem menschlichen Individuum und mit der einzelnen Pflanze gleichzusetzen wären, und nicht die einzelne Tierart oder gar das einzelne Exemplar. Erst diese höheren Einheiten sind wirklich dreigegliedert wie das einzelne Menschen-Individuum und die einzelne Pflanze. Daraus ergibt sich die Berechtigung, das Tierreich als den «ausgebreiteten Menschen» und umgekehrt den Menschen als die Zusammenfassung des Tierreiches zu bezeichnen.[111]

Wie sehr das zutrifft, zeigt ein vergleichender Blick auf die Embryonalentwicklung des Menschen und der Säugetiere. Schaut man sich das Entwicklungsniveau bei der Geburt an, dann zeigen sich bei den Säugern bekanntlich zwei unterschiedliche Typen – zum einen die in ihrer Entwicklung bereits weit fortgeschrittenen *Nestflüchter*, zum anderen die noch ganz unfertigen «Frühgeburten» der *Nesthocker*. Kälbchen, Lämmer, Fohlen kommen mit offenen Augen und fertig entwickelten Gliedmaßen, deren Gebrauch nur noch ein bisschen geübt werden muss, auf die Welt und vermögen oft schon nach wenigen Minuten ihrer grasenden Mutter zu folgen. Neugeborene Mäuse, Eichhörnchen und Kaninchen (aber nicht Hasen!) sind als nackte und blinde Nesthocker völlig hilflos; sie können ihre unentwickelten Gliedmaßen noch lange nicht benutzen und sind auf den Schutz eines wärmenden Nestes angewiesen. Die Raubtiere – junge Hunde, Kätzchen – nehmen eine

Mittelstellung ein, sie besitzen bei der Geburt zwar schon ein Fell, die Augen bleiben aber noch eine Zeit lang geschlossen, die Bewegungen sind noch unkoordiniert und hilflos. *Ganz anders nun der Mensch,* der in einzigartiger Weise, wie Schad zeigen konnte,[112] *die Eigenarten sowohl der Nestflüchter wie der Nesthocker in seiner Organisation vereint,* er ist «merkwürdigerweise beides zugleich» (Schad): Die Fernsinnesorgane sind vom ersten Tag an voll ausgebildet, und die Entwicklung des Zentralnervensystems ist auf Nestflüchterniveau; die Gliedmaßen jedoch, vor allem die Beine, werden erst in einem Jahr so weit funktionstüchtig sein wie der Kopf bei der Geburt. «Die Gegensätze sind unvermischt in einem Organismus zugleich vorhanden. Eine solche Spannung im Entwicklungsgrad zwischen dem oberen und unteren System besteht bei keinem Tier. *Alle* drei Bereiche des Leibes sind beim Huftier weit, beim typischen Raubtier halbweit entwickelt und beim typischen Nagetier unterentwickelt. Erst die Gesamtheit aller Säugetiergruppen ergibt die volle Entwicklungsspanne, die der neugeborene Mensch als einzelnes Wesen zeigt.»[113]

Zwischenbemerkung zur Methode

Ist alles dreigegliedert? Es könnte tatsächlich so sein, und dies aus einem durchaus einsichtigen Grund: Die Erscheinungen der physischen Welt, die den Sinnen zugänglich sind, unterliegen überwiegend der Zweiheit – die Welt, in der wir leben, erscheint dualistisch: hell und dunkel, entweder-oder, Mann und Frau, Individuum und Gesellschaft, Individuum und Umwelt, Geburt und Tod, Wahrnehmen und Denken, Yin und Yang. In der geistigen Welt hingegen, so Rudolf Steiner,[114] existiert die Zweiheit nicht, hier herrscht – neben anderen Gliederungen wohlgemerkt – die Dreiheit als Grundordnung. Um etwas aufzugreifen, das an früherer Stelle (S. 128) bereits erörtert wurde: Hier liegt das Problem und die Schwierigkeit im Erfassen von Dreigliederungen für das gewöhnliche Alltagsbewusstsein – die beiden Pole sind real erfassbar und der Sinnesanschauung zugänglich; anders die Mitte, die für die Anschauung gar nicht existiert, da sie sich lediglich in beständigem Wechsel mal als der eine und mal als der andere Pol darstellt. Aber genau darin besteht ihre Bedeutung: Im rhythmischen Wechselspiel sind die beiden Pole jetzt nicht mehr die Verneinung des einen durch den anderen, sondern ergänzen sich gegenseitig und steigern sich damit zu einem in sich differenzierten Ganzen. Das aber ist als *geistige* Realität nur gedanklich erfassbar, ganz einfach, weil es sich hier nicht um materielle Objekte handelt, sondern um das, was sich als Schwerpunktverlagerung, als Spannung oder Dynamik *zwischen ihnen* abspielt.

Beschäftigt man sich länger mit diesen Fragen, dann beginnt man allmählich die Bedeutung der Dreigliederung zu verstehen: Sie ist die Ebene, auf der sich vielleicht am klarsten die Einheit, die Durchdringung von Physischem und Geistigem zu erkennen gibt. Und man begreift die Dreigliederung nicht nur rein nominalistisch als Begriffskonstruktion, den Erscheinungen übergestülpt mit dem Ziel, Ordnung in die Erscheinungsfülle zu bringen (Linnés künstliches System!), sondern als geistig wesenhafte Realität. In diesem Moment steht man gleichermaßen im physischen wie im geistigen Bereich und erfährt die Durchdringung beider *sinnlich-übersinnlich* als höhere Einheit. Man steht sozusagen mit beiden Beinen fest auf der Erde – in den klaren Konturen der beiden Pole – und ist in der Mitte im rein geistigen Bereich der bewirkenden Gestaltungskräfte.

Am Beispiel der Raubtiere mag das besonders deutlich werden. Der unmittelbaren Wahrnehmung zugänglich ist die Sinneswachheit auf der einen, das Schlafbedürfnis und die unglaubliche Trägheit auf der anderen Seite – Eigenschaften, die für sich allein dominierend einerseits von den Nagetieren und andererseits von den Wiederkäuern her vertraut sind. Das Wesentliche der Raubtiere ist eben nicht, dass bei ihnen neue und andere Eigenarten auftreten, sondern bereits bekannte Verhaltensweisen und Eigenschaften in rhythmischem Wechsel oder Zusammenspiel und in gegenseitiger Ergänzung. Bei der Dreigliederung der Pflanze oder in der menschlichen Gestalt ist es schließlich nicht anders.

Wenn an früherer Stelle dieses Buches von der Notwendigkeit eines Paradigmenwechsels im Bereich der Lebenswissenschaften die Rede war, dann sind es Entdeckungen wie die soeben ansatzweise referierten, die ein radikales Umdenken fordern. Die klare und bis in Einzelheiten hinein nachweisbare innere Ordnung der Organismen widerlegt alle Theorien, welche die Gestaltenvielfalt im Bereich des Lebendigen als Produkt blind zufälliger Evolutionsprozesse interpretieren.

Die Vögel

An einem Aprilmorgen in den wilden, verlassenen Wüstengebirgen des Sinai, die Sonne steht bereits hoch im gleißenden Himmel und brennt mit saharischer Glut auf den uralt verwitterten Granit herab. Die fernen Gipfel verschwimmen schon im Dunst, im Geflirr der aufsteigenden heißen Luft fangen ihre Konturen an sich zu bewegen und hin und her zu tanzen, als würde das Gestein in den heißen Himmel hinauf verdampfen. Und nun kommen sie, zuerst in langen, unregelmäßigen Ketten und durcheinander gleitenden Kohorten, aber schon bald beginnen sie in weiten Bögen zu kreisen und sich in Spiralen hochzuschrauben: Störche auf dem Heimzug aus ihren süd- und ostafrikanischen Winterquartieren in die osteuropäischen und kleinasiatischen Brutgebiete. Sie folgen dem Wanderweg der Israeliten bei ihrem Auszug aus Ägypten, verlassen den Nil, dem sie nordwärts gefolgt sind, kurz vor dem Delta, fliegen über den Golf von Suez, über die Sinai-Halbinsel und ziehen dann dem Totmeergraben entlang nach Norden.

Überall stehen jetzt im Himmel die kreisenden Säulen segelnder Störche, die sich hochtragen lassen und dann, ohne einen einzigen Flügelschlag, zur nächsten Thermik hinübergleiten, die bereits von anderen Storchengruppen benutzt und damit weithin sichtbar gemacht wird. Viele Tausende mögen es sein, die da im Laufe der Vormittagsstunden vorbeikommen. Und sie sind bald nicht mehr allein, andere Segelflieger mit breiten Schwingen gesellen sich dazu: Immer mehr Falkenbussarde tauchen auf, nördliche Vertreter unseres Mäusebussards aus Skandinavien und Nordrussland, heimwärts unterwegs von Südafrika. Auch sie kommen in Scharen, zwanzig, dann fünfzig Vögel auf einmal, dazu mächtige Steppenadler aus Zentralasien, Schreiadler aus Polen und Ostdeutschland, Kaiseradler aus dem Balkan und aus Kleinasien. Dazu gesellt sich, was hier beheimatet ist und sich von den hoch kreisenden Durchzüglern zum Mitfliegen anregen lässt – vor allem die in ihrer majestätischen Ruhe königlichen und gleichzeitig gewaltigsten Segelflieger, die Gänsegeier (Abb. 72).

Abends fallen sie dann irgendwo zur Nachtruhe ein, und am nächsten Morgen sieht man sie überall herumstehen, Weiß- und Schwarzstörche mitten im Gestein oder hoch oben aufgereiht auf felsigem Grat. Plump und ungeschlacht hocken die Adler und Bussarde und erst recht die Geier auf den Wipfeltellern der wenigen Schirmakazien oder in den Felsen, reglose, aufgeplusterte Federhaufen. Hier passen sie nicht hin, auf dem Boden und den Bäumen wirken sie enttäuschend, formlos und unköniglich, hier können sie ihr Wesen nicht entfalten und zur Erscheinung bringen. Welch ein Kontrast, wenn daneben die Nubischen Steinböcke, schwere Tiere mit mächtigen Bogengehörnen, unglaublich behände und scheinbar schwerelos die Felsen durchklettern, mit traumwandlerischer Sicherheit die schmalsten Bänder entlangeilen und in anmutigem Schwung auf kaum sichtbaren Felsvorsprüngen aufsetzen. Die Herrscher der Lüfte begegnen den Meistern des Gesteins und der festen Erde!

In dieser Begegnung zwischen den beiden Vertretern der Warmblüter, der Vögel und der Säugetiere, offenbart sich bereits die ganze Gegensätzlichkeit beider auf bezeichnende Weise: Die Säugetiere lassen keinen Bereich des Bodens unbewohnt und beantworten jede nur denkbare Formbildung und Landschaftsgestaltung der Erde (und des Wassers) durch eine darauf abgestimmte Gliedmaßenbildung und Fortbewegungsart. Allein dann, wenn man sich auf die engere Verwandtschaft

Abb. 72: Kreisende Störche auf dem Heimzug aus Afrika über dem Sinai, begleitet von einem Schreiadler (links oben), einem Steppenadler (rechts unten) und, darüber, von zahllosen Falkenbussarden. Dazu gesellen sich Gänsegeier, die hier beheimatet sind (unten).

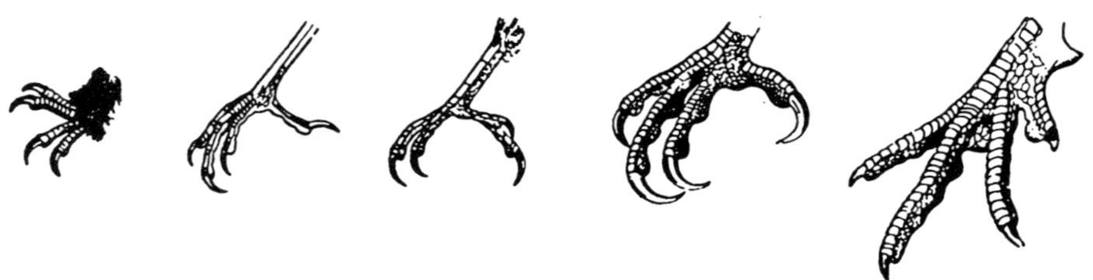

Abb. 73: Vogelfüße. Von links: Mauersegler, Drossel, Specht, Falke, Fasan. (Nach Naumann.)

des Steinbocks beschränkt, auf die Paarhufer, zeigt sich eine staunenswerte Vielfalt in der Beherrschung der Erde – vom felsigen Gebirge über den dichten Wald (Hirsche, Okapi, Bongo-Antilope), das Buschdickicht (Kleines Kudu, Ducker, Spießhirsche) zu den Sumpflandschaften (Sitatunga-Antilope und Elch gehen sicher über schwankenden Moorboden mittels ihrer weit spreizbaren Hufe, die das Gewicht verteilen), über die Steppen (Bison in Nordamerika, Saiga-Antilope und Wildkamel in Zentralasien, Guanako und Vikunja im Andenraum, Gnu, Springbock und Elen in Afrika) zu den Wüsten (Gazellen, Säbel- und Addax-Antilope). Die Tendenz zur «Vergliedmaßung» ist bei den Säugetieren tatsächlich so stark, so beherrschend, dass auch andere Körperteile in diesen Funktionsbereich einbezogen werden können und dann zusätzliche Gliedmaßen bilden – als Greif- und Wickelschwanz – oder die Nasenregion, die im Rüssel des Elefanten zu einem Arm mit Greifhand verlängert wird.

Entsprechend vielgestaltig ist denn auch die Ausformung der Säugetier-Gliedmaßen, besonders der Fuß- und Handbildung: zum Schreiten und Traben, zum Rennen und zum schnellen Sprung, zum Schleichen, Graben, Fels- und Baumklettern, zum Hangeln und zum Zupacken. Dieser Vielfalt steht unter den Vögeln nichts Vergleichbares gegenüber, jedenfalls, wenn wir die Hintergliedmaßen betrachten, die eigentlichen Beine also, mit denen das Tier die Erde berührt (Abb. 73). Die Variationsbeite ist viel enger, die Spannbreite, wie sie etwa zwischen einer Löwenpranke und einem Gazellenhuf besteht, wird auch nicht im entferntesten erreicht: Ob Adlerklauen oder Singvogelzehen, so fundamental ist der Unterschied nicht. Ja, die Beine und Füße sind – sehr im Gegensatz zu den Säugetieren – geradezu der «vernachlässigte» Teil der Vogelorganisation, sie scheinen in ihrer hornigen Beschilderung und geringen Durchblutung fast noch auf der Stufe der Reptilien zu stehen.

Abb. 74: Giraffe – hoch aufgerichtet äugend und in umständlicher Grätschhaltung trinkend.

Die Spannung und der Gegensatz zwischen Vogel und Säugetier liegt in der unterschiedlichen Weise, wie beide auf ein und dieselbe Anforderung antworten: auf die Einwirkung der Schwerkraft. Die Antwort, genauer: das Finden und Erlernen der Antwort, ist mit Sicherheit das zentrale Motiv der Evolution seit dem Übergang des Lebens vom Wasser auf das feste Land. Die Vögel schießen ebenso weit über das Ziel hinaus, wie die Säuger dahinter zurückbleiben. Aufrichtung ist es ja nicht, was die Vögel vorführen, eher ein Entfliehen der Schwere dadurch, dass man sich von der Luft tragen lässt. Und so sehr sich das Säugetier, wie wir am Anfang dieses Kapitels konstatierten, in seiner jeweiligen Lebensweise von der Erde und ihrer spezifischen Gestaltung prägen lässt, so sehr ist der Vogel vom Luft- und Lichtraum überformt – das Erlebnis auf dem Sinai zeigte es bereits deutlich.

Die Frage nach dem Leitmotiv, dem zentralen Merkmal des Vogels ist damit beantwortet – es ist natürlich das Fliegen und alles, was davon abhängig ist oder unterstützend mitwirkt: der Umbau nicht nur der Vordergliedmaßen, sondern des gesamten Leibes, um das Fliegen überhaupt zu ermöglichen, und die im ganzen Tierreich einmalige Höhe der Ausbildung des Sehsinnes und des Atmungssystems. Was den Umbau des Körpers angeht, so muss vor allem auf die Starre der Wirbelsäule im Rumpfbereich verwiesen werden – eine Notwendigkeit, um den geführten und sicheren Flügelschlag zu ermöglichen. Umso beweglicher ist die Halswirbelsäule, die je nach Art eine unterschiedliche Zahl von Wirbeln umfasst, bis zu fünfundzwanzig bei Schwan und Flamingo. Was das bedeutet, mag der Vergleich mit einem ebenso langhalsigen Säugetier verdeutlichen: Die sieben (sehr langen!) Halswirbel, welche die Giraffe wie alle Säugetiere (und der Mensch) besitzt, erlauben keine große Beweglichkeit, der Hals bleibt in jeder Lage ziemlich starr und gestreckt, die eleganten Bögen des Schwanenhalses sind der Giraffe nicht möglich (Abb. 74). Dem breiten Brustbein schließlich sitzt wie einem Boot ein mächtiger Kiel als Anheftungsfläche für die massiven Flugmuskeln auf.

Einmalig sind Bau und Funktion der Lunge (Abb. 75). Statt in den Lungenbläschen blind zu enden, strömt die Luft durch ein System feiner Kanäle hindurch, von denen jeder von einem Netz von Blutgefäßen umsponnen ist und so die größtmögliche Ausnützung des Luftsauerstoffes ermöglicht. Die Lunge ist auch nicht «Endstation» für die Atemluft, diese wird vielmehr in zahlreichen von der Lunge ausgehenden Luftsäcken unter der Haut bis zur Schwanzwurzel und ins Innere der hohlen, marklosen Röhrenknochen geleitet: Der ganze Vogel wird von Luft durchströmt und dadurch schwerelos leicht – sein Inneres ist von «Außenwelt» durchdrungen. Eine Parallele nebenbei zum Atmungssystem der Insekten – auch bei ihnen wird der ganze Körper, werden die Gliedmaßen und die Flügel von feinsten Kanälen durchzogen, durch die Außenluft bis in den letzten Winkel des Organismus dringt (Näheres dazu S. 177 und Abb. 95). Und es ist nicht die einzige Parallele, wie wir noch sehen werden.

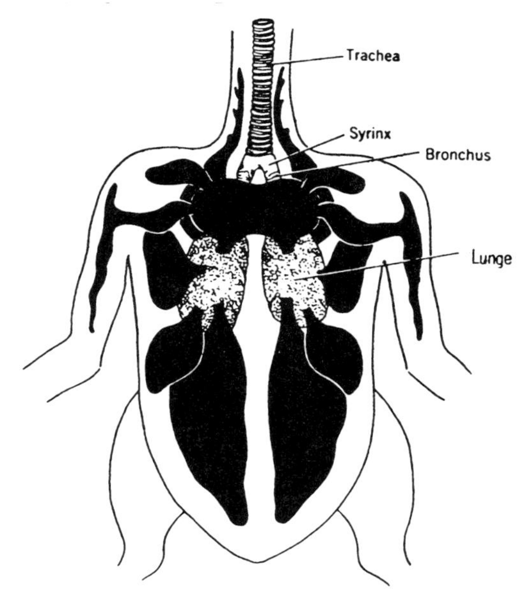

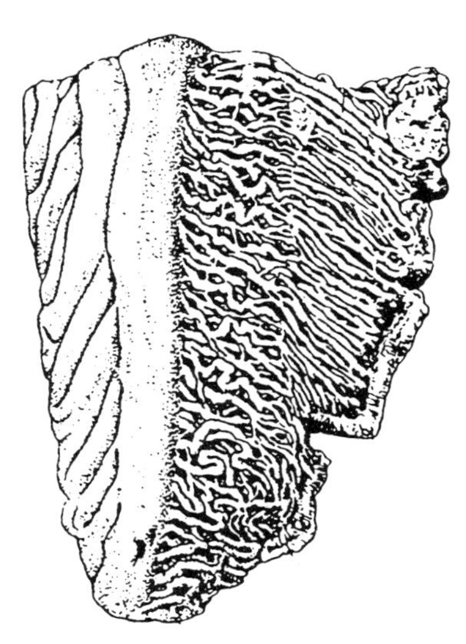

Abb. 75: Schema der Vogellunge und der aus ihr entspringenden Luftsäcke (schwarz). Unten das etwa 10 cm lange hintere Drittel der Lunge des Strauß – man erkennt die dünnen Kanäle, durch welche die Luft geleitet wird. (Nach Diesselhorst.)

Abb. 76: Küstenseeschwalben. (Nach Skizzen von Gunnar Brusewitz.)

Abb. 77: Küstenseeschwalbe *(Sterna paradisaea)*: gewaltige Flügel und winzige Füße – der Luft gehörend, nicht der Erde!

All diese Eigenarten stehen im Dienste der von keiner anderen Tiergruppe erreichten Beherrschung des Luftraumes, ja des Überwindens des Raumes schlechthin, und dabei steht ein Sinn an erster Stelle: der Sehsinn, der neuerlich Anlass zu Superlativen gibt, da seine Leistungsfähigkeit wohl von keinen anderen Lebewesen übertroffen wird. Nach einem Löwenriss beispielsweise sind in kurzer Zeit Scharen von Geiern im Himmel, obwohl vorher nicht ein einziger zu sehen war – vom Beobachter am Boden wohlgemerkt nicht; die Geier waren da, aber in solcher Höhe, dass sie sich dem Blick entzogen, und suchten von dort aus über ein riesiges Gebiet verteilt den Boden ab. Der Sinkflug eines einzigen, der etwas gesehen hatte, lockte sofort weitere Geier aus größerer Entfernung und von allen Seiten herbei.

Das Vogelauge gehört zusammen mit dem Atmungssystem und dem Bau der Feder zu jenen Errungenschaften, die den Vogel in gewisser Hinsicht als das höchstentwickelte Tier ausweisen, jedenfalls solange man vom Differenzierungsgrad des Gehirnes absieht. Kein anderes Tier erreicht die Leistungsfähigkeit des Sehsinnes der Vögel (und des Gehörsinnes der Eulen). Der stark abgeflachte Augenhintergrund bewirkt, dass auf der Netzhaut nicht bloß ein einziger Punkt schärfsten Sehens existiert wie bei uns – was wir punktuell durch unsere gerichtete Aufmerksamkeit fixieren, lösen wir aus dem gesamten unscharf-verschwommenen Sehfeld heraus –, sondern ein breites Band scharfen Sehens sich durch das ganze Blickfeld erstreckt. Da die Augen bei den meisten Vögeln seitlich am Kopf stehen, überblicken viele Vögel ein gewaltiges Panorama, das bei manchen Ufervögeln (Regenpfeifern, Strandläufern) 360° erreicht.

Das wiederum bedeutet, dass der Vogel dem, was er sieht, nicht gegenübersteht, wie es bei uns der Fall ist, sondern *allseitig vom Sehraum umschlossen ist* – ein grundsätzlicher Unterschied, der erlebnismäßig kaum nachzuvollziehen ist. Selbstbewusstsein, Ich-Erleben jedenfalls ist an die

Abb. 78: Mauersegler und Albatrosse im Flug.

Erfahrung des Gegenüberstehens, des Andersseins, der Getrenntheit und sogar des Fremdseins geknüpft – der Vogel hingegen ist in die Welt, die er wahrnimmt, untrennbar einbeschlossen; er selber und seine Umwelt sind nur für unser entfremdetes Erleben verschieden, in Wirklichkeit bildet beides eine untrennbare Einheit. Besonders deutlich vermag das zu werden, wenn man sich die enormen Orientierungsleistungen der Zugvögel vor Augen hält, die mit keinerlei aktivem Richtungssuchen verbunden sind. Sie folgen stattdessen mit schlafwandlerischer Sicherheit der angeborenen Fähigkeit, sich an der Sonne oder, bei Nachtziehern, an den Sternbildern zu orientieren: keine bewussten Leistungen, wie Attrappenversuche im Planetarium zeigten, auch keine von erfahrenen Artgenossen erlernten Verhaltensweisen (Jungvögel ziehen allein und genauso sicher wie erfahrene ältere Artgenossen), sondern ein Geführtwerden wie an einem unsichtbaren Leitseil.[115]

Eine Küstenseeschwalbe *(Sterna paradisaea)* (Abb. 76, 77), die in Nordgrönland brütet, hält sich dort nur wenige Wochen auf, so lange, bis die Jungen flügge sind. Die übrige Zeit des Jahres ist sie ununterbrochen unterwegs, vom Nordsommer der Arktis zum Südsommer der Antarktis entlang den Küsten Afrikas und, auf anderer Flugbahn, entlang den Ostküsten Süd- und Nordamerikas wieder zurück. In diesem Falle ist es die Sonne, nach der sich der Vogel orientiert und der er über den Äquator hinweg folgt; er richtet sich aber auch nach dem Magnetfeld der Erde.

Verglichen mit den Säugetieren gehen die Vögel einen anderen Weg, und in gewisser Weise verhalten sich beide wie Bild und Gegenbild. So haben die Säugetiere vor allem die Erde in all ihren Differenzierungen und bis in die unterirdische Lebensweise hinein erobert und die Vögel zusätzlich die Lüfte. Die zentrale Evolutionslinie der Säuger ist aber im Wesentlichen auf eine zunehmende «Verinnerlichung» gerichtet, d.h. auf eine stärkere seelische Differenzierung, von der ja im vorausgehenden Kapitel bereits die Rede war. Das ist bei den Vögeln nicht im gleichen Maße der Fall, obwohl Graugänse, Papageien oder Kolkraben ein erstaunliches Maß an psychischer Regsamkeit und Intelligenz erkennen lassen. Viele ihrer Verhaltensweisen sind jedoch unbewusste, angeborene und starr ablaufende Instinkthandlungen, wodurch gerade die Vögel zu den Lieblingstieren der Verhaltensforscher wurden. Und sie erreichen auch nicht das hohe Maß an differenzierter Ausdrucksfähigkeit der höheren Säugetiere.

Stattdessen ist die starke Einbindung, das Einswerden mit dem Licht- und Luftraum, die Lösung von der Erde das offensichtliche Ziel der Evolution der Vögel. Mächtige Flieger wie die Albatrosse, die in stundenlangem Segelflug ohne Flügelschlag über die Wellenkämme gleiten (Abb. 78) und auf der Oberfläche dahintreibende Tintenfische im Fluge aufnehmen, haben es darin schon recht weit gebracht. Die spezialisier-

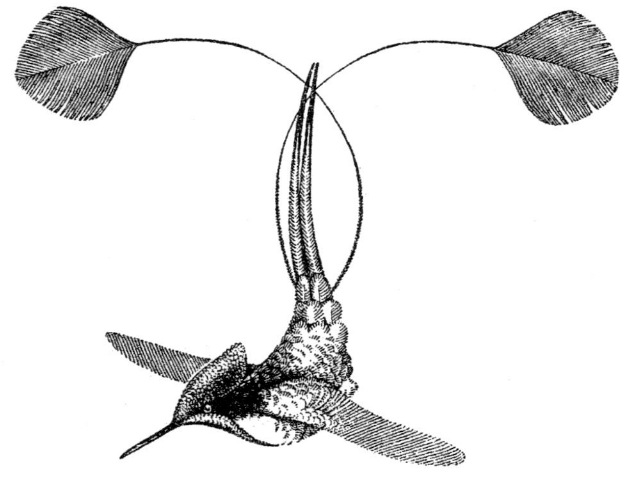

Abb. 79: Kolibris. Die Wundersylphe *(Loddigesia mirabilis)* erweckt im Flug den Eindruck, als würde sie von zwei dunklen Schmetterlingen begleitet. Links daneben zwei Vertreter der Gattung *Lophornis* mit ihrem aparten Federschmuck: *L. pavonina* (oben) mit smaragdgrüner Halskrause, darunter *L. stictolopha* mit gelbgrünem Kragen und fuchsroter Haube. (Zeichnungen S. Bousani-Bauer aus Portmann 1965.)

testen und in ihrer Flugtechnik schwerelosesten und anmutigsten, die Rußalbatrosse *(Phoebetria)*, können auf festem Untergrund nicht mehr laufen und nur noch auf eingeknickten Füßen hocken. Sie brüten auf Felsvorsprüngen und Klippen, die sie direkt anfliegen und von denen sie sich einfach in die Luft fallen lassen. Auch unsere Mauersegler (Abb. 78), die mit ihren verkümmerten Füßen weder auf Zweigen sitzen noch auf dem Boden laufen können und sich an Felsvorsprüngen oder Dachkanten festkrallen müssen, sind auf der Erde, die sie niemals freiwillig aufsuchen, völlig hilflos. Sie paaren sich und schlafen sogar in der Luft, wenn es die Thermiken in warmen Sommernächten erlauben, in denen sie dann mit deutlich verringerten Flügelschlägen über den von der Sonne aufgeheizten «Felslandschaften» der Großstadt anzutreffen sind.[116] Die ihnen verwandtschaftlich nahe stehenden Kolibris gehen nicht ganz so weit; sie können immerhin noch auf Zweigen sitzen, zum Laufen sind aber auch ihre Beine zu schwach. Ihr fliegerisches Können ist unerreicht. Das Stillstehen in der Luft vor einer Blüte im Hubflug, der Rückwärts-, Auf- und Abwärtsflug, die blitzschnellen Wendemanöver lassen an besonders flugtüchtige Insekten denken, an die Taubenschwänzchen *(Macroglossum stellatarum)* etwa, die im Sommer bei uns vor den Blüten von Phlox und Petunien ganz nach Kolibriart in der Luft stehen und doch nur Schmetterlinge sind (vgl. Abb. 4, S. 27). Die Vogelzwerge sind von hitzigem Temperament und unglaublich zänkisch, und kommen sich zwei an einem blühenden Busch, an dem noch viele Platz hätten, ins Gehege, dann kann es zu heftigen Verfolgungsjagden um den Kopf des Beobachters herum kommen, und alles läuft mit solcher Schnelligkeit ab, dass die Vögel von dem langsamen menschlichen Auge nicht mehr wahrgenommen werden und sich nur noch durch das tiefe Brummen

Abb. 80: Oben Veilchenohrkolibri *(Colibri thalassinus)* an einer Blüte von *Lamourouxia exserta*. Der Vogel berührt beim Anflug zuerst die langen Staubgefäße mit dem Oberkopf und anschließende die Narbe, deren Bürstenhaare den Pollen vom Kopf des Vogels abstreifen. (Aus H. O. Wagner.)
Rechts in ungefähr natürlicher Größe einer der kleinsten Kolibris, die knapp 6,5 cm große *Alcestrura heliodor*, überwiegend moosgrün mit rostrotem Kragen. (Nach Linsenmaier.)
Unten der Hochgebirgskolibri *Oreotrochilus estella*, die Nacht in den Anden oberhalb 4000 m in Kältestarre verbringend. (Aus Suchantke 1982.)

der schwirrenden Flügel verraten. Kolibris schlagen bis zu fünfzigmal in der Sekunde mit den Flügeln! Hier liegt eine uns unbekannte und nicht nachvollziehbare Überwachheit der Sinne vor, die bewirkt, dass in einer extrem kurzen Zeitspanne, die uns völlig ereignislos vorkommt, von anderen Wesen ungeheuer viel erlebt wird durch ein uns unbekanntes Auflösungsvermögen für die Zeit (Abb. 79).

Ein Leben derart auf Hochtouren ist nur möglich bei einer unerhörten Wachheit und Präsenz der Sinne. Entsprechend schwach ist das Stoffwechselsystem entwickelt, und die Nahrung ist extrem energiereich; sie besteht aus Nektar, Blütenpollen und blütenbesuchenden Insekten. Hinzu kommt die Gefahr der Auskühlung der winzigen Körper (Abb. 80), und die Hochgebirgskolibris der Anden fallen nachts auf ihren Nestern regelmäßig in Kältestarre. Möglicherweise machen einzelne Vertreter sogar Winterschlaf. Eine Art verschwindet im Südwinter regelmäßig von der Andenhochfläche, ohne dass man bisher ihre Winterquartiere gefunden hätte. Stattdessen entdeckte ein Forscher während einer Skitour in den chilenischen Anden einen, wie ihm schien, toten Angehörigen dieser Art, als er an einer Stelle durch den Schnee brach. Nachdem

er ihn in die Tasche seines Anoraks gesteckt hatte, begann der Vogel, der durch die Körperwärme allmählich «auftaute», plötzlich mit den Flügeln zu schwirren.[117]

Das Gegenstück dazu wäre der Verlust der Flugfähigkeit und die Rückkehr auf den Boden, die Rückbildung der Flügel und die Größenzunahme, die in der Evolution flugunfähiger, nicht näher miteinander verwandter Vögel mehrere Male völlig unabhängig voneinander auftrat: bei den über 3 Meter hohen Moas Neuseelands (Abb. 81), den riesigen Madagaskarstraußen, allesamt ausgestorben, und den noch heute lebenden afrikanischen Straußen, den südamerikanischen Nandus und den australisch-neuguineischen Kasuaren und Emus, auch sie in einigen Fällen bis 3 Meter hoch. Diese Tendenz zur Größe, ja zum Gigantismus stellt in vielen Entwicklungslinien der Land- wie der Meerestiere einen deutlichen Trend dar; bei den Vögeln ist er jedoch höchst erstaunlich – er scheint so gar nicht zu ihnen zu passen, und einen größeren Gegensatz als Kolibri und Moa kann man sich kaum vorstellen: auf der einen Seite das Sinneswesen Kolibri mit seinem schwachen Stoffwechsel, auf der anderen Seite das reine Stoffwechseltier mit der Fähigkeit, gewaltige Körpermassen aufzubauen. An Dumpfheit der Sinne dürfte es kaum zu übertreffen gewesen sein. Der Moa hatte ja auch keine Feinde – so lange wenigstens, bis mit den Maoris die ersten Menschen auf Neuseeland auftauchten. Dass die Moas in kürzester Zeit ausgerottet wurden, spricht für die Schwäche ihrer Sinne und ihrer Reaktionsfähigkeit. Es waren wohl gutmütige, tumbe Riesen, die Gefahr gar nicht kannten.

Bei diesen vollständig flugunfähigen Vögeln erfuhren die Füße eine mächtige Ausbildung und erwecken – beim Strauß jedenfalls – durch die Reduktion einzelner Zehen und die Größenzunahme der übrigen den Eindruck von Hufen. Sie entwickelten sich als Pflanzenfresser tatsächlich zu Parallelen der großen Huftiere und übernahmen in einigen Gebieten Stellvertreterfunktionen, in Neuseeland etwa, wo es vor dem Auftauchen der Maoris und der Europäer außer einigen Fledermäusen keine Säugetiere gab, wohl aber Moas in verschiedenen Arten von Reh- bis Elefantengröße.

Einer der kleinsten aus dieser Sippe ist der Kiwi, der in drei verschiedenen Arten Neuseeland bewohnt und sich in mancherlei Hinsicht weiter als seine riesenhaften Verwandten vom Typus des Vogels entfernt hat. Seine winzigen Vordergliedmaßen sind völlig verkümmert, kurioserweise mit einem einzigen lang bekrallten, zum Kratzen geeigneten Finger (Abb. 82 und 83, S. 160 f.). Auf kurzen, kräftigen Füßen trabt der merkwürdige Vogel behände durch das von Farnen durchwucherte dämmrige Unterholz der Wälder und erweckt eher den Eindruck eines kleinen Vierfüßers, etwa eines Agutis oder Pakas des südamerikanischen Regenwaldes – ein Eindruck, der durch die vornüber gebeugte Haltung

Abb. 81: Der – wahrscheinlich von Maoris ausgerottete – neuseeländische, fast vier Meter hohe Riesenmoa *(Dinornis giganteus)* ging in seiner Abwendung vom Fliegen am weitesten: Er besaß, anders als die ihm beigesellten Kiwis (vgl. Abb. 82), nicht einmal mehr Rudimente des Flügelskelettes. (Aus F. v. Hochstetter, *New Zealand, its physical geography, geology and natural history with special reference to the results of government expeditions in the provinces of Auckland and Nelson,* Stuttgart 1867.)

Abb. 82: Zwergkiwi, Kiwi pukupuku der Maori *(Apteryx owenii)* und Streifenkiwi *(Apteryx australis)*. (Aus J. Jolly 1990: *Kiwi, A Secret Life.)*

des typischen Dickichtschlüpfers und das dichte, fellartige Federkleid noch verstärkt wird; dass das Wesen nur auf zwei Beinen unterwegs ist, bemerkt man gar nicht, vor allem da man es meistens nur von hinten sieht, eilig davontrabend. Hält es zwischendurch inne, dann mit der Absicht, mit dem Schnabel so tief wie möglich im Boden zu stochern und seine Beute – Würmer, Insekten, Larven – zu *erschnüffeln* mit seinem ausgezeichneten, bei Vögeln höchst ungewöhnlichen Geruchsinn; ungewöhnlich ist auch die Lage der Nasenlöcher an der Spitze des Schnabels. Entsprechend unterentwickelt ist dafür der Sehsinn. Eine weitere Ungewöhnlichkeit dieses erstaunlichen Geschöpfes ist die Größe seines Eies, das ein Viertel des Gewichts des Weibchens wiegt – eine enorme Leistung des Stoffwechsels. Welch gewaltige Menge an Dotter muss vom mütterlichen Organismus produziert und dem Ei mitgegeben werden! Bebrütet wird es vom Männchen achtzig (!) Tage lang, und nach dem Schlüpfen bleibt das Küken noch eine Woche in der unterirdischen Nisthöhle, vom Rest des Dotters in seinem Bauch zehrend. Danach beginnt es dann, selbstständige Ausflüge in die Umgebung zu unternehmen und nach Würmern zu stochern.[118]

Zwei Extreme der Vogelwelt – ungewöhnlich auf ihre Weise, Vertreter grundverschiedener Lebensweisen. Zwischen sie reiht sich nun die Vielfalt der «normalen» oder der typischen Vögel ein, diejenigen, in denen sich das Vogelwesen am reinsten darstellt – die Bewohner der unterschiedlichen und vielfältigen Landschaften und Vegetationsformen. Da gibt es kaum eine Nische, die nicht bewohnt wäre, gleichgültig, ob es sich um eine Wiese, um einen Acker, um Hecken, Uferböschungen, Schilfflächen, Laub- und Nadelwälder, um Dörfer, ja um Millionenstädte handelt, die erstaunlich vielen Vogelarten Lebensmöglichkeiten bieten. Die Einbindung in die jeweilige Umwelt zeigt sich nicht nur im Verhalten und den Lebensgewohnheiten, sondern auch im farblichen und stimmlichen Ausdruck.

Während die reinen Bodenvögel Rebhuhn, Wachtel, Waldschnepfe und die Sumpf- und Moorbewohner Brachvogel, Bekassine und Alpenstrandläufer unscheinbar braun in allen Schattierungen und feinsten Musterungen sind, tauchen bei den Bewohnern der höheren Vegetation die Farben auf: Rot- und Blaukehlchen noch im niederen Gebüsch, das Gelb der Kohlmeise und der Goldammer etwas höher, und weiter nach oben werden die Farben nicht in allen, aber doch in nicht wenigen Fällen stärker: das intensive Rot des Karmingimpels und des Dompfaffen-Männchens, beim Kreuzschnabel und, wenn auch nur an der Stirn, beim Stieglitz (der im Sommer zwar viel in den Wiesen anzutreffen ist, auf den fruchtenden Köpfen der Disteln, dessen Brutrevier aber in den Bäumen ist). Insgesamt sind sie allesamt etwas gedämpft, die Farbenglut der Tropen erreicht bei uns kein Vogel – obwohl es durchaus Annäherungen gibt: der grellgelb und schwarze Pirol, der schimmernd türkisblaue Eisvogel mit scharlachroter Unterseite, das Mittelmeerblau in den Flügeln der Blaurake. Aber alle drei sind sie Einwanderer aus den Tropen, wo sie in großer Artenfülle vertreten sind. Dies ist ein Beispiel, das wie viele andere zu zeigen vermag, dass die Tropen nichts grundsätzlich anderes, bei uns Unbekanntes aufweisen, sondern in vielem Steigerungen – bis hin zu Extremen von Erscheinungen darstellen, die bei uns in gemäßigter Form auftreten. So auch das Phänomen zunehmender Farbigkeit in Abhängigkeit von der Höhe ihres Lebensraumes in den Bäumen des Tropenwaldes, das in den grellen Farbkontrasten der großen Papageien seinen Höhepunkt erreicht (Abb. 86, S. 165), während sich die bodennahen Arten unscheinbar dunkel, erdfarben kleiden. Hier zeigen sich erstaunliche Parallelen zu den Insekten, in besonderem Maße zu den Schmetterlingen. Diese übersteigern in gewisser Weise manches, was bei Vögeln stärker im Andeutungshaften bleibt, und dies in einer Weise, dass sie geradezu wie Spiegelbilder oder Projektionen der Vögel in den Bereich der Wirbellosen erscheinen. Sie sind allerdings, wie sich zeigen wird, mit ihrem Wesen weit stärker im Licht- und Farbenbereich ihres Umkreises

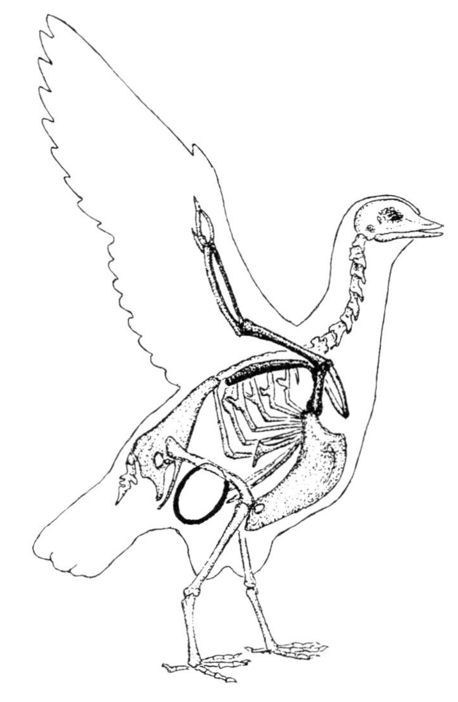

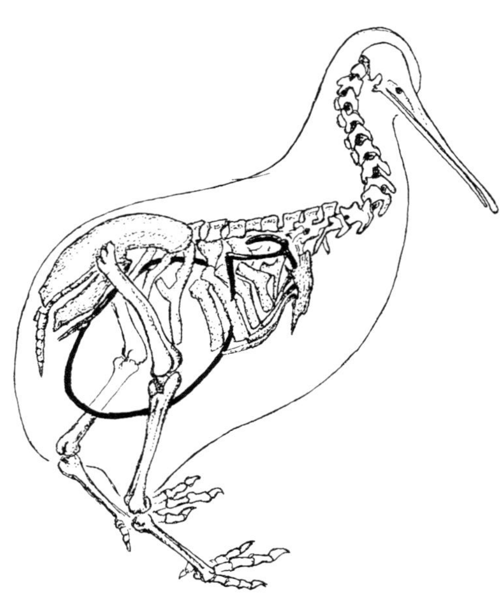

Abb. 83: Skelett von Taube und Kiwi, mit eingezeichneten Umrissen der jeweiligen Eier. Das Gewicht des Eies beträgt beim Kiwi rund ein Viertel des Altvogels. Man beachte außerdem das rudimentäre Flügelskelett mit dem langen, krallenbewehrten Finger (schwarz hervorgehoben). (Verändert nach J. Jolly 1990, *Kiwi: A Secret Life.*)

Abb. 84: Wasseramsel.
(Zeichnung Robert Hainard.)

ausgebreitet als die Vögel. Diese lassen sich nicht nur in ihrer Tracht, ihrer Färbung auf äußerliche Weise prägen, sondern – und darin sind sie Warmblüter – *verinnerlichen in ihren Gesängen den durchseelten Umkreis*. Auf diese und andere Übereinstimmungen und Unterschiede soll im Kapitel über die Schmetterlinge näher eingegangen werden.

Die stimmliche Einbindung der Vögel – in erster Linie der Sänger – in die Landschaft und den Lebensraum ist durch eine schöne Darstellung aus der Feder von Heinrich Frieling[119] jedem Vogelfreund so vertraut, dass sie an dieser Stelle nicht noch einmal von Grund auf dargestellt werden muss und einige wenige Beispiele zur Illustration genügen:

Wandert man im Frühling an einem Gebirgsbach entlang, der in vielen Wellen über die Steine springt und dabei in einer Weise rauscht und murmelt, dass man meint, leise Stimmen zu hören, dann wird man nach einiger Zeit tatsächlich auf eine leise dahinplätschernde und schwatzende Stimme aufmerksam, die sich mal mehr, mal weniger von den Geräuschen des Wassers abhebt; sie gehört einem dunklen Vogel mit breitem, weißem Brustlatz – einem runden Federball, der auf kurzen Beinen auf und ab wippt und auf diese Weise im Hell-Dunkel-Kontrast wie in der Bewegung vollkommen mit seiner Umgebung verschmilzt. Es ist die Wasseramsel, deren Gesang aus den Geräuschen des Bächleins komponiert zu sein scheint (Abb. 84).

Jeder kennt die getragenen, melodischen Strophen der Amsel, die in ihrer Ausgeglichenheit und Ruhe die Harmonie der Kulturlandschaft widerspiegeln, in der sich Wiesen und Bäume, Gebüsche und Felder gegenseitig auf vollkommene Weise ergänzen und den idealen Lebensraum dieses vertrauten Vogels bilden: die Wiesen zur Nahrungssuche nach Regenwürmern, die Büsche und Bäume zum Nisten und als nächtlicher Schlafplatz. Die nah verwandte Singdrossel liebt dagegen den Laub- und Mischwald, und wenn Anfang Mai das Sonnenlicht durch das smaragdgrüne, junge Buchenlaub fällt und sich die Seele bei diesem Anblick weitet und mit Freude erfüllt, dann sind es die jauchzenden Fanfarenrufe der Singdrossel, die dieser Stimmung den treffenden klanglichen Ausdruck verleihen. Ganz anders an einem kühlen Vorfrühlingstag in einem Fichtenwald der Voralpen oder des Schwarzwaldes; Schneereste liegen noch zwischen Stämmen, und Nebelschwaden ziehen durch die Wipfel. Wenn jetzt die schwermütigen, weithin tragenden Rufe der Misteldrossel erschallen, dann ist es wiederum eine Vogelstimme, die genau wiedergibt, was gefühls- und stimmungsmäßig auf eine atmosphärisch unerhört dichte Weise anwesend ist, und dies so sehr, dass man innerlich starke Gegenbewegungen machen muss, um nicht selber in schwermütige Stimmungen hineingezogen zu werden.

Die Vögel, zuletzt drei nah verwandte Arten in unterschiedlichen Lebensräumen, bringen die Seele einer Landschaft zum klingenden Ausdruck. Dass wir ein Empfinden dafür haben – wenn wir uns wirklich dafür öffnen –, zeigt, dass das Seelische in uns selbst und die Beseeltheit einer Landschaft durchaus von der gleichen Art sind, unbewusst, einfach sich darlebend das eine, bewusst, jedenfalls auf der Stufe des Träumens, das andere.

Unvergesslich auch, um damit abzurunden, zwei Erlebnisse in Afrika. Das eine betrifft eine Stimme, die stets mit Einbruch der tropischen Dämmerung – die viel kürzer und dramatischer ist als bei uns – mit ihrem Gesang begann. Ich war auf einer kleinen Waldlichtung an den Hängen des Mount Oldeani unweit des berühmten Ngorongoro-Kraters mit der Beobachtung und dem Fang von Insekten beschäftigt und achtete nicht allzu sehr auf die sich nähernde Nacht. Plötzlich ertönte in meiner Nähe ein wehmütiges, weithin hallendes Klagen in einer wundervoll reinen Flötenstimme, ein Geistergesang, der schlagartig alles zu verwandeln schien. Die Kontraste der Lichter und Schatten wurden weicher und schienen sich zu bewegen, unheimlich, wie merkwürdige Lebewesen, die zwischen den Bäumen auf mich zukamen, bedrohlich, ängstigend. Ein schreckender Buschbock bellte plötzlich und brach krachend durch das Unterholz. Jetzt war es höchste Zeit aufzubrechen, jetzt begann die Stunde der Tiere der Nacht, der Büffel, die zur Weide herauskommen, der Elefanten, die sich so lautlos durch die Dickungen bewegen, dass man sich plötzlich ohne Vor-

Abb. 85: Afrikanischer Schreiseeadler.

warnung zwischen ihnen befindet. All das drückte sich in der Stimme der Höhen-Nachtschwalbe aus, in der wie in einem Traum das eigene Erleben und das Leben der Natur zusammenzufließen schienen.

Das andere Erlebnis, nicht minder eindrucksvoll und von völlig anderem Charakter: ein mühsamer, langer Gang durch die Monotonie einer verbuschten Savanne mit niedrigen, wild bestachelten Akazien, an denen man ständig hängen bleibt (und die deshalb «wait a bit» heißen), der Ausblick auf die nächsten paar Meter der unmittelbaren Umgebung beschränkt, dazu brütende Hitze ohne einen Lufthauch – die Müdigkeit und der Durst werden immer stärker, Apathie stellt sich ein. Plötzlich und unverhofft ändert sich alles, mit einem Mal ist Schluss mit dem stacheligen Dickicht, der Blick weitet sich und gleitet über die spiegelnde Fläche eines Sees voller Scharen rosa Flamingos, und schneeweiße Pelikane kreisen in der Luft. Da steht man dann mit offenem Munde, alles weitet sich in einem, man kann wieder atmen und breitet die Arme aus, als wollte man all das umfangen, was sich vor einem ausbreitet. Und dann ertönt sie, die «Stimme Afrikas» («the voice of Africa»), das dreisilbige, klangvolle und weithin schallende Jauchzen des Schreiseeadlers (Abb. 85), in das man am liebsten einstimmen möchte, weil es genau das ausdrückt, was einen in diesem Augenblick erfüllt.

Zugegeben – das sind alles sehr subjektive Empfindungen, sehr unwissenschaftlich. Aber stimmt das wirklich? Ist das, was gemeinhin als wissenschaftlich gilt, wirklich vollkommen objektiv, oder ist nicht letztlich die Beschränkung auf Maß, Zahl und Gewicht aus lauter Angst vor Subjektivität ihrerseits eine höchst subjektive? Wir kommen auf Dauer nicht weiter, wenn wir nicht das subjektive Empfinden genauso als objektive Realität behandeln und ernst nehmen wie irgendein quantifizierbares Phänomen. Dies würde helfen, uns mit der Natur wieder so zu verbinden, wie wir es mit anderen Wesen tun, Menschen vor allem, denen wir dadurch

Abb. 86: In den Tropen finden sich die buntesten Vogelarten unter den Bewohnern der Baumkronen, wie der grellfarbene *Ara chloroptera* (Mato Crosso, Brasilien). Unscheinbar olivgrün ist dagegen der Kea *(Nestor notabilis)*, ein großer Papagei, der sich überwiegend auf der Erde, in der baumlosen Gebirgs- und Felssteppe der neuseeländischen Alpen bewegt. (Aufnahmen A. Suchantke.).

Verantwortungsgefühl und verantwortliches Handeln entgegenbringen. Erst durch die gefühlsmäßige Verbundenheit mit den Wesen – den *Subjekten* – der Natur (die jeden guten Wissenschaftler kennzeichnet, auch wenn er es sich nicht eingesteht) erwächst die wirkliche, das Wesen der Erscheinung widerspiegelnde Erkenntnis, die durch eine rein sachliche, kalte, gefühlsleere Beziehung niemals zustande kommt.

Was aber hat das alles mit Dreigliederung zu tun? Sehr viel, da alles, was zuletzt besprochen wurde, die Mitte, den *mittleren Bereich* betrifft, in dem sich das Vogelwesen am reinsten (und reichsten) zwischen den Vereinseitigungen einer extremen Sinnes-Nerven-Betonung – bei der die Vögel fast Insektenhabitus annehmen – und einer säugetierhaften Betonung des Stoffwechsels entfaltet. Man gelangt zu dieser Mitte, wenn man die Einbindung des Vogels in die Vegetation und die Landschaftsräume aufsucht, die nach beiden Seiten hin in Extreme übergeht – in eine zu große, stoffwechselbedingte Schwere einerseits und eine unerhörte Leichte und Entfremdung von der Erde andererseits.

Verwirrend mag auf den ersten Blick erscheinen, dass es auch ganz andere Gliederungen gibt, wie etwa diejenige, in der Friedrich Kipp die Vögel den vier Elementen zuordnete – nicht in einer starr schematischen Weise, sondern so, dass jeweils eines der Elemente in der Ausprägung der Gestalt, der Färbung, der Lebensweise dominiert.[120] Dadurch wird erheblich stärker zwischen den einzelnen Gruppen (Ordnungen, Familien, Lebensformen) differenziert und eine größere Mannigfaltigkeit sichtbar, als es bei unserem Versuch, die Dreigliederung der Vogelwelt zu erfassen, möglich wurde – vielleicht nur deshalb, weil sie noch recht allgemein und auch noch keineswegs vollständig ausfiel und einige Lebensformen – die Vögel des Wassers vor allem – gar nicht berücksichtigt wurden.

Es ist lohnend, sich mit der differenzierten Zuordnung von Kipp näher zu befassen, da durch sie einige Erscheinungen klarer und verständlicher werden. So etwa bei den Hühnervögeln: Im Vorstehenden ordneten wir sie in der dreigliedrigen Ordnung den Bodenvögeln zu, die überwiegend schlichte, braune, umgebungsfarbene Kleider tragen. Nun tragen aber die Hähne zahlreicher Hühnervögel der asiatischen Gebirgs- und Tieflandwälder die farbenprächtigsten und auch in ihrer Ausgestaltung luxuriösesten Kleider, die nur noch von den Paradiesvögeln übertroffen werden. Gold-, Silber- und Diamantfasan und auch der Pfau gehören dazu, ebenso wie unser Haushuhn, das ja schließlich im männlichen Geschlecht, und vor allem in der Wildform, außerordentlich farbenfroh daherkommt. Tatsächlich werden diese Gestalten durch die *Verbindung von Erde und Feuer* auf treffende Weise charakterisiert: Sie sind laut (und dabei höchst unmelodisch), hitzig, kämpferisch (Hahnenkämpfe!), tagsüber auf dem Boden auf Nahrungssuche unterwegs, nachts und bei der geringsten Gefahr jedoch hoch in den Bäumen. Das gilt besonders für den prächtigsten von allen, den Pfau, den man frühmorgens auf den höchsten Wipfeln der Urwaldbäume sitzen sieht – eine Sitte, die er in Zoos, in denen er freifliegend gehalten wird, wie etwa in Basel, beibehält. Die unscheinbaren Weibchen sind viel stärker dem Boden verhaftet, auf dem sie brüten und auch für längere Zeit ihre Jungen führen.

Auch die Doppel-Zuordnungen von Wasser und Luft, Luft und Wasser, Wasser und Erde und natürlich Wasser und Wasser überzeugen durch ihre Möglichkeit, die jeweilige Lebensweise oder das «Motiv» der betreffenden Gruppe konkret zu erfassen. So etwa bei den Pelikanen, bei denen wohl kein Zoobesucher auf den Gedanken käme, in ihnen Vertreter von Wasser und Luft vor sich zu haben. Man muss sie da schon in der Freiheit erleben, wenn sie gemeinsam auf Fischfang gehen, um sich anschließend in der mittäglichen Wärme den Aufwinden anzuvertrauen und als die federleichten Wesen, die sie in Wahrheit sind, stundenlang in großen Scharen ohne jeden Flügelschlag und offensichtlich aus reinem Vergnügen am Fliegen ihre Kreise zu ziehen. Dominiert bei ihnen das Wasser als wichtigstes Lebenselement, so ist es bei den Sturmvögeln und Albatrossen die Luft, wenn sie sich im Gleitflug, der über Stunden hinweg von keinem Flügelschlag unterbrochen wird, mit dem Wind über die Wellen tragen lassen und dabei gelegentlich einen Fisch oder Tintenfisch von der Oberfläche

	I FEUER	II LUFT	III WASSER	IV ERDE
1 FEUER	Kolibris Papageien u.a. Prachtvögel der Tropen	Segler Tauben Kuckucke	Enten	Fasane, Pfau u.a. Hühnervögel Trappen
2 LUFT	Bienenfresser Blauracke	Greifvögel Tropikvögel Tölpel	Pelikane Schwäne Kormorane	Kraniche Störche Reiher Flamingo*
3 WASSER	Eisvögel	Möwen Sturmvögel	Taucher Alke und Lummen Pinguine	Rallen (Teichhuhn und Wasserralle)
4 ERDE	Spechte	Regenpfeifer Kiebitz Strandläufer Schnepfenvögel	Gänse	Kiwi, Nandu Strauß

* Der Flamingo gehört wohl eher in die Gruppe IV ERDE 3 WASSER

aufnehmen. Wasser und Wasser hingegen würde dann die volle Einbindung in dieses Element bedeuten, und wir wären dann bei den Pinguinen und Alkenvögeln der kalten, fischreichen Meere.

Man vermisst dabei allerdings die Pflanzenwelt, die Vegetation ganz allgemein, die doch für die Lebensräume der Vögel von ausschlaggebender Bedeutung ist. Auffallend und zunächst irritierend bleibt aber vor allem das Fehlen der Singvögel, die in der dreigliedrigen Ordnung gerade eine Zentralstellung einnehmen. Lassen wir zu diesen Fragen Friedrich Kipp selber zu Wort kommen: «‹Wo bleiben denn aber die Singvögel?› wird mancher Leser fragen und vergeblich in unserer Zusammenstellung nach ihnen suchen. *Sie lassen sich nämlich in obigem System nicht unterbringen. Die Singvögel* – oft als Krone des Vogelstammes bezeichnet – *nehmen eine Mittelstellung in der Vogelwelt ein* [Hervorhebung A.S.]. Sie gehen nicht so einseitige Bindungen und Beziehungen zu den Elementen ein wie andere Vogelgruppen, sondern bewahren ein ausgeglichenes Verhältnis. Viele Arten leben im Gezweig und Blätterdickicht der Sträucher und Bäume, andere an den Uferstreifen von Bächen und Flüssen oder in den Schilfwäldern der Seen. Zwar lassen einige wenige Arten eine Bevorzugung des einen oder anderen Elementbereiches erkennen, z.B. gehören die Schwalben zur Luft, die Bachstelzen und die Wasseramsel zu Wasserläufen, doch gibt es bei den meisten Singvögeln keine solche Festlegung. – Das Besondere der Singvogelgruppe liegt nicht in einem spezialisierten Verhältnis zur elementarischen Umwelt, sondern in der Vervollkommnung ihres Kehlorganes und ihrer Stimme. Die an der Gabelungsstelle der Bronchien liegende Syrinx ist reicher mit Muskeln und Nerven ausgestattet als bei den übrigen Vogelgruppen, und daher ist die Stimme der Singvögel modulationsfähiger. Das ermöglicht die Vielfältigkeit und Klangschönheit des Gesanges. Der Gesang der Singvögel steht auf einer höheren Stufe als die anderen, meist eng an Affekte gebundenen Lautäußerungen der Tiere.»

Aus diesen Worten dürfte deutlich werden, dass sich die beiden Betrachtungsweisen, die dreigliedrige und diejenige der vier Elemente, nicht widersprechen, sondern ergänzen. Es sind unterschiedliche Blickrichtungen auf die gleichen Objekte, von denen dadurch jeweils andere Facetten sichtbar werden. «Richtig» sind sie beide, so lange wenigstens, wie nicht eine als absolut genommen und die andere als verfehlt abgewiesen wird.

Die Insekten

Insekten allgemein

Merkwürdigerweise gibt es nicht nur ein Tierreich, sondern deren zwei, oder – darüber kann man sich streiten – zwei Unterreiche, die sich polar gegenüberstehen: die Wirbeltiere und die ihnen entwicklungsgeschichtlich nahe stehenden Gruppen wie die Stachelhäuter (*Echinodermata:* Seesterne, Seeigel) und andere kleinere, dem zoologischen Laien unbekannte Verwandtschaftskreise auf der einen und die überwiegende Mehrzahl der so genannten «Wirbellosen» auf der anderen Seite. Der Bezug auf die Wirbel ist dabei nicht ohne Berechtigung, so weit wenigstens, wie damit ausgedrückt wird, dass die eine Entwicklungslinie, diejenige der Wirbeltiere, über ein *Innen*skelett verfügt, das der anderen Gruppe, zu der die Insekten gehören, fehlt. Die Vertreter des Innenskelettes werden als *Deuterostomier* bezeichnet, ihr Gegenstück sind die *Protostomier,* zu deutsch Neu- und Altmünder.[121] Diese Bezeichnung drückt das Schicksal des «Urmundes» aus, der ersten Einstülpung, die aus der Keimblase der Blastula den Becherkeim der Gastrula bildet, deren eingestülpter Bereich den Urdarm darstellt (man vergleiche Abb. 87, S. 170). Die Stelle der Einstülpung, der Urmund, kann nun zum definitiven Mund werden, wobei dann die zweite Körperöffnung, der After, neu durchgestoßen werden muss – oder der Urmund wird zum After, und der Mund entsteht an der gegenüberliegenden Stelle neu. Beide Möglichkeiten sind realisiert; die eine führt zur Entwicklungslinie der Altmünder *(Protostomia)*: Urmund wird definitiver Mund. Hierher gehört die eingangs erwähnte Mehrzahl der Tiergruppen, die meisten Würmer, die Weichtiere, die Gliedertiere, um nur die wichtigsten zu nennen. Die Neumünder *(Deuterostomia)* hingegen sind, wie ebenfalls schon erwähnt, die Wirbeltiere, die Stachelhäuter und einige andere, unbedeutendere Gruppen: Urmund wird After. Beide Wege führen tatsächlich zu diametral entgegengesetzten leiblichen Organisationsformen: Die Protostomier besitzen ein Bauchmark, weshalb sie auch als *Gastroneuralia* bezeichnet werden, im Gegensatz zu den *Notoneuralia,* den Rückenmarktieren. Und auch das Zentrum des Kreislaufes ist antagonistisch: Bei den Rückenmarktieren liegt es bauchseitig, während die Bauchmarktiere – z.B. die Insekten – ein Rückenherz besitzen (man vergleiche Abb. 87).

Was indes die rhythmisch-seriale Anordnung der Körperabschnitte betrifft, so ist sie, wie man heute weiß, beiden Linien grundsätzlich gemeinsam: Die gleichmäßige Wiederholung der Leibesglieder, wie sie sich bei Insekten, Regenwürmern, Fischen bis hin zu menschlichen Embryonen findet (Abb. 88, S. 171), basiert auf denselben Genen.[122] Gemeinsam

Abb. 87: Die evolutive Trennung der zwei Tierreiche auf frühembryonaler Stufe.

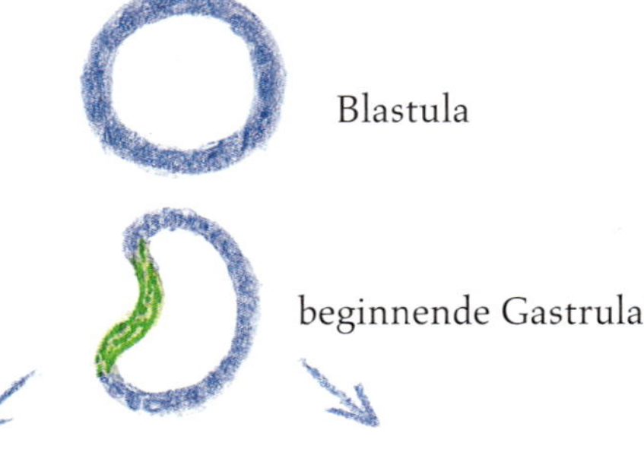

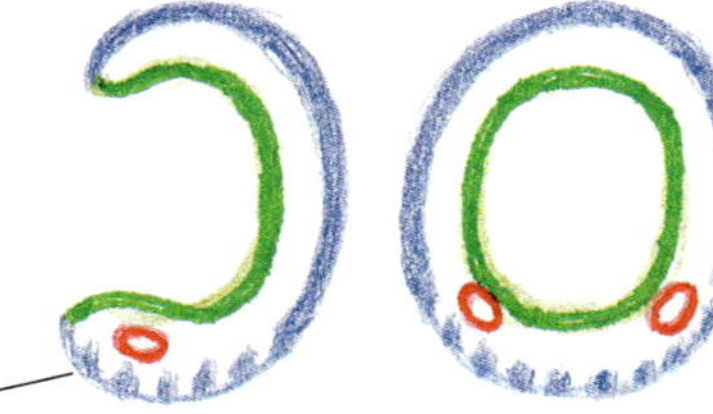

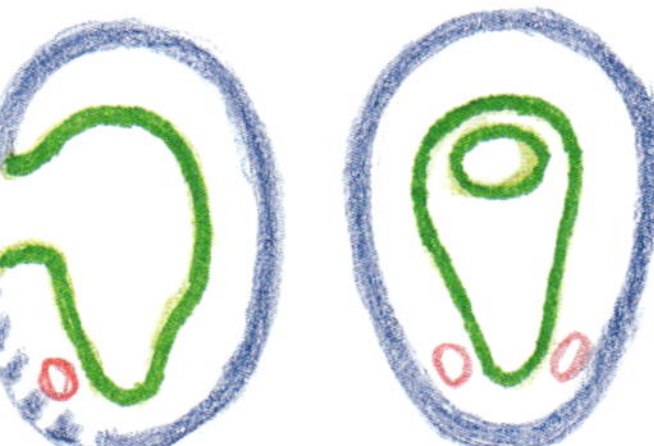

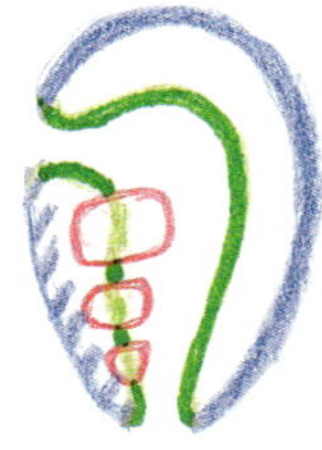

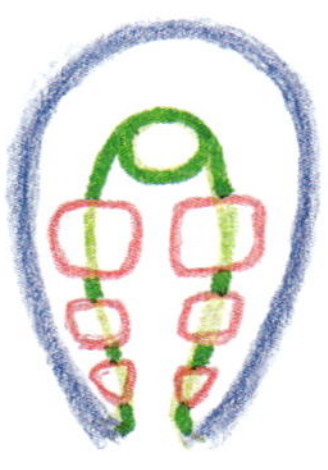

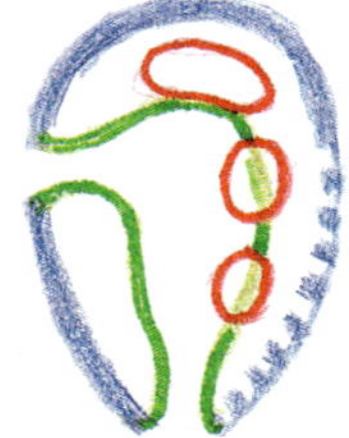

Altmünder *(Protostomia)*
oder
Bauchmarktiere *(Gastroneuralia)*

Die meisten Wurmgruppen (z.B. Ringelwürmer: Regenwurm)

Weichtiere (Schnecken, Muscheln, Tintenfische)

Moostierchen *(Bryozoa)*

Krebse, Spinnentiere

Tausenfüßler

INSEKTEN

Neumünder *(Deuterostomia)*
oder
Rückenmarktiere *(Notoneuralia)*

einige Wurmgruppen

Stachelhäuter (Seesterne, Seeigel u.a.)

Manteltiere

WIRBELTIERE:
Fische
Amphibien
Reptilien
Vögel
Säugetiere

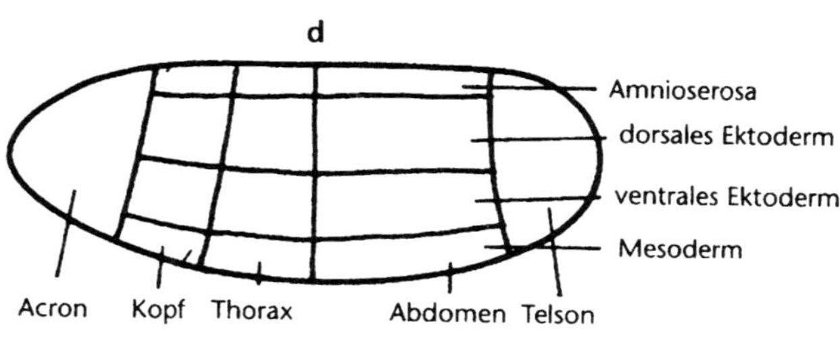

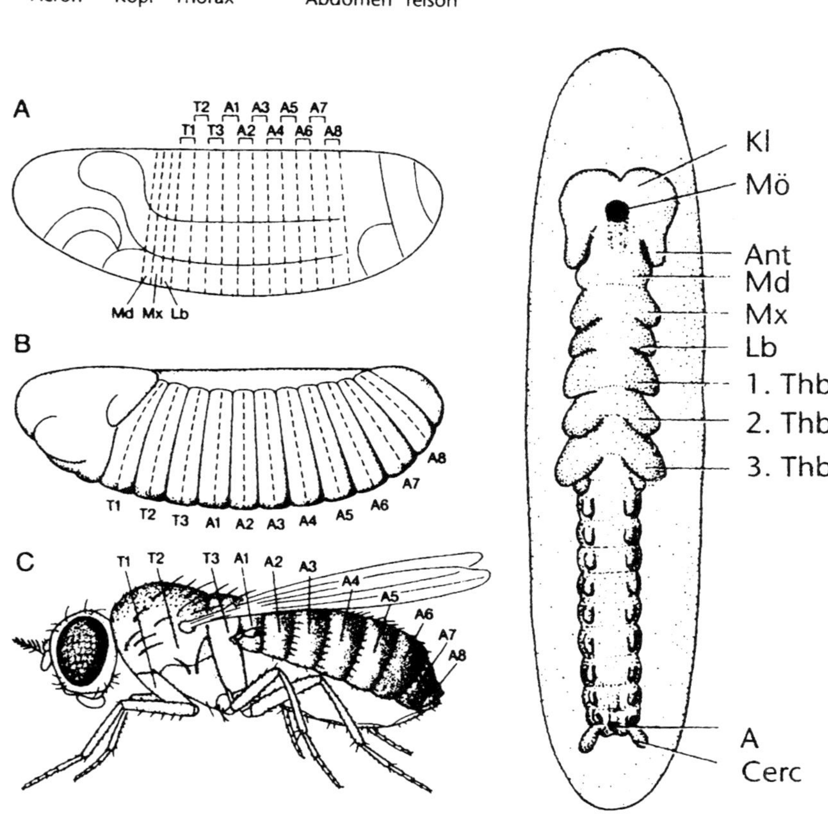

Abb. 88: Determination des Insekteneies und -embryos am Beispiel der Taufliege *(Drosophila)*.
Oben: Morphogenetische Felder des Eies. (Nach C. Nüsslein-Vollhard 1990) d = dorsal, Acron = Stirnbereich des Kopfes, Telson = Endglied des Abdomen mit After.
Darunter: Entwicklung von Drosophila. (Aus Dettner u. Peters 1999). A = Anlageplan, B = Segmentierung im späten Embryo, C = fertiges Insekt. Md = Mandibelsegment, Mx = Maxillensegment, Lb = Labialsegment des Kopfes; T1 – T3 = 1. – 3. Thoraxsegment, A1 – A8 = 1. – 8. Abdominalsegment.
Rechts: Segmentierter Embryo einer Heuschrecke (des Heimchens *Acheta domesticus*) von der Bauchseite: Gliedmaßenanlagen vom Kopf bis zum After. Mö = Mundöffnung, Ant = Antenne, Md = Mandibel, Mx = Maxille, Lb = Labium, Thb 1 – Thb 3 = Thoraxbeine, A = After, C = Cerci (Hinterleibsanhängsel). (Aus Dettner und Peters 1999.)

ist beiden (Unter-)Reichen auch die Ausbildung der drei Keimblätter auf früher Stufe der Embryonalentwicklung, also der Grundstruktur der leiblichen Organisation – aus den Keimblättern bilden sich schließlich sämtliche Organsysteme. Damit jedoch haben sich die Gemeinsamkeiten erschöpft. Die weitere Ausbildung der Organanlagen und damit die definitive Ausgestaltung des Organismus geht in beiden Linien die oben geschilderten entgegengesetzten Wege.

So verfügen die Insekten (und die anderen Gliederfüßler, Krebse und Spinnentiere usw.) über ein Außenskelett am ganzen Leib und an den Gliedmaßen – die Muskulatur ist innen und wird in den Gliedmaßen von einem röhrenartigen Außenskelett umgeben, was völlig andere

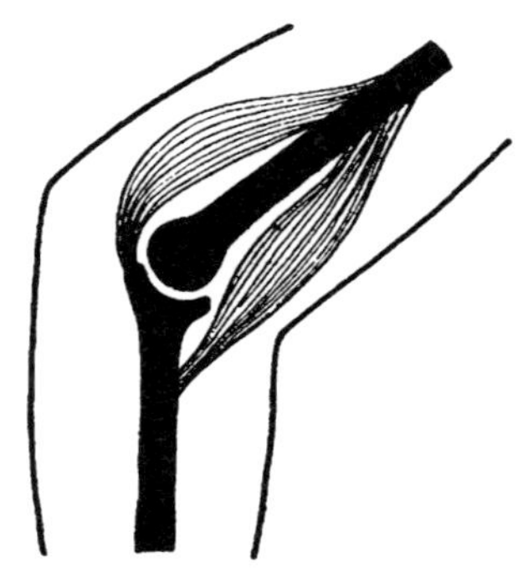

Abb. 89: Polar-antagonistische Organisation von Skelett und Muskulatur bei Wirbeltieren (oben) und Gliederfüßlern (Insekten und Krebstieren, unten).

Gelenkkonstruktionen erfordert, als sie sich bei Tieren mit strahligem Innenskelett finden (Abb. 89). Der Besitz eines Außenskelettes bedeutet Abkapselung, Abschirmung gegen die Umwelt – es bedeutet die Umhüllung mit einer völlig toten Substanz: Das Chitin, aus der die Außenpanzerung besteht, wird nach jeder Häutung in flüssiger Form durch Poren in der Epidermis ausgeschieden und erstarrt sofort zu einer unerhört widerstandsfähigen, lackartigen Schicht. Um zu wachsen, muss sich das Insekt von Zeit zu Zeit aus der Hülle befreien, da die tote Schicht nicht mitwächst.

Dieser Abschirmungstendenz wirken nun Organe entgegen, die zur Verbindung mit der Umwelt führen, wie die Sinnesorgane, die Extremitäten, die Flügel. Je nachdem, welches der beiden Systeme dominiert, das nach innen gerichtete, abschließende oder das in den Umkreis weisende, wird das Insekt umkreisoffener oder nach außen abweisender sein. Damit hätten wir einen ersten wichtigen Hinweis auf polare Tendenzen, jetzt innerhalb der Insekten selber, der sich im Folgenden als Schlüssel zu einem vertieften Verständnis dieser Tiergruppe erweisen wird.

Zuvor ist jedoch noch ein etwas genauerer Blick auf die insektentypische Leibesorganisation nötig. Als Erstes fällt dabei – nicht bei allen, aber doch bei recht vielen Vertretern – die charakteristische Dreiteilung des Körpers in Kopf, Brustbereich (Thorax) und Hinterleib (Abdomen) auf (Abb. 90). So stellt Goethe fest: «Alle einigermaßen entwickelten Geschöpfe zeigen schon am äußern Gebäude drei Hauptabteilungen. Man betrachte die vollendeten Insekten! Ihr Körper besteht aus drei Teilen, welche verschiedene Lebensfunktionen ausüben, durch ihre Verbindung untereinander und Wirkung aufeinander die organische Existenz auf einer hohen Stufe darstellen. Die drei Teile sind das Haupt, der Mittel- und der Hinterteil. Sind nun die genannten Teile getrennt und oft nur durch fadenartige Röhren verbunden, so zeigt dies einen vollkommenen Zustand an. Deshalb ist das Hauptmoment der sukzessiven Raupenverwandlung zum Insekt eine sukzessive Separation der Systeme, welche im Wurm noch unter der allgemeinen Hülle verborgen lagen, sich teilweise in einem unwirksamen, unausgesprochenem Zustand befanden.»[123] Bemerkenswert, wie Goethe hier exakt den «unwirksamen, unausgesprochenen Zustand» der Organe, der Flügel und Gliedmaßen vor allem, anspricht, die in der Larve tatsächlich als keimhafte so genannte Imaginalanlagen im Innern des Körpers «unter der allgemeinen Hülle verborgen» liegen.

Dennoch – haben wir es bei den Insekten wirklich mit einer echten Dreigliederung zu tun, in der Art, wie wir es vor allem von den Säugetieren oder vom Menschen kennen? Die «Separation der Systeme» ist eher eine Trennung der Körperregionen als eine wirkliche Sonderung der großen Organsysteme in der Art, dass sich deren Zentren in einer

Abb. 90: Biene, Sammlerin mit Pollenpaketen an den Hinterbeinen. Die Gliederung in drei Körperbereiche ist gut zu erkennen, entspricht aber bei den Hymenopteren (Bienen, Wespen, Ameisen) nicht genau der Dreiteilung in Kopf, Thorax und Hinterleib: Das erste Abdominalsegment ist mit dem Thorax verschmolzen (erkennbar an der angedeuteten Grenzlinie).

den Wirbeltieren vergleichbaren Ordnung auf die verschiedenen Körperbereiche verteilten. Dazu ist auch das «vollendete» Insekt in seiner gesamten Organisation noch viel zu stark von der ursprünglichen (und im Larvenstadium vielfach noch deutlich existierenden) Gliederung in gleichartige und gleichgestaltige Körpersegmente geprägt, auch wenn davon äußerlich zunächst nichts zu erkennen ist. Dazu passt, dass sich während der Embryonalentwicklung an allen Körpersegmenten Gliedmaßenanlagen bilden (Abb. 88),[124] die noch im Larvenstadium an den meisten Segmenten erhalten sein können (Schmetterlingsraupen, Blattwespenlarven) oder, wie bei Fliegenmaden, völlig rückgebildet werden. In umgewandelter Form können aber auch bei fertig ausgebildeten Insekten (= Imagines) Gliedmaßenanlagen auftreten, als Greiforgane bei Libellen, die bei der Paarung eine Rolle spielen, als Zangen beim Ohrwurm (die er dazu benutzt, die kompliziert auf engstem Raum gefalteten Flügel aus ihren Taschen zu ziehen, usw.; vgl. Abb. 91).

Entscheidender jedoch ist die Existenz von Gliedmaßenanlagen am Kopf, der ja ebenfalls aus mehreren miteinander verschmolzenen Segmenten besteht. Hier geben sie sich durch ihre paarige Anordnung und gelenkige Beweglichkeit zu erkennen, als Fühler und als «Kaugliedmaßen» (Ober- und Unterkiefer bewegen sich bei den Insekten in der Horizontalen!). Von besonderem Interesse sind die Fühler. Ihre ur-

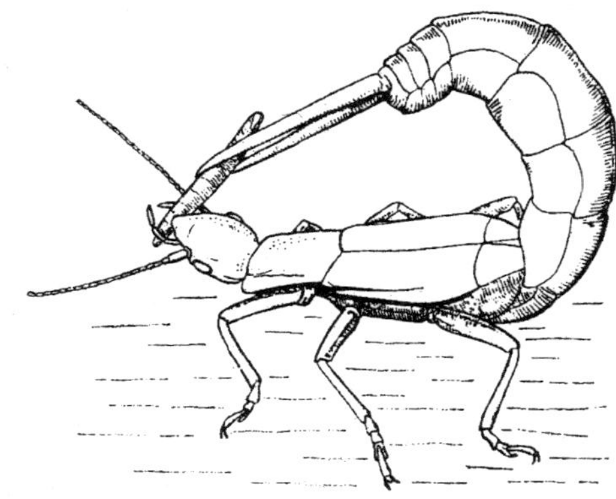

Abb. 91: Ohrwurm *(Forficula)* führt Nahrung mithilfe seiner Hinterleibszange zum Mund. (Nach Dettner und Peters.)

Abb. 92: Ameise fordert Blattlaus durch Betrillern mit den Fühlern auf, einen Tropfen Zuckerlösung aus dem After abzugeben. (Aus Dumpert.)

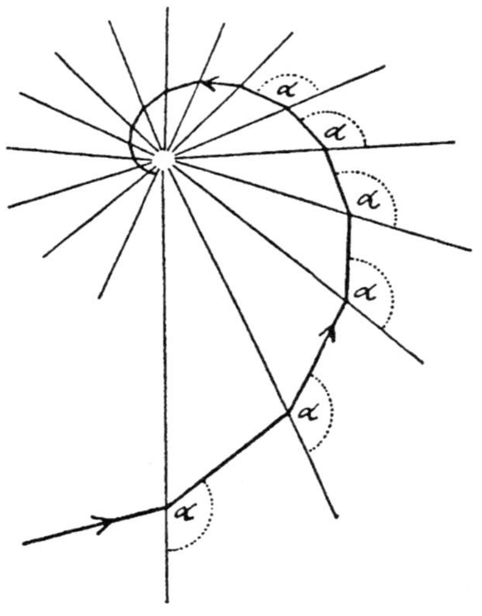

Abb. 93: Kriechweg einer Raupe, die Winkeleinstellung zur Lichtquelle konstant beibehaltend und schließlich in ihr «verbrennend». (Nach v. Buddenbrock aus Weber 1954.)

sprüngliche Gliedmaßen-Natur haben sie in vielen Fällen beibehalten, besonders deutlich bei den Ameisen, die sich gegenseitig mit den Fühlern betasten und betrillern und damit sogar die Blattläuse melken, d.h. zur Abgabe der zuckerhaltigen Ausscheidungen anregen (Abb. 92).

Gliedmaßen werden zu Sinnesorganen oder verbinden die beiden wesensverwandten Funktionen Bewegen und Wahrnehmen miteinander: Heuschrecken hören mit den langen Hinterbeinen, an denen sich die Tympanalorgane befinden, Nachtfalter, wie neuere Untersuchungen ergaben, sogar mit den Flügeln.[125] Stubenfliegen schmecken mit den Fußsohlen usw. Eigenartig und völlig anders als bei den Wirbeltieren (und vielen Gruppen niederer Tiere) ist auch der Bau der hoch differenzierten Augen: Sie sind nicht als sphärische Bildungen in den Kopf eingesenkt wie bei Wirbeltier und Mensch (treffend von R. Steiner als «Golfe der Außenwelt» charakterisiert), sondern strahlen als Bündel lang gestreckter Tuben allseitig in den Umkreis (Abb. 94). Die Augen einer großen Libelle, die aus unzähligen dieser so genannten Ommatidien bestehen – bis zu 28.000 in jedem Auge –, nehmen den ganzen Kopf ein und ermöglichen die Sicht nach allen Seiten. Dieses Sehen ist mit ständiger Bewegung des Kopfes verbunden und kann jederzeit in blitzschnelle Flugbewegung übergehen, wenn sich ein Rivale, ein Weibchen oder ein Beutetier zeigt: Wahrnehmung und Bewegung sind eins. Durch die rasterartige Untergliederung des Sehfeldes als Folge der vielen nebeneinander geschalteten Einzelaugen können selbst kleinste Bewegungen innerhalb des Sehraumes erfasst werden. Dazu kommt ein zeitliches Auflösungsvermögen, das noch erheblich gesteigert ist gegenüber demjenigen, das wir bei Kolibris beobachteten (S. 157) – jeder, der Fliegen mit der Hand zu fangen versucht, kennt das; am sichersten ist der Erfolg, wenn man sich bei der Annäherung so langsam bewegt, dass die Fliege die Bewegung nicht wahrnimmt, und dann blitzschnell zugreift – und trotzdem reagiert man meist viel zu langsam. Dass Sehen Bewegung auslöst, ist wohl noch zu dualistisch formuliert – Sehen *ist* Bewegung. Das kann zwanghaft sein wie im Fall des Insekts, das buchstäblich dadurch in die Lichtquelle «gesogen» wird, dass es den einmal eingeschlagenen Weg hin zum Licht unabänderlich beibehält (Abb. 93). Anders die Biene, die von der neu gefundenen Trachtquelle zielsicher zu ihrem Stock zurückfliegt, obwohl sie dabei eine andere Strecke benutzt als vorher bei ihrem Suchflug. Insekten, so der Anschein, leben nicht «in sich», sondern ausgebreitet im Umkreis – das physisch-leiblich so kleine Wesen ist damit in Wirklichkeit viel größer, als es unserem Auge erscheint. Die Libelle ist eins mit dem Luft-Licht-Raum, in dem sie lebt, die Biene mit dem ihr zugehörigen Duft- und Farben- (und Licht-)Raum, der Schmetterling mit dem Farbenraum und seinen Lichtern und Schatten, den er durchfliegt. Der Umkreis-Charakter ihrer Sinnesorgane, der

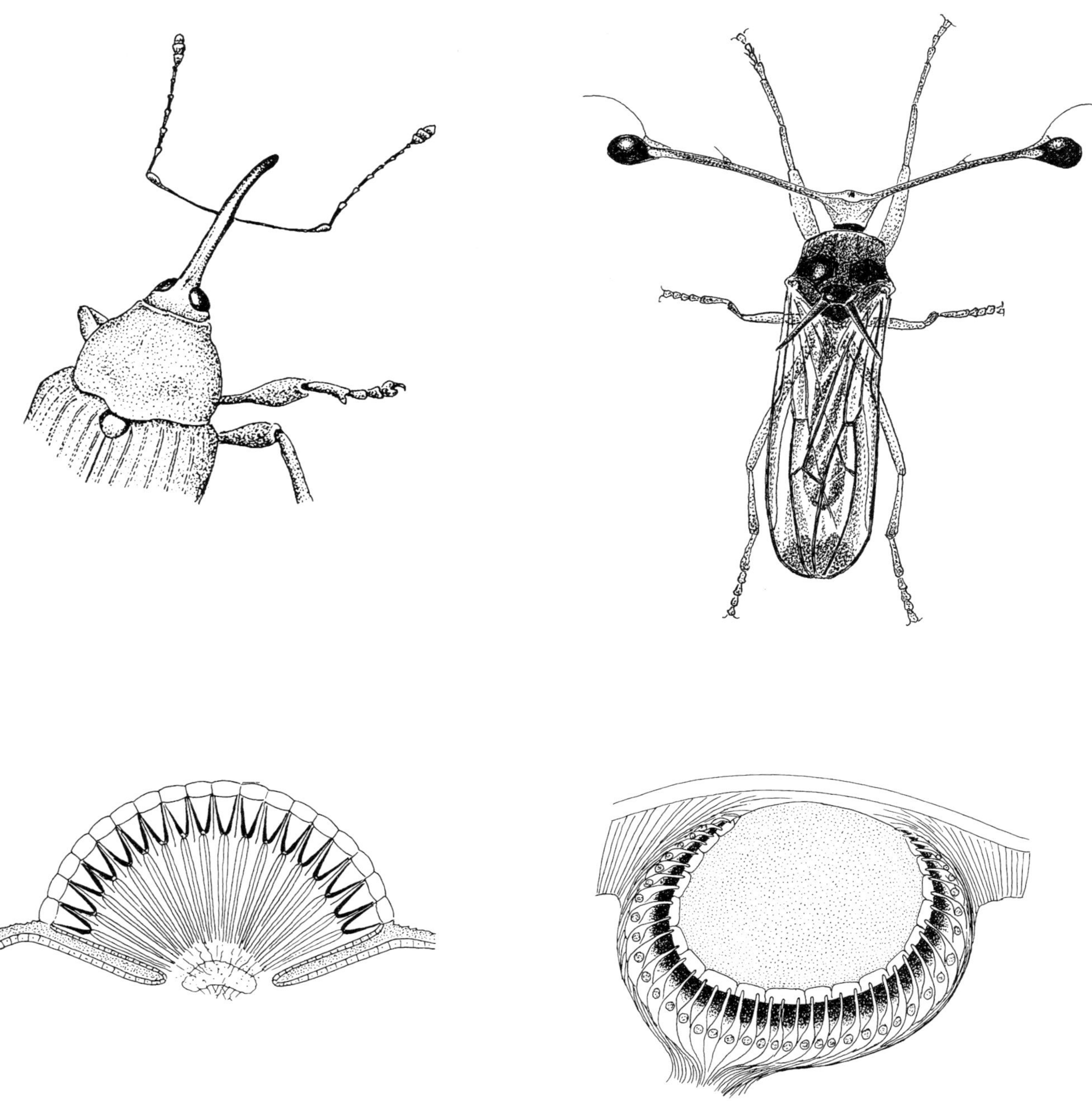

Abb. 94: «Sinnes-Gliedmaßen»: Gelenkig-bewegliche Fühler beim Rüsselkäfer (Haselnussbohrer, *Balaninus nucum*) und rechts die grotesk lang gestielten, auf Kopfauswüchsen sitzenden Augen der afrikanischen Stielaugenfliege *(Diopsis)*. Darunter polare Bautypen des Auges: links das strahlig gebaute, über den Kopf hinausragende Komplexauge der Insekten (Schema); rechts eingesenktes kugelförmiges Grubenauge eines marinen Ringelwurmes. (Nach Kaestner.)

Augen, aber auch der zu Sinnesorganen gewordenen Gliedmaßen, der Fühler, belegen das. *Die Insekten sind Sinnes-Gliedmaßen-Wesen.*

Damit taucht eine interessante Parallele zu dem oben (S. 134) erörterten Bewegungscharakter der menschlichen Sinneswahrnehmung auf, zum «Mittanzen» durch unmerkliche Körperbewegungen mit dem Gehörten, dem Mitgehen und Abschreiten des Wahrgenommenen im Sehvorgang. Aufschlussreich ist der Unterschied, der dabei sichtbar wird. Der Mensch macht beim Anhören von Musik oder Sprache die Bewegungen mit bzw. trägt dort, wo selber keine Bewegung stattfindet, diese als eigene, ihm selber völlig unbewusste Bewegung in das Wahrgenommene hinein; er erlebt (im Falle einer optischen Täuschung) eine Bewegung, die das Objekt selber nicht tätigt, die aber etwas von ihm, ein Teil seines Wesens – und zwar der aktive, der Willensbereich – im Objekt ausführt. Er ist *im Objekt* und bleibt gleichzeitig *in sich;* dadurch, dass er in seinem Willen im Objekt darinnen und mit ihm eins ist, vermag er mit dem anderen Teil seiner selbst, mit dem Erkenntnis- wie dem Gefühlsbereich, das Wahrgenommene zu reflektieren bzw. bewusst zu erleben. Das Insekt nun ist *nur* Wahrnehmung, taucht ganz im Wahrgenommenen unter und ist eins mit ihm. Es ist, um es zu wiederholen, reinstes Umkreiswesen, sein Inneres ist, so paradox es erscheinen mag, dieser Umkreis, in dem es vollständig aufgeht und von dem es, wie wir gleich noch sehen werden, in hohem Maße geprägt wird.

Heben wir im weiteren Verfolg der leiblichen Gliederung des Insekts den mittleren, die Gliedmaßen und die Flügel tragenden Körperabschnitt – über den am meisten zu sagen sein wird – für den Schluss auf und wenden uns zunächst dem Hinterleib zu. Er ist der Träger der Fortpflanzungsorgane und des Verdauungssystems, darüber hinaus aber auf eine Weise, die sich mit den Verhältnissen bei den Wirbeltieren überhaupt nicht vergleichen lässt, gemeinsam mit dem mittleren Körperabschnitt, dem Thorax, das Zentrum von Kreislauf und Atmung.

In beiden Körperbereichen kommt es zu einem alternierenden Zusammenspiel von Atmungs- und Zirkulationssystem. Ersteres besteht aus einem den ganzen Körper, die Gliedmaßen und die Flügel durchziehenden Komplex feinster elastischer Röhren, das mit der Außenwelt über die so genannten Stigmen in Verbindung steht, die an den Seiten jedes Körpersegmentes deutlich zu erkennen sind. Durch dieses Röhrensystem wird der Luftsauerstoff direkt im Körper verteilt und an alle Organe übergeben, ohne durch das Blut übermittelt zu werden; dieses, genauer: die Hämolymphe, ist dazu auch gar nicht in der Lage, da die entsprechenden Trägersubstanzen (z.B. Hämoglobin) fehlen. In rhythmischem Pulsieren wird durch Einatmung im Hinterleib die Hämolymphe in den Vorderkörper gepresst, was zu einer Erweiterung der Tracheensäcke des Hinterleibes und zu ihrer Zusammenpressung im vorderen Körperbereich führt (vgl.

Abb. 95). Anschließend kehrt sich die Situation um: Kopf und Thorax atmen ein und der Hinterleib, in den jetzt die Hämolymphe gepresst wird, wiederum aus.[126] Diese Bewegungen kann man bei manchen Insekten gut beobachten – die großen Schlammfliegen *Eristalis*, die im Sommer häufig auf den Dolden des Bärenklau anzutreffen sind, «pumpen» gelegentlich mit dem Hinterleib, ganz ähnlich wie manche eher schwergewichtigen Käfer, die Mühe haben, sich in die Luft zu erheben (Maikäfer z.B.).

Bei den Insekten – vergleicht man sie mit den Verhältnissen bei den Wirbeltieren – zeigt sich eine deutlich untergeordnete Rolle des Blutes, dem hier die Funktion des Sauerstofftransportes abgeht. Von den beiden zusammengehörenden, in rhythmischer «Ausdehnung und Zusammenziehung», in Systole und Diastole, Ein- und Ausatmung lebenden Systemen ist das innenzentrierte der beiden, der Kreislauf, deutlich schwächer entwickelt als das umgebungsoffene der Atmung. Das bezeichnenderweise *offene* Gefäßsystem – ein großes «Rückenherz» – wird von der Hämolymphe durchflossen, die anschließend frei durch die Körperhöhle zirkuliert, bevor sie wieder in das Rückengefäß zurückkehrt. Es wirkt rudimentärer und erheblich uneffektiver als das Atmungssystem, das schließlich bewirkt, dass der gesamte Körper des Insekts bis in die Flügel- und Fußspitzen von der umgebenden Luft durchzogen wird. Neuerlich bestätigt sich der Eindruck eines Organismus, der gar kein wirkliches «Innen» besitzt. Damit ergeben sich bemerkenswerte Parallelen zu den Vögeln, bei denen ebenfalls der gesamte Körper von Außenluft durchströmt wird, in den Luftsäcken, die von der Lunge ausgehen und den gesamten Rumpf durchziehen: Die Grenze zwischen Körperinnerem und Außenwelt verschwimmt.

Der mittlere Bereich des Insektenleibes nun, der Thorax, ist in gewissem Sinne das Zentrum, der Mittelpunkt des Insekts – er ist der Bewegungsbereich, Träger der Gliedmaßen wie der Flügel und damit der Organe, die gleichermaßen für die Lebensweise des Tieres wie für sein äußeres Erscheinungsbild bestimmend sind. Diese Flügel, in der Regel

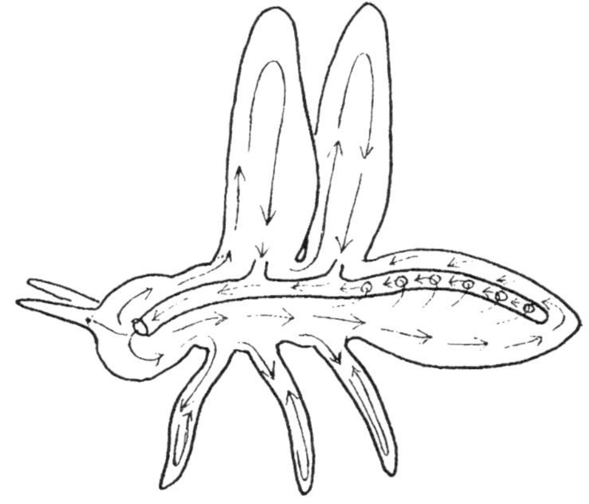

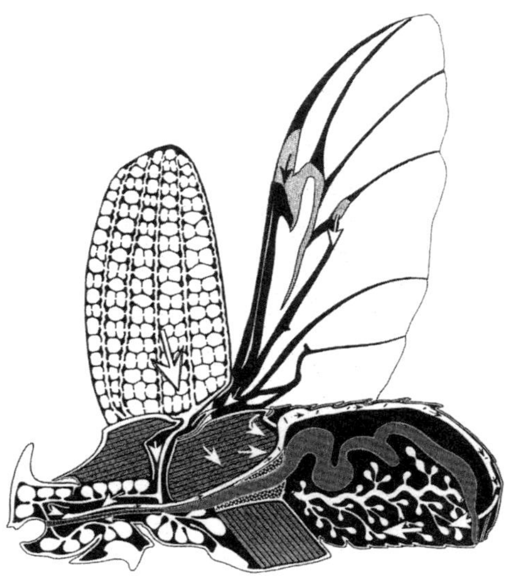

Abb. 95: Beziehung zwischen Hämolymphe- und Tracheen-(Atmungs-)Volumen in Vorder- und Hinterkörper des Nashornkäfers. Mitte: Anstieg des Hämolymphevolumens (schwarz) und Abnahme des Tracheenvolumens (weiß) im Vorderkörper bei Herz-Vorpuls. Darunter: Abnahme des Hämolymphe- und Anstieg des Tracheenvolumens im Vorderkörper bei Herz-Rückpuls. (Nach Wasserthal aus Dettner und Peters 1999.)
Oben: Schema des offenen Kreislaufes der Insekten. In der dargestellten Phase fließt die Hämolymphe durch das «Rückenherz» nach vorne – bei vielen Insektengruppen die einzige Fließrichtung, bei einigen gibt es Vor- und Rückpuls (siehe oben) – und verteilt sich im Körper und den Extremitäten, bevor es durch die seitlichen Ostien neuerlich in das Rückengefäß zurückkehrt.

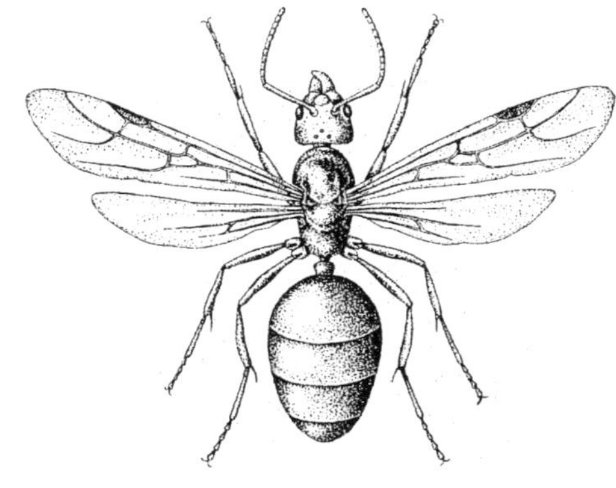

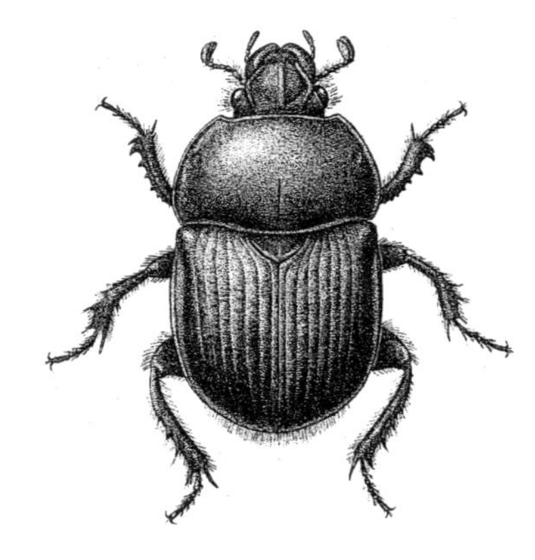

Abb. 96: Schmetterling – Ameise (Königin) – Käfer.

zwei Paare, die an aufeinander folgenden Thoraxsegmenten sitzen, sind ihrer ursprünglichen Funktion nach – soweit sie nicht durch Abwandlung in andere Funktionsbereiche einbezogen sind – Gliedmaßen, die der Fortbewegung dienen. Anatomisch-morphologisch hingegen sind sie etwas ganz anderes, nämlich Ausstülpungen der Epidermis, in deren Adern Lymphe fließt und gleichzeitig durch Tracheen Luft einströmt.

In den Bildungen des Insekten-Thorax, den Flügeln in erster Linie, zeigen sich nun Gestaltungstendenzen, durch welche die typische, ursprüngliche Ausbildung des Flügels in zwei antagonistische Richtungen hin abgewandelt wird. *Diese Formbildungen und die mit ihnen korrelierten Lebensweisen ihrer Träger sind in so eindeutiger Weise polar, dass dabei die Dreigliederung – polare Extreme um eine ausgewogene Mitte – als zentrales Formbildungsprinzip unmittelbar ins Auge springt.* Im einzelnen Insekt, in seinem Körperbau, war sie, wie wir sahen, nicht auffindbar, hier herrscht Durchdringung und Vermischung und vor allem Wiederholung des Gleichen als Reminiszenz ursprünglich gleichartigen Baues des gesamten Leibes. Anders die pterygoten (geflügelten) Insekten in ihrer *Gesamtheit:* Hier lässt sich durchaus von einem dreigliedrigen Insekten-Organismus reden, aber von einem solchen, der die Gesamtheit der Insekten umfasst.[127]

Es ist das gleiche Prinzip, das schon bei den Vögeln und den Säugetieren erkennbar wurde: Viele Insekten tendieren dazu, lediglich einen der drei Bereiche zu hoher und oftmals einseitiger Gestaltung auszubilden und erweisen sich damit gewissermaßen als bloße Teile, als Organe des übergeordneten Großorganismus, der in seiner Vollständigkeit kaum jemals von der einzelnen Art, sondern erst durch die Gesamtheit der jeweiligen Klasse (der Vögel oder Säugetiere, der Insekten) repräsentiert wird. Dennoch gibt es auch die gestaltlich ausgewogenen Vertreter, die sich nicht durch extreme Ausgestaltung einzelner Organe vereinseitigen, wie etwa die Biene, die Fliegen, die Libellen: Sie besitzen funktionsgerechte Flugorgane ohne schmückendes Beiwerk; der Flügel einer Großlibelle hat die Schönheit reiner Funktionalität, er ist von äußerster Zartheit und Leichtigkeit und gleichzeitig von höchster Widerstandsfähigkeit und Robustheit. Bienen, Libellen, Fliegen, Mücken sind Wesen, die ganz in der Bewegung leben, in *aktiver* Bewegung aus eigener Muskeltätigkeit – da gibt es kein passives Schweben oder Gleiten nach Schmetterlingsart oder träges Kriechen und Herumsitzen wie bei vielen Käfern üblich. Vertreter dieser «mittleren» Gruppierung sind es auch, welche die Möglichkeit, die sich aus dem beschriebenen Teil- oder Organcharakter des einzelnen Insektes ergeben, konsequent genutzt und in die Bildung eines Großorganismus umgesetzt haben, der es – bei den Bienen – bis zur Warmblütigkeit gebracht hat (bezeichnenderweise so, dass diese in Bezug auf das einzelne Insekt *umkreishaft* bleibt!).

Die Flügel der Insekten sind, wenn es sich nicht um die zu derben sklerotisierten Panzerplatten umgewandelten Flügeldecken – eigentlich die Vorderflügel – handelt, überaus zarte Gebilde, die nach ihrer vollen Entfaltung und Härtung nach dem Schlüpfen aus der Puppenhülle kein «Innen» mehr besitzen. Als Hautausstülpungen sind die beiden Epidermisschichten der Flügelober- und der -unterseite zunächst noch lebendig und weich-elastisch und können deshalb nach dem Verlassen der Puppen- oder Larvenhülle (letzteres beispielsweise bei Libellen) aus den kleinen, lappenartigen Bildungen, die sie zunächst sind, durch Einpressen von Körperflüssigkeit zur definitiven Größe buchstäblich aufgepumpt werden. Danach «härtet» der Flügel, das heißt, die beiden Schichten der Epidermis verkleben miteinander und sterben ab, sodass dann die Chitinlagen der Ober- und der Unterseite, ebenfalls miteinander verschmolzen, die eigentliche Flügelmembran bilden. Beim Schmetterling vollzieht sich allerdings vorher, noch während der Puppenruhe, ein weiterer Ausstülpungsprozess in kleinerem Maßstab, aber in vielfacher Weise: Zellen der Flügelepidermis beider Seiten stülpen sich aus und werden zu den zarten, blütenblattartig geformten Schuppen, den Trägern des Farbenkleides und der Zeichnungsmuster, der Tracht also (Abb. 97).

Diese Trachten, um die es im Folgenden gehen wird, sind vollkommen toten, abgestorbenen und, wie der Feinbau der Schuppen offenbart, geradezu kristallinen Bildungen eingeprägt – kristallin allerdings nur in der Geometrie ihres Baues, der überwiegend aus lufterfüllten Hohlräumen mit opaken Decken und durchbrochenen Stützen besteht (Abb. 97, unten und Abb. 98). Und es handelt sich bei diesen Trachten auch nicht wie bei den Säugetieren um die Betonung und *gestaltliche* Hervorhebung der je spezifischen Innerlichkeit, genauer: der besonderen Betonung eines der drei Systeme, des Stoffwechsels, des Sinnes-Nerven-Pols oder des «mittleren» Systems, also nicht um körperliche Plastiken, sondern – um einen Vergleich zu gebrauchen – um Malerei und Grafik. Die Flügel des Schmetterlings und besonders seine Schuppen haben in manchem Ähnlichkeit mit Sinnesorganen, mit Augen vor allem: Die Bildung wird transparent, das heißt, Eigenes tritt zurück, um anderes, das aus dem Umkreis einstrahlt, abzubilden und sich darin spiegeln zu lassen. Aber der Schmetterling selber nimmt das nicht wahr, weil er sich nicht bewusstseinsmäßig davon distanzieren kann, wie es nur der Mensch vermag. Bei ihm sahen wir ja bereits, wie sehr er sich in der Wahrnehmung intentional mit den Objekten verbindet *und sie mittut* – unter der Schwelle des Bewusstseins, innerhalb dessen er der gegenüberstehende, distanzierte und damit erkennende und beurteilende Betrachter bleibt.

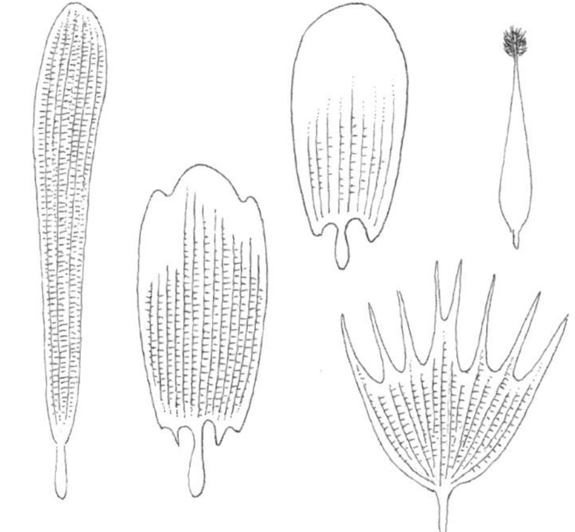

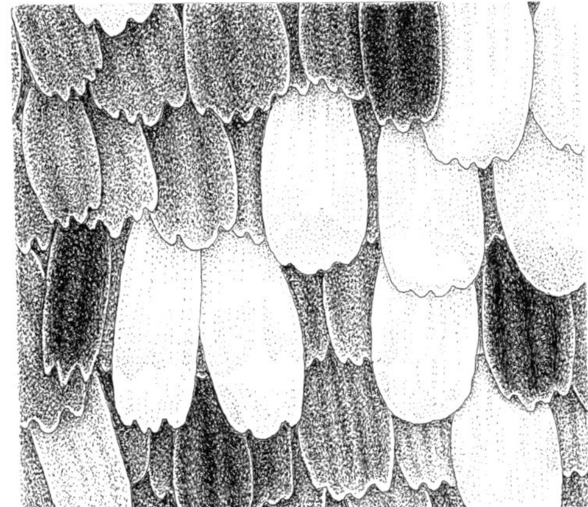

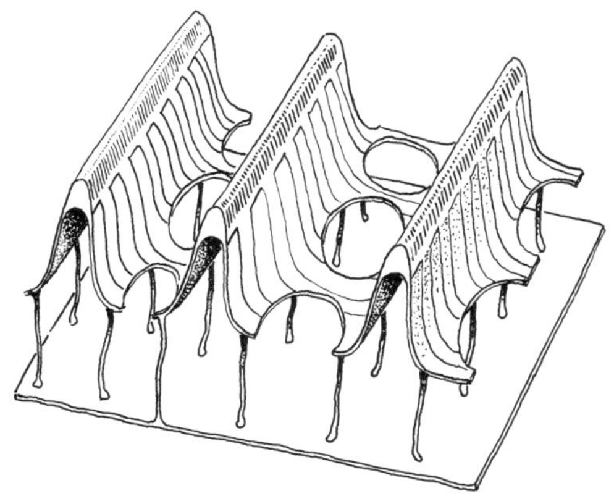

Abb. 97: Schuppen von Schmetterlingen (Tagfaltern). Unter den einzelnen Schuppen zuoberst rechts eine Duftschuppe, durch die vom Männchen Sexuallockstoffe in die Luft abgegeben werden. Unten Feinbau einer Schuppe. (Letzteres nach Weber 1954.)

Abb. 98: Ausschnitt aus dem Hinterflügel eines der prächtigsten aller Schmetterlinge – der in allen Farben des Regenbogens schillernden *Chrysiridia madagascariensis*. Deutlich erkennbar ist die Anordnung der Schuppen in parallelen Reihen. (Aufnahme Danesch.)

Der Schmetterling vermag das nicht, er kennt den Abstand des Für-sich-Seins nicht und *ist deshalb mit dem einstrahlenden Licht und den Farben untrennbar eins und durch und durch von ihnen geprägt.* So ist denn beim Schmetterling zu erwarten, dass seine Tracht in vollem Umfang Spiegel der vielfältigen Einflüsse und Qualitäten der Umwelt und des Lebensraumes des Falters ist. Und das ist in der Tat der Fall![128]

Da ist einmal die *Ruhetracht:* Der Falter sitzt regungslos in der Vegetation, auf der Erde oder an der Rinde eines Baumes, je nach seinem bevorzugten Lebensraum, und ist höchstens durch Zufall zu entdecken. Ob es ein Tagpfauenauge mit leuchtend vielfarbiger und höchst auffälliger Oberseite ist oder ein leuchtend weißer Aurorafalter mit weithin sichtbaren orangen Flügelspitzen – nichts von alledem ist zu sehen: Das Pfauenauge ist zu einem dunkel verfaulten alten Blatt oder einem Rindenfetzen geworden und der Aurorafalter zu einem Teil des vielfältig gegliederten grünen Laubes, in dem er sich niedergelassen hat (vgl. Abb. 99 und 108, S. 194). Diese «Umgebungstracht» ist gleichzeitig Ausdruck davon, dass der Schmetterling sein Eigenleben in dieser Zeit praktisch aufgegeben hat, bei schlechtem und kühlem Wetter – das Pfauenauge auch über die ganzen Wintermonate hinweg – und bei stark reduziertem Stoffwechsel und unter Einstellung aller nervösen und sensorischen Aktivitäten zu einem Teil seiner rein vegetativen, auf jeden Fall aber unbewegten Umwelt wird. Viele Insekten zeigen in ihrer Ruhetracht eine verblüffende Pflanzenähnlichkeit, nicht nur Schmetterlinge wie der berühmte *Kallima*-Falter (Abb. 109, S. 195), sondern auch viele tropische Heuschrecken oder das berühmte «Wandelnde Blatt» *(Phyllium)* aus der weitläufigen Verwandtschaft der Stabheuschrecken. Bei ihm kommt noch hinzu, dass die frühen Jugendstadien nicht grün gefärbt sind wie die Alttiere, sondern rötlich-braun wie das junge, eben entfaltete Laub vieler Tropengewächse.

Anders liegen die Verhältnisse bei den *Bewegungstrachten.* Damit ist nicht etwa das plötzliche Öffnen der Flügel gemeint, das beim Pfauenauge, wenn es unerwartet erfolgt, erschrockenes Erstaunen hervorruft, wenn plötzlich die intensiv farbigen Augenflecken sichtbar werden. Auf diese Situation wird noch einzugehen sein. Vorher soll jedoch die Aufmerksamkeit auf den Moment gelenkt werden, in dem sich das Pfauenauge mit schnellem und behändem Flügelschlag in die durchsonnte Luft hinausschwingt. Plötzlich ist von den vorher so auffälligen Augenflecken nichts mehr zu sehen, alle Muster verschwimmen in einer diffusen rötlich-braunen Farbwolke. Was es mit diesem Farbenspiel auf sich hat, ist mir zum ersten Mal nicht in unseren Breiten aufgegangen, sondern bezeichnenderweise in den Tropen – bezeichnend deshalb, weil man in ungewohnter und an neuartigen Sinnesreizen überreicher Umgebung viel stärker auf alles achtet als in der gewohnten Umgebung, in der man

Abb. 99: Ruhetracht. Links Tagpfauenauge *(Inachis jo)* – vergleiche die Bewegungstracht auf Abb. 108, S. 194. Rechts Großer Waldportier *(Hipparchia fagi)* – man versuche ihn zu entdecken! (Aufnahmen A. Suchantke.)

Abb. 100 (rechte Seite): Biotoptrachten ostafrikanischer Tagfalter, unten aus den schattig-feuchten Höhenwäldern der Aberdare-Berge, darüber (mittleres Bild) vom lichten, aufgelockerten Trockenwald an der Küste des Indischen Ozeans. Obwohl unterschiedlichen Familien angehörend und dadurch nicht näher verwandt – es sind vor allem Vertreter der Papilioniden (Ritterfalter), Nymphaliden (Eckenfalter) und der in Europa nicht vertretenen Danaiden und Acraeiden –, sind die am gleichen Ort fliegenden Falter bestenfalls hinsichtlich ihrer Größe zu unterscheiden. Im Fluge entschwinden sie schon auf wenige Meter Entfernung dem Auge und lösen sich im Geflirr der Lichter und Schatten bzw., im Fall der Berwaldfalter, in den tiefen Schatten hinein auf. In beiden Gruppierungen fliegen Weibchen des Ritterfalters *Papilio dardanus* mit (jeweils links oben), die ihren Männchen – zuoberst etwas vergrößert abgebildet – in nichts, ihren «Wahlverwandten» dafür umso mehr ähneln. Die Männchen fliegen denn auch an anderen Stellen, zusammen wiederum mit Angehörigen anderer Familien (rechts ein Weißling, darüber ein kleiner Augenfalter, eine Satyride also). Ihre helle Tracht verrät unmissverständlich, dass sie auf offenen, stark besonnten Flächen fliegen. Wo die unterschiedlichen Biotope aneinander grenzen, am Rande des Waldes und entlang breiter Waldwege, treffen sich dann die Männchen und Weibchen von *dardanus*.

schon längst alles zu kennen glaubt. Andererseits zeigen sich viele Erscheinungen, die in den gemäßigten Breiten andeutungshaft und wenig auffällig erscheinen, in den Tropen nicht selten beträchtlich gesteigert. Im vorliegenden Fall ging es um ein Erlebnis in den feuchten und dämmrigen Wäldern der Aberdares und Mau-Berge in Kenia. In dieser mit Epiphyten und Lianen verhangenen Welt flogen überwiegend schwärzliche Schmetterlinge unterschiedlicher Größe, aber übereinstimmender Tracht mit kleineren Aufhellungen auf den Vorder- und einem größeren, bräunlich-gelben Fenster auf den Hinterflügeln (Abb. 100).[129] Sie gehörten unterschiedlichen Tagfalterfamilien an und waren schon in wenigen Metern Entfernung praktisch unsichtbar – sie lösten sich buchstäblich in die Waldesdämmerung hinein auf, die von wenigen hellen Lichtpunkten auf dem Boden oder dem Laub unterbrochen wurde. Vergleichbares zeigte sich später im lichten, durchsonnten und relativ schattenarmen Küstenwald am Indischen Ozean, wo andere, mit den Bergwaldfaltern verwandte Arten flogen, jetzt allerdings mit großen, weißen, schwarz eingerahmten Flügelfeldern – exakte Abbilder wiederum der Licht- und Schattenverhältnisse ihres diesmal helleren, schattenärmeren Lebensraumes (Abb. 100).

Wie die Dinge sich so ereignen ... Wenn etwas in der Luft liegt, kann es von ganz verschiedenen Menschen gleichzeitig gefunden werden, ohne dass sie voneinander wissen. Im gleichen Jahr, in dem der Verfasser die eben geschilderten Beobachtungen in Ostafrika machte, gelangen der amerikanischen Biologin Christine Papageorgis im südamerikanischen Regenwald dieselben Feststellungen, und beide Beobachtungen wurden gleichzeitig, aber natürlich völlig unabhängig voneinander publiziert[130] und vom Verfasser als *Biotoptracht* bezeichnet.

Die südamerikanische Ausprägung des Phänomens ist insofern noch spektakulärer als sein afrikanisches Pendant, als in Südamerika nicht nur die Artenzahlen erheblich größer sind als in Afrika,[131] sondern darüber hinaus durch die stärkere horizontale Zonierung des Regenwaldes in übereinander gelagerte «Etagen» in den einzelnen Strata jeweils anders gefärbte und gemusterte Schmetterlings-Fluggemeinschaften leben, die sich von ihren nur wenige Meter höher oder tiefer fliegenden Verwandten scharf unterscheiden (Abb. 101 – 103).[132]

Aufmerksam geworden auf diese Zusammenhänge, wurde die Erscheinung auch in den gemäßigten Breiten Europas festgestellt.[133] Hier tritt sie allerdings weniger spektakulär in Erscheinung, entsprechend der im Vergleich mit den Tropen «gemäßigten» Ausprägung der meisten Naturphänomene, vor allem aber wegen der Veränderung der Landschaft durch den Menschen und der sich daraus ergebenden kleinräumigen Durchdringung unterschiedlicher Landschaftskomplexe. Dennoch, ist man erst einmal darauf aufmerksam geworden, so ist auch hier offen-

Abb. 101: Die Arten des «Tiger-Komplexes» fliegen oberhalb der «Transparenten». Abgebildet sind Vertreter aus sechs Tagfalterfamilien, wobei wiederum die Ithomiiden dominieren. Dazu kommen Papilioniden (linke Reihe zuoberst), Danaiden (linke Reihe zweite von oben), Nymphaliden (linke Reihe dritte von oben), Heliconiden (zweite Reihe dritte von oben), Riodiniden (zweite Reihe die beiden obersten), Castniiden (linke Reihe unten). Alle übrigen sind Ithomiiden.

Abb. 102: Vertreter des «Transparent-Komplexes» des amazonischen Tiefland-Regenwaldes im östlichen Peru. Neben Arten aus den Tagfalterfamilien der Weißlinge *(Pieridae*, linke Reihe), Eckenfalter *(Nymphalidae*, ein Vertreter rechts oben) und tagfliegenden Nachtfaltern der Familie *Pericopidae* (rechte Reihe) handelt es sich vor allem um Angehörige der rein südamerikanischen Familie *Ithomiidae*.

Abb. 103: Schema der übereinander geschichteten Fluggemeinschaften von Schmetterlingen gleicher Biotoptracht (links) im amazonischen Regenwald: A Transparent-, B rostbraun-schwarzer «Tiger»-, C schwarz-roter, F blau-schwarz-weißer Komplex (Abszisse: Höhe in m, Ordinate: Häufigkeitsverteilung). Rechts übereinstimmende Trachtmotive bei Vögeln, die entsprechende Höhenstufen bewohnen: 1 Bürzelstelzer *(Rhinocryptidae)*, 2 Drossel *(Turdus)*. Darüber rostbraune Arten mit dunkler Sprenkelung, von gleicher Tracht und im selben Höhenbereich vorkommend wie der «Tiger»-Komplex der Schmetterlinge: 3 Kolibri, 4 Tyrann (Familie *Tyrannidae*), 5 Baumsteiger (Fam. *Dendrocolaptidae*). In der Kronenregion dominieren grelle Farbkontraste: stahlblau und goldgelb bzw. schwarz und scharlachrot bei den Tangaren (Fam. *Thraupidae*) 6 und 7, smaragdgrün mit grellrotem Kopf und Flügelbug beim Keilschwanzsittich (*Aratinga*) 8. Die abgebildeten Vögel sind nur Beispiele der jeweiligen sehr artenreichen Gruppierungen. (Kombiniert nach Koepcke 1973, Papageorgis 1974, Suchantke 1982.)

sichtlich, dass beispielsweise die hellen, weißen und gelben Falter – die «Heliophilen» – in der offenen, gleichmäßig besonnten Landschaft der Wiesen, Felder und Felsheiden vorkommen (Weißlinge, Posthörnchen *Colias*, Schwalbenschwanz, Schachbrett-, Segel- und Apollofalter). Die Bewohner der ursprünglichen Laubwälder, vor allem der flussnahen Auenbestände, erscheinen dagegen überwiegend schwärzlich-dunkel mit schmalen, weißen Lichtbändern und -flecken, die in übereinstimmender Weise über die Flügel verteilt sind wie die wenigen Sonnenbahnen, die durch das Laubdach auf den dunklen Waldboden fallen (Großer und Kleiner Eisvogel, die beiden Schillerfalterarten) – die «Umbrophilen» stellen bei uns nur wenige Arten, im Gegensatz zu den Tropen, wo eine große Artenfülle die Wälder bevölkert. Was sich hier als Gegensatz zwischen den Arten der offenen, besonnten Landschaften und des Waldesdunkels zeigt, tritt in einer zwischen den Extremen vermittelnden Tracht bei den Arten der Waldränder und -lichtungen, der Hecken und Gebüsche auf, also jener Landschaften, in denen sich beide Elemente – offene und gehölzbestandene – durchdringen. Entsprechend mischen sich bei den hier beheimateten «Intermediären» – es ist die artenreichste Gruppe unserer heimischen Tagfalter – die dunklen Musterelemente der Umbrophilen mit den hellen der Heliophilen in einer Weise, dass die Dunklung auf Flecken und Bänder reduziert ist und die hellen Partien rötlich-baun eingetrübt erscheinen, wie bei den Perlmutter- und Scheckenfaltern, bei Kleinem und Großem Fuchs, C-Falter, Dukatenfalter *(Lycaena)*, bei den Augenfaltern *Pararge aegeria* (Waldbrettspiel) und Mauerfüchsen *(Lasiommata maera* und *megera)* und anderen. Ein besonders interessanter Fall ist das «Landkärtchen» *Araschnia levana* (so benannt nach der Kritzelzeichnung auf der Flügelunterseite), das bei uns in zwei Generationen fliegt. Die erste erscheint im Frühjahr, wenn die Waldränder und randnahen Waldwege hell erscheinen im Schmuck des durchsonnten, jungen Laubes, und es ist ein typischer Vertreter der Intermediären: Die dunklen Partien sind reduziert und die hellen ausgedehnter, aber auch abgedämpfter als bei der kontrastreichen, vorherrschend schwarz gefärbten und mit weißen Lichtbahnen geschmückten Sommergeneration (Abb. 104, S. 188). Schattig und dunkel liegt der Waldrand im Juli und August da, wenn die Falter der zweiten Generation auftauchen, die dann als typische Umbrophile im Flug kaum zu entdecken sind.

Erwähnt sei schließlich noch die vierte Gruppierung, die «Geophilen», die sich beständig in Bodennähe aufhalten, wie die bräunlich-unscheinbaren Heufalterchen *(Coenonympha)* und die Mohrenfalter *(Erebia)* der Alpenmatten und Geröllhalden, der Gletscherfalter *(Oeneis glacialis)*, aber auch die unscheinbar braunen Weibchen der meisten Bläulinge. Die leuchtenden Farben der Männchen sind ein typisches Beispiel für

die Tendenz zum irisierenden Blauschiller, der dann auftritt, wenn sich Vertreter der Umbrophilen und, wie das Beispiel der Bläulinge zeigt, der Geophilen in den durchsonnten Luftraum erheben wie unsere Schillerfalter *Apatura iris* und *ilia* und, erheblich spektakulärer, die unvergleichlich prächtigen Männchen der Morphofalter Südamerikas und der Vogelflügler *Ornithoptera* des australischen Raumes; die Weibchen dieser königlichen Falter sind unscheinbar dunkelbraun und führen ein verborgenes Leben im Waldesdunkel. Die Männchen sind genauso dunkel pigmentiert, haben aber vor der dunklen Grundierung ihrer Schuppen eine hauchdünne, lichtbrechende, opake Schicht, die nur das Blau reflektiert – wie der Himmel, der «eigentlich» schwarz ist, durch die Dunstschicht der Atmosphäre aber blau erscheint.

Die Gliederung in vier Trachttypen ist in gewissem Sinne eine Abstraktion, da jeder von ihnen in Wirklichkeit die Vereinseitigung eines allgemeinen Grundtypus darstellt, der alle Elemente in ausgewogener Weise umfasst. Auch die Heliophilen besitzen andeutungsweise umbrophile Elemente – Weißlinge mit schwarzen Flügelbasen und -rändern; Umbrophile zeigen in den weißen Linien und Flecken heliophile Reste usw. Dennoch ist die Typisierung nützlich, weil sie die Zugehörigkeit der jeweiligen Arten zu einem bestimmten Landschaftskomplex und spezifischen Licht- und Farbverhältnissen zum Ausdruck bringt.

So wird die Tracht des Schmetterlings zum Abbild und Spiegel der Licht- und der Farbverhältnisse seines Lebensraumes – die tote, an Eigenleben leere Substanz der Flügel und ihres Schuppenkleides wäre damit das vollkommene Gegenteil zu den Verhältnissen bei den Säugetieren, bei denen die Gestalt Ausdruck ihres Eigenwesens ist. Anders ausgedrückt: Was als Seelisches im Säugetier *verinnerlicht* und zumindest andeutungsweise individualisiert ist, findet sich beim Schmetterling im Licht- und Farbenraum seines *Umkreises* – in ihm lebt die Seele des Schmetterlings als ein Allgemeines und Überindividuelles und spiegelt sich in seinem Farbenkleid.

Eine Parallele gibt es allerdings zu den Säugetieren und zu den anderen Warmblütern, den Vögeln: Wo diese ebenfalls tote Elemente als Umhüllung an sich tragen – die Federn vor allem, in gewissem Umfang aber auch die Körperbehaarung –, da erhalten diese gleichfalls nicht selten umkreishafte Prägung; man denke an das weiße Winterkleid des Hermelins und des Schneehasen (und der Schneehühner), aber auch an die helle Fleckenzeichnung so mancher Jungtiere wie der Rehkitze und Wildschwein-Frischlinge, die in vollkommener Weise das Spiel der Lichter und Schatten des Waldbodens wiedergeben. Am stärksten ist diese Erscheinung aber bei den Vögeln ausgeprägt, womit eine bereits an früherer Stelle erwähnte Parallele zu den Insekten sichtbar wird (Abb. 103): Im südamerikanischen Regenwald zeigen sich in den verschiede-

Abb. 104: Biotoptrachten europäischer Tagfalter. Oben links Zitronenfalter *(Gonepteryx rhamni)*, ein typischer Heliophiler. Rechts daneben ein Vertreter der Geophilen, ein Weibchen von *Satyrus ferula*. In der mittleren Reihe links als Vertreter der Intermediären *Euphydryas intermedia*, ein Scheckenfalter, rechts der umbrophile Kleine Eisvogel *(Limenitis camilla)*. Unten links Frühjahrsform des Landkärtchenfalters *(Araschnia levana)* – ein typischer Intermediärer; die Sommerform *prorsa*, rechts, ist entsprechend der Dunklung des Biotops (infolge der schattenspendenden, dichten Belaubung) ein echter Umbrophiler! (Aufnahmen A. Suchantke.)

Abb. 105: Schrecktracht der afrikanischen Saturniide *Gonimbrasia zambesina*. Normalerweise überdecken die unscheinbar graubraunen Vorderflügel die auffälligen Hinterflügel und machen das Insekt im Falllaub des Bodens unsichtbar. Bei einer Störung werden die Vorderflügel in einer jähen Bewegung abgespreizt und die beiden Augenmale mit silbern irisierenden «Pupillen» und dunkelrotem Umfeld vorgezeigt. (Aufnahme A. Suchantke.)

nen Etagen die gleichen Farbpräferenzen wie bei den Schmetterlingen: düster-schwarzbraune Arten am Boden, rötlich-braun gefärbte Vertreter darüber und grell-bunte Formen in der Wipfelregion.[134] Aber, um es noch einmal zu betonen: Die *lebenden* Bereiche der jeweiligen Organismen, ihre eigentliche Körpergestalt, das also, was bei der Betrachtung der Säugetiere und der Vögel in den vorangehenden Kapiteln als Ausdruck ihres eigenen Wesens im Vordergrund stand, ist von diesen Übereinstimmungen nicht betroffen!

Den Umkreis-Charakter, so typisch für die Schmetterlinge, besitzt nun noch ein weiterer Trachttyp, der uns bereits beim Tagpfauenauge begegnete, allerdings nur beim sitzenden Falter; im Moment der Beunruhigung öffnet er langsam seine Schwingen und demonstriert die auffälligen Augenflecken – die wirkungsvolle Gebärde lässt sich kaum treffender umschreiben. Apollofalter tun ein Ähnliches, wenn sie infolge plötzlicher Abkühlung durch einen Wolkenschatten vorübergehend nicht mehr fliegen können und just in diesem Moment gestört werden:

Sie spreizen mit lautem Rascheln ihre Flügel so weit wie möglich auseinander und zeigen dabei höchst wirkungsvoll vier rote, schwarz eingefasste Augen. Das Phänomen ist unter Tag- und Nachtfaltern weit verbreitet, vor allem bei den Augenfaltern (*Satyridae*), deren Name schon darauf verweist. Besonders eindrucksvoll ist es bei tropischen Dämmerungsfaltern aus der Verwandtschaft der Nachtpfauenaugen ausgebildet, die tagsüber zwischen altem, braunem Laub am Boden ruhen, von dem sie sich in Form und Farbe in nichts unterscheiden (Ruhetracht), da sie mit ihren unscheinbaren Vorderflügeln die auffälligen Hinterflügel verdecken. Werden sie gestört, dann werden die Flügel gelüftet, und urplötzlich erscheint eine unheimliche Dämonenmaske mit großen, drohenden Augen, deren Realismus durch scheinbare Pupillenreflexe und effektvolle Umrahmung mit «Lidschatten» noch zusätzlich erhöht wird (Abb. 105).

Versuche mit Vögeln haben gezeigt, dass Augenattrappen von allen Signalen die stärkste schreckauslösende Wirkung haben: Die Vögel reagieren mit panischer Flucht und trauen sich längere Zeit nicht mehr an die Stelle zurück, an der ihnen das Augenmuster gezeigt wurde.[135] Natürlich ist der Träger dieser schreckeinflößenden Signale völlig harmlos, und hinter der «Warnung» steckt keinerlei wirkliche Gefahr. Wieder haben wir es mit einer Erscheinung zu tun, die lediglich Bild oder Abbild von etwas ist, ohne dieses «etwas» wirklich zu sein. *Sie ist Abbild des Schreckens, der im Gegenüber bei dem plötzlichen, unverhofften Anblick aufbricht.* Eine absurde Vorstellung? Kaum, denn ohne dieses Gegenüber und seine Möglichkeit zu erschrecken gäbe es diese Augenflecken mit Sicherheit nicht. Sie wären mitsamt ihrer schreckauslösenden und -verstärkenden Inszenierung völlig sinnlos, weil nichts im Schmetterling selber diesem Bild entspricht, sehr viel aber in der psychischen Konstitution des Gegenüber, eines beutehungrigen Vogels, Nagers oder Kleinraubtieres, in den Tropen wohl vor allem neugieriger Affen.

Vor dem Abschluss dieser Betrachtungen über die Muster und Farben auf den Schmetterlingsflügeln ist es nötig, noch einen kurzen Blick auf ihre Entstehung während der ontogenetischen Entwicklung zu werfen und auf das Zustandekommen des erstaunlichen Phänomens der *Totalzeichnung*. Damit ist der Tatbestand gemeint, dass Vorder- und Hinterflügel zahlreicher Schmetterlinge, obwohl getrennte Bildungen getrennter Körpersegmente, eine geschlossene Einheit bilden, wobei jeder der beiden Flügel deutlich den Charakter einer für sich allein unvollständigen Hälfte besitzt (Abb. 106, S. 192). Es ist dies eine überraschende Erscheinung, da sich die Musterbildung in jedem Flügel vollkommen unabhängig und ohne jeden Kontakt mit dem anderen vollzieht. Dabei ist es so, dass sich die Farbstoffe von bestimmten Punkten aus in wie-

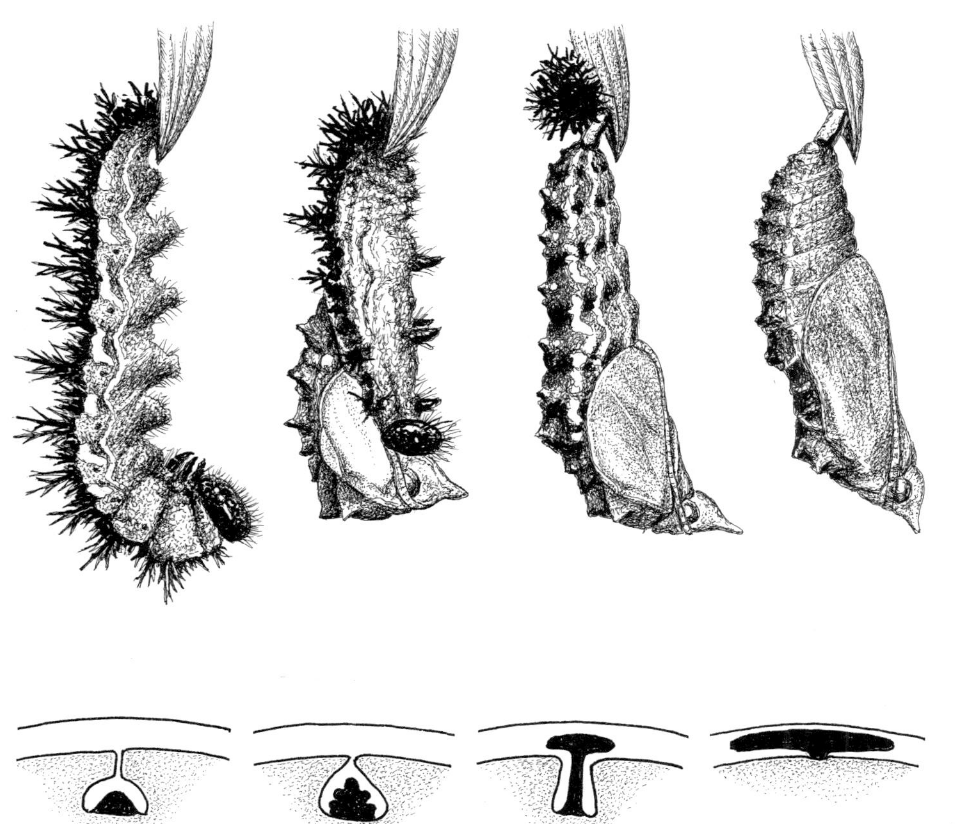

Abb. 107: Verpuppung einer Raupe des Kleinen Fuchses *(Aglais urticae)*. Bei dieser vorletzten Häutung – die letzte geschieht beim Schlüpfen des Falters – werden die Flügelanlagen aus ihrer Versenkung ins Körperinnere befreit und unter Größenzunahme dem Körper von außen angelegt. Eine derbe Chitinschicht, die darüber abgeschieden wird, garantiert den noch ganz in Bildung begriffenen Anlagen den nötigen Schutz. Die alte, überdehnte Raupenhaut – in Wirklichkeit nur die Chitinschicht über der Epidermis – zieht sich mitsamt der Kopfkapsel und den chitinigen Futteralen der Vordergliedmaßen nach hinten zusammen und wird schließlich abgeworfen. Die typische Raupenzeichnung der Epidermis bleibt noch für kurze Zeit erhalten. Darunter in schematischer Darstellung der Ausstülpungsvorgang einer im Körper versenkten Flügel- oder Extremitäten-Anlage in den Bereich zwischen Epidermis und Chitinschicht. (Original A. Suchantke.)

derholten Wellen über den Flügel hin ausbreiten und auf diese Weise ein primäres Bindenmuster erzeugen, das sich bei vielen Schmetterlingen deutlich erkennen lässt. Diese Binden werden in der Folge vielfach gebrochen, verändert, es kommt zu «Verwerfungen», die an ähnliche Erscheinungen in geologischen Schichten erinnern,[136] *vor allem aber vereinigen sie sich auf Vorder- und Hinterflügeln zu geschlossenen, zusammenhängenden Einheiten.* Das ist deswegen so erstaunlich, weil sich beide Flügel, wie oben erwähnt, vollkommen getrennt und ohne jeden Kontakt entwickeln: während der Entwicklung der Raupe als embryonale und noch undifferenzierte Anlage zunächst in taschenartigen Vertiefungen im Raupenkörper (Abb. 107); bei der Verpuppung werden die inzwischen größer gewordenen und differenzierteren Flügelanlagen aus ihrer Einsenkung ausgestülpt und von außen dem Körper angelegt, was an der Puppe gut zu erkennen ist (Abb. 107). Jetzt, innerhalb der ersten 48 Stunden nach der Verpuppung, bildet sich das definitive Zeichnungsmuster in den noch weichen, bildsamen Flügelanlagen aus,[137] in die noch keine Farbpigmente eingewandert sind. Sie sind von blasser, gelb-grüner

Abb. 106: Einfache Formen von Totalzeichnung. Helle oder dunkle Linien laufen über beide Flügel hinweg und behandeln sie als Einheit. Oben Segelfalter *(Iphiclides podalirius)*, unten, stark vergrößert, der kleine Spanner *Timandra amata*, Familie *Geometridae*. (Aufnahmen A. Suchantke.)

Abb. 108: Rechts schlüpfreifes Tagpfauenauge *(Inachis jo)*, bei dem ein Teil der chitinigen Puppenhülle entfernt wurde. Der Vorderflügel verdeckt den Hinterflügel vollständig. (Die Puppe ist zu Vergleichszwecken viel stärker vergrößert als der Falter links; die Flügel sind im Puppenstadium noch ganz klein und müssen erst durch Einpressen von Körperflüssigkeit auf die volle Größe gedehnt werden). (Aufnahmen A. Suchantke.)

Farbe und erinnern an Blattanlagen einer Pflanze, umhüllt von derben, schützenden Knospenschuppen – in diesem Fall von den festen Chitinschichten, welche die bildsamen und verletzlichen Flügelknospen umgeben und *die sich auch isolierend zwischen Vorder- und Hinterflügel legen. Beide liegen nämlich nicht neben- bzw. hintereinander wie später nach dem Ausschlüpfen, sondern übereinander, wobei die Vorder- die Hinterflügel bis auf einen schmalen Randsaum vollständig verdecken* (Abb. 108). Dennoch bildet sich das definitive Muster auf beiden Flügeln so aus, als lägen sie bereits nebeneinander! Und das sind dann nicht etwa

Abb. 109: Komplexe Ausprägungen der Totalzeichnung beim berühmten Blattschmetterling *(Kallima)* (obere Reihe). Die Oberseite, im Flug durch den leuchtenden Farbkontrast höchst auffällig, ist im Sitzen vollkommen unsichtbar, der Falter gleicht jetzt täuschend einem vertrockneten, gestielten Blatt mit Mittel- und Seitenrippen, Pilzbefall, Fäulnisflecken usw. (*Kallima inachus* links, rechts daneben *K. paralecta*). Die «Mittelrippe», visuell auf Vorder- und Hinterflügel eine Einheit bildend, setzt sich in Wirklichkeit aus ganz verschiedenen Elementen zusammen, aus Teilen der Binden A und B. (Original, das Schema nach Süffert und Portmann aus Suchantke 1994.) Unten: Es sind immer die in der Ruhehaltung dem Licht (und dem Betrachter) zugewendeten Bereiche der Flügel, auf denen sich die Totalzeichnung ausdrückt. Sind es beim Blattschmetterling, einem Tagfalter, die Unterseiten, so beim Nachtfalter *Cricula trifenestrata* (Familie *Saturniidae*) die Oberseiten der Flügel. Auch in diesem Fall setzt sich die «Mittelrippe» des vertrockneten braunen Blattes auf der Oberseite aus verschiedenen Teilen zusammen, während auf der normalerweise nicht sichtbaren Unterseite (rechtes Bild) die zusammengehörigen (homologen) Strukturen aneinander grenzen. Die kleinen durchscheinenden Fenster stehen immer *zwischen* den beiden Binden. (Original.)

Abb. 110: Totalzeichnung auf der Flügelunterseite des Aurorafalters *(Anthocharis cardamines)*. Die kryptische Ruhetracht des Hinterflügels setzt sich auf der Spitze des Vorderflügels an der Stelle fort, wo dieser über den Hinterflügel hinausragt (markiert durch Pfeil). Die dabei verdeckten Partien des Vorderflügels, die erst im Fluge oder bei abflugbereiter Öffnung der Schwingen sichtbar werden, tragen die gleiche «Bewegungstracht» wie die Flügeloberseite. (Aufnahmen A. Suchantke.)

bloß grobe Annäherungen, sondern bis in kleinste Details hin präzise ausgefeilte Passungen, wobei nicht selten morphologisch ungleichartige Elemente beider Flügel auf perfekte Weise zu einer neuen Einheit verbunden werden, wie es beispielsweise die «Mittelrippe» auf dem «Blatt» des *Kallima*-Falters zeigt und auf ähnliche Weise der Nachtfalter *Cricula trifenestrata* aus der Familie der Augenspinner *(Saturniidae)* (Abb. 109). Wo sich in anderen Fällen Vorder- und Hinterflügel dort, wo sie aneinander grenzen, überlappen, «springt» das Muster über die verdeckten Bereiche hinweg, lässt sie ungezeichnet und setzt sich auf dem angrenzenden sichtbaren Teil des nächsten Flügels fort. Das Gleiche gilt auch für die Ruhehaltung: Wo Teile des verdeckten Flügels unter dem anderen, verdeckenden, hervorragen, setzt sich auf ihnen die Zeichnung des anderen (verdeckenden) Flügels fort (vgl. den Aurorafalter der Abb. 110).

Wenn es eines Beleges dafür bedürfte, dass bei der Bildung eines Organismus von Anfang an eine übergeordnete, ganzheitliche und in sich differenzierte *Formgestalt*[138] wirksam ist, die als ordnende und koordinierend wirkende *reale Wesenheit* eine entscheidende Rolle spielt, dann wird er durch das Phänomen der Totalzeichnung geliefert. Woher sollten sonst Vorder- und Hinterflügel, gesonderte Bildungen gesonderter Körperteile, «wissen», wie sie sich *zu einem späteren Zeitpunkt* zu ergänzen haben?! Ein zeitlich Späteres wirkt «voraus», auf ähnliche

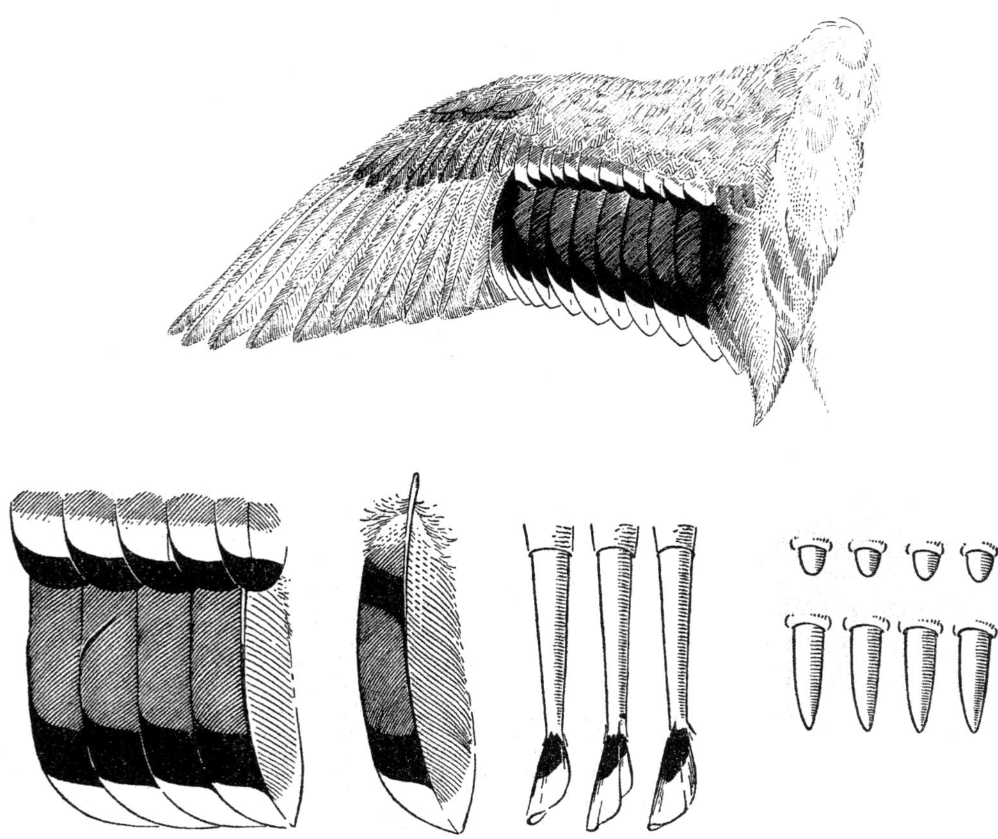

Abb. 111: «Totalzeichnung» auch im Gefieder der Vögel! Der blauschillernde Spiegel auf dem Flügel der Stockente wird von mehreren Federn gebildet, die ohne jeden gegenseitigen Kontakt isoliert in den Futteralen ihrer hornigen Scheiden entstehen und die auffällige Färbung nur an den später sichtbaren Bereichen ausbilden – wie bei den Schmetterlingen «überspringt» das ganzheitliche Muster die verdeckten Partien. (Aus Portmann.)

Weise, wie im Blattwandel der Pflanze die *später in Erscheinung tretende Blüte in ihren Wirkungen bereits anwesend ist.* Auf der Ebene der gestaltbildenden Wirksamkeiten stellt sich das Geschehen als die *überzeitliche Natur der tätigen, bewirkenden Kräftegestalt des Organismus dar, der in allen seinen Aspekten ständig als Ganzes vorhanden ist* und lediglich bei seinem (zeitlich stets begrenzten!) Eintauchen und Formbilden im Bereich der physischen Materie als Zeitgestalt in Erscheinung tritt.

Und auch in diesem Fall wird neuerlich die Umkreisnatur des Schmetterlings sichtbar. Was sich in den Elementen der Totalzeichnung ausdrückt, sind schließlich nicht irgendwelche Beliebigkeiten, sondern die Elemente der Biotop- und der Ruhetracht, also *Prägungen aus der Umwelt. Und sie sind auch nur an den sichtbaren, genauer: an den lichtzugewandten Bereichen der Flügel anzutreffen,* die verdeckten Teile bleiben unbehandelt. Die Frage ist nur (und wir hatten bereits mit ihr zu tun): Ist es in diesem Fall berechtigt, von Um-Welt zu reden und einen Begriff aus der physisch-sinnlichen Sphäre zu verwenden, in der alle Dinge ihre Sonderung und getrennte Existenz besitzen? Auf der Ebene der formbildenden Wirksamkeiten, der Durchdringung des Physischen mit den Bildekräften, gibt es diese Sonderung ganz augenscheinlich nicht, Schmetterling und Umwelt werden von ein und demselben durchdrungen und gestaltet.

Als Nachsatz schließlich sollte nicht unerwähnt bleiben, dass sich auch dieses Mal übereinstimmende Erscheinungen in der Vogelwelt finden. Die Feder ist ja auf ähnliche Weise nach ihrer vollen Ausbildung ein abgestorbenes, totes Gebilde wie die Schuppe auf den Flügeln der Schmetterlinge. Beide sind sie Träger der Tracht, und genau wie der eine der beiden Schmetterlingsflügel dort, wo er vom anderen überdeckt wird, kein Zeichnungsmuster trägt und sozusagen «leer» bleibt, ist auch die Vogelfeder nur an ihren sichtbaren, dem Licht zugekehrten Bereichen gemustert, und genau wie beim Schmetterling «springt» das Muster über die verdeckten Teile hinweg und setzt sich auf dem angrenzenden, unverdeckten Teil der benachbarten Feder fort (Abb. 111). Wiederum ein erstaunliches Phänomen, verläuft doch die Bildung der einzelnen Federn noch erheblich stärker voneinander isoliert, als es bei den Flügeln der Schmetterlinge der Fall ist – jede entwickelt sich abgeschirmt in ihrer Hornscheide ganz allein für sich.

Käfer

Thomas Marti charakterisiert den Käfer folgendermaßen: «Der typische Käfer besitzt einen gedrungenen, oft etwas plumpen, aber recht robusten und kräftigen Körperbau und ist durch ein hartes und massives, stark sklerotisiertes Exoskelett gegen außen gut abgeschlossen. Beim Anfassen wirken diese Tiere durch ihre feste Panzerung hart und massiv. Hält man etwa ein lebendes Tier zwischen den Fingern, dann lassen sich die Körperkräfte erahnen, die ein schiebendes, stoßendes und drückendes Tier mit seinen sechs starken Beinen zu entfalten vermag.»[139] Fügen wir noch hinzu: Die Flügel, die beim Schmetterling in den Umkreis ausgebreitet und zu überaus zarten Spiegeln der Lichter und Farben ihres Lebensraumes werden und dadurch fast den Charakter von Sinnesorganen besitzen, sind beim Käfer zu massiv gehärteten Panzerplatten geworden – die Vorderflügel wenigstens, die sich über die zarthäutigen Hinterflügel legen und diese vollständig verbergen. Im Flug beteiligen sich diese Elytren nicht, sie werden in den meisten Fällen lediglich abgespreizt (Abb. 112): Ursprünglich Flugorgane, haben sie im Laufe der Käferevolution einen Funktionswechsel durchgemacht und sind zu Hilfsorganen der Panzerung geworden. Die zarten, häutigen Hinterflügel, im Sitzen und Laufen stets verborgen und damit unsichtbar, tragen keinerlei Farben oder Zeichnungsmuster.

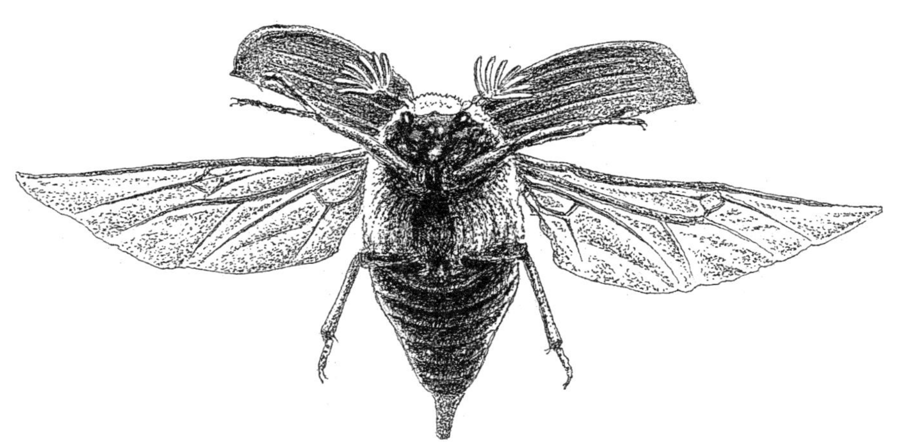

Abb. 112: Im Flug bilden bei Schmetterlingen – im Unterschied zu den Käfern – Vorder- und Hinterflügel eine geschlossene Einheit, was sich im Bereich der Tracht in der Erscheinung der Totalzeichnung ausdrückt. Oben Schwalbenschwanz *(Papilio machaon)*, darunter zwei Falter des südamerikanischen Regenwaldes: links die Nymphalide (Eckenfalter) *Marpesia coresia*, rechts eine rostbraune Heliconiide. (Nach Aufnahmen von Stephen Dalton.)
Unten ein Maikäfer mit reglos abgespreizten, am Flug unbeteiligten, aber wohl als Stabilisatoren dienenden Vorderflügeln. (Nach einem Foto von H. C. Kappel.)

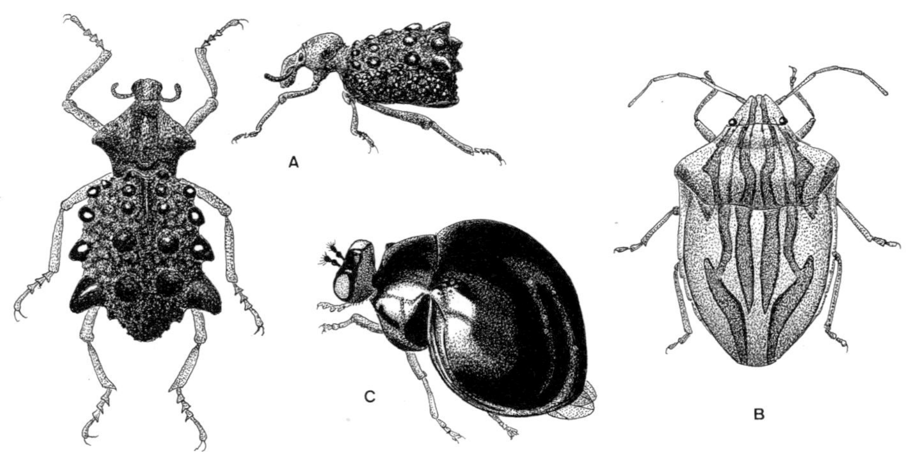

Abb. 113: Die Abdeckung des gesamten Körpers durch Bildungen des Thorax wird zwar vor allem von Käfern vorgeführt, wobei es mitunter sogar zur Verwachsung der Flügeldecken kommen kann wie bei dem abgebildeten afrikanischen Rüsselkäfer *(Brachycerus manifestus)*, der dadurch völlig flugunfähig geworden ist (A).Die gleiche Erscheinung tritt aber gelegentlich auch in anderen Insektenfamilien auf, wobei dann andere Teile des Thorax die Rolle der körperübergreifenden Panzerbildung übernehmen – so bei den Schildwanzen der Familie *Scutelleridae*, bei denen nicht die Flügeldecken, sondern das bei anderen Blattwanzen kleine und unbedeutende Scutellum zu einer massiven, den gesamten Hinterleib bedeckenden Kapsel auswächst, wie es im Bild von *Odontotarsus robustus* (B) vorgeführt wird; ganz ungewöhnlich schließlich erscheinen solche Bildungen, ebenfalls des Scutellums, bei Fliegen (C) der Familie *Celyphidae*. (C nach Portmann, die übrigen Originale.)

Die Bildegebärde ist aufschlussreich: Die Flügeldecken, die Elytren, wölben sich schalenartig nach unten, den Körper nach oben und den Seiten, zum Lichtraum hin, abschirmend (Abb. 113). Und es sind nicht nur die Elytren, sondern auch der vordere Bereich des Thorax (der Prothorax), der durch ein massives Nackenschild, das Pronotum, abgedeckt ist, das oft genug so weit nach vorne reicht, dass sich auch noch der Kopf darunter zurückziehen kann. Unter den Schildkäfern (Familie *Chrysomelidae*, Tribus *Cassidinae)* wird diese Tendenz auf die Spitze getrieben: Die Flügeldecken und das Nackenschild sind so verbreitert, dass eine kreisrunde Platte entsteht, unter die sich das Insekt vollständig zurückziehen kann (Abb. 114). Bei den Marienkäfern ist es ganz ähnlich – ziehen sie den Kopf und die Beine ein und pressen sich an die Unterlage, dann sind sie praktisch unangreifbar; Ameisen jedenfalls können an der spiegelglatten Halbkugel mit ihren Kieferzangen nirgends anpacken, wenn sie den Räuber aus ihren wohlbehüteten Blattlauskolonien vertreiben wollen.[140]

Nach unten, der Erde zugewandt ist das Leitmotiv der Gestaltbildung bei den Käfern. Entsprechend ist auch ihre Färbung: Erdfarben, gesteins- und rindenfarben ist die Tracht, allerdings mit Ausnahmen – gedämpfter Bronzeschiller in allen Regenbogenfarben fängt schon bei den Laufkäfern *(Carabidae)* an und steigert sich bei den blütenbesuchenden Pracht- und Rosenkäfern (*Buprestidae, Cetoniidae*) zu Smaragd und Lapislazuli: Im durchlichteten Raum der Vegetation kommt es zu funkelnden Metallfarben. Unvergesslich der blendende Lichtblitz, von einem Blatt im amazonischen Regenwald ausgehend: ein Tropfen glühenden Goldes, und doch nur ein winziger, wenige Millimeter großer Schildkäfer, dessen Glitzern sofort erstarb, als ein Schatten darüberwanderte.

Abb. 114: Der kleine, metallisch funkelnde Prachtkäfer *(Anthaxia hungarica, Familie Buprestidae)*, äußerst scheu und stets abflugbereit; Provence. Darunter ein Schildkäfer aus dem Regenwald der brasilianischen Küstengebirge; die durchsichtigen Flügeldecken ragen seitlich weit über den Körper und die Gliedmaßen hinaus. Bei Gefahr flüchtet der Schildkäfer nicht, sondern presst sich fest an den Untergrund. (Aufnahmen A. Suchantke.)

Im Vergleich mit den Schmetterlingen wirken die Farben der Käfer irdener, mögen sie auch noch so sehr funkeln. Das leuchtende Blau eines Morphofalters oder eines einheimischen Bläulings gibt es in der Käferwelt nicht – diese Farben erscheinen im Flug und im Sonnenlicht unirdisch-immateriell und bei den tropischen Morphos von einer Intensität, die einem den Atem verschlägt und jeder Beschreibung spottet: Blau des Himmels in höchster Steigerung und gleichzeitiger Durchlichtung beim Schmetterling gegenüber geschmolzenem, glühendem Metall des Käfers. Und statt der hauchdünnen, blütenblattartigen Schuppen des Schmetterlingsflügels massive Ablagerungen lichtundurchlässigen Chitins.

Nichts von den Umgebungsfarben der heliophilen oder umbrophilen Falter, kein Aufgreifen belebter oder abgestorbener pflanzlicher Färbungs- und Musterungsmotive, wie es für die Ruhetrachten nicht nur der Schmetterlinge, sondern auch vieler Heuschrecken und Stabheuschrecken typisch ist. Keine «Totalzeichnung» über Vorder- und Hinterflügel hinweg, beide visuell zur Einheit verbindend – dazu sind die beiden Flügelpaare der Käfer zu verschiedenartig in ihren Funktionen und ihrer Gestalt und werden auch nie gemeinsam benutzt. Wo dennoch Zeichnungsmuster vorkommen, und das ist vielfach der Fall, da sind es überwiegend einfache Punkt-, Strich- und Streifenmotive (wie sie in besonders klarer Weise etwa Marien- und Kartoffelkäfer zeigen), die dann häufig der Längsaderung der Flügeldecken folgen. Dabei kommt es nun in vielen Fällen zu einer merkwürdigen Form der «Totalzeichnung», die einen völlig anderen Charakter besitzt als bei den Schmetterlingen, aber wie bei diesen verschiedene voneinander unabhängige Körperregionen visuell zu einer Einheit verbindet.

Die Unterschiede zur Totalzeichnung der Schmetterlinge sind dabei höchst bezeichnend: Es sind nicht die Farb- und Lichtelemente der Umgebung, wie sie sich beim Schmetterling aufprägen, sondern *körpereigene Strukturen;* die *Längs*streifen der Flügeldecken lösen sich bei ihrer Ausdehnung über den Hinterleib hinweg allmählich auf und zeigen eine mal schwächere, mal stärkere Tendenz, sich zu *Quer*binden neu zu gruppieren. Sie greifen dadurch in ihrer Musterung die strukturelle Gliederung des Abdomens in rhythmisch hintereinander geschaltete Segmente auf, als Trachtmotiv, dem auf den Elytren keinerlei anatomische Strukturen entsprechen. In manchen Fällen kann dabei eine große Ähnlichkeit mit Insekten auftreten, deren Hinterleib unverdeckt bleibt und auffällige, auf jedem Segment wiederholte Muster trägt, wie etwa die Wespen. «Wespentracht» zeigen nicht wenige blütenbesuchende Bockkäfer (*Cerambycidae)*, die im Sommer auf den Schirmen der Doldenblütler anzutreffen sind. Dieses «Segmentmuster»[141] schließt mitunter so exakt an die Musterung der abdominalen Segmentplatten an und setzt diese so genau fort, dass am Zusammenhang beider kein

Zweifel besteht (siehe Abb. 115, S. 204). Dies ist wiederum ein Beispiel für die Tendenz zur Absonderung vom Umkreis und zur Selbstbezogenheit des Käfers.

Selbstbezogenheit – das könnte das Stichwort, das Motto der gesamten Käfersippe sein. Das bedeutet Konzentration der Kräfte nach innen und nicht ihr Verströmen in den Umkreis bis hin zur Selbstauslöschung – ein Weg, den die Schmetterlinge in gewissem Sinne gehen, die ihr Eigensein aufgeben und sich von den Umkreiswirkungen formen und durchdringen lassen; Ausdruck davon sind die Schuppen ihrer Flügel, aus denen sich das Eigenleben des Organismus zurückgezogen hat und die sich dadurch öffnen für die Licht- und Farbeneinflüsse des Umkreises, die in das entstehende Vakuum eindringen und die Flügel zu ihrem Spiegel machen.

Die nach innen gewendeten, konzentrierten Vitalkräfte des Käfers werden in vielen Fällen für die Auseinandersetzung mit toter oder dem Toten nahen Zustand pflanzlicher Materie eingesetzt, im Holz der Bäume und in den Ausscheidungen pflanzenfressender Tiere, im Dung. Eine erstaunlich hohe Zahl von Verwandtschaftskreisen lebt als Adulte, vor allem aber im Larvenzustand, von totem Holz, Abfall oder Dung[142] und hilft mit, dass dieses Material wieder in neue Lebensprozesse aufgenommen werden kann. Hier spielen die Borkenkäfer *(Scolytidae)* eine wichtige Rolle, verhasst bei allen Waldbesitzern, da sie bei Massenauftreten auch gesunde Bäume schädigen; im Naturzusammenhang sind sie jedoch notwendig für die Regeneration, die Verjüngung des Waldes, da sie Platz schaffen für den Jungwuchs der nächsten Generation. Holzverwerter sind vor allem viele Vertreter der Bockkäfer *(Cerambycidae)*, die als Larven jahrelang in totem Holz leben, aber auch die Larven des Hirschkäfers, große, bleiche Engerlinge, die für ihre Entwicklung in alten Eichen fünf bis acht Jahre brauchen. Möglich ist diese Lebensweise, da ihnen Bakterien in ihrem Verdauungssystem helfen, die zunächst wertlose Nahrung – Zellulose – aufzuschließen, und die zusätzliche Verdauung eines Teiles der (sich ständig regenerierenden) Bakterien liefert die nötigen Proteine. Die Übereinstimmungen, die sich hier mit den Wiederkäuern unter den Säugetieren zeigen, sind nicht zu übersehen.

Diese Parallelen äußern sich auch auf der gestaltlichen Ebene. Die Ähnlichkeiten mit den Bildungen der Gehörne und Geweihe sind frappant, obwohl sie aus ganz anderem Material (Chitin) bestehen und auf völlig andere Weise zustande kommen. Zu den Übereinstimmungen gehören auch die Gärkammern in den Darmsystemen der Dungkäfer und den Pansen der Wiederkäuer, und hier liegen wohl auch die Ursachen der auffallenden gestaltlichen Übereinstimmungen: Durch die fremde Hilfe der Mikroorganismen kommt es zu einer gewaltigen Leistungssteigerung des Stoffwechsels, zu einer enormen Freisetzung von vorher – in dem

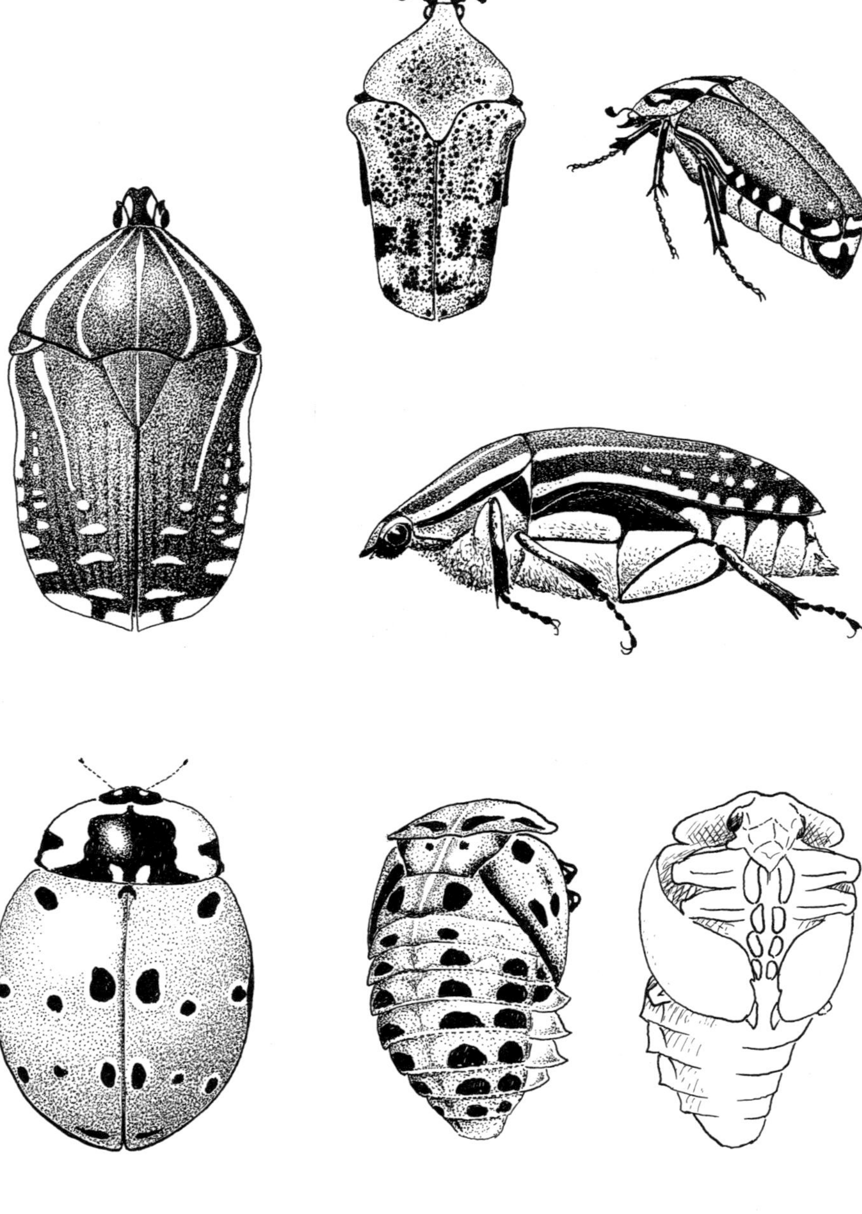

Abb. 115: «Segmentmuster» auf den Flügeldecken von Käfern. Oben Vertreter der Rosenkäfer (Familie *Cethosiidae*), zuoberst *Allorhina lansbergei*, bei der sich die diffus verteilten Flecken gegen die Spitzen der Flügeldecken hin immer deutlicher zu Querbinden formieren. Bei *Gnathocera sericinitens* (rechts oben) ist die Tendenz auf die äußere Randzone der Elytren beschränkt, wo die Muster an die Segmente der Abdomen-Unterseite anschließen und genau deren Rhythmus folgen. Besonders differenziert erweist sich die Umgruppierung von Längs- in Querbinden bei *Rhabdotis* – sie beginnt genau dort, wo die Längsstreifen der thorakalen Seitenplatten von den Querbinden der abdominalen Bauchschilder abgelöst werden.
Unten, stärker vergrößert, ein Marienkäfer *(Anatis ocellata)*, neben ihm seine Puppe in Rücken- und (schematischer) Vorderansicht. In dieser Phase sind die sich bildenden Flügeldecken bauchseitig umgeklappt und geben den Blick frei auf die Rückenseiten der Hinterleibssegmente, die nahezu die gleiche Anordnung der Punkte zeigen, die sich auch auf den Flügeldecken finden. (Aus Suchantke 1994.)

pflanzlichen Material – gebundenen Gestaltbildungskräften. Dieses frei gewordene Potenzial fließt nun gleichsam als Überschuss in die exzessiven Ausgestaltungen des *Vorderpols* ein, in übereinstimmender Weise bei den dung- und holzfressenden Käfern und bei den Wiederkäuern. Warum das so ist, haben wir bereits im Kapitel über die Säugetiere erörtert (S. 138): Der funktional dominierende Pol – hier der Stoffwechsel – schafft sich in seinem entsprechend schwächer ausgebildeten Antagonisten – dem Sinnes-Nerven-System – seinen gestaltlichen Ausdruck!

Ein deutlicher Unterschied besteht allerdings: Was bei den Wiederkäuern ständig geschieht – andauernde Pansentätigkeit und lebenslanges Wachstum der Geweihe und der Gehörne –, ist bei den horntragenden Käfern auf das Larven- und das frühe Puppenstadium beschränkt; einmal ausgewachsen, bildet sich nichts mehr um oder gar neu.

Wichtiger als diese Unterschiede, die ihre Gründe letztlich in den völlig unterschiedlichen Organisationen haben, sind weitere Übereinstimmungen, genauer gesagt: *Formen der Kooperation und der gegenseitigen Ergänzung*, die für die von ihnen bewohnten Ökosysteme von größter Bedeutung sind. Es ist ein vertrautes Bild in den tierreichen afrikanischen Savannen, dass um die Herden der Pflanzenfresser, von den Büffeln und Elefanten bis zu den Gazellen, beständig eine Vielzahl großer und kleiner Scarabäen – zu deutsch: Mistkäfer – mit Gebrumm herumschwirren. Sie sind ständig auf der Suche nach frischem Dung, den die Weidetiere im langsamen Weiterschreiten zurücklassen. Rasch, bevor der Mist austrocknet, schneiden die Käfer je nach eigener Körpergröße unterschiedliche Portionen heraus, formen sie zu Kugeln und rollen sie rasch fort, bevor sie von Konkurrenten gestohlen werden. An einer Stelle mit lockerem Boden vergräbt dann jeder seine Kugel und verarbeitet sie in einer Höhle im Untergrund zu einer oder mehreren Kugeln, die je ein Ei erhalten und in der Zukunft den schlüpfenden Larven als Nahrung dienen. Diese werden dann im kommenden Jahr als neue Käfergeneration aus der Erde kriechen und den ganzen Vorgang wiederholen. Nun werden aber längst nicht alle Dungkugeln aufgefressen, längst nicht alle Larven überleben, sondern sie werden ihrerseits von anderen Insekten oder von Mäusen gefressen. Was unter der Erde bleibt, ist echter Dünger, der in der nächsten Regenzeit, wenn die Erde durchfeuchtet wird, zur Humusbildung beiträgt. Würde er auf der Erde liegen bleiben, so würden ihn die Brände zerstören, die in der nächsten Trockenzeit über die Grasländer wandern. Die Käfer verhindern das, indem sie den Mist unterpflügen!

Die Tendenz der Abschirmung nach außen und Konzentration der Kräfte im Innern des Organismus – in den Bildungs- und Umbildungsmöglichkeiten des Stoffwechsels – setzt sich in den aufwändigen Betreuungsaktivitäten zugunsten der Nachkommenschaft gerade bei

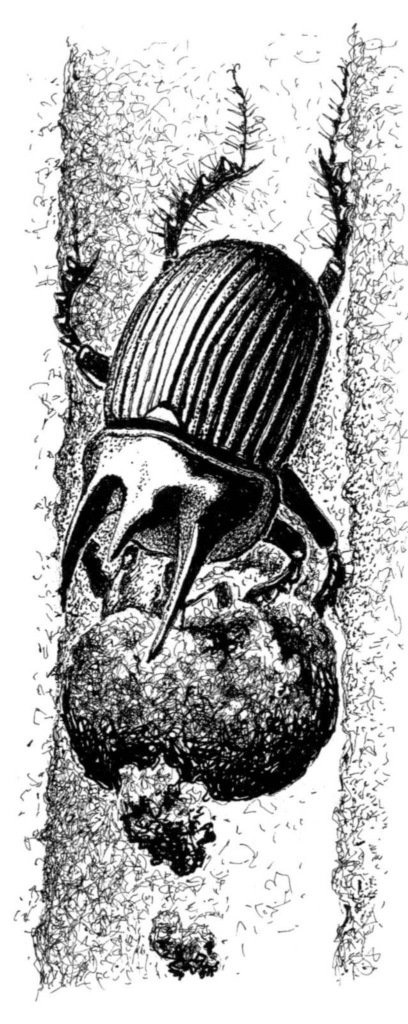

Abb. 116: Zusammenarbeit und Arbeitsteilung von Weibchen und Männchen des Dreihornkäfers *(Typhoeus typhoeus)* bei der Brutfürsorge. Die bis in eine Tiefe von 1,5 m hinabreichenden Kammern werden vom Weibchen gegraben, während das Männchen den Aushub nach draußen schafft. Anschließend fertigt das Männchen aus Schafsdung Pillen, die es in den oberen Bereich des Ganges bringt, um sie anschließend wieder zu zerkleinern und die Fragmente, wie die Abbildung zeigt, zum Weibchen hinunterzuwerfen. Dieses nimmt die Teile in Empfang und stopft damit die Brutkammern aus, die anschließend jede ein Ei erhalten. (Nach W. Linsenmaier 1972, umgezeichnet.)

den besonders stoffwechselstarken Vertretern der *Scarabaeidae* und *Geotrupidae* (den eigentlichen Mistkäfern) fort. Diese finden unter der Erde statt, bei *Geotrupes profundus* – der Name verrät es – bis in vier Metern Tiefe!

Die Erde ist ganz augenscheinlich der erweiterte Leib der Käfer, wie es bei den Schmetterlingen der Lichtraum ist. «Erde» ist dabei alles Erdige, Mineralisierte oder dazu Neigende – totes Holz, alles Abgestorbene, Kadaver (Totengräber *Necrophorus*), das von den Käfern im Laufe ihrer eigenen Entwicklung wieder neuen Lebensprozessen zugeführt wird.

Während die Mistkäfer die unterirdischen Gänge einfach mit Dung als Nahrung für die Larven vollstopfen (Abb. 116), formen die Scarabäen, die «Pillendreher», die bereits erwähnten Dungkugeln, die in ihren unterirdischen Kammern mit je einem Ei besetzt werden. Bei den Mondhornkäfern *(Copris lunaris* und *hispanicus)* bleibt das Muttertier mehrere Monate in der Brutkammer (die bei dieser Art mehrere Dungpillen enthält); sie bewacht die Nachkommen und repariert, falls nötig, die Brutpillen. Die ganze Zeit über nimmt sie keinerlei Nahrung zu sich und stirbt erst, wenn sich die voll entwickelten Käfer der nächsten Generation aus der Erde herausarbeiten. Am weitesten in der Brutfürsorge geht unser heimischer Totengräber *(Necrophorus)*, ein auffällig schwarz und rot geringelter «Bestatter» kleiner toter Tiere, die in aufwändiger Aktion unter die Erde geschafft werden. Aus den Eiern, die das Weibchen an das inzwischen völlig umgearbeitete Aas legt, schlüpfen Larven, die in der ersten Zeit vom Muttertier wie Jungvögel am Nest von Mund zu Mund gefüttert werden.[143]

Die mittleren Gruppen der Insekten

So erstaunlich diese Brutpflegeleistungen sind, vor allem, wenn man sie mit dem vergleicht, was in dieser Hinsicht bei den Schmetterlingen passiert – nämlich so gut wie nichts –, so unbedeutend erscheinen sie gegenüber demjenigen, was in den großen Zusammenschlüssen vieler, teilweise unendlich vieler Individuen in den «Superorganismen» der Bienen-, Ameisen- und Termitenkolonien möglich wird.

Die Angehörigen dieser Gruppierungen sind allesamt Vertreter jener eingangs erwähnten «mittleren» Formen, die sich in der Ausbildung ihrer Gestalt vor der Vereinseitigung in die eine oder andere Richtung bewahrt haben. Sie neigen weder zu schmetterlingshafter Aufgabe des Eigenseins und zur Prägung durch den von ihnen bewohnten Licht- und Farbenraum noch zur Abschirmung und Abkapselung nach Käferart. Beide, Schmetterlinge wie Käfer, benutzen in mitunter exzessiver Weise ihre Gestaltbildungspotenzen zum Aufbau ihrer Leiblichkeit: extreme

Sklerotisierung hier, fast kristalline Durchlichtung dort, in beiden Fällen – so gegensätzlich sie auch sein mögen – erreicht durch Ablagerung toten, aus dem Organismus ausgeschiedenen Materials (Chitins).

Bezeichnend ist nun, dass beim Aufbau der höchst entwickelten Formen der Superorganismen, derjenigen der Bienen, ebenfalls körpereigene Substanzen Verwendung finden – das Wachs aus den Leibern der vielen einzelnen Arbeitsbienen, aus dem die Waben gebaut werden. Dieser gemeinsam entwickelte Großorganismus erreicht sogar die Stufe der Warmblütigkeit, *der gleichbleibenden Homoiothermie unabhängig vom Wechsel der Jahreszeiten.*[144] Diese unerhörte Leistungssteigerung des Gesamten ist erkauft durch die Herabstufung des Individuums auf das Niveau eines allein nicht mehr lebensfähigen Teiles. Neuerlich erweist sich die Gültigkeit von Goethes «Kompensationsgesetz»[145]: Die Vereinigung aller Kräfte und ihre dadurch erreichte Steigerung ist nur möglich durch Umlenkung dieser Kräfte vom Individuum auf das Gesamt des Superorganismus. Ausdruck davon ist die Aufgabe der Reproduktionsfähigkeit der einzelnen Arbeitsbiene und das Ergebnis die lange Lebensdauer und große Vermehrungsrate des Superorganismus.

Die Existenz des Superorganismus ist *ein* Aspekt, ein anderer die erstaunliche Laufbahn der einzelnen Arbeitsbiene, die in dieser hoch differenzierten Form nur im «Bien» existiert: Die einzelne Biene ist als ausgewachsenes Tier einem permanenten Wechsel ihrer Tätigkeit unterworfen, etwas, das unter Imagines, unter ausgewachsenen Insekten, einmalig dasteht. Im Allgemeinen gilt ja, dass ausgewachsene und fortpflanzungsfähige Tiere ihre eigene Entwicklung abgeschlossen und damit den Zustand der Reife erreicht haben, in dem sie nun in den Dienst der Erhaltung der Art durch Fortpflanzung treten. Bei der Arbeitsbiene jedoch wird die Fortpflanzungsfähigkeit gerade *nicht* erreicht und dadurch die Umlenkung der unausgelebten (re)produktiven Bildekräfte in einen anderen, quasi sozialen Bereich ermöglicht. Gleichzeitig bewahrt sich die einzelne Arbeitsbiene noch als Imago die Bildsamkeit, die sie für die aufeinander folgenden Tätigkeitsbereiche geeignet macht. So durchläuft die Arbeitsbiene einen erstaunlichen Wechsel ihrer Tätigkeiten und bildet in kurzen Abständen völlig neue Fähigkeiten aus: In den ersten Tagen nach dem Schlüpfen arbeitet sie als Putzbiene und reinigt die Waben; danach reifen die Futtersaftdrüsen im Kopf, und die jungen Larven werden mit dieser «Bienenmilch» gefüttert. Ab dem dreizehnten Tag etwa bilden sich diese Drüsen zurück, dafür beginnt die Biene jetzt auf den Innenseiten ihrer Bauchschilder Wachs auszuschwitzen (Abb. 117, S. 208), gleichzeitig ist sie mit vielfältigen Aufgaben im Stock beschäftigt: Ausbessern der Waben, Eindicken des Nektars, Feststampfen des Pollens in Reservekammern. Vom achtzehnten Tag an werden Wächterdienste am Eingang des Stockes übernommen und durch Flügelfä-

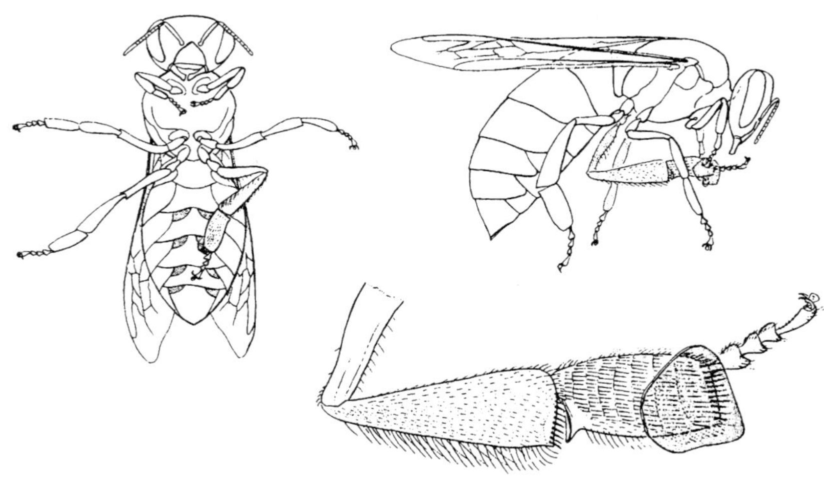

Abb. 117: Eine Biene zieht die auf der Bauchseite ausgeschiedenen Wachsschüppchen mittels des borstenbewehrten Hinterbeines aus der Drüsentasche heraus und gibt sie an die Vorderbeine und Kiefer zur Verarbeitung weiter. (Aus K. v. Frisch 1972.)

cheln die Belüftung des Stockes reguliert. Zuletzt arbeitet sie dann «im Außendienst» als Nektar- oder Pollensammlerin. Von Bewusstsein ist bei alledem natürlich keine Rede, die einzelne Biene ist den Bedürfnissen des Gesamtorganismus genauso blind unterworfen wie eine Körperzelle. Das zeigt sich beispielsweise dann, wenn bei krankheitsbedingtem Ausfall von Ammenbienen die verbleibenden gesunden Individuen sich nicht in Wachsproduzenten usw. verwandeln und stattdessen ihre Futtersaftdrüsen behalten. Hormone und Pheromone regeln *im Sinne des Ganzen* die Funktion der einzelnen Individuen und stimmen sie aufeinander ab, genau wie es innerhalb eines «normalen» Organismus mit den Funktionen der Zellen geschieht.[146]

Abb. 118: Kleiner Ausschnitt aus einer breit gefächerten Raubzugskolonne afrikanischer *Dorylus*-Treiberameisen, der gefürchteten «Siafus», im Berg-Regenwald des Mount Oldeani, Tansania, Juli 1970. Große Völker können bis 20 Millionen Tiere umfassen. Die Wände auf beiden Seiten der «Adern» werden von einem dichten Geflecht ineinander verhakter stationärer Soldaten mit abwehrbereit geöffneten Kieferzangen gebildet (die nur als ganze Masse mithilfe eines Stockes emporgehoben werden können). Im Innern fließt ein ununterbrochener Strom kleiner Arbeiterinnen in beide Richtungen, teils mit, teils ohne Beute. (Aus Suchantke 1992.)

Noch etwas verdient der Erwähnung: Es sind dies die unterschiedlichen Formen, in denen sich vor allem die Gemeinschaften der *Ameisen* darstellen, von denen hier nur einige der markantesten genannt seien. Da gibt es einmal die nomadisierenden Arten (Abb. 118), Völker (auf die Problematik dieser Bezeichnung werden wir gleich noch eingehen), die mit ihrer unentwegt Eier produzierenden Königin und der gesamten Brut ständig unterwegs sind, neben Arbeitern wild bewehrte Soldaten als Wächter und Beutegreifer dabei haben und buchstäblich alles überwältigen, was nicht rechtzeitig flüchten kann. Sie tauchen heute hier, morgen dort auf und bilden vorübergehende Biwaks, indem sie Vorhänge aus ineinander verhakten Ameisen unter einem überhängenden Baumstamm vor die Königin und die Brut ausspannen (*Eciton*-Arten Südamerikas; die *Anomma*- und *Dorylus*-Formen Afrikas biwakieren in der Regel länger – mehrere Tage bis Wochen – und legen dazu unter-

irdische Kammern an). Bevorzugte Opfer (in Südamerika) sind die Riesenkolonien der Blattschneider-Ameisen *(Atta)*, Ackerbauer, die in ihren unterirdischen Gewächshäusern auf Komposthäufen aus eingetragenem und zerkleinertem Blattmaterial Pilze züchten (Abb. 119). Die Riesenhorden der afrikanischen Arten, die bis zwanzig Millionen Individuen umfassen können, überwältigen alles, was ihnen nicht entfliehen kann: voll gefressene Riesenschlangen, die sich vorübergehend nicht bewegen können, eingepferchte oder angebundene Haustiere, verurteilte Verbrecher, die man ihnen in manchen Gegenden Afrikas früher vorwarf.[147]

Viehhalter sind schließlich unsere heimischen Wiesenameisen (*Lasius*), die Blattlauskolonien hegen und vor gefräßigen Marienkäfern und Schwebfliegenlarven beschützen und ihnen während Regenperioden sogar Ställe bauen in Form von Erdröhren, mit denen sie die Pflanzenstängel umhüllen. Die Blattläuse werden dann gemolken, d.h. von den Ameisen mit ihren Fühlern betrillert, bis sie ein Tröpfchen Zuckerlösung ausscheiden (Abb. 92, S. 174). Diese in der ganzen Welt verbreitete Symbiose mit Pflanzenläusen trägt in mancher Hinsicht Merkmale echter Domestikation: Bei einigen Läusen werden die Eier im Winter von den Ameisen in ihre Nester geschafft und damit vor dem Erfrieren geschützt.

Wildbeuter, Ackerbauer, Viehzüchter – das aber ist beileibe noch nicht alles. Es gibt unter Ameisen auch alle Extremformen und Perversionen von Gemeinschaften. Zum Beispiel Sklavenjäger und -halter wie die Blutrote Raubameise *Formica rufa* oder die Amazonenameise *Polyergus rufescens*, deren Horden Kolonien anderer Arten überfallen, mit ihren mächtigen Kiefern deren Bewohner töten und die Puppen rauben. Die aus ihnen schlüpfenden Ameisen kennen dann nur ihre neuen Herren, für deren Ernährung sie sorgen. Außerdem gibt es die Diebsameisen, die infolge ihrer Kleinheit ziemlich unbehelligt in fremden Kolonien hausen und jederzeit blitzschnell in ihren engen Gängen verschwinden, in die ihnen keine anderen Ameisen folgen können. Das vielleicht Absonderlichste sind richtige Terroristen, einzelne Ameisenköniginnen, die sich in der Nähe einer Kolonie herumtreiben und so lange Angriffe der rechtmäßigen Bewohner provozieren, bis sie infolge des ständigen Kontaktes den Stockgeruch angenommen haben und nicht mehr als Fremdling gelten. Jetzt begibt sich die solcherart getarnte fremde Königin in das Innere des Stockes bis zur Kammer der Königin, setzt sich auf diese und säbelt ihr mit den Kieferzangen den Kopf ab (Abb. 120, S. 212). Anschließend nimmt sie deren Platz ein und beginnt mit der Eiablage, wodurch dann im Lauf der Zeit die ursprüngliche Bevölkerung des Nestes durch die Nachkommen der Mörderkönigin ersetzt wird.

Höchst eigenartig, wie hier lauter Spiegelbilder von Gemeinschaftsformen auftreten, wie sie sonst nur vom Menschen bekannt sind: Wild-

Abb. 119: Blattschneider-Ameisen *(Atta)*. Oben beim Schneiden und Abtransport der Blattfragmente – ein Erntetrupp der «Saúvas», so ihr brasilianischer Name, kann über Nacht problemlos einen großen Garten jeglichen Grüns berauben. (Aus Suchantke 1982.) In der Mitte Planskizze des unterirdischen Baues, der bis zu 4 Millionen Tiere zu umfassen vermag. (Nach Hölldobler und Wilson 1990.) Unten Arbeiterin beim Fressen und Defäkieren auf die gezüchteten Pilzknöllchen. Links die Pilzfäden, die nur in der Obhut ihrer Pfleger die knollenförmigen Köpfchen bilden, die den Ameisen als alleinige Nahrung dienen. (Nach Batra und Batra 1967.)

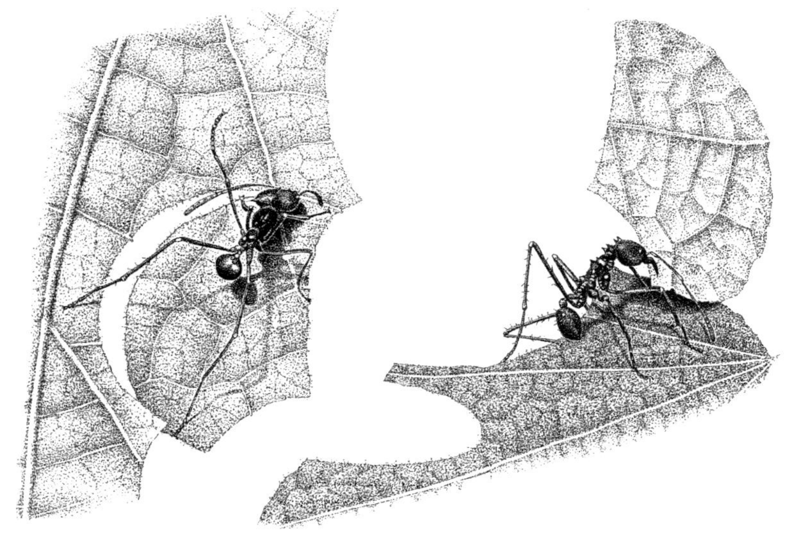

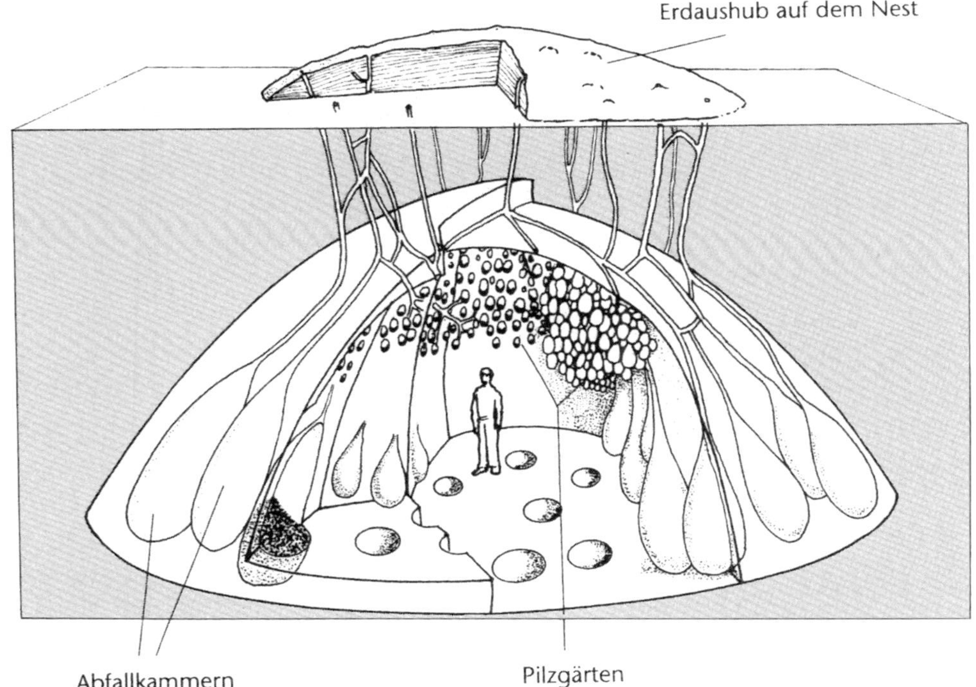
Erdaushub auf dem Nest
Abfallkammern
Pilzgärten

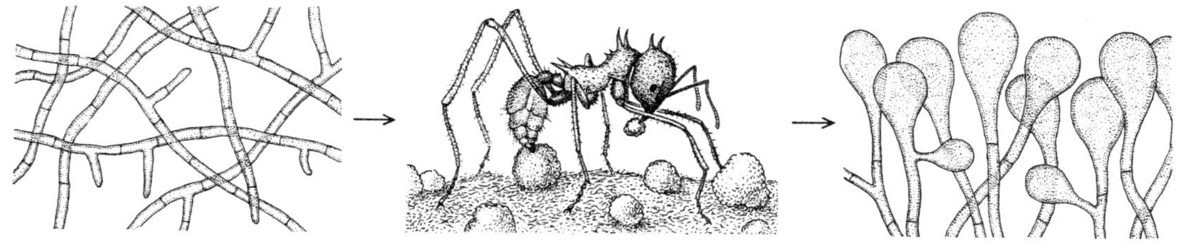

beuter, Ackerbauer und Viehzüchter – ursprünglichste und lange Zeit hindurch einzige Formen menschlicher Lebensweise und damit verbundener Sozialstrukturen. Wie ist so etwas möglich, wo Mensch und Insekt doch diametral entgegengesetzte Linien der Evolution darstellen, die nichts, aber auch gar nichts gemein haben?

Eines haben sie dennoch gemein: Sie repräsentieren, jede auf ihre Weise, die höchsten Entwicklungsstufen ihrer jeweiligen Linien – der Altmünder in den Insekten, der Neumünder in den Hominiden (vgl. S. 169). Es könnte sein, dass sich auf einem bestimmten Evolutionsplateau gewisse Möglichkeiten für alle diejenigen ergeben, die dieses Niveau erreichen – z.B. des Zusammenschlusses zu Gemeinschaften und/oder Organismen höherer Ordnung. Wenn diese ihrerseits bestimmte Gesetzmäßigkeiten oder Grundbedingungen des Zusammenlebens beinhalten, dann wird es zwangsläufig zu Parallelerscheinungen bei all denen kommen, die dieses Plateau erreicht haben.

In einer Beziehung besteht allerdings ein fundamentaler Unterschied: In allen Insektengemeinschaften gibt es weder Freiheit noch irgendwelche Wahlmöglichkeit für das Individuum, das keinerlei Bewusstsein seiner Situation besitzt und blind unterworfenes *Teilglied eines übergeordneten dirigierenden Systems* ist. Dieses tritt als Superorganismus an die Stelle des einzelnen Individuums und entwickelt «Eigenschaften eines problemlösenden Systems (manche sagen sogar kognitiven Systems) …, das weit die kognitiven Fähigkeiten der Individuen eines Insektenstaates übersteigt … In der Tat wird heute in informationstheoretischen Modellen der Superorganismus Insektenstaat mit einem Gehirn verglichen und die Kommunikation zwischen Individuen der Sozietät mit der von Nervenzellen im Zentralnervensystem gleichgesetzt» (Hölldobler 1991).[148]

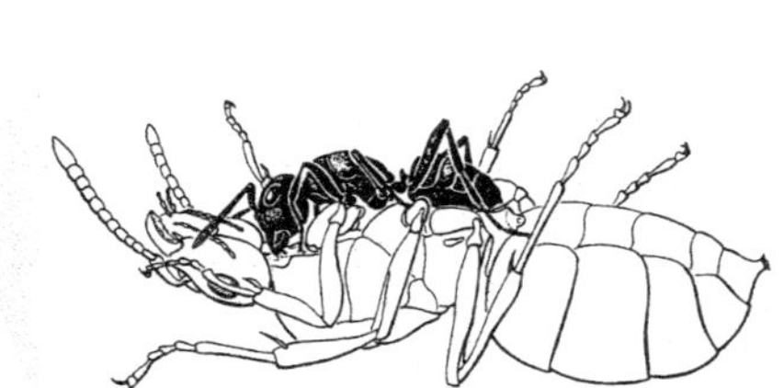

Abb. 120: Ein Weibchen der erst 1967 entdeckten *Lasius reginae* überwältigt nach ihrem Eindringen in den fremden Bau die Königin von *Lasius alienus,* wirft sie auf den Rücken und beißt ihr den Kopf ab; anschließend nimmt sie deren Platz ein. (Aus Seifert 1996.)

Formulierungen solcher Art sind allerdings nicht unproblematisch – durch die mangelnde Sorgfalt bei der Verwendung der Begriffe kann es leicht zu verhängnisvollen Unklarheiten und Missverständnisse kommen: Wenn im gleichen Atemzug, in dem vom Superorganismus gesprochen wird, der in diesem Zusammenhang völlig verfehlte Begriff des *Staates* («Insektenstaat») verwendet wird, dann deutet das darauf hin, dass hier nicht klar zwischen Ebenen unterschieden wird, die nicht kompatibel sind. Damit taucht die Gefahr des Biologismus auf (die im Falle der Soziobiologie, die alle sozialen Verhaltensmuster aus biologischen Fundamenten ableiten will, durchaus gegeben ist[149] und man käme damit zu einem Verständnis der Rolle des Individuums, wie sie beispielsweise der Nationalsozialismus zu verwirklichen versuchte: «Du bist nichts, die Volksgemeinschaft ist alles!»

Die Insekten – und mit ihnen die gesamten Altmünder (Protostomier) – stellen in gewissem Sinne eine Art von «Gegenreich» gegenüber den Neumündern (Deuterostomier), besonders den höher differenzierten und uns nahe stehenden Säugetieren, dar – etwas, das uns ja bereits ausführlich beschäftigte. Als träte ein und dasselbe in zweifacher Gestalt auf, jedes Mal mit umgekehrten Vorzeichen. Die erstaunlichen Phänomene sozialer Parallelen, wie sie im Vorstehenden angesprochen wurden, werfen eine Fülle von Fragen auf: Was drückt sich in diesen Übereinstimmungen aus, die ja, der Struktur nach, rein äußerlicher Art sind, die sich jedoch in ihrem Charakter, d.h. in der Rolle des Individuums innerhalb des Ganzen, neuerlich als diametral entgegengesetzt darstellen (so sehr, dass dort, wo es auf dieser Ebene dennoch zu Übereinstimmungen kommt, sozial pathologische Verhältnisse vorliegen, wie im Falle totalitärer Staaten). Diese Fragen verweisen neuerlich darauf, dass alles, was im höheren Tier und erst recht im Menschen seelisch verinnerlicht auftritt, beim Insekt umkreishaft vorhanden ist.

Die erwähnte Ansicht, im Superorganismus eines Bienenstocks oder einer Ameisenkolonie etwas dem Gehirn und seinen Funktionen Analoges vor sich zu haben – ein «kognitives System» –, geht deutlich in diese Richtung. Und daraus ergeben sich zwangsläufig neue Fragen: Ein Gehirn existiert schließlich nicht für sich allein, sondern ist seinerseits Organ oder Werkzeug einer übergeordneten Instanz, die sich zur Ausführung bestimmter Aktivitäten auf der kognitiven Ebene seiner bedient. Diese Aktivitäten können alle Grade von Bewusstheit haben, sind aber stets «intelligent», d.h. problemlösend, stellen Verbindungen und Beziehungen her. Wir haben es mit etwas Wesenhaftem zu tun, das mit den geschilderten Bereichen des Organischen (vernetzte zelluläre Systeme, Insekten-Superorganismen) verbunden ist und sich seiner bedient.

Die «Umkreishaftigkeit» dessen, was wir als «Seelisches» bezeichneten, beschäftigte uns im Zusammenhang mit den Insekten bereits mehrfach. Jetzt wird es erneut greifbar – greifbarer jedenfalls –, und die Frage tut sich auf, welcher Art dieses Wesenhafte ist, das da im Umkreis der Insekten lebt und diese auf eine vergleichbare Weise als seine leiblichen Organe benutzt wie das Bewusstsein des Menschen seine Gehirnzellen. Es muss die umkreishafte Entsprechung dessen sein, was der Mensch als innerseelische Fähigkeiten besitzt – darauf verweisen zumindest die verblüffenden Parallelen sozialer Strukturen hier wie dort. Sind die Insekten die in den Umkreis ausgebreitete Bilderwelt menschlicher Seelenqualitäten? Aus solchen Fragen ergeben sich weitere, daran anschließende: Welche Konsequenzen hat beispielsweise das Verschwinden der Schmetterlinge aus unseren Kulturlandschaften? Was repräsentieren die Schmetterlinge – Schönheit, Farbenreichtum und -vielfalt? Ist das dabei, ebenfalls aus unseren inneren, unseren Seelenlandschaften zu verschwinden, und welche Mahnung spricht sich darin aus?

9.
Der Typus als Impulsator der Evolution – Metamorphose und Dreigliederung in der Evolution des Tierreiches

Schwanken zwischen Verinnerlichung und Umkreishaftigkeit

Im Vergleich der verschiedenen Tiergruppen und ihrer unterschiedlichen Prägung durch das Prinzip der Dreigliederung spielt der zeitliche Faktor zunächst keine Rolle: Die Sinnes-Nerven-, die Stoffwechselvertreter und die Angehörigen einer mittleren, vermittelnden Gruppe bedingen sich gegenseitig, unabhängig von allen zeitlichen Strukturen – Nagetiere, Wiederkäuer und Raubtiere sind einander ergänzende, gleichzeitig anwesende Teilglieder eines übergeordneten Organismus. Das Gleiche gilt für Schmetterling, Käfer und Biene: Sie sind allesamt unterschiedliche Ausprägungen ein und desselben Typus. Wir haben es hier ganz im Sinne von Goethes einleitend zitierten Feststellungen (S. 13) mit *Gestalten* zu tun – einem Begriff, der ein «Bestehendes, Ruhendes, Abgeschlossenes» (Goethe) suggeriert, etwas, das, um einen Vergleich zu gebrauchen, gewissermaßen zweidimensional auf einer Ebene nebeneinander steht; die Tiefendimension kommt erst herein, wenn man die Gestalten als etwas «nur für den Augenblick Festgehaltenes» betrachtet, das «sogleich wieder umgebildet» wird. Erst jetzt kommt man in den Bereich der Bildungen und Umbildungen herein, der Entwicklung auf den unterschiedlichen Ebenen von Ontogenese (Entwicklung des Einzelorganismus) und Phylogenese (Stammesentwicklung, Evolution).

Damit wird der Typus als der eigentliche Initiator der Evolution begriffen, ja, als die Evolution schlechthin.[150] Da diese Thematik bereits an früherer Stelle ausführlich erörtert wurde, können wir uns weitere Begründungen und Begriffsklärungen an dieser Stelle sparen. Der Typus wäre damit, um es zu wiederholen, so etwas wie der Impulsator, der Bewirker und gleichzeitig die innere Linie, besser: die Zeitgestalt der gesamten Evolution, die sich in den einzelnen Arten, Gattungen, Familien stets nur ausschnitthaft darstellt. Erst in der Betrachtung der Gesamtheit ist er in seinem vollen Umfang erfassbar und in der Tatsache, dass er auf jeder evolutiven Stufe, auf jedem Entwicklungsniveau zu polarer Ausgestaltung und schließlich zur klaren dreigliedrigen Ordnung

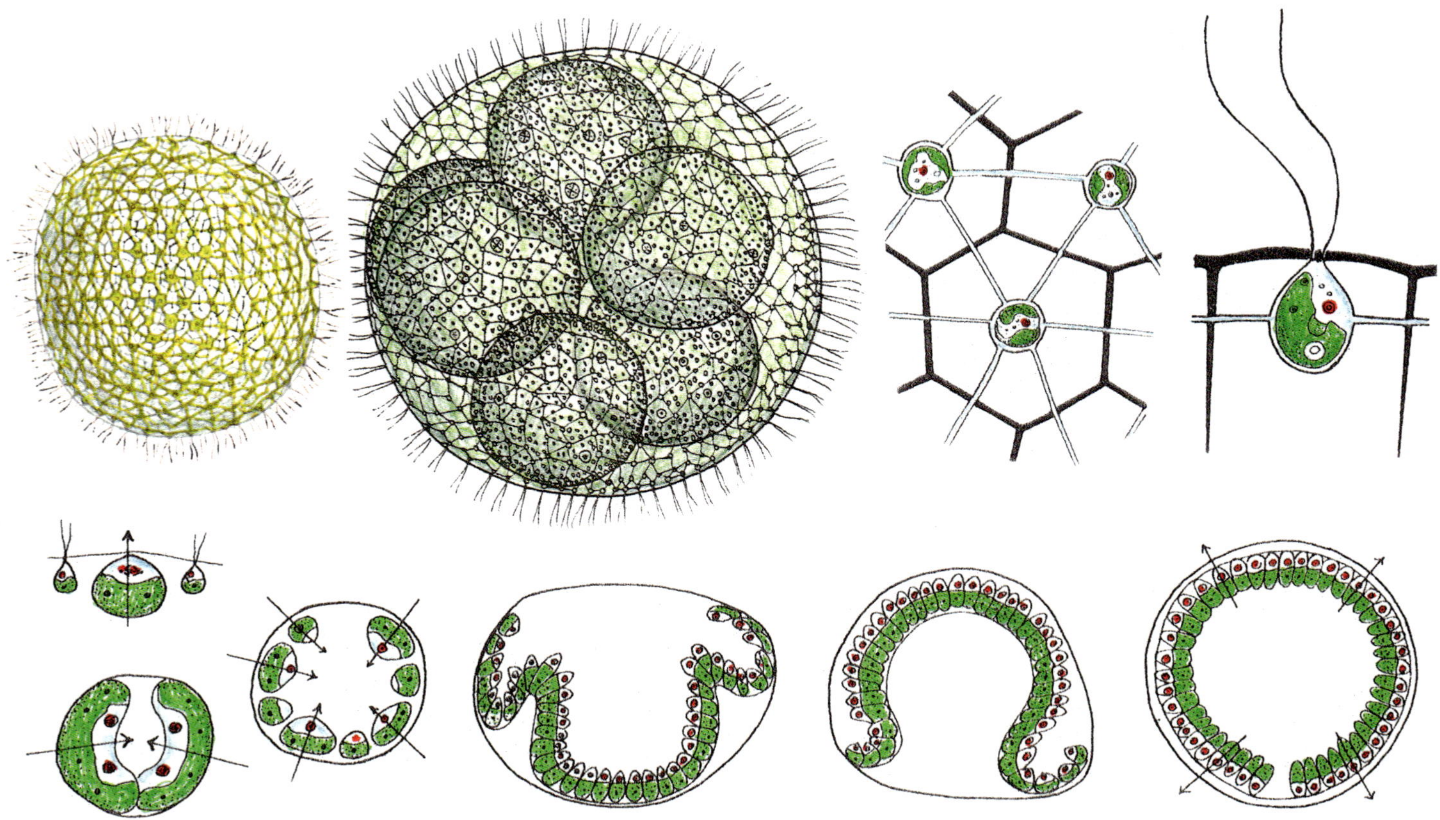

drängt. Beispielhaft stehen dafür die Säugetiere, man könnte aber auch die Insekten nehmen.

Eine Darstellung der Evolution, die diese als die Entfaltung des Typus erkennen lässt, ist von Friedrich Kipp unternommen worden.[151] Im Folgenden sollen von einer anderen Warte aus einige charakteristische Trends in der Evolution des Tierreiches namhaft gemacht werden, einige bezeichnende und in ihrer Bedeutung aussagekräftige «Bildungen und Umbildungen». Wir bedienen uns dabei des gleichen exakten bildhaften Denkens in Verwandlungszusammenhängen wie schon an früherer Stelle bei der Beobachtung der Pflanzenmetamorphose.

Dabei treffen wir als Erstes wiederum auf die durchgehende Tendenz zu polarer Ausgestaltung eines Grundmotives. Anders und im Goetheschen Sinne formuliert: Die ursprüngliche organische Einheit differenziert sich in der «organischen Entzweiung» in zwei komplementäre Bereiche. In den Alt- und Neumündern (S. 169) zeigte es sich als fundamentales Evolutionsprinzip des gesamten Tierreiches. Auf einer noch früheren Evolutionsstufe führte es zur polaren Differenzierung in tierische und pflanzliche Gestaltungen – stehen auf der einen Seite

Abb. 121: *Volvox globator*. Links die etwa 1 mm große, mit bloßem Auge gerade noch sichtbare Kugel, daneben ein mit Tochterkugeln angefülltes Exemplar (stärker vergößert); später wird die Mutterkugel aufplatzen, die Nachkommen entlassen und zugrunde gehen. Daneben Gitterstruktur der über Plasmabrücken miteinander verbundenen begeißelten Zellen mit Chloroplast und Augenfleck.
Untere Reihe: durch zunehmende Zellteilungen entstehende Tochterkugeln mit zuerst invers orientierten Zellen, die dann durch Umstülpung des Ganzen wieder in den Umkreis orientiert werden. (Zum Teil nach Strasburger.)

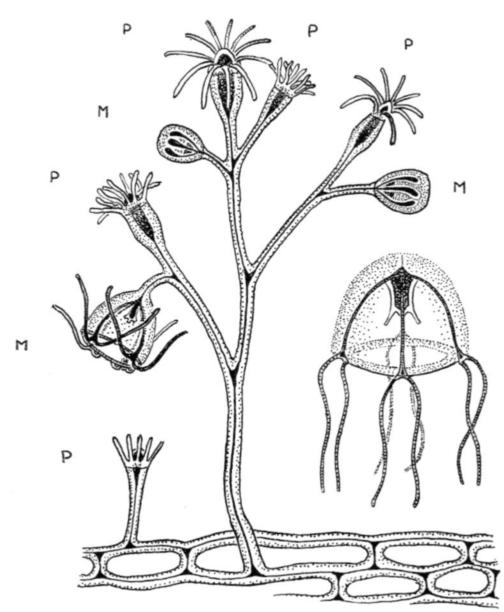

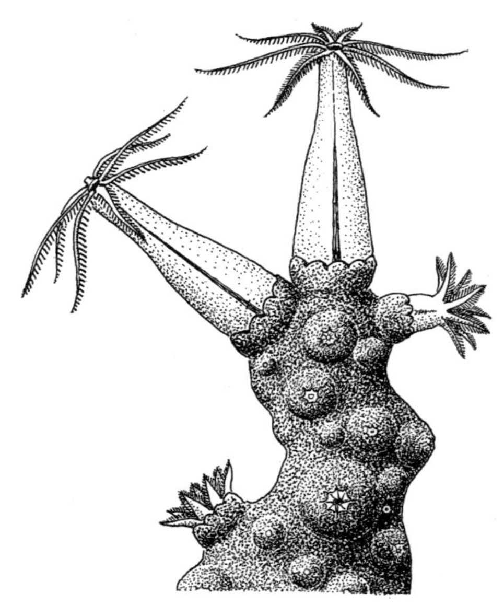

Abb. 122: Oben zierliche kleine Kolonie des Hydroidpolypen *(Bougainvillia)* mit Polypen und knospenden Medusen. (Nach Lang.) Unten Edelkoralle *(Corallium rubrum)*. Die schneeweißen Polypen sitzen wie Blüten auf ihrer leuchtend roten Unterlage, dem gemeinsamen Ektoderm der ganzen Kolonie. (Nach Hertwig.)

Involutions-(z.B. Gastrulations-)bildungen am Anfang, so sind es beim pflanzlichen Gegenüber Entfaltungsbewegungen: Verinerlichungstendenzen hier, Umkreishaftigkeit dort.

Wie schwierig es für mache Organismen sein kann, die noch nahe der gemeinsamen Wurzel in einem «Tierpflanzenreich» leben, sich für die eine oder andere Seite zu entscheiden, zeigt sich beispielhaft bei *Volvox* (Abb. 121). Diese eigenartige, im Inneren völlig leere Kugel aus zartem Gittergerüst, das von begeißelten und mit einem Augenfleck und mit Chloroplasten ausgerüsteten Zellen gebildet wird, die durch dünne Plasmabrücken miteinander verbunden sind, besitzt neben der (tierhaften) sexuellen Vermehrungsfähigkeit auch die Möglichkeit zu vegetativer Fortpflanzung. Dabei bilden sich an bestimmten Stellen durch vermehrte Zellteilung an eng umschriebener Stelle Einsenkungen, die sich dann als kleinere Kugeln ins Innere der Mutterkugel hinein ablösen. Sie stellen in diesem Zustand die genaue Umstülpung der Mutterkugel dar, die einzelnen Zellen weisen nicht mehr nach außen, wie es üblicherweise der Fall ist, sondern als Folge der Einstülpung nach innen. Der ganze Vorgang erinnert an eine Gastrulation und ist damit auf dem Wege zu einer typischen Tierbildung mit innenorientierter statt nach außen gewendeter Organdifferenzierung. Dieser Zustand ist jedoch nur ein vorübergehender; die neu gebildeten Tochterkugeln platzen auf und stülpen sich wie ein Handschuh um! Damit ist alles wieder auf pflanzentypische Weise nach außen gewendet. Ein Pendeln also zwischen pflanzlicher und tierischer Organisation auf einer Entwicklungsstufe, auf der die «Entmischung» der beiden Organismenreiche noch gar nicht stattgefunden hat. (Zu einer vollständigen Trennung wird es allerdings nie kommen; auch bei höchst entwickelten Tieren und auch beim Menschen ist Pflanzenhaftes, ohne in den Vordergrund zu treten, überall anwesend – in allen Aufbauvorgängen, in der Fähigkeit der Leber, Zucker in Stärke zu verwandeln usw., in allem, was den nicht zu Unrecht so bezeichneten «vegetativen» gegenüber dem «animalen» Pol auszeichnet.) Pflanzen- und Tiermerkmale treten nebeneinander und miteinander auf: Eine reife Volvoxkugel besitzt trotz ihrer Kugelgestalt einen deutlichen Sinnes-Nerven- und einen Reproduktionspol – auf der einen Kugelhälfte sind die Augenflecken der einzelnen Zellen besonders groß, und Volvox bewegt sich, angetrieben durch synchronen Schlag der Geißeln, stets so, dass diese Hälfte nach vorne weist. Die Kugel hat also ein «Vorne» und genauso ein Hinten: Dort sitzen Zellen mit besonders kleinen Augenflecken und großen Chloroplasten für besonders aktive Photosynthese, und in diesem Bereich findet ebenfalls die vegetative und sexuelle Vermehrung statt (letztere durch Entlassung männlicher und weiblicher Keimzellen ins Wasser). Volvox, dieses eigentümliche Gebilde, primitiv und fortgeschritten zugleich, besitzt mithin einen Sinnes-Nerven- und einen Stoffwechsel-Reproduktions-Pol!

Abb. 123: Ohrenqualle *(Aurelia aurita)*. Unten die kurzlebigen *Scyphistoma*-Polypen, von denen sich die Medusen scheibchenweise abschnüren. Diese müssen dann anschließend noch zu voller Größe heranwachsen. (Zeichnung Verfasser, aus Poppelbaum 1961.)

Auch bei vielzelligen Tieren, die freilich noch auf vergleichbar niedriger Stufe stehen wie die Hohltiere *(Coelenterata)*, findet sich in ein und derselben Gruppe, ja bei ein und derselben Art diese «Unentschlossenheit», das Schwanken zwischen tierhaften Verinnerlichungstendenzen und pflanzlicher Umkreisorientierung, verbunden noch dazu mit freier Beweglichkeit auf der einen und sesshafter Lebensweise auf der anderen Seite.

Es handelt sich um die polare Lebensform von Polyp und Meduse («Qualle»), die ja ein und derselben Art angehören – Medusen knospen aus Polypen – und lediglich unterschiedliche Lebensformen bei übereinstimmender Organisation darstellen (Abb. 122, 123, 126). Allerdings nicht ganz, in ihrer jeweiligen Ontogenese treten höchst aufschlussreiche Bildegebärden auf, die von Alfred Kühn und seiner Schule genau untersucht wurden (Abb. 126, S. 222).[152]

So geht bei der Bildung des sesshaften *Polypen* die gesamte Bildung vom *inneren* Keimblatt, dem *Entoderm* aus (in der Abbildung grün wiedergegeben), das sich nach oben und außen wölbt und aufbläht und das *äußere* Keimblatt (*Ektoderm*) vor sich herschiebt (in der Abbildung rot gezeichnet). Vom Entoderm geht auch die Bildung der Tentakel, der Fangarme aus: «Die in kleinen Gruppen ringsum am Rande der (Polypen)knospen angeordneten Tentakelbildungszellen vermehren sich nun fortgesetzt und dringen als kleine mehrschichtige Kegel *ähnlich pflanzlichen Vegetationspunkten* in das Ektoderm hinein» (Kühn 1913, Hervorhebung A.S.).

Die Bildung der *Meduse* beginnt zunächst ganz ähnlich (siehe die Abbildung 124). Dann kommt es jedoch an der Spitze zu einer Verdickung im unteren, dem Entoderm zugewendeten Bereich des Ektoderms, die sich alsbald vergrößert und *einen inneren Hohlraum* ausbildet (in der Zeichnung in dunklerem Rot als das übrige Ektoderm dargestellt); dieser vergrößert sich weiter und schickt vier Ausbuchtungen nach unten. In einer Gegenbewegung wachsen vier Ausbuchtungen des Entoderm (grün) nach oben, in etwa analog den Tentakelknospen des Polypen. Dabei wird im Bereich der späteren Mundöffnung das spitzenständige Ektoderm in eine Vertiefung hereingezogen. Die gesamten Bildebewegungen zielen ganz offensichtlich auf die *Ausbildung eines nach außen abgeschlossenen Innenraumes,* wobei sich das Ektoderm in zwei polare Subsysteme differenziert: zum einen in eine umkleidende Außenhülle, zum anderen in einen nach innen versenkten Hohlraum (den «Glockenkern») – insgesamt etwas, das als vergleichbare polare Differenzierung erst auf wesentlich höherer Entwicklungsstufe in der Bildung der Epidermis als Außenhaut und des ins Körperinnere versenkten Neuralrohres wieder auftritt! In einer dramatischen Richtungsänderung wird im weiteren Verlauf der eingeschlagene Weg wieder rückgängig gemacht: Zum einen schließen sich die vom Entoderm ausgekleideten Hohlräume bis auf einen engen, ringförmig umlaufenden Kanal völlig zu, zum anderen bricht das Mundrohr auf Polypenart nach außen durch und öffnet damit den Glockenkern in die Umgebung hinein – seine eingesenkte Außenwand differenziert sich in Tentakel und Glockenschirm und klappt nach außen auf.

Ein dramatisches Geschehen: Die Meduse, auf dem Wege zu echter tiergemäßer Innenraumbildung scheitert auf halber Strecke und kehrt zur Umkreisorientierung zurück. Eigentlich hat sie es schon recht weit gebracht: freies Bewegungsvermögen im Raum, Schwere- und Licht-Sinnesorgane, Zusammenfassung des diffusen Nervensystem des Polypen zu einem Nervenring um den Subumbrellarraum herum. Aber gerade die Fähigkeit zur Eigenbewegung ist doch noch sehr schwach und beredter Ausdruck der evolutiven Schwäche und Halbherzigkeit: Die leiseste

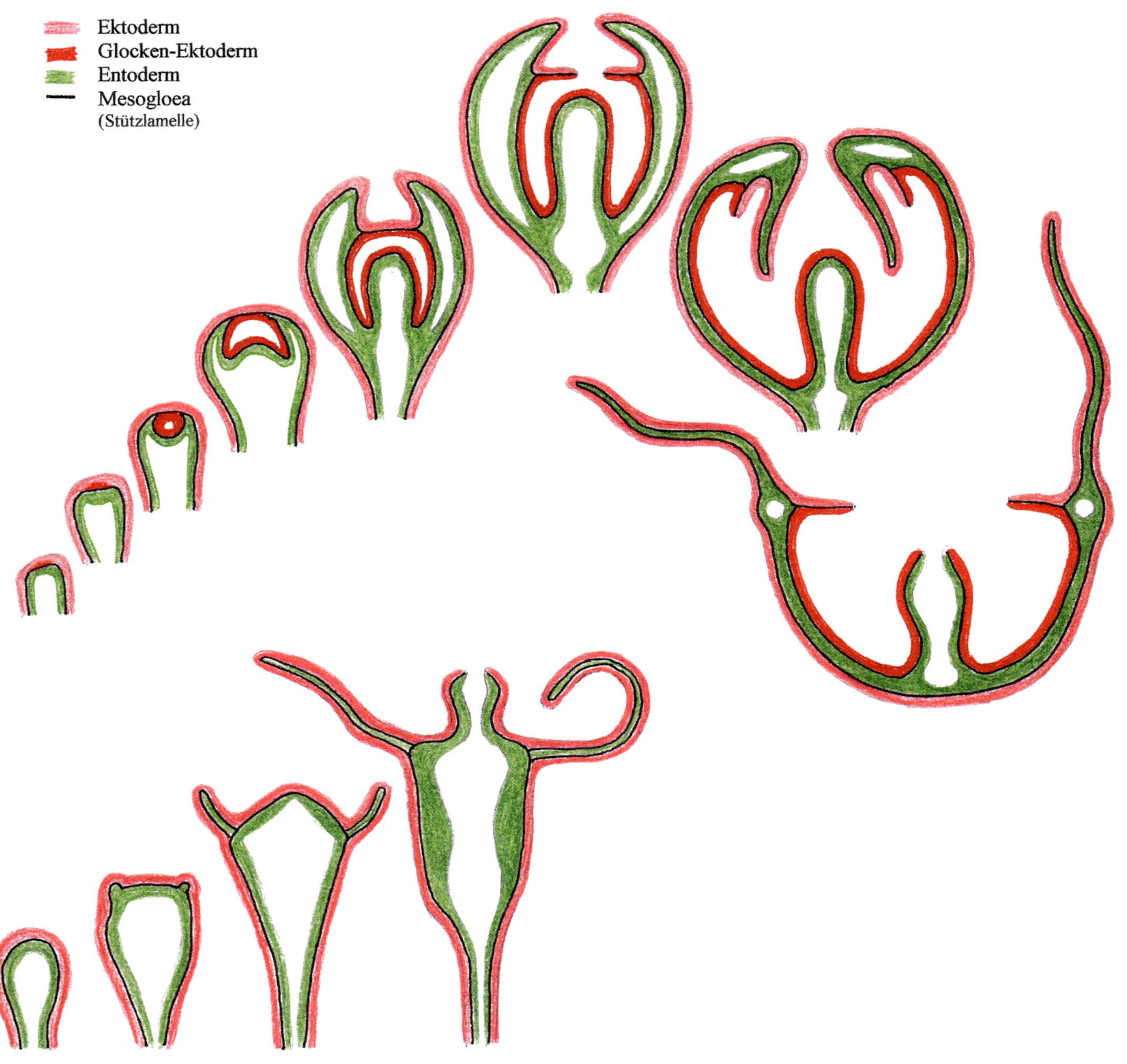

Abb. 124: Entwicklung von Polyp (unten) und Meduse. Die grundsätzlich übereinstimmende Organisation erfährt durch die Bildung des Glockenkernes bei der Bildung der Meduse eine deutliche Abwandlung. (Nach A. Kühn, umgezeichnet.)

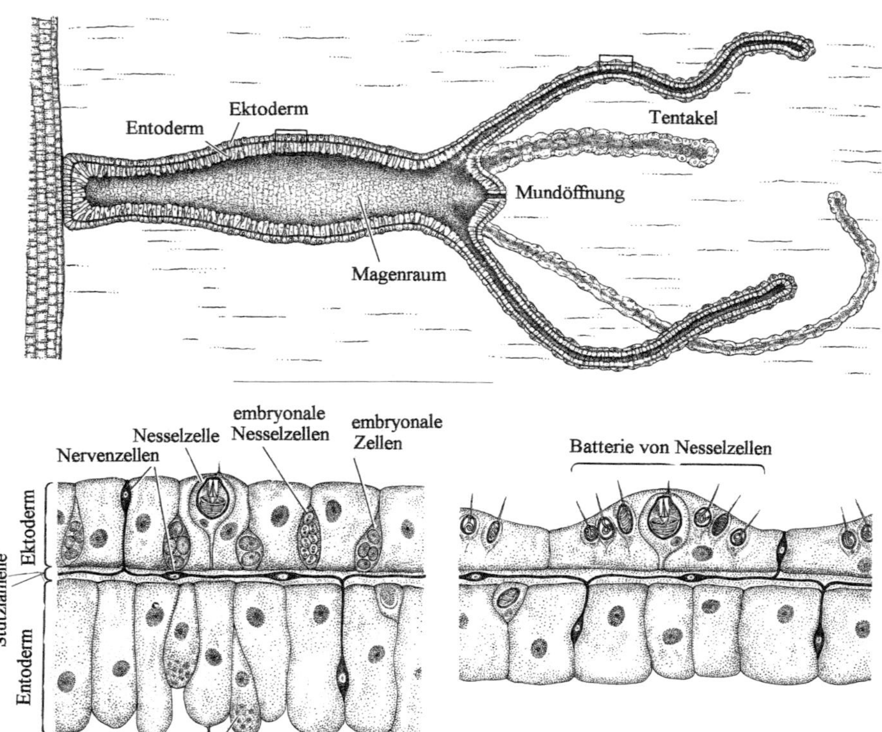

Abb. 125: Organisation eines Hohltieres mit zweischichtiger Körperwand (Süßwasserpolyp, *Hydra*).

Meeresströmung treibt sie vor sich her und an die Strände; schließlich zeigt sich der übliche Verlust, der mit der Höherentwicklung einhergeht: Im Gegensatz zum unerhört vitalen Polypen besitzt sie keine Fähigkeit mehr zu Regeneration bei Verletzungen, sowie keine Möglichkeit der vegetativen Vermehrung – die Meduse kann sich nur noch sexuell vermehren. Die typischen Begleiterscheinungen der Höherentwicklung im Tierreich finden sich auch hier: Verlust an Vitalität, an vegetativer Potenz. Dafür Zunahme der Todeskräfte, in eigenartiger Weise auch hier umkreishaft in der unerhörten Steigerung der Produktion furchtbarer Gifte bei den großen Quallen zutage tretend, deren mit giftigen Nesselzellen besetzten Tentakel Längen von 40 Metern erreichen können.[153]

Diese Nesselgifte sind allerdings keine Besonderheit der Medusen. Auch die Polypen vermögen ihre von den Tentakeln festgehaltenen Beutetiere mittels Giftinjektionen zu töten – Korallenpolypen tun das, aber auch unser Süßwasserpolyp *Hydra* (Abb. 125). Die Fähigkeit zur Bildung giftiger Nesselzellen ist eine Eigenschaft des Ektoderms, des äußeren Keimblattes, das im Gegensatz zu seinem nach innen gerichteten Pendant, dem Entoderm, hoch differenziert ist. Es enthält Nerven- und Sinneszellen, die Hautzellen besitzen muskelartige, zur Kontraktion befähigte Füße (sodass sich Polypen blitzartig zu einem kleinen, formlosen Klümpchen zusammenziehen können). Dazu kommen die erwähnten gifthaltigen Nesselzellen, die unentwegt verbraucht und ebenso unentwegt aus embryonalem Zellmaterial wieder neu gebildet werden. Es sind nach erfolgter Bildung hoch komplexe Tötungsmechanismen: Eine Giftkanüle (oder ein Klebeband) liegt unter Überdruck im Innern einer aufgeblähten toten Zelle an einem langen Faden aufgerollt bereit, bei der geringsten Berührung eines sensiblen, nach außen ragenden Stachels herausgejagt und in die Haut des Gegenüber gebohrt zu werden.

Die pflanzenhafte Umkreis-Offenheit des Polypen führt dort in die Vereinseitigung, wo die Bildung der Meduse unterdrückt wird und sich Rasen und Kolonien von tausenden Polypen bilden, die alle durch Knospung aus einem Gründungspolypen hervorgegangen sind und untereinander durch eine gemeinsame Leibeshöhle verbunden bleiben: Korallen, sesshaft und nach unten allmählich immer höher und massiver werdende Kalkschichten abscheidend und auf diese Weise (zusammen vor allem mit Kalkalgen) mächtige Riffe aufbauend (mehr dazu auf S. 248). Das Gegenstück dazu sind die schwerelosen, durchsichtigen und durchlichteten Medusen, deren Stofflichkeit so gering ist, dass sie, angespült am Strand und anschließend vertrocknet, nur ein opalisierendes Häutchen zurücklassen. Die Polypengeneration dieser großen Medusen ist kurzlebig und hinfällig und erschöpft sich schnell in unentwegter Querteilung, wobei jedes «Scheibchen» rasch zu einer großen Meduse heranwächst. Diese Tatsachen können in jedem Lehrbuch nachgelesen werden (siehe auch Abb. 123). Sie seien hier erwähnt, um den Eindruck des Eingespanntseins der Hohltiere zwischen zwei antagonistische Kräftefelder noch zusätzlich zu unterstreichen: zwischen der Aufgabe des Eigenseins als pflanzenhaftes Teilglied (und in Symbiose mit einzelligen, photosynthetisierenden Algen wie die meisten Korallen, aber auch unsere *Hydra*!) und Mitgestalter seines Lebensraumes auf der einen Seite und der zumindest ansatzhaften Emanzipation von der Umwelt und angedeuteter Individualisierung auf der anderen Seite.

Abb. 126: An zierliche Algen oder Moose erinnernde Kolonien kleiner Hydroidpolypen der Nordsee. Einige Arten erzeugen frei schwimmende kleine Medusen.
1 *Hydractinia echinata*; bildet schimmelartige, weißliche Überzüge besonders gern auf Schneckenschalen, die von Einsiedlerkrebsen bewohnt werden.
2 *Tubularia larynx*; bis 7 cm große scharlachrote Polypen.
3 *Obelia geniculata*; bildet vor allem auf Zuckertang *(Laminaria saccharina)* Rasen zarter, weißer Polypenbäumchen, die kleine Medusen freisetzen. 4 *Halecium halecinum*. 5 *Sertualaria cupressina*, Seemoos. 6 *Abietinaria abietina*. 7 *Dynamena pumila*.
8 *Serularella polyzonias*.
9 *Hydrallmania falcata*, Korallenmoos; bis 45 cm hoch. (Aus P. Kuckuck, *Der Strandwanderer*.)

Stufen der Verinnerlichung

Echte Autonomie ist auf diesem Entwicklungsstadium noch nicht möglich. Dafür ist der Bau des Organismus noch zu primitiv, und dies vor allem in einer Beziehung: Die Vertreter der Hohltiere, ob Polyp oder Meduse, besitzen kein wirkliches «Innen». Die Meduse ist, wie sich zeigte, auf dem Weg dazu, schafft es aber dann doch nicht, und beim Polyp bleibt es von vornherein beim einfachen, durch Einstülpung entstandenen Magenraum, und der Ort der Einstülpung ist Mund und After zugleich – eingestülpte Außenwelt (Abb. 124).

Echte, von der Umgebung abgeschlossene Innenräume bilden sich erst, wenn ein drittes Keimblatt hinzukommt, das Mesoderm, das sich zwischen Ekto- und Entoderm legt. Es eignet allen Tieren, Alt- wie Neumündern, die auf einer höheren Entwicklungsstufe als die Hohltiere stehen, und ebenso dem Menschen. Hinsichtlich seiner Fähigkeit, Organe zu bilden, ist es das vielseitigste der Keimblätter: Blutkreislauf und Herz, Innenskelett, Bindegewebe, Muskulatur und Drüsen sind Bildungen des Mesoderm. Im Zusammenhang unserer Betrachtungen ist es von Bedeutung, dass es zu metameren oder serialen, sich rhythmisch wiederholenden – bzw. rhythmisch gegliederten – Bildungen neigt, was sich beispielsweise in der Gliederung der Wirbelsäule oder den Rhythmen des Blutkreislaufes ausdrückt. Vor allem aber, dass es zur Bildung nach außen vollkommen abgeschlossener Hohlräume – des so genannten *Coelom* – führt, zu den sekundären Leibeshöhlen (Abb. 127).

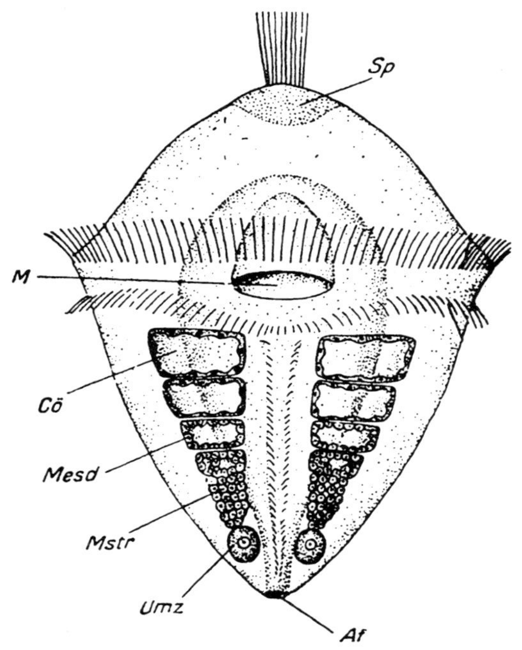

Abb. 127: *Trochophora*-Larve eines marinen Ringelwurmes, von der Bauchseite her gesehen. Neben dem Darm erkennt man die metamer angeordneten Coelomsäckchen, die durch fortlaufende Knospung aus den beiden Urmesodermzellen hervorgehen und später die typische Gestalt des Ringelwurmes bestimmen werden (siehe auch die folgende Abbildung und Abb. 142 auf S. 242). (Aus A. Kühn.)
M = Mund, A = After, Sp = Scheitelplatte (Sinneszentrum), Umz = Urmesodermzellen, Mstr = Mesodermstreif, Mesd = Mesoderm, Cö = Coelom.

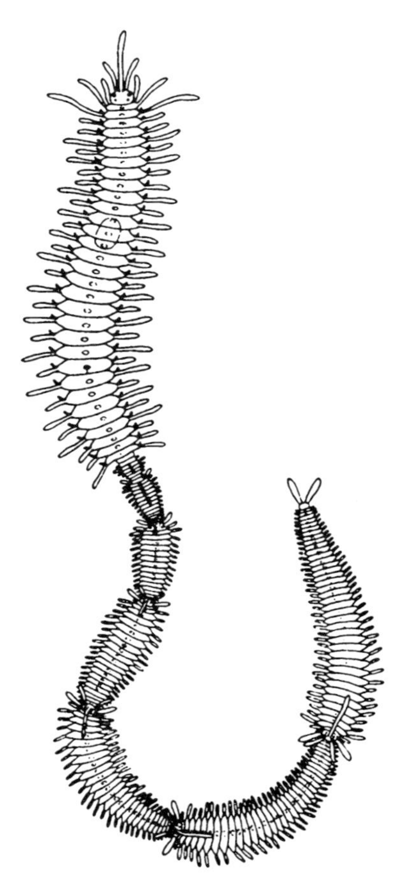

Abb. 128: *Autolytus,* ein Ringelwurm des Meeres, eine Kette von Tochterindividuen knospend, die sich sukzessive ablösen werden. (Nach Grassé.)

Bei relativ primitiven Vertretern bleibt die «rhythmische» (seriale oder metamere) Organisation des Leibes durch Kettenbildung von paarigen Coelomsäckchen lebenslang erhalten und führt dann zur charakteristischen Gestalt des Regenwurmes. Und schließlich setzt sich bei manchen meeresbewohnenden Arten von Ringelwürmern zu gewissen Zeiten diese Art des Wachstums unbegrenzt fort und führt zu Ketten auseinander hervorsprossender Würmer, die sich dann irgendwann ablösen und als selbstständige Individuen (besser: «Dividuen») davonschwimmen (Abb. 128). In abgewandelter Form tragen wir – wie alle höheren Lebewesen – dieses Coelom auch in uns, im «Brustfell», das den Herz-Lungen-Raum von der Außenwelt abschließt, im Herzbeutel (Pericard), im Bauchfell usw. In gewisser Weise bildet das Coelom *innere «Gegenräume»*, die allerdings während des Heranwachsens des Organismus von den sich vergrößernden Organen ausgefüllt oder zusammengedrängt werden.

Die Drei*heit* der Keimblätter ist nicht einfach identisch mit der «klassischen», in den vorausgehenden Kapiteln besprochenen Drei*gliederung* des menschlichen und tierischen Organismus – wie es ja die Benennung bereits klar genug ausdrückt. Abkömmlinge aller drei Keimblätter finden sich in jedem der großen Systeme von Kopf, rhythmischem und Stoffwechsel-Gliedmaßen-Bereich (obwohl Entoderm im Kopf mit Ausnahme des Rachens praktisch nicht vorhanden ist); dennoch – das Ektoderm erreicht seine stärkste Differenzierung im Kopf, in dem es auch rein quantitativ dominiert (Gehirn, Deckknochen), das Mesoderm oder mittleres Keimblatt im Brustbereich (Zentrum des Blutkreislaufes) und das Entoderm im Rumpf (Verdauungssystem).

Die Frage soll an dieser Stelle nicht weiter verfolgt werden. Stattdessen sei der Blick weiter auf das Mesoderm und seine Aktivitäten gerichtet – auf das Mesoderm als «Organ der Verinnerlichung». Es ist tatsächlich der Aktivator oder das Instrument der Verinnerlichung, nicht allein durch die Schaffung der «sekundären Leibeshöhlen» (ein besserer Terminus wäre «echte Leibeshöhlen», da die primäre, durch Einstülpung entstandene Variante gar kein echtes, d.h. *nach außen abgeschlossenes Innen* bildet). Nicht minder deutlich zeigt sich diese Funktion während der Frühphasen der Embryonalentwicklung bei der Verinnerlichung von Gehirn und Nervensystem. Deren Anlagen sind als Teile des Ektoderms zunächst reine Oberflächengebilde ähnlich der Epidermis. Wenn sich nun das Mesoderm als zuletzt entstehendes Keimblatt durch Invagination *zwischen* Ekto- und Entoderm legt, dann beginnt es alsbald mit der ersten Differenzierung: In der Längsachse des künftigen Leibes, wo sehr viel später die Wirbelsäule liegen wird, gliedert sich ein schmaler Stab heraus, die *Chorda dorsalis* (man vergleiche die Abbildung 130, S. 227). Genau über ihr, also im darüber liegenden Ektoderm, bildet sich eine gleichfalls längs verlaufende Rinne dadurch, dass auf beiden Seiten wulstartige Ränder in die Höhe wachsen (Abb. 130 unten). Diese schließen sich alsbald zur Röhre, die daraufhin in der Tiefe versinkt und als Neuralrohr der Vorläufer des Rückenmarkes ist. Kommt es nicht zur eben beschriebenen Einwanderung des Mesoderms, dann bildet sich auch kein Rückenmark. Wird umgekehrt Mesoderm an einer anderen Stelle des Körpers unter die Außenhaut operiert – man hat solche Experimente mit Molchlarven gemacht –, so entsteht an dieser Stelle eine Neuralrinne! Das Mesoderm – genauer: die Chorda – wirkt als *Induktor* und induziert die Bildung des Nervensystems.

Ein aufregender Moment: Bisher, d.h. den eben geschilderten Abläufen vorausgehend, fanden alle Organbildungen wie bei einem pflanzlichen Keimling *umkreishaft*, an der Peripherie statt – Differenzierung des Trophoblasten, Ausbildung der Primärzotten und dadurch Anschluss an den durch die Mutter herangeleiteten Nahrungsstrom. Innenräume begannen sich zu bilden – innerhalb der Keimblasenhöhle die zunächst völlig leeren Hohlsphären des Amnion und des Dottersackes (Abb. 129, S. 226), die Orte der späteren Leibesbildung, in denen jedoch, außer einer dünnen Schicht am Boden des Amnion, zunächst noch nichts vorhanden ist.[154] *Und plötzlich schlägt der ganze Bildeprozess nach innen um und setzt punktuell an einer eng umschriebenen Stelle im Embryoblasten, dem Zentrum des künftigen Embryos, an.* Von jetzt ab werden alle Neubildungen «hereingeholt», nicht nur durch das Mesoderm, sondern auch durch Induktoren zweiter und dritter Ordnung. So ist beispielsweise der Augenbecher ein Induktor zweiter Ordnung, der die darüber liegende Haut anregt, sich grubenartig einzubuchten, die Einbuchtung abzuschnüren und als Anlage der Linse ins Innere des Augenbechers zu versenken. Man gewinnt den Eindruck, dass sich der Bildekräfteleib, der bisher aus dem Umkreis heraus tätig war, *in dieser Phase inkarniert und mit dem Embryo vereinigt.* Damit geschieht auf der Ebene der Lebensprozesse vorläuferhaft das, was später das Ich vollziehen wird.

Natürlich sind bei diesen Abläufen bestimmte Stoffe, Proteine, Enzyme wirksam, denen die Funktion von Auslösern zufallen dürfte. Sich mit ihnen zu beschäftigen macht in dem Moment Sinn, wo man sich ihrer bedienen will (wie etwa in der gegenwärtig diskutierten Stammzellenforschung). Uns interessieren sie an dieser Stelle nicht, da die Frage nach der Verursachung dadurch lediglich ein Stück weiter zurück verschoben ist und zu neuen Fragen führt: Wer oder was bedingt die Ordnung der Proteine und Enzyme? Wer oder was bestimmt die Gene? Wer oder was ruft die spezifischen Gene zu dem Zeitpunkt auf, an dem sie gebraucht werden?

Es ist verständlich, dass seit der Entdeckung dieser Vorgänge in der ersten Hälfte des 20. Jahrhunderts alles Erdenkliche unternommen wurde, um die spezifische stoffliche Natur des Induktors zu ermitteln.

Abb. 129: Frühe Stadien der menschlichen Embryonalentwicklung I. Oben links Morula, daneben, im Schnitt, Blastula: erste Differenzierung des ursprünglich gleichartigen Zellmaterials in den zukünftigen Trophoblasten (violett) und Embryoblasten (blaugrün). Rechts beginnende Einnistung in die Uterusschleimhaut (9. Tag). Das Gebilde gleicht einem keimenden Pflanzensamen, der seine ersten Wurzeln in die Erde schickt. Unten etwa drei Wochen alte Blastozyste, die sich vollständig in die Uterusschleimhaut eingenistet hat. Starke Differenzierung des Trophoblasten in den (ernährenden) Umkreis; Primärzotten dringen in die flüssigkeitsgefüllten Kavernen der Schleimhaut ein. Der Embryoblast hat sich in drei leere Hohlsphären gegliedert: in die Amnionhöhle (blau), den Dottersack (grün) und in die mit extraembryonalem Mesenchym ausgekleidete, beide umschließende Keimblasenhöhle. Alle Differenzierungsvorgänge spielen sich noch ganz im Umkreis ab, im Innern geschieht noch nichts – im abgebildeten Stadium hat die Mesodermbildung von Abb. 130 noch nicht stattgefunden. Diese markiert dann den Umschlag des Bildungsschwerpunktes von außen nach innen.

Man fand sie nicht, da alle möglichen anstelle des Mesoderms künstlich eingebrachten Substanzen denselben Induktionseffekt hatten. Verschiedene tierische Organextrakte, lebend oder abgetötet, hatten die gleiche Wirkung, ebenso alle möglichen synthetischen Stoffe, Farben etc. – man vergleiche die entsprechenden Darstellungen in den gängigen Lehrbüchern der Embryologie.

Das scheint uns ein mehr als deutlicher Hinweis darauf zu sein, dass mit der Entdeckung spezifischer Stoffe für die praktisch-experimentelle Anwendung sicherlich viel, *für die Erkenntnis des Prozesses als solchen* aber kaum etwas gewonnen ist. Lenkt man den Blick auf diese Prozesse, dann erweist sich das Geschehen der *Invagination*, der «Verinnerlichung», als Schlüsselereignis: Die Bewegung führt von einem Allgemeinen, noch völlig Unspezifischen aus dem Umkreis hinein in ein eng umschriebe-

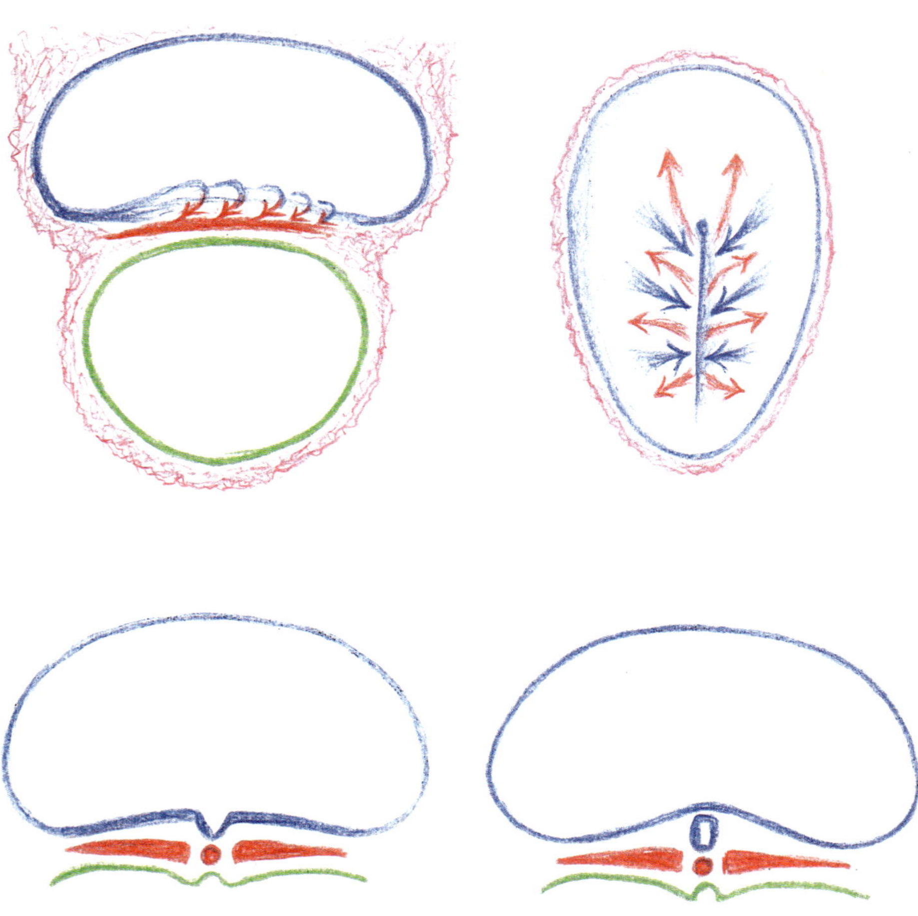

Abb. 130: Frühe Stadien der menschlichen Embryonalentwicklung II. Oben schematische Darstellung der Invagination des Mesoderms (rot) – links im Längsschnitt, rechts in der Aufsicht – aus dem Amnionboden durch die Primitivrinne. Damit sind die drei «Keimblätter», aus denen sich der menschliche Leib aufbauen wird, veranlagt: im Querschnitt *Ektoderm* (Amnionboden, blau), *Entoderm* (Dottersackdach, grün) und *Mesoderm* (rot).

nes Zentrum. Von diesem gehen jetzt wie von einem Mittelpunkt in den Umkreis ausstrahlend alle weiteren Wirkungen aus, das organische Material hereinholend, nun nicht mehr *allgemein*, sondern zunehmend *differenzierend* wirkend. Von der Chorda strahlen nun Impulse aus, die zunächst noch recht allgemein zur Bildung des Neuralrohres führen, sich aber zunehmend differenzieren (der vordere Chordaabschnitt beispielsweise induziert nur Kopf, aber nicht den ganzen Organismus usw.) und sich beim Übergang auf bestimmte Organanlagen zu Induktoren zweiter, dritter usw. Ordnung spezifizieren und spezialisieren. Als Ganzes zeigt sich schließlich ein hierarchisch gegliedertes Feld von Aktivitäten, die anfänglich unspezifisch allgemein wirken, sich zunehmend in ihren Möglichkeiten einengen, gleichzeitig jedoch wie unter einer übergeordneten Regie zusammenwirken und den physischen Organismus aufbauen.

«Man suche nur nichts hinter den Phänomenen, sie selbst sind die Lehre!», formuliert Goethe. Ja, aber der Blick auf die Phänomene will auch geschult sein, an Goethes Methode zum Beispiel, *Gestalten* nicht als fest umrissene, unveränderliche (genetisch fixierte!) im Bewusstsein zu haben, sondern *als Bewegungsgestalten in bildhaftem Denken mitzuvollziehen*. Die Dynamik, die Gestik und der Verlauf der Bewegung verraten, welcher Sinn in ihnen liegt, was sie bewirken, verändern, *was sie ausdrücken*. Es ist eine Sprache der Formen und Bewegungen, und diese Sprache gilt es zu lernen. Wir haben es in den vorangehenden Teilen des Buches anhand der Metamorphose der Pflanzen zu üben versucht. In unserem Fall ist die Botschaft recht eindeutig: Umwelt wird verinnerlicht, und was später mittels des Nervensystems (und der Sinnesorgane) *als seelischer Bewusstseinsinhalt aufleuchtet, ist der verinnerlichte und auf die Stufe des Bewusstseins erhobene Geistgehalt der Welt* (bzw. eine Projektion davon).[155]

Internalisation, Verinnerlichung von Außenwelt, Gewinn an innerem Reichtum und innerer Differenzierung: Leitmotiv der Evolution jener Linie des Tierreiches, die zum Menschen führt – der Neumünder oder Deuterostomier. Was bei den Altmündern umkreishaft bleibt, sich allenfalls im schönen Abglanz auf den Flügeln der Schmetterlinge zur Erscheinung bringt und nur im überindividuellen Großorganismus des Bienenstockes, in der Gesamtheit der Einzeltiere und damit oberhalb des Individuums «verinnerlicht» wird, *individualisiert sich bei den Neumündern zunehmend im einzelnen Individuum.*

Vom Außen- zum Innenskelett

Wohl der markanteste Ausdruck der Internalisation ist der Übergang vom schützenden Außen- zum stützenden Innenskelett. Lange Zeit glaubte man, den Wirbeltieren seien von Anfang an Innenskelette eigen, Außenskelette seien auf die so genannten «Wirbellosen» beschränkt, Gliederfüßler also vor allem, Mollusken und Stachelhäuter (Seeigel, Seesterne usw.). Durch die Forschungen des schwedischen Paläontologen Stensiö an fossilen Resten von – wie man zunächst annahm – silurischen und devonischen Krebsen wurde man eines anderen belehrt: Mithilfe genialer Untersuchungsmethoden, von Dünnschliffen und Serienschnitten, die anschließend in Wachsmodelle umgesetzt wurden, konnte bewiesen werden, dass es sich bei diesen angeblichen Krustentieren um frühe Vorformen der Fische handelte! Es waren Gestalten, die «in einen Panzer eingescheidet waren, der vornehmlich aus Hautknochen bestand. Ein solcher Knochenpanzer

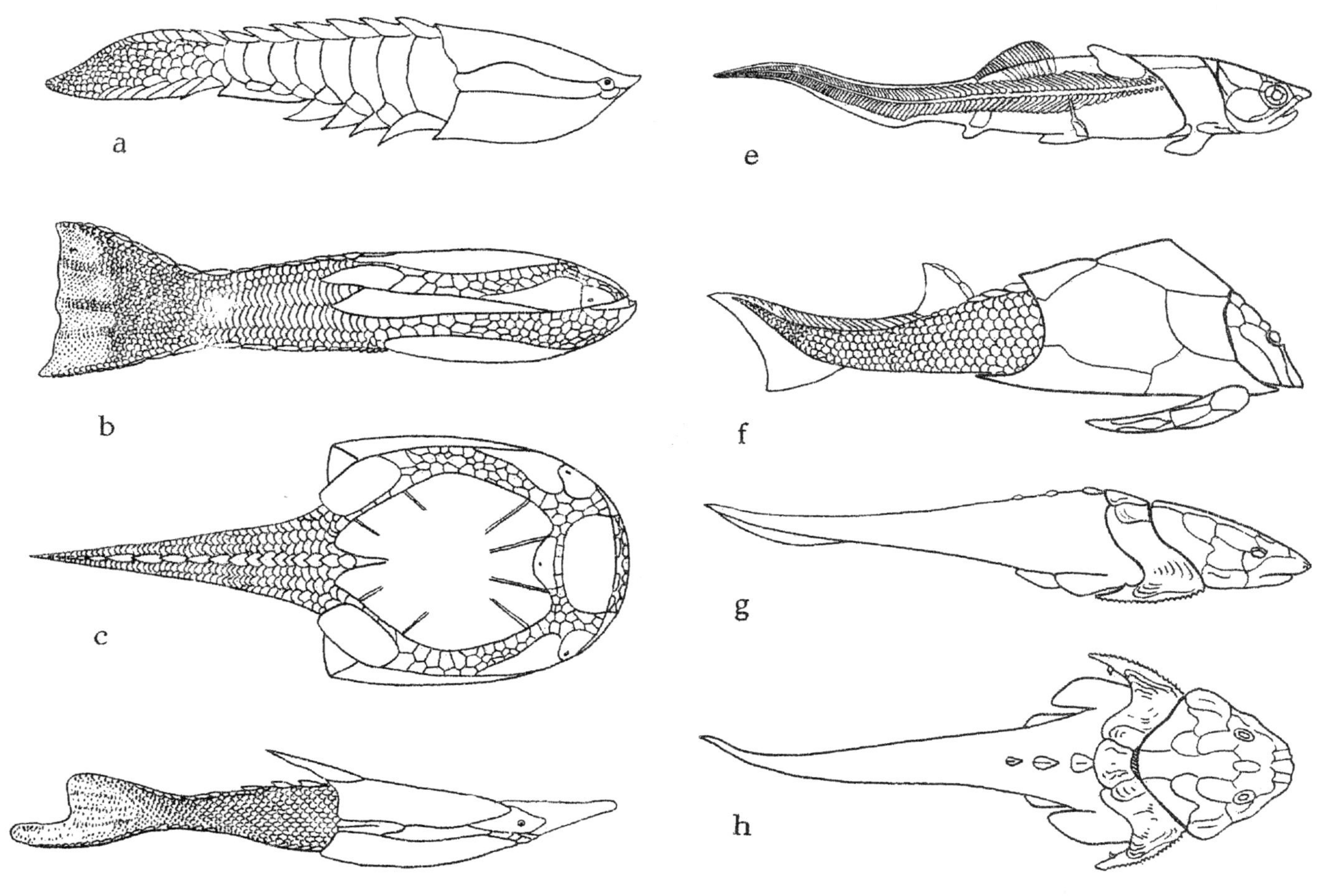

Abb. 131: «Kieferlose» (linke Reihe) und Panzerfische (rechts): a *Anglaspis* (nach Kiaer); b, c *Drepanaspis* von der Seite und von oben (nach Gross); d *Pteraspis* (siehe auch Abb. 137) (nach White); e *Coccosteus* (nach Stensiö); f *Pterichthyodes* (nach Traquair); g, h *Lunaspis* von der Seite und von oben (nach Stensiö).

umschloss die altertümlichsten Fische, die Kieferlosen *Ostracodermata* vollständig» (Romer und Parsons[156]). «Das erste verkalkte Skelett war dermal [d.h. aus Hautknochen gebildet, Anm. A.S.] und bestand aus Schuppen, kleinen Platten oder einem geschlossenen Panzer. Ein mineralisiertes Endoskelett trat erst später auf» (E. Kuhn-Schnyder[157]) (Abb. 131).

Die ursprünglichste Form des Skelettes ist damit in allen Tiergruppen, Alt- wie Neumündern, Wirbellosen wie primitiven Wirbeltieren (die allerdings noch keine Wirbel besaßen), das *Außenskelett.* Seine Funktion ist überall die gleiche: den weichen, verletzlichen Körper zu schützen. Das aber dürfte kaum die Ursache dieser Art der Skelettbildung sein – schließlich gibt es viele weiche, ungeschützte, schalenlose Tiere, die prächtig überleben, die Würmer zum Beispiel. Es ist eher Ausdruck der Tendenz zur Sonderung, Absonderung, Bildung einer Eigensphäre, also eine typische Tiereigenschaft. Die Muschel ist dafür ein gutes Beispiel, besonders dann, wenn man sie mit einer frei schwimmenden Meduse vergleicht, die ihre Fangtentakel in weitem Umkreis ausstreckt. Im Gegenzug zieht sich die Muschel ganz zwischen ihre beiden Schalenhälften zurück, die sie nur einen Spalt weit öffnet, um Wasser hereinzustrudeln, das dann an den Kiemen entlanggeleitet und anschließend wieder hinausgestrudelt wird: Wo die eine sich in den Umkreis ausbreitet, holt ihn die andere in sich herein. Im Grunde ist natürlich beides tiertypisch – nicht nur die Ausbildung einer Eigensphäre, sondern auch die freie Beweglichkeit. Offensichtlich kann auf dieser niederen Organisationsstufe entweder das eine oder das andere verwirklicht werden. Erst die höheren Landwirbeltiere und vor allem der Mensch vermögen die Gegensätze, einander ergänzend und steigernd, in einer Gestalt zu vereinigen.

Außenskelette können auf unterschiedlichste Weise und aus verschiedenartigstem Material gebildet werden. Bei den Wirbellosen sind es stets tote Substanzen: Chitinpanzer bei Insekten, eine nach dem Ausschwitzen aus Hautporen lackartig erstarrende Substanz, die wiederholt abgeworfen, «gehäutet» werden muss, da sie sich beim Wachsen ihres Trägers nicht mitvergrößert; bei Krebsen kommen Kalkinkrustationen dazu. Muscheln und Schnecken schließlich scheiden rein mineralische Kalkschichten nach außen ab.

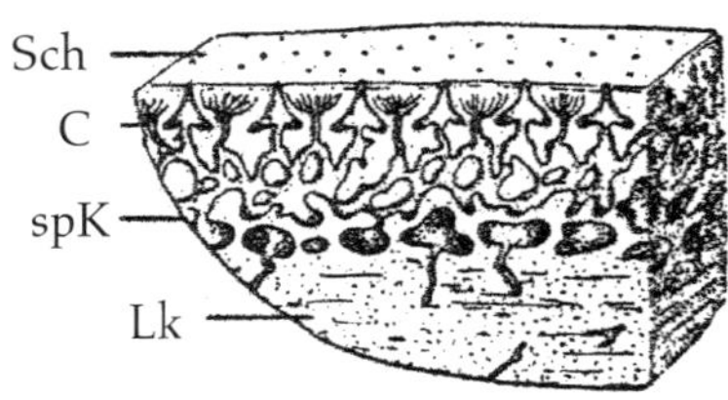

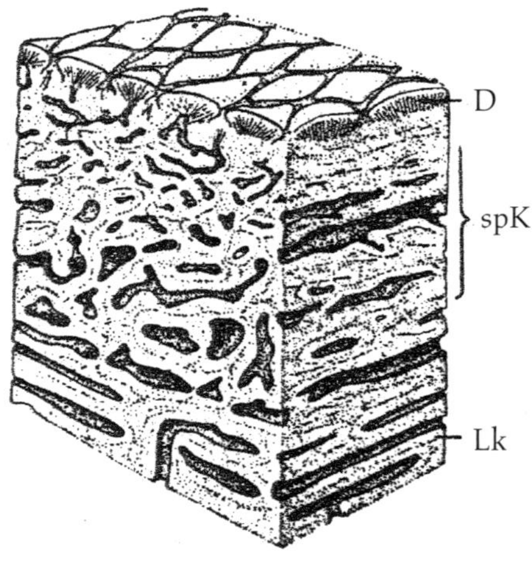

Abb. 132: Der massive Hautknochenpanzer der Placodermen (unten) – siehe auch die folgende Abbildung – und eines fossilen Quastenflossers (oben). Beide sind mit einer äußerst harten Schicht aus Zahnschmelz (!) überzogen, unter der sich eine massive Lage aus Dentin («Zahnbein») befindet (oben als «Cosmin», unten als «Dentikel» bezeichnet). Die porösen Knochen waren von Blutgefäßen durchzogen. C = Cosmin, D = Dentikel, Lk = Lamellenknochen, spK = spangiöser Knochen, Sch = Schmelz. (Nach Kiaer und Goodrich aus Romer und Parsons.)

Ganz anders liegen die Verhältnisse bei den bereits erwähnten Früh- und Vorfischen. Ihre Panzerung bestand aus echten Hautknochen, die einen komplizierten Aufbau besaßen: Eine tiefere, lamellenförmig gebaute Schicht wurde überlagert von vielfach gekammerten, spongiösen Knochen, über den sich eine äußerst harte Schicht legte, die mit dem Dentin der Zähne der Wirbeltiere und des Menschen praktisch identisch ist. Zuäußerst schließlich lagerte sich eine dünne Schicht härtesten Zahnschmelzes darüber (Abb. 132)! Diese Übereinstimmung mit den Zähnen höher entwickelter Wirbeltiere und des Menschen wirkt zunächst völlig unverständlich. Tatsächlich sind unsere Zähne, so absonderlich das klingt, entwicklungsgeschichtliche Überbleibsel des Hautknochenpanzers, die einen Funktionswandel durchgemacht haben. Beeindruckend ist jedenfalls die Fähigkeit und die «Fantasie» des Organismus, an der Stelle, an der das härteste Material gebraucht wird, eben in den Zähnen, auf etwas vollständig anderes zurückzugreifen, das aber als einziges die hohen Anforderungen an Härte und Dauerhaftigkeit erfüllt! Interessant ist im Übrigen auch, dass sich diese umgewandelten Reste des Hautknochenpanzers nicht irgendwo, sondern im Kopfbereich erhalten haben, wo ja in den Formbildungen der schalenartigen, die Weichteile (das Gehirn) umhüllenden Deckknochen ebenfalls entwicklungsgeschichtliche Atavismen bis heute überdauern.

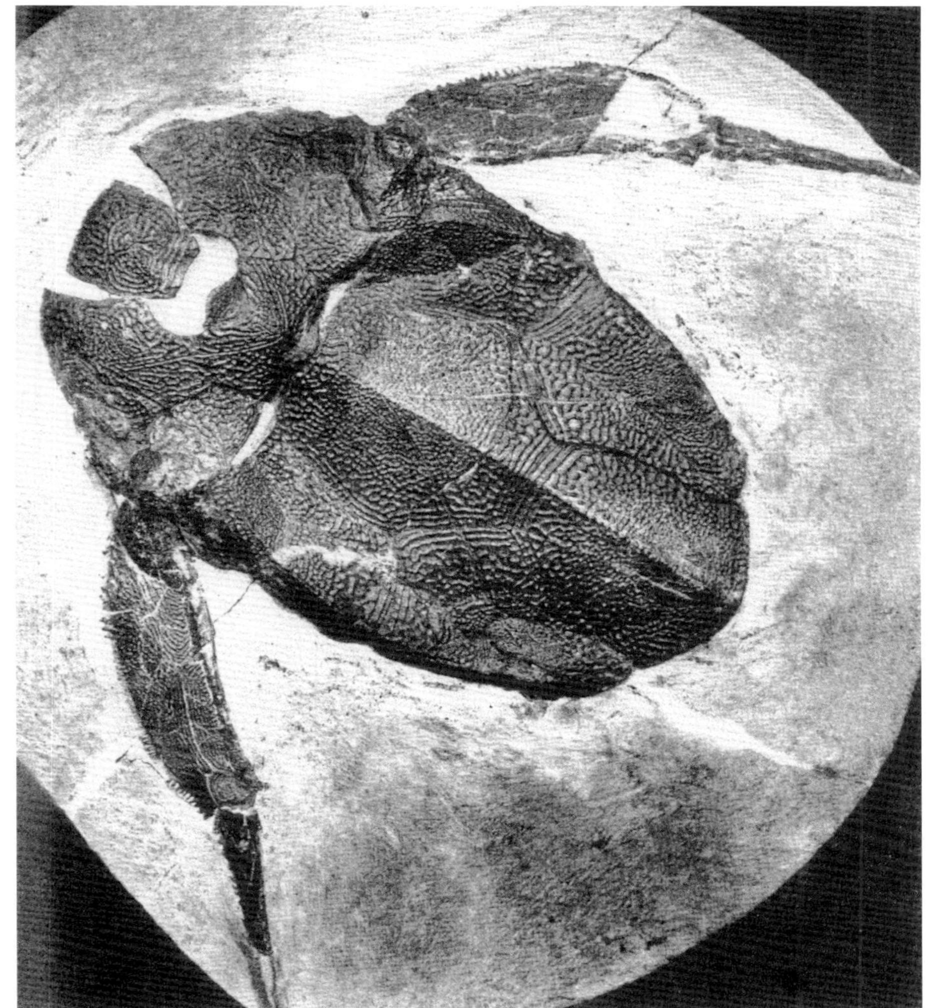

Abb. 133: Kopf- und Rumpfpanzer mit stelzenartigen Extremitäten-Anhängseln (ohne Innenskelett!) des Panzerfisches Bothriolepis aus dem oberen Devon. Gesamtlänge 17 cm. (Aufnahme Geolog. Institut der Bergakademie Freiberg/Sachsen.)

Im Laufe der weiteren Entwicklung der Fische im Paläozoikum (Erdaltertum) löst sich der massive Knochenpanzer (Abb. 132) vor allem im Gebiet des Rumpfes zunehmend auf, während im Kopfgebiet die ursprüngliche geschlossene Form erhalten bleibt. Von einer «Auflösung» zu sprechen ist allerdings nicht ganz korrekt – die zahlreichen, entsprechend der serialen Gliederung des Rumpfes in Reihen angeordneten Hautknochenanlagen verschmelzen nicht mehr, sondern liegen unverbunden nebeneinander und erlauben damit eine starke Beweglichkeit des Rumpfes (Abb. 134).

Auch im Kopfbereich, dem Rückzugsgebiet des Hautknochenpanzers, kommt es zu größerer Beweglichkeit. Bei den etwas später als die Kieferlosen erscheinenden Panzerfischen *(Placodermi)* ist der Kopf-Brust-Bereich zwar immer noch massiv in Panzerplatten eingeschlossen, der

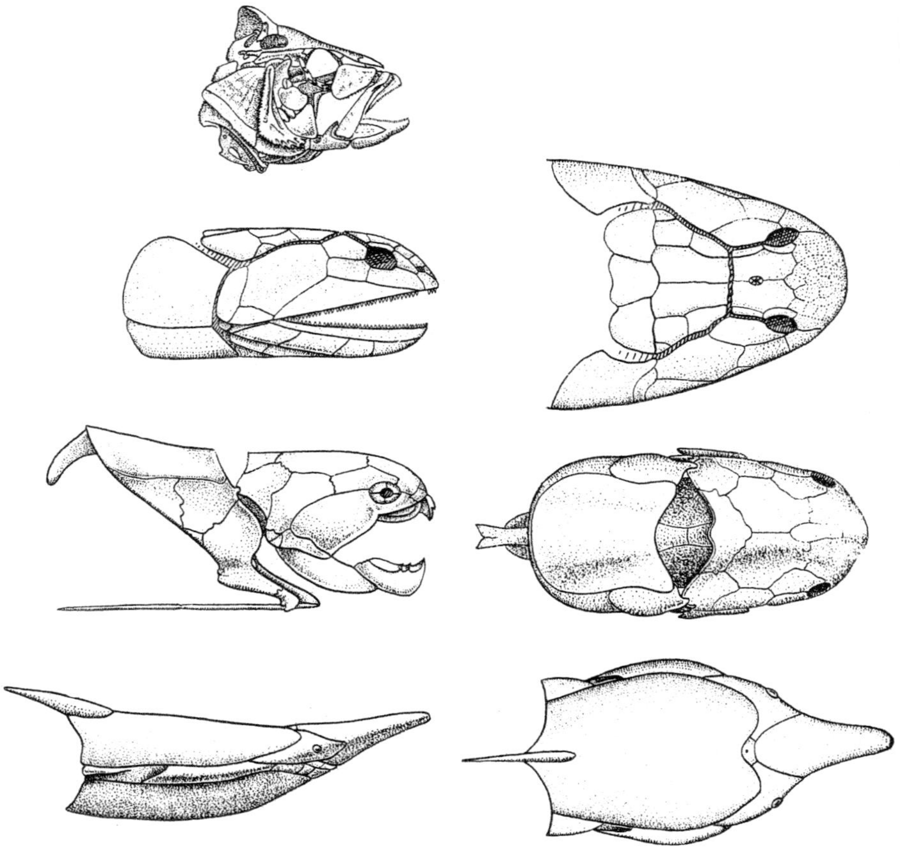

Abb. 134: Die Auflösung des Kopf-Rumpf-Panzers in der Evolution der Fische. Links Ansicht von der Seite, rechts von oben. Unten der «Kieferlose» *Pteraspis* mit starrem Panzer. (Nach White.) Darüber der Panzerfisch *Dinichthys*, dessen Panzer in zwei gegeneinander bewegliche Teile gegliedert ist. (Nach Romer.) Anschließend der Quastenflosser *Osteolepis*, bei dem auch der Kopfpanzer keine starre Einheit mehr bildet. (Nach Romer.) Beim Barsch *Perca* (ganz oben) hat die Auflösung der Kopf-Brust-Kapsel in einzelne Schilder die höchste Stufe erreicht. (Nach Brehm, siehe die folgende Abbildung.)

Kopf selber aber gelenkig gegen den Rumpf abgesetzt, und ein natürlich ebenfalls beweglicher Unterkiefer hat sich angegliedert (Abb. 134).

Der weitere Entwicklungsweg, hin zu den modernen Fischen, führte in erster Linie über eine weitere Reduktion der Panzerungselemente im Rumpfbereich, von denen bei den modernen Knochenfischen nur noch dünnhäutige, silbern schimmernde Schuppen ohne jede Verknöcherung – und oft nicht einmal diese – übrig geblieben sind. Im Kopfbereich kommt es zu weiteren Auflösungen des massiven Schädels, allerdings nur im Oberkiefer, der sich beweglich vom Schädel abgliedert. Zunehmende Beweglichkeit zeigt sich auch im Bereich der großen Knochenplatten des Schulterbereiches, die als Kiemendeckel abspreizbar werden. Davon abgesehen ist der Kopf immer noch der am stärksten gepanzerte Körperteil. Damit hat sich eine deutliche *Zweigliederung* des Leibes durchgesetzt: der von *sphärischen* Bildungen dominierte Kopf und die *rhythmisch*-seriale Anordnung der Rumpfbedeckung, die in ihrer Abfolge der Metamerie der Körpermuskulatur folgt (Abb. 135).

An diesem Körper sitzen Flossen, von dünnen Knochenstrahlen gestützte Hautgebilde, die in der äußeren Körperwand verankert sind und

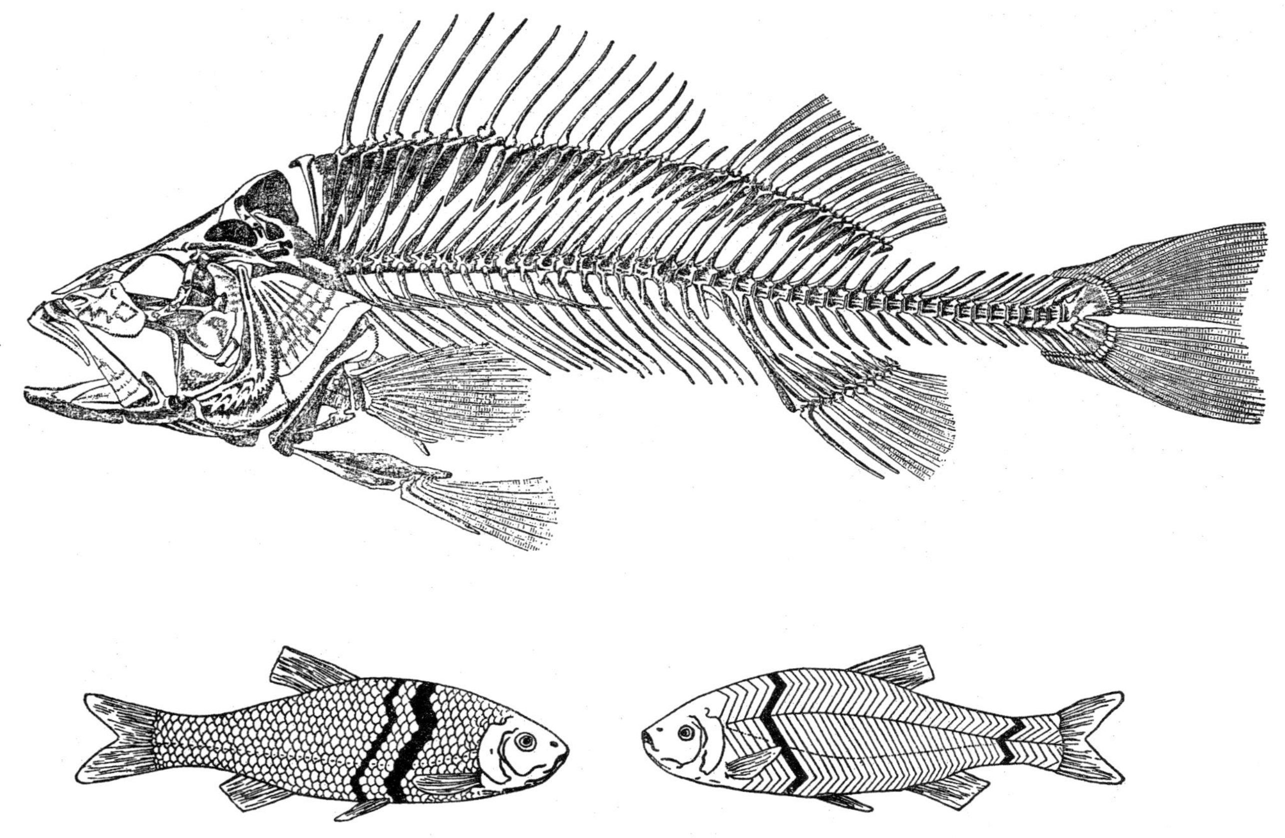

Abb. 135: Oben: Die rhythmische Gliederung des Rumpfes und der Flossen sowie die Auflösung der geschlossenen Kopfkapsel bei einem modernen Knochenfisch (Barsch *Perca*). Unten: Die Anordnung der Schuppen (links) folgt dem Rhythmus der Metamerie der Rumpfmuskulatur (Karpfenfisch, nach Hase).

in denen sich zumindest andeutungsweise ein drittes Gestaltbildungsmotiv ankündigt: das der *radiären* Umkreisoffenheit, in seiner Tendenz dem Prinzip der abschirmenden, sphärischen Bildungen polar entgegengesetzt. In seiner im Folgenden zu besprechenden Entwicklung kommt es dann zur Ausbildung der *dreigliedrigen* Gestalt des Leibes.

Dieses dritte Bildungsmotiv ist das zuletzt erscheinende. Im Körperinnern ist es allerdings längst veranlagt als der knorpelige, biegsame und ungegliederte Achsenstab der *Chorda dorsalis*, der Rückensaite, von der bereits die Rede war, als es um ihre Rolle als Induktor ging – erinnern wir uns, dass sie als Teil des Mesoderms zu jenem Keimblatt gehörte, das als Erstes die Bildebewegung der Involution vollzog, der Verinnerlichung von etwas zuvor Umkreishaftem. Eine Folge davon war ja die nächste Involution, die des Nervensystems. In Bezug auf alles, was mit der Ausbildung des Innenskelettes zu tun hat, kommt es allerdings erst erheblich später zu entsprechenden Bildungen, und diese hängen mit der Chorda zunächst nur insofern zusammen, als sie als innere Orientierungsachse dient, als richtungsweisende Symmetrielinie sozusagen, an der sich alle Organbildungen ausrichten.

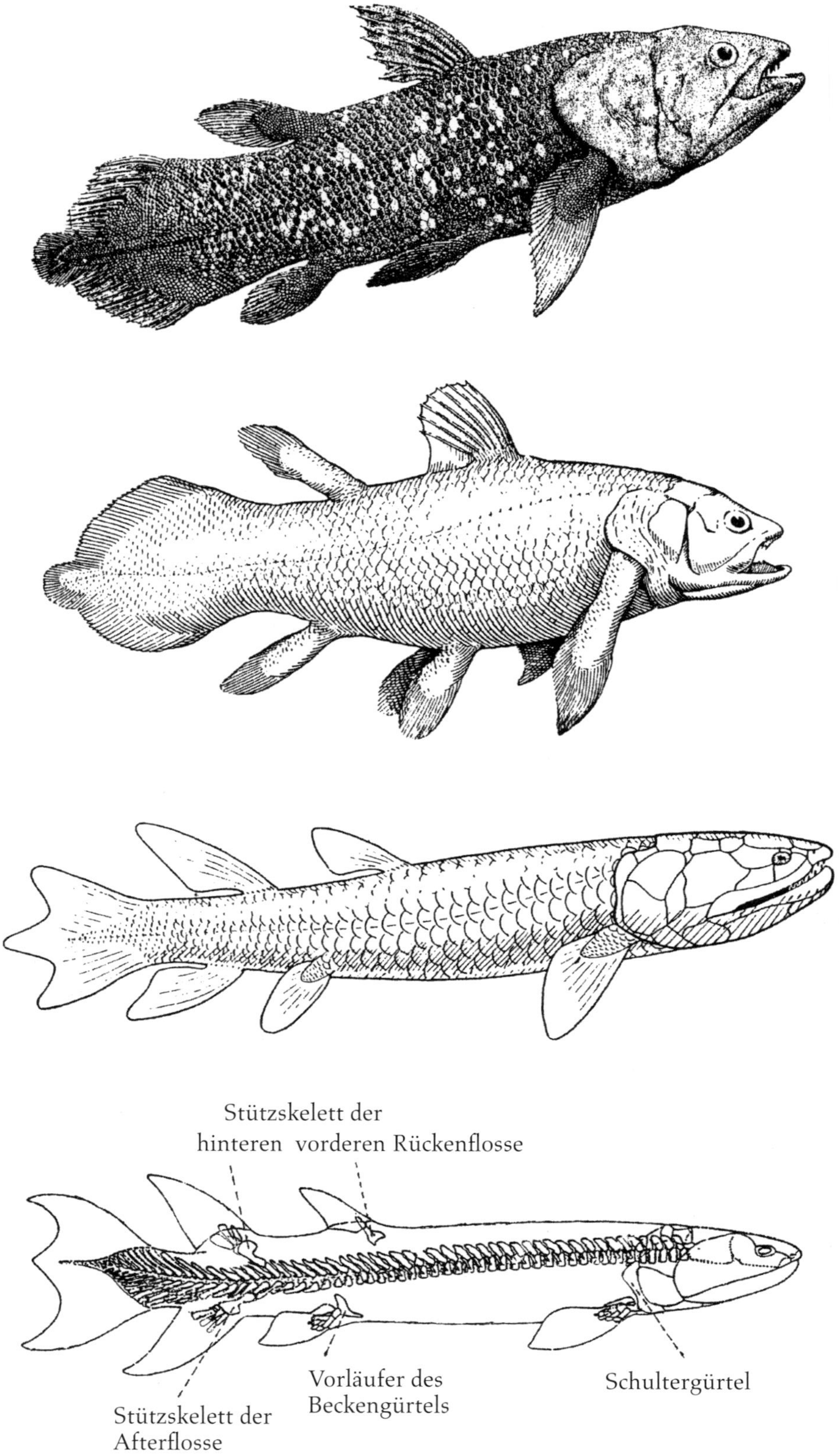

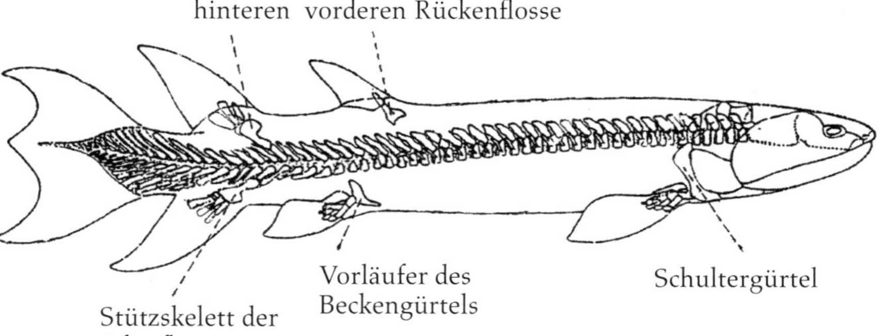

Abb. 136: Quastenflosser. Oben *Latimeria chalumnae*, Zeichnung nach einem frisch präparierten Exemplar. (Aus Millot.) Darunter stärker stilisierte Darstellung bei Portmann (man vergleiche den Unterschied in den Kiemenplatten und die offensichtlich unnatürliche Stellung und Länge der Brustflosse). Unten *Eusthenopteron* aus dem Devon, eine der Übergangsformen zwischen Fisch und Amphibium; Rekonstruktion von Gestalt und Bau des Skelettes. (Nach Colbert.) Auffallend die «Gliedmaßen-Anlagen» besonders der Bauchflossen, die noch ganz peripher in der Körperwand sitzen und deren verbreiterte Basis zunächst nur (wie im Fall der unpaarigen Flossen) als Widerlager der Flossen dienen. Einzig der Schultergürtel zeigt bereits eine fortschrittlichere Ausbildung, allerdings sind die meisten Teile Deckknochen des Kiemenbereiches, die später bei den Landwirbeltieren durch das Innenskelett des Schulterblattes ersetzt werden. Nur im Schlüsselbein bleibt eine modifizierte Reminiszenz des Außenskelettes erhalten. Man vergleiche auch die Weiterentwicklung bei den ersten landbewohnenden Wirbeltieren in den Abbildungen 139 und 164.

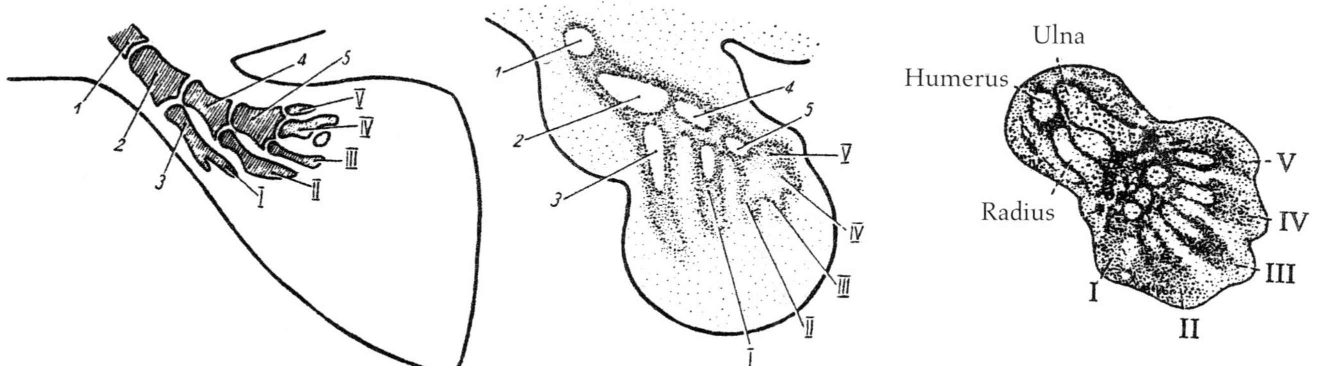

Abb. 137: Links Skelett der Brustflosse des devonischen Quastenflossers von Abb. 136. Zum Vergleich daneben eine embryonale Tetrapoden-Gliedmaße (aus Portmann) und (rechts) Arm- und Handanlage eines 15,5 mm großen menschlichen Embryos (aus Verhulst). 1 Schultergürtel, 2 Humerus, 3 Radius, 4 Ulna, 5 ulnare Strahlen (I-V) der fünfgliedrigen Hand.

Zuerst bilden sich um die Chorda herum erste Anlagen der Wirbel und der Rippen – an den Wirbeln sind es zunächst nur die Neuralbögen, deren Bildung durch die Anlage des Neuralrohrs induziert wird. Wirbel*körper* existieren noch nicht, sie setzen sich später an die Stelle der in ihnen aufgehenden Chorda. Bis jetzt sind eigentlich nur periphere Elemente *um* die Wirbelsäule herum angelegt, der Bildungsimpuls ist noch nicht bis ins Zentrum vorgedrungen.

Von besonderem Interesse ist nun eine im Devon erscheinende Gruppe von Fischen, die am Ende der Kreidezeit, am Ende des Mesozoikums (Erdmittelalters) wie so viele andere Organismen, von denen die Saurier wohl die spektakulärsten waren, wieder ausstarben. So glaubte man wenigstens bis vor kurzem.

Bei diesen Quastenflossern oder Schmelzschuppern (Abb. 136), wie sie auch genannt werden *(Crossopterygii), kommt es zur entscheidenden Weichenstellung für den Übergang vom Wasser zum Leben auf dem Festland.* Aus ihnen leiten sich tatsächlich die ersten Amphibien ab, die plumpen «Dachschädler» *(Stegocephalia)* (Abb. 164, S. 271), die bis in kleinste anatomisch-morphologische Details mit den Quastenflossern übereinstimmen. Dass sie als Schmelzschupper bezeichnet werden, hängt mit ihren derb knöchernen, mit Zahnschmelz überzogenen Schuppen zusammen (die sich dann bei den Amphibien nicht mehr finden). Wichtiger im Rahmen unserer Betrachtungen sind ihre Flossen – neben normalen, dünnhäutigen und von Knochenstrahlen gestützten, wie sie alle Fische besitzen, tragen die Quastenflosser schuppenbedeckte und von einem Flossensaum besetzte, stummelartige Anhängsel, paarig im Brust- und Bauchbereich (entsprechend den beiden Brust- und Bauchflossenpaaren der übrigen Fische), unpaarig im Rücken- und Afterbereich. Im Innern dieser Bildungen finden sich mosaikartig angeordnete Elemente eines echten, auf dieser Stufe der Evolution allerdings noch knorpeligen Ersatzknochen- und damit echten Innenskelettes. Das

Knorpelmosaik entspricht in allen seinen Komponenten dem Grundschema der Tetrapoden-Gliedmaße; *alle Knochen, die sich in den Armen und Beinen auch des Menschen finden, sind hier bereits veranlagt, sie sind einander homolog* (Abb. 137). Die unpaaren Anlagen verschwinden dann beim Übergang aufs Festland als überflüssige Bildungen.

Allerdings – zum Laufen taugen diese Gliedmaßenanlagen bei den Quastenflossern noch nicht, es gibt noch keine Verbindungen zur Wirbelsäule, vor allem kein Becken. Ansätze eines Schultergürtels waren insofern vorhanden, als in diesem Bereich die Gliedmaßenvorläufer Verbindung hatten mit den Kiemendeckeln des Außenskelettes, von denen einer später bei den Landwirbeltieren zum Schlüsselbein (Clavicula) wurde, einem desmalen (Haut-)Knochen, umgeben von den Ersatzknochen des Brustbeins und des Schulterblattes.

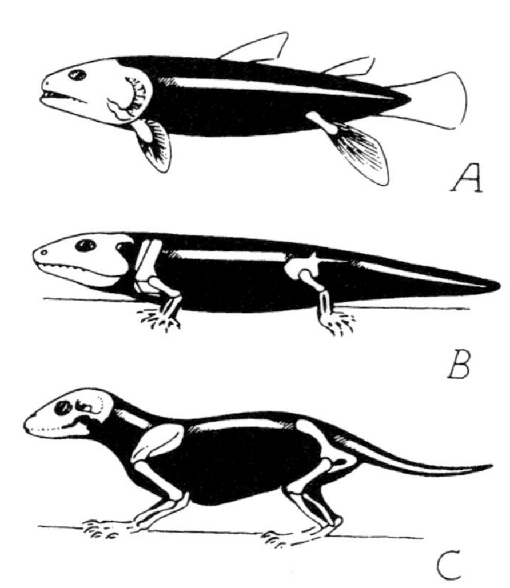

Abb. 138: Schematische Darstellung des Vordringens der Extremitäten von der Peripherie ins Körperinnere im Laufe der Phylogenese und ihre Verankerung an der zentralen Achse durch Schultergürtel und Becken. (Aus Portmann.)

Die Umwandlung in voll taugliche Gliedmaßen, die in der Lage waren, das Gewicht des Körpers mühelos zu tragen, erfolgte beim Übergang aufs Land. In Abbildung 138 sind einige der dabei durchlaufenen Stadien gezeigt. Zunächst bestand ja, wie schon betont, noch keinerlei Verbindung zur Wirbelsäule, die Gliedmaßenanlagen der Quastenflosser finden sich *ganz äußerlich in der Muskulatur der Körperwand verankert* und besitzen lediglich ein einfaches knorpeliges Widerlager. Dieses beginnt sich in der Folge zu differenzieren und war wohl bei den ersten im Übergangsbereich von Wasser und Land lebenden Amphibien über Ligamente mit der Wirbelsäule verbunden. In einem weiteren Schritt verwächst dann das Darmbein (Ilium) fest mit dem massiv verbreiterten Kreuzbein-(Sacral-)Wirbel (Abb. 139). Jetzt erst ist die volle Tragfähigkeit eines über den Boden emporgehobenen Leibes auf vier «Säulen» möglich. Der Gestus dieser Entwicklung ist eindeutig von außen nach innen gerichtet. Vom Quastenflosser zum Amphibium und weiter zum Reptil und Säuger kommt es allmählich zur festen inneren Verankerung von ursprünglich ganz peripher veranlagten Bildungen, *deren «Sinn» nicht in ihrer anfänglichen Form liegt* – die in ihrem inneren und äußeren Bau funktional tatsächlich völlig sinnlos erscheint –, *sondern in dem, was im Laufe weiterer Entwicklungsschritte aus ihr wird.*

Es stellte eine zoologische Jahrhundertsensation dar, als sich 1938 zeigte, dass die Quastenflosser, diese Lieblingstiere der Evolutionsforscher, keineswegs seit dem Ende des Erdmittelalters ausgestorben waren, sondern in einer in ihrer Verbreitung aufs äußerste begrenzten Art bis heute überlebt haben.[158] Die Entdeckung gelang durch einen merkwürdigen Zufall – auf einem Fischmarkt. Mrs. Marjory Courtenay-Latimer, Kuratorin am Museum von East London in Südafrika, glaubte zuerst an eine Halluzination, als sie während eines ihrer Routinegänge über den Fischmarkt plötzlich vor einem fast zwei Meter langen Quastenflosser stand! Er sei nahe der Mündung des Chalumna-Flusses gefangen worden,

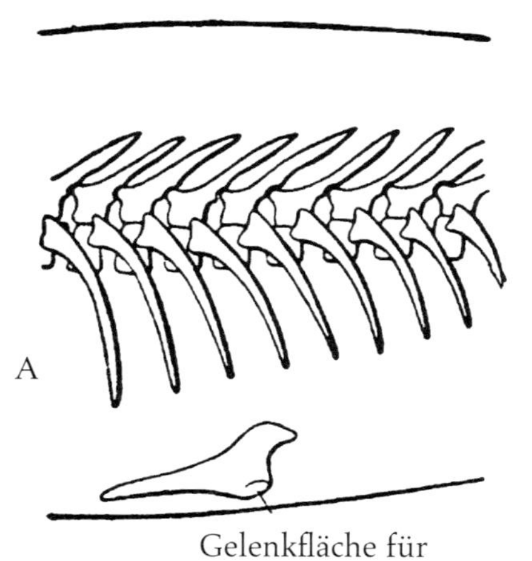

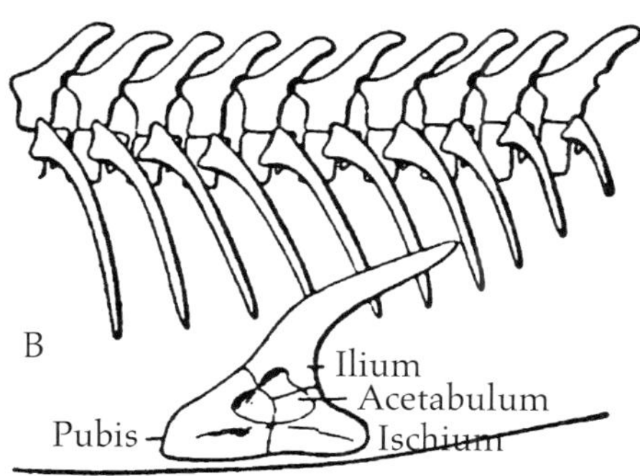

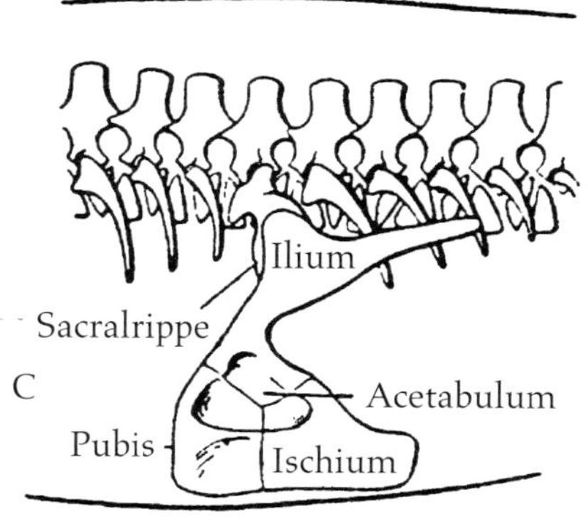

Abb. 139: Besonders klares Beispiele dafür, wie die «rhythmische Phase» der Evolution die Voraussetzung schafft, dass sich das von außen kommende radiale Element der Gliedmaßen mit dem Inneren des Organismus zu verbinden vermag: Entwicklung des Beckengürtels und des Sacrums auf dem Weg von den Fischen zu den Amphibien (Vorderende jeweils links). A: linke Seite der Beckenregion eines Fisches. B: primitives Tetrapodenstadium sehr früher fossiler Amphibien: Der Beckengürtel hat sich vergrößert und besteht aus drei Elementen, von denen das Ilium an den benachbarten Rippen wahrscheinlich durch Bänder befestigt war. C: Der Beckengürtel hat sich weiter vergrößert, und das Ilium ist fest an eine vergößerte Sacralrippe angeheftet (ein Zustand, wie ihn beispielsweise *Ichthyostega*, Abb. 164, zeigt). (Aus Romer und Parsons.)

war die Auskunft. Trotz zahlreicher, höchst aufwändiger Suchaktionen bis hinauf nach Madagaskar konnte jahrzehntelang kein zweites Exemplar gefangen werden. Erst nach dem Zweiten Weltkrieg gelang es dann, weiterer Quastenflosser habhaft zu werden, bei einem kleinen Fischerdorf auf den Komoren – wo der Fisch durchaus bekannt war und nicht selten mit Tiefenangeln gefangen wurde. Ganz offensichtlich lebt der Fisch in einem ganz kleinen, eng umgrenzten Gebiet; man dachte lange Zeit, dass er nirgendwo sonst auf der Welt vorkommt, bis vor kurzem an der Nordküste von Sulawesi eine zweite Kolonie entdeckt wurde. Bei dem vor Südafrika gefangenen Tier muss es sich um einen Ausreißer oder um ein verdriftetes Exemplar gehandelt haben. Ein weiteres wurde laut Presseberichten kürzlich vor der kenianischen Küste bei Malindi gefangen.

Da *Latimeria chalumnae* – der Fisch wurde nach seiner Entdeckerin und nach der Flussmündung in der Nähe des Fundortes benannt – tagsüber in Tiefen von 170 – 200 Metern vorkommt, musste ein Mini-U-Boot konstruiert werden, um den Fisch in seinem Lebensraum beobachten und, wenn möglich, filmen zu können. Tatsächlich gelangen dem Forscher Hans Fricke einmalige Aufnahmen, die hoch interessante und völlig unerwartete Verhaltensweisen zeigten:[159] Die Fische, die tagsüber in Felsgrotten ruhen, stehen dabei fast reglos im Wasser und bewegen leise ihre Flossen. Wie die Filmaufnahmen ergaben, vollziehen sich diese Bewegungen der paarigen Flossen in einer Weise, wie es bei landbewohnenden, vierfüßigen Tieren die hauptsächlichste Fortbewegungsart ist: im Kreuzgang!

Wohlgemerkt, *Latimeria läuft nicht auf ihren Gliedmaßen-Flossen oder Flossen-Gliedmaßen, sie berührt den Höhlenboden überhaupt nicht, die Bewegungen erfolgen wie spielerisch und völlig zweckfrei.* Zur Fortbewegung benützt *Latimeria* wie alle Fische die typischen horizontalen Schlängelbewegungen des Leibes und nicht die Flossen (Abb. 140).

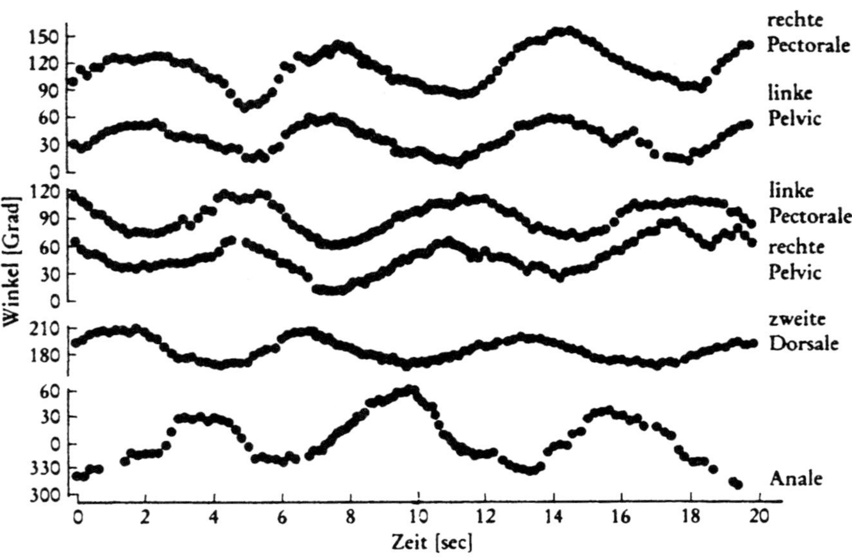

Abb. 140: Alternanz und Synchronisation der Flossenbewegungen von *Latimeria* nach Filmaufnahmen der nahezu reglos im Ruhebereich verharrenden Tiere. Man erkennt deutlich die Übereinstimmung in den Bewegungen der rechten Brust- und der linken Bauchflosse (oben) sowie der linken Brust- und der rechten Bauchflosse (darunter). Zuunterst die Bewegungen der unpaarigen Rückenflosse («zweite Dorsale») und der Afterflosse («Anale»). (Aus Fricke 1993.)

Zusammenfassung

Es drängt sich auf, an dieser Stelle innezuhalten und die Fülle der Einzelheiten zu sichten und zu ordnen.

Latimeria und der Kreuzgang

Da ist zum einen der eben erwähnte Bewegungsmodus des Kreuzganges, für Bewohner des offenen Wassers völlig ungewöhnlich und funktional sinnlos, da die Bewegungen im freien Wasser anders verlaufen – in horizontalen oder vertikalen Wellenbewegungen, d.h. in der Einpassung der eigenen Bewegungsformen in diejenigen des Wassers. Im (funktionsfreien!) Kreuzgang von *Latimeria* ist deutlich eine entwicklungsgeschichtlich erst später auftretende Bewegungsart antizipiert, die des vierfüßigen Landwirbeltieres. Dazu passt, dass sie dann ausgeführt wird, wenn sie (noch) nicht gebraucht wird.

Es sieht so aus, als sei die zukünftige Bewegungs- und damit Lebensweise auf dem Festland im Bildekräfteleib von *Latimeria* längst anwesend und dabei, sich die dazu nötigen Organe heranzubilden (was sich u.a. in der Verbindung der Gliedmaßenanlagen mit der dann fest verknöcherten Wirbelsäule ausdrücken wird) – ein nur scheinbares Hereinwirken aus der Zukunft, ein Eindruck, der dann entsteht, wenn man nur die physische, sichtbare Seite ins Auge fasst. Auf der Ebene der Bildekräfte stellt es sich umgekehrt dar: Das später sichtbar in Erscheinung Tretende ist längst vorher als Tätiges und sich in den Organismus Hineinbildendes da.

Ähnliches trafen wir bereits bei der Laubblatt-Metamorphose der Blütenpflanzen an: Nur diejenigen Sprosse, die später eine Blüte hervorbringen, durchlaufen den Wandel der Blattgestalt (siehe S. 100). In ihm drückt sich ja die gestaltschaffende Tätigkeit der Blüte längst vor ihrem physischen Erscheinen dergestalt aus, dass in zunehmendem Maße die Bildeaktivitäten zurückgehalten und die Blätter damit auf immer jugendlicherem Niveau stehen bleiben – die Bildekräfte sind dadurch in vollem Umfang der anschließend in Erscheinung tretenden Blüte verfügbar. Dass sie es ist, die auf diese Weise ihre physische Verwirklichung vorbereitet, wird im Moment ihres physischen Erscheinens klar. Triebe derselben Pflanzen, die keine Blüte hervorbringen, zeigen keinen Wandel und keine zunehmende Verjugendlichung im Laubblattbereich.

Vielleicht noch deutlicher vermag ein anderer Organbildungsvorgang zu veranschaulichen, wie sich ein und derselbe Vorgang auf verschiedenen Zeitebenen darstellen kann. Gemeint ist die Bildung des Auges während der Embryonalentwicklung, in welcher der Sehvorgang antizipiert wird. Zwei in ihrer Gebärdensprache unmissverständliche Bildebewegungen wirken dabei zusammen (man vergleiche die Abbildung 141): Als Erstes dehnt sich eine Vorwölbung des Zwischenhirns nach außen, gegen die Peripherie hin und beginnt nach einiger Zeit, sich becherförmig einzubuchten. Die darüber liegende Außenhaut folgt dieser Bewegung und senkt sich tropfenförmig in den Augenbecher hinein. Dessen Rand verengt sich daraufhin und schnürt das eingesenkte Hautbläschen ab, das nun als *Linse* unterhalb des ringförmigen Becherrandes, der *Iris*, liegt. Die eingesenkte Innenwand, eigentlich ein Teil des Zwischenhirns, schmiegt sich als *Netzhaut* der Außenwand des Augenbechers von innen her an.

In diesem Bewegungsablauf spiegelt sich auf der physischen, organischen Ebene der psychische Vorgang des Sehens in seinen beiden Phasen, wie sie etwa der Entwicklungspsychologe Piaget charakterisiert:[160] Der erste Schritt ist die gerichtete Hinwendung auf das Objekt der Wahrnehmung in der *Akkomodation*, das als Nächstes dann im Prozess der *Assimilation* in das Bewusstsein aufgenommen und damit angeeignet wird – zwei Aktivitäten, die besonders deutlich in der Nachahmungsphase des Kleinkindes zu beobachten sind und die sich im Vorlauf, auf der physisch-organischen Ebene, die dafür benötigten Instrumente bilden. Es ist das Sehen, das sich sein Organ, das Auge, ausgestaltet – in einem Zeitraum, *bevor* es tatsächlich gebraucht wird.

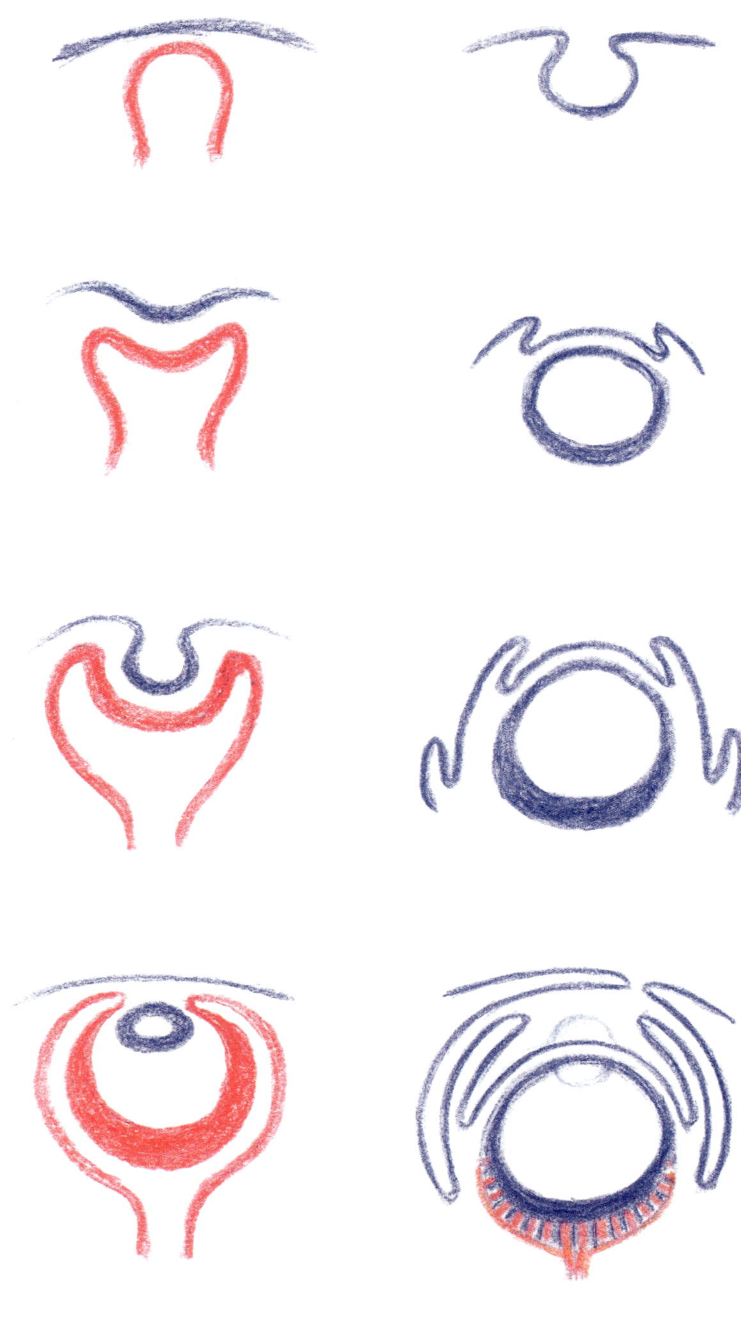

Abb. 141: Links Schema der Entwicklung des Auges des Menschen und der Wirbeltiere. Der initiale Impuls erfolgt von innen und beginnt mit einer Ausstülpung des Zwischenhirns. Die anschließende Gegenbewegung in einer becherförmigen Einbuchtung wird von der darüber liegenden Haut mit einer Einsenkung beantwortet, die sich im weiteren Verlauf in den Augenbecher hinein abschnürt und zur Linse wird. Rechts die in allen Teilen gegenläufige Augenbildung eines Tintenfisches. Das hoch komplexe Auge, das in seiner Leistungsfähigkeit dem menschlichen Auge nicht nachsteht, beginnt seine Entwicklung mit einem von außen nach innen gerichteten Impuls, und die Gehirnnerven wachsen erst zum Schluss ein. Die Linse wird aus einem Schleimpfropf gebildet. Und die vordere Augenkammer ist gegen die Umgebung offen und enthält Meereswasser. Ektoderm der Epidermis blau, des Gehirns rot. (Nach Portmann und anderen.)

Die Bildung des Innenskelettes und der Gliedmaßen

Im Rückblick auf die Entwicklungsschritte des Skelettes im Laufe der Stammesgeschichte der Wirbeltiere lassen sich deutlich drei Phasen erkennen:

- Am Anfang steht das Außenskelett aus desmalen (Haut-)Knochen, ursprünglich den gesamten Körper einhüllend, sei es als geschlossener Panzer aus miteinander verschmolzenen Teilen, sei es als Reihen derber Knochenschuppen auf dem Hinterleib. Diese offenere Anordnung ist bereits ein Element der zweiten, rhythmischen Phase.
- Die *rhythmische Phase* ist gekennzeichnet durch die Begegnung und Auseinandersetzung zweier polarer Skelettbildungsarten und ist Phase des Überganges vom einen zum anderen. In dem Maße, wie sich das Außenskelett und seine Panzerbildung in die Kopfregion zurückziehen, beginnt der Übergang zur dritten Phase.
- In der dritten Phase wird das *Innenskelett* allmählich, ausgehend von knorpeligen Vorstufen, in seinen radialen und axialen Strukturen ausgebildet: Wirbelsäule und Gliedmaßen vor allem.

Aber entspricht die hier postulierte Folge Außenskelett – rhythmische Phase – Innenskelett der Wirklichkeit? Es könnte ja der Einwand gemacht werden, dass beide ersichtlich gleichzeitig und nebeneinander vorkommen, wie sich besonders klar am Körperbau der Fische zeige. An der «biogenetischen Wiederholung» der phylognetischen Abläufe während der Embryonalentwicklung wird jedoch anschaulich, dass überall die Rundform das erste, früheste Stadium darstellt, gleichgültig, ob man die für das frühe Paläozoikum so typischen Trilobiten (Abb. 142) oder die unter marinen Wirbellosen weit verbreitete Jugendform der «Trochophora» (Abb. 127, 142) nimmt – oder die embryonale Leibesentwicklung des Menschen! Bei der Trochophora ist zudem besonders schön zu sehen, wie die «rhythmische Phase» anschließend, nach der Bildung des Mesoderms und durch dieses ausgelöst, aus dem zukünftigen Kopf – in den sich die Trochophora verwandelt – heraus knospt.

Die hier als «rhythmisch» bezeichnete Phase besitzt im Unterschied zur vorhergehenden und nachfolgenden keinen eigenen gestaltlichen Ausdruck. Sie ist lediglich der zeitliche und (in Bezug auf den Leib) räumliche Begegnungs- und Überlappungsbereich der beiden polaren Bildemotive – des sphärischen und des radiären Prinzips.[161] Dabei ist zu beachten, dass es keine Mischformen zwischen den beiden Skelettbildungsarten gibt – die «rhythmische Phase» ist nicht der Bereich der allmählichen Verwandlung des einen in das andere, sondern des abwechselnden Miteinanders und des anschließenden allmählichen Platzwechsels! Die Hautknochen des Außenskelettes, es sei daran erinnert, haben

Abb. 142: Gleichgültig, ob Wirbeltiere oder Wirbellose, am Anfang der Phylogenese wie der Ontogenese steht die sphärische Bildung, und die rhythmisch-metamere Gliederung entwickelt sich erst in einem zweiten Schritt. Die sphärische Anfangsbildung bleibt, wenn auch oftmals modifiziert, in allen Fällen erhalten und wird bei älteren Individuen zum Kopf. Rechts Entwicklungsstadien eines Trilobiten, Vertreter einer für das Paläozoikum typischen Gruppe meeresbewohnender Gliedertiere. Oben in der Mitte der Trilobit *Modocia typicalis*. Links oben Trochophora-Larve eines Ringelwurmes mit beginnender Knospung des segmentierten Leibes (= Segr). M = Mund, Pneph = Protonephridien (Ausscheidungsorgane), Au = Augenfleck. (Aus A. Kühn.) Darunter analoges Beispiel der Knospung eines Ringelwurmes, zuerst noch ganz im Innern der Trochophora und erst später zur typischen Wurmgestalt ausgestreckt (m = Mund). (Aus Korschelt und Heider.)

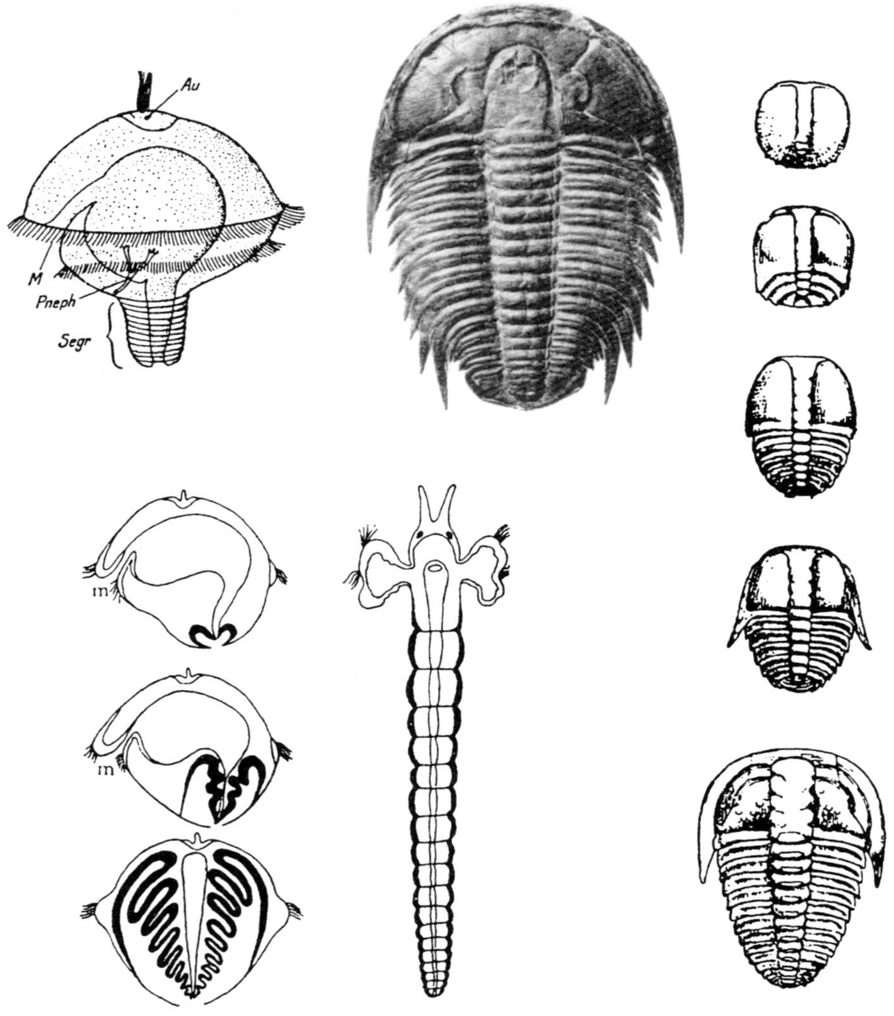

eine völlig andere Genese als die Ersatzknochen des Innenskelettes. Was wiederum nicht heißt, dass nicht beide neben- und miteinander vorkommen können wie im Schädel oder bei den großen Röhrenknochen der Gliedmaßen, echten Ersatzknochen mit einer perichondralen Manschette aus Deckknochen!

Die zeitliche Aufeinanderfolge der beiden gegensätzlichen Skelettbildungsarten ist Ausdruck unterschiedlicher Wesenseigenschaften ihrer Träger: Während das Außenskelett Abschließung und Sonderung der Eigensphäre signalisiert, drücken sich in den Strukturen des Innenskelettes Öffnung, Austausch und Kommunikation mit der Umgebung aus.

Das ursprünglich allbeherrschende Außenskelett wird zunehmend auf den rostralen, den Kopfbereich zurückgedrängt. Die konstituierenden Elemente des Panzers bleiben im Rumpfbereich mehr und mehr auf einem ontogenetisch frühen Stadium stehen, auf dem sie noch nicht miteinander zu einem starren Gebilde verschmelzen, sondern gegeneinander beweglich auf dem Rumpf angeordnet sind: Vorstufe der (erheblich weiter reduzierten) Schuppen der modernen höheren Fische.

Diese Phase, die man als die «rhythmische» bezeichnen könnte, hat entwicklungsgeschichtlich deutlichen Übergangscharakter. Natürlich gibt es Tiere, die dieses Stadium beibehalten und höchst erfolgreich ausbauen – die Fische und unter den wirbellosen Tieren die ausgestorbenen Trilobiten des Erdaltertums (Abb. 142), vor allem aber die Ringelwürmer. Gerade die letzteren sind in evolutiver Hinsicht in hohem Maße «fruchtbar» gewesen und haben deutlichen Übergangscharakter: Alle Gliederfüßler – Krebse, Spinnen und Insekten – lassen sich auf sie zurückführen. In der Ontogenese der Insekten schließlich spielt die rhythmische Bildungsphase eine deutliche Übergangsrolle, als Larve, Made, Raupe. In gesteigertem Maße gilt das für die Wirbeltiere, bei denen die rhythmische Bildungsphase – wie die Quastenflosser demonstrieren – Vor- oder Zwischenstufe ist für den Anfang einer neuen, entwicklungsgeschichtlich ganz jungen Richtung: *der Ausbildung des Innenskelettes.* Dieses hat einen völlig anderen Charakter als das alte Außenskelett, seine Gestaltungen sind radialer, strahliger Art und setzen als Erstes an der Außenseite des Körpers, an der Leibeswand an und haben zunächst noch keine Verbindung mit dem Körperinnern. Die Wirbelsäule ist auf der Stufe der Quastenflosser noch nicht vorhanden; es gibt zwar Rippenanlagen und Neuralbögen, das Zentrum besteht aber noch nicht aus Wirbelkörpern, sondern aus der ungegliederten knorpeligen Chorda.

Die eigenartigen, stummelförmigen «Anhängsel» am Körper der Quastenflosser sind die Vorläufer der Gliedmaßen; sie besitzen bereits alle Anlagen des Innenskelettes, die sich in den Extremitäten der Landwirbeltiere (und des Menschen) finden. Sie dienen allerdings, wie wir sahen, noch nicht der gliedmaßentypischen Fortbewegung auf festem Untergrund, was infolge ihrer fehlenden Verankerung an der zentralen Körperachse auch gar nicht möglich wäre. Dennoch werden sie während der Ruhephasen der Tiere spielerisch *im Kreuzgang* hin und her bewegt und *antizipieren damit die häufigste Bewegungsform der Landtiere!*

Eine weitere Erscheinung, wiederum von den Metamorphoseschritten der Pflanzen vertraut, ist die *Gegenläufigkeit der Bildebewegungen auf den Ebenen der Phylogenese und der Ontogenese* (S. 104): In der Folge der nacheinander erscheinenden Laubblätter entlang des Sprosses geht der Weg – physisch diskontinuierlich – vom Spreiten und Stielen über das Gliedern zum Sprießen. In der physisch kontinuierlichen Entwicklung des Einzelblattes, die bei der Pflanze die biogenetische Rekapitulation der Phylogenese darstellt (vgl. S. 104), verläuft die gleiche Abfolge «spiegelverkehrt» in umgekehrter Richtung, vom Sprießen über das Gliedern zum Spreiten.

Entsprechendes zeigt sich auf den verschiedenen Entwicklungsebenen der Gliedmaßen: Die stammesgeschichtliche Entwicklung verläuft physisch diskontinuierlich (zwischen den Generationen) von außen nach innen, von der Körperperipherie hin zur (späteren) Wirbelsäule. In der Ontogenese wächst die Gliedmaße jedoch bekanntlich – physisch kontinuierlich – von innen nach außen, als kleine Knospe beginnend und sich zunehmend streckend.

Nicht genug damit – sieht man sich die Differenzierung der Gliedmaßen im Verlauf der Ontogenese an, so trifft man erneut auf gegenläufige Entwicklungsbewegungen: Die Ausgestaltung beginnt tatsächlich an der Peripherie und setzt sich von dort nach innen fort, zum Achsenskelett hin: «Zuerst bilden sich die Strahlen der Finger und Zehen, dann die der Mittelhand, des Mittelfußes, der Arme und Beine und verhältnismäßig spät gliedern sich die Achsenstrahlen von Oberarm und Oberschenkel in Schulter und Beckenorganisation ein» (L. Vogel[162]). Bei alledem handelt es sich um die bindegewebigen, vorknorpeligen Differenzierungen noch ohne jede Verknöcherung – diese, die Bildung des Knorpels, seine anschließende Auflösung und Ersetzung durch Knochen, *erfolgt in umgekehrter Richtung von innen nach außen* und erreicht die Peripherie, den Bereich der Hände und der Finger, als Letztes – man denke nur daran, wie spät die Handwurzel verknöchert (Schulreifetest!).[163]

Dieses dreimalige Auftreten gegenläufiger Entwicklungsschritte wirft natürlich Fragen auf: Was drückt sich in der einen Richtung und was in ihrem Gegenbild aus? Stellen wir sie deshalb noch einmal nebeneinander:

A	Gliedmaßen	Phylogenese Organogenese	außen nach innen innen nach außen
B	Gliedmaßen-Skelett	Differenzierung Verknöcherung	außen nach innen innen nach außen
C	Laubblatt-Metamorphose*	Ontogenese Organogenese	außen nach innen innen nach außen

Dabei stellt sich natürlich die Frage, ob die Entwicklungsbewegungen der Pflanzenmetamorphose mit den Abläufen bei der Gliedmaßenbildung überhaupt vergleichbar sind und ob sich die Begriffe von «innen» und «außen» auf die Vorgänge bei der Pflanze anwenden lassen.

Wir meinen, dass es möglich ist: Die Bildebewegungen im Verlauf der *Ontogenese* der Pflanze bewirken, dass sich die Blätter immer weiter nach innen zurückziehen bzw. in ihrer Ausgestaltung zunehmend zurückgehalten werden, in einer die Gesamtheit der Blattbildungen übergreifenden Tendenz von außen nach innen. Die organogenetische

* Die Phylogenese der Pflanzen verhält sich entgegengesetzt zur Evolution der Neumünder: Ausbreitung in den Umkreis ist das zentrale Motiv (vgl. das Unterkapitel «Die Evolution des Blattes durch die Erdzeitalter», S. 104). Die Altmünder nehmen in ihren höchsten Formen, den Insekten, als umkreisbetonte Gestalten eher eine Zwischenstellung ein.

Bewegungsrichtung des sich vergrößernden und entfaltenden einzelnen Blattes ist hingegen von innen nach außen gerichtet.

Vergleicht man bei den Gliedmaßen die beiden Ebenen von Phylogenese / Organogenese (A) und Differenzierung / Verknöcherung (B), dann fällt bei der jeweils zuerst angeführten Bewegung (Phylogenese, Differenzierung) ihr *formveranlagender* Charakter auf: Es werden Verhältnisse und gegenseitige Beziehungen der Teile zueinander hergestellt – der Gliedmaßenanlagen zur Wirbelsäule, zum Becken usw. (A), bzw. der bindegewebig-vorknorpeligen Gliedmaßenteile zueinander (B). Die beiden entgegengerichteten Bildebewegungen – die Organogenese der Gliedmaßen (A) und ihre definitive Verknöcherung (B) – sind endgültige und nicht mehr wandelbare *materielle Ausformungen* der physischen Gestalt.

Bestätigung von Aussagen Rudolf Steiners über die Kopf- und Gliedmaßenbildung des Menschen und Fragen zu ihrer Darstellung im Unterricht

Die im vorausgehenden Kapitel referierten verhältnismäßig jungen Forschungsergebnisse über das Außenskelett und die Bildung der Gliedmaßen bestätigen auf glänzende Weise Äußerungen Steiners zu diesen beiden Komplexen, die seinerzeit, als sie gemacht wurden, schwer oder gar nicht verständlich waren und im Widerspruch zum Faktenwissen der Naturwissenschaft zu stehen schienen. Sie wurden erst nach Steiners Zeit durch neuere Forschungen, die zu einem Umdenken in der Wissenschaft führten, erhärtet und bestätigt.

1. Immer wieder, vor allem in grundlegenden menschenkundlichen Ausführungen für angehende Lehrer an Waldorfschulen, weist Rudolf Steiner auf das hohe entwicklungsgeschichtliche Alter des menschlichen Kopfes, speziell des Gehirnschädels, hin. Er vergleicht ihn mit den Außenskelettbildungen niederer Tiere und lässt es nicht bei einem bloß äußerlichen Vergleich im Sinne einer Analogie, sondern führt die Bildung des Kopfes direkt auf die frühen Organismen des Erdaltertums zurück: «Betrachten Sie den menschlichen Kopf. Er hat sich innerhalb der Tatsachenwelt des Weltgeschehens so ausgebildet, dass er heute das älteste Glied an dem Menschen ist. Der Kopf ist entsprungen zuerst aus höheren, dann weiter zurückgehend aus niederen Tieren. Mit Bezug auf unseren Kopf stammen wir ab von der Tierwelt. Da ist nichts zu sagen – der Kopf ist nur ein weiter ausgebildetes Tier. Wir kommen zur niederen Tierwelt zurück, wenn wir die Ahnen unseres Kopfes suchen wollen.»[164] Als Steiner Anfang des letzten Jahrhunderts diese Äußerungen machte, besagte die allgemeine und verbindliche Lehrmeinung, dass

die Wirbeltier-Vorfahren des Menschen von Anfang an ein Innenskelett besessen hätten.[165]

2. Noch schwerer nachzuvollziehen für die Zeitgenossen Steiners waren die Anweisungen für den ersten Menschenkunde-Unterricht in den unteren Klassen, der eine Art Grundlegung sein sollte für die daran anschließende Tierkunde. Dabei wird der Lehrer ganz konkret aufgefordert: «Bei den Gliedmaßen rufen Sie dann die Vorstellung hervor, dass sie eben an dem Rumpfe dranhängen und eingesetzt sind. Da wird das Kind manches nicht verstehen können, allein rufen Sie dennoch stark die Vorstellung hervor, dass die Gliedmaßen eingesetzt sind in den menschlichen Organismus», und gleich darauf erneut: «Aber dass die Gliedmaßen in den Organismus eingesetzt sind, von außen, diese Vorstellung rufen Sie in den Kindern hervor.» Und das Ganze sollte dann nach Möglichkeit noch modelliert werden.[166]

Die Dringlichkeit, mit der Steiner das «von außen Eingesetztsein» der Gliedmaßen immer wieder betont, kennzeichnet ganz offensichtlich die Bedeutung, die Steiner diesem – man darf heute sagen: Tatbestand beimaß. Natürlich wachsen die Gliedmaßen während der Embryonalentwicklung von innen nach außen – im Laufe der Evolution jedoch haben sie sich, wie gezeigt wurde, von außen nach innen gebildet! Dieses Faktum ist im gesamten Kontext anthroposophischer Menschenkunde von allergrößter Bedeutung. Es besagt, dass der Mensch nicht nur aus seiner sichtbaren physischen Leiblichkeit besteht, sondern gleichzeitig auf der seelisch-geistigen Ebene ein Umkreiswesen ist, das – ohne sich dessen bewusst zu sein – gleichsam über die Welt ausgebreitet ist und in ihr lebt. Dieser «Umkreismensch» kommuniziert natürlich mit dem wachen «Innenmenschen», über die Sinne (über die er ja, wie wir an früherer Stelle erörterten – siehe S. 135 –, in den Erscheinungen buchstäblich darinnen ist). Das Gleiche geschieht, allerdings ohne die Wachheit der höheren Sinne, auch über die Gliedmaßen, die, wie die Betrachtung der Evolution ergab, Ausdruck der zunehmenden Verinnerlichung einer ursprünglich reinen Umkreishaftigkeit sind. In jedem Akt des «Begreifens», d.h. des innerlichen Ergreifens und begrifflichen Erfassens eines von außen angeregten Bewusstseinsinhaltes, wiederholt sich der Evolutionsvorgang der Verinnerlichung, dieses Mal auf der seelischen Ebene. Wie sonst könnten wir die Welt erkennen, wären wir nicht in sie ausgebreitet?[167]

10. Die ansteckende Wirkung der Innenskelettbildung der Wirbeltiere

Die Innenskelettbildung hat eine ansteckende Wirkung – so jedenfalls sieht es aus. Ansätze zu Innenskeletten treten dann, wenn es bei den Wirbeltieren zum zentralen Evolutionsereignis wird, in den verschiedensten Gruppen auf, die in keiner näheren verwandtschaftlichen Beziehung zu den Wirbeltieren stehen. Dies ist eine Erscheinung, die schlecht zu der üblichen Vorstellung von der Evolution als einem blind zufälligen Geschehen passt und sich eher als ein allgemeiner, übergreifender Einschlag darstellt, der sich in einer Gruppe – den Wirbeltieren – besonders massiv auswirkt und andere mal mehr, mal weniger stark beeinflusst. Am markantesten zeigt es sich bei den Hohltieren *(Coelenterata)* und den Mollusken (Schnecken, Muscheln, Tintenfischen), in beiden Gruppen allerdings auf sehr unterschiedliche Weise. Während es bei den Hohltieren zu echten Innenskeletten kommt, versuchen einige Gruppen der Weichtiere, die Kopffüßer (Tintenfische) vor allem, in geringerem Umfang auch die Schnecken, das Außen- in ein Innenskelett umzuwandeln. Die dritte große Gruppe der Weichtiere, die Muscheln *(Bivalvia)*, gehen den entgegengesetzten Weg. Darüber im Folgenden mehr. Erwähnt sei noch, dass diese Zusammenhänge in ausführlicherer Form in einem Beitrag des Verfassers in der Schriftenreihe *Goetheanistische Naturwissenschaft* dokumentiert sind.[168]

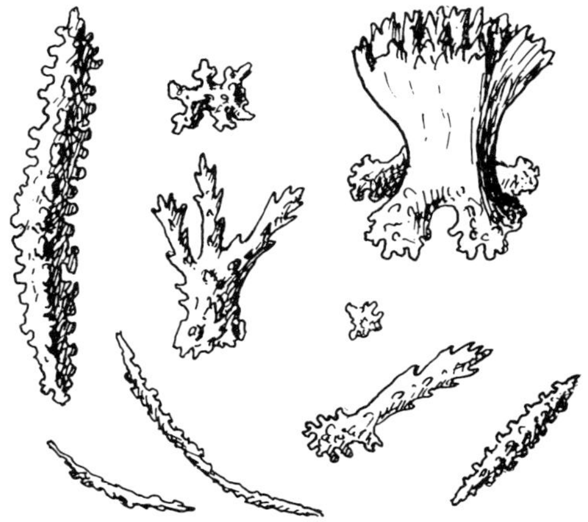

Abb. 143: Echte strahlige Innenskelettbildungen (Sklerite) eines Octocoralliers. (Nach v. Koch.)

Außen- und Innenskelette bei Hohltieren (Coelenterata)

Bei der Gegenüberstellung von Polyp und Meduse (siehe S. 217) war bereits die Rede von den polaren Tendenzen – hin zur ausschließlichen Bildung von Polypen bei den Korallen und, gewissermaßen auf der Gegenseite, von großen Medusen bei kleinen und kurzlebigen Polypen der *Scyphozoa*.[169] Daneben existiert jedoch eine Gruppe kleiner bis sehr kleiner Polypenformen, die als pflanzenartig verzweigte Miniaturbäumchen und -büsche moosartig auf Algen und Tangen wachsen (Abb. 126, S. 222). Zu bestimmten Zeiten entlassen diese *Hydrozoa* kleine bis sehr

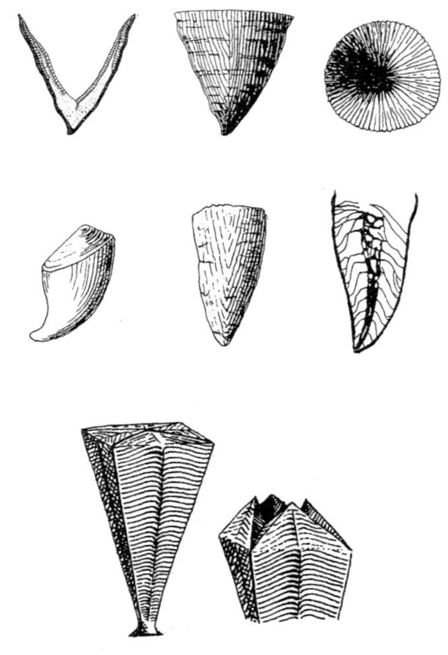

Abb. 144: Fossile einzeln lebende Korallen mit kelchförmigen Gehäusen. Links die ersten drei: *Lambeophyllum* aus dem Ordovicium in verschiedenen Ansichten, darunter *Calceola* mit Deckelverschluss (Silur bis Karbon). Unten links Rekonstruktion eines paläozoischen *Conularia*-Gehäuses mit Klappenverschluss. Daneben, von außen und im Längsschnitt *Metriophyllum* (Devon), dessen Außenskelett keine Hüllfunktion mehr hat, sondern von sukzessive gebildeten Böden (tabulae) um eine Mittelsäule (columella) ausgefüllt ist; der Polyp bewohnte den obersten Bereich. (Nach Moore et al.)

kleine, maximal einen Zentimeter große Medusen ins Wasser. Diese Hydrozoen besitzen als Polypen allesamt Außenskelette in Form zarter, durchscheinender Röhren und Glockenkelche aus Chitin, in welchen sich die Tiere vollständig zurückziehen können (Abb. 122, S. 216).

Ganz anders die Korallen (*Anthozoa*, wörtlich «Blumentiere») mit ihren massiven Sockeln aus abgeschiedenen Kalkschichten – sie sind in allem das Gegenbild zu den großen Medusen der Scyphozoen: Sie bilden nur noch Polypen aus und sind, obwohl Meeresbewohner, Produzenten fester Gesteine und Schöpfer von Festländern – große Teile der Inselwelt und der Atolle des Indik und des Pazifik sind ihr Werk. Aber auch die Dolomiten Südtirols sind uralte Korallenriffe von der Nordküste der Tethys, des Vorläufers des heutigen Mittelmeeres. Die großen Scyphomedusen, die eigentlichen «Quallen» hingegen haben, wie erwähnt, kurzlebige Polypen, deren Funktion darin besteht, möglichst viele Medusen abzuschnüren, die dann das Wasserhaltigste, Schwereloseste und an physischer Materie Ärmste darstellen, was sich unter Lebewesen dieser Größenordnung in den Meeren findet (Abb. 123, S. 217).

Was sich dem Besucher eines Korallenriffes zeigt, sind so gut wie alles *Außenskelette* – die unendliche Formenvielfalt der Bäumchen und Büsche, der Geweihe, der Krusten und Kugeln, überhaupt alles Dauerhafte und Feste; es sind Kalkschichten, über sehr lange Zeiträume in dünnen, fest verbackenen Schichten übereinander abgelagerte Ausscheidungen des Ektoderms der Korallenpolypen. Vom hauchdünnen Überzug aus unzähligen winzigen Polypen ist vielfach kaum etwas zu erkennen, manche Arten strecken ihre Tentakel erst nachts aus und ziehen sich tagsüber zurück in trichterartige Vertiefungen der Kalkskelette; richtige, die Tiere völlig umhüllende Panzerungen gibt es hier nicht. Das war nicht immer so. Frühe, seit dem Ende des Paläozoikums (Erdaltertum) ausgestorbene Vertreter der *Rugosa* lebten in umhüllenden Steinkelchen, manche besaßen sogar massive Deckel, mit denen das Gehäuse verschlossen werden konnte (Abb. 144).

Dass es sich bei den meisten Korallen um echte Außenskelette handelt, ist nicht immer leicht zu erkennen, besonders dann, wenn es sich um schlanke Äste und dünne Zweige handelt, die ringsum von einer lebenden Schicht aus Polypen umhüllt sind und damit eher den Eindruck von Innenskeletten machen. Dennoch: Sie befinden sich außerhalb der lebenden Substanz und sind vom Ektoderm natürlich nicht einzelner, sondern zahlreicher miteinander verbundener Polypen ausgeschieden worden (Abb. 145 links).

Aber es gibt sie dennoch, die Korallen mit echten Innenskeletten, ein im Grunde erstaunlicher Tatbestand, da Innenskelette in der Regel Bildungen des Mesoderm sind, das Hohltiere (vgl. S. 223), die lediglich über zwei Keimblätter verfügen, nicht besitzen. Aber die Natur weiß sich zu

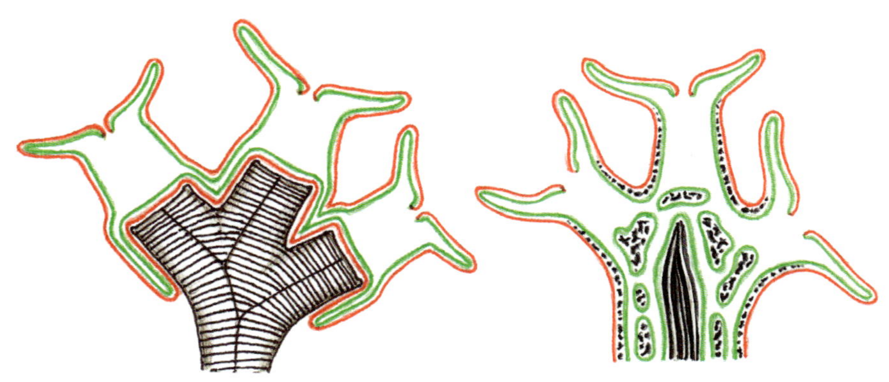

Abb. 145: Schema der Skelettbildung bei *Hexacorallia* (links) und *Octocorallia* (rechts). Erstere bilden ein festes Außenskelett, bestehend aus Kalkabscheidungen aus dem Ektoderm nach außen, auf dem die Polypen wie auf einem Sockel sitzen. Die *Octocorallia* verlegen die Skelettbildung ins Körperinnere, indem sie einerseits Sklerite in die Mesogloea, also in die Grenzschicht zwischen Ekto- und Entoderm, einlagern (vgl. Abbildung 143), andererseits im Innern des Gründungspolypen – aus dem dann durch Knospung die ganze Kolonie ensteht – einen zunächst elastischen, später verkalkenden Achsenstab als echtes Innenskelett abscheiden. Im Innern des gemeinsamen Körpers aller Polypen ziehen sich versorgende Kanäle des Entoderm, zwischen denen sich Sklerite in regelmäßigen Lagen in der Mesogloea anordnen. Ektoderm rot, Entoderm grün, Skelettelemente schwarz. (Nach verschiedenen Autoren kombiniert.)

helfen … Bei den *Octocorallia*, wie die Gruppe heißt (sie besitzen in ihrem Magenraum acht nach innen vorspringende Septen im Unterschied zu den bisher besprochenen *Hexacorallia*, den Steinkorallen, mit deren sechs), bilden sich nun tatsächlich innere Skelettelemente, die nichts mit den Kalkabscheidungen der bisher erwähnten Arten zu tun haben. Es sind Neubildungen, hervorgebracht von Ektodermzellen, die in die *Mesogloea* einwandern. Diese nichtzellige, gelatinöse Schicht findet sich bei allen Hohltieren als Stützlamelle zwischen Ekto- und Entoderm (vgl. Abb. 125, S. 220), in der Regel sehr dünn, im Schirm der Medusen allerdings mächtig wässrig aufgetrieben.

Die *Octocorallia* verdicken diese Schicht beträchtlich, die nun auch nicht mehr strukturlos ist, sondern von Bindegewebsfasern durchwirkt wird. Dieses Mesenchym oder Coenosark wird noch zusätzlich von Entodermkanälen in allen Richtungen durchzogen, welche die Magenräume der einzelnen Polypen miteinander verbinden (Abb. 145 rechts). Vor allem aber wandern Ektodermzellen ein und produzieren zierliche und vielgestaltige kleine Skelettelemente, die so genannten Sklerite (Abb. 143). In einem zentralen Hohlraum des Coenosarks verschmelzen diese Sklerite zu einem festen, aber elastischen Achsenstab aus Gorgonin, einer knorpelähnlichen Substanz (die durch Kalkeinlagerung hart und brüchig zu werden vermag). Damit ist ein echtes Innenskelett vorhanden, das mit seinem Pendant bei den Wirbeltieren den knorpeligen (genauer: knorpelverwandten) Ursprung gemein hat. Und es wird in einem Bereich des Polypenkörpers gebildet, dem Coenosark, den man durchaus als eine Parallelbildung zum Mesoderm höherer, «triploblastischer» (aus drei Keimblättern gebildeter) Organismen ansehen muss. Vertreter dieser Gruppe sind neben anderen die Edelkorallen, deren rotes Achsenskelett zu Schmuck verarbeitet wird.

Die *Octocorallia* gelten als einfacher organisiert als die *Hexacorallia*.[170]

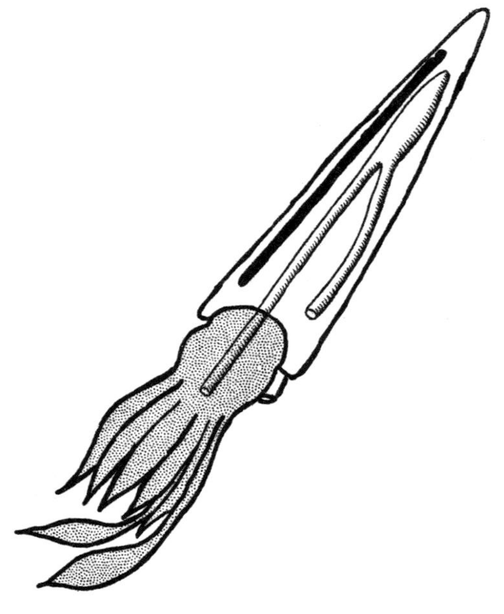

Möglicherweise haben sie sich dadurch eine größere evolutive Plastizität erhalten – die Bildung des Coenosarks als Mesoderm-Analogie (schon fast -Homologie!) ist jedenfalls etwas, das sie über die Stufe der übrigen Hohltiere hinaushebt. Sie greifen einen Entwicklungsimpuls auf, der sich sonst nur bei höher entwickelten Gruppen durchsetzt. Fossil sind Formen wie die Edelkoralle *(Corallium)* erst ab dem Tertiär nachweisbar.[171] Es sieht so aus, als hätten sich die entscheidenden Entwicklungsschritte in einem ähnlichen zeitlichen Rahmen abgespielt wie die zu Innenskeletten führenden Bildungsschritte in anderen Verwandtschaftskreisen, den Wirbeltieren und den im Anschluss zu besprechenden Mollusken. Dennoch – auch bei letzteren sind es letztlich nur «verinnerlichte Außenskelette» und damit tote, abgeschiedene Mineralsubstanz im Unterschied zum lebendigen, dem Stoffwechsel unterworfenen Innenskelett der Wirbeltiere. Welche Folgen das hat, werden wir noch sehen.

Außen- und Innenskelette bei Weichtieren (Mollusken)

Wohl keine andere Tiergruppe hat die vielfältigen plastischen Möglichkeiten, die in einem Außenskelett stecken, so erfinderisch und fantasievoll nach allen Seiten hin ausgenutzt wie die Weichtiere. Man vergleiche nur die ein Leben lang an ihr Gehäuse und mit diesem an ihresgleichen fest verhaftete und völlig bewegungsunfähige Auster, eine *Muschel* (sie kann ihre Schale bestenfalls ein ganz klein wenig öffnen), mit einem lang gestreckten Kalmar, einem pfeilschnell dahinschießenden *Tintenfisch* der offenen See, der scheinbar überhaupt kein Skelett besitzt.

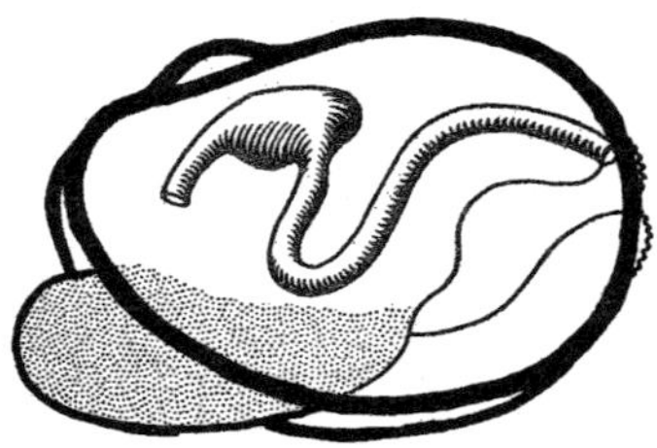

Abb. 146: Vereinfachte Darstellung der Organisation von Tintenfisch *(Sepia)*, Schnecke und Muschel. Eingezeichnet sind Gehäuse, Verdauungstrakt und Fuß (schattiert). Letzterer wandert beim Tintenfisch während der Embryonalentwicklung nach vorne und legt sich, in die Fangarme gegliedert, um die Mundöffnung. (Nach Buchsbaum.)

Damit sind aber lediglich die größten Gegensätze erwähnt. Es bleibt noch eine dritte, zentrale Gruppe zu nennen, die wohl wichtigste, weil arten- und gestaltungsreichste und vor allem überall vorkommende: die *Schnecken*. Auf die Betrachtung unbedeutender Randgruppen wie die Käferschnecken *(Polyplacophora)*, die schalenlosen *Aplacophora* (Wurmfüßer) und die Grabfüßer *(Scaphopoda)* können wir verzichten, da sie im Rahmen unserer Untersuchungen nichts Wesentliches beitragen.

Unter den arten- und formenmäßig dominierenden und entwicklungsgeschichtlich besonders interessanten Gruppen fallen als Erstes die extremen Gegensätze in Körperbau und Lebensweise von Muschel und Tintenfisch ins Auge, ebenso wie die vermittelnde Position der Schnecken. Dabei lassen sich alle in Bezug auf ihr Außenskelett – auch die Tintenfische, wie wir gleich sehen werden – auf eine urtümliche Ausgangsform zurückführen. Diese war – und ist, wo sie heute noch vorkommt – eine entweder flache oder kapuzenförmig emporgewölbte runde Schale, ähnlich der, wie sie die Napfschnecken *(Patella*, Abb. 147) tragen, die man bei Ebbe an den vorübergehend trocken gefallenen Küstenfelsen fest angesaugt finden kann. Napfschnecken sind allerdings nicht urtümlich, lediglich ihr Gehäuse macht die übliche Torsion anderer Schneckenhäuser nicht mit und erinnert deshalb an die frühen Gehäuseformen. Diese fanden sich beispielsweise bei den *Monoplacophoren*, die man bis vor kurzem nur fossil aus dem Erdaltertum kannte, bis sie von einem dänischen Forschungsschiff lebend aus Tiefseegräben emporgeholt wurden (Abb. 147) – eine zweite zoologische Jahrhundertsensation nach der Entdeckung des Quastenflossers *Latimeria*.[172]

Von dieser oder ähnlichen Urformen aus vollzogen sich nun Abwandlungen vor allem in zwei Richtungen. Die eine führte zu einer erheblich stärkeren Umhüllung durch die Schale in einer Weise, dass sich der ganze Körper völlig von der Umgebung abschließen konnte. Zu diesem Zweck wird die Schale in frühem Embryonalstadium, als horniges Gebilde noch vor der Kalkeinlagerung, in zwei Hälften gespalten, die durch ein Schloss miteinander fest, aber in gewissen Grenzen beweglich verbunden bleiben und sich um die rechte und linke Körperseite legen: Die Muschel entstand, und sie entsteht noch heute während der Embryonalentwicklung auf dieselbe Weise.

Entgegengesetzt die Tintenfische, die mit ihrem Gehäuse ganz anders umgehen (und als moderne Formen auch dann eines besitzen, wenn man davon nichts sieht). Das zeigt sich schon von Anfang an bei den frühesten Formen des Erdaltertums, deren Gehäuse sich ohne Schwierigkeit auf die ursprüngliche Kapuzenform zurückführen lassen, aber dann die Form langer, schmaler Tüten annehmen; diese Röhren werden allerdings nur in ihrem äußersten Teil nahe der Öffnung bewohnt, der überwiegende Bereich ist durch Querböden in regelmäßigen Abständen unterteilt und verschlossen. Die dazwischen liegenden Kammern sind gasgefüllt, was vom Besitzer des Gehäuses über einen zentralen Kanal, den Sipho, reguliert werden kann. Diese unterteilten Röhrengehäuse sind in dieser lang gestreckten Form bei den frühesten Tintenfischen aus der Gruppe der *Nautiloidea* allgemein verbreitet, werden dann aber im Lauf der Zeit durch spiralig aufgerollte Gehäuse ersetzt (Abb. 148). Diese sind als Versteinerungen in den Ablagerungen des Erdmittelalters, von der Trias über die verschiedenen Schichten des Jura bis in die Kreide, häufig und allgemein bekannt («Ammoniten»). Eine hinsichtlich Artenzahl und Formenvielfalt dominierende Gruppe, die *Ammonoidea*, sterben am Ende der Kreidezeit genau wie die Saurier nachkommenlos aus, einzig die Nautiloideen überleben in einigen wenigen Arten bis heute.

Versucht man bildhaft-beweglich den Gestus nachzuvollziehen, der zu diesen Gehäuseformen geführt hat, dann ergibt sich der merkwürdige Eindruck zweier widerstreitender Tendenzen, die sich gegenseitig

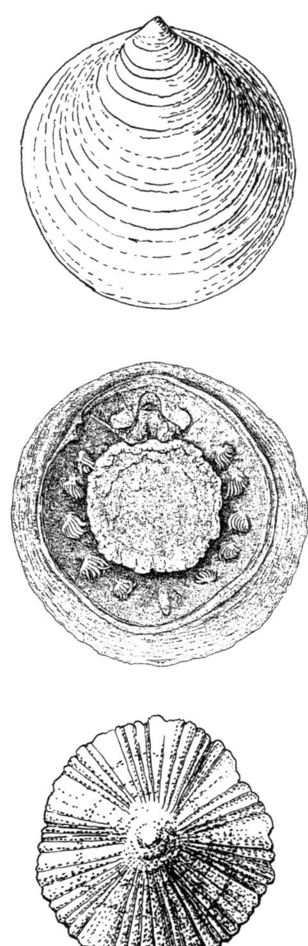

Abb. 147: Ober- und Unterseite von *Neopilina galatheae* (oben), Vertreter einer eigenen Klasse *Monoplacophora* neben Schnecken, Muscheln und Tintenfischen, und möglicherweise entwicklungsgeschichtlich an deren Wurzel stehend. Die einfache, kapuzenartige Schale dürfte jedenfalls recht genau der Urform des Mollusken-Außenskelettes entsprechen. Die in der Abbildung sichtbare metamere Gliederung der Kiemen könnte auf eine Herkunft der Mollusken von segmentierten Ringelwürmern verweisen, ist jedoch möglicherweise eine bloße Konvergenz. Bei der Napfschnecke *Patella* (unten) handelt es sich jedenfalls um eine solche Konvergenz. Das Tier ist ganz anders organisiert und hat lediglich auf die bei Schnecken übliche spiralige Torsion des Gehäuses verzichtet.

Abb. 148: Variationen des Tintenfischgehäuses im Verlaufe seiner Evolution. Links drei frühe Nautiloiden mit einfachen, lang gestreckten und gekammerten Schalen: der extrem schlanke *Tripleuroceras* (Devon), der hornförmige *Augustoceras* (Silur) und der kapuzenartige, aufgetriebene *Hexameroceras* (Silur) (nach Moore und anderen). In der Mitte Gehäuse des gegenwärtig lebenden *Nautilus*, darüber der Ammonit *Platyclemenia* (Devon) (nach Schindewolf). Rechts Beginn und Endzustand der Schalenreduktion als Resultat der Verinnerlichung bei aktiven Schwimmern: links der Belemnit *Hibolites* (Jura, Kreide) (nach Moore). Rechts der schmale Rückenstab (Gladius) des rezenten Kalmars *Gonatus fabricii* (nach Pfeffer). Mit Ausnahme des letzteren und des Nautilus sind die Kammerscheidewände von außen gut zu erkennen.

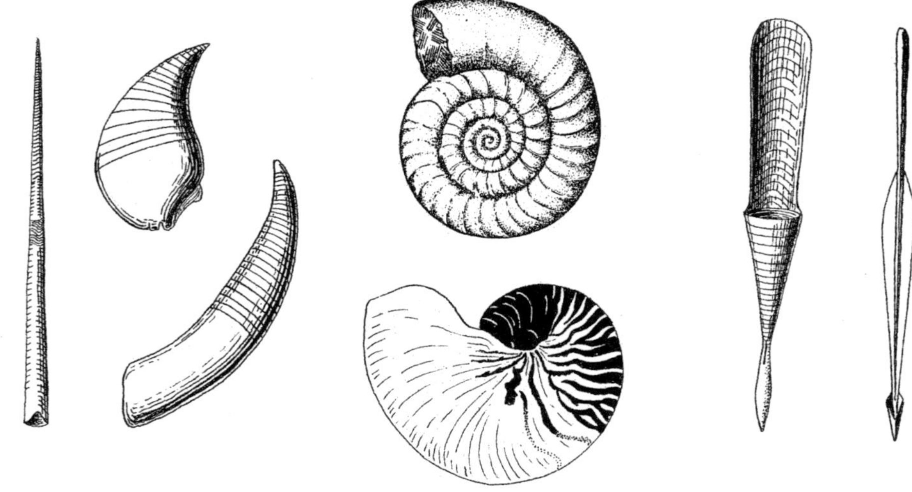

abwechseln: Von Zeit zu Zeit zieht sich das Tier ein Stück weit aus dem Gehäuse heraus und legt einen neuen Zwischenboden an; anschließend verlängert es wieder die Außenwand, so lange, bis es sich wieder nach vorne bewegt und sich der ganze Ablauf wiederholt. Es ist, als versuche das Tier immer wieder, das Gehäuse zu verlassen, um gleich darauf zu erlahmen und neuerlich vom Gehäuse eingeholt und festgehalten zu werden. Diese Tendenz verstärkt sich noch durch die spiralige Einrollung: Der Nautilus oder Ammonit bleibt in seinen vergeblichen «Befreiungsbewegungen» immer an das Gehäuse gefesselt.

Durch einen geradezu genial anmutenden Trick gelingt es dann einer anderen Linie der Tintenfische schließlich doch, sich von ihren Gehäusen zu befreien, und zwar durch die Umstülpung der ursprünglichen Verhältnisse von Innen und Außen, durch die Umwandlung des Außen- in ein Innenskelett beziehungsweise durch den Versuch dazu. Die heute die Meere beherrschenden, erdgeschichtlich jungen (seit dem Erdmittelalter nachweisbaren[173]) zehn- und achtarmigen Tintenfische Sepia, Kalmar, Octopus *umwachsen auf früher Embryonalstufe die kapuzenförmige Anlage des Außenskelettes, solange es noch winzig klein ist, und zwingen es dadurch, sich unter der Haut zu entwickeln.* Das führt dann allerdings zu erheblicher Beengung und Behinderung des Skelettwachstums. Es kann sich nur ein Teil des Gehäuses bilden, ein flach-ovales,

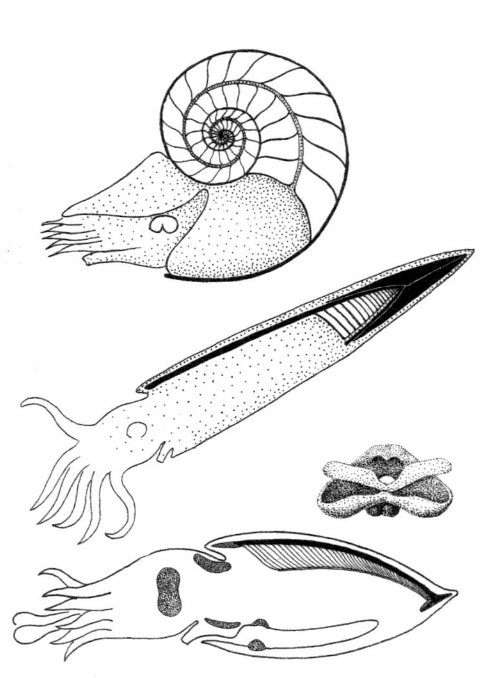

Abb. 149: Zunehmende Reduktion des Außenskelettes als Folge seiner Verinnerlichung bei *Nautilus* (oben), Belemnit (Mitte) und *Sepia* (unten). Letztere Art besitzt Ansätze eines echten knorpeligen Innenskelettes (durch Punktierung hervorgehoben), vor allem um das relativ große Gehirn (separat herausgezeichnet). (Nach verschiedenen Quellen.)

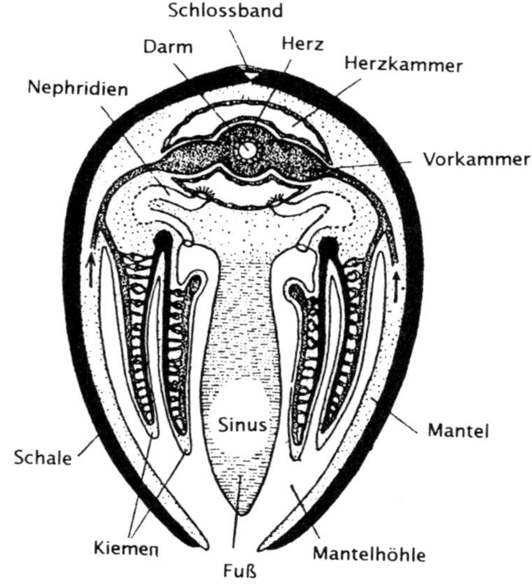

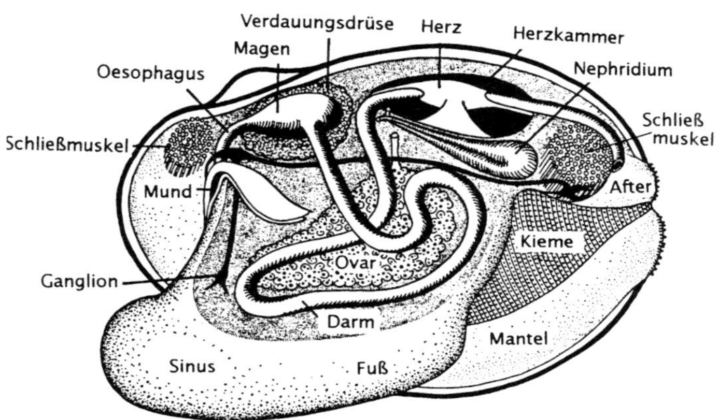

Abb. 150: Der eigenartige Bauplan der Muschel. Als Erstes fällt das Fehlen eines Kopfes als Zentrum von Gehirn und Sinnesorganen auf – ein offenbar bei der sesshaften und nach außen abgeschirmten Lebensweise unnötiger Körperteil; andererseits ist die ganze Muschel so etwas wie «Kopf» infolge ihrer innenorientierten und mittels eines Außenskelettes von der Umgebung vollkommen abgekapselten Organisation. Das Farbenspiel, das der Tintenfisch nach außen zeigt, verbirgt die Muschel im Perlmutt des Schaleninneren. Der Darm geht scheinbar durch das Herz – in Wirklichkeit legt es sich in seiner Bildung um den Darm herum an. Der Blutkreislauf ist offen, das Blut strömt außer durch die Kiemen frei durch das Körpergewebe und kann bei Bedarf in einen dehnbaren Sinus im Fuß gepresst werden, der sich daraufhin vergrößert und die Muschel wie mit einer Pflugschar im Untergrund vorantreibt. (Nach Kühn.)

brettartiges Gebilde, gut bekannt als Rückenschulp der *Sepia*, das nach dem Tod des Tieres häufig am Strand angespült wird (Abb. 149); bei schlankeren Formen wie den Kalmaren (*Loligo*) bleibt schließlich nur noch ein schmales Rückenschwert (Gladius) übrig, und *Octopus* schließlich verfügt nur noch über eine kleine Knochenspange im Hinterleib.

Diese Evolution von den frühen zu den heutigen Tintenfischen macht deutlich, dass der Weg zum Innenskelett nicht über die Internalisation des Außenskelettes führt, sondern dass diese Entwicklung letztendlich zum *Verlust des Skelettes* führt. Das Innenskelett ist, wie sich an den Wirbeltieren zeigt, seiner Genese, seiner Funktion und seiner Konsistenz nach etwas völlig anderes als das Exoskelett – *es bildet sich aus dem Umkreis herein* und öffnet damit seinen Träger für diesen Umkreis und gibt ihm die Chance, dessen Einflüsse aufzunehmen und zu internalisieren. Das Außenskelett dagegen schirmt ab, isoliert und beschränkt seinen Besitzer auf sich selber. Es stellt sich die Frage, wie sich diese Zusammenhänge bei Muschel und Tintenfisch, d.h. bei Außen- und bei Pseudo-Innenskelett darstellen.

- Muschel: Abschließung von der Umgebung, weitgehender bis totaler Verlust der Bewegungsfähigkeit, oft eingegraben oder eingewachsen im Substrat. Nahrungsaufnahme und Atmung durch Einstrudeln des Wassers zwischen die nur schwach geöffneten Schalen; das Wasser strömt entlang der Kiemen, die den Sauerstoff aufnehmen und kleine Nahrungspartikel festhalten und zum Mund führen; das Wasser fließt wieder heraus. Äußerst reduziertes Nervensystem, *kein Kopf*, schwach entwickelte oder fehlende Sinnesorgane (Abb. 150).
- Tintenfisch (Typ *Decapoda* = zehnarmige T., z.B. *Sepia*, Kalmar): Öffnung gegen die Außenwelt durch enorme Bewegungsfähigkeit auf zwei Ebenen: normales Schwimmen und durch Rückstoß von Wasser, das aus der Mantelhöhle herausgepresst wird; enorme Geschwindigkeit und Manövrierfähigkeit (Abb. 151, 152). Gliedmaßenbildung auf eine im Tierreich einmalige Weise: Der «Fuß» bzw. die Sohle, auf der die Schnecke kriecht, wächst beim Tintenfisch embryonal nach vorne, um den Mund herum und differenziert sich in die zehn oder acht Fangarme – ein Wachstum also von innen nach außen! Große, hoch differenzierte Augen, Iris mit Pupillenreflex (einmalig unter wirbellosen Tieren), Farben- und Formensehen. Relativ großes Gehirn und erstaunliche Lernfähigkeit vor allem bei den achtarmigen Tintenfischen (*Octopus*).

Was *Nautilus* auf seinem Gehäuse trägt, einen schwarzen Innenbereich, eine hell und dunkel gebänderte Mitte und einen weißen Mündungsbereich (Abb. 148), taucht bei den schalenlosen, frei schwimmenden Formen wie *Sepia* als wechselnde Färbung der Haut auf, je nach Stimmung und Erregung sich verändernd. Thomas Göbel hat auf den Zusammenhang dieser zwischen den Extremen von schwarz und weiß pendelnden Farbmuster mit den seelischen Gestimmtheiten dieser Tiere hingewiesen.[174] Beobachtet man das Verhalten beispielsweise einer *Sepia*, dann zeigt sich rasch, dass alle Farbänderungen – mit Ausnahme der völligen Entfärbung im Tode – Reaktionen auf Reize sind, die *aus der Umgebung eindringen*, niemals jedoch spontane Gemütsäußerungen ohne äußeren Anstoß (Abb. 153, S. 258); eine echte seelische Innerlichkeit gibt es augenscheinlich nicht, und es dürfte bezeichnend sein, *dass die Reaktionen an der Oberfläche stattfinden*, in der Haut, d.h. an der Außenseite, die der Welt zugewandt und für sie offen und empfänglich ist.

Aufschlussreich ist in diesem Zusammenhang auch die Art und Weise, wie sich das Auge des Tintenfisches, das ja der Leistungsfähigkeit un-

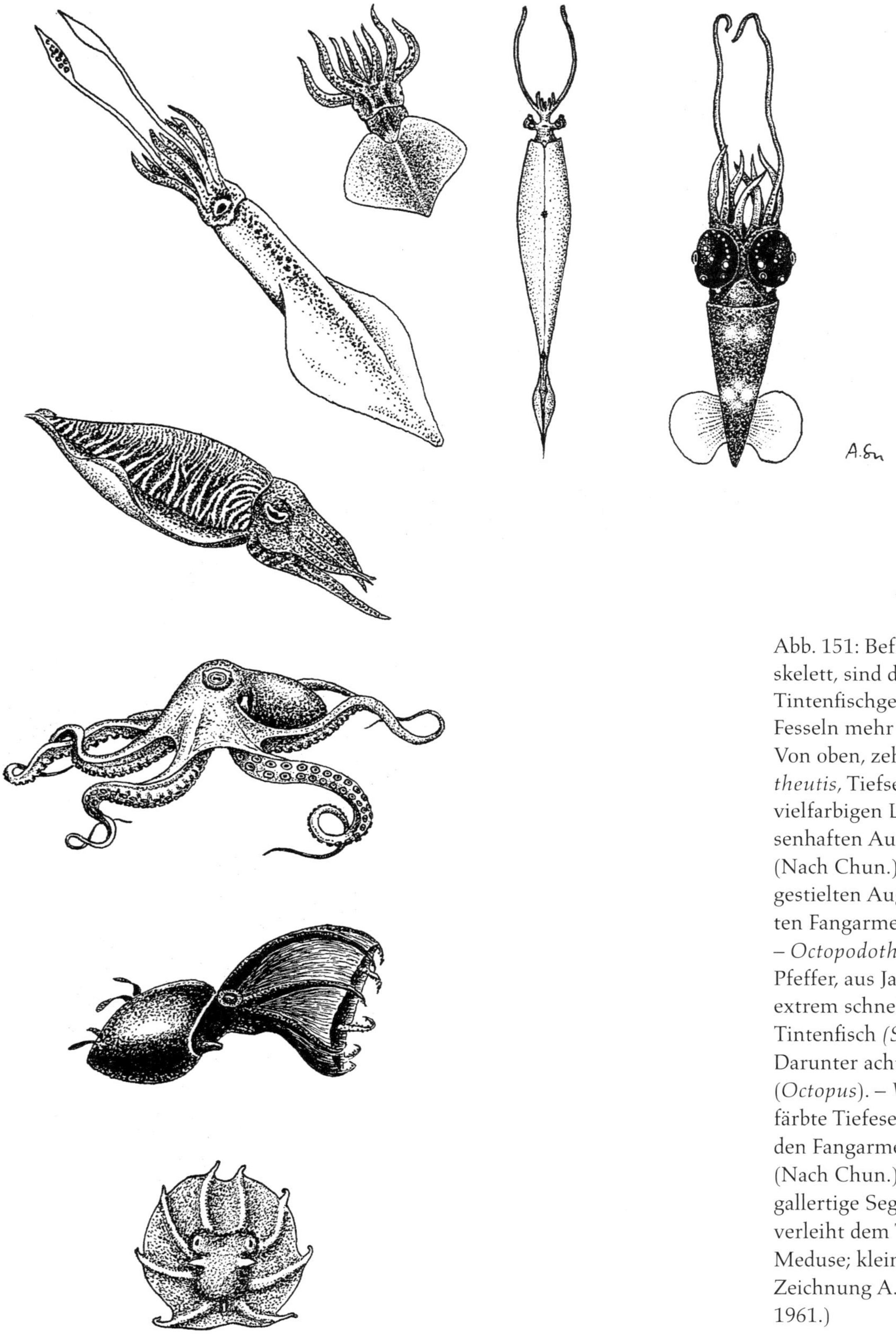

Abb. 151: Befreit von einem starren Außenskelett, sind der Wandlungsfähigkeit der Tintenfischgestalt offensichtlich keine Fesseln mehr angelegt.
Von oben, zehnarmige Formen: *Pterygioteuthis,* Tiefseeform mit zahlreichen und vielfarbigen Leuchtorganen an den riesenhaften Augen und in der Mantelhöhle. (Nach Chun.) – *Toxeuma,* Tiefenform mit gestielten Augen und bis auf zwei reduzierten Fangarmen, sehr klein. (Nach Chun.) – *Octopodotheutis,* sehr kleine Art. (Nach Pfeffer, aus Jaeckel.) – Kalmar *(Loligo),* extrem schneller Schwimmer. – Gemeiner Tintenfisch *(Sepia officinalis).*
Darunter achtarmige Vertreter: Krake (*Octopus*). – *Vampyrotheutis,* dunkel gefärbte Tiefeseeform; die Haut zwischen den Fangarmen bildet einen Trichter; klein. (Nach Chun.) – Unten *Opistotheutis;* das gallertige Segel zwischen den Tentakeln verleiht dem Tier das Aussehen einer Meduse; klein. (Nach Thiele aus Jaeckel. Zeichnung A. Suchantke, aus Poppelbaum 1961.)

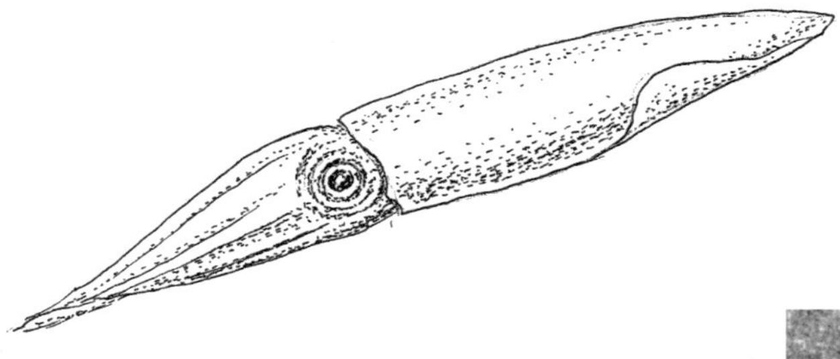

Abb. 152: Wie lebende Geschosse sausen die schlanken Kalmare durch das Wasser, schneller oder ebenso schnell wie die behändesten Raubfische. *Onychotheutis banksi* vermag, wenn verfolgt, mehrere hundert Meter durch die Luft zu gleiten, getragen von den segelartig ausgebreiteten Flossen. (Nach einer Zeichnung von L. Biganzoli aus *National Geographic.*)
Darunter gewöhnlicher Kalmar (*Loligo*) mit seinen außergewöhnlich großen Augen. Zu den Kalmaren gehören auch die weitgehend unerforschten Riesentintenfische der Tiefsee wie der abgebildete, an der norwegischen Küste gestrandete *Architheutis*, von dem man doppelt so große Vertreter kennt. (Illustrierten-Aufnahme.)

seres Auges nicht nachsteht und ihm im Bau bis in Details entspricht, während der Embryonalphase entwickelt. Der Ablauf ist dem unsrigen (und demjenigen der Wirbeltiere) polar entgegengesetzt. Während das Wirbeltierauge, wie bereits an früherer Stelle ausgeführt, mit einer *Hinwendung von innen nach außen* beginnt, erfolgt beim Tintenfisch der erste Schritt mit einer *von außen nach innen* gerichteten Einsenkung des Augenbechers, auf die erst in einer nächsten Phase die Antwort von innen erfolgt mit dem Hereinwachsen des Nerven-(Retina-)Gewebes (Abb. 141, S. 240). Wenn es einen sprechenden Bildegestus gibt, dann ist es dieser: Das «Innen» des Tintenfisches wird von außen angeregt, und was reagiert, ist die Außenseite – die Haut –, die damit zum Spiegel oder zum Echo dieser aus der Umgebung herankommenden Anregungen wird.

Zum Schluss sei noch ein Blick auf die Schnecken (*Gastropoda*) geworfen. Sie sind die vielseitigsten und vielgestaltigsten Mollusken – die vielseitigsten jedenfalls in ökologischer Hinsicht: Schnecken sind die einzigen Weichtiere, die das Festland eroberten und dabei so gut wie keine Landschaftsform ausgelassen haben, vom Hochgebirge bis in die Wüsten und Trockensteppen (wo die regenlosen Zeiten im Ruhezustand unter der Erde verbracht werden), von den Baumwipfeln bis unter die Erde.

In morphologischer Hinsicht verbinden sie die Extreme von Tintenfisch und Muschel: Sie können aus ihren Gehäusen fast ganz heraus und sich gleich darauf vollständig darin zurückziehen. Nicht wenige Meeresschnecken tragen auf dem Körperende ein kleines Deckelchen, das Operculum (Abb. 154, S. 259), das lückenlos genau in die Schalenöffnung passt (weil es beim Größerwerden des Gehäuses und dessen Öffnung mitwächst) und gewissermaßen das Türchen schließt, wenn sich die Schnecke in ihr Haus zurückzieht. Unsere Weinbergschnecke wird im Winter buchstäblich zur Muschel, wenn sie die Öffnung ihres Gehäuses durch eine steinharte Kalkschicht abdichtet – eine, wenn auch kleine, zweite Schale wird gebildet und damit die hermetische Abgeschlossenheit erreicht, die sonst nur die Muschel kennt.

Welche Bandbreite der Gestaltbildung den Schnecken eignet, zeigt sich einerseits in der Annäherung an den Typ der Muschel und den des Tintenfisches andererseits. So sind die kleinen Napfschnecken unserer Felsküsten fast so bewegungsarm und sesshaft wie die Muscheln – sie kehren rechtzeitig vor der nächsten Ebbe von ihrem Weidegang genau an die Stelle zurück, an der sie vorher und immer schon gesessen haben und wo sich der Zuwachs ihres Gehäuses genau den Unebenheiten des Gesteins angeschmiegt hat. Das Gehäuse ist die eine, der Fels gewissermaßen die andere Schalenhälfte! Das Gegenstück wäre dann unter

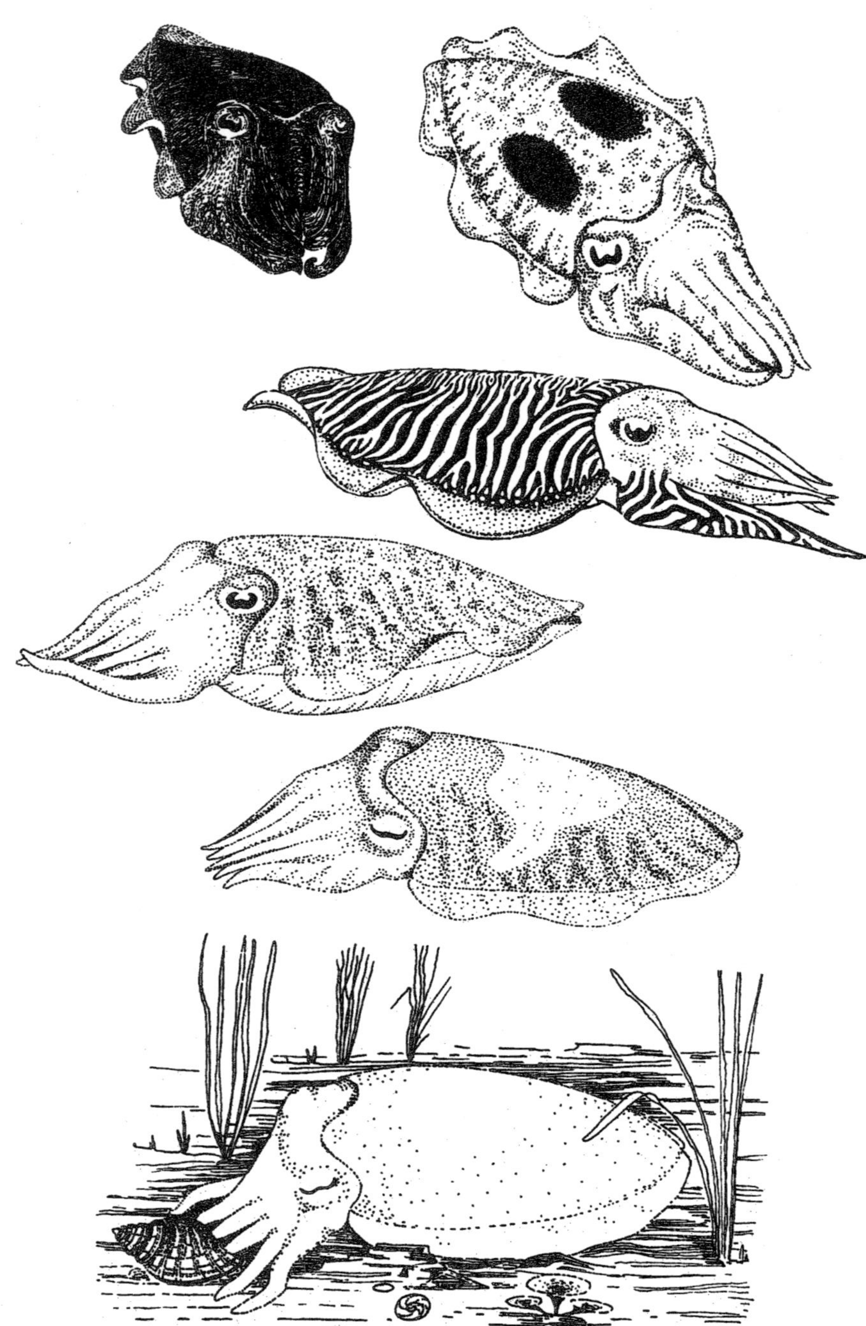

Abb. 153: Färbungs- und Zeichnungsvarianten des Gemeinen Tintenfisches (*Sepia officinalis*) als Ausdruck von Stimmungen. Von oben: Angstfärbung kurz vor dem Ausstoßen der Tintenwolke, Schreckfärbung, Zebrastreifung beim Paarungsspiel, Normalfärbung, Schlaffärbung, Entfärbung im Tod. (Aus Göbel 1983.)

den gehäuselosen Flügelschnecken (Pteropoden) des offenen Ozeans zu suchen, deren verbreiterter Fuß Schmetterlingsflügeln gleicht und im Auf- und Abschlag das kleine Tier durch das Wasser treibt, in dem es dann allerdings höchst unschmetterlingshaft Jagd auf andere Lebewesen macht (Abb. 155 und 156, S. 260).

Und dazu passt auch ihre evolutive Tendenz, sich ein Innenskelett

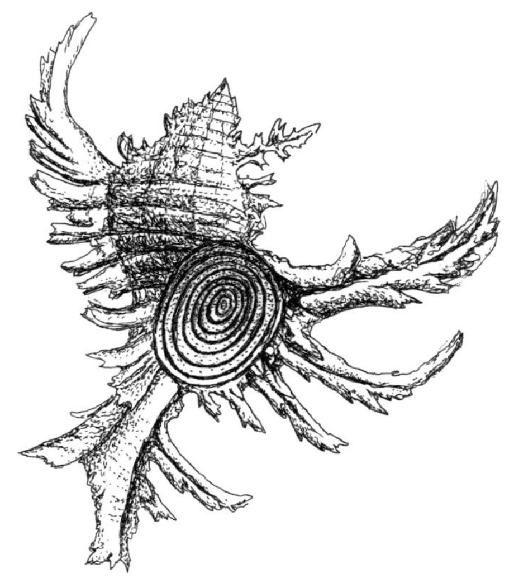

Abb. 154: Gehäuseverschlüsse von Meeresschnecken. Oben Wellhornschnecke *(Buccinum undatum)* mit Operculum auf dem Hinterleibsende. (Nach Westerheide und Rieger.) Darunter das derbe Kalkschalen-Operculum mit 4,5 cm Durchmesser einer großen *Turbo*, angespült am Strand bei Kapstadt. Der Zuwachs erfolgt in der gleichen Spiralform wie die Windungen des Gehäuses. Das chitinige Operculum des bizarren *Chicoreus asianus* (rechts) vergrößert sich hingegen in konzentrischen Ringen. (Original.)

zuzulegen. Das geschieht in den unterschiedlichsten Gruppen der Gastropoden, bei den meisten auf ähnliche Weise wie bei den Tintenfischen durch Internalisation des Exoskelettes. Einzig die kleine Familie *Cymbuliidae* der eben erwähnten Pteropoden macht dabei eine bemerkenswerte Ausnahme. Ihre Vertreter bilden zwar zunächst ebenfalls eine schneckentypische Schale als Außenskelett, werfen diese dann allerdings ab und bilden darauf eine «innere, vollkommen durchsichtige, kahnförmige, symmetrische Pseudoconcha von knorpeliger Konsistenz,»[175] die sich durch ihre Zacken und Spitzen auffällig von den glatten Rundformen der «verinnerlichten» Schalen anderer Schnecken unterscheidet (Abb. 155).

Diesen Weg gehen allerdings die wenigsten Gruppen. Besonders originell verhalten sich in dieser Hinsicht die Porzellanschnecken oder Kauris der Familie *Cypraeidae,* mit ihren für Schneckenverhältnisse ungewöhnlich glatten, wie poliert erscheinenden Gehäusen – begehrten Objekten der Sammler. Diese spiegelnde Glätte rührt daher, dass die Tiere normalerweise ihren «Fuß» an beiden Seiten emporschlagen und das Gehäuse vollkommen in dessen weiche und glatte Masse einhüllen und auf ihre Weise in eine recht ungewöhnliche Art von «Innenskelett» verwandeln. Bei Störung ziehen sie sich vollständig in das Gehäuse zurück, das jetzt wieder zum normalen Außenskelett wird (Abb. 158).

Wesentlich verbreiteter sind die Versuche, das Gehäuse nach Art der Tintenfische durch Überwachsen mit der Körperhülle zum Innenskelett umzufunktionieren, mit dem stets gleichen Effekt hochgradiger Reduktion oder vollständigen Verlusts. Die scheinbar gehäuselosen

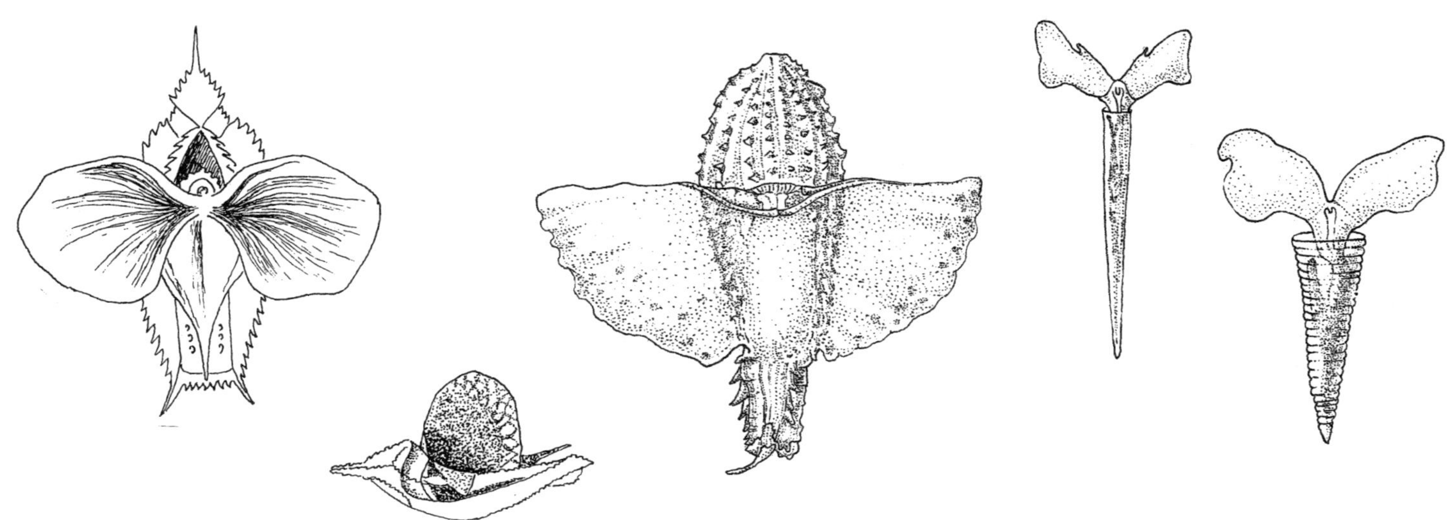

Abb. 155: «Seeschmetterlinge» *(Thecosomata)*, 4 mm – 4 cm große Flügelschnecken mit zarten Exoskeletten; die «Parapodien» (die verbreiterte Kriechsohle) schlagen wie Schmetterlingsflügel. Einige wenige Arten bilden statt Außen- echte Innenskelette, wie die links oben abgebildete *Cymbulia proboscidea* (nach Woodward) und (daneben) *C. peroni* (nach Riedl). Darunter *C. sibogae* in Seitenansicht (nach Tesch).

Lungenschnecken des Festlandes, etwa die so gar nicht geschätzten Liebhaber unserer Erdbeeren und Salatbeete, die roten und schwarzen Nacktschnecken der Gattung *Arion,* besitzen ein unsichtbares Schalenrudiment unter ihrem glatten «Mantel» – der Ansatz eines richtigen Gehäuses, das durch Überwachsen mit Haut an seiner vollen Ausbildung gehindert wurde. Die verwandte *Parmacella* (Abb. 157) verrät, dass sich ihr Gehäuse in früher Jugend zuerst noch normal veranlagen konnte, der Zuwachs aber alsbald überwachsen wurde und sie nur noch eine dünne, flache Schale zuwege brachte.

Abb. 156: Schwimmphasen des «Seehasen», der Hinterkiemenschnecke *Aplysia* (von links oben nach rechts unten). Die dunkler punktierten Abschnitte der Parapodien formen einen Trichter und stoßen durch Verschieben des Trichters das Wasser nach hinten hinaus. Dieser Vorgang wiederholt sich ständig. (Nach Farmer 1970.)

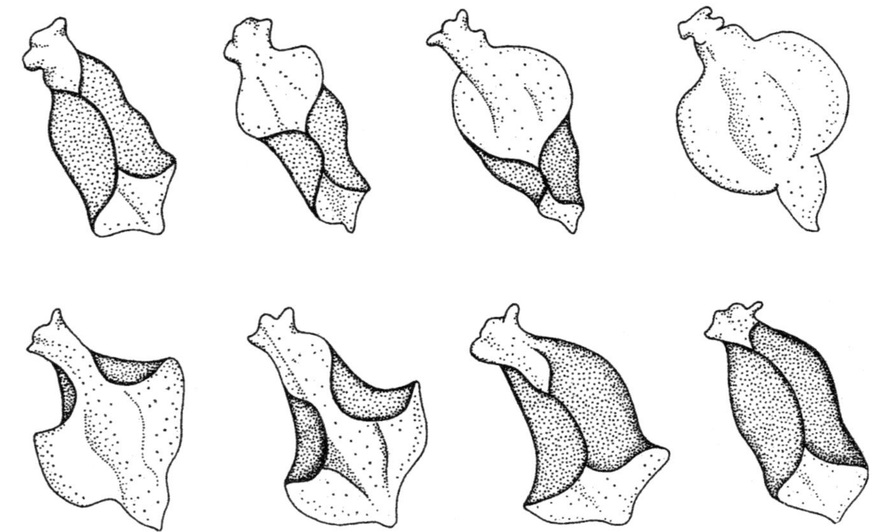

Alle diese Beispiele zeigen deutlich, dass der Versuch, das Außen- in ein Innenskelett zu verwandeln, kein gangbarer Weg ist. *Er führt ausnahmslos zur Reduktion und schließlich zum Verlust des ursprünglichen Skelettes.* Ein echtes Innenskelett entsteht, wie es die Wirbeltiere, die *Octocorallia* und eine höchst erstaunliche Ausnahme unter den Gastropoden zeigen, völlig neu und auf gänzlich andere Art. Es ist seiner Grundtendenz nach strahlig, radiär und axial, aber nicht sphärisch und umhüllend. Und es steht in einem deutlichen Spannungsverhältnis zum Außenskelett, das in dem Maße – bei den Hauptvertretern dieses Impulses, den Wirbeltieren – auf den Kopf, genauer: auf den Gehirnschädel zurückgedrängt wird, wie sich das Innenskelett im Rumpfgebiet *von außen nach innen bildet.*

Die Tendenz zur Verinnerlichung, zur inneren Differenzierung des Organismus ist ja, wie eingangs besprochen, im Gegensatz zu den Pflanzen das Leitmotiv in der Evolution der Tiere. Gegentendenzen, die zu stärkerer Öffnung und Verbindung mit dem Umkreis führen, wurden bei der Darstellung der verschiedenen Entwicklungswege der Altmünder (Protostomier), der Insekten in erster Linie, vorgestellt. Die Mollusken sind Altmünder. Von den Wirbeltieren und ihrem zentralen Motiv, der Verinnerlichung, sind sie in ihrer Organisation zu weit entfernt, um den gleichen Weg gehen zu können. Dass sie dennoch von dem evolutiven Impuls zur Bildung eines Innenskelettes ergriffen werden, ebenso wie die *Octocorallia*, dass also ein und dieselbe Tendenz in einander völlig fern stehenden Gruppen wirksam wird, *weist auf einen übergreifenden evolutiven Einschlag. Dies bedeutete die Existenz einer die gesamte Evolution des Tierreiches bestimmenden inneren Linie: Das Wirken des Typus wird erkennbar.*[176] Ein krasserer Gegensatz zum landläufigen Darwinismus und seinen Vorstellungen ist kaum denkbar. Sein Argument, dass konvergente Bildungen bei gleicher Lebensweise zwangsläufig durch Selektion aus einer Fülle richtungsloser Mutationen herausgezüchtet werden, geht ins Leere: Von gleicher Lebensweise kann keine Rede sein bei Tieren von grundverschiedenem Bau und damit unterschiedlichsten Ansprüchen an ihre Umgebung; während sich die einen mittels ihrer Gliedmaßen frei auf dem Festland und in der Luft bewegen, die anderen als Wasserbewohner kriechen oder schwimmen, sind die Korallen fest am Untergrund verankert.[177]

Mit der Betrachtung der Schnecken sind wir allerdings noch nicht ganz fertig. Es ist nötig, die Vielfalt der Gehäuseformen noch etwas unter die Lupe zu nehmen, um den Charakter dieser Art des Außenskelettes noch besser zu verstehen. Diese Gehäuse sind von einer schier unerschöpflichen Gestaltungsvielfalt, anders als es bei den Schalen der frühen Tintenfische, den Nautiliden und Ammoniten oder den Muscheln der Fall ist, die sich allesamt wenig vom allgemeinen Grundmuster ent-

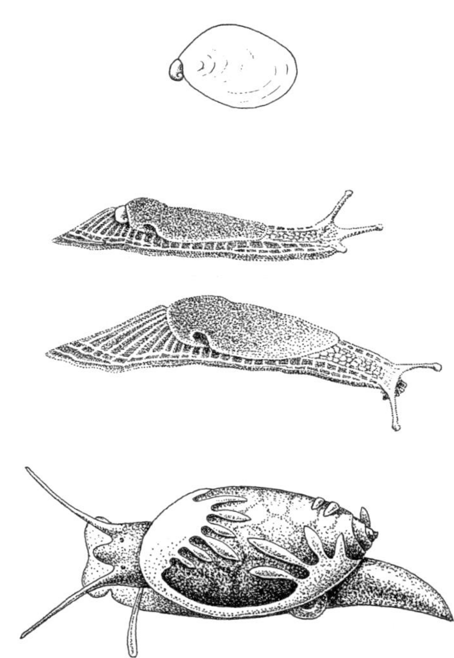

Abb. 157: Landlebende Lungenschnecken. Fingerartige Lappen umgreifen die Schale von *Physa fontinalis* und werden bei Bedarf in das Gehäuse zurückgezogen. (Nach Reeve.) Oben Schale, Jungtier und, darunter, Alttier der Nacktschnecke *Parmacella deshayesi*. Beim Jungtier ragt das Anfangsstadium der Schale noch unter der Haut hervor und zeigt die typische Torsion, die bei weiterer Größenzunahme durch das Überwachsen unterdrückt wird. (Nach Thiele.)

fernen. Umso schwieriger aber ist es, in der Formenfülle der Schneckengehäuse eine innere Ordnung zu finden – ein Unterfangen, das bis jetzt bestenfalls ansatzweise unternommen wurde. Was bedeutet es, was sagt es aus, wenn alle Gehäusewindungen in einer Ebene liegen (Tellerschnecken) oder aber in steilen Spiralwindungen übereinander getürmt sind (Turmschnecken), wenn die nächste Windung jeweils alle vorherigen übergreift, sodass sie von außen nicht mehr zu erkennen sind (Kegelschnecken, Kauris) oder in regelmäßigen Abständen von kammartig angeordneten langen Stacheln besetzt sind (*Murex*-Arten)?

Dazu kommen die Muster und Zeichnungen, ästhetisch beeindruckend, aber ersichtlich funktionsfrei – sie werden von niemandem in ihrer Umgebung wahrgenommen oder beachtet, von den Artgenossen schon gar nicht. Aber darauf kommt es wohl auch nicht an, es geht ja nicht darum, *Eindruck* zu machen auf ein Gegenüber, sondern *Ausdruck* zu sein von etwas. Aber von was?

Es sind stets Hell-Dunkel-Muster. Wir kennen sie in lebendiger Form, ständig wechselnd, in der Haut der zehnarmigen Tintenfische, besonders gut von *Sepia*. Die erwähnte Studie von T. Göbel befasst sich mit dieser Erscheinung.[178] Die Färbung dieses Tieres pendelt zwischen schwärzlicher Dunklung und weißer Aufhellung als jeweiliger Ausdruck spezifischer Stimmungen: Bei Angst wird *Sepia* schwarz, im Schlaf (und Tod!) weiß, beim Balzverhalten, das ja in einem steten Hin und Her von Zuwendung und Aggressivität, von Sympathie und Antipathie schwankt, zeigt sich eine kontrastreiche schwarz-weiße Zebrastreifung (Abb. 153, S. 258). Dieser Farbwechsel wird durch Chromatophoren in der Haut ausgelöst, die ihrerseits durch Nerven angeregt werden. Bei *Nautilus* findet sich, wie bereits erwähnt, Entsprechendes in «gefrorenem» Zustand auf der Schale und in ähnlicher Weise auf den Gehäusen der Schnecken. Dabei gilt es jedoch zu beachten, dass die Muster auf den Schalen der Schnecken wie des *Nautilus* starr und völlig unabhängig sind von irgendwelchen «Stimmungen» ihrer Träger (die uns, wenn sie denn überhaupt existieren, völlig unzugänglich sind).

Und sie haben noch ein anderes Charakteristikum, eines, das sie für uns ästhetisch so anziehend macht: Sie erscheinen abstrakt, nicht selten in (ungefähren) geometrischen Formen, die keinen ersichtlichen Zusammenhang mit ihrem Träger erkennen lassen, etwa in einer Weise, dass sie bestimmte Körperregionen besonders betonen würden. Sie stimmen darin überein mit Mustern und Farbgebungen auf anderen Organismen ihres Lebensraumes, der oberen, durchlichteten Schicht des Riffes und verwandter Übergangs- und Durchdringungszonen von Meer und Festland. Hier finden sich in noch erheblich kontrastreicherer Weise abstrakte und scheinbar höchst willkürliche Muster, nicht selten obendrein in grellsten Farbtönen bei bunt gemusterten See- und Schlan-

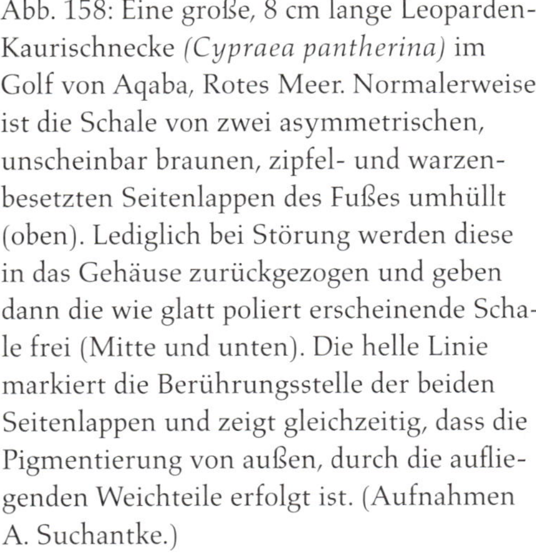

Abb. 158: Eine große, 8 cm lange Leoparden-Kaurischnecke *(Cypraea pantherina)* im Golf von Aqaba, Rotes Meer. Normalerweise ist die Schale von zwei asymmetrischen, unscheinbar braunen, zipfel- und warzenbesetzten Seitenlappen des Fußes umhüllt (oben). Lediglich bei Störung werden diese in das Gehäuse zurückgezogen und geben dann die wie glatt poliert erscheinende Schale frei (Mitte und unten). Die helle Linie markiert die Berührungsstelle der beiden Seitenlappen und zeigt gleichzeitig, dass die Pigmentierung von außen, durch die aufliegenden Weichteile erfolgt ist. (Aufnahmen A. Suchantke.)

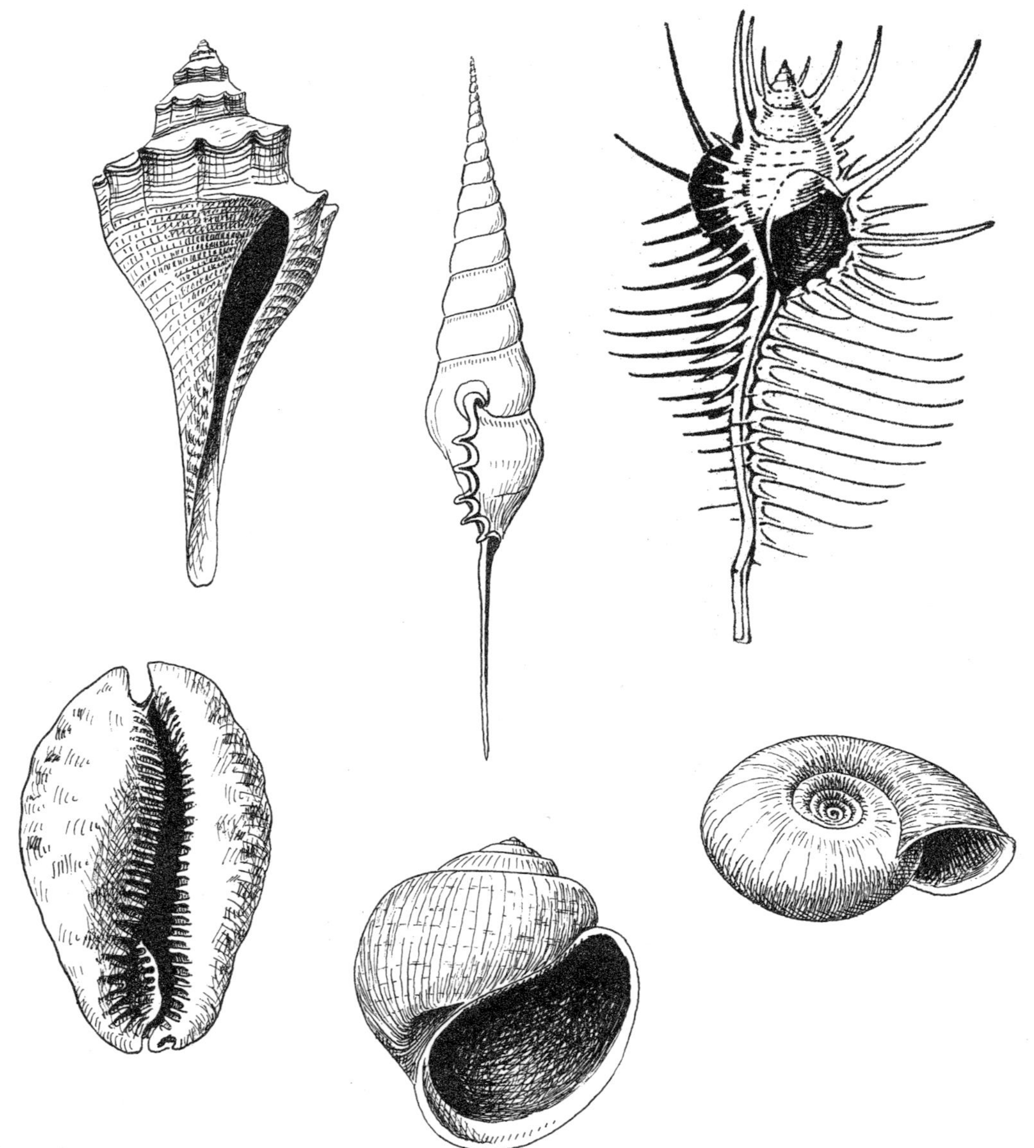

Abb. 159: Formenvielfalt der Schneckengehäuse.

gensternen, Nacktschnecken und insbesondere Fischen (Abb. 160). Bei den Fischen vor allem fällt auf, dass diese Muster auf die anatomischen Gegebenheiten keinerlei Rücksicht nehmen und wie willkürliche Übermalungen erscheinen, durch die Körperstrukturen visuell aufgelöst werden. Allerdings, mit Somatolyse, also Auflösung der Körperform bis zur Unsichtbarkeit in die Umgebung hinein, wie es bei Insekten und anderen Landlebewesen so verbreitet ist – man denke an das Beispiel des Blattschmetterlings *Kallima* der Abb. 109 (S. 195) oder den Waldportier *(Hipparchia fagi)* (Abb. 99, S. 182) –, hat es aber nichts zu tun; die grellen Farb- und Musterungskontraste bewirken eher das Gegenteil und machen ihren Träger höchst auffällig. Was aber ist es dann?

Abb. 160: Oberflächennahe Fische der Korallenriffe des Indo-Pazifik, 1–30 m Tiefe. Die bunten Farben (links) erlöschen schon in wenigen Metern Tiefe im blaugrün gedämpften Licht, übrig bleiben die kontrastreichen, «grafischen» Muster (rechts), wie sie sich in ähnlicher Weise auch auf den Gehäusen vieler Meeresschnecken finden. Linke Reihe, von oben: *Chaetodon octofasciatus*, Jugendform des Kaiserfisches *Pomacanthodes imperator, Chaetodon mertensi, Chaetodon meyeri, Plectorhynchus goldmanni.* (Nach Carcasson.)

Eine Begriffsbestimmung, die wir Adolf Portmann verdanken, vermag hier weiterzuhelfen. Er unterscheidet, zunächst allerdings nur bei Wirbeltieren, zwei unterschiedliche Trachttypen, die er als «ranghoch» und als «rangniedrig» bezeichnet.[179] Ersteres, der *ranghohe* Typ, tritt bei höher evoluierten Formen auf und äußert sich in einer markanten Betonung des Kopfes, sei es durch auffällige, kontrastreiche Musterung oder in plastischer Ausschmückung durch Mähnen, Gehörne, Geweihe als Ausdruck eines relativ hohen Grades an Zerebralisation und damit psychischer «Innerlichkeit». (Es wird allerdings in einem anschließenden Kapitel gezeigt werden, dass auch noch andere Einflüsse hereinspielen.) Wie wir schon an früherer Stelle konstatierten (S. 143, Abb. 70), drückt sich beispielsweise in der schwarz-weißen Gesichtsmaske und den antennenartig nach oben ragenden Hornspießen der Grantgazelle die Sinneswachheit und Sinnesbetontheit dieses grazilen Tieres aus, während der Schwarzbüffel in seinem einheitlich dunklen Kleid und in der abschirmenden Einrollbewegung des schweren und lastenden Gehörns die Dumpfheit seines Sinneslebens zum Ausdruck bringt. Ähnliches ließe sich am Gegensatz von Reh und Elch und vielen anderen Beispielen ablesen.

Primitive Formen, und dazu gehören in nicht wenig Fällen auch die Jungtiere sonst «ranghoher» Vertreter, zeigen hingegen eine gleichförmig einheitliche Ausgestaltung ihrer Tracht über den ganzen Körper hin ohne besondere Betonung des Sinnes-Nerven- (und des Anal-)Pols. Die gleichmäßige Tüpfelung des Leibes bei Rehkitz und Hirschkalb wäre hier anzuführen, der jungen Wildschweine («Frischlinge»), der Löwenjungen. Unter den Raubtieren dürften die meisten Katzenartigen dazugehören, mit Ausnahme des (erwachsenen) Löwen, dieser «ranghohen» Katze, die als einzige ihrer Sippe das Einzelgängertum überwunden hat und zu einer strukturierten Gemeinschaftsbildung fähig ist.

Das helle und dunkle Fleckenkleid der Katzen, die Sprenkelung der Rehkitze, die Lichtspritzer und -linien im Fell des Hirschferkels, eines typischen Dickichtschlüpfers (Abb. 161) sind von völlig anderer Art als die ausdrucksstarken Trachten der «ranghohen» Vertreter. Sie sind nicht Ausdruck einer wie auch immer gearteten «Innerlichkeit» (Portmann), sondern Abbilder der wechselnden Lichter und Schatten ihres Lebensraumes – *es sind recht eigentlich Biotoptrachten.* Die hellen Lichtflecken auf dem Fell des jungen Rehes spiegeln genau das Spiel von Licht und Schatten auf dem Boden des Waldes, des Gebüsches. Das ist in den Biotop- und Ruhetrachten der Schmetterlinge, die sich um die anatomischen Strukturen ihrer Träger nicht kümmern und von denen an früherer Stelle die Rede war, nicht anders. Und bei den Korallenfischen und den hell-dunkel gemusterten Gehäuseschnecken (und noch manch anderen Lebewesen dieses Biotops) scheint es ebenso zu sein.

Man beginnt es unmittelbar zu verstehen, wenn man das wechselnde Spiel des Sonnenlichtes beobachtet, das unter Wasser, angeregt durch das Hin und Her der Oberflächenkräuselung, in bewegten Linien und ständig sich verwandelnden Formen über den Boden huscht. Vergleichbares, ja durchaus Entsprechendes findet sich in den Linien und Wellenformen und dem Wechsel heller und dunkler Elemente in den Mustern vieler gerade der beweglichen Wasserbewohner wieder, der Schmetterlingsfische *(Chaetodon)* etwa (Abb. 160) und als grafische Muster auf den Gehäusen vieler hier lebenden Schnecken (Abb. 162, S. 268). Die Buntheit der Fische ist übrigens nur im unmittelbaren Oberflächenbereich des stark durchsonnten Wasser wahrnehmbar (oder in tieferen Schichten mithilfe der starken Lampen der Taucher). Sie erlischt bereits in wenigen Metern Tiefe zu gedämpftem Blaugrün, das hier vorherrscht. Übrig bleibt ein Spiel heller und dunkler Linien in ständiger Bewegung. Und welchen Nutzen könnten diese Gestaltungen haben? Bei den Fischen erleichtern sie sicher das gegenseitige Erkennen der Artgenossen, aber es gibt viele schlicht gefärbte und schlicht gemusterte Fischarten, die – für unseren Blick – alle gleich aussehen und einander doch ohne Schwierigkeit erkennen. Die Notwendigkeit der Arterkennung dürfte also kaum die Ursache der Erscheinung sein, schon gar nicht bei den Gehäuseschnecken, deren Muster von keinem (Schnecken-)Auge wahrgenommen werden!

Die Welt unter Wasser ist etwas völlig anderes als unsere gewohnte Umgebung auf dem Festland. Hier, im Bereich des durchsonnten Riffes, haben wir es mit einer anderen Welt zu tun, mit einem Bereich, in welchem der Mensch von Haus aus nicht vorkommt und für den er zunächst auch keine Organe der Auffassung und des erkennenden Verständnisses ausgebildet hat. Wie es ihm in dieser Welt ergeht, darüber können Taucher eindrucksvoll berichten. So schreibt etwa die bekannte Filmregisseurin und Fotografin Leni Riefenstahl: «Wer einmal damit begonnen hat, ist dem Zauber der Unterwasserwelt verfallen … Vor allem ist es das Erleben des Schwebens, der Schwerelosigkeit und das Versinken in eine fremde geheimnisvolle Welt, das im Taucher ein ungeahntes Glücksgefühl erzeugt. Auch ist es die große Stille, die ihn umgibt, ihn völlig von der Außenwelt abschirmt und loslöst von allen Problemen und Sorgen.»[180] Und an anderer Stelle schildert sie: «Nach Beendigung eines Tauchganges war ich immer ‹high› und wartete mit Ungeduld auf den nächsten. Zu dem Lustgefühl des Schwebens kamen die täglich neuen Eindrücke der Unterwasserwelt hinzu. Ich wusste nicht, was ich mehr bewundern sollte, die prachtvolle Flora des Meeres oder seine Bewohner. Es wirkte alles auf mich wie eine verzauberte Märchenwelt.»[181]

Abb. 161: Unten Hirschferkel *(Hyemoschus aquaticus)* – eine etwas unglückliche Bezeichnung für dieses Tier, das weder Hirsch noch Schwein ist, sondern eine Reliktform einer archaischen Vorläufergruppe der Wiederkäuer darstellt, der Traguliden. Seine «rangniedrige» Organisation zeigt sich an der gleichartig-undifferenzierten (Biotop-) Tracht über den ganzen Körper hinweg, im Gegensatz zur «ranghohen», kopfbetonten Gestalt eines modernen Wiederkäuers, der Rappenantilope *(Hippotragus niger)*.

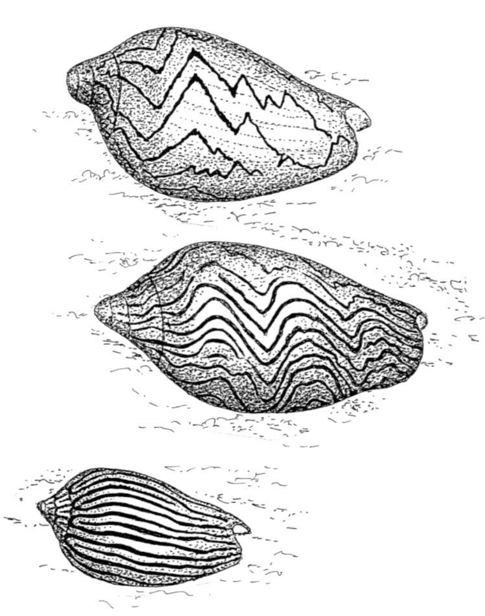

Abb. 162: Die Muster heller und dunkler Linien, die von den besonnten Wellenbewegungen der Oberfläche auf den Boden des flachen Küstengewässers projiziert werden, finden ihr Abbild auf den Gehäusen der Schnecken dieses Lebensraumes.

Es ist deutlich, dass durch den Verlust des Schweregefühls eine Bewusstseinsveränderung und offensichtlich auch ein vorübergehendes Schwinden des Selbsterlebens, ja in gewissem Sinne auch ein Ich-Verlust eintritt. «Tauchen macht süchtig», stellt Leni Riefenstahl fest. Es hört das Empfinden des Für-sich-Seins, des In-sich-Seins auf, das auf dem Festland dadurch entsteht, dass man die Aufrechte ständig als aktive Leistung gegen die Schwerkraft aufbringen muss, auch wenn man sich dessen nicht bewusst ist. Stattdessen nun das Einssein, wohl auch das Gefühl des Geborgenseins, weil man getragen wird, vielleicht der Nachhall oder das Wiederaufleben der Zeit vor der Geburt, als man selber neun Monate im (Frucht-)Wasser schwamm.

Es lässt sich auch anders formulieren: Die Umgebung, mit der man sich vereint fühlt, ist nicht neutral und dinglich, nicht fremd, sondern beseelt oder durchseelt. Ein *gesamthaft* Seelisches umschließt einen und ist in der Lage, das eigene Seelische des Menschen, der sich in diese Welt begibt, zwar nicht auszulöschen, aber doch voll in sich aufzunehmen und damit jede Individualisierung auszulöschen. – Seelisches, so hatten wir bereits früher festgestellt, ist nicht etwas lediglich Subjektives und damit letztlich Ungreifbares, nicht Objektivierbares, sondern ist durchaus der Erfahrung zugänglich, *weil es sich stets Ausdruck verschafft:* sehr individuell beim Menschen, arttypisch beim Tier (und, in einer niederen Schicht, «arttypisch» auch beim Menschen), übergreifend-umkreishaft in den atmosphärischen Erscheinungen (vgl. S. 64), und in besonders starkem Maße, wie wir jetzt feststellen müssen, im lichtdurchfluteten, von Leben erfüllten Randbereich des Meeres. *Es ist ein überindividuelles und überartliches Allgemein-Seelisches,* das vom Menschen auch als solches durchaus innerseelisch als das oben beschriebene Empfinden des Einsseins mit seiner Umgebung erlebt wird, sich den niederen Tieren hingegen in ihre Leiblichkeit gewissermaßen *von außen* aufprägt. So differenziert und reichhaltig sich Verinnerlicht-Seelisches darstellt, so unerschöpflich ist die Vielfalt seiner umkreishaften Verwirklichung – sie reicht von größter Schönheit und Anmut bis in die Niederungen bizarrer Skurrilität und abgründiger Hässlichkeit, ja tödlicher Giftigkeit, die sich hinter eleganten Schleiern (Rotfeuerfisch *Pteropus, Pterois*) oder in apart gemusterten Schneckenhäusern (Kegelschnecken *Conus*) verstecken.

Wie aber verhält es sich mit den Tintenfischen, mit *Sepia,* aber auch mit *Octopus* mit ihrem Farbwechsel je nach seelischer Befindlichkeit? Wie weit ein Eigenseelisches tatsächlich vorhanden ist, wäre zu prüfen. Aber schon die Entwicklung ihrer Augen hatte schließlich gezeigt, dass sie nicht agieren, sondern auf Außenreize *re*agieren. So ist denn auch nicht zu erwarten, dass ihren Farbwechseln emotionale Gestimmtheiten entsprechen, dass es vielmehr rein physiologische Reaktionen auf etwas sind, das als Emotion durchaus da ist – aber im Umkreis und nicht im Inneren des Tieres.

Und es ist auch verständlich, dass ein echtes, eigenes Innenskelett, zu dem nicht nur eine Wirbelsäule, sondern auch Gliedmaßen und deren Verankerung im Körperinnern gehören, im Wasser nicht ausgebildet wird, weil es hier ohne jeden Sinn wäre. Es wird erst auf dem Festland gefordert, dann, wenn es um die Auseinandersetzung mit der Schwerkraft geht und die Erringung der individuellen Autonomie als Forderung auftritt. Oder, wie die Quastenflosser zeigen, als Vorbereitung dazu!

11. Das weitere Schicksal von Außen- und Innenskelett in der Evolution

Leben zwischen Leichte und Schwere

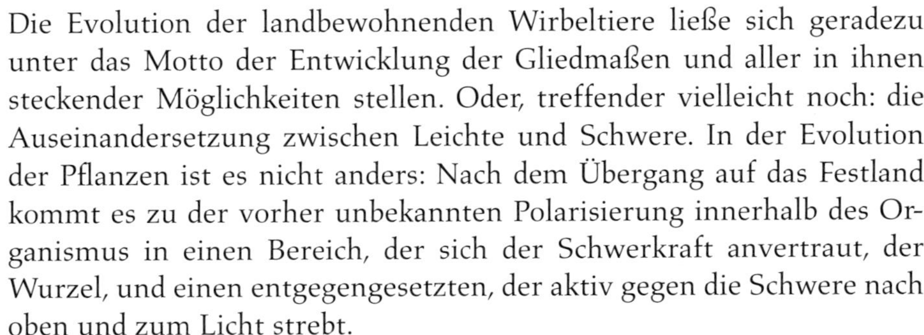

Die Evolution der landbewohnenden Wirbeltiere ließe sich geradezu unter das Motto der Entwicklung der Gliedmaßen und aller in ihnen steckender Möglichkeiten stellen. Oder, treffender vielleicht noch: die Auseinandersetzung zwischen Leichte und Schwere. In der Evolution der Pflanzen ist es nicht anders: Nach dem Übergang auf das Festland kommt es zu der vorher unbekannten Polarisierung innerhalb des Organismus in einen Bereich, der sich der Schwerkraft anvertraut, der Wurzel, und einen entgegengesetzten, der aktiv gegen die Schwere nach oben und zum Licht strebt.

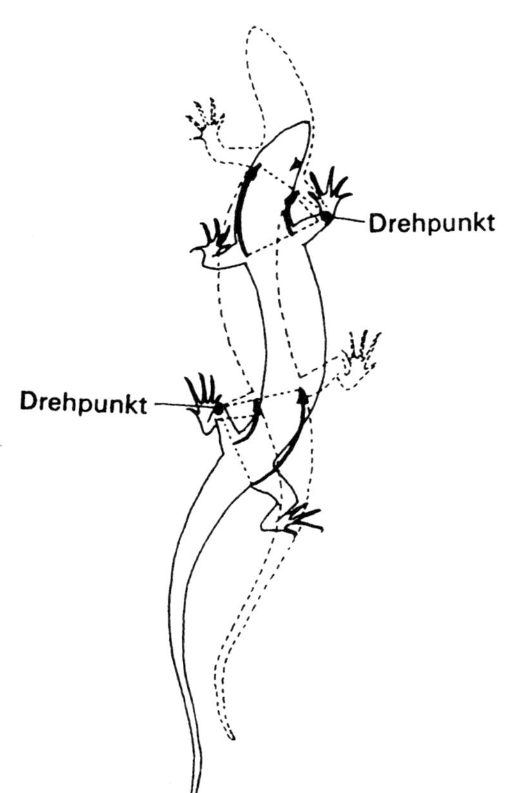

Abb. 163: Die Schlängelbewegung einer Eidechse. Oberarm und Oberschenkel der entgegengesetzten Seite werden über dem senkrecht gestellten Unterarm und Unterschenkel nach vorne gedreht, wobei Hand und Fuß den Halt geben. Wiederum taucht dabei der Kreuzgang auf, den bereits die Quastenflosser (noch zweckfrei!) entwickelten (vgl. Abb. 140, S. 238).

Die Wirkung der Schwerkraft macht sich jetzt, nach dem Übergang aufs Festland, gebieterisch bemerkbar. Vorher, im Wasser, war ein umhüllendes Milieu vorhanden, von dem sich das Tier entweder mehr oder weniger passiv tragen ließ (Plankton, bis hin zu den Dimensionen großer Medusen) oder sich in seiner Gestalt und seinen Bewegungen den Eigenbewegungen des Wassers so einfügte, dass von einer Sonderung und Betonung des Eigenen gegenüber der Umwelt keine Rede sein konnte.

Dies ist etwas, was man aus eigenem Erleben durchaus nachempfinden kann (wie es ja auch der Bericht von Leni Riefenstahl bestätigt), wenn man sich ins Wasser begibt und schwimmt, d.h. in einer Weise bewegt, dass Körper- und Wasserbewegungen eine Einheit bilden. Entsprechend sind die begleitenden Sinnesempfindungen, bei denen man nicht unterscheiden kann, ob man das Wasser oder den eigenen Körper wahrnimmt – beides ist eins! Dieses Erleben des Einsseins wird in dem Moment abrupt beendet, wo man sich wieder an Land begibt, vor allem wenn man vorher lange im Wasser war: Jetzt spürt man jäh die eigene Schwere, die einen herunterzieht, sodass man sich am liebsten in den Sand fallen lässt. Man erfährt, dass die Aufrechte, die nun gefordert ist, eine Leistung des Ich ist, des vom Ich gehandhabten Willens; der Körper allein, ohne Bewusstsein, würde sich einfach fallen lassen.

Die frühesten Landwirbeltiere, Amphibien und ebensolche Reptilien,

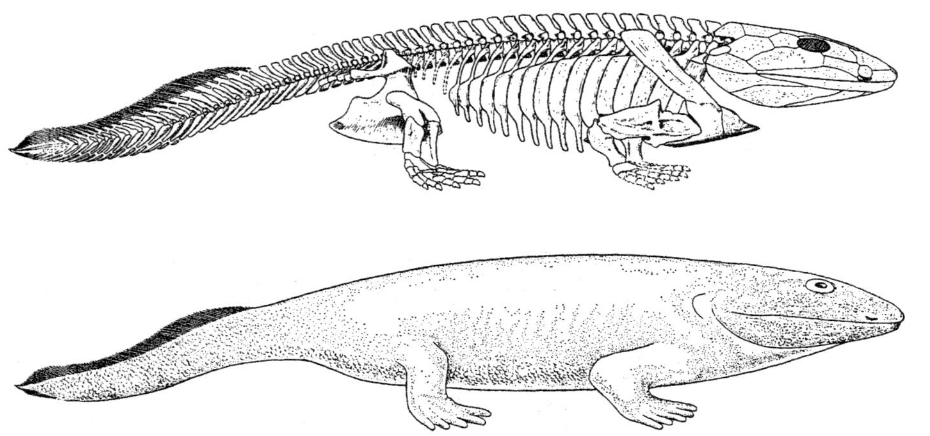

Abb.164: Das älteste bekannte gliedmaßentragende Landwirbeltier, *Ichthyostega* aus dem Devon, das noch viele gemeinsame Merkmale mit den Quastenflossern teilt. Becken und Schultergürtel des etwa 1 Meter langen Tieres sind voll entwickelt. Dennoch dürfte sich das schwere Tier (Rippenpanzer!) mit seinen seitlich eingelenkten, verhältnismäßig kleinen Gliedmaßen kaum über den Boden erhoben haben. Die Schwanzflosse deutete auf einen sicherlich nicht nur gelegentlichen Aufenthalt im Wasser. (Nach Jarvik aus Grassé.)

können der Schwere noch nichts entgegensetzen. Sie liegen flach auf dem Boden, die Gliedmaßen werden *seitlich* gehalten (Abb. 163, 164), und die Tiere bewegen sich durch Schlängeln voran, so, als wären sie immer noch im Wasser; die Gliedmaßen dienen lediglich der Abstützung. Es sind Hilfsorgane, auf die auch verzichtet werden kann, wie es die Schlangen und Schleichen vorführen. *Der entscheidende Schritt geschieht erst in dem Moment, wo die Gliedmaßen unter den Leib genommen werden.* Jetzt erfolgen die Bewegungen des Körpers nicht mehr in der Horizontalen, sondern in der Vertikalen (auch dann, wenn sie, wie die Delphine, Wale, Robben, später wieder ins Wasser zurückkehren) – Ausdruck des Eingespanntseins in diese vorher unbekannte Auseinandersetzung zwischen Leichte und Schwere.

Die Tiere antworten auf diese Anforderung auf unterschiedlichste Weise. Bei den Säugetieren ist die geläufigste Reaktion die Aufrichtung der bodennahesten Teile der Gliedmaßen, der Füße: Die Ferse wird so weit emporgehoben, dass nur noch die Zehen – gesamthaft oder lediglich die Spitzen – den Boden berühren. Am weitesten gehen dabei die Pferdeartigen, die nur noch einen einzigen Zeh bzw. dessen Nagel aufsetzen

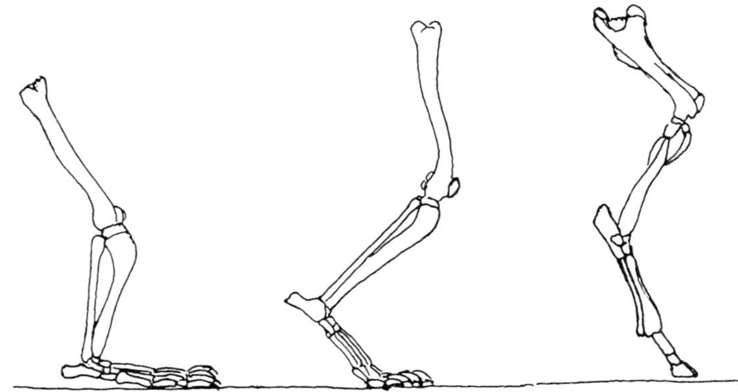

Abb. 165: Hintere Gliedmaßen eines Sohlengängers (Bär), eines Zehengängers (Tiger) und eines einfingrigen Spitzengängers (Pferd). Es erweckt den Eindruck, als wollten sich die Säugetiere vom Boden zurückziehen. (Nach Schindewolf.)

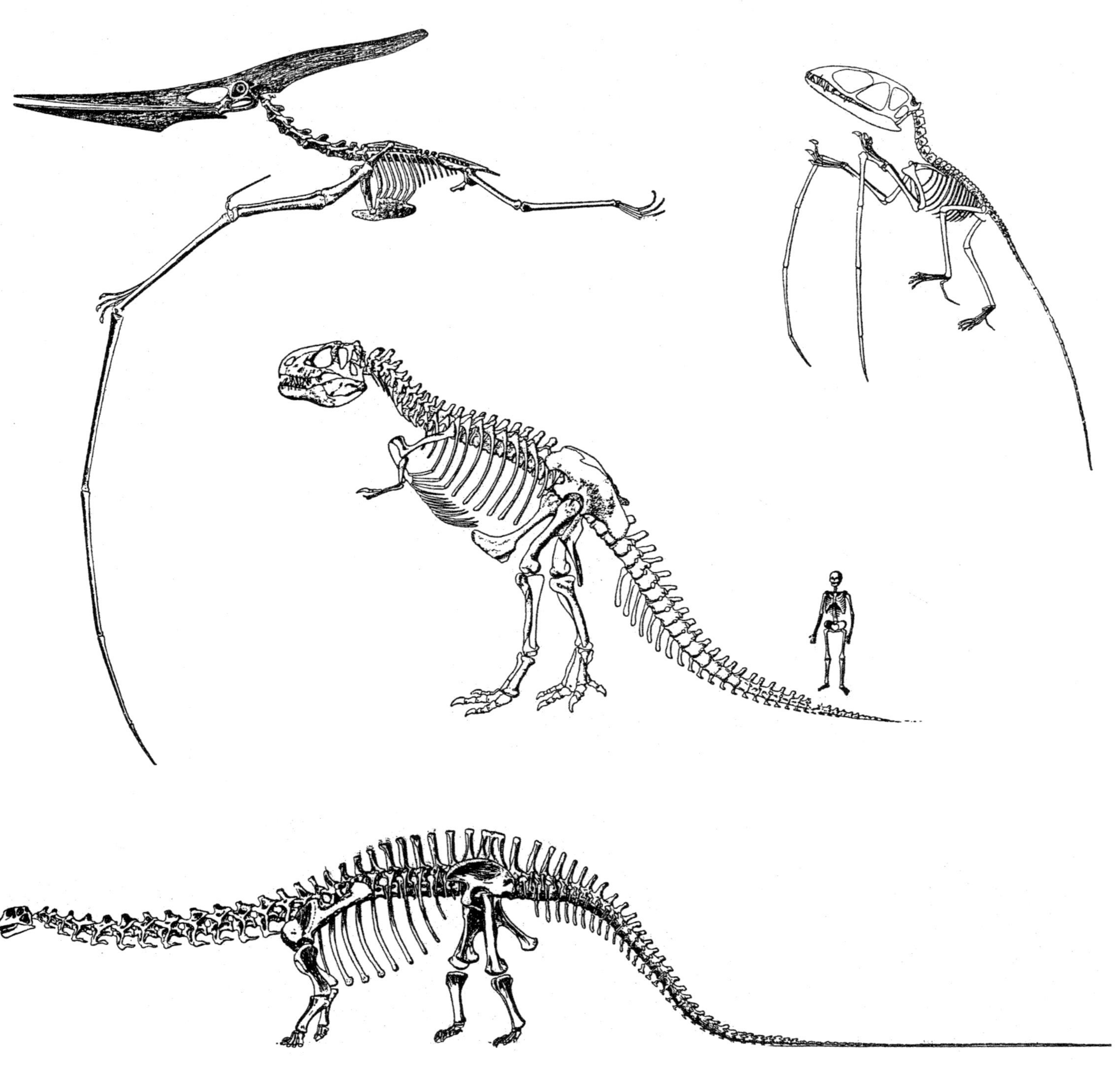

Abb. 166: Oben zwei Flugsaurier: der große, 7 Meter klafternde *Pteranodon,* rechts der etwa hühnergroße *Dimorphodon.* (Nach Eaton und Owen aus A. H. Müller.) In der Mitte der «aufgerichtete» *Tyrannosaurus* (mit einem menschlichen Skelett zum Größenvergleich; nach Osborne). Ein groteskes Missverhältnis von winzigem Kopf und riesenhaftem Rumpf samt mächtigen Gliedmaßen kennzeichnete den 15 Meter langen *Apatosaurus.* (Nach Gilmore.)

(Abb. 165). Diese Form der Aufrichtung ist ganz auf die peripheren Bereiche des Körpers beschränkt und äußert sich in den körperfernsten Teilen – den Extremitäten – am stärksten, um dann nach innen immer schwächer zu werden und das Zentrum des Leibes nicht zu erreichen: Der Fuß wird am stärksten in die Vertikale gestellt und ist gleichzeitig der längste Teil der Gliedmaße; der Unterschenkel ist bereits kürzer und deutlich schräger gestellt, was sich dann im Oberschenkel steigert, der kaum noch von der horizontalen Wirbelsäule abgewinkelt ist. Deren Waagrechte beschränkt sich allerdings auf den Bereich des Rumpfes, auf die Strecke zwischen den beiden tragenden Gliedmaßenpaaren. Im Halsbereich ist sie beweglich, aufricht-, aber auch herabsenkbar. Und in diesem Pendelschlag drückt sich der Zwiespalt der tierischen Aufrichtung aus; beobachtet man ein Reh am Waldrand oder eine Gazelle in der Steppe beim Äsen, dann erlebt man die Situation, in der das Tier gefangen ist: Sichern die scheuen und gefährdeten Tiere, dann ist der Hals aufgerichtet, alle Sinne sind hellwach; im nächsten Moment senken sich Kopf und Hals zum Boden herab, und die unterbrochene Nahrungsaufnahme wird fortgesetzt. Jetzt steht der Kopf ganz im Dienste des Stoffwechsels, die Sinne sind auf die Nahrungsaufnahme gerichtet, und das Tier ist für einen Augenblick so gut wie schutzlos, wie jeder Jäger weiß.

In den Säugetieren, aber auch den Vögeln, hat die Ausgestaltung der Gliedmaßen in jede nur denkbare Richtung ihre größte Vielfalt und in gewissem Sinne auch Vollkommenheit erfahren – Vollkommenheit in Bezug auf optimale Anpassung an Lebensweise und Lebensraum. Bevor sie jedoch in der Erdneuzeit, im Tertiär, als beherrschende Wirbeltiergruppe in Erscheinung traten, wurde von den Reptilien des Erdmittelalters in einer wahrhaft exzessiven und alles Bisherige und Nachfolgende in den Schatten stellenden Weise ausprobiert, was mithilfe der Gliedmaßen möglich ist. Im Unterschied zu ihren Nachfolgern, den Säugetieren, führte diese «Vergliedmaßung» in so extreme Einseitigkeiten des gesamten Körperbaus, dass darin wohl der Hauptgrund für das Aussterben der Saurier gesucht werden muss. Äußere Katastrophen wie der wahrscheinliche Einschlag gewaltiger Meteorite, in deren Folge sich die Atmosphäre durch die aufgewirbelten, die Sonne verfinsternden Staubmassen abkühlte («nuklearer Winter»), mögen Auslöser gewesen sein, aber nicht die Ursache (warum überlebten Vögel und Säuger?).

Beginnend in der Trias zeigte sich bei noch vergleichsweise kleinen und grazilen Gestalten die Tendenz, den Leib und den Kopf nicht nur dadurch vom Boden abzuheben, dass die Gliedmaßen unter den Körper genommen und stark gestreckt wurden, sondern ihn auf die Hinterbeine aufzurichten (Abb. 166). Mit der zu einem späteren Zeitpunkt vom

Menschen verwirklichten Aufrichtung hatte dieser Versuch nichts zu tun. Er wurde auf eine völlig andere Weise dadurch ermöglicht, dass der Schwanz verlängert und verdickt und zur Ausbalancierung der Körperhaltung benutzt werden konnte: das Känguruprinzip. Und genau wie bei den Kängurus führte das letztlich zum Verkümmern der jetzt überwiegend funktionslosen, bestenfalls noch zum Kratzen benutzbaren Vordergliedmaßen – die, *anders als beim Menschen, keine neue Funktion zugewiesen bekamen.*

Das Ergebnis waren dann jene höchst unproportionierten Gestalten, deren mächtige, derbknochige und muskelbepackte Hinterläufe ein massives Becken als Dreh- und Angelpunkt des Körpers trugen, mit einer schräg nach oben gerichteten Wirbelsäule, die lächerlich kleine Hände und vor allem einen überaus klobigen Kopf zu tragen hatte; ein dicker und langer Schwanz sorgte dafür, dass der bis fünf Meter hohe und zehn Meter lange *Tyrannosaurus rex* nicht nach vorne überkippte (Abb. 166). *Tyrannosaurus* und seine Verwandten waren die größten Raubtiere, die jemals die Erde bevölkerten. Noch erheblich größer waren pflanzenfressende Arten wie *Diplodocus* mit 20, *Barosaurus* mit 24 m Länge (Abb. 166 zeigt in *Apatosaurus* einen etwas kleineren, «nur» 15 m langen Vertreter dieses Typs).[182] Ob sich diese Riesengestalten, die das Gewicht von zwanzig Elefanten haben mochten, tatsächlich so aufrichten konnten, wie in Abbildung 166 wiedergegeben, sei dahingestellt. Was bei diesen extrem langhalsigen Gestalten, aber auch manch gedrungeneren auffällt, ist – im Gegensatz zu *Tyrannosaurus* – der lächerlich winzige Kopf, der kaum mehr als das Vorderende des Halses zu sein scheint: Den Schädel von *Stegosaurus* (Abb. 167) kann man durch den ganzen Rückenmarkskanal ziehen! Dieser hatte in der Beckenregion seinen größten Durchmesser, die Tiere besaßen gewissermaßen ein «Beckengehirn». (Man vergleiche damit die Verhältnisse beim Menschen, bei dem infolge des akzelerierten Wachstums der Wirbelsäule während der Embryonalphase das Rückenmark zurückbleibt und nur bis zur Grenze von Brust- und Lendenwirbeln reicht.) Viele dieser Formen, so nimmt man an, sind sekundär wieder zur Vierfüßigkeit zurückgekehrt – die vergleichsweise schwächeren Vordergliedmaßen legen diesen Schluss nahe.

Das Gegenstück zu diesen hirnlosen Kolossen mit ihrer extremen Vereinseitigung der Stoffwechsel-Gliedmaßen-Region auf Kosten des Sinnes-Nerven-Systems stellen die Flugsaurier dar. Sieht man sich beispielsweise das Skelett des kreidezeitlichen *Pteranodon* an (Abb. 166), dann fällt als Erstes der unverhältnismäßig große Kopf auf, der in dem Maße einseitig ausgebildet und überformt erscheint, wie der übrige Körper vernachlässigt wirkt: Becken und Füße sind geradezu kümmerlich und unterentwickelt. Gerade im Vergleich zu den bodenverhafteten

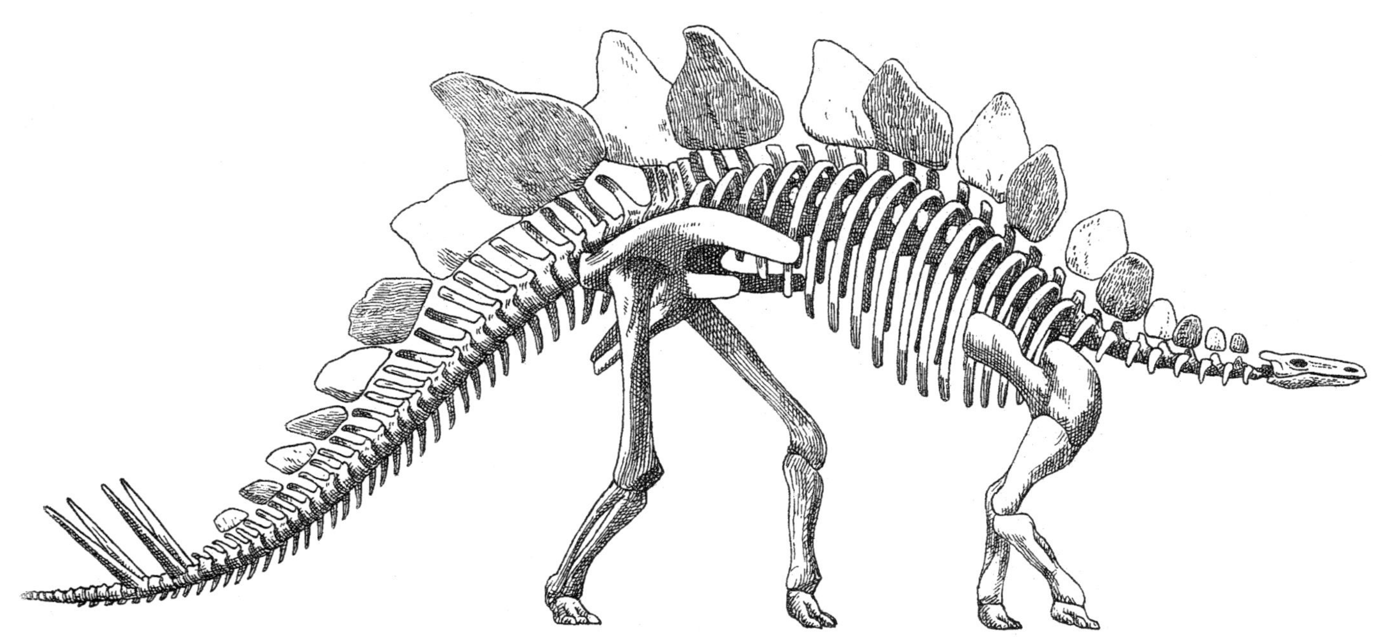

Abb. 167: *Stegosaurus* – 6 bis 8 Meter lang und extrem kleinköpfig. (Nach Lewontin.)

Riesengestalten mit ihren winzigen Köpfen und gewaltigen Becken sind sie unerhört einseitig – dieses Mal nach der anderen Seite hin, zur Überbetonung der Sinnes-Nerven-Region.

In Dinosaurier und Flugsaurier wie *Pteranodon* stehen sich in der Tat extremste Vereinseitigungen gegenüber – bildet der eine nur das Rumpf-Gliedmaßen-System in übertriebener Weise aus und lässt den Kopf gleichsam verkümmern, so geht der mächtige Segel- und Gleitflieger den entgegengesetzten Weg. Er verfügte, wie sich am Schädel erkennen lässt, nicht nur über große und mit Sicherheit sehr funktionstüchtige Augen, sondern auch, wie Schädelausgüsse bewiesen, über ein Gehirn, dessen Volumen für ein Reptil von erstaunlicher Größe war (Romer). Unvorstellbar, wohin diese vereinseitigten Entwicklungslinien hätten weiterführen sollen – ein Wesen etwa, das nur noch Sinnes-Nerven-System ist, nur noch «Kopf», ohne Rumpf, ohne die Organe des aufbauenden Stoffwechsels also, ist ebenso undenkbar wie ein reiner Stoffwechsel-Muskel-Gliedmaßen-Koloss ohne höhere Nervenzentren. Das Aussterben ist die einzig mögliche Konsequenz, es ist vorgezeichnet.

Pteranodon hatte eine Flügelspannweite von sieben bis acht Metern (man hat neuerdings Vertreter einer anderen Art mit einer geschätzten Spanne von 16 Metern gefunden!), während das Äußerste in der heutigen Vogelwelt dreieinhalb Meter beim extrem schmal- und langflügligen Wander-Albatros *(Diomedea exulans)* darstellen. Der Körper hingegen war nicht größer als der eines Truthahnes, und alles an ihm muss von

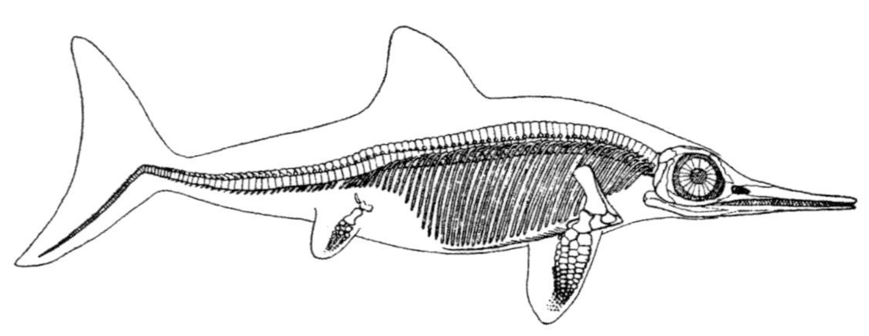

Abb. 168: Oben jurazeitlicher *Ichthyosaurus*. (Nach Romer.) Unten der Ichthyosaurier *Stenopterygius quadricissus*, am unverhältnismäßig großen Kopf als Jungtier zu erkennen. (Lias, Museum Hauff, Holzmaden.)

zerbrechlicher Zartheit gewesen sein (mit Ausnahme des schweren und derben Kopfes!): «Die Knochen hatten zwar bis zu zweieinhalb Zentimeter Durchmesser, waren aber nichts anderes als zylindrische Luftsäulen, die in einer knöchernen Umhüllung von der Dicke eines Kartons steckten. In der Oberkreide von Texas fand Barnum Brown das Fragment eines Armknochens einer Spezies [der bereits erwähnten sechzehn Meter spannenden Riesenform; Anm. A.S.], die er als ‹den Höhepunkt der Flugsaurier…, den Gipfel der Leichtkonstruktion› ansah. Bei dieser Art war die Tendenz zur Leichtgewichtigkeit so weit fortgeschritten, dass die zylindrische Knochenwand die erstaunliche Dicke von 0,508 Millimetern hatte.»[183]

«Mittlere», vermittelnde Gestalten, die Vereinseitigung in extreme Sinnes-Nerven-Vertreter und ebenso überspezialisierte Stoffwechsel-Gliedmaßen-Vertreter vermeidend, sind vor allem unter jenen Riesenechsen anzutreffen, die den Weg zurück ins Wasser gesucht haben und nun auf evolutiv längst überwundene Gestaltbildungen zurückfallen: auf diejenigen der Fische mit ihrem extrem rhythmisch-serial gegliederten Körper- und Flossenbau. Anders als die Fische, die ja, wie wir sahen, die entwicklungsgeschichtliche Brücke zwischen den altertümlichen Vertretern des sphärischen Außenskelettes und den jungen der radiären Gliedmaßenbildungen darstellen, sind die Ichthyosaurier (Abb. 168) das regressive Gegenbild, aus dem sich nichts entwickeln wird und das schließlich das gleiche Schicksal erleidet wie alle übrigen Saurier: Sie sterben aus.

Auch auf dem Festland gibt es Schritte zurück, diesmal in den Verlust der Gliedmaßen, besonders bei den Eidechsen und natürlich den Schlangen. Bei den Eidechsen, bei denen einige, die Agamen vor allem, in schnellem Lauf noch halb aufgerichtet dahinschießen, ist diese Entwicklung über die Skinke bis zu den Schleichen immer noch in vollem Gange (Abb. 169). Dies ist ebenfalls ein Weg zurück – dem Leitmotiv der Evolution, der Erringung zunehmender Autonomie in der Auseinandersetzung mit der Schwere, völlig entgegengesetzt. Er führt zur Aufgabe jedes aktiven Aufrichtungsstrebens; das Tier lässt sich wieder, wie auf früherer, längst überholter Evolutionsstufe, von der Umgebung tragen. Das Erscheinungsbild des Wurmes taucht wieder auf, jener Gruppe, die im niederen Tierreich eine besonders entwicklungsmächtige Stufe darstellt (aus der sich sämtliche Gliederfüßler, also Krebs- und Spinnentiere und vor allem die Insekten und wohl auch die Mollusken, ableiten) und die auch im Naturganzen eine zentrale Rolle innehat (Regenwürmer!). In der Schlange entsteht nun, gleichsam in einer Art rückwärts gewandter Anti-Evolution, durch Verarmung und Verlust das evolutiv sterile, einen Endzustand markierende Gegenbild. Es hat schon seinen tiefen Sinn, wenn die Schlange als physisches Sinnbild für die gleiche Erscheinung auf der seelischen Ebene erlebt wird: für den Fall in die Schwere. Die völlig irrationale Schlangenfurcht der meisten Menschen, erstaunlicherweise auch von Vertretern naturverbundener Kulturen,[184] verrät offensichtlich ein instinktives Wissen davon; in diesen Tiefenschichten gibt es keine Unterscheidung zwischen innerseelischen und Außenwelt-Erfahrungen. Auf einer ganz anderen Stufe steht dagegen das Bild des Merkurstabes, das Signum des Heilers: die um die Ich-Achse wieder aufgerichtete Schlange, deren Gift zum Heilmittel wird.

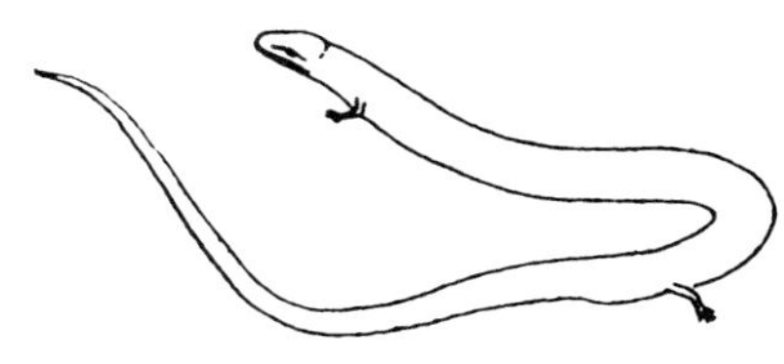

Abb. 169: Der Abstieg in die Fußlosigkeit: Agame in schnellem Lauf, Eidechse, Erzschleiche (*Chalcides*).

Es ist jedenfalls bemerkenswert, welch starkes unbewusstes (oder überbewusstes?) Empfinden der Mensch für das hat, was sich als physisch-leibliches Äquivalent psychischer Vereinseitigungen und Abwege darstellt. Auch das große und scheinbar so irrationale Interesse der Gegenwart an den doch längst ausgestorbenen, aber irgendwie höchst gegenwärtigen Sauriern, die «Dinomania», könnte mit dem Empfinden zusammenhängen, dass diese Wesen uns offenbar doch recht nahe stehen und dass sie uns viel zu sagen vermögen über ganz ähnliche Gestaltungen nicht auf der Ebene der physischen Evolution – das ist vorbei und versunken –, sondern in ihrer jederzeit möglichen Wiederholung auf der psychischen, der mentalen Ebene.

Die «Vergliedmaßung» des Kopfes: Hörner und Geweihe

Man könnte in der letzten Phase der Wirbeltierevolution – derjenigen der Säugetiere – geradezu von einer «Verschluckung» des Kopfes, genauer: des sphärischen Hirnschädels, durch das entwicklungsgeschichtlich jüngste, das radiale Skelettbildungsprinzip sprechen. Diese Bildetendenz, die in den Gliedmaßen ihre stärkste und vollkommenste Ausprägung erlangt, wird dermaßen dominant, dass sie das ehedem, am Anfang der Wirbeltierevolution allbeherrschende Prinzip des umhüllenden, inzwischen auf den Kopf reduzierten sphärischen Außenpanzers fast zum Verschwinden bringt.

Der größte Teil des Schädels wird jetzt vom «Gliedmaßenteil» eingenommen, vom Visceralskelett, d.h. von den Kiefern. Dazu kommen Kopfaufsätze, eine Tendenz, die bei späten (kreidezeitlichen) Sauriern wie den Vertretern der Gattung *Triceratops* beginnt; man vergleiche in der Abbildung 170 den im Verhältnis winzigen Raum, den der eigentliche Gehirnschädel dabei einnimmt! Der Trend setzt sich dann bei den großen Säugetieren des Tertiär fort, über die Nasenhörner und -schaufeln zu den Geweihen und Gehörnen, den mächtigen Hauern einiger Schweine, den mitunter extremen Reißzähnen mancher Raubtiere und schließlich den Stoßzähnen der Elefanten. Gerade die letzteren führen die «Vergliedmaßung» des Kopfes durch die zusätzliche Ausbildung des Rüssels in extremster Form vor – Gliedmaßen nicht in ihrer Funktion als Fortbewegungs-, sondern als Greiforgane.

Das allerdings verlangt nach begrifflicher Klärung dessen, was unter Gliedmaßen zu verstehen ist. Ihre ursprüngliche und wichtigste Funktion ist es, die Fortbewegung zu ermöglichen. Das kann durchaus mit der Fähigkeit zum Greifen verbunden sein (Fortbewegung ist ein Ergreifen des Raumes), vor allem, wenn die Fortbewegung in den Bäumen stattfindet, ist aber eine sekundäre, irgendwann dazuerworbene Eigenschaft; ursprünglich ist das Greifen, Ergreifen etwas, das den Kiefern zufällt, von den Fischen bis hinauf zu den Säugetieren.

Nein, was hier als «Vergliedmaßung» des Kopfes bezeichnet wird, ist *das Übergreifen der radiären, strahligen Bildegesten, deren Hauptrepräsentanten die Gliedmaßen sind, auf den Kopfbereich.* Dessen ureigentliches, aus der Frühzeit der Evolution bewahrtes Skelettbildungsprinzip ist die Rundform, die jetzt in hohem Maße zurückgedrängt wird durch ganz andere Gestaltbildungen. Sieht man sich beispielsweise Schädel von Titanotherien an, frühtertiären entfernten Verwandten der Nashörner, dann haben diese Gebilde nur noch wenig Ähnlichkeit mit den gepanzerten Rund- und Hüllformen aus der Frühzeit der Wirbeltiere (Abb. 171, 172).

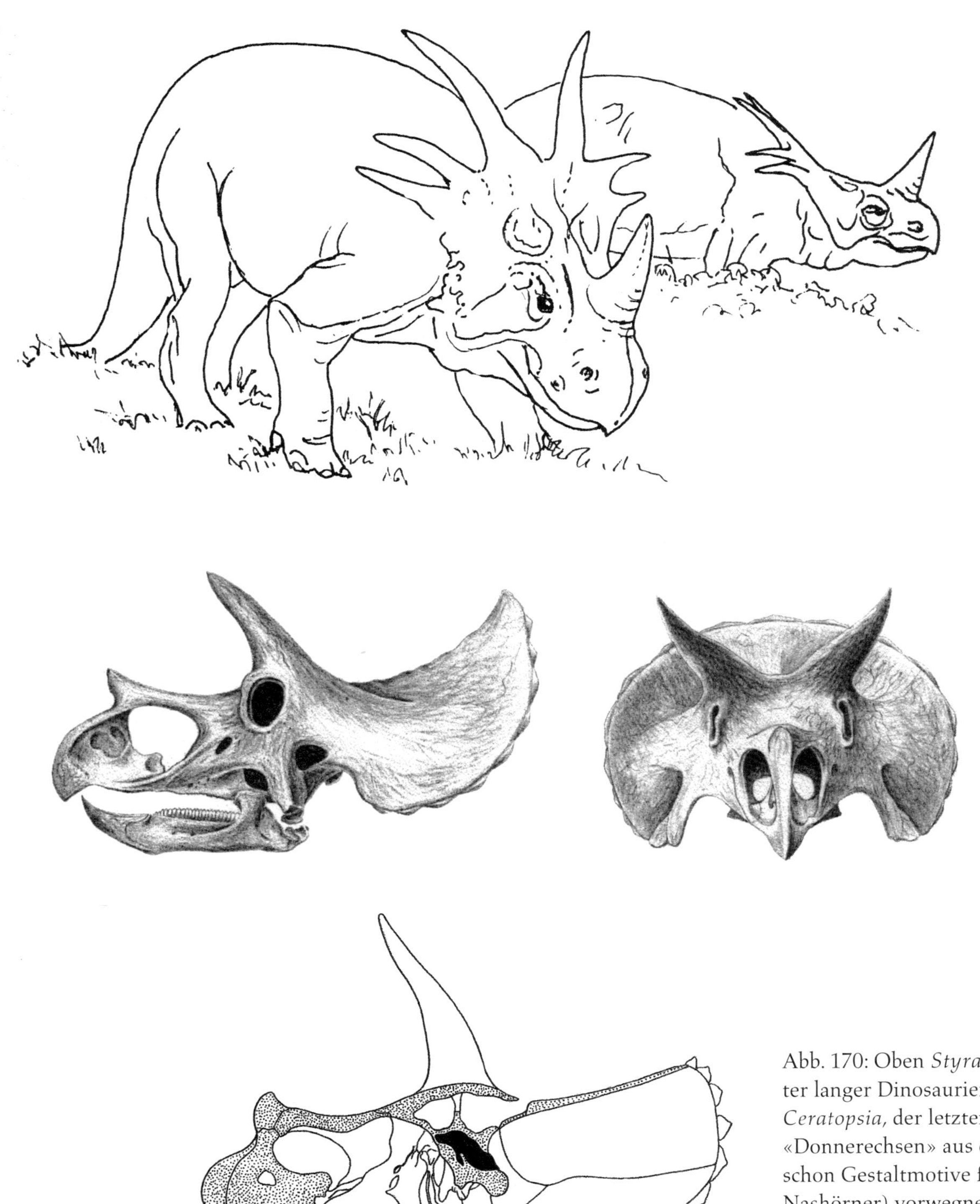

Abb. 170: Oben *Styracosaurus,* 7 – 8 Meter langer Dinosaurier aus der Gruppe der *Ceratopsia,* der letzten und spätesten der «Donnerechsen» aus der oberen Kreide, die schon Gestaltmotive früher Säugetiere (z.B. Nashörner) vorwegnehmen. (Nach Augusta und Burian.) Darunter links Schädel von *Triceratops brevicornis,* rechts *T. prorsus* mit 1 Meter Länge. Im Schnittbild von *prorsus* ist die winzige Gehirnhöhle eingezeichnet. (Nach Hatcher, Marsh und Lull 1907.)

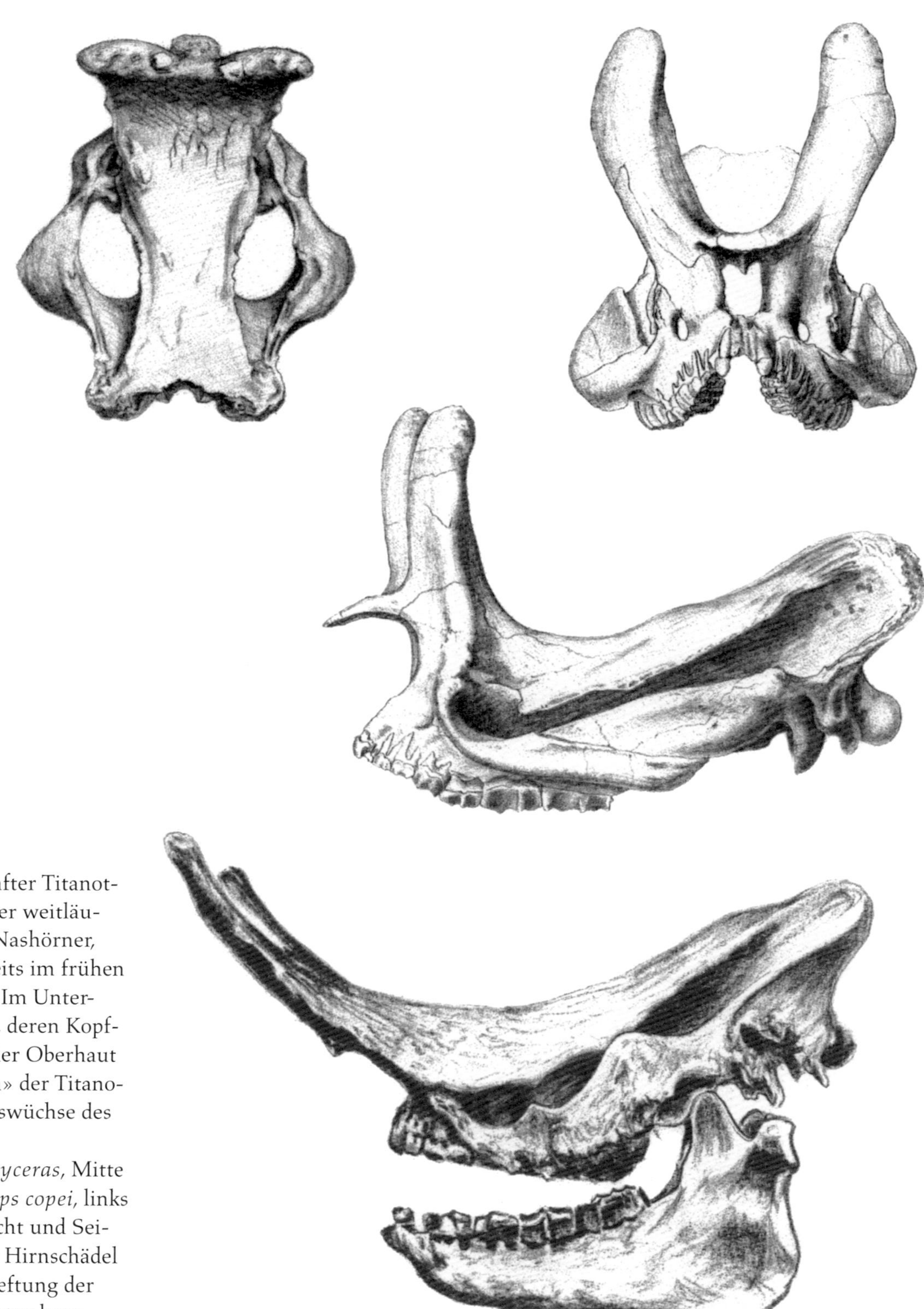

Abb. 171: Schädel riesenhafter Titanotherien, Unpaarhufer aus der weitläufigen Verwandtschaft der Nashörner, Pferde und Tapire, die bereits im frühen Tertiär wieder ausstarben. Im Unterschied zu den Nashörnern, deren Kopfaufsätze reine Bildungen der Oberhaut sind, waren die «Schaufeln» der Titanotherien echte knochige Auswüchse des Nasenbeins (!).
Unten *Brontotherium platyceras*, Mitte und oben rechts *Megacerops copei*, links *Diplodonus amplus*. Aufsicht und Seitenansicht zeigen, dass der Hirnschädel in erster Linie für die Anheftung der mächtigen Nackenmuskulatur beansprucht wurde. (Nach Osborne 1924.)

Abb. 172: Steigerung des Ausdrucks durch Minimierung der Details, Beschänkung auf das Wesentliche, und dies in gesteigerter Form – eine treffendere Audrucksstudie eines eiszeitlichen Nashorns als diese früheste bisher bekannte, 32 000 Jahre alte Darstellung in der Grotte Chauvet im Tal der Ardèche ist kaum denkbar.

Man ist so gewöhnt an den Anblick horntragender Rinder und Ziegen, von Rehen und Hirschen mit Geweihen, dass man gar nicht mehr staunt über das Paradox, Bildungen auf Tierköpfen anzutreffen, die dort eigentlich gar nicht hingehören. Wie aber kommen sie dahin, und welche Funktion haben sie? Die übliche Bezeichnung als «Stirnwaffen» ist die wohl unpassendste; als Waffen dienen sie nur in den seltensten Fällen, etwa wenn sich Oryx-Antilopen mit ihren langen und spitzen Speeren erfolgreich gegen Löwen verteidigen. Die breiten Stirnschilder der Hornbasen afrikanischer und asiatischer Büffel sind ebenfalls wirkungsvolle Verteidigungsinstrumente. In den meisten Fällen werden die Kopfaufsätze aber gar nicht für echte Kämpfe benutzt, vor allem nicht zur Verteidigung[185] – wofür sie zumeist auch völlig ungeeignet sind. Steinböcke beispielsweise benützen ihre mächtigen, nach hinten weisenden Bogengehörne nur, um damit im rituellen Turnier gewaltig aufeinander zu prallen und ritualisierte Rivalenturniere auszufechten. Die Geißen könnten ihre kurzen, spitzen Hörner schon eher zum Schutz ihrer Kitze einsetzen, aber sie tun es nicht.

Geweihe und Gehörne werden zu rituellen Kämpfen eingesetzt, wenn es darum geht, wer der Stärkste ist und wem die Weibchen gehören (Abb. 173). Aber auch dazu wären keine Geweihe oder Gehörne nötig – die schiere Körpergröße täte es auch (wie z.B. beim Bison), und die Zebras, Pferde und Esel besorgen das Gleiche mit Bissen und Hufschlägen. Im Übrigen können bei solchen Auseinandersetzungen Geweihe zu tödlichen Fallen werden, wenn sich die Kontrahenten so ineinander verhaken, dass sie nicht mehr voneinander loskommen und schließlich elend zugrunde gehen.

Geweihe und Gehörne sind also nicht da, weil sie als Waffen oder was auch immer gebraucht werden. Wäre das anders, dann wäre unverständlich, warum Hirsche und Rehböcke den größten Teil des Jahres ohne oder mit einem in Wachstum befindlichen und höchst verletzlichen, noch «weichen» Geweih herumlaufen und die weiblichen Tiere, die doch am ehesten «Waffen» zur Verteidigung der Kitze bräuchten, gar keine Geweihe tragen (sie benutzen dazu ihre Hufe, scharfkantig wie Messer, um die jeder Fuchs gerne einen großen Bogen macht).

Die wirklichen Ursachen für die Existenz dieser eigenartigen Bildungen müssen auf einer anderen Ebene gesucht werden. Sie sind dort zu finden, wo es um die Balance oder die Unausgewogenheit der drei großen Funktionssysteme des Organismus geht, von denen bereits an früherer Stelle im Kapitel über die Dreigliederung der Säugetiere gesprochen wurde (S. 137). Dort wurde zu zeigen versucht, wie die verschiedenen Gruppen der Säugetiere durch einseitiges Übergewicht eines der drei Systeme ausgezeichnet sind, und zwar jede von ihnen auf spezifisch andere Weise – mal ist es das Sinnes-Nerven-System, bei anderen das Stoffwechselsystem usw. Und es wurde dargestellt, wie der *funktional,* in Bezug auf seine *physiologischen Prozesse* dominierende Bereich sich in dem ihm gegenüber zurücktretenden System seinen *gestaltlich-morphologischen* Ausdruck verschafft.

Im Falle der Wiederkäuer, aber auch der Nashörner und Titanotherien ist es ganz eindeutig der Sinnes-Nerven-Pol, der gegenüber dem Stoffwechsel- und Verdauungssystem zurücktritt und nun zu dessen Ausdrucksträger wird. In ihm drückt sich jetzt gewissermaßen in fester Form geronnen aus, was die großen physiologischen Leistungen des Gegenpols sind. Es ist dies die enorme Vitalität und aufbauende Potenz des Stoffwechsels im Bereich des eigenen Leibes, aber auch der Gliedmaßen, die schließlich in diesem Körperbereich entstanden und hier ihre Ausgestaltung erfuhren: das eine nach innen, das andere nach außen gerichtet. Die Bezeichnung dieser Region als «Stoffwechsel-Gliedmaßen-Pol» durch Rudolf Steiner ist außerordentlich treffend.[186] Beides findet im Kopfbereich gewissermaßen sein Ventil, die «Ableitung» der überschießenden vegetativen Kräfte des aufbauenden Stoffwechsels und des Fortpflanzungsbereiches (Abb. 174), die ihre Herkunft aus dem Stoffwechsel-Gliedmaßen-Bereich durch ihre radiäre Gestaltung verraten und durch die Tatsache, dass in das heranwachsende Geweih Kalk eingebaut wird, *der aus den Gliedmaßenknochen herausgelöst wurde*[187] – bei den männlichen Tieren wohlgemerkt. Die geweihlosen Weibchen lenken die gleichen Kräfte nach innen und stellen sie dem sich entwickelnden Embryo und Fötus zur Verfügung.

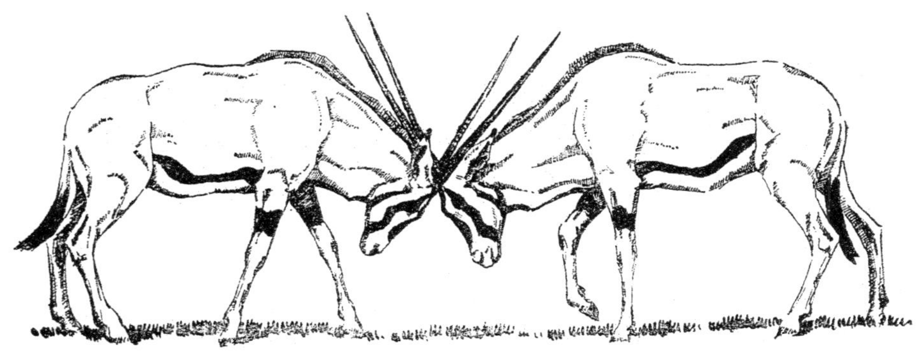

Abb. 173: Kommentkämpfe von Marco Polo-Widdern (oben und Mitte) und Oryx-Böcken (unten). Vor allem bei den Antilopen mit ihren gefährlichen Spießen wird alles vermieden, was den Artgenossen verletzen könnte. (Nach F. Walther.)

Das Material der vielen so verschiedenartigen Kopfaufsätze ist ganz unterschiedlicher Herkunft. Die einfachsten Gebilde finden sich bei den Nashörnern, massive Gebilde aus miteinander verbackenen Keratinfasern, dem Material, aus dem Haare und Hornbildungen bestehen. Stirnaufsätze hingegen, Hörner und Geweihe sind (oder enthalten im Innern) echte Knochen, Auswüchse des Stirn- und gelegentlich des Hinterhauptbeines (Giraffe), bei ausgestorbenen Formen auch des Na-

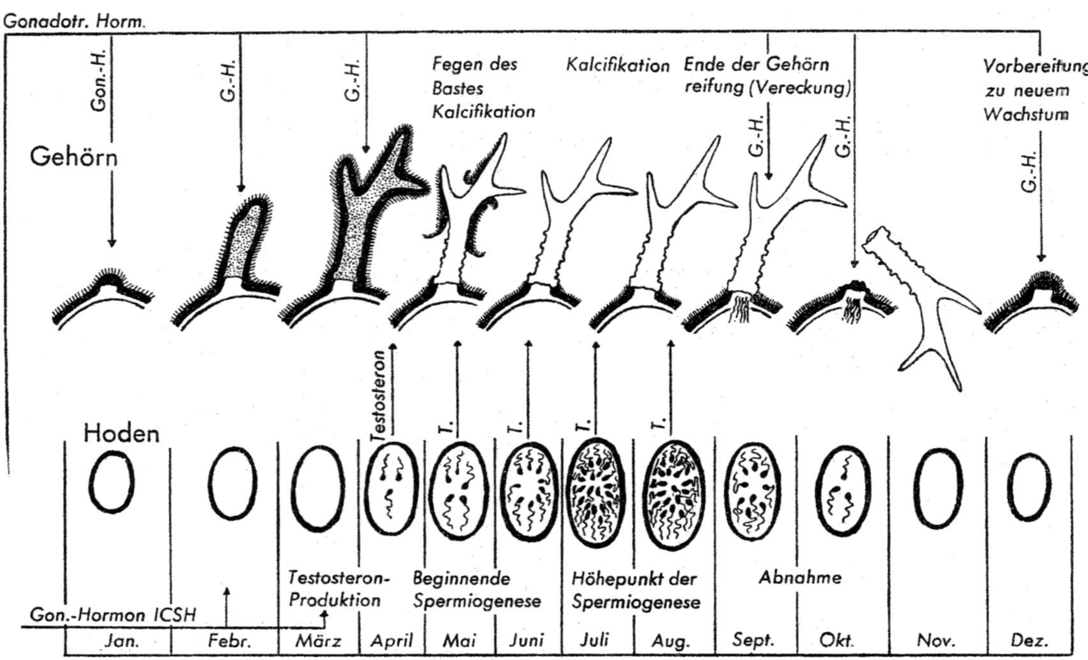

Abb. 174: Der Zusammenhang der Geweihbildung mit dem jahreszeitlichen Fortpflanzungszyklus bei den Geweihträgern. GH = im Hoden erzeugtes Geweihbildungshormon. ICSH = Gonadotropes Hormon (Intersticial Cell Stimulating Hormon) regt die Testosteronbildung und damit die Produktion der Spermien an. (Nach Haltenorth.) Für nähere Erläuterung siehe den Text.

senbeins (Titanotherien) und sogar des Oberkiefers (Hypertraguliden, vgl. Abb. 182, S. 291). Geweihe wachsen aus vorgebildeten Zapfen des Stirnbeines (Rosenstöcke). Der Knochenzapfen der Gehörne entsteht als zunächst selbstständiges Gebilde (*Os cornu*) in der Unterhaut, das dann fest mit dem Stirnbein verwächst. Gemeinsam ist beiden, Gehörnen wie Geweihen, dass ihr knöcherner Anteil aus *Deckknochen*material besteht, obwohl ihr radiärer Bau eher an Ersatzknochen denken ließe (Abb. 175).

Höchst erstaunlich und ungewöhnlich ist das jährliche Absterben und Abwerfen des Geweihs und seine anschließende Neubildung – ein weiterer Unterschied zu den Gehörnen. Welche Leistung das für den Stoffwechsel bedeutet, vermag das mächtige Geweih eines kapitalen Rothirsches, eines Elches oder des eiszeitlichen Riesenhirsches zu verdeutlichen, dessen Geweih mehr wog als das gesamte Skelett. Man gewinnt den Eindruck eines gewaltigen Überschießens der Lebenskräfte, jedes Mal, wenn die neue Geweihbildung anfängt. In diesem Stadium beginnen Gruppen noch undeterminierter Primordialzellen (vergleichbar embryonalen Stammzellen), die sich an der Abwurfstelle erhalten haben, zunächst wild und unkontrolliert zu wuchern. Als der Entdecker dieses Vorganges Proben davon einem Tumorspezialisten vorlegte, hielt dieser sie für bösartiges Gewebe eines Knochensarkoms. «Obwohl das aktiv wachsende Gewebe des Geweihes unter dem Mikroskop von bösartigen Knochenwucherungen nicht zu unterscheiden war, ist doch klar, dass sein weiteres Wachstum unter strenger Kontrolle verläuft. Statt sich nach allen Seiten auszubreiten, produzieren die Zellen eine klar definierte Gestalt.»[188]

Und diese Gestalt ist von hochgradiger Komplexität. Es entwickelt sich ein zunehmend soliderer Knochen, von ernährenden und Aufbaustoffe herantransportierenden Blutgefäßen durchzogen, ebenso wie von Nerven und geschützt von einer mit Fell überzogenen Haut, dem «Bast». Schließlich voll ausgewachsen, veröden die Blutgefäße, und der Bast löst sich in Fetzen ab und wird vom Hirsch an Zweigen und Büschen vollends abgestreift, «gefegt». Später, nach der Brunft, lösen Fresszellen an einer bestimmten Stelle die Verbindung mit den Stirnbeinzapfen, den Rosenstöcken, und das Geweih fällt ab (und dient jetzt Mäusen und Eichhörnchen, die es eifrig benagen, seines Nährstoffreichtums wegen als willkommene Nahrung).

Ein dramatischer Wechsel: am Anfang eine unerhörte Aufwallung von Jugendkräften – in der Neubildung des Knochens –, die sich mit der Vollendung ihrer Aufbauarbeit verausgabt haben und damit das soeben Gebildete absterben lassen. Wir sprachen bereits von der Ventilwirkung, von der Ableitung überschäumender Vitalkräfte, und genauso schildert Rudolf Steiner im «Landwirtschaftlichen Kurs» die Funktion des Geweihes – es befreit seinen Träger von der Dumpfheit, wie sie übermäßige Stoffwechsel- und Verdauungstätigkeit erzeugt, und lässt sie dadurch sinneswacher werden.[189] Bestätigt wird das durch die Erfahrung, dass man durch künstliches Mästen des Jagdwildes teilweise enorme Vergrößerungen der Geweihe und Vermehrung der Sprosse erzielen kann. Es sind aber vor allem die Fortpflanzungskräfte, die mit der Geweihbildung aufs engste verknüpft sind und die ja auch in den Bereich des (aufbauenden) Stoffwechsels gehören.

Dabei zeigt sich ein ausgeprägter jahreszeitlicher Wechsel der Bildeaktivitäten vom Reproduktionsbereich weg zum Kopfpol hin und anschließend wieder zurück: Während der Brunft liegt der Schwerpunkt naturgemäß im Sexualbereich, durch die Ausschüttung des Testosterons wird die Bildung der Spermien angeregt. Gleichzeitig ziehen sich die Lebensprozesse aus dem vorher aktiv wachsenden, durchbluteten Geweih zurück,[190] das nun als tote Stange so lange getragen wird, bis die Paarungszeit vorbei ist. Nach ihrem Ende tritt das Geweihbildungshormon an die Stelle des Testosterons, der Bildungsschwerpunkt verlagert sich neuerlich (natürlich nur bei den männlichen Tieren) in den Kopf; das alte Geweih wird abgeworfen, und das neue beginnt zu wachsen (man vergleiche das Schema von Abb. 174).

Anders, ja entgegengesetzt die Hörner, die ständig – wenn auch mit deutlichem jahreszeitlichem Aktivitätsrhythmus – weiterwachsen

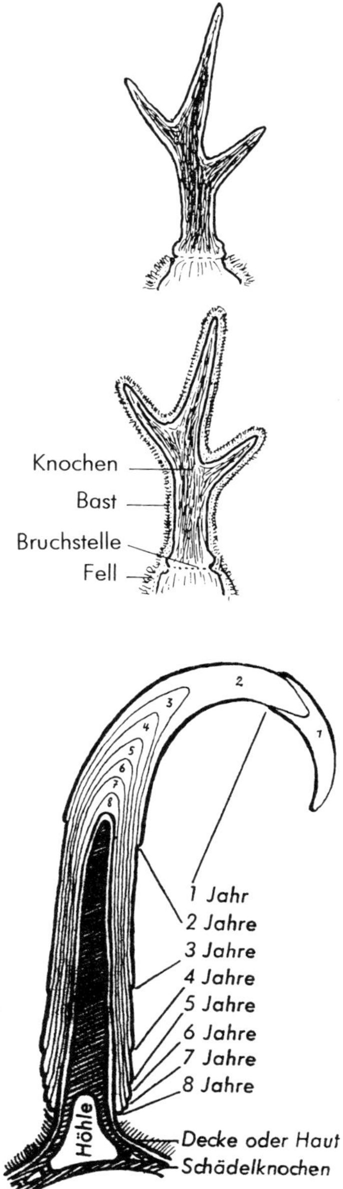

Abb. 175: Geweih- und Gehörnbildung. Während sich das Geweih jährlich erneuert und als knöcherner Auswuchs des Stirnbeins zunächst von Blutgefäßen durchzogen und von Fell («Bast») umkleidet ist, ehe es abstirbt und schließlich abgeworfen wird, ist das Horn eine bleibende Bildung, dessen Größenzunahme durch die periodisch abgeschiedene Hornscheide zustande kommt. (Nach Haltenorth.)

Abb. 176: Die Durchdringung des radiären und des sphärischen Bildeprinzips im Hirschgeweih. Oben Maultierhirsch *(Odocoileus hemionus)*, unten Barasinga *(Cervus duvauceli)*.

und deren Hornscheiden, im Gegensatz zum «Bast» der Geweihe, als *Abschirmungen und Verschlüsse* wirken. Sie stauen gleichsam die Vitalkräfte in den Organismus zurück, dem dadurch enorme Kräfte im Stoffwechselbereich zur Verfügung stehen.[191] Die gestaltlich so schweren Rinder holen offensichtlich aus ihrer Nahrung durch ihre hoch effizienten Verdauungssysteme erheblich mehr heraus als die viel grazileren Hirscharten aus ihrer ergiebigeren Kost (Kräuter, Knospen, Laub usw.).

Sieht man sich die Gestaltung der Geweihe etwas aufmerksamer an, dann ergeben sich zwei gegensätzliche Eindrücke, je nachdem, ob man *das Ganze oder die Teile* ins Auge fasst. Im ersten Fall zeigt sich beim Betrachten der Geweihe von Abbildung 176 jeweils eine Gesamtgestalt von *sphärischem* Charakter, als umgriffe das Geweih eine (unsichtbare) Kugel. Diese ist aber nur als «Negativ» vorhanden und damit allein der inneren Anschauung zugänglich – im äußerlich sichtbaren «Positiv» erscheinen nur *radiale* Strukturen! Das sphärische Element erweist sich dabei als dasjenige, das als *reine Kräftegestalt die physischen Strukturen, die selber radiärer Gestalt sind, unter eine übergeordnete Gestalt zwingt.*

Die Tendenz, die radialen Bildungen einer übergreifenden, das Sphärische betonenden Formkraft zu unterwerfen, ist auch bei den Gehörnen höchst auffällig, seien es die eingerollten «Schnecken» der Wild- und mancher Hausschafe, die Rundbögen der Steinböcke oder die fast geschlossene Kreisform des wilden Wasserbüffels Südasiens (Abb. 177). Es ist bezeichnend, dass sich diese Bildungen gerade auf dem Oberkopf finden, auf dem Stirnbein, diesem Deckknochen, der Teil des sphärisch das Gehirn umhüllenden Außenskelettes ist. Offensichtlich sind in diesem Bereich die zu Rundform tendierenden Wirkungen besonders stark. Das wird besonders deutlich, zieht man zum Vergleich die Gestaltungen heran, die im Vorderkopf, im Kiefer- und Nasenbereich gebildet werden. Sie zeigen klare radiäre, nach außen gerichtete Tendenzen bei Nashörnern, Titanotherien, primitiven Wiederkäuern und vor allem bei den Elefanten. Eine Mittelstellung nehmen die Schweine ein, deren radiär nach außen weisenden Hauer dann, wenn sie sehr ausgeformt und zum Oberkopf hin gerichtet sind, unverkennbar die einrollende Bildegebärde zeigen, wie sie für die Aufsätze im Hirnschädelbereich so bezeichnend sind (Warzenschwein, Hirscheber, Abb. 178, S. 288).

Mitunter zeigt sich bei Geweihen die Neigung, die sphärische Hohlform auch physisch auszugestalten. Vor allem der Elch geht stark in diese Richtung. Vergleicht man seine Schaufeln mit den Spießen eines Rehbockes, dann versteht man ihre so gegensätzlichen Geweihe unmittelbar als Ausdruck ihrer ebenso gegensätzlichen Konstitution: Der stoffwechselstarke Elch (der sich im nördlichen Teil seines Verbreitungsgebietes den ganzen Winter über lediglich von Koniferennadeln und Baumrinde

Abb. 177: Während bei den Geweihträgern in der physischen Ausgestaltung der Kopfaufsätze das radiäre Prinzip über das sphärische dominiert, ist es bei den Hornträgern umgekehrt – die sphärische Tendenz ist stärker. Oben Watussi-Rind, darunter rechts Kudu *(Strepsiceros kudu)*, links Kamtschatka-Schneeschaf *(Ovis canadensis nivicola)*, unten links Felsengebirgs-Dickhornschaf *(Ovis canadensis canadensis)*, unten rechts Pamir-Wildschaf *(Ovis ammon polii)*.

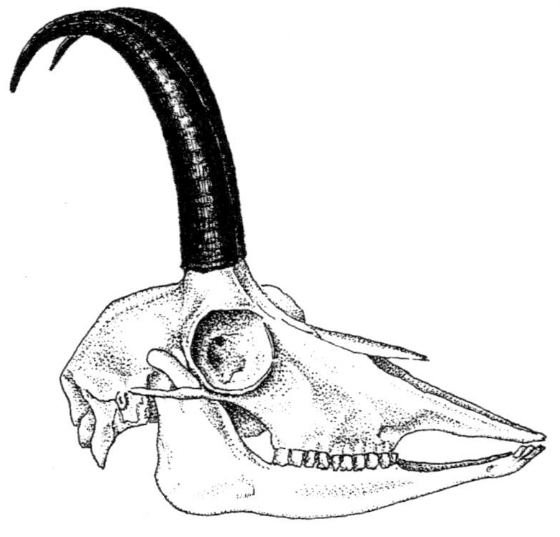

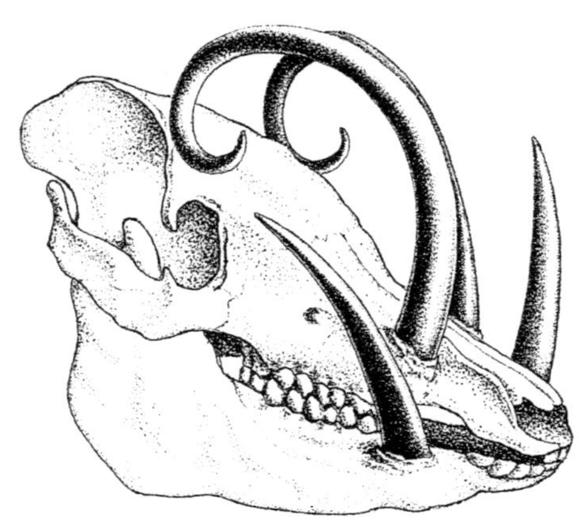

Abb. 178: Ähnliche Bildungen aus unterschiedlichem Material. Was bei der Gämse Stirnbeinaufsätze sind, liefern beim Hirscheber *(Babyrousa)* die Eckzähne.

ernährt) hat einen enormen Überschuss an Vitalkräften, im Gegensatz zum nervös-schreckhaften und in Bezug auf seine Nahrung höchst wählerischen und anspruchsvollen Reh (Abb. 179).

Ähnliche Polaritäten finden sich unter den Gehörnen – man vergleiche nur Gazelle und Büffel von Abbildung 70 (S. 143), wobei der Büffel in vollem Umfang das abschirmende, zurückstauende Prinzip vertritt, noch zusätzlich unterstrichen durch die einrollende Gebärde des Gehörnschwunges. Die lange und dünne, spitz emporragende Antennengestalt des Gazellengehörns nähert sich schon ein gutes Stück den Geweihen der sinneswachen Kleinhirsche (Reh, Pampashirsch, Muntjak). Entsprechend gegensätzlich ist der Grad an Sinneswachheit dieser beiden Exponenten der Hornträger.

Abb. 179: Elch und Reh.

Abb. 180: Der Antagonismus von Eckzahnbildung und Geweihausformung beim männlichen a Moschustier *(Moschus moschiferus)*, b Wasserreh *(Hydropotes inermis)*, c Schopfhirsch *(Elaphodus cephalophus)*, d Muntjak *(Muntiacus muntjak)*, e Schweinshirsch *(Axis porcinus)*, f Rothirsch *(Cervus elaphus)*, g Elch *(Alces alces)*. (Aus Schad 1971.)

Die Entmischung der Systeme. Die physische Verkörperung des Typus im Menschen

Innerhalb der Vielfalt radiärer Strukturen, die im Kopfbereich der Säugetiere als «Außenposten» des Stoffwechsel-Gliedmaßen-Bereiches auftreten, zeigt sich ein deutliches Spannungsverhältnis, ein Entweder-Oder: *Entweder* treten in der Region des Vorderkopfes Nasenhörner oder überdimensionierte Eckzähne, bei den Elefanten zusätzliche Schneidezähne auf, *oder* es kommt zur Ausbildung von Stirnbein-Aufsätzen in Gestalt von Hörnern oder Geweihen. Das ist, nebenbei bemerkt, ein gutes Beispiel für das von Goethe entdeckte Kompensationsgesetz: «Dass keinem Teil etwas zugelegt werden könne, ohne dass einem anderen dagegen etwas abgezogen werde …»[192]

Besonders deutlich wird das in der Familie der Hirsche *(Cervidae)* – ein Tatbestand, den W. Schad besonders klar herausgearbeitet hat.[193] Extreme wären hier einerseits die eigenartigen Moschustiere *(Moschus)* (Abb. 180) und Wasserrehe (*Hydropotes*) mit überlangen, gefährlichen Reißzähnen (deren «Gliedmaßencharakter» noch dadurch besonders betont wird, dass sie durch Muskeln bewegt werden können); auf der Gegenseite stünden Elch *(Alces)* und der ausgestorbene eiszeitliche Riesenhirsch *(Megaceros)*.

Die Reihe der Übergangsgestalten wird eingeleitet durch den Muntjak *(Muntjacus)* (Abb. 180, 181), der im Vergleich mit Moschustier und Wasserreh kleinere Reißzähne besitzt, die aber immer noch deutlich sichtbar aus dem geschlossenen Maul ragen. Gleichzeitig existiert be-

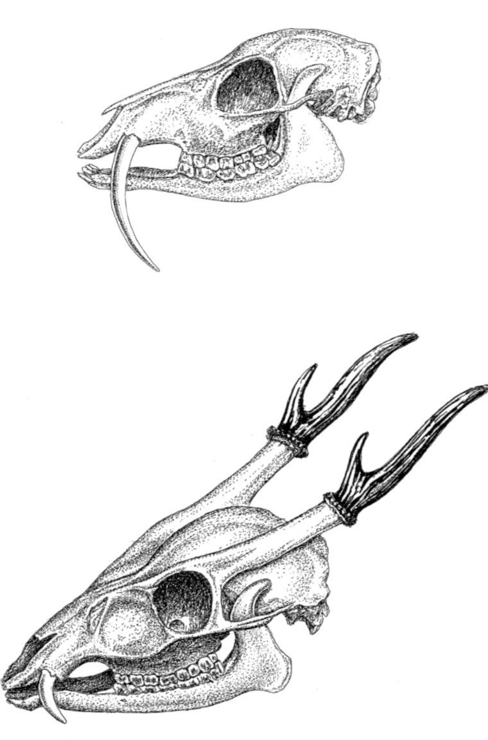

Abb. 181: Unten Muntjak-Hirsch. Auffällig sind die markanten Knochenleisten, die sich von den geweihtragenden Knochenaufsätzen des Stirnbeines zu den Eckzahnwurzeln ziehen. Oben Moschustier mit seinem grotesk vergrößertem Eckzahn.

reits ein kleines Geweih auf zwei hoch über den Schädel emporragenden, mit Fell umkleideten Knochenzapfen, deren Basis sich in zwei hohen Knochenleisten über den ganzen Vorderschädel hinweg bis zu den Eckzähnen hinzieht. Einen weiteren Schritt von den Eckzähnen hin zum Geweih vollzieht der Schweinshirsch *(Cervus porcinus)*, der nur noch auffallend kleine Eckzähne, aber bereits ein mehrsprossiges Geweih besitzt, dessen knöcherne Leisten sich nur noch bis in die Augengegend fortsetzen. Der Rothirsch *(Cervus elaphus)* schließlich verfügt nur noch über kleine, verkümmerte Eckzahnreste, und Elch und Riesenhirsch besitzen auch diese nicht mehr. Insgesamt gilt: «Je kleiner die Eckzähne, desto ausgeprägter die Geweihe» (Schad) und umgekehrt.

Aber es sind nicht nur räumliche Beziehungen zwischen Geweih- und Eckzahnbildungen, sondern auch zeitliche: Moschustier und Muntjak sind primitivere, urtümlichere Vertreter der Hirschsippe als Elch, Ren, Rot- und Riesenhirsch, also als die Formen mit komplexen Geweihen. Damit ergibt sich eine Verlagerung des Bildungsschwerpunktes aus dem vorderen, dem «Gliedmaßen»-Bereich des Kopfes zum Hirnschädel und damit der Wechsel von rein radiären Bildungen zu solchen, die unter den Einfluss sphärischer Gestaltungen geraten. Insgesamt ist die große Fülle der Geweih- und Stirnhörner-tragenden Wiederkäuer, also die enorme Artenfülle der Antilopen, Rinder, Schafe und Ziegen und das große Spektrum der Hirschartigen, das Ergebnis einer jungen, überwiegend spättertiären und neuzeitlichen Entwicklung. Die Vorderkopf-betonten Nashörner und Rüsseltiere sind in der Gegenwart längst extrem artenarm und letzte Endglieder weit zurückreichender Entwicklungslinien, andere Gruppen sind schon im frühen oder mittleren Tertiär ausgestorben (Titanotherien, Dinocerata mit *Uintatherium*, *Arsinoitherium* usw.).[194]

Dass Übergangs- und Mischformen zwischen beiden Extremen vorkamen, erstaunt nicht weiter, umso mehr, als sie Ausnahmen darstellen, wie die merkwürdigen Vertreter einer besonders urtümlichen Wiederkäuergruppe, der *Hypertragulida*, bei denen Doppelhornbildungen im Vorderkopf- und im Stirnbereich auftraten (Abb. 182). Auch die Schweineartigen (zusammen mit den Nilpferden) nehmen eine echte Mittelstellung ein.

Insgesamt ergibt sich der Eindruck einer zunehmenden Schwergewichtsverlagerung vom Vorder- zum Oberkopf. Es ist wohl nicht verfehlt, darin den Beginn eines allmählichen Rückzugs des radialen, gliedmaßenhaften Elements aus dem Kopfbereich zu erblicken. Das bedeutet gewissermaßen eine Befreiung des Kopfes von Elementen, die im Grunde in einen anderen Bereich gehören – in denjenigen der Gliedmaßen. Und es wäre die Voraussetzung dafür, dass sich im Kopf wieder sein ureigenes, aus der Frühzeit der Evolution überkommenes

Gestaltungsprinzip zu restituieren vermag, dasjenige der sphärischen Hüllform, das dann in der Folge eine ungehinderte Größenzunahme des Gehirnes ermöglicht.

Ein charakteristisches Beispiel für die «Entmischung der Systeme» beschreibt Portmann im Deszensus (Abstieg) der männlichen Geschlechtsorgane aus ihrer ursprünglichen Lage in der Mitte des Leibes gegen den kaudalen Pol hin und, bei besonders hoch evolvierten Vertretern, in den Hodensäcken sogar aus dem Körper heraus (Abb. 183, S. 292). «Aber mit diesen Vorgängen sind noch andere Prozesse verbunden: Mit der kaudalen Verlagerung der Keimdrüsen beobachten wir eine Verlegung der höchsten Integrationsorte des zentralen Nervensystems nach dem rostralen Pol des Körpers, dem Stirnpol der Säuger. Diese Frontalwanderung der höchsten Integrationsorte ist von der Nervenforschung viel beachtet worden: Sie ist ein Teil eines umfassenden Differenzierungsgeschehens, das nicht nur von funktionellen Gesichtspunkten aus betrachtet sein will, sondern auch eine besondere morphologische Wertigkeit hat.»[195]

Dazu gehören noch weitere Veränderungen, etwa Rückzüge von Elementen des Bewegungs- und Gliedmaßenpols aus dem Kopfbereich: die Reduktion der Kaumuskeln, die noch bei den Menschenaffen[196] den Hirnschädel völlig umschließen (und beim männlichen Gorilla sogar zur Ausbildung eines Knochenkamms führen, an den sie sich anheften). Man muss sich einmal klar machen, was das bedeutet: Der Hirnschädel der Säugetiere bis hinauf zu den Primaten ist im Grunde in einer Doppelfunktion gefangen – er steht im Dienste zweier antagonistischer Tätigkeiten und ist einerseits Trägerorgan des (tierischen) Bewusstseins, seiner Sinnesaktivitäten und der gesamten Skala seiner psychischen Regungen, seines «Verhaltens», andererseits steht er im Dienste eines mechanisch arbeitenden physischen Werkzeugs des Kieferapparates (Abb. 184, S. 293, 185, S. 294). Und nicht nur das – in horizontaler Lage *vor* der Wirbelsäule muss der Schädel in seinem hinteren Bereich der mächtigen Nackenmuskulatur als Ansatzfläche dienen; er kann sich in dieser Region erst dann frei ausdehnen, wenn er vertikal *auf* der Wirbelsäule ruht und jetzt eine erheblich schwächere Muskulatur im Nackenbereich benötigt (Abb. 187, S. 296).

Dieses Dilemma wird erst durch die Aufrichtung gelöst, wie sie der Mensch durchführt und die den Schädel von all dem entlastet, an das er beim Tier gefesselt ist. Diese Entwicklung verläuft völlig anders, ja geradezu entgegengesetzt zum Tier: Der körperfernste Teil der unteren (beim Tier wären es die hinteren) Gliedmaßen, der Fuß, bleibt als Ganzes dem Boden zugewandt[197] und ist gleichzeitig das kürzeste Element. Unter- und Oberschenkel – letzterer als größter Extremitätenknochen – stehen senkrecht und bilden eine Linie, die sich in der Wirbelsäule fortsetzt. Das Ergebnis, die Krönung gleichsam dieser Art der Aufrichtung, braucht

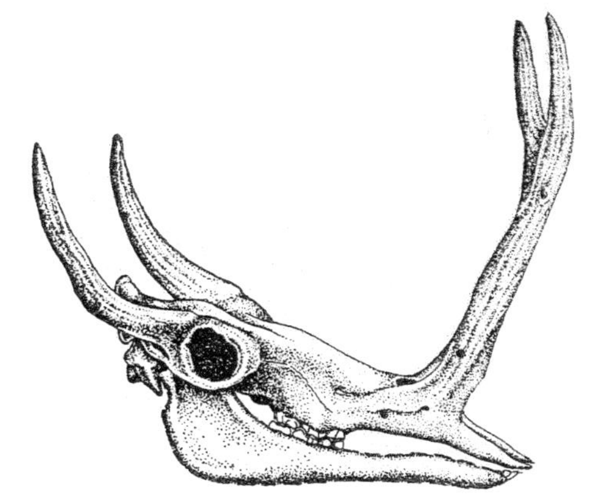

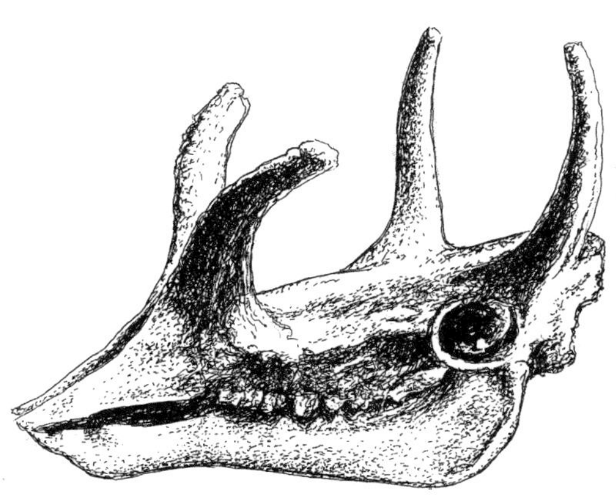

Abb. 182: Zwei ausgestorbene Vertreter der primitiven Wiederkäuergruppe der Hypertraguliden aus dem Tertiär mit hornartigen Knochenbildungen nicht nur als Stirnbeinaufsätze des Oberkopfes, sondern auch des Oberkiefers (!). Oben *Synthetoceras* (aus Romer), unten *Syndyoceras*. (Barbour aus A. H. Müller.)

Lanzettfischchen (*Amphioxus*)

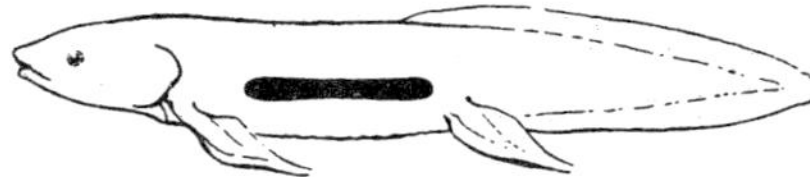

Altfisch (Lungenfisch *Neoceratodus*)

archaisches Landwirbeltier

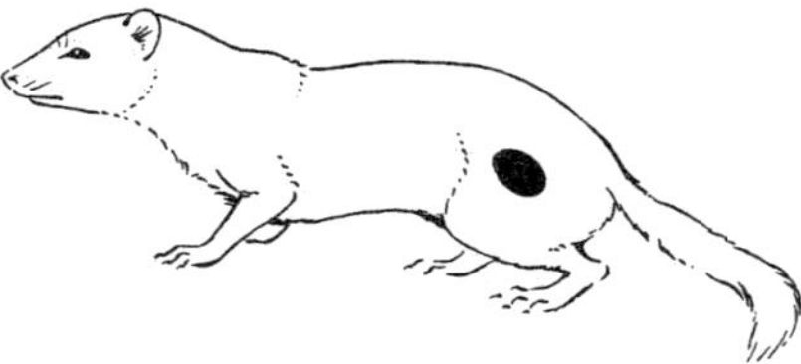

archaischer Säuger

höherer Säuger

Abb. 183: Zunehmende Polarisierung der antagonistischen Funktionssysteme im Laufe der Evolution der Wirbeltiere. In dem Maße, wie sich im Kopfpol die Differenzierung des Gehirns mit den höchsten Zentren im Stirnbereich ausgestaltet, wandern die Keimdrüsen im männlichen Geschlecht zum Analpol und sogar aus dem Körper heraus (im weiblichen bewahren sie eine ursprünglichere Lage näher zur Leibesmitte hin). (Nach Portmann 1976.)

nicht weiter erläutert zu werden – es ist die Befreiung der oberen Gliedmaßen von der Aufgabe, den Körper zu tragen und fortzubewegen, die Übernahme von Tätigkeiten, die bei den Tieren vom Kiefer ausgeführt werden, vor allem aber ihr Freisein für eine unerschöpfliche Fülle neu zu erfindender Handfertigkeiten zur Befriedigung leiblicher wie seelischer Bedürfnisse. Das alles wird möglich, weil alle drei «Gliedmaßenpaare», die Extremitäten wie die Kiefer, im Vergleich mit ihren Pendants bei Säugetieren deutlich fötale Merkmale beibehalten. Sie bleiben dadurch offen und undeterminiert, alle Fähigkeiten müssen erlernt werden, was nicht nur einer unerschöpflichen Vielfalt Tür und Tor öffnet, sondern eine durch Tradierung weitergereichte und sich dabei wandelnde und vervollkommnende Kultur ermöglicht. Erlernt werden muss in der Tat alles, was beim Tier angeboren und damit artspezifisch begrenzt und eingeengt ist: der Gebrauch der Stimme, der Hände und sogar die aufrechte Haltung und das Gehen. «Das von Geburt an blinde Kind versucht nie spontan aufzustehen oder zu gehen, sondern muss sorgsam unterrichtet werden.»[198] «Der Mensch erwirbt die aufrechte Körperhaltung während des ersten Lebensjahrsiebts, und das nicht auf eine instinktive Art, sondern durch Nachahmung», schreibt Verhulst.[199] Man vergleiche damit ein neugeborenes Fohlen, ein Kälbchen: Kaum auf der Welt, versucht es schon aufzustehen, und nach ein paar übenden Versuchen steht und läuft es, als sei es schon immer gelaufen.

Der grundlegende Unterschied zwischen den Aufrichtungsbestrebungen der Säugetiere und des Menschen liegt darin, dass alle Verrichtungen, die das Tier zur Befriedigung seiner Bedürfnisse ausführt, in den Organen veranlagt und vorgebildet sind: die spezifische Art der Ernährung, der Fortbewegung, der artgemäßen Betonung dieser oder jener Sinnesaktivität (Geruch, Gehör, Gesicht) usw. Umgekehrt setzt die leibliche «Unfertigkeit» der menschlichen Gliedmaßenorganisation ein Bewusstsein voraus, das sich dieser offenen, präge- und lernbereiten Organe bedient (vgl. Abb. 189, S. 298). Dieses Bewusstsein kann nicht im darwinistischen Sinne das zufällige Ergebnis der menschlichen Fötalisation sein – es steht in seiner hoch komplexen Differenzierung und unausschöpfbaren Entwicklungsfähigkeit in so krassem Gegensatz zu den Organen, derer es sich bedient, und erweist sich ihnen gegenüber geradezu als komplementär. Es bringt in der Sprache, im gestalterischen Umgang mit den Händen etwas zuwege, das in den organischen «Werkzeugen» nicht veranlagt ist, das ihrer aber zur Verwirklichung bedarf und ihrer Unfertigkeit überhaupt erst Sinn verleiht: Die Unfertigkeit, besser: *die Offenheit der menschlichen Organe setzt ein Bewusstsein voraus, das sich ihrer bedient.*

Wir wissen heute, dass die physische Menschwerdung nicht vom Kopf, sondern von den Füßen her begann! Die zahlreichen Funde von Vor- und

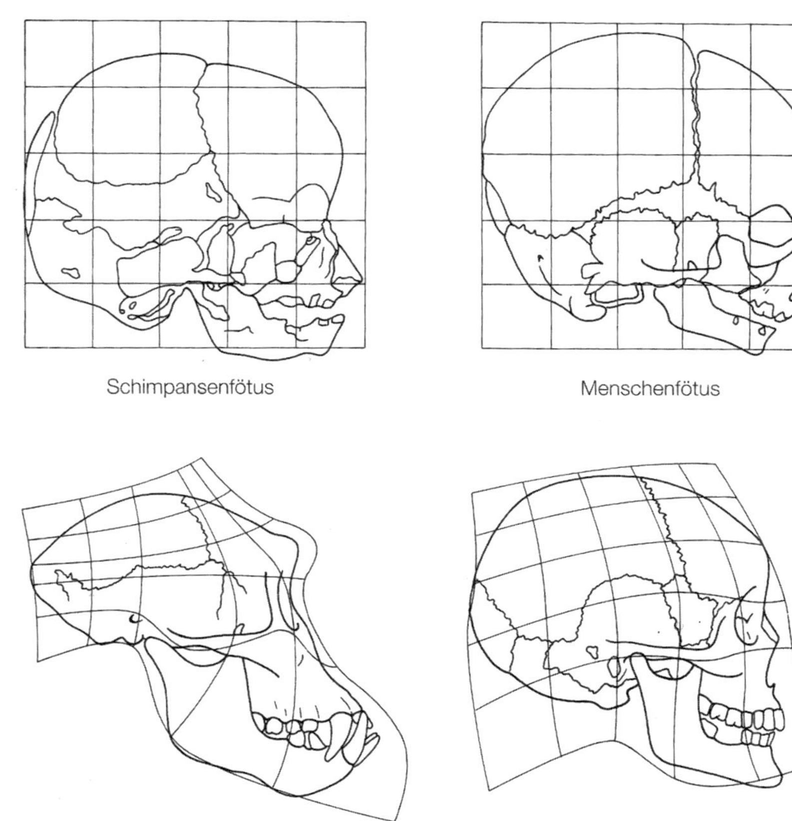

Abb. 184: Unterschiedliche Formung des Schimpansen- und des Menschenschädels im Laufe des Heranwachsens, demonstriert an der jeweiligen Verzerrung des darübergelegten Koordinatensystems. Die vergleichsweise geringe Veränderung der Proportionen des Menschenschädels bezeugt dessen Jugendlichkeit auch im erwachsenen Zustand. Der Schimpansenschädel wird erheblich stärker verändert, das Schwergewicht ist einseitig und auf Kosten der Gehirnentwicklung auf die Kieferpartie verlagert. (Nach Lewin.)

Frühmenschen, die seit der Mitte des letzten Jahrhunderts in nahezu ununterbrochener Folge im Osten und Nordosten Afrikas gemacht wurden, zeigen bei Vertretern von *Australopithecus afarensis* und erst recht *Homo habilis* dem modernen Menschen erstaunlich ähnliche Proportionen des Beckens und der Beine, die einen aufrechten Gang belegen bei vergleichsweise noch wenig menschenähnlichen Schädelproportionen.[200] Füße, Beine und Becken waren (fast) die eines modernen Menschen. Den besten Beleg dafür bieten die berühmten Fußspuren von Laetoli in Ostafrika, vor dreieinhalb Millionen Jahren von mehreren Individuen von (wahrscheinlich) *Australopithecus afarensis* in frisch gefallenen Schichten vulkanischer Asche hinterlassen: «Erstaunlich ist die morphologische Übereinstimmung dieser Spur mit solchen heutiger Menschen. Es gibt keinen nennenswerten Unterschied! Insbesondere war die große Zehe bereits in Fortbewegungsrichtung orientiert. Der gesamte, aus den Fußabdrücken rekonstruierbare Bewegungsablauf entsprach offensichtlich bereits in allen Einzelheiten demjenigen heutiger Menschen: Zuerst wurde der Hacken aufgesetzt, dann das Körpergewicht über die

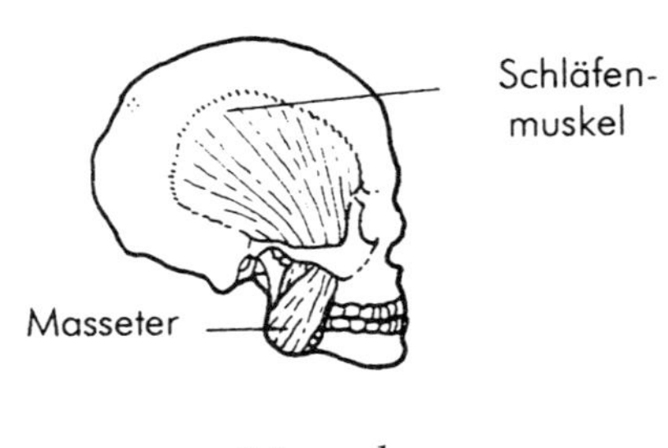

Mensch

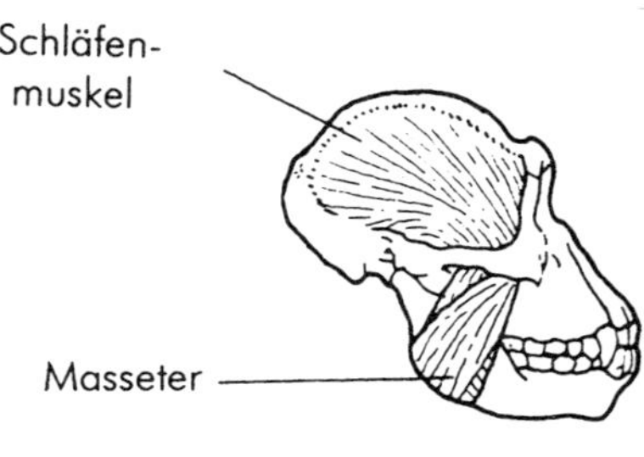

Schimpanse

Abb. 185: Ausbildung der Kaumuskulatur bei Schimpanse und Mensch. Der geringe Umfang des menschlichen Kiefers bedingt einen erheblich kleineren und schwächeren Schläfenmuskel. Dadurch entfällt die letztlich unlösbare Doppelfunktion, die dem Hirnschädel beim Affen zufällt, nämlich einerseits dem *Druck von innen* nachzugeben – des sich in der Stammesentwicklung zunehmend vergrößernden Gehirns – und andererseits dem *Druck von außen* zu genügen, d.h. dem Schläfenmuskel als Widerlager zu dienen, also dem Bewegungssystem zugeordnet zu sein. (Nach Lewin.)

Außenseite des Fußes bis zum Ballen abgerollt, bis die Zehen, vor allem die große Zehe, dem Körper einen letzten kräftigen Schub nach vorne gaben.»[201] (Franzen 1988, vgl. Abb. 190, S. 299.)

Natürlich, erst mit der Aufrichtung konnten die vorderen – jetzt oberen – Gliedmaßen voll die mechanischen Aufgaben übernehmen, die vorher von den Kiefern und vom Gebiss geleistet wurden. Diese blieben zunehmend im Wachstum auf kindhafter Stufe zurück (Fötalisierung oder Neotenisierung); im Gegenzug vergrößerte sich proportional der von einengenden Kau- und Nackenmuskeln befreite Hirnschädel als Antwort auf die gewaltige Vergrößerung des Gehirns, welches eine echte «Hypermorphose», eine einseitige Weiterentwicklung und -differenzierung dieses Organs darstellt – insgesamt eine Verlagerung des Bildungsschwerpunktes des Kopfes um 180°, vom vorderen in den hinteren Bereich!
Ein erstaunlicher Tatbestand – eine Hypermorphose ist schließlich das Gegenteil der Neotenisierung, die doch ein grundlegendes Merkmal des menschlichen Schädels ist! Wie ist dieser Widerspruch zu klären? Ganz einfach dadurch, dass beide Tendenzen anwesend sind und sich durchdringen. Neoten sind die Proportionen des menschlichen Schädels, das Verhältnis von Gehirnschädel und Kieferteil, d.h. der Dominanz des ersteren über letzteren, eine Erscheinung, die sich zunehmend verstärkt im Verlauf der Entwicklungsreihe vom Vor- über den Früh- zum Jetztmenschen. An der bekannten Darstellung von Schindewolf (Abb. 186)[202] lässt sich das deutlich ablesen: Die Folgeformen bleiben in ihren Proportionen (annähernd) auf dem Niveau der Jugendstadien ihrer Vorläufer stehen. Der dadurch vergleichsweise immer größer werdende Hirnschädel erlaubt im Verlauf der Ontogenese und des damit einhergehenden Größenwachstums eine starke Zunahme des Gehirnvolumens. Die Neotenisierung ist damit geradezu die Voraussetzung für die zunehmende Hypermorphose des Gehirns auf dem Weg zum Jetztmenschen!

Sogar im Gehirn selber durchdringen sich beide gegenläufigen Entwicklunsrichtungen: Im Rindenbereich des Großhirns «bleiben große Felder funktionell lange oder überhaupt immer unreif und stehen damit praktisch unbegrenzt bis zum Lebensende der Prägung durch aktives Lernen zur Verfügung» (Schad).[203] Diese Tatsache der partiellen Neotenie (der Rindenfelder) des Gehirns macht gerade im Vergleich zu den höheren Tieren die besondere «Menschlichkeit» unseres Gehirns aus, seine auch von Seiten der Neurophysiologie bestätigte Plastizität und die darin liegende Möglichkeit (und Notwendigkeit), es mit Fähigkeiten zu «begaben».

In gewissem Sinne hat sich damit das älteste der Skelettbildungsarten, das Außenskelett, in der Rundung des Hirnschädels wieder voll herausgearbeitet (Abb. 186, 188.) Die radiären Elemente haben sich weitest-

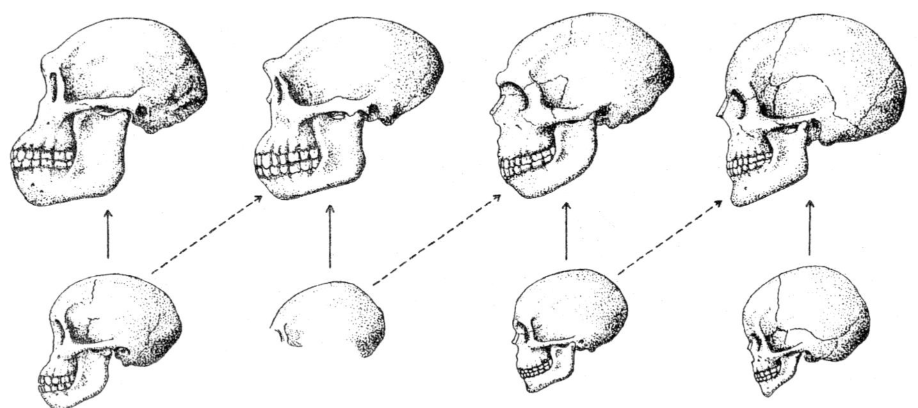

Abb. 186: Entwicklungsstufen vom Vor- über den Früh- zum Jetztmenschen. Die Darstellung soll verdeutlichen, dass die jeweilige Jugendform (unten) bereits die Erwachsenenform der folgenden Stufe vorweg nimmt.
Von links: *Australophithecus-Stufe, Erectus-Stufe, Neanderthalensis-Stufe, Sapiens-Stufe.* (Nach Schindewolf 1972.)

gehend aus dem Kopfpol zurückgezogen und im Bereich des Rumpfes in den unteren oder oberen Gliedmaßen mit sehr unterschiedlichen Tätigkeitsbereichen ausgestaltet; die Umkreistüchtigkeit und -vielseitigkeit dieses Bereiches ergänzt die verstärkte Tendenz zu verinnerlichtem Bewusstsein und seelischem Reichtum der anderen Seite. Die «rhythmische Phase», die zeitlich im Verlauf der voranschreitenden Evolution zwischen den beiden Polen vermittelte und Ursprungsort vor allem der vorderen Gliedmaßen war, dient jetzt im Wechsel ihrer systolischen und diastolischen Tätigkeit, in Ein- und Ausatmen der physiologischen Vermittlung zwischen den antagonistischen Systemen. Dass die oberen Gliedmaßen immer noch in diesem Bereich inserieren und über das Schlüsselbein mit den Deckknochen des Kopfbereiches verbunden sind, deutet auf ihre Vermittlerrolle bzw. Doppelfunktion zwischen innenzentrierten und umkreisorientierten Aktivitäten (was an dieser Stelle lediglich angedeutet sei und zu ausführlicherer Erörterung einer besonderen Studie bedürfte).

Damit stellt sich im Menschen die gesamte Evolution – und damit der Typus, wenn wir ihn mit der Evolution gleichsetzen – in einer einzigen biologischen Spezies, in einer Art dar: Alle drei aufeinander folgenden Gestaltbildungsmotive der Evolution bilden gemeinsam den dreigliedrigen Menschen. In der Ontogenese wird in andeutungshafter Weise und in entsprechender Reihenfolge der gesamte Weg von jedem Individuum noch einmal durchlaufen: Die Bildung des Kopfpols schreitet voran, dann folgt die Phase starker Segmentierung und Durchrhythmisierung mit der Bildung des Herzens, das bereits am Ende der dritten, Anfang der vierten Woche zu schlagen beginnt, und als Letztes folgen mit bezeichnender Verzögerung die Gliedmaßen. Bei der Geburt ist dann der Kopf mit weit entwickelten Sinnesorganen und überproportionaler Größe entsprechend voraus, während die Gliedmaßen – die jüngsten Errun-

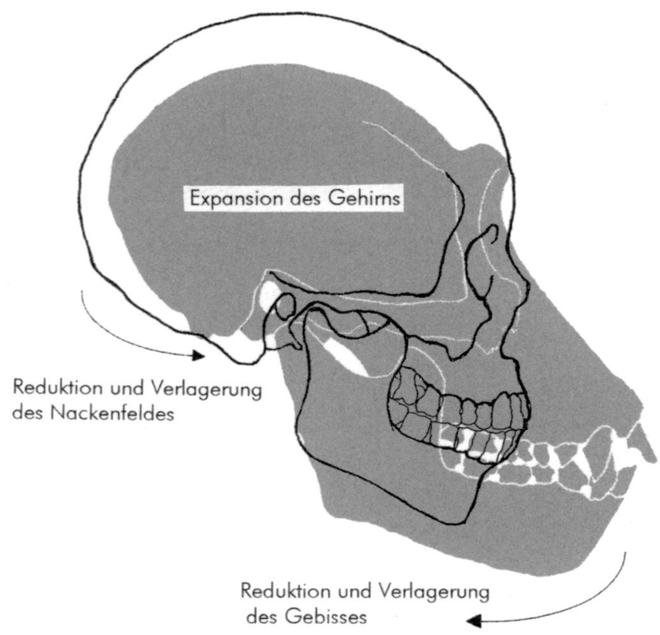

Abb. 187: Das polar entgegengesetzte Schwergewicht im Affen- und im Menschädel. Der Gehirnschädel kann sich beim Menschen auch deshalb frei entfalten und ausdehnen, weil er von der massiven Nackenmuskulatur des Affen befreit bleibt – eine Folge der Aufrichtung, da der Kopf jetzt nicht mehr vorne an der Wirbelsäule daranhängt, sondern einigermaßen ausgewogen auf ihr thront. (Nach Frantzen.)

genschaften der Evolution – noch weit zurück sind; erst nach einem Jahr werden sie in ihrer Funktionstüchtigkeit so weit sein wie der Kopf bei der Geburt.[204]

Hier liegt ein grundsätzlicher Unterschied gegenüber den Tieren. Jede Art (Spezies) repräsentiert eine bestimmte Entwicklungs*stufe*, einen Ausschnitt gewissermaßen aus dem Gesamt der Evolution – auf jeden Fall dominiert stets ein bestimmtes Motiv und drängt die anderen zurück. Niemals jedoch tritt irgendwo die «Summe» oder Synthese der bisherigen Evolutionsschritte bei einer einzelnen Art so auf, dass man sie als Bild der gesamten vorherigen Evolution bezeichnen könnte. Beispiele dafür hatten wir uns zuletzt in der «Überschwemmung» des Organismus und speziell des Kopfes mit radiären, gliedmaßenartigen Bildungen vor Augen geführt. Allerdings – wo diese Tendenz zur Vereinseitigung in starkem Maße zurückgehalten wird und dadurch Gestalten von relativer Unspezialierung (und nicht selten äußerlicher Unscheinbarkeit) auftreten, haben wir es am ehesten mit evolutiv offenen, entwicklungsfähigen (weil gestaltlich nicht festgelegten) Arten zu tun. Solche Formen stehen an entscheidenden Übergangsstellen der Evolution, die Dachschädler *(Stegocephalia)* wie *Ichthyostega* (Abb. 164, S. 271) zum Beispiel an der Nahtstelle (die allerdings eher ein breites Feld des Wandels ist) zwischen Fisch und Amphibium, andere zwischen Reptil und Säugetier.[205] Diese Gestalten zeichnet alle eine auffällige (besser: unauffällige) Unbestimmtheit aus – man vergleiche die Abbildungen.

Anders der Mensch. In seiner Gestalt stellt sich nicht zuletzt durch die regionale Trennung der Systeme jedes von ihnen in klarer Eindeutigkeit dar – die gesamte Evolution, wie wir bereits feststellten, in einer einzigen Art (Spezies). Kein unbedingt neuer Gedanke, schon Herder war das eine vertraute Erkenntnis, wenn er den Menschen mit folgenden Worten charakterisiert: «Man könnte, wenn man die ihm nahen Tierarten mit ihm vergleicht, beinah kühn werden zu sagen: sie seien gebrochene und durch katoptrische Spiegel auseinander geworfene Strahlen seines Bildes. Und so können wir annehmen: dass der Mensch ein Mittelgeschöpf unter den Tieren, d.i. die ausgearbeitete Form sei, in der sich die Züge aller Gattungen um ihn her im feinsten Inbegriff sammeln.»[206]

Aus alledem könnte der Eindruck entstehen, mit dem Erscheinen des Menschen habe die Evolution ihre Krönung erreicht, sie sei damit abgeschlossen und allenfalls noch von historischem Interesse. Dass dies keineswegs der Fall ist, zeigt sich an einer Besonderheit, an einem Umschlag oder einer qualitativen Neuerung in der Evolution, die erst mit dem Auftreten des Menschen in Erscheinung tritt: Im Menschen stellt sich die Evolution in ihrer Gesamtheit nicht nur physisch-leiblich in den Vertretern einer einzigen Spezies dar, sondern *erwacht gleichzeitig zum Bewusstsein ihrer selbst.* Im Denken versucht der Mensch, die Gesetzmäßigkeiten der Welt oder, anders ausgedrückt, den Geistgehalt der Welt zu erkennen, seine Rolle darin und seine Herkunft zu erforschen. Auch das ist ein Entwicklungsprozess mit vielerlei Zwischenstationen, Abweichungen und Umwegen, der die gesamte bisherige Kulturentwicklung umspannt und noch lange nicht am Ziel ist. Vor allem aber ist es ein Prozess, der einer klaren inneren Linie folgt: vom überindividuellen, kollektiven Offenbarungswissen (oder -glauben) zur individuellen Denkerfahrung des einzelnen Ich. Das Bewusstwerden der Tatsachen der Evolution und ihrer Zusammenhänge ist stets ein individueller Akt, auch dann, wenn man die Gedanken scheinbar nur übernimmt: Man muss sie trotz allem selber denken, ihren Inhalt erfasst man nun einmal nicht durch bloßes Nachplappern. Das aber bedeutet, dass sich im Menschen die Evolution nicht allein ihrer selbst bewusst wird, sondern *sich darüber hinaus im Ich jedes einzelnen Menschen individualisiert.* Auch das ist freilich etwas, das der Entwicklung unterliegt – in früheren Zeiten (und auch durchaus heute noch in vielen kollektivistisch ausgerichteten Gemeinschaften) herrschte durchaus das Gruppenbewusstsein, erfüllt von Inhalten, die nicht von Einzelnen selbst erarbeitet wurden. Die historische Entwicklung der Menschheit geht in eine andere Richtung und führt unaufhaltsam zur individuell erworbenen Erkenntnis und zum selbst verantworteten Umgang damit im *ethischen Individualismus.*[207] Dass sich viele Bestrebungen mit aller Macht dagegen wenden und die Entwicklung verhindern oder zurückdrehen wollen, erscheint wie der unvermeidlich dazugehörende Schattenwurf.

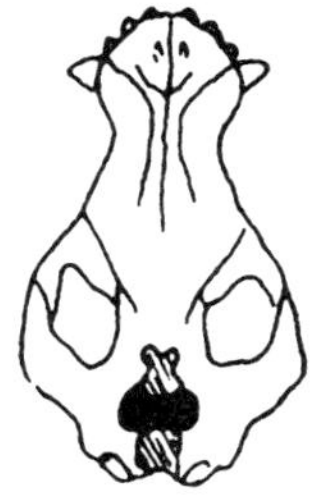

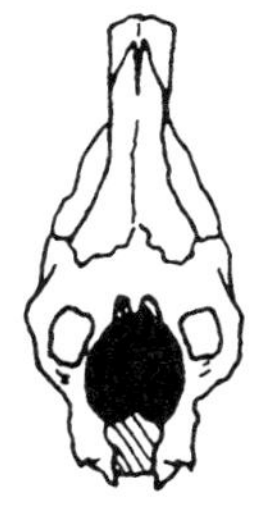

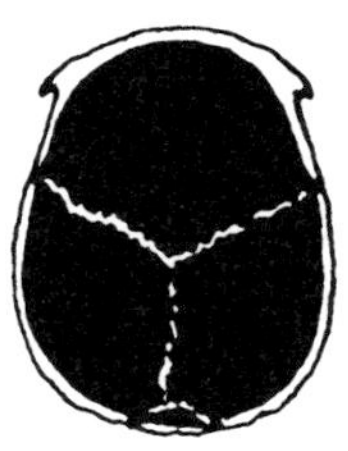

Abb. 188: Drei Schädel in der Aufsicht von oben mit eingezeichnetem Gehirn. In dem Maße, wie das Großhirn (schwarz) an Umfang zunimmt, nimmt die Kieferregion an Ausdehnung ab. Von oben: *Coryphodon*, ein primitives Urhuftier aus dem frühen Tertiär; Pferd, ein hoch entwickelter Unpaarhufer; Mensch.

Abb.189: Die unterschiedliche Aufrichtung von Mensch und Tier. Während das Tier nur den peripheren Teil der Gliedmaßen vom Boden abhebt, belässt der Mensch gerade diesen Teil fest auf der Erde – vom Künstler ein wenig ungraziös dargestellt. Durch die Aufrichtung der Körpermitte bildet der Mensch statt Vordergliedmaßen Arme und Hände aus und wird dadurch potenziell zum Kulturschaffenden, der beispielsweise Kunstwerke wie dieses anfertigen kann. Kein Tier wäre je dazu in der Lage. Opferträger und Gazelle. Malerei auf Holz. XI. – XII. Dynastie, Assiout. (Louvre.)

Das wiederum hat seine Konsequenzen hinsichtlich des Fortganges der Evolution. Entwicklung im biologischen Bereich erstreckt sich immer über viele Generationen hinweg – man denke nur allein an den Weg vom Reptil über Archaeopteryx zum Vogel. Diese Wandlungsvorgänge sind an das durchgehende Informationsmuster der Keimbahn gebunden und gelten für alles, was sich auf das Bewusstsein bezieht, natürlich nicht: Die Kinder «erben» schließlich nicht die Gedanken und Erkenntnisse ihrer Eltern; sie können sie allerdings übernehmen oder sich von ihnen prägen lassen – «kulturelle Vererbung» und Tradierung folgt im Bereich der menschlichen Kultur zunächst in hohem Maße dem Muster der biologischen Vererbung; sind es beim Tier genetisch fixierte, arttypische Verhaltensweisen, so sind es in allen Kulturen tradierte Formen des Verhaltens in allen Lebensbereichen, von der Ernährung und Bekleidung bis hin zu den sozialen Strukturen des Gemeinschaftslebens und zu Glaube und Religion. Der Verlauf der Kulturentwicklung zeigt jedoch deutlich, dass sich diese Strukturen seit langem in Auflösung be-

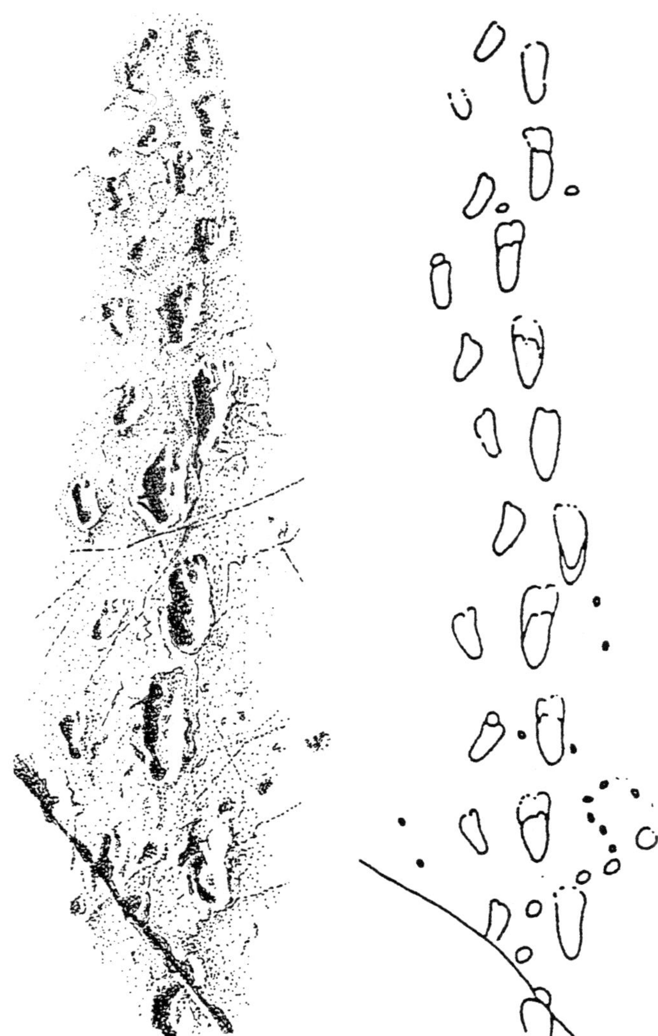

Abb. 190: Zeugnisse der Aufrichtung der Frühmenschen als initialer Akt der physischen Menschwerdung: die berühmten 3,75 Millionen Jahre alten Fußspuren von Laetoli in Ostafrika, verursacht von einem Erwachsenen und zwei Kindern – von denen eines in die Spuren des Erwachsenen trat – und eingedrückt in frische Vulkanasche, die sich anschließend verfestigte.

finden und der weitere Gang der Evolution immer stärker von der individuellen Persönlichkeit ausgeht – die Geschichte des Abendlandes ist seit der Zeit der Griechen davon geprägt. Man braucht nur den Gedanken der Evolution zu nehmen, der an die Stelle des unveränderlich gegebenen Zustandes, der Präformation, die zunächst als gotteslästerlich empfundene Vorstellung des allmählichen Wandels und der Höherentwicklung der «Geschöpfe» setzte: Er ist mit den Namen einzelner Forscherpersönlichkeiten und Denker eng und bedingend verbunden – sie waren es, die diese Gedanken zum ersten Mal dachten und *entwickelten.*

Die Gedanken*inhalte* wohlgemerkt. Aber es geht hier nicht um das vom Bewusstsein Hervorgebrachte, *sondern um den Hervorbringer, um das Bewusstsein selber.* Wenn dieses jetzt zum Träger der Evolution wird, dann stellt sich *hier* die Frage der Kontinuität, das Bewusstsein betreffend, das ja, wie wir sahen, letztlich immer ein individuelles ist. Die Kontinuität liegt mithin, um es zu wiederholen, im individuellen Bewusstsein des Einzelnen – ein kollektives kann es ja nicht geben, da gibt es nur Dumpfes, Stimmungshaftes –, *seiner selbst bewusst kann immer nur ein Einzelner, ein Ich sein.*

Die Fähigkeiten des Bewusstseins sind steigerbar, sie lassen sich erweitern. Die Grunderfahrung des Lebens ist jedoch – individuell sicherlich in unterschiedlichem Maße –, dass nicht im entferntesten erreicht wurde, was als Ziel angestrebt und im Grunde möglich gewesen wäre. Es ist das ein Erlebnis, das letztlich, wenn auch noch so leise, bei jedweder Tätigkeit eintreten kann: Es hätte besser sein können, man müsste es eigentlich noch einmal und vollkommener machen! Dieses Erlebnis ist unendlich wichtig, weil es die Zukunft einfordert und sich darin die *Entwicklungsfähigkeit des Ich, seine vielleicht wichtigste Eigenschaft,* ausdrückt.

Dieses alles hat aber nur Sinn, wenn eine solche unbegrenzte Entwicklung überhaupt möglich ist und nicht durch das unausweichliche Lebensende ad absurdum geführt wird; wenn das Ich als Träger dieses Willensimpulses *über das gegenwärtige Leben hinaus die Möglichkeit hat, weiter zu existieren, wenn die Anfänglichkeiten dieses Lebens in einem oder weiteren folgenden fortgeführt werden können.*

Dabei geht es, um es zu wiederholen, nicht um die *Inhalte* dieses Ichbewusstseins, sondern um den diese Inhalte hervorbringenden individuellen, schöpferischen Geist. Die Inhalte fließen in das allgemeine Kulturleben ein und werden dort erweitert, verwandelt oder abgewiesen. Das wäre, wollte man es mit der biologischen Evolution vergleichen, die Einwirkung der Umwelt auf die *Produkte* der Evolution, genauer: der Keimbahn, also die neuen Arten oder was auch immer, die nun von der Umwelt akzeptiert oder ausgesondert werden; diese bestimmt, was am Leben bleibt oder ausgemerzt wird.

Die «Keimbahn» jedoch der kulturellen Evolution ist allein das individuelle, schöpferische Ich-Bewusstsein, das die immer wieder neuen Anregungen, Anstöße, Ideen, Begriffe aus sich heraussetzt. Damit ist *die Kontinuität des individuellen Geistes durch die einzelnen physischleiblichen Verkörperungen hindurch aus der Sache heraus die logische Konsequenz des Quantensprunges der Evolution von der biologischen auf die mentale Ebene.*

12.
Eine künstlerische Darstellung der Evolution

Wie sich die Dinge so fügen … Anlässlich der Beschäftigung mit den von Rudolf Steiner entwickelten Kapitellmotiven der Säulen im ersten Goetheanum rein aus Freude an den ästhetisch und künstlerisch so ansprechenden Formen ergab sich ganz plötzlich die Einsicht: Das ist ja genau die Abfolge der entscheidenden Schritte der Evolution, in einer Weise dargestellt, dass die jeweiligen Bildebewegungen in reiner, unverhüllter Form zu Tage treten. Dem Betrachter obliegt es dabei, die jeweiligen Verwandlungsschritte vom einen zum anderen in bildhaftem Denken selber zu vollziehen und auf diese Weise die Zeitgestalt der gesamten Evolution in der inneren Anschauung zu gewinnen.

Man könnte dem Autor jetzt natürlich Beziehungswahn vorwerfen, das Ausdeuten, genauer: Hineindeuten vorgeformter Vorstellungen in etwas, das sich zu allerlei Spekulationen trefflich anbietet. Rudolf Steiner selber war es jedoch, der die Abfolge der Kapitelle als ein Bild der Evolution verstanden wissen wollte, und dies nicht abstrakt oder irgendwie symbolisch, sondern höchst konkret. Man beachte bei seinen Aussagen über die Entstehungsgeschichte, dass vorher keine fest umrissenen Vorstellungen bestanden – etwa mit dem Ziel, die Evolution zu «illustrieren» –, dass er vielmehr selber erstaunt war, was sich ihm darstellte: «Als ich das Modell der Sache machte, als ich die Säulen mit den Kapitellen formte, war ich über eines sehr überrascht. Die Sache ist nicht im allergeringsten durchsetzt von etwas Symbolischen … Ein Symbol … gibt es im ganzen Bau nicht. Sondern das Ganze ist aus der Gesamtform heraus gedacht, rein künstlerisch gedacht. Also es bedeutet … nicht etwas, was es nicht ist … ; sodass also diese fortlaufende Entwickelung der Kapitellmotive, der Architravmotive, rein aus der Anschauung heraus geschaffen ist, eine Form aus der anderen. Und da ergab es sich, *indem ich so eine Form aus der anderen entwickelte, wie selbstverständlich ein Abbild der Evolution – nicht der darwinistisch gedachten – auch in der Natur. Das ist nicht gesucht»* (Hervorhebung A.S.).[208]

Dadurch ermuntert, sei der Versuch unternommen, getreu der in dieser Schrift angewendeten Methode den Gestaltwandel, wie er sich von einem Motiv zum anderen vollzieht, bildhaft zu begleiten, um sodann in einem zweiten Schritt seinen Ausdruck, seine Aussage zu erfassen.

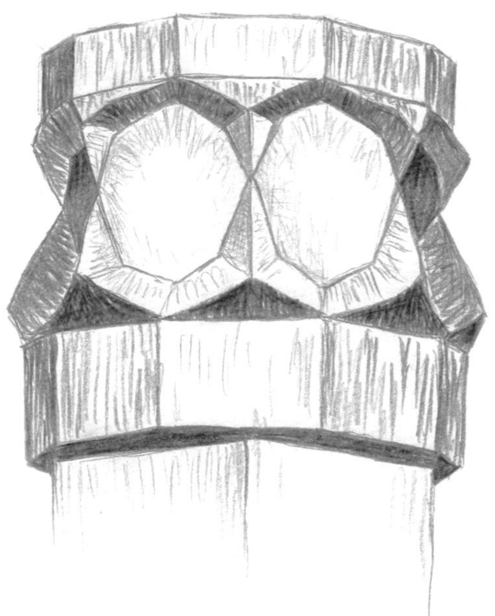

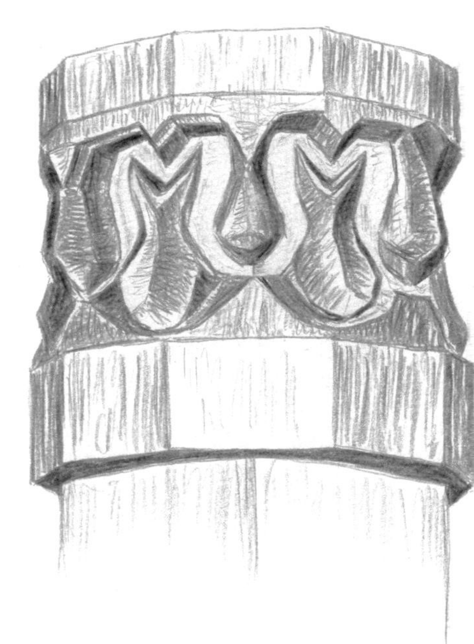

Abb. 191: Das erste und das zweite der Säulenkapitelle des ersten Goetheanum. In Anlehnung an Skizzen von Rex Raab.

Die *erste Form* (Abb. 191, links) im Saturn-Kapitell (der Name tut im Rahmen unserer Betrachtung nichts zur Sache) wird im Grunde rein aus der Umgebung heraus zur Erscheinung gebracht – es sind die begrenzenden Strukturen des Umkreises, die in ihrer Mitte ein Negativ, eine Leere in Erscheinung treten lassen, oder einen Raum, der zukünftigen Gestaltungen erwartungsvoll offen steht. Von diesen ist im Innern noch nichts zu erkennen, umso mehr aber wie prospektiv in den sehr strukturierten Formen des Umkreises; diese treten in zweierlei Gestalt hervor – von unten emporragend und von oben sich herabsenkend und einander in den Spitzen eben berührend, so als seien sie dabei, in ein Zwiegespräch einzutreten.

Das dramatische Ergebnis davon zeigt sich in der *zweiten Form* (Abb. 191, rechts) im Sonnen-Kapitell: Die beiden randständigen Formen verhalten sich grundverschieden. Während sich die obere Form tropfenförmig verdickt und schwer und wie trächtig herabhängt, zieht sich die untere Form zunächst völlig zurück und gegen die Mitte hin zusammen, um von dort aus ins Innere des zentralen Hohlraumes einzudringen. Der Gestus ist eindeutig: Invagination, Gastrulation, Befruchtung – die vorher ausschließlich im Umkreis aktiven Bildekräfte ziehen ins Innere des Organismus ein. Der gegenüberliegende, obere Bereich bleibt noch keimhaft, ein neues Zwiegespräch scheint sich zwischen dem angedeuteten zarten Kelch und dem gleichfalls nur eben angelegten Spitzchen anzubahnen – zwei Elemente, die deutlich zusammengehören und sich gegenseitig bedingen. Dass sich durchaus von selber und vom Schöpfer dieser Formen mit Sicherheit unbeabsichtigt, die Fischgestalt andeutet,

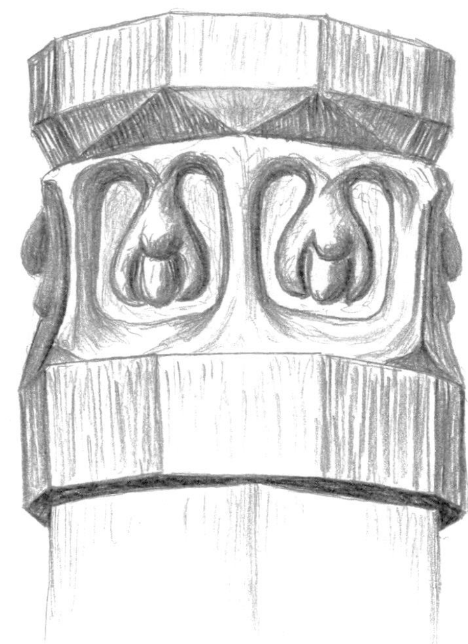

Abb. 192: Das dritte und das vierte Kapitell.

ist aufschlussreich: der Fisch als Vertreter des rhythmischen Prinzips, d.h. als Vermittler der alten Rundform (die sich ganz auf den Kopf zurückgezogen hat) und den strahligen Gestaltungen des Gliedmaßenbereiches (der sich gerade erst anzudeuten beginnt).

In der *dritten Form* im anschließenden Kapitell (Abb. 192, links) wird nun zentrales Geschehen, was sich im zweiten – bei dem anderes im Mittelpunkt stand – erst zart andeutete: die Begegnung und Auseinandersetzung der beiden antagonistischen Motive, von denen sich das eine aus dem Innern heraus wie fragend nach oben öffnete, während das andere von oben, aus der Peripherie herein, noch zaghaft zu antworten begann. Beide begegnen sich jetzt gleich stark, wiewohl in sich polar: Das untere Motiv dringt so weit nach oben, gegen die Mitte zu vor, dass sich sein Schwergewicht nach oben verlagert und zur Schale weitet, aufnahmebereit für das, was sich ihm als antagonistisches Formprinzip strahlig entgegendrängt. Es ist ganz deutlich, dass wir es hier mit der Auseinandersetzung zu tun haben zwischen dem aus dem Umkreis herankommenden, jungen, strahligen Motiv auf der einen Seite, das sich mit dem Leib verbinden wird, und der alten sphärischen Bildetendenz, die ihre Hüllfunktion mehr und mehr verliert und sich dem neuen Prinzip aufnehmend öffnet.

Was zunächst noch ausgewogen mit- oder nebeneinander existiert, wird bald aus seiner Gleichgewichtslage herausfallen, etwas, das von der *vierten Form* in drastischer Weise vorgeführt wird (Abb. 192, rechts): Das neu hinzugekommene Gestaltungsmotiv, das sich im zweiten Kapitell von oben her keimhaft andeutet, im dritten bereits ebenso stark

Abb. 193: Das fünfte Kapitell.

geworden ist wie das gegenüberstehende «alte» Motiv, hat sich nun allbeherrschend durchgesetzt und das letztere in sich aufgesogen! In gewissem Sinne ist es unter allen Kapitellen das unproportionierteste und in seiner inneren Disharmonie auch das beunruhigendste: Ein plumpes, schweres Gebilde hängt irgendwie beziehungslos im leeren, durch die Absenkung der oberen Umrahmung enger gewordenen Raum. Die Übereinstimmung wiederum mit einer bestimmten Phase der Evolution – mit derjenigen der Dominanz des neuen, jungen, radiären Evolutionsprinzips und seiner Verschluckung («Vergliedmaßung») des (alten) Kopfes ist evident.

Konnte bisher von einer gleitenden, fließenden Verwandlungsreihe gesprochen werden, bei der sich das vorherrschende Motiv bereits in der vorausgehenden Form ankündigte, so kommt es nun beim Übergang – besser: beim Sprung – von der vierten zur *fünften Form* zu einem radikalen Umschwung (Abb. 193). Das ungewöhnlich komplexe und differenzierte Motiv bringt etwas vollkommen Neues herein, das aus der vorausgehenden Form keinesfalls voraussagbar ist, obwohl es deren Elemente alle in sich enthält. Zunächst wirkt es wie ein Befreiungsschlag auf die Ungestaltetheit und Dumpfheit des vierten Kapitells, etwas, das durch die Absenkung der oberen Begrenzung noch verstärkt wurde. Jetzt ist alle einengende Begrenzung verschwunden, der obere Bereich hat sich wieder geweitet. Auch nach den Seiten ist es offen geworden, und zwar dadurch, dass sich alles bisher Umkreishafte nach innen bewegt hat und in einem Punkt überschneidet und durchdringt. *Dadurch stellt diese*

Abb. 194: Das sechste und siebte Kapitell.

fünfte Form die vollkommene Umstülpung der ersten dar: Peripherie ist Zentrum geworden! Die beiden flankierenden, im vorhergehenden Motiv noch von außen stützenden und tragenden Säulen sind nach innen gewendet und umschlingen sich in einer Weise, dass sie zu Teilen, zu Hälften des inneren Motivs werden. Sie sind dem Zugriff des Zentrums, des Ich anheim gegeben, das sich in der zentralen senkrechten Achse darstellt und die beiden antagonistischen, jetzt «entmischten» Pole des alten, sphärischen Bildungsprinzips – im Kopf – und des strahligen Motivs – in den Gliedmaßen – in ein ausgewogenes Verhältnis bringt.

Die fünfte Kapitellform ist eine Darstellung der Gegenwart und charakterisiert die Manifestation der gesamten Evolution im Menschen. Die folgenden beiden, die sechste und siebente (Abb. 194), sind hier nicht zu besprechen, da sie in die Zukunft weisen, während die Aufgabe dieses Buches der entwicklungsgeschichtliche Blick zurück ist. Was einen natürlich nicht abhalten sollte, nach vorne zu schauen. In unserem Falle wäre das indes nicht angebracht, da unser gegenwärtiges Bewusstsein zwar geeignet ist, das Motiv des ersten bis fünften Kapitells zu verstehen, den folgenden aber noch nicht gewachsen ist. Es bleibt beim Bewundern seiner Harmonie und Schönheit und seiner neuerlichen Einfachheit. Wobei nicht vergessen werden darf, dass es die Einfachheit des Urtümlichen, Primitiven gibt, aber auch die des Vollkommenen.

Ernst Schuberth

Anhang: Geometrische Betrachtungen zur Schädel- und Gliedmaßen-metamorphose

Vorbemerkung

Mathematik ist ihrer Natur nach nicht dazu geeignet, innere Lebensverhältnisse der Natur und ihre Wechselbeziehungen zu beschreiben. Sie kann aber zu *Gedankenformen* anregen, welche die Realwissenschaften aufgreifen und an der Wirklichkeit erproben können. Die Mathematik kann gegenüber der Erfahrungswirklichkeit letztlich nie etwas beweisen, auch wenn mathematische Methoden in weitem Umfang die Beherrschung der Natur gestatten. Mit ihren Begriffsbildungen kann sie Denkformen zur Verfügung stellen, die sich für die Naturbetrachtung als fruchtbar erweisen. Ein solcher Begriff ist der der *geometrischen Umstülpung*.

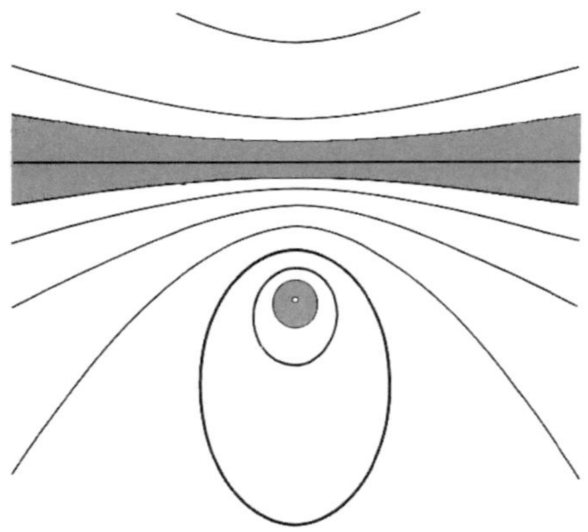

Geometrische Metamorphosen (Transformationen)

Betrachten wir in einer Ebene einen Punkt und eine nicht durch ihn verlaufende Gerade, so lässt sich innerhalb der projektiven Ebene eine Transformation des Punktes in die Gerade relativ leicht beschreiben. Man kann dazu den Punkt so in Kegelschnitte übergehen lassen, dass aus ihm zunächst Ellipsen hervorgehen, diese sich dann in eine Parabel und schließlich in Hyperbeln verwandeln, welche sich von zwei Seiten an die gegebene Gerade anschmiegen. Dabei bewegen sich die Punkte eines Kegelschnittes auf Geraden durch den Ausgangspunkt, während die Tangenten die Ausgangsgerade immer in denselben Punkten treffen (Abb. 195). Verfolgt man dabei das konvexe Innengebiet der Kegelschnitte (durch Schraffur angedeutet), so findet man eine Umstülpung: Nach dem Durchgang durch das Unendliche – das heißt nach dem Übergang von den Ellipsenformen zu den Hyperbelformen – ist das im üblichen Sinne Innere zum Äußeren geworden. Ähnliche Umstülpungen in der Ebene können auch auf andere Weise erzeugt werden.

Abb. 195: Die Umwandlung eines Punktes in eine Gerade.

Die Umstülpung im Raum

Sucht man für den *Röhrenknochen* eine vereinfachte geometrische Form, so kann man an das *einschalige Rotationshyperboloid* denken. Es ist aus den Kühltürmen von Kraftwerken bekannt und entsteht, wenn eine in Abbildung 195 dargestellte Hyperbel um die angegebene Gerade rotiert. Für den *Schädel* kann vereinfacht die *Kugelform* angenommen werden. Bei dem Versuch, das einschalige Hyperboloid in eine Kugel zu transformieren, treten Schwierigkeiten auf. Wollte man die Abbildung 195 um die angegebene Gerade rotieren, würden aus den Ellipsen elliptische Schläuche (elliptischer Torus) entstehen. Rotierte man die ganze Figur um die Symmetrieachse, die durch den Anfangspunkt senkrecht zur gegebenen Geraden verläuft, entstehen zwar aus den ersten Ellipsen kugelähnliche Ellipsoide, die Hyperbeln würden jedoch *zweischalige* Rotationshyperboloide erzeugen, die keine Formverwandtschaft zu den Röhrenknochen haben. Eine stetige Transformation einer Kugel in ein einschaliges Rotationshyperboloid ist tatsächlich im (reellen) Raum nicht möglich – will man Entartungsfälle, in denen zum Beispiel statt eines Hyperboloids Kegelformen auftreten, ausschließen. Der ebene, zweidimensionale Fall ist *nicht* auf den dreidimensionalen zu übertragen.

Transformationen durch den komplexen (imaginären) projektiven Raum

Der Schweizer Mathematiker *Louis Locher-Ernst* (1906 – 1962) hat sich mit der Frage nach der Formverwandtschaft von einschaligem Hyperboloid und Kugel beschäftigt.[209] Die im Reellen ohne Entartungen nicht mögliche Transformation wird möglich, wenn man den gewöhnlichen dreidimensionalen reellen projektiven Raum durch die so genannten imaginären Elemente ergänzt. Um als Nichtmathematiker eine einfachste Vorstellung von den benötigten imaginären Elementen zu entwickeln, erinnere man sich an die in der Schule in der analytischen Geometrie behandelte Aufgabe, einen Kreis mit einer Geraden zu schneiden und die Koordinaten der Schnittpunkte anzugeben. Im Verfolgen dieses Problems ergeben sich drei Fälle:

1. Rechnerisch treten als Lösung einer quadratischen Gleichung zwei Werte auf, weil eine Wurzel zu ziehen ist. Diese beiden Werte gehören in diesem Fall zu den beiden Schnittpunkten zwischen der Geraden und dem Kreis (Abb. 196a).

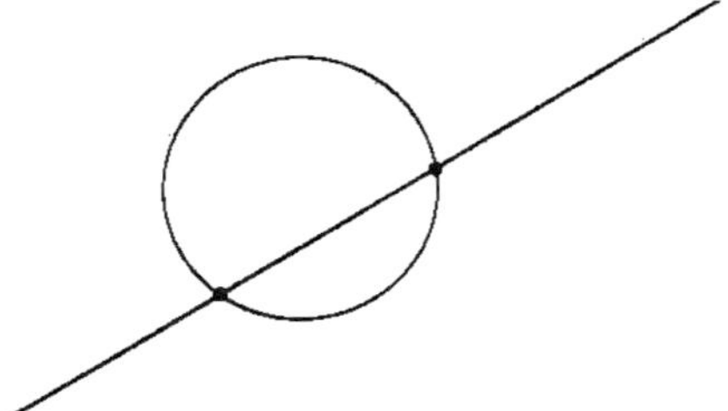
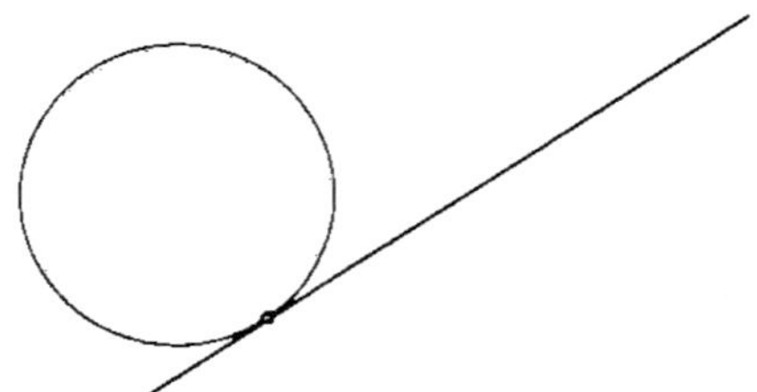
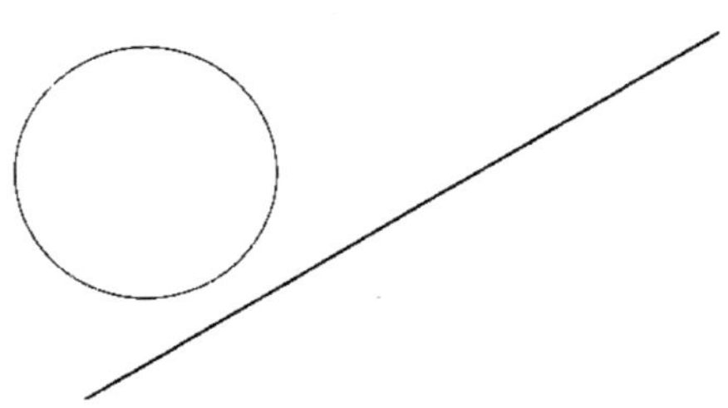

Abb. 196a bis c: Die drei möglichen Lagen einer Geraden zum Kreis.

2. Die beiden Lösungen der quadratischen Gleichungen können zusammenfallen, weil der Radikand unter der Wurzel Null ist. In diesem Fall ist die Gerade eine Tangente an den gegebenen Kreis (Abb. 196b).
3. Wird der Radikand negativ, ergeben sich zwei konjugiert komplexe Lösungen, weil der Radikand negativ ist. Dies ist Ausdruck dafür, dass die Gerade eine *Passante* ist, das heißt, sie trifft den Kreis nicht (Abb. 196c).

Der bedeutende Geometer *Karl Georg Christian von Staudt* (1798–1867) fand nun einen Weg, diese konjugiert komplexen Lösungen geometrisch sinnvoll zu deuten und in den Aufbau der projektiven Geometrie einzubeziehen. Jede der beiden Lösungen kann als eine gerichtete koordinierte Bewegung von zwei Punkten auf der betreffenden Geraden (*gerichtete Involution*) verstanden werden.[210] Diese in der einen oder anderen Richtung auf der Geraden koordinierten Bewegungen zweier Punkte wurden schon durch Christian von Staudt mit Pfeilen dargestellt. Bildhaft gesprochen kann man sich einen gewöhnlichen Kreis mit seinen reellen Punkten durch ein Strömungsfeld rhythmisch pulsierender Bewegungen im Umkreis vorstellen. Die traditionelle Geometrie erscheint dadurch in ein dynamisches Umfeld eingebettet.

Es können aber nicht nur einzelne Punkte, sondern auch höhere Gebilde imaginär werden. Geht man zum Beispiel von einer Kreisgleichung $x^2+y^2 = 1$ aus, dann ist $1 = r^2$, das Quadrat des Kreisradius. Lässt man nun r^2 stetig kleiner werden, sodass es zunächst Null und dann negativ wird, dann erfüllt kein reelles Zahlenpaar (x/y) mehr die Gleichung. Der Kreis mit negativem Radiusquadrat besitzt nur noch imaginäre Punkte. Die Abbildungen 197a bis c deuten den Übergang von einem reellen in ei-

Abb. 197a bis c: Das Imaginär-Werden eines Kreises (Louis Locher-Ernst).

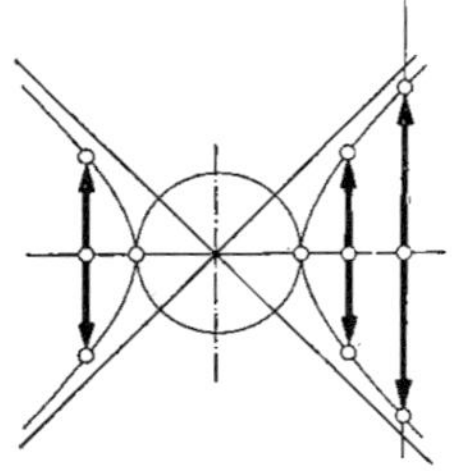
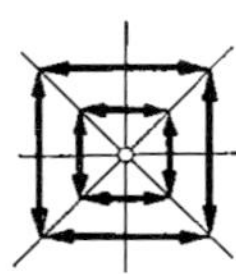
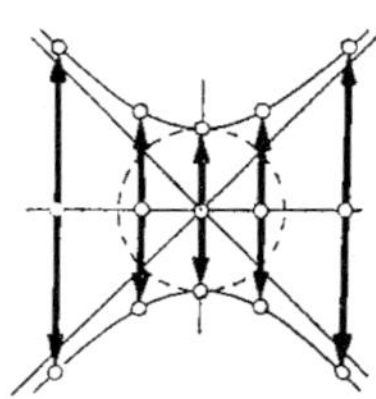

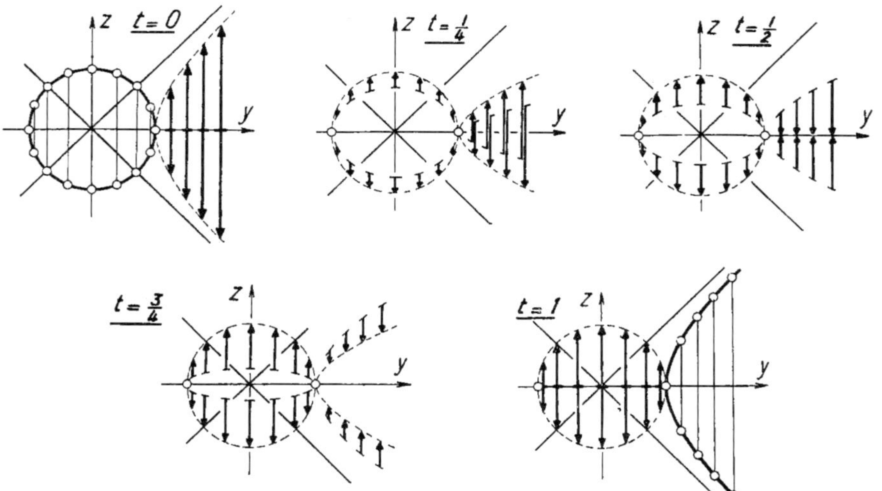

Abb. 198 a bis e: Die Abbildung zeigt die Umwandlung der Kugel (198a) in ein einschaliges Hyperboloid (198e) in einer Schnittfigur mit der y-z-Ebene (Louis Locher-Ernst).

nen imaginären Kreis an. Dabei sind die Pfeile um den Kreismittelpunkt rotiert zu denken.

Die gesuchte Transformation eines einschaligen Rotationshyperboloids in eine Kugel kann durch den imaginären (komplexen) dreidimensionalen Raum ausgeführt werden. Dazu beginnt man mit einem reellen Hyperboloid, führt es in eine imaginäre Strömungsform über, lässt diese sich verwandeln und schließlich zu einer reellen Kugel sich wieder verdichten.

Zu bedenken ist dabei natürlich, dass es sich bei der Darstellung der imaginären Elemente durch gerichtete Involutionen um räumliche Bilder *nicht-räumlicher* Zahlbegriffe handelt. Deshalb kann man sagen, dass die angeführte Transformation sich nicht im (gewöhnlichen) Raum vollzieht. Die Ausgangsform muss in ein im gewöhnlichen Sinne Nicht-Räumliches aufgelöst werden und am Ende wieder in den Raum eintreten.

Schlussbemerkung

Lernt man die hier skizzierten mathematischen Vorgänge kennen und liest mit ihnen im Hintergrund zum Beispiel die Darstellungen, die Guenther Wachsmuth in seinem Buch *Die Reinkarnation des Menschen als Phänomen der Metamorphose*[211] gegeben hat, können sie hilfreich für die Ausbildung entsprechender Denkbewegungen sein. Darin liegt ihre Bedeutung, und nicht im Beweisen, das außerhalb ihrer Möglichkeiten liegt. Sie zeigen jedoch, dass Umstülpungsprozesse auf einer rein geistigen (und begrifflich durchaus erfassbaren) Ebene – um diese handelt es sich bei der vorliegenden Thematik – nicht nur möglich, sondern in sich konsequent sind.

Anmerkungen

1 R. C. Lewontin (1993): *The Doctrine of DNA. Biology as Ideology*, London / New York.

2 U. an der Heiden (1991): Der Organismus als selbst herstellendes dynamisches System, in: K. S. Zänker (Hrsg.): *Kommunikationsnetzwerke im Körper*, Heidelberg.
–, G. Roth, H. Schwegler (1985): Die Organisation der Organismen: Selbstherstellung und Selbsterhaltung, in: *Funkt. Biol. Med.* 5: 330–346.

3 W. Schad (1990): Wandlungen der Metamorphosen – zum 200jährigen Erscheinen der Metamorphose der Pflanze von Goethe, in: *Tycho de Brahe-Jahrbuch für Goetheanismus* 1990: 10–42.

4 W. Tittmann (1982): Das Wachstumsauge der Pflanze als Bild der stammesgeschichtlichen Stellung des Menschen, in: W. Schad (Hrsg.): *Goetheanistische Naturwissenschaft. Bd. 1: Allgemeine Biologie,* Stuttgart.

5 W. Troll (1984): *Gestalt und Urbild. Gesammelte Aufsätze zu Grundfragen der organischen Morphologie*, 3. Aufl. Köln / Wien.

6 J. Bockemühl (1964): Der Pflanzentypus als Bewegungsgestalt, in: *Elemente der Naturwissenschaft,* 1: 3–11. Neuabdruck in W. Schad (Hrsg.): *Goetheanistische Naturwissenschaft. Bd. 2: Botanik*, Stuttgart 1982.
– (1966): Bildebewegungen im Laubblattbereich höherer Pflanzen, in: *Elemente der Naturwissenschaft,* 4: 7–23. Neuabdruck in W. Schad (Hrsg.): *Goetheanistische Naturwissenschaft. Bd. 2: Botanik,* Stuttgart 1982.
– (1967): Äußerungen des Zeitleibes in den Bildebewegungen der Pflanze, in: *Elemente der Naturwissenschaft,* 7: 25–30. Neuabdruck in W. Schad (Hrsg.): *Goetheanistische Naturwissenschaft. Bd. 2: Botanik*, Stuttgart 1982.
– (1985): Die Bildebewegungen der Pflanzen, in: J. Bockemühl (Hrsg.): *Erscheinungsformen des Ätherischen*, 2. Aufl., Stuttgart.

7 W. Schad (1992): *Der Heterochronie-Modus in der Evolution der Wirbeltierklassen und Hominiden*, Dissertation Universität Witten-Herdecke.
– (1993): Heterochronical Patterns in the Transitional Stages of Vertebrate Classes, in: *Acta Biotheoretica*, 41: 383–389.
– (1996): Das Denken in Entwicklung. Zugänge durch Goetheanismus und Evolutionsbiologie, in: *Die Drei*, 66: 188–201, 433–453, 544–557.
A. Suchantke (1967): Paläontologie als Menschenkunde, in: *Die Menschenschule*, 41 (1967): 105–159.
– (1968): Konvergente Evolution des Skelettes in verschiedenen Tiergruppen, in: *Elemente der Naturwissenschaft*, 8: 8–26. Neuabdruck in W. Schad (Hrsg.): *Goetheanistische Naturwissenschaft. Bd. 3: Zoologie*, Stuttgart 1983.
– (1990): Die Metamorphose der Pflanzen, Ausdruck von Verjüngungstendenzen in der Evolution, in: *Die Drei*, 60: 514–539.
– (1998): Verjugendlichungstendenzen in der Evolution und ihre ökologische Bedeutung, in: A. Suchantke (Hrsg.): *Goetheanistische Naturwissenschaft. Bd. 5: Ökologie*, Stuttgart.
W. Tittmann (1982): siehe Anm. 4.

8 R. Steiner (1917): *Von Seelenrätseln*, GA 21, Dornach 1983.

9 W. Schad (1971): *Säugetiere und Mensch. Zur Gestaltbiologie vom Gesichtspunkt der Dreigliederung,* Stuttgart.
A. Suchantke (1994): *Metamorphosen im Insektenreich*, 2. Aufl., Stuttgart.

10 T. H. Huxley (1858): On the theory of the vertebrate skull, in: *The Croonian Lectures. Proc. Roy. Soc. London*, 9: 321-457.

11 J. W. Goethe (1817): Glückliches Ereignis, 1. Heft zur Morphologie. Wie weit sich das «Gewahrwerden der Idee» bei Goethe bis zur Imagination zu steigern vermochte, bezeugt eine Bemerkung in seinem Notizbuch: «Wenn ich mein Auge schloss und den Kopf senkte, indem ich mir eine Blume genau im Zentrum des Sehorgans vorstellte, entsprangen diesem Herzen neue Pflanzen, die farbige Blütenblätter und grüne Blätter hatten ... Ich konnte die Produktion nicht anhalten, die so

lange anhielt, wie meine Kontemplation dauerte, sich weder beschleunigend noch verzögernd.» J. W. Goethe, *Sophienausgabe*, 2. Abt. Bd. 7: 273. (Hier zitiert nach H. Bortoft [1995]: *Goethes naturwissenschaftliche Methode*, Stuttgart, S. 67.)

12 Dieses Problem wird ausführlich in folgenden Schriften behandelt: R. Brooks (2001): The relationship between matter and life, in: *Nature*, Vol. 409, 18. Januar 2001: 409–419.
W. Heitler (1962): *Der Mensch und die naturwissenschaftliche Erkenntnis*, 2. Aufl. Braunschweig.
- (1968): Gilt die Gleichung: Leben = Physik + Chemie?, in: *Lebendige Erde*, 1968: 110–116.
R. Steiner (1886): *Grundlinien einer Erkenntnistheorie der Goetheschen Weltanschauung, mit besonderer Rücksicht auf Schiller* (Kapitel 16: Die organische Natur), 7. Aufl. 1979, Dornach.

13 J. W. Goethe (1817): Geschichte meines botanischen Studiums. Zur Morphologie, 1. Band, 1. Heft. Erweiterte Fassung in: *Versuch über die Metamorphose der Pflanzen. Nebst geschichtlichen Nachträgen,* Stuttgart, in der Cottaschen Buchhandlung 1831.

14 Über das, was der «Typus» seiner Wesenheit nach ist, herrschen teilweise in sich widersprüchliche Vorstellungen. So postuliert beispielsweise Kranich (*Von der Gewissheit zur Wissenschaft der Evolution,* 1989): Der Typus «kennt keine Verwandlung oder gar Entwicklung, sondern nur unvollkommenere und vollkommenere Manifestationen» (S. 63); eine solche unvollkommenere Verwirklichung seien beispielsweise die (im Verhältnis zu den höheren Wirbeltiere primitiveren) Fische. Trifft das zu, dann vermag der Typus im Laufe der Erdzeitalter offensichtlich zunehmend vollkommenere Gestalten hervorzubringen, was nichts anderes heißt, als dass *er sich selber in seinen Fähigkeiten vervollkommnet, also selber entwickelt; ja vielleicht ist er gar der Motor aller Entwicklung überhaupt?* Vertritt man hingegen die Auffassung eines in alle Ewigkeit und seit Urgründen vollkommenen und unwandelbaren Typus, dann sind alle Vorstellungen von Evolution nichtig – der Typus enthält ja alles, was je in Erscheinung treten könnte, von Anfang an in sich; Entwicklung bedeutet in diesem Sinne wörtlich «Auswicklung» von etwas bisher Verborgenem, aber längst Vorhandenem, und das Ganze ist ein Rückfall in präformistische Begriffskonstruktionen des 18. Jahrhunderts, als es darum ging, die sich aufdrängenden Einsichten über den Artenwandel im Laufe der Erdgeschichte mit einer wörtlichen Interpretation der biblischen Schöpfungsgeschichte in Einklang zu bringen. Was wiederum ungeklärt lässt, warum zuerst einfachere und dann allmählich immer höher differenziertere Organismen auftraten. – Die hier vertretene Auffassung des Typus als sich selbst entwickelndes Wesen(haftes), das in ständiger Wechselwirkung mit seinen Ausdrucksformen im Bereich des sinnlich Wahrnehmbaren steht, konnte allerdings weder bei Goethe noch in Rudolf Steiners Goethestudien gefunden werden und ebenso wenig in der sorgfältigen Untersuchung von Stephan Stockmar (Die Darstellung des Typus- und Entwicklungsgedankens in Rudolf Steiners Goetheschriften, in: *Tycho de Brahe-Jahrbuch für Goetheanismus*, 1998: 60–96). Am ehesten gehen einige vorsichtige Gedanken im letzten Teil von W. Schads Aufsatz «Denken in Entwicklung» (in: *Die Drei*, 1996, Heft 3: 544–557) in diese Richtung, und bereits sehr viel konkreter und in dem hier vertretenen Sinne in P. Heusser (Hrsg.): *Goethes Beitrag zur Erneuerung der Naturwissenschaften*, Bern / Stuttgart 2000. Folgt man Goethes Mahnung, im Denken nicht in festen Gestaltungen zu erstarren, sondern sich in Bildung und Umbildung zu bewegen, dann kann es im Grunde nichts anderes als dynamische Wechselbeziehungen zwischen Typus und Einzelorganismus bzw. Urpflanze und physisch realer Art (Spezies), Gattung usw. geben. Vielleicht ist es ja ein Grundphänomen der *Vielschichtigkeit* allen Seins, dass es diese Wechselbeziehungen zwischen den verschiedenen Ebenen überall gibt, im Kleinen wie im Großen. In der Anthroposophie existieren nirgends abstrakte «Urbilder», sondern konkrete Wesenheiten in hohen geistigen Sphären, die in die Entwicklung der Erde und ihrer Bewohner eingreifen, auf verschiedenste Weise und keineswegs immer im Sinne geradlinigen «Fortschrittes». *Diese Aktivitäten wirken wiederum in die Bereiche der Ursprünge verändernd zurück* (vgl. R. Steiner: Menschheitszukunft und Michael-Tätigkeit, in: *Anthroposophische Leitsätze*, GA 26, 10. Aufl. 1998, Dornach). – Auf einer an-

deren Ebene wiederum ist das Ich des Menschen darauf angewiesen, sich durch die verschiedenen Verkörperungen, d.h. durch das Eintauchen in die physische Leiblichkeit und die Sinneswelt, zu entwickeln und zu vervollkommnen durch Erfahrungen, die es nur in der Sinneswelt machen kann. – Und schließlich, in noch kleinerem Maßstab: Wie könnten wir Lebenspraxis erlernen, wenn wir unsere Ideen und Vorstellungen, die ihrer Natur nach zum Allgemeinen und Abstrakten und damit Wirklichkeitsfernen neigen, nicht ständig an der konkreten sinnlichen Realität korrigieren müssten? Auch in diesem Bereich herrscht das ständige Wechselspiel zwischen ideeller und Sinnessphäre, wobei eines das andere fördert *und steigert.*

15 Die einzige Form inhärenter Zeitlichkeit, die die mineralische Sphäre kennt, ist der radioaktive Zerfall. Im Unterschied zur *organischen* Zeit, die immer strukturiert ist und sich stets in *Aufbauvorgängen* betätigt, verläuft radioaktiver Zerfall immer ungegliedert, linear und im *Abbau.* In gewissem Sinne lässt sich hierbei von «Antizeit» sprechen.

16 Dass es vor der Existenz des einheitlichen Urkontinentes «Pangaea» (mindestens) schon einmal ein Auseinanderdriften von – damals ganz anders geformten – Kontinenten gab, ist inzwischen gängige Annahme in den Geowissenschaften. Dafür spricht unter anderem, dass heutige Kontinente teilweise Konglomerate aus ganz unterschiedlichen Krustenfragmenten sind. Pangaea muss sich mithin aus Teilen unterschiedlicher Herkunft zusammengesetzt haben, und die neuerliche Auflösung in einzelne Kontinentblöcke folgte dann völlig neuen Fragmentierungen.

17 J. W. Goethe: Vorarbeiten zu einer Morphologie der Pflanzen. Handschriftlich 1788, 1789.

18 R. Steiner (1884 – 1897): *Einleitungen zu Goethes Naturwissenschaftlichen Schriften,* GA 1, Dornach, 3. Aufl. 1973, S. 107.

19 R. Brooks siehe Anm. 12.

20 Vgl. J. W. Goethe: Bedeutende Fördernis durch ein einziges geistreiches Wort. 1. Heft des 2. Bandes zur Morphologie, 1823, und: Das Schädelgerüst ist aus Wirbelknochen auferbaut. 2. Heft des 2. Bandes zur Morphologie, 1824.

21 L. Oken (1807): *Über die Bedeutung der Schädelknochen. Ein Programm beim Antritt der Professur an der Gesamt-Universität zu Jena*, Göbhard, Bamberg und Würzburg.

22 O. Veit zufolge (*Über das Problem Wirbeltierkopf*, Kempen / Niederrhein 1947) hat sich bereits Cuvier als Zeitgenosse Goethes und Okens scharf gegen die Wirbelnatur der Schädelknochen ausgesprochen: G. Cuvier (1836): *Leçons d'anatomie comparée*, Tome I. 3ème ed. Bruxelles. Unter der großen Zahl moderner Autoren seien als Vertreter der Gegner genannt:
G. De Beer: *The development of the vertebrate skull*, Oxford 1937.
B. Peyer: Goethes Wirbeltheorie des Schädels, in: *Vierteljahresschr. Naturforsch. Ges.*, Zürich 94 (1949), Beiheft 2/3.
D. Stark: *Vergleichende Anatomie der Wirbeltiere. Bd. 2: Das Skelettsystem,* Berlin / Heidelberg 1979.

23 J. W. Goethe (1786): Dem Menschen wie den Tieren ist ein Zwischenknochen der oberen Kinnlade zuzuschreiben, Jena. *Zur Morphologie,* 1. Bd., 2. Heft (1820), Abschn. VIII.

24 In einer kürzlich erschienenen Dissertation ist der gegenwärtige Stand der Forschung resümiert: M. J. Rose-Engelberth (1999): *Das Kopfproblem der Vertebraten. Kenntnisstand und Problematik*, Diss. Universität Witten-Herdecke.

25 L. F. C. Mees (1981): *Das menschliche Skelett. Form und Metamorphose*, Stuttgart.
J. W. Rohen (2000): *Morphologie des menschlichen Organismus*, Stuttgart.
Anders jedoch in dem Werk von Kaspar Appenzeller: *Die Genesis im Lichte der Embryonalentwicklung*, Basel 1976, in welchem die Wirbel-Schädel-Metamorphose anhand einer Fülle verblüffender Details durchgeführt wird, auf der Grundlage genauer Kenntnis der unterschiedlichen Herkunft des jeweiligen Materials: «Nur darf man nicht glauben, man hätte es bei allen genannten Schädelknochen phylogenetisch mit Wirbeln zu tun» (S. 279).
Deck- und Ersatzknochen ergänzen sich gegenseitig; wo, wie im Hirnschädel, die Umhüllungsfunktion der Skelettelemente in den Vordergrund tritt, dominiert Deckknochenmaterial. Umgekehrt ist es bei den Gliedmaßen, wo Deckknochenelemente eine lediglich marginale Rolle spielen wie im Falle des Perichondriums, der manschettenartigen

Ummantelung der Röhrenknochen während ihrer Bildung. Schließlich enthalten auch die Wirbelbögen in qualitativ unbedeutender Menge Deckknochenmaterial (so die gängigen Lehrbücher). Darstellungen, die behaupten, die Wirbelbögen seien als ganze echte Deckknochen, sind unrichtig.

26 R. Owen (1848): On the archetype and homologies of the vertebrate skeleton, London (siehe dazu auch Anm. 27: A. Remane 1952, besonders S. 25 f.).

27 A. Remane (1952): *Die Grundlagen des natürlichen Systems der vergleichenden Anatomie und der Phylogenetik*, Leipzig.

28 Siehe Anm. 27.

29 W. Troll (1928): *Organisation und Gestalt im Bereich der Blüte*, Jena.

30 D. Stark (1965): *Embryologie*, Stuttgart.

31 R. Sheldrake (1991): *Das Gedächtnis der Natur*, 5. Aufl. Bern / München / Wien.

32 C. Nüsslein-Vollhardt (1990): Determination der embryonalen Achsen bei *Drosophila*, in: *Verh. Deutsch. Zool. Ges. 83:* 179–195.
D. Zissler (1999): Entwicklung, in: K. Dettner und W. Peters (Hrsg.): *Lehrbuch der Entomologie*, Stuttgart.

33 W. Heitler: siehe Anm. 12.

34 R. Steiner (1884): Fußnote S. 319 zu J. W. Goethe: Dem Menschen wie den Tieren ist ein Zwischenknochen der oberen Kinnlade zuzuschreiben (1786), in: *Goethes Naturwissenschaftliche Schriften. Erster Band*, hrsg. von Rudolf Steiner, Stuttgart / Berlin / Leipzig o.J.

35 R. Steiner (1916): Vortrag 15.4.1916, in: *Aus dem mitteleuropäischen Geistesleben*, GA 65, 2. Aufl. Dornach 2000. In diesem Vortrag spricht Steiner noch sehr allgemein vom «übrigen Organismus», der sich in der nächsten Inkarnation zum Kopf umbildet. Konkreter wird es dann 1919 im 10. Vortrag der *Allgemeinen Menschenkunde als Grundlage der Pädagogogik* (GA 293), wo von der Umwandlung der *Gliedmaßen* die Rede ist und der Vorgang als *Umstülpung* bezeichnet und mit der Umwendung eines Handschuhs oder Strumpfes verglichen wird. Dieses Bild erscheint zunächst verwirrend, da ein umgekehrter Handschuh oder Strumpf seine Gestalt schließlich nicht verändert und noch genauso aussieht wie vorher; lediglich *die Innenseite weist nach außen.* Und das ist es natürlich, was Steiner zum Ausdruck bringen wollte.

36 Das gilt besonders für die polar euklidische Geometrie – man vergleiche dazu die Anwendungsversuche von G. Adams und O. Whicher: *Die Pflanze in Raum und Gegenraum*, Stuttgart 1960, und T. Marti: *Die Lebenswelt der Käfer*, Stuttgart 1998, vor allem aber den grundlegenden Beitrag von R. Ziegler: Die Entdeckung der nichteuklidischen Geometrien und ihre Folgen. Bemerkungen zur Bewusstseinsgeschichte des 19. Jahrhunderts, in: *Elemente der Naturwissenschaft* 47 (1987): 31-58.

37 Siehe Anm. 20.

38 Zitiert nach der Ausgabe im Insel-Verlag Leipzig o.J., Bd. 4 (Italienische Reise), S. 399.

39 J. W. Goethe: Hypothese (ohne nähere Angaben; zitiert nach *Goethes sämtliche Werke*, Bd. 16, S. 633, Insel-Ausgabe, Leipzig o.J. bzw. *Weimarer Ausgabe*, II, 7, S. 282).

40 J. W. Goethe (nicht vor 1795): Vorarbeiten zu einer Morphologie; zitiert nach *Goethes sämtliche Werke*, Bd. 16, S. 193, Insel-Ausgabe, Leipzig o.J bzw. *Weimarer Ausgabe*, II, 6, S. 306.

41 Ebd., S. 316 bzw. *Weimarer Ausgabe*, II, 6, S. 331.

42 *Goethes Gespräche* (ohne die Gespräche mit Eckermann), hrsg. von F. Frh. v. Biedermann, Insel-Ausgabe 1957, S. 281.

43 Ebd.

44 E. Epstein (1973): Roots, in: *Scientific American*, May 1973: 48–58.

45 J. Bockemühl (1983): Beziehungen zwischen Wurzelwachstum und Sprossentwicklung im Jahreslauf, in: *Int. Symposium Gumpenstein* 1982: 227–270.

46 Siehe Anm. 20.

47 Siehe Anm. 13.

48 Literatur zu diesem Kapitel u.a.: D. Court (2000): *Succulent flora of Southern Africa*, 2. Aufl. Balkema Rotterdam.
G. Kunkel (1980): *Die Kanarischen Inseln und ihre Pflanzenwelt*, Stuttgart / New York.
W. Rauh (1958): Beitrag zur Kenntnis der peruanischen Kakteenvegetation, in: *Sitzungsberichte d. Heidelb. Akad. Wiss. Math.-naturwiss. Klasse,* Heidelberg.
– (1979): *Kakteen an ihren Standorten, unter besonderer Berücksichtigung ihrer Morphologie und Systematik*, Berlin / Hamburg.

A. Suchantke (1982): *Der Kontinent der Kolibris. Landschaften und Lebensformen in den Tropen Südamerikas,* Stuttgart.

49 J. H. Reichholf (1990): *Der tropische Regenwald. Ökobiologie des artenreichsten Naturraums der Erde,* (dtv Sachbuch) München.
A. Suchantke (1991): Was geht uns der Regenwald an?, in: *Die Drei* 61, Heft 9: 701-730.
J. Terborgh (1993): *Lebensraum Regenwald*, Heidelberg / Berlin / Oxford.

50 D. F. Mandoli und W. R. Briggs (1984): Lichtleiter in Pflanzen, in: *Spektrum der Wissenschaft*, Okt. 1984.

51 A. R. Wallace (1869): *The Malay Archipelago*, London (Übersetzung A. Suchantke).
A. Suchantke (1996): Altes junges Neuseeland, in: *Die Drei* 66, Heft 7/8: 630–668.
– (1996): Natur in Israel – Brennpunkt und Synthese weltweiter Einflüsse, in: A. Suchantke (Hrsg.): *Israel und Palästina im Brennpunkt natur- und kulturgeschichtlicher Entwicklungen*, 2. Aufl., Stuttgart.
– (1991) siehe Anm. 49.

52 Den besten Überblick mit Hinweisen auf weiterführende Literatur bei G. Barth: *Biologie einer Begegnung. Die Partnerschaft der Insekten und Blumen*, Stuttgart 1982.

53 A. Suchantke (1998): Begegnung mit «Cobra Lilies» im Himalaya und Blick auf die Familie der Araceen, in: *Tycho de Brahe-Jahrbuch für Goetheanismus* 1998: 240–291.
S. Vogel (1978): Pilzmückenblumen als Pilzmimeten, in: *Flora* 167: 329–366.

54 Siehe Anm. 29.

55 J. Brakel (1982): Blütenfarben und -formen bei Akelei und Eisenhut, unveröff. Abschlussarbeit, Naturwiss. Studienjahr Dornach.

56 R. Steiner (1919): *Erziehungskunst. Seminarbesprechungen und Lehrplanvorträge* (9. und 10. Seminarbesprechung), Dornach, GA 295.
G. Grohmann (1992): *Zum ersten Tier- und Pflanzenkunde-Unterricht in der Waldorfschule,* 3. Aufl., Stuttgart.
E.-M. Kranich (1993): *Pflanzen als Bilder der Seelenwelt. Skizze einer physiognomischen Naturerkenntnis,* Stuttgart.

57 K. Goebel (1923): *Organographie der Pflanzen. Bd. III*, Jena.

58 A. Takhtajan (1991): *Evolutionary Trends in Flowering Plants*, New York. Vom gleichen Autor auch: *Evolution und Ausbreitung der Blütenpflanzen*, Stuttgart 1973.

59 W. Leinfellner (1954–1965): Zahlreiche Arbeiten zur Kelch-, Kron- und Staubblattmorphologie, in: *Österreich. Bot. Zeitschr.*, 101-112.
W. Zimmermann (in Hegi, *Illustrierte Flora von Mitteleuropa*, Bd. III / 3. Teil, 2. Aufl. 1965, S. 67): «Da muss zunächst einer verbreiteten, aber irrigen Vorstellung entgegengetreten werden, als ob die ontogenetisch ‹fertigen› Organe, etwa die Kelchblätter oder Staubblätter, sich in Kronblätter usf. gewandelt hätten oder wandeln könnten. Nein, im Augenblick, in dem solche Blattorgane als minimale Höcker eben am Vegetationspunkt sichtbar geworden sind, sind sie schon als Kelchblätter, Kronblätter, Staubblätter usf. endgültig determiniert ... Die Determination vollzieht sich also im ungegliederten Vegetationspunkt als ein unsichtbarer Vorgang.»
Was von uns als «Bildekräftefeld» bezeichnet wird, nennt der Botaniker «Determinationsebene». Bei diesen im Vegetationskegel *über*einander geschichteten «Ebenen» kann es im Falle von Blüten, deren Organe nicht in Kreisen, sondern – eine ursprüngliche Situation – spiralig angeordnet sind, an den Grenzen der einzelnen Felder bzw. Ebenen zu Mischformen kommen, die teils zum einen, teils zum anderen Bereich gehören und halb Kron- und halb Staubblatt oder halb Kelch- und halb Kronblatt sind. Im Falle gefüllter Blüten schließlich hätte sich das Kronblattfeld auf Kosten der Staubblattebene in deren Bereich hinein ausgedehnt und diese vollständig oder weitgehend unterdrückt.

60 N. A. van der Cingel (1995): *An Atlas of Orchid Pollination*, Rotterdam.
L. van der Pijl, C. H. Dodson (1966): *Orchid Flowers, their Pollination and Evolution*, Coral Gables, Florida.
Die Aufprägung von Insektenmerkmalen bleibt nicht auf gestaltliche Angleichungen der Blüten an Insekten beschränkt, sondern geht bis in komplexe physiologische Wechselwirkungen hinein. Die *gestaltliche* Übereinstimmung der Blüten verschiedener Ragwurz-(*Ophrys-*)Arten mit bestimmten Grabwespen- und solitären Bienen-

arten ist ja seit den berühmten Untersuchungen von Kullenberg bekannt. Die Angleichung geht dabei über eine allgemeine gestaltliche Ähnlichkeit weit hinaus und umfasst komplexe visuelle und taktile Signale (so entspricht beispielsweise bei *Ophrys insectifera* die Länge und Dichte der Lippenbehaarung genau dem bepelzten Hinterleib bestimmter Wespenweibchen usw. Man vergleiche die Zusammenstellung bei G. Barth, Anm. 52). Neuere Untersuchungen haben nun gezeigt, dass die unbestäubten Blüten der Spinnenragwurz *(Ophrys sphegodes)* ein Pheromon absondern, das mit dem Duftstoff unbefruchteter Weibchen der als Bestäuber auftretenden Bienenart *Andrena nigroaenea* identisch ist. Nach erfolgter Bestäubung hört die Abgabe dieses Duftstoffes auf und wird ersetzt durch eine andere flüchtige Substanz, die von Bienenweibchen nach erfolgter Begattung und beginnender Eireife abgegeben wird! So werden die Männchen vom Verkehr sowohl mit befruchteten Weibchen ihrer eigenen Art wie mit bereits bestäubten Orchideenblüten abgehalten und stattdessen auf die empfängnisbereiten Bienen und Blüten verwiesen. – Alle erwähnten Beispiele, ob Salbei oder Orchidee, legen Zeugnis ab von der extremen Formbarkeit und Formwilligkeit der Blüte durch den Bestäuber – auch eine Art von Befruchtung! (F. P. Schiestl, M. Ayasse [2001]: Post-pollination emission of a repellent compound in a sexually deceptive orchid: a new mechanism for maximising reproductive success?, in: *Oecologia* 126: 531-534).

61 Siehe Anm. 27.

62 Siehe Anm. 13.

63 J. W. Goethe (1790): *Versuch, die Metamorphose der Pflanzen zu erklären*, Gotha.

64 R. Steiner (1920): Meditativ erarbeitete Menschenkunde, 2. Vortrag, 16.9.1920, in: *Erziehung und Unterricht aus Menschenerkenntnis*, GA 302a, 4. Aufl., Dornach 1993.

65 Zum Beispiel F. A. Kipp (1980): *Die Evolution des Menschen im Hinblick auf seine lange Jugendzeit*, Stuttgart.
A. Montagu (1991): *Zum Kind reifen*, Stuttgart (*Growing Young*, New York 1981).
J. Verhulst (1999): *Der Erstgeborene. Mensch und höhere Tiere in der Evolution*, Stuttgart.

66 Siehe Anm. 53.

67 Siehe Anm. 6.

68 In einer späteren Arbeit fasst Bockemühl «Spreiten» und «Stielen» zusammen als Verwirklichung des Bildeimpulses «Ausbreitung» und stellt diesen dem «Sprießen» und «Gliedern» gleichberechtigt zur Seite. Diese Zusammenfassung ist sicherlich berechtigt – Sprießen ebenso wie Gliedern betreffen jeweils das *ganze* Blatt ebenso wie Stielen *und* Spreiten, wenn man sie zusammennimmt: Jede dieser Tätigkeiten für sich genommen betrifft nur das *halbe* Blatt, und beide einander ergänzenden Prozesse formen gemeinsam das ausgereifte Blatt. Vgl. J. Bockemühl (1994): Die Fruchtbarkeit von Goethes Wissenschaftsansatz in der Gegenwart, in: *Elemente der Naturwissenschaft* 61: 52–69.

69 T. Kuhn (1973): *Die Struktur wissenschaftlicher Revolutionen*, Frankfurt.

70 Zum Beispiel H. Bortoft (1995): *Goethes naturwissenschaftliche Methode*, Stuttgart.
W. Schad (1982): Biologisches Denken, in: W. Schad (Hrsg.): *Goetheanistische Naturwissenschaft. Bd. 1: Allgemeine Biologie,* Stuttgart.
W. Heitler (1962, 1968): Siehe Anm. 12.

71 R. Brooks (2001): Siehe Anm. 12.

72 W. Brinton (2000): Environment as Data versus «Being», in: *Elemente der Naturwissenschaft* 72: 62–72.

73 Dieses und die folgenden Zitate aus W. Zimmermann (1969): *Geschichte der Pflanzen,* 2. Aufl., Stuttgart.

74 J. W. Goethe, siehe Anm. 17.

75 Erstmals 1982 von mir formuliert in: *Der Kontinent der Kolibris. Landschaften und Lebensformen in den Tropen Südamerikas*, Stuttgart, S. 134 ff.

76 Gerbert Grohmann dürfte der Erste gewesen sein, der diese Formulierung gebrauchte. So spricht er 1931 von einem «Biogenetischen Grundgesetz, welches nicht die Vergangenheit einschließt, sondern die Zukunft» (G. Grohmann: Entwicklungsgesetze in der fossilen Pflanzenwelt, in: *Gäa Sophia, Jahrbuch d. Naturwiss. Sektion am Goetheanum,* Dornach 1931). In seinem später veröffentlichten Werk Die Pflanze (4. Aufl., Stuttgart 1959) äußert er sich im Zusammenhang mit dem Auftreten blütenartiger Bildungen bei den Vorfahren der echten Blütenpflanzen, den Farnsamern des Karbon: «So ist wohl die Gebärde einer Samen-

pflanze vorhanden, der innere Vorgang ist jedoch vollkommen farnartig. Wir stoßen hier also auf Gesetzmäßigkeiten innerhalb der Farngewächse, welche nur aus der später nachfolgenden Entwicklungsperiode erklärt werden können.» Und weiter: «... stoßen wir immerfort auf Entwicklungstatsachen, welche nur als Wiederholungen der Stammesgeschichte begreiflich sind. Somit weist das Biogenetische Grundgesetz in die Vergangenheit ... Anders liegt die Sache, wenn wir, Anregungen Rudolf Steiners folgend, das Biogenetische Gesetz gleichsam umkehren, sodass es nunmehr nicht allein die Vergangenheit, sondern auch die Zukunft umspannt.» Eine entsprechende Stelle ließ sich bei Rudolf Steiner allerdings nirgends finden. Vgl. auch A. Suchantke (1997): Gerbert Grohmann als Forscher und Schriftsteller, in: *Tycho de Brahe-Jahrbuch für Goetheanismus* 1997: 37–52.

77 Obwohl im Bau primitiver, zeigen sich die Keimblätter doch vielfach überformt von der – der höchsten Entwicklungsstufe des Blattes entsprechenden – Differenzierung in Spreite und Stiel.

78 O. Schindewolf (1950): *Grundfragen der Paläontologie*, Stuttgart.

79 Für eine ausführlichere Darstellung und Begründung dieses hier notgedrungen allzu knapp behandelten Sachverhaltes siehe A. Suchantke (1998): Verjugendlichungstendenzen in der Evolution und ihre ökologische Bedeutung, in: A. Suchantke (Hrsg.): *Goetheanistische Naturwissenschaft. Bd. 5: Ökologie*, Stuttgart.

80 A.Takhtajan (1973): *Evolution und Ausbreitung der Blütenpflanzen*, Stuttgart.

81 A. Remane, siehe Anm. 27. In diesem Zusammenhang ist Klarheit und Eindeutigkeit dringend geboten, um Begriffsverwirrungen zu vermeiden, zu denen es nur allzu leicht kommen kann. So etwa, wenn W. Schad am Beispiel der «einfachen» Blattgestalt vieler Blütenpflanzen – im Unterschied zum «komplizierten» Farnwedel – von *«Retention»* spricht, d.h. vom Anhalten der Blattentfaltung auf jugendlicher Stufe der Ausbildung (= Neotenie). Im Gegenteil – das netznervige Blatt der Rhodopsiden (Dikotylen) stellt sowohl die höchste Stufe der Differenzierung wie der Integration der Teile unter eine übergeordnete Gesamtgestalt dar, wie auf S. 106 ff. ausführlich dargelegt; der Farnwedel bleibt auf primitiverer Stufe stehen (vgl. auch Zimmermann, Anm. 73; Asama 1960, zitiert nach K. Mägdefrau: *Paläobiologie der Pflanzen*, 4. Aufl., Stuttgart 1968). Schads Annahme ist auch mit den Forschungsergebnissen Bockemühls nicht kompatibel, denen zufolge die zunehmende Verjugendlichung der Blattgestalten im Verlaufe ihrer sukzessiven Bildung an den Blütentrieben dikotyler Kräuter bei den höchst differenzierten (und gestaltlich nur scheinbar einfachsten) Blättern beginnt und über ein zunehmend früheres Anhalten auf immer jugendlicherem Niveau voranschreitet – die der Blüte nächsten Blätter sind diejenigen, die auf frühester (neotener) Stufe festgehalten werden, während die zuerst gebildeten, grundständigen, ausgeformtesten die ontogenetisch wie phylogenetisch höchst differenziertesten sind. Es ist deshalb auch durchaus angebracht, die Laubblatt-Metamorphose der Dikotylen als eine *rückschreitende* zu bezeichnen: vom Evolutionsplateau der angiospermen Blütenpflanzen über ein der Farnstufe entsprechendes Stadium (Bockemühls Begriff des «Gliederns») zurück auf das Anfangsniveau der ersten Landpflanzen mit ihrem ständig sich wiederholenden «Sprießen». W. Schad (2000): Evolution durch Retention. Zur Makroevolution der ersten Landpflanzen, der höheren Tiere und des Menschen, in: P. Heusser (Hrsg.): *Goethes Beitrag zur Erneuerung der Naturwissenschaften*, Bern. – Vgl. auch die Kritik an der Hypothese Schads durch P. Schilperoord: Evolution durch Retention?, in: *Elemente der Natuwissenschaft* 75, 2001: 84–88.

82 W. Schad (1992): *Der Heterochronie-Modus in der Evolution der Wirbeltierklassen und Hominiden*, Dissertation Universität Witten-Herdecke.
– (1993): Heterochronical patterns of evolution in the transitional stages of vertebrate classes, in: *Acta Biotheoretica* 41: 383–389.

83 J. Arditti (1966): Orchids, in: *Scientific American*, Jan. 1966: 7.
R. L. Dressler (1987): *Die Orchideen. Biologie und Systematik der Orchidaceae*, Stuttgart.
F. N. Rasmussen (1985): Orchids, in: R. M. T. Dahlgren, H. T. Clifford, P. F. Yeo (Ed.): *The Families of the Monocotyledons*, Berlin / Heidelberg / New York.

84 C. Darwin (1888): *The various contrivances by which orchids are fertilised by insects*, London.

85 G. Grohmann (1968): *Die Pflanze. Bd. 2,* 2. Aufl., Stuttgart.

86 G. P. Chapman (Ed.): *Grass Evolution and Domestication*, Cambridge.
C. P. Daghlian (1982): A Review of the Fossil Record of Monocotyledons, in: *Bot. Review*. 47: 517–555.
B. A. Thomas & R. A. Spicer (1987): *The evolution and palaeobiology of landplants,* London / Sydney.

87 A. Suchantke (1986): Die Landschaft des Menschen. Eichen-Savannen und Wildgetreidefluren in Palästina, in: *Die Drei* 56, Heft 4: 259–278.
– (1996): Natur in Israel – Brennpunkt und Synthese weltweiter Einflüsse, in: A. Suchantke (Hrsg.): *Mitte der Erde. Israel und Palästina im Brennpunkt natur- und kulturgeschichlicher Entwicklungen*, 2. Aufl., Stuttgart.
– (1998): Verjugendlichungstendenzen in der Evolution und ihre ökologische Bedeutung, in: A. Suchantke (Hrsg.): *Goetheanistische Naturwissenschaft. Bd. 5: Ökologie,* Stuttgart.

88 R. Steiner (1924): *Geisteswissenschaftliche Grundlagen zum Gedeihen der Landwirtschaft*, GA 327, 7. Aufl. 1984, Dornach.

89 G. C. Shortridge (1934): *The mammals of South West Africa. 2 Bde.*, London. Diese unglaublichen Großtiermengen wurden im Süden Afrikas ebenso durch die einwandernden Europäer ausgerottet wie in Nordamerika, wo es gezielt mit der Absicht geschah, den Indianern die Lebensgrundlage zu entziehen.

90 J. W. Goethe (1795): *Erster Entwurf einer allgemeinen Einleitung in die Anatomie, ausgehend von der Osteologie.*

91 F. G. Barth (1982): *Biologie einer Begegnung. Die Partnerschaft der Insekten und Blumen*, Stuttgart. Siehe auch die Literaturangaben von Anm. 60.

92 Siehe Anm. 8.

93 R. Steiner (1923 – 1925): *Mein Lebensgang*, GA 28, 8. Aufl. 1982, Dornach.

94 W. Schad (1982): Siehe unter Anm. 70.

95 A. Portmann (1977): *Einführung in die vergleichende Morphologie der Wirbeltiere,* 5. Aufl. Basel.
A. Suchantke (1989): Sexualität – Individualität – Bewusstsein, in: A. Suchantke, S. Leber, W. Schad: *Die Geschlechtlichkeit des Menschen*, 2. Aufl., Stuttgart.

96 Siehe Anm. 8.

97 Siehe Anm. 35.

98 R. Steiner (1919): *Allgemeine Menschenkunde als Grundlage der Pädagogik*, GA 293, 9. Aufl. 1992, Dornach.

99 Später verwendet Steiner meist Doppelbezeichnungen wie Stoffwechsel-Gliedmaßen-System, Sinnes-Nerven-System und betont damit den organismustypischen Doppelbezug von Innen und Außen, Zentrum und Umkreis.

100 Zitiert nach P. Lutzker (1996): *Der Sprachsinn*, Stuttgart.

101 Siehe Anm. 98, 8. Vortrag: «Die Kreisform sehen Sie, indem Sie sich in Ihrem Unterbewusstsein des Bewegungssinnes bedienen und unbewusst im Ätherleib, im astralischen Leibe eine Kreiswindung ausführen und dies damit in die Erkenntnis hinaufheben.»

102 «Und man wird deshalb zu einem besseren Verständnis über das Ich erkenntnistheoretisch gelangen, wenn man es nicht innerhalb der Leibesorganisation befindlich vorstellt und die Eindrücke ihm ‹von außen› geben lässt; sondern wenn man das Ich in die Gesetzmäßigkeit der Dinge selbst verlegt und in der Leibesorganisation nur etwas wie einen Spiegel sieht, welcher das außerhalb des Leibes liegende Weben des Ich im Transzendenten dem Ich durch die organische Leibstätigkeit zurückspiegelt. Hat man sich einmal ... mit dem Gedanken vertraut gemacht, dass das ‹Ich› nicht im Leibe ist, sondern außerhalb desselben und die organische Leibestätigkeit nur den lebendigen Spiegel vorstellt, so kann man diesen Gedanken auch erkenntnistheoretisch begreiflich finden für alles, was im Bewusstseinshorizonte auftritt.» R. Steiner (1911): Die psychologischen Grundlagen und die erkenntnistheoretische Stellung der Anthroposophie, in: *Philosophie und Anthroposophie. Gesammelte Aufsätze 1904 — 1923*, 2. Aufl. 1984, Dornach. Vgl. zur gleichen Thematik auch R. Patzlaff (1995): Die Rettung der Sinne – Aufgabe unserer Zeit. Teil I: Das unbewusste Ich im Wahrnehmungsvorgang, in: *Erziehungskunst* 1995, Heft 5: 485-500. – W. Schad (1992): Das Nervensystem und die übersinnliche Organisation des Menschen, in: W. Schad (Hrsg.): *Die*

menschliche Nervenorganisatuion. Teil I, Stuttgart. – H. J. Scheuerle (1984): *Die Gesamtsinnesorganisation. Überwindung der Subjekt-Objekt-Spaltung in der Sinneslehre*, 2. Aufl., Stuttgart. – A. Suchantke (1998): Die Wahrnehmung der Wahrnehmung, in: R. Dorka u.a. (Hrsg.) *«Zum Erstaunen bin ich da». Forschungswege in Goetheanismus und Anthroposophie*, Dornach.

103 G. Grohmann, siehe Anm. 56.

104 H. Hediger (1961): *Tierpsychologie in Zoo und Zirkus*, Basel.

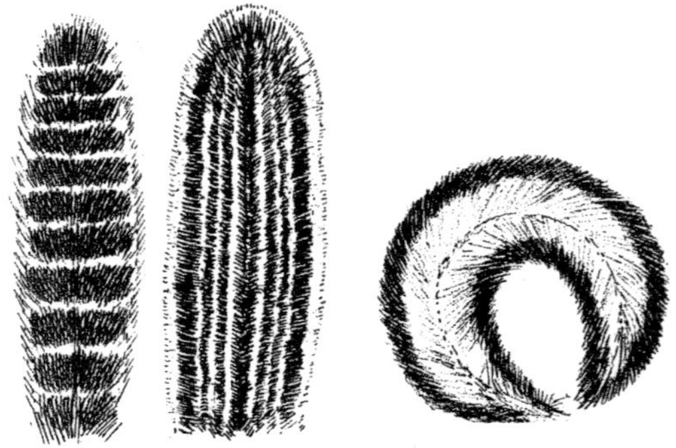

(Aus Kingdon 1974)

105 Dazu die folgenden Beobachtungen von J. Kingdon: Bei den afrikanischen Erdhörnchen (der Gattungen *Protoxerus* und *Funisciurus*) «scheint die ursprüngliche Funktion des Schwanzes als Organ der Balance eine zusätzliche Bedeutung als Vermittler von Signalen erhalten zu haben. Schwänze sind von allergrößter Bedeutung in der Kommunikation der Hörnchen untereinander ... Eine Äußerungsform im Kontakt der Geschlechter ist das langsame kreisförmige Einrollen des Schwanzes (rechts). Bei Begegnungen zwischen den Individuen, die von gegenseitigen Jagden gefolgt werden, vibriert der steif emporgehaltene Schwanz oder wird hin und her geschwenkt. Starke Alarmierung wird, bevor sie zur Flucht führt, durch schnelles Vor- und Zurückschlagen des Schwanzes ausgedrückt, während er bei lediglich leichter Spannung über den Rücken emporgereckt wird.» In diesem Fall «fächern die Schwanzhaare von der Mitte nach den Seiten aus, wobei zarte schwarze und weiße Streifen in vertikaler Anordnung sichtbar werden, die den ganzen Schwanz entlanglaufen (mittleres Bild). Das genaue Gegenstück dazu erscheint, wenn der Schwanz in entspannter Haltung waagrecht ausgestreckt wird; er ist jetzt schwarz mit weiträumig verteilten weißen Querbinden und weißer Randlinie» (linkes Bild). J. Kingdon: *East African Mammals. Vol. II, Part B*, London / New York 1974. (Übersetzung A. Suchantke.)

106 C. Darwin (1872): The Expression of Emotions in Man and Animals, London (Deutsch von G. Carus: *Der Ausdruck der Gemütsbewegungen bei Mensch und Tier*, Halle / Saale 1899).

107 Vgl. die ausführlichen Schilderungen des Verfassers in: *Sonnensavannen und Nebelwälder*, 2. Aufl. Stuttgart 1992, Kapitel: Ngorongoro – Urzeit als lebendige Gegenwart.

108 R. T. Bakker (1975): Dinosaur Renaissance, in: *Scientific American*, April 1975: 58–78.
H. Hendrichs (1970): Schätzungen der Huftierbiomasse in der Dornbuschsavanne nördlich und westlich der Serengetisteppe in Ostafrika nach einem neuen Verfahren und Bemerkungen zur Biomasse der anderen pflanzenfressenden Tierarten, in: *Säugetierkdl. Mitteil.* 18: 237–255.
– und U. Hendrichs (1971): *Dikdik und Elefanten. Ökologie und Soziologie zweier afrikanischer Huftiere*, München.

109 W. Schad (1971): Siehe Anm. 9.

110 R. T. Hofmann (1989): Evolutionary steps of ecophysiological adaption and diversification of ruminants: a comparative view of their digestive system, in: *Oecologia* 78: 443–457.
– (1991): Die Wiederkäuer, in: *Biologie in unserer Zeit* 21, Heft 2: 73–80.

111 L. Oken (1837, 1838): *Allgemeine Naturgeschichte für alle Stände*, Stuttgart.
G. H. Schubert (1837): *Die Geschichte der Natur. Bd. 3,* Erlangen.

112 Siehe Anm. 9.

113 Siehe Anm. 9.

114 R. Steiner (1915): *Die okkulte Bewegung im 19. Jahrhundert und ihre Beziehung zur Weltkultur*, GA 254, 4. Aufl. 1986, Dornach, 9. Vortrag.

115 Das Vermögen, sich während des nächtlichen Zuges mithilfe der Sternbilder zu orientieren, ist eine angeborene, genetisch fixierte Fähigkeit, wie Experimente mit diesjährigen Jungvögeln fernziehender Vögel ergaben, die man im Planetarium mit entsprechenden Bildern des Nachthimmels

konfrontierte. Die Tatsache, dass die Vögel auf die Attrappen «hereinfielen» und konsequent die richtige Flugrichtung beibehielten, verdeutlicht, dass es nicht irgendwelche «Kräfte» sind, welche die Vögel beeinflussen, sondern reine Bildwirkungen. Da die Reaktion der Vögel auf diese Bilder nicht erlernt wird, sondern angeboren ist, muss man wohl annehmen, dass im Gehirn der Zugvögel wie auch immer geartete Äquivalente der Sternbilder – geordnete Strukturen und Muster von Lichtpunkten – bereitliegen, die beim Anblick der Entsprechungen am Himmel aktiviert werden. Ein interessanter und ganz neuartiger Gesichtspunkt: das Gehirn als mikrokosmische Entsprechung des makrokosmischen Sternhimmels! Literatur: Die Originalarbeit von E. G. Sauer (1957): Die Sternorientierung nächtlich ziehender Grasmücken *(Sylvia atricapilla, borin* und *curruca*), in: *Zeitschr. für Tierpsychologie* 14: 29–70. Siehe auch P. Berthold (1990): *Vogelzug*, Darmstadt (Wiss. Buchges.).

116 E. Weitnauer (1960): Über die Nachtflüge des Mauerseglers *Apus apus*, in: *Ornithol. Beobachter* 1960, Heft 3: 133–141. Die Entdeckung dieses erstaunlichen Phänomens spielte sich am Flughafen Zürich-Kloten ab; man hatte nachts auf dem Radar fliegende Objekte über der Stadt Zürich festgestellt, die auf Funkkontakt nicht reagierten. Als man daraufhin eine kleine Maschine aufsteigen ließ, zeigten sich im Licht der Bordscheinwerfer zahlreiche herumfliegende Mauersegler.

117 J. D. Goodall, A. W. Johnson, R. A. Philippi (1946, 1951*): Las aves de Chile. 2 Bde.*, Buenos Aires.

118 J. R. H. Andrews (1986): *The Southern Ark: Zoological discovery in New Zealand,* Auckland.
J. Jolly (1991): Kiwi – A secret life, in: *The New Zealand Natural Heritage Foundation,* Palmerston North.
M. Riley (1983): *Kiwi and moa: New Zealand's unique flightless birds,* Wellington.

119 H. Frieling (1937): *Die Stimme der Landschaft*, München. Neuauflage unter dem Titel: *Der singende Busch*, Schaffhausen 1986.

120 F. A. Kipp (1983): Eine Gliederung der Vogelwelt nach den vier Elementen, in*: Die Drei* 53, Heft 7/8: 494–510.

121 Vgl. z.B. A. Remane (1967): Die Geschichte der Tiere, in: G. Heberer (Hrsg.): *Die Evolution der Organismen. Bd. 1,* 3. Aufl. Stuttgart.
W. Westheide, R. Rieger (Hrsg. 1996): *Spezielle Zoologie. Teil 1: Einzeller und Wirbellose Tiere*, Stuttgart.

122 P. W. H. Holland, P. Ingham, S. Krauss (1992): Mice and flies head to head, in: *Nature* 358: 627–628. Siehe auch Anm. 24: M. J. Rose-Engelberth (1999).

123 Siehe Anm. 90.

124 K. Dettner u. W. Peters (Hrsg. 1999): *Lehrbuch der Entomologie*, Stuttgart.

125 N. Barkai, S. Leibler (1999): Ultrasonic hearing in nocturnal butterflies, in: *Nature* 403: 265–268.

126 G. Seifert (1999): Hämolymphe und Hämolymphetransport, in: K. Dettner und W. Peters (Hrsg.): *Lehrbuch der Entomologie*, Stuttgart.

127 A. Suchantke (1994): *Metamorphosen im Insektenreich*, 2. Aufl. Stuttgart.

128 A. Suchantke (1991): Der Schmetterling in der Landschaft. Biotoptrachten europäischer Tagfalter verglichen mit den Verhältnissen in tropischen Breiten, in: *Tycho de Brahe-Jahrbuch für Goetheanismus* 1991: 158–227. – Ders. (2000): Über den Zusammenhang von Biotoptracht und Mimikry bei Schmetterlingen. Beobachtungen in Südasien und anderen Kontinenten, in: *Tycho de Brahe-Jahrbuch für Goetheanismus* 2000: 18–91.

129 A. Suchantke (1974): Biotoptracht und Mimikry bei afrikanischen Tagfaltern, in: *Elemente d. Naturwiss.* 21: 1-21. Neu abgedruckt in W. Schad (Hrsg.): *Goetheanistische Naturwissenschaft. Bd. 3: Zoologie*, Stuttgart 1983.

130 C. Papageorgis (1974): The Adaptive Significance of Wing Coloration in mimetic Neotropical Butterflies, Dissertation Princeton University. – Dieselbe (1975): Mimicry in Neotropical butterflies – why are there so many complexes in one place?, in: *American Scientist* 63 (5): 522–532.

131 R. K. Robbins, G. Lamas, O. H. H. Mielke, D. J. Harvey, M. Casagrande (1996): Taxonomic Composition and Ecological Structure of the Species-Rich Butterfly Community at Pakitza, Parque Nacional del Manu, Perú, in: D. E. Wilson & A. Sandoval (Ed.): Manu – The Biodiversity of Southeastern Peru / La Biodiversidad del Sureste del Perú. Lima.
A. Suchantke (1976): Biotoptracht bei südamerikanischen Schmetterlingen, in: *Elemente d.*

Naturwiss. 25: 1-8. Neu abgedruckt in W. Schad (Hrsg.): *Goetheanistische Naturwissenschaft. Bd. 3: Zoologie,* Stuttgart 1983.

132 C. Papageorgis (1974, 1975): siehe Anm. 130.

133 A. Suchantke (1991): siehe Anm. 128.

134 H.-W. Koepcke (1973): *Die Lebensformen. Bd. 1*, Krefeld. Siehe auch A. Suchantke (2000), Anm. 128.

135 A. D. Blest (1957): The Function of Eyespot Patterns in the Lepidoptera, in: *Behaviour* 11: 209–256. Siehe auch W. Wickler (1968): *Mimikry*, München.

136 A. Portmann (o.J.): *Die Tiergestalt*, Tb-Ausgabe nach der 2. Aufl., Freiburg / Basel 1965.

137 F. H. Nijhout (1981): The color patterns of butterflies and moths, in: *Scientific American* 254 (5): 145–151 (deutsch: Geheimnisvolle Schmetterlingsmuster, in: *Spektrum d. Wissensch.* 1 (1982), Heft 1: 32–40).

138 N. Tsikola (2000): Was ist das Ganze und was ist Teil? Überlegungen zum Problem der biologischen Form, in: *Elemente d. Naturwiss.* 72/1: 1-21.

139 T. Marti (1998): *Die Lebenswelt der Käfer*, Stuttgart.

140 Die Tendenzen der Panzerung, des Abschirmens und Verbergens des gesamten Körpers unter den Bildungen des Thorax sind vor allem bei den Käfern dominierend, treten aber auch in anderen Insektengruppen (und bei den Krebsen!) auf. Analoge Bildungen sind besonders unter den Blattwanzen (Schildwanzen, *Scutelleridae,* vgl. Abb. 113) häufig, die deshalb auch meist mit Käfern verwechselt werden, obwohl sie als Hemimetabole, d.h. Insekten mit unvollkommener Metamorphose, sowie mit stechend-saugenden statt mit Kiefern ausgestatteten Mundgliedmaßen mit den Käfern nicht näher verwandt sind. Noch extremer schließlich sind die geradezu grotesken Skulpturen und Auswüchse eines einzigen Thoraxsegmentes (des vordersten, des Prothorax) in der Zikadenfamilie der Buckelzirpen, die das ganze Tier unter sich verbergen. Vgl. A. Suchantke (1976): Die Buckelzirpen *(Membracidae)* und die Formensprache der Insekten, in: *Elemente d. Naturwiss.* 24: 1-14. Neu abgedruckt in W. Schad (Hrsg.): *Goetheanistische Naturwissenschaft. Bd. 3: Zoologie*, Stuttgart 1983. Vgl außerdem die Schrift des Verfassers: *Metamorphosen im Insektenreich,* 2. Aufl. Stuttgart 1994.

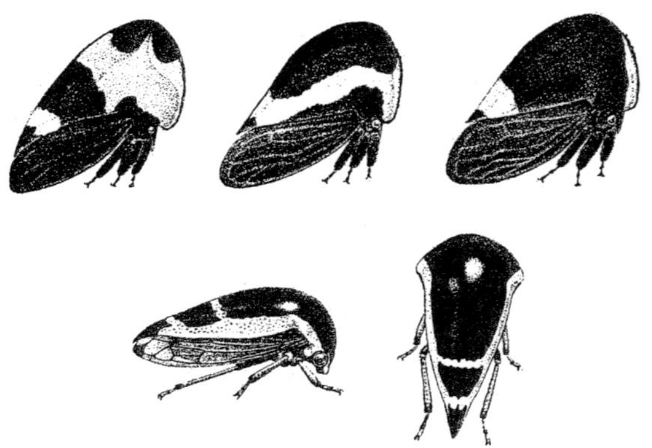

Südamerikanische Buckelzirpen. Aus Suchantke 1976.

141 Erstmalig vom Verfasser unter dem Titel «Insekt und Wirbeltier» in der Zeitschrift *Erziehungskunst* 1958, Heft 6: 161-165, publiziert sowie 1965 in der Erstauflage der Schrift *Metamorphosen im Insektenreich*, was deshalb erwähnt sei, weil der Sachverhalt von T. Marti in seinem Buch *Die Lebenswelt der Käfer*, Stuttgart 1998, irreführend und falsch zitiert wird.

142 Eine Zusammenstellung der Nahrung der verschiedenen Käferfamilien (Larven und Imagines) bei T. Marti: *Die Lebenswelt der Käfer*, Stuttgart 1998.

143 H. v. Lengerken (1951): Der Pillendreher (*Skarabaeus*), in: *Die Neue Brehm-Bücherei*, Leipzig. – Ders. (1952): Der Mondhornkäfer und seine Verwandten, in: *Die Neue Brehm-Bücherei,* Leipzig. – Ders. (1954): *Die Brutfürsorge- und Brutpflegeinstinkte der Käfer*, Leipzig. – Für den Totengräber ausführliche Darstellung bei Marti 1998.

144 Was natürlich nicht heißt, dass der Großorganismus des «Bien» den Jahreslauf nicht intensiv begleitet. In einer das Wesen der Biene auf lebendige Weise veranschaulichenden Darstellung charakterisiert J. Wirz die jahreszeitlichen Veränderungen des Bienen-Großorganismus: «Betrachten wir die einzelnen Bienen als Zellen eines übergeordneten Organismus, so erscheint uns im Sommer ein Lebewesen mit gewaltiger Ausdehnung. Als Riese umspannt er im Sommer das gesamte Gebiet, in dem Pollen und Nektar gesammelt werden. Im Winter schrumpft er zum

Zwerg, wenn sich das Volk eng in der Kugel der Wintertraube zusammendrängt.» (J. Wirz: Der Höhepunkt im Bienenjahr, in: *Das Goetheanum* 80 [2001] Nr. 26: 468–469).

145 Siehe Anm. 90.

146 K. v. Frisch (1969): *Aus dem Leben der Bienen*, 8. Aufl. Berlin / Göttingen / Heidelberg.

147 Aus der reichen Literatur nur eine Auswahl des Wichtigsten: K. Dumpert (1978): *Das Sozialleben der Ameisen*, Berlin / Hamburg. – W. Goetsch (1953): *Vergleichende Biologie der Insektenstaaten*, Leipzig. – B. Hölldobler und E. O. Wilson (1995): *Ameisen. Die Entdeckung einer faszinierenden Welt*, Basel. – T. C. Schneirla (1971): *Army ants — a study in social organisation*, San Francisco.

148 B. Hölldobler (1991): Soziale Verständigung und territorialer Konflikt in Ameisenpopulationen, in: *Naturwiss. Rundschau* 44, Heft 2: 43–51.

149 E. O. Wilson (1975): *Sociobiology: The new synthesis*, Cambridge, Mass.

150 Siehe Anm. 14.

151 F. Kipp (1991): siehe Anm. 65.

152 A. Kühn (1913): Entwicklungsgeschichte und Verwandtschaftsbeziehungen der Hydrozoen. I. Teil: Die Hydroiden, in: *Ergebn. u. Fortschr. d. Zool.* IV, 1: 1-284.

153 A. Kaestner (1965): *Lehrbuch der Speziellen Zoologie. Bd. I: Wirbellose*, 1. Teil, 2. Aufl., Stuttgart.

154 Es würde den fortlaufenden Text sprengen, auf den Aspekt der «Pflanzenhaftigkeit» noch näher einzugehen. Er ist aber so bedeutsam, dass es an dieser Stelle gerechtfertigt ist: Tatsächlich wird auf dieser Stufe eine pflanzenhafte Existenzform vorgeführt, und die Übereinstimmung mit einem keimenden Samen, der seine ersten Wurzeln in den umgebenden Mutterboden schickt, ist nicht zu übersehen. Selbstverständlich handelt es sich dabei nicht um Homologien, die Primärzotten haben mit Wurzeln jedoch den Bildungsgestus und die Funktion gemein, d.h. das destruktive, Nährstoffe der Aufnahme zuführende aggressive Eindringen in den «Mutterboden» der Uterusschleimhaut. – Eine Stufe früher kommt es zu Bildungen, die an *mineralische* Gestaltungen gemahnen, worauf auch Rohen in seiner *Morphologie des menschlichen Organismus*, Stuttgart 2001, aufmerksam macht: Die ersten Teilungen der befruchteten Eizelle erfolgen so, dass die jeweils folgende Furchungsebene senkrecht auf der vorhergehenden steht und damit die drei Raumesrichtungen markiert – der Keimling wird gewissermaßen aus einem vorräumlichen Zustand in den Raum hereingeholt. Geometrische regelmäßige Ordnungen sind aber Eigenschaften der mineralischen Welt, der Kristalle, ebenso wie die Identität aller Teile: ein Kristall ist so wenig differenziert wie ein Vier- oder Achtzellstadium. Damit erfährt das «biogenetische Grundgesetz» eine erhebliche Erweiterung: Jeder Organismus durchläuft in seinen ersten Entwicklungsschritten die unter ihm liegenden Naturreiche. Anders herum sind das Mineralreich, die pflanzlich-vegetative und die animale Sphäre festgehaltene und in die verschiedensten Richtungen ausgebaute Evolutionsplateaus, die von den jeweils höher evolvierten Formen aus sich herausgesetzt wurden – ohne dabei die Beziehung aufzugeben, die lediglich einer Wandlung unterworfen wird, wie die Pflanzen in ihrem Verhältnis zur mineralischen Sphäre vorführen und die Tiere gegenüber den Pflanzen usw.

155 R. Steiner (1919): *Allgemeine Menschenkunde als Grundlage der Pädagogik*, GA 293, 9. Aufl., Dornach 1992: Im dreizehnten Vortrag werden die Nervenbahnen wegen ihrer im Vergleich zu anderen Organsystemen (z.B. Blut) hochgradigen Entvitalisierung als besonders geeignet charakterisiert, die geistigen Inhalte der Außenwelt hindurchzulassen und ihnen keinen Widerstand entgegen zu setzen: «Wie durchsichtiges Glas das Licht durchlässt, so lässt materielle physische Materie, auch Nervenmaterie, den Geist durch.»

156 A. S. Romer und T. S. Parsons (1983): *Vergleichende Anatomie der Wirbeltiere*, 5. Aufl. Hamburg / Berlin.

157 E. Kuhn-Schnyder (1967): Paläontologie als stammesgeschichtliche Urkundenforschung, in: G. Heberer (Hrsg.): *Die Evolution der Organismen. Bd. 1*, 3. Aufl., Stuttgart.
Allerdings gibt es auch das Gegenteil. Eine altertümliche Gruppe unter den Deuterostomiern (Neumündern), den eigentlichen Vertretern der Innenskelettbildung also, stellen die im frühen Erdaltertum in erheblich größerer Formenfülle vertretenen Stachelhäuter (*Echinodermata*), die

Seesterne, Seeigel usw. dar. Die Larven der Seeigel und Schlangensterne (*Ophiuroida*) verfügen im Unterschied zum Erwachsenenzustand über ein strahliges, axiales Innenskelett. Während ihrer komplizierten Metamorphose wird zum einen die ursprüngliche bilaterale Symmetrie zugunsten der radiären aufgegeben, zum anderen treten an die Stelle der axialen Elemente des Innen- die umhüllenden Elemente des Außenskelettes (die dann vor allem bei den Seeigeln noch zusätzlich von Stacheln bedeckt sein können).

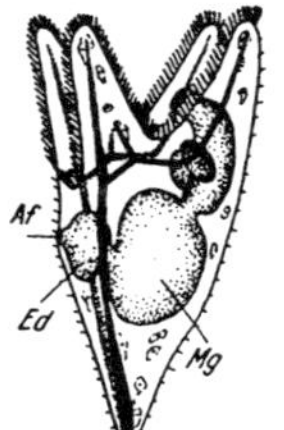

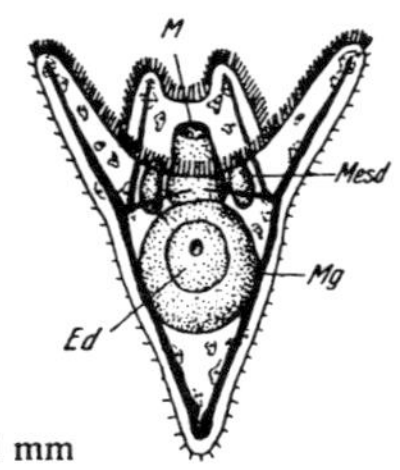

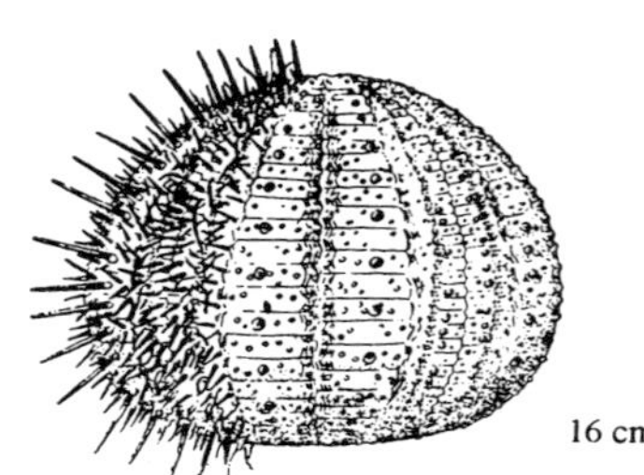

Links Larve eines Seeigels in Seiten- und Vorderansicht. Die strahligen Nadeln des Innenskelettes sind deutlich erkennbar. M = Mund, Mg = Magen, Ed = Enddarm, A = After, Mesd = Mesodermbläschen (Coelom); das rechte der beiden wird die Ausbildung der fünfstrahligen inneren Organisation initiieren. (Aus Kühn.) Rechts ausgewachsener Seeigel. Das Jugendstadium erweist sich, verglichen mit dem Erwachsenenzustand, als deutlich progressiver. *Die Ontogenese stellt einen Rückschritt dar, an die Stelle der Evolution tritt «Devolution».* Das wird noch deutlicher, nimmt man eine weitere Gruppe altertümlicher Deuterostomier hinzu, die Manteltiere (*Tunicata).* Bei ihnen verwandelt sich die lang gestreckte, fischartig bewegliche Larve mit Kiemenkorb und Chorda in ein sesshaftes, tönnchenförmiges Gebilde vom Aussehen und der Lebensweise eines Schwammes. – In beiden Fällen mutet die Innenskelettbildung wie eine evolutive Verfrühung oder Vorwegnahme an, eine *Proterogenese* (Schindewolf), die ontogenetisch nicht durchgehalten werden kann.

158 Die Erstveröffentlichung des Erstfundes vor Südafrika: J. L. B. Smith (1940): A Living Coelacanthid Fish from South Africa, in: *Transactions Roy. Soc. South Africa* 28, Part 1: 1-106.
J. Millot (1955): The Coelacanth, in: *Scientific American*, Dec. 1955: 2–7.
A. S. Romer (1966): *Vertebrate Paleontology*, 3rd ed. Chicago / London.
H. Fricke (1987): Im Reich der lebenden Fossilien, in: *Geo*, Okt.1987: 14–34.
– (1993): Der Quastenflosser – Biologie eines legendären Fisches, in: *Biologie in unserer Zeit*, 23, Nr. 4: 229–237.
– und K. Hissmann (1991): Locomotion, fin coordination, and body form of the living coelacanth *Latimeria chalumnae.* in *Env. Biol. Fish.* 34: 329–356.

159 H. Fricke, siehe Anm. 158.
Das Phänomen der Antizipation – der Vorwegnahme –, für das der Quastenflosser geradezu ein Paradebeispiel darstellt, hat die Forscher immer wieder beschäftigt. So formulierte O. Schindewolf (*Grundfragen der Paläontologie*, Stuttgart 1950): «Der amerikanische Paläontologe A. S. Romer hat einmal darauf hingewiesen, dass die alte Fischgruppe der Crossopterygier (Quastenflosser) Organe und Merkmale herausbildete: Schutz des Gehirns und der Sinnesorgane durch Knochenplatten, knöchernes Rumpfskelett, Knochenskelett der quastenförmigen Flossen, die für reine Wasserbewohner nicht nötig sind ... Sie stellen jedoch eine unerlässliche Vorbedingung für die landbewohnenden Vierfüßler dar, die sich aus diesem Crossopterygiern entwickelten und eines Stützskelettes bedürfen, um ihren Körper tragen und fortbewegen zu können, da das Wasser bei ihnen als tragendes Element fortfällt ... Wenn uns die ersten Tetrapoden daher im Oberdevon entgegentreten, so liegt der Grund dafür ... darin, dass ihre Vorläufer zu jener Zeit die morphologischen Voraussetzungen für ein Landleben geschaffen hatten, und zwar bemerkenswerter Weise in einer anderen Umwelt als der, für die sie sich später als nützlich erwiesen.»

160 J. Piaget (1959): *Imitation, jeu et rêve. Image et représentation*, Neuchâtel (deutsch: *Nachahmung, Spiel und Traum*, Stuttgart 1969).

161 Das bedeutet keine Abwertung der «rhythmischen» Phase, sondern, wie angedeutet, ihre Charakterisierung als etwas auf ihre Weise völlig anderes als die beiden Gestaltungsprinzipien des Sphärischen und des Radialen. Außer diesen

beiden scheint es keine weiteren Formprinzipien zu geben, und alle Gestaltungen im Bereich des Lebendigen dürften lediglich unterschiedliche Formen und Grade ihrer Durchdringung sein – nicht ihrer Vermischung, sondern der Auseinandersetzung bzw. Ergänzung. Im Falle der Skelett-Evolution ist die rhythmische Bildungsphase diejenige, in der beide Gestaltungselemente anwesend sind, das eine sich zurückziehend, das andere zunehmend an Platz gewinnend. Rhythmus wäre demnach der Bereich der Zusammenklänge von einander zunächst Wesensfremdem, aus dem ein Neues, beide Übergreifendes entstehen kann.

162 L. Vogel (1991): *Der dreigliedrige Mensch*, 3. Aufl. Dornach.

163 Zum Beispiel B. Christ (1990): Entwicklung der Extremitäten, in: K. V. Hinrichsen (Hrsg.): *Humanembryologie*, Berlin.

164 R. Steiner (1919): siehe Anm. 155: 10. Vortrag.

165 E. Kuhn-Schnyder: siehe Anm. 157.

166 R. Steiner (1919): *Erziehungskunst. Methodisch-Didaktisches*, GA 294, 6. Aufl. Dornach 1990, 7. Vortrag.
A. Suchantke (2001): Die Erscheinungen sprechen lassen, in: *Erziehungskunst 66*, H. 2: 131-141.

167 R. Steiner (1911): Die psychologischen Grundlagen und die erkenntnistheoretische Stellung der Anthroposophie, in: *Philosophie und Anthroposophie. Gesammelte Aufsätze 1904 — 1918*, GA 35, Dornach 1984.
W. Schad (1992): Das Nervensystem und die übersinnliche Organisation des Menschen, in: W. Schad (Hrsg,): *Die menschliche Nervenorganisation und die soziale Frage*, Stuttgart.

168 A. Suchantke (1983): Konvergente Evolution des Skelettes in verschiedenen Tiergruppen, in: W. Schad (Hrsg.): *Goetheanistische Naturwissenschaft. Bd. 3: Zoologie*, Stuttgart.

169 *Hydrozoa*, *Scyphozoa* und *Anthozoa* sind die drei wichtigsten Gruppen der Hohltiere (*Coelenterata*). Die beiden ersten Gruppen bilden Polypen *und* Medusen, wobei die Hydrozoen dauerhafte Kolonien (kleiner) Polypen besitzen, die (kleine) Medusen entlassen, während die großen Medusen, die «Quallen», Polypen der Scyphozoen entstammen, die sich in der einmaligen Bildung vieler Medusen erschöpfen. Die Anthozoen bilden nur Polypen aus, die Bildner der Korallenriffe; es gibt aber auch große Formen, die keine Kalksockel abscheiden («Seelilien», Aktinien). Zu den Hydrozoen gehören auch noch die so genannten «Staatsquallen», freischwimmende Kolonien hoch differenzierter Polypen.

170 A. Kaestner (1965): siehe Anm. 153.

171 R. C. Moore, C. G. Lalicker, A. G. Fischer (1952): *Invertebrate Fossils*, New York / Toronto / London.
A. H. Müller (1965): *Lehrbuch der Paläozoologie. Bd. II: Invertebraten*, Teil 2, 2. Aufl. Jena.

172 Zum Beispiel A. Kaestner (1965): siehe Anm. 153; W. Westheide und R. Rieger (1996): *Spezielle Zoologie. Teil 1: Einzeller und Wirbellose Tiere*, Stuttgart.

173 R. C. Moore, C. G. Lalicker, A. G. Fischer (1952): siehe Anm. 171.
A. H. Müller (1965): siehe Anm. 171.

174 T. Göbel (1983): Naturbilder menschlicher Gestaltungskräfte. Tintenfisch, Schnecke und Muschel, in: W. Schad (Hrsg.): *Goetheanistische Naturwissenschaft. Bd. 3: Zoologie*, Stuttgart.
Eine ausführlichere Darstellung durch T. Göbel und W. Schad (2001): Kopffüßler, Schnecken und Muscheln in ihrer organismischen Verwandtschaftsordnung, in: *Tycho de Brahe-Jahrbuch für Goetheanismus*, 2001.

175 J. J. Tesch (1913): *Pteropoda*, in: F. E. Schulze (Hrsg.): *Das Tierreich*, 36. Lieferung, Berlin.

176 Der Typus verwirklicht sich in den *Hauptlinien der Evolution*, wie sie sich etwa in der Stammesgeschichte der Wirbeltiere in der aufsteigenden Reihe von primitiven Fischen über die Quastenflosser zu den Amphibien und weiter zu den Reptilen usw. darstellt. Die *Radiation*, d.h. die Auffächerung der einzelnen «Stufen» in unzählige Arten und Ökotypen, ist etwas anderes und ist Ausdruck der Auseinandersetzung des Typus mit den Bedingungen der physischen Umwelt bzw. mit dem Durchspielen bestimmter Gestaltungsmotive (Kopfaufsätze der Wiederkäuer usw.).

177 A. Suchantke (1967, 1983): siehe Anm. 168.

178 Siehe Anm. 174.

179 A. Portmann siehe Anm. 136.

180 L. Riefenstahl (1990): *Wunder unter Wasser*, München.

181 L. Riefenstahl (1978): *Korallengärten*, München.

182 W. Klausewitz (1999): Eine gewagte Dinosaurierskelett-Montage, in: *Natur und Museum* 129, Heft 1: 1-12.
A. H. Müller (1968): *Lehrbuch der Paläozoologie. Bd. III: Vertebraten*, Teil 2: Reptilien und Vögel, Jena.
A. S. Romer (1966): *Vertebrate Paleontology*, 3rd ed. Chicago und London.
P. Wellnhofer (o.J.): Die fliegenden Saurier, in: *Spektrum der Wissenschaft. Digest: Saurier und Urvögel.*

183 A. J. Desmond (1978): *Das Rätsel der Dinosaurier*, Köln.

184 Eigene Erlebnisse des Verfassers mögen das illustrieren: Während eines Ostafrika-Aufenhaltes 1970 brachten mir Kinder, die mich beim Sammeln beobachtet hatten, immer wieder kleine Tiere. Nie waren jedoch Raupen, Chamäleons oder andere Arten dabei, die sich kriechend fortbewegten und vor denen die Kinder, wenn ich sie ihnen zeigte, panische Angst hatten. – Während einer Safari hatte der Leiter eine große Puffotter erschlagen – eine gefährliche Giftschlange – und brachte sie ins Lager mit. Das Tier war noch nicht ganz tot und bewegte sich schwach. Die schwarzen Begleiter schrien vor Entsetzen und rannten davon. – Als ich während eines Aufenthaltes in den Alpen mit dem Fotografieren von Schmetterlingen beschäftigt war, vernahm ich plötzlich ein leises Zischen unter mir. Ich sah nach unten und bemerkte, dass ich versehentlich auf einer Kreuzotter stand, die nun verzweifelt versuchte, sich zu befreien, und dabei in meinen Schuh biss. Obwohl die Situation völlig ungefährlich war, durchfuhr mich ein eiskalter Schreck, und ich sprang, ohne mich zu besinnen, einen großen Schritt zurück. Dass es sich gelohnt hätte, die Szene zu fotografieren, fiel mir erst hinterher ein, als es längst zu spät war.

185 F. Walther (1966): *Mit Horn und Huf. Vom Verhalten der Horntiere*, Berlin / Hamburg.

186 R. Steiner (1919): siehe Anm. 98. W. Schad (*Säugetiere und Mensch*, Anm. 9) macht in diesem Zusammenhang darauf aufmerksam, dass auch das Verdauungssystem, genauer: der Magen, stark kopfwärts verlängert ist durch den voluminösen Pansen, durch Lab- und Blättermagen, die ihrer Herkunft nach eigentlich Teile des dem eigentlichen Magen vorgelagerten Oesophagus, der Speiseröhre also, sind.

187 D. Burckhard, P. Barruel (1970): *Säugetiere Europas. Bd. II.*

188 W. Modell (1969): Horns and Antlers, in: *Scientific American*, April 1969: 114–122 (Übersetzung A. S.).

189 R. Steiner (1924): siehe Anm. 88: 4. Vortrag.

190 D. Stark (1995): Säugetiere, in: A. Kaestner (Hrsg.): *Lehrbuch der Speziellen Zoologie*, Bd. II, Teil 5/2, Stuttgart.

191 R. Steiner (1924): siehe Anm. 88.

192 J. W. Goethe (1795): Erster Entwurf einer allgemeinen Einleitung in die vergleichende Anatomie, ausgehend von der Osteologie, in: Zur Morphologie. Ersten Bandes zweites Heft, 1820. Zitiert nach *Goethes sämtliche Werke*, Bd. 16, S. 398, Insel-Ausgabe, Leipzig o.J.

193 W. Schad (1971): siehe Anm. 9.

194 E. Thenius und H. Hofer (1960): *Stammesgeschichte der Säugetiere*, Berlin / Göttingen / Heidelberg.

195 A. Portmann (1977): siehe Anm. 95.

196 Die Darstellung ist natürlich nicht im Sinne einer abstammungsmäßigen Aufeinanderfolge gemeint, sondern betrifft unterschiedliche Entwicklungsstufen, ohne auf deren verwandtschaftliche Beziehungen einzugehen.

197 Das heißt natürlich nicht, dass der Fuß als Ganzes dem Boden *aufliegt*. In Wirklichkeit richtet sich auch der Fuß auf, freilich auf völlig andere Weise als bei den Tieren: An der Stelle der stärksten Belastung, dort, wo das volle Gewicht des Leibes über das Schienbein auf den Fuß auftrifft, wölbt sich dieser in einer Gegenbewegung nach oben, eine Bewegung, die noch dadurch verstärkt wird, dass das Sprungbein halb auf das Fersenbein darauf getürmt ist – eine geradezu unwahrscheinlich anmutende Konstruktion! Von der Kräfteverteilung her allerdings auch die einzig mögliche, weil auf diese Weise der Druck nach verschiedenen Seiten abgeleitet wird. Bei einem vollkommen flachen Fuß würden die einzelnen Knochen durch das auftreffende Gewicht auseinander gedrückt werden.

198 V. T. Inman, H. J. Ralston, F. Todd (1981): *Human Walking*, London (zitiert nach J. Verhulst [1999]: *Der Erstgeborene*, Stuttgart).

199 J. Verhulst (1999): siehe Anm. 65.

200 J. L. Franzen (1997): Eine begründete Rekonstruktion der Evolution des Menschen, in: *Natur und Museum* 127, Heft 8: 245–263.
201 Zitiert nach der Zusammenstellung verfügbarer Daten bei J. L. Franzen (1988): «Lucy» im Senckenberg-Museum, in: *Natur und Museum* 118, Heft 12: 373–381.
202 O. H. Schindewolf (1972): Phylogenie und Anthropologie aus paläontologischer Sicht, in H. G. Gadamer u. P. Vogler: (Hrsg.): *Neue Anthropologie*. Bd. 1, Stuttgart.
203 W. Schad (1992): siehe Anm. 7.
204 W. Schad (1971): siehe Anm. 9.
205 W. Schad (1996): siehe Anm. 7.
206 J. G. Herder (1821): *Ideen zur Philosophie der Geschichte der Menschheit*, 1. Band, 2. Buch (zitiert nach der 2. Aufl. Leipzig 1821). Siehe auch die kommentierte Teilausgabe durch E. Dühnfort und O. Oltmann: *«Der Mensch ist der erste Freigelassene der Schöpfung»*, aus den ersten fünf Büchern der *Ideen zur Philosophie der Geschichte der Menschheit*, Stuttgart 1989.
207 R. Steiner (1894): *Die Philosophie der Freiheit*, GA 4, 16. Aufl. Dornach 1980.
208 R. Steiner (1918): Der Dornacher Bau. Vortrag 3.7.1918, in: *Erdensterben und Weltenleben*, GA 181, 3. Aufl. Dornach 1991. Vergleiche dazu auch das Kapitel «Kapitäle und Sockel ...» in K. Kemper (1966): *Der Bau*, Stuttgart.
209 L. Locher-Ernst (1970): *Geometrische Metamorphosen*, Dornach.
210 siehe Anm. 209.
211 G. Wachsmuth (1983): *Die Reinkarnation des Menschen als Phänomen der Metamorphosen*, Dornach.

Literaturverzeichnis

Adams, G., O. Whicher (1960): *Die Pflanze in Raum und Gegenraum*, Stuttgart.

Andrews, J. R. H. (1986): *The Southern Ark: Zoological disvovery in New Zealand*, Auckland.

Appenzeller, K. (1976): *Die Genesis im Licht der menschlichen Embryonalentwicklung*, Basel.

Arditti, J. (1966): Orchids, in: *Scientific American*, Jan. 1966: 7–14.

Bakker, R. T. (1975): Dinosaur Renaissance, in: *Scientific American*, Apr. 1975: 58–78.

Barkai, N., S. Leibler (1999): Ultrasonic hearing in nocturnal butterflies, in: *Nature* 403: 265–268.

Barth, F. G. (1982): *Biologie einer Begegnung. Die Partnerschaft der Insekten und Blumen*, Stuttgart.

De Beer, G. (1937): *The development of the vertebrate skull*, Oxford.

Berthold, P. (1990): *Vogelzug*, Darmstadt.

Blest, A. D. (1957): The Function of Eyespot Patterns in the Lepidoptera, in: *Behaviour* 11: 209–256.

Bockemühl, J. (1964): Der Pflanzentypus als Bewegungsgestalt, in: *Elemente der Naturwissenschaft* 1: 3–11. Neuabdruck in W. Schad (Hrsg.): *Goetheanistische Naturwissenschaft. Bd. 2: Botanik*, Stuttgart 1982.

– (1966): Bildebewegungen im Laubblattbereich höherer Pflanzen, in: *Elemente der Naturwissenschaft* 4: 7–23. Neuabdruck in W. Schad (Hrsg.): *Goetheanistische Naturwissenschaft. Bd. 2: Botanik*, Stuttgart 1982.

– (1967): Äußerungen des Zeitleibes in den Bildebewegungen der Pflanze, in: *Elemente der Naturwissenschaft* 7: 25–30. Neuabdruck in W. Schad (Hrsg.): *Goetheanistische Naturwissenschaft. Bd. 2: Botanik*, Stuttgart 1982.

– (1977): Die Bildebewegungen der Pflanzen, in: J. Bockemühl (Hrsg.): *Erscheinungsformen des Ätherischen*, Stuttgart.

– (1983): Beziehungen zwischen Wurzelwachstum und Sprossentwicklung im Jahreslauf, in: *Int. Sympos. Gumpenstein* 1982: 227–270.

– (1994): Die Fruchtbarkeit von Goethes Wissenschaftsansatz in der Gegenwart, in: *Elemente der Naturwissenschaft* 61: 52–69.

Bortoft, H. (1995): *Goethes naturwissenschaftliche Methode*, Stuttgart. (*Goethe's Scientific Consciousness*, Tunbridge Wells 1986).

– (1996): *The Wholeness of Nature — Goethe's Way of Science*, Edinburgh.

Brakel, J. (1982): *Blütenfarben und -formen bei Akelei und Eisenhut*, unveröff. Abschlussarbeit, Naturwiss. Studienjahr Dornach/Schweiz.

Brinton, W. (2000): Environment as Data versus «Being», in: *Elemente der Naturwissenschaft* 72: 62–72.

Brooks, R. (2001): The relationship between matter and life, in: *Nature*, Vol. 409, 18th Jan. 2001: 409–419.

Burckhardt, D., P. Barruel (1970): *Säugetiere Europas. Bd. II*, Zürich.

Carcasson, R. H. (1977): *Coral Reef Fishes of the Indian and West Pacific Oceans*, London.

Chapman, G. P. (Ed.,1992): *Gras Evolution and Domestication*, Cambridge.

Chauvet, J. M., E. B. Deschamps, C. Hilaire (1995): *Grotte Chauvet. Altsteinzeitliche Kunst im Tal der Ardèche*, Sigmaringen.

Christ, B. (1990): Entwicklung der Extremitäten, in: K. V. Hinrichsen (Hrsg.): *Humanembryologie*, Berlin.

Cingel, N. A. van der (1995): *An Atlas of Orchid Pollination. European Orchids*, Rotterdam.

Court, D. (2000): *Succulent Flora of Southern Africa*, 2nd ed. Rotterdam.

Cuvier, G. (1836): *Leçons d'anatomie comparée*, Tome I, 3ème ed. Bruxelles.

Daghlian, C. P. (1982): A Review of the Fossil Record of Monocotyledons, in: *Botanic Review* 47: 517–555.

Dahlgren, R. M. T., H. T. Clifford, P. F. Yeo (Ed., 1985): *The Families of the Monocotyledons*, Berlin / Heidelberg / New York.

Darwin, C. (1872): *The Expression of Emotions in Man*

and Animals, London (deutsch von C. G. Carus 1899: *Der Ausdruck der Gemütsbewegungen bei Mensch und Tier*, Halle / Saale).

– (1888): *The various contrivances by which orchids are fertilised by insects*, London.

Desmond, A. J. (1978): *Das Rätsel der Dinosaurier*, Köln.

Dettner, K., W. Peters (1999): *Lehrbuch der Entomologie*, Stuttgart.

Dressler, R. L. (1987): *Die Orchideen. Biologie und Systematik der Orchidaceae*, Stuttgart.

Dumpert, K. (1978): *Das Sozialleben der Ameisen*, Berlin / Hamburg.

Epstein, E. (1973): Roots, in: *Scientific American*, May 1973: 48–58.

Franzen, J. L. (1988): «Lucy» im Senckenberg-Museum, in: *Natur und Museum* 118, Heft 12: 373–381.

– (1997): Eine begründete Rekonstruktion des Menschen, in: *Natur und Museum* 127, Heft 8: 245–263.

Fricke, H. (1987): Im Reich der lebenden Fossilien, in: *Geo*, Okt.1987: 14–34.

– (1993): Der Quastenflosser – Biologie eines legendären Fisches, in: *Biologie in unserer Zeit* 23, Nr. 4: 229–237.

–, K. Hissmann (1991): Locomotion, fin coordination, and body form of the living coelacanth *Latimeria chalumnae*, in: *Env. Biol. Fish.* 34: 329–356.

Frieling, H. (1937): *Die Stimme der Landschaft*, München. Neuauflage unter dem Titel: *Der singende Busch*, Schaffhausen 1986.

Frisch, K. v. (1969): *Aus dem Leben der Bienen*, 8. Aufl. Berlin / Göttingen / Heidelberg.

Goebel, K. (1923): *Organografie der Pflanzen*. Bd. III, Jena.

Göbel, T. (1983): Naturbilder menschlicher Gestaltungskräfte. Tintenfisch, Schnecke und Muschel, in: W. Schad (Hrsg.): *Goetheanistische Naturwissenschaft. Bd. 3: Zoologie*, Stuttgart.

– u. W. Schad (2001): Kopffüßer, Schnecken und Muscheln in ihrer organismischen Verwandtschaftsordnung, in: *Tycho de Brahe-Jahrbuch für Goetheanismus* 2001: 214–262.

Goethe, J. W. (1786): *Dem Menschen wie den Tieren ist ein Zwischenknochen der oberen Kinnlade zuzuschreiben*, Jena.

– (1787): Brief aus Neapel an Herder, 17. Mai 1787. Zitiert nach der Insel-Ausgabe, Bd. IV, Leipzig o.J.

– (1788, 1789): *Vorarbeiten zu einer Morphologie der Pflanzen*, handschriftlich.

– (1790): *Versuch die Metamorphose der Pflanzen zu erklären*, Gotha. Spätere Auflage 1831, Cottasche Buchhandlung Stuttgart.

– (1795): *Erster Entwurf einer allgemeinen Einleitung in die Anatomie, ausgehend von der Osteologie.*

– (1817): *Glückliches Ereignis. 1. Heft zur Morphologie.*

– (1817): *Geschichte meines botanischen Studiums. Zur Morphologie*, 1. Band, 1. Heft. Erweiterte Fassung in: *Versuch über die Metamorphose der Pflanzen. Nebst geschichtlichen Nachträgen*, Stuttgart 1831.

– (1823): *Bedeutendes Fördernis durch ein einziges geistreiches Wort. 1. Heft des 1. Bandes zur Morphologie.*

– (1824): *Das Schädelgerüst aus Wirbeln auferbaut. 2. Heft des 2. Bandes zur Morphologie.*

– *Goethes Gespräche* (ohne die Gespräche mit Eckermann), hrsg. von F. Frh. v. Biedermann, Wiesbaden (Insel) 1957.

Goetsch, W. (1953): *Vergleichende Biologie der Insektenstaaten*, Leipzig.

Goodall J. D., A. W. Johnson, R. A. Philippi (1946, 1951): *Las aves de Chile*, 2 Bde., Buenos Aires.

Grohmann, G. (1931): Entwicklungsgesetze in der fossilen Pflanzenwelt, in: *Gäa Sophia, Jahrbuch der Naturwiss. Sektion am Goetheanum*, Dornach.

– (1968): *Die Pflanze. Bd. 2*, 2. Aufl., Stuttgart.

(1992): *Zur ersten Tier- und Pflanzenkunde in der Pädagogik Rudolf Steiners*, 3. Aufl. Stuttgart.

– (A. Suchantke 1997: Gerbert Grohmann als Forscher und Schriftsteller, in: *Tycho de Brahe-Jahrbuch für Goetheanismus* 1997: 37–52).

Hansen, A. (1907): *Goethes Metamorphose der Pflanzen. 2. Teil: Tafeln*, Gießen. (Früheste farbige Reproduktion der Tulpe, durchwachsenen Rose u. anderer Objekte gemalt nach Vorlagen Goethes.)

Hediger, H. (1961): *Tierpsychologie in Zoo und Zirkus*, Basel.

Heitler, W. (1962): *Der Mensch und die naturwissenschaftliche Erkenntnis*, 2. Aufl. Braunschweig.

Hendrichs, H. (1970): Schätzungen der Huftier-Bio-

masse in der Dornbuschsavanne nördlich und westlich der Serengetisteppe in Ostafrika nach einem neuen Verfahren und Bemerkungen zur Biomasse der anderen pflanzenfressenden Tierarten, in: *Säugetierkundl. Mitt.*18: 443–457.
- u. U. Hendrichs (1971): *Dikdik und Elefanten. Ökologie und Soziologie zweier afrikanischer Huftiere,* München.

Herder, J. G. (1821): *Ideen zur Philosophie der Geschichte der Menschheit*, 1. Bd., 2. Buch, 2. Aufl. Leipzig.

Hofmann, R. T. (1989): Evolutionary steps of ecophysiological adaption and diversification of ruminants: a comparative view of their digestive systems, in: *Oecologia* 78: 443–457.
- (1991): Die Wiederkäuer, in: *Biologie in unserer Zeit* 21, Heft 2: 73–80.

Holland, P. W. H., P. Ingham, S. Krauss (1992): Mice and flies head to head, in: *Nature* 358: 627–628.

Hölldobler, B. (1991): Soziale Verständigung und territorialer Konflikt in Ameisenpopulationen, in: *Naturwiss. Rundschau* 44, Heft 2: 43–51.
- & E. O. Wilson (1990): *The Ants*, Berlin / Heidelberg / New York (deutsch: *Ameisen. Die Entdeckung einer faszinierenden Welt*, Basel 1995).

Huxley, T. H. (1858): On the theory of the vertebrate skull, in: *The Croonian Lecture. Proc. Roy. Soc. London* 9: 321-457.

Jolly, J. (1991): Kiwi – A secret Life, in: *The New Zealand natural Heritage Foundation*, Palmerston North.

Kaestner, A. (1965): *Lehrbuch der speziellen Zoologie. Bd. 1: Wirbellose*, 1. Teil, 2. Aufl., Stuttgart.

Kingdon, J. (1974): *East African Mammals*, Vol. II, Part B, London / New York.

Kipp, F. A. (1980): *Die Evolution des Menschen im Hinblick auf seine lange Jugendzeit,* 2. Aufl. Stuttgart.
- (1983): Die Gliederung der Vogelwelt nach den vier Elementen, in: *Die Drei* 53, Heft 7/8: 494–510.

Klausewitz, W. (1999): Eine gewagte Dinosaurierskelett-Montage, in: *Natur und Museum* 129, Heft 1: 1-12.

Koepcke, H.-W. (1973): *Die Lebensformen*, Bd. 1, Krefeld.

Kranich, E.-M. (1989): *Von der Gewissheit zur Wissenschaft der Evolution*, Stuttgart.
- (1993): *Pflanzen als Bilder der Seelenwelt. Skizze einer physiognomischen Naturerkenntnis*, Stuttgart.

Kuhn-Schnyder (1967): Paläontologie als stammesgeschichtliche Urkundenforschung, in: G. Heberer (Hrsg.): *Die Evolution der Organismen*, Bd. 1, 3. Aufl., Stuttgart.

Kühn, A. (1913): Entwicklungsgeschichte und Verwandtschaftsbeziehungen der Hydrozoen. 1. Teil: Die Hydroiden, in: *Ergebn. u. Fortschr. d. Zoologie* IV,1: 1-284.

Kunkel, G. (1980): *Die Kanarischen Inseln und ihre Pflanzenwelt*, Stuttgart / New York.

Lengerken, H. v. (1951): Der Pillendreher (Skarabaeus), in: *Neue Brehm-Bücherei,* Leipzig.
- (1952): Der Mondhornkäfer und seine Verwandten, in: *Neue Brehm-Bücherei,* Leipzig.
- (1954): *Die Brutfürsorge- und Brutpflegeinstinkte der Käfer*, Leipzig.

Locher-Ernst, L. (1970): *Geometrische Metamorphosen*, Dornach.

Lutzker, P. (1996): *Der Sprachsinn. Sprachwahrnehmung als Sinnesvorgang,* Stuttgart.

Mägdefrau, K. (1968): *Paläobiologie der Pflanzen*, 4. Aufl., Stuttgart

Mandoli, D. F., W. R. Briggs (1984): Lichtleiter in Pflanzen, in: *Spektrum der Wissenschaft*, Okt. 1984.

Marti, T. (1998): *Die Lebenswelt der Käfer*, Stuttgart.

Millot, J. (1955): The Coelacanth, in: *Scientific American*, Dec. 1955: 2–7.

Modell, W. (1969): Horns and Antlers, in: *Scientific American*, April 1969: 114–122.

Moore, R. C., C. G.Lalicker, A. G. Fischer (1952): *Invertebrate Fossils*, New York / Toronto / London.

Müller, A. H. (1965): *Lehrbuch der Paläozoologie. Bd. II: Invertebraten, Teil 2*, 2. Aufl. Jena.

Nijhout, F. H. (1981): The color patterns of butterflies and moths, in: *Scientific American* 254, Heft 5: 145–151 (deutsch: Geheimnisvolle Schmetterlingsmuster, in: *Spektr. d. Wiss.* 1982, Heft 1: 32–40).

Nüsslein-Vollhardt, C. (1990): Determination der embryonalen Achsen bei *Drosophila*, in: *Verh. Deutsch. Zool. Ges.* 83: 179–195.

Oken, L. (1807): *Über die Bedeutung der Schädelknochen. Ein Programm beim Antritt der Professur an der Gesamt-Universität zu Jena*, Bamberg /

Würzburg.
- (1837–38): *Allgemeine Naturgeschichte für alle Stände*, Stuttgart.

Owen, R. (1848): *On the archetype and homologies of the vertebrate skeleton*, London.

Papageorgis, C. (1974): *The Adaptive Significance of Wing Coloration in mimetic Neotropical Butterflies*, Dissertation Princeton University.
- (1975): Mimicry in Neotropical butterflies – why are there so many complexes in one place?, in: *American Scientist* 63, Heft 5: 522–532.

Patzlaff, R. (1995): Die Rettung der Sinne – Aufgabe unserer Zeit. Teil I: Das unbewusste Ich im Wahrnehmungsvorgang, in: *Erziehungskunst* 1995, Heft 5: 485–500.

Peyer, B. (1949): Goethes Wirbeltheorie des Schädels, in: *Vierteljahresschr. Naturforsch. Ges.*, Zürich 94, Beiheft 2/3.

Piaget, J. (1959): *Imitation, jeu et rêve — Image et représentation*, Neuchâtel (deutsch: *Nachahmung, Spiel und Traum*, Stuttgart 1969).

Pijl, L. van der, C. H. Dodson (1966): *Orchid Flowers, their Pollination and Evolution*, Coral Gables, Florida.

Portmann, A. (1965): *Die Tiergestalt*, Tb-Ausgabe nach der 2. Aufl. Freiburg / Basel.
- (1977): *Einführung in die vergleichende Morphologie der Wirbeltiere*, 5. Aufl. Basel / Stuttgart.

Raab, R. (1995): Sieben Säulenkapitelle aus dem großen Kuppelraum vom ersten Goetheanum. Zeichnungen, Texte, Daten, *Goetheanum Baublätter 2*, Dornach.

Randall, J. E. (1986): *Red Sea Reef Fishes*, 2nd. ed. London.

Rasmussen, F. N. (1985): Orchids, in: R. M. T. Dahlgren, H. T. Clifford, P. F. Yeo (Ed.): *The Families of the Monocotyledons*, Berlin / Heidelberg / New York.

Rauh, W. (1958): Beitrag zur Kenntnis der peruanischen Kakteenvegetation, in: *Sitzungsberichte d. Heidelberg. Akad. Wiss. Math.-Naturwiss. Klasse*, Heidelberg.
- (1979): *Kakteen an ihren Standorten, unter besonderer Berücksichtigung ihrer Morphologie und Systematik*, Hamburg / Berlin.

Reichholf, J. H. (1990): *Der Tropische Regenwald. Ökobiologie des artenreichsten Naturraumes der Erde*, München (dtv-Sachbuch).

Remane, A. (1952): *Die Grundlagen des natürlichen Systems, der vergleichenden Antomie und der Phylogenetik*, Leipzig.
- (1967): Die Geschichte der Tiere, in: G. Heberer (Hrsg.): *Die Evolution der Organismen*, Bd. 1, 3. Aufl., Stuttgart.

Riefenstahl, L. (1978): *Korallengärten*, München.
- (1990): *Wunder unter Wasser*, München.

Riley, M. (1983): *Kiwi and moa: New Zealand's unique flightless birds*, Wellington.

R. K. Robbins, G. Lamas, O. H. H. Mielke, D. J. Harvey, M. Casagrande (1996): Taxonomic Composition and Ecological Structure of the Species-Rich Butterfly Community at Pakitza, Parque Nacional del Manu, Perú, in: D. E.Wilson & A. Sandoval (Eds.): *Manu — The Biodiversity of Southeastern Peru / La Biodiversidad del Sureste del Perú*, Lima.

Rohen, J. W. (2000): *Morphologie des menschlichen Organismus*, Stuttgart.

Romer, A. S. (1966): *Vertebrate Paleontology*, 3rd ed. Chicago / London.
- und T. S. Parsons (1983): *Vergleichende Anatomie der Wirbeltiere*, 5. Aufl. Hamburg / Berlin.

Rose-Engelberth, M. J. (1999): *Das Kopfproblem der Vertebraten. Kenntnisstand und Problematik*, Dissertation Universität Witten-Herdecke.

Sauer, E. G. (1957): Die Sternorientierung nächtlich ziehender Grasmücken *(Sylvia atricapilla, borin* und *curruca*), in: *Zeitschr. Tierpsychologie* 14: 29–70.

Schad, W. (1971): *Säugetiere und Mensch. Zur Gestaltbiologie vom Gesichtspunkt der Dreigliederung*, Stuttgart.
- (1992): Das Nervensystem und die übersinnliche Organisation des Menschen, in: W. Schad (Hrsg.): *Die menschliche Nervenorganisation. Teil I*, Stuttgart.
- (1992): *Der Heterochronie-Modus in der Evolution der Wirbeltierklassen und Hominiden*, Dissertation Universität Witten-Herdecke.
- (1993): Heterochronical Patterns in the Transitional Stages of Vertebrate Classes, in: *Acta Biotheoretica* 41: 383–389.
- (1996): Das Denken in Entwicklung. Zugänge durch Goetheanismus und Evolutionsbiologie, in: *Die Drei* 66: 188–201, 433–453, 544–557.

Scheuerle, H. J. (1984): *Die Gesamtsinnesorganisation. Überwindung der Subjekt-Objekt-Spaltung in der Sinneslehre*, 2. Aufl., Stuttgart.

Schilperoord, P. (2001): Evolution durch Retention?,

in: *Elemente der Naturwissenschaft* 75: 84–88.
Schindewolf, O. (1950): *Grundfragen der Paläontologie*, Stuttgart.
– (1972): Phylogenie und Anthropologie aus paläontologischer Sicht, in: H. G. Gadamer, P. Vogler (Hrsg.): *Neue Anthropologie. Bd. 1*, Stuttgart.
Schneirla, T. C. (1971): *Army ants — a study in social organisation*, San Francisco.
Schubert, G. H. (1837): *Die Geschichte der Natur*, Bd. 3, Erlangen.
Seifert, G. (1999): Hämolymphe und Hämolymphetransport, in: K.Dettner und W. Peters (Hrsg): *Lehrbuch der Entomologie*, Stuttgart.
Sheldrake, R. (1991): *Das Gedächtnis der Natur*, 5. Aufl. Bern / München / Wien.
Stark, D. (1965): *Embryologie*, Stuttgart.
– (1979): *Vergleichende Anatomie der Wirbeltiere. Bd. 2: Das Skelettsystem*, Berlin / Heidelberg.
– (1995): Säugetiere, in: A. Kaestner (Hrsg.): *Lehrbuch der Speziellen Zoologie*, Bd. II, Stuttgart.
Steiner, R. (1884): Fußnote S. 319 zu J. W. Goethe (1786): Dem Menschen wie den Tieren ist ein Zwischenknochen zuzuschreiben, in: *Goethes Naturwissenschaftliche Schriften. Erster Band*, hrsg. von Rudolf Steiner, Stuttgart / Berlin / Leipzig o.J.
– (1884 – 1897): *Einleitungen zu Goethes naturwissenschaftlichen Schriften*, GA 1, Dornach, 3. Auflage 1973.
– (1886): *Grundlinien einer Erkenntnistheorie der Goetheschen Weltanschauung, mit besonderer Rücksicht auf Schiller*, GA 2, 7. Aufl. Dornach 1979.
– (1894): *Die Philosophie der Freiheit*, GA 4, 16. Aufl. Dornach 1995.
– (1911): Die psychologischen Grundlagen und die erkenntnistheoretische Stellung der Anthroposophie, in: *Philosophie und Anthroposophie. Gesammelte Aufsätze 1904 — 1923*, GA 35, 2. Aufl. Dornach 1984.
– (1915): Vortrag 24.10., in: *Die okkulte Bewegung im 19. Jahrhundert und ihre Beziehung zur Weltkultur*, GA 254, 4. Aufl. Dornach 1986.
– (1916): Vortrag 15.4., in: *Aus dem mitteleuropäischen Geistesleben*, GA 65, 2. Aufl. Dornach 2000.
– (1918): Vortrag 3.7., in: *Bewusstseins-Notwendigkeiten für Gegenwart und Zukunft*, GA 181, 3. Aufl. Dornach 1991.
– (1919): *Allgemeine Menschenkunde als Grundlage der Pädagogik*, GA 293, 9. Aufl. 1992.
– (1919): *Erziehungskunst. Methodisch-Didaktisches*, GA 294, 6. Aufl. 1990.
– (1919): *Erziehungskunst. Seminarbesprechungen und Lehrplanvorträge*, GA 295, 4. Aufl. 1984.
– (1923 – 1925): *Mein Lebensgang*, GA 28, 8. Aufl. Dornach 1982.
– (1924): *Geisteswissenschaftliche Grundlagen zum Gedeihen der Landwirtschaft. Landwirtschaftlicher Kurs*, GA 327, 7. Aufl. 1984.
– (1924 – 1925): *Anthroposophische Leitsätze*, GA 26, 9. Aufl. 1989.
Stockmar, S. (1998): Die Darstellung des Typus- und Entwicklungsgedankens in Rudolf Steiners Goetheschriften, in: *Tycho de Brahe-Jahrbuch für Goetheanismus* 1998: 60–96.
Suchantke, A. (1958): Insekt und Wirbeltier, in: *Erziehungskunst* 1958, Heft 6: 161-165.
– (1967): Paläontologie als Menschenkunde, in: *Die Menschenschule* 41: 105–159.
– (1968): Konvergente Evolution des Skelettes in verschiedenen Tiergruppen, in: *Elemente der Naturwissenschaft* 8: 8–26, 9: 56–61. Neuabdruck in W. Schad (Hrsg.): *Goetheanistische Naturwissenschaft. Bd. 3: Zoologie*, Stuttgart 1983.
– (1973): Die Zeitgestalt der Pflanze, in: *Erziehungskunst* 37: 261-273, 305–320. Neuabdruck in W. Schad (Hrsg.): *Goetheanistische Naturwissenschaft. Bd. 2: Botanik*, Stuttgart 1982.
– (1974): Biotoptracht und Mimikry bei afrikanischen Tagfaltern, in: *Elemente der Naturwissenschaft* 21: 1-21. Neuabdruck in W. Schad (Hrsg.): *Goetheanistische Naturwissenschaft. Bd. 3: Zoologie*, Stuttgart 1983.
– (1976): Biotoptracht bei südamerikanischen Schmetterlingen, in: *Elemente der Naturwissenschaft* 25: 1-8. Neuabdruck in W. Schad (Hrsg.): *Goetheanistische Naturwissenschaft. Bd. 3: Zoologie*, Stuttgart 1983.
– (1976): Die Buckelzirpen *(Membracidae)* und die Formensprache der Insekten, in: *Elemente der Naturwissenschaft* 25: 1-14. Neuabdruck in W. Schad (Hrsg.): *Goetheanistische Naturwissenschaft. Bd. 3: Zoologie*, Stuttgart 1983.
– (1982): *Der Kontinent der Kolibris. Landschaften und Lebensformen in den Tropen Südamerikas*, Stuttgart.

– (1986): Die Landschaft des Menschen. Eichen-Savannen und Wildgetreidefluren in Palästina, in: *Die Drei* 56, Heft 4: 259–278.
– (1989): Sexualität – Individualität – Bewusstsein, in: A. Suchantke, S. Leber, W. Schad: *Die Geschlechtlichkeit des Menschen*, 2. Aufl., Stuttgart.
– (1990): Die Metamorphose der Pflanzen – Ausdruck von Verjüngungstendenzen in der Evolution, in: *Die Drei* 60, Heft 7/8: 514–539.
– (1991): Der Schmetterling in der Landschaft. Biotoptrachten europäischer Tagfalter verglichen mit den Verhältnissen in tropischen Breiten, in: *Tycho de Brahe-Jahrbuch für Goetheanismus* 1991: 158–227.
– (1991): Was geht uns der Regenwald an?, in: *Die Drei* 61, Heft 9: 701-730.
– (1992): *Sonnensavannen und Nebelwälder. Pflanzen, Tiere und Menschen in Ostafrika*, 2. Aufl. Stuttgart.
– (1994): *Metamorphosen im Insektenreich*, 2. Aufl., Stuttgart.
– (1996): Von der Aktualität uralter Vergangenheit – die Grotte Chauvet, in: *Die Drei* 66: 346–353.
– (1996): Natur in Israel – Brennpunkt und Synthese weltweiter Einflüsse, in: A. Suchantke (Hrsg.): *Mitte der Erde. Israel und Palästina im Brennpunkt natur- und kulturgeschichtlicher Entwicklungen*, 2. Aufl., Stuttgart.
– (1996): Altes junges Neuseeland, in: *Die Drei* 66, Heft 7/8: 630–668.
– (1997): Gerbert Grohmann als Forscher und Schriftsteller, in: *Tycho de Brahe-Jahrbuch für Goetheanismus* 1997: 37–52.
– (1998): Verjugendlichungstendenzen in der Evolution und ihre ökologische Bedeutung, in: A. Suchantke (Hrsg.): *Goetheanistische Naturwissenschaft. Bd. 5: Ökologie*, Stuttgart.
– (1998): Begegnung mit «Cobra-Lilies» im Himalaya und Blick auf die Familie der Araceen, in: *Tycho de Brahe-Jahrbuch für Goetheanismus* 1998: 240–291.
– (2000): Über den Zusammenhang von Biotoptracht und Mimikry bei Schmetterlingen. Beobachtungen in Südasien und anderen Kontinenten, in: *Tycho de Brahe-Jahrbuch für Goetheanismus* 2000: 18–91.
– (2002): Die Erscheinungen sprechen lassen, in: *Erziehungskunst* 66, Heft 2: 131-141.
Takhtajan, A. (1973): *Evolution und Ausbreitung der Blütenpflanzen*, Stuttgart.
– (1991): *Evolutionary Trends in Flowering Plants*, New York.
Terborgh, J. (1993): *Lebensraum Regenwald*, Heidelberg / Berlin / Oxford.
Tesch, J. J. (1913): Pteropoda, in: F. E. Schulze (Hrsg.): *Das Tierreich*, 36. Lieferung, Berlin.
Thenius, E., H. Hofer (1960): *Stammesgeschichte der Säugetiere*, Berlin / Göttingen / Heidelberg.
Thomas, B. A., R. A. Spicer (1987): *The evolution and palaeobiology of landplants*, London / Sydney.
Tittmann, W. (1982): Das Wachstumsauge der Pflanze als Bild der stammesgeschichtlichen Stellung des Menschen, in: W. Schad (Hrsg.): *Goetheanistische Naturwissenschaft. Bd. 1: Allgemeine Biologie*, Stuttgart.
Troll, W. (1928): *Organisation und Gestalt im Bereich der Blüte*, Jena.
– (1984): *Gestalt und Urbild. Gesammelte Aufsätze zu Grundfragen der organischen Morphologie*, Köln / Wien.
Tsikola, N. (2000): Was ist das Ganze und was ist Teil? Überlegungen zum Problem der biologischen Form, in: *Elemente der Naturwissenschaft* 72/1: 1-21.
Veit, O. (1947): *Das Problem Wirbeltierkopf*, Kempen/ Niederrhein.
Vine, P. (1986): *Red Sea Invertebrates*, London.
Vogel, L. (1991): *Der dreigliedrige Mensch. Morphologische Grundlagen einer allgemeinen Menschenkunde*, 3. Aufl. Dornach.
Vogel, S. (1978): Pilzmückenblumen als Pilzmimeten, in: *Flora* 167: 329–366.
Wachsmuth, G. (1983): *Die Reinkarnation des Menschen als Phänomen der Metamorphose*, Dornach.
Wallace, A. R. (1869): *The Malay Archipelago*, London.
Walther, F. (1966): *Mit Horn und Huf. Vom Verhalten der Horntiere*, Berlin / Hamburg.
Weitnauer, E. (1960): Über die Nachtflüge des Mauerseglers *Apus apus*, in: *Ornitholog. Beobachter* 1960, Heft 3: 133–141.
Wellnhofer, P. (o.J.): Die fliegenden Saurier, in: *Spektrum der Wissenschaft Digest: Saurier und Urvögel*, Heidelberg.

Westheide, W., R. Rieger (Hrsg.,1999): *Spezielle Zoologie. Teil 1: Einzeller und Wirbellose Tiere,* Stuttgart.

Wickler, W. (1968): *Mimikry*, München.

Williams, D. Mc B. (1991): Patterns and Processes in the Distribution of Coral Reef Fishes, in: P. F. Sale (Ed.): *The Ecology of Fishes on Coral Reefs,* San Diego / New York / Boston.

Wilson, E. O. (1975): *Sociobiology: The new synthesis*, Cambridge Mass.

- Siehe auch Hölldobler u. Wilson 1995.
- Siehe auch R. K. Robbins et al. 1996.

Wirz, J. (2001): Der Höhepunkt im Bienenjahr, in: *Das Goetheanum* 80, Nr. 26: 468–469.

Ziegler, R. (1987): Die Entdeckung der nicht-euklidischen Geometrien und ihre Folgen. Bemerkungen zur Bewusstseinsgeschichte des 19. Jahrhunderts, in: *Elemente der Naturwissenschaft* 47: 31-58.

Zimmermann, W. (1965): *Die Telomtheorie*, Stuttgart.

- (1969): *Geschichte der Pflanzen*, 2. Aufl. Stuttgart.
- (1974): *Ranunculaceae*, in: Hegi, *Illustrierte Flora von Mitteleuropa*, Bd. III / 3.Teil, 2. Aufl.

Zissler, D. (1999): Entwicklung, in: K. Dettner und W. Peters (Hrsg.): *Lehrbuch der Entomologie,* Stuttgart.

Persönliche Impressionen

Andreas Suchantke [*27.7.1933 in Basel † 9.11.2014 in Witten]

PETER HEUSSER

Das Ruhrtal

Andreas Suchantke habe ich erst in den letzten 5–6 Jahren kennengelernt, seitdem wir aus beruflichen Gründen aus der Schweiz nach Witten gezogen waren. Hier wohnte er mit seiner Frau Michaela auf der südlichen Seite des Helenenbergs, in ihrer kleinen sonnendurchfluteten Wohnung mit Blick nach Süden, in das Ruhrtal hinunter oder vielmehr hinauf, wo sich die Ruhr in der Gegend von Hagen, Herdecke und Wetter endgültig aus ihrem Ursprungsgebiet im hüglig-bergigen Sauerland löst, kurz mehr nach Norden schwingt, auf Witten zu, um sich von dort aus mehr nach Westen, den größeren Ballungs- und Industriezentren des Ruhrgebiets zuzuwenden. Wie genoss der hochbetagte Andreas Suchantke gerade in der letzten Zeit, als er wegen seiner zunehmenden körperlichen Schwäche nicht mehr aus dem Haus kam, diesen Blick, dem sich links vor allem die Ostflanke des Ruhrtals darbietet mit ihren durch Seitentälchen und einem verlassenen Steinbruch gegliederten Wäldern und rechts ein naher Hügel mit in diesem letzten November immer noch farbigen Laubbäumen, die die Sicht auf die Ruhr, ihre Auen und das übrige Tal mit seinen Siedlungsgebieten weitgehend verdecken. Bloß das donnernde Rollen der Züge über die aus Eisen konstruierte Brücke und das sausende Geräusch der Autostraße dort unten am Hügel oder gelegentlich ein metallenes Kesseln aus den Deutschen Edelstahlwerken auf der anderen Seite des Helenenbergs beim Wittener Hauptbahnhof erinnern daran, dass man sich hier im Ruhrgebiet befindet.

Die Welt in Witten

Tritt man in die Wohnung der Familie Suchantke, so schmückt gleich im Eingangsbereich eine riesige grünlich-blaue Weltkarte die Wand, durch kontrastreiche Relieffärbung die wunderbare Gliederung der ganzen Erde wie ein einheitliches Gesamtkunstwerk darbietend, die Ländergrenzen nur als feine, kaum sichtbare Linien angedeutet. Und Elementen dieses Gesamtkunstwerks begegnet man in zahlreichen einzelnen Exemplaren in der Wohnung, beginnend mit dem breiten Regal unter der Weltkarte, bestückt mit sauber geordneten und beschrifteten Kisten mit Hunderten von Fotos und Diapositiven von Andreas Suchantkes weltweiten Studienreisen, worauf die mit großen farbigen Fotografien prächtiger Schmetterlinge bezogene Oberfläche des Holzregals aufmerksam macht. Schon im Eingangsbereich und dann im geschmackvoll eingerichteten Wohnzimmer fanden sich an den Wänden und auf Möbeln schöne, von befreundeten Künstlern gemalte Originalbilder, oft mit Landschaften und Naturszenen, liebevoll positionierte kleine Plastiken und Naturgegenstände aus Ton, Holz oder Stein, Gefäße, wunderlich geformte oder gefärbte Teile von Pflanzen, Kristalle und vieles mehr aus vielen Erdteilen, Kulturen und Zeiträumen, so dass man nicht weiß, was man mehr bestaunen soll, die Kunst der Natur oder die des Menschen; und ebenso verhält es sich mit den vielen, wie festlich wirkenden großformatigen Büchern und Bildbänden über ferne Länder und Kulturen an der östlichen Wohnzimmerwand. In seinem Zimmer setzen sich solche Motive fort, jetzt aber umgesetzt in eine die Wände bis zur Decke bevölkernde Fachbibliothek über weite Forschungs- und Wissensgebiete wie Biologie, Botanik, Ornithologie, Geographie, Geologie, Mineralogie und anderes, Goethes eigene naturwissenschaftliche und andere goetheanistische Schriften, eine Vitrine mit prächtigen Mineralien und Kristallen, Fotographien, diverse Sammlungen und vieles mehr.

Der Künstler

Und dann die wunderbaren Zeichnungen aus Andreas Suchantkes eigener Feder über seinem Bett an der Nordwand des Zimmers! Kleine Bilder aus Afrika, eine Savannenlandschaft mit Bäumen und Gazellen; ein exotischer hochragender Baumstamm mit Ästen und einer Krone, die sich im Urwald der Umgebung verlieren; ein afrikanischer Bub, der sich an seinen Stab lehnt und den Betrachter geduldig, aufmerksam und fragend anschaut; das Antlitz einer alten Frau wie eine seelische Landschaft – alles mit größter künstlerischer Könnerschaft in dem Andreas Suchantke eigenen plastisch-pointilistischen Stil verfertigt: die Flächen, Kontraste und Konturen nicht mit trennenden Linien gezeichnet, sondern mit unendlich vielen Punkten oder feinsten Strichen aus dem Blatt förmlich herausplastiziert und so auch Tiefe, Dreidimensionalität vermittelnd, das Ganze zart und leicht mit spannungsvoller und dennoch harmonischer Kompositionskraft, völlig sicherer Gestaltgebung und quasi fotografischer Genauigkeit, aber dennoch seelenvoll, Charakter und Stimmung wiedergebend. Wie muss ein Mensch geartet sein, der in der Lage ist, sich mit solch feiner Beobachtung in Gestalt und Seele von Menschen, Tieren, Pflanzen und Landschaften zu vertiefen und das Erlebte zudem durch seine Hand in einer so vollkommenen Form mit Kraft und Schönheitssinn darstellen zu können?

Der Ritter

Von Andreas Suchantke war mir vor unserer Begegnung nicht viel mehr bekannt als sein Name, jedoch dieser als der eines großen, maßgeblichen anthroposophischen Goetheanisten und Lehrers. Bei unserer ersten Begegnung war er durch vorangegangene Krankheiten und Alter zwar bereits merklich geschwächt, aber dennoch wirkte er auf mich wie ein Ritter, mit seiner hohen schlanken, trotz Schwäche immer noch Kraft ahnen lassenden Gestalt, seinem feinen und dennoch markanten, von Wettern, Landschaften und auch abenteuerlichen Erlebnissen geprägten Gesicht, seinem leichten Bart, seinem klar-, scharf- und weitblickenden Auge und seiner mutigen Stirn. Seine Arme und Hände wirkten, als könnten sie ein Schwert schwingen, aber dennoch waren seine Finger lang und fein, als könnten sie zart tasten und fein gestaltend werken oder schreiben. Seine Stimme war trotz Schwächung in Mittellage noch hell, markant und mit kräftigem Unterton. Im Gespräch war er interessiert zugewandt und hatte etwas von der brüderlichen Kollegialität eines Menschen, der gewohnt ist, sehr individuell zu denken und zu entscheiden und bei anderen auch dieses Individuelle vorauszusetzen und zu suchen.

Der Lehrer

Auch dieses Ich-zu-Ich hatte etwas Ritterliches, weil zugleich Wehrhaftes und Schützendes. Dem entsprachen die Erzählungen von ihm selbst, von Lehrerkollegen oder ehemaligen Schülern über seinen Freiheitssinn im Sozialen und seinen pädagogischen Stil. So versuchte er jeweils, sich unabhängig von der Lehrdoktrin – auch wenn sie eine Doktrin der Waldorfschule war – in die innere Situation seiner Schüler hineinzuhören und entsprechend individuelle Lösungen zu suchen. So schon bei seinem Bewerbungsgespräch als künftiger Lehrer an der Rudolf-Steiner-Schule Zürich, als er gefragt wurde, warum er Lehrer werden wolle. „Meine Antwort: Es käme mir darauf an, die Schüler nicht nur mit lehrplankonformem Stoff zu überhäufen, sondern sie *wahrzunehmen* und aus dieser Wahrnehmung heraus die Art meines didaktischen Vorgehens, die Art der Stoffauswahl und ihrer Darstellung zu bestimmen – also gleichsam in ständigem Zwiegespräch mit den Schülern zu arbeiten." So arbeitete er tatsächlich. Dadurch fühlten sich auch „schwierige" Schüler von ihm wahrgenommen und innerlich verstanden, so z. B. wenn sie zu einer Strafübung frühmorgens antreten mussten und von Herrn Suchantke betreut wurden, der sie dann jeweils erzählen ließ und ihr Interesse für irgendeine objektive Sache zu wecken vermochte. Er war ein beliebter und begeisternder Lehrer.

Anschauende Urteilskraft

Und das hing wohl insbesondere mit seinem Bedürfnis und seiner durch Übung erlangten Fähigkeit zusammen, sich gegenüber den Schülerindividualitäten ebenso wie gegenüber der lebendigen Natur in erster Linie genau auf die konkreten Tatsachen einzulassen. So erzählt er in seiner Lebensbeschreibung, wie er „das starke Lebensmotiv der innigen Beziehung zur lebendigen, zur belebten Natur, das ich gemeinsam mit Michaela [seiner Frau] oder allein, aber auch bei Klassenreisen ins Tessin oder in die Alpen immer wieder zu erreichen versuchte – aus eigenem Bedürfnis, die Schüler dabei innerlich wie äußerlich mitnehmend. Die Methode war dabei immer die gleiche: wahrnehmen, nicht nur genau registrieren, sondern die Formen, die Bewegungen und die Umgebung genau *mit*vollziehen, dann exakt ‚ganzheitlich' wie im Detail nachvollziehen, und dann erst begrifflich verarbeiten [...]. Es war der immer wieder neue Ansatz, sich in ‚anschauender Urteilskraft' im Sinne Goethes zu üben."[1] Aus dieser übenden, präzisen und aktiv anschauenden Hingabe an die Bildungen der Natur, nach der er schon seit seiner Kindheit ein starkes und oft einsam gelebtes Bedürfnis hatte, ist dann auch seine plastisch-pointilistische Darstellungsmethode hervorgegangen, die im Unterricht ihre Wirkung nicht verfehlte, wie einer seiner damals „schwierigen" (nach eigenem Zeugnis) und im Leben dann sehr erfolgreichen Schüler beschreibt: „Der Vorgang des Nachbildens war ein spürbarer Bildeprozess, der einen stark im Willen ansprach und zu einer präzisen Hingabe an die jeweilige Erscheinung animierte."[2]

Metamorphose

Das war Andreas Suchantke als Künstler, als der er noch gar nicht genügend beachtet und gewürdigt worden ist, als Pädagoge und als goetheanistischer Wissenschaftler, alles aus der gleichen Grundkraft seines Wesens heraus: liebevolle, d. h. sorgfältig wahrnehmende und gleichzeitig tätige Hingabe an die lebendige und damit an die werdende, sich entwickelnde Natur, aber auch an die sich entwickelnden Kräfte seiner Schüler oder später, als er in Mannheim und dann in Witten in der Lehrerausbildung tätig war, seiner Studenten. Er selbst schildert, wie ihm dieses zu *einem* Grundthema zusammenfloss, nämlich in der Tatsache, Lehre und Übung der Metamorphose: „Das Studium der Metamorphose – an der Pflanze, am menschlichen Skelett – nahm stets in den Kursen einen breiten Raum ein. Dabei ging es um die Ausbildung der Fähigkeit, in Verwandlungszusammenhängen zu denken; die Erscheinungen *sind* nicht, sie *werden*! Das zu üben, auf den verschiedensten Feldern – besonders ideal an den sich entwickelnden Pflanzen – ist für den Lehrer essentiell: er muss lernen, Entwicklungen wahrzunehmen, anzuregen, zu pflegen bei den ihm anvertrauten Kindern auch dann, wenn diese Entwicklungen noch ganz keimhaft sind!"[3]

Geist in der Natur

Auch heute noch, quasi als Nachgeborener, lässt sich von Andreas Suchantke das nachbildende Üben der Metamorphose als eine „bildhaft-imaginative Tätigkeit" lernen, so z. B. anhand seines hier vorliegenden wunderbaren künstlerisch-wissenschaftlich-pädagogischen Buches „*Metamorphose. Kunstgriff des Lebens*". Stets ging es Andreas Suchantke methodisch und inhaltlich darum, in den Erscheinungen „die Intelligenz" bzw. den „Geist in den Dingen, in der Welt" zu suchen: „Indem ich mich mit meinem Willen wahrnehmend in die Erscheinungen vertiefe und sie auf diese Weise ‚mittue', kann es mir anschließend gelingen, sie [die Intelligenz, den Geist der Dinge] auf die Stufe bewusster Erkenntnis emporzuheben", wie er noch in seiner letzten Schrift „*Lesen im Buche der Natur*" von 2012 deutlich machte.[4]

Der Wille zum neuen Geisterwachen

Damit übte der 1933 geborene Andreas Suchantke für sich selbst und mit seinen Schülern, Studenten und Kollegen sein Leben lang an dem, was seit dem Anbruch von Michaels Regentschaft als Zeitgeist im Jahr 1879 sowie des neuen lichten Zeitalters ab 1900 die neue Aufgabe der Menschheit ist, von deren Ergreifen die Überwindung der fortwirkenden Finsterniskräfte abhängt, die mit dem Ersten Weltkrieg und mit dem, was nachher kam – besonders ab 1933 – in furchtbarer Weise neu hereinbrachen und in geistiger Beziehung bis heute geblieben sind. Diese neue Aufgabe betrifft das *Erwachen* des Menschen vom gewöhnlichen Bewusstsein in die nächsthöhere Bewusstseinsverfassung und damit in die Anschauungsfähigkeit im Bereich des Ätherischen. Von diesem Erwachen sprach Rudolf Steiner in dem 1916 während des Weltkrieges veröffentlichten Buch „Vom Menschenrätsel“ und schrieb: „*Goethe* spricht in seiner Art von dem Erwachen aus dem gewöhnlichen Bewusstsein und nennt die Seelenfähigkeit, die dadurch erlangt wird, ‚*anschauende Urteilskraft*.‘“[5] Steiner zeigte im Anschluss daran, wie in der willentlichen Selbsterziehung die Kräfte zu diesem Erwachen herangebildet werden können: „In einer allmählichen Steigerung der in dieser Richtung vorhandenen Willenskräfte liegt, was man braucht, um aus dem gewöhnlichen Bewusstsein heraus zu erwachen. Eine besondere Hilfe leistet man sich in der Verfolgung dieses Zieles dadurch, dass man mit innigerem Gemütsanteil das Leben in der Natur betrachtet. Man sucht zum Beispiel eine Pflanze so anzuschauen, dass man nicht nur ihre Form in den Gedanken aufnimmt, sondern gewissermaßen mitfühlt das innere Leben, das sich in dem Stängel nach oben streckt, in den Blättern nach der Breite entfaltet, in der Blüte das Innere dem Äußeren öffnet und so weiter. In solchem Denken schwingt der Wille leise mit; und er ist da ein in Hingabe entwickelter Wille, der die Seele lenkt.“[6]

Der Übende

Solches selbst zu üben und immer wieder zu üben und seinen Schülern dieses Selbst-Üben beizubringen, war ein lebenslanges Motiv von Andreas Suchantke. In gewisser Hinsicht sind sein tiefstes Bedürfnis, das intensive Leben mit der Natur, seine Liebe zu Schmetterlingen, Vögeln, Pflanzen und Landschaften, seine entweder allein oder in Gemeinschaft unternommenen weltweiten Studien- und Erlebnisreisen in die Alpen, nach Skandinavien und Griechenland, Afrika und Südamerika, Israel, Palästina und Ägypten, Sibirien, Ceylon und Neuseeland usw. nichts anderes als ein fortgesetztes Sich-Einleben in die inneren Bildekräfte der Natur mit ihrer Vielfalt und Herrlichkeit auf der ganzen Erde. Und so sind in Andreas Suchantkes eigenen Worten alle diese „Orte, ein- oder mehrmals aufgesucht und durch die Intensität der Wahrnehmung, der Imprägnierung des eigenen Wesens mit den jeweiligen Äther- und Astralkräften zu Eigenbesitz geworden!“[7]

Die innegewordene Welt

Wenn man Suchantkes besuchte, kam einem Andreas Suchantke vor wie das Zentrum einer ganzen Welt, einer Welt, die in ihrer kleinen Wohnung dabei war, sichtbar in den vielen liebevoll gesammelten Mitbringseln, aber auch unsichtbar. Wenn er erzählte oder diese Andenken überblickte und sinnend durch die großen Fenster auf den Balkon mit seinen markant geformten, aus dem Engadin mitgebrachten Granitsteinen und von da zur bewaldeten Bergflanke des Ruhrtales hinüber schaute, sich mitunter sehr einsam fühlend und mit Wehmut an die herrlichen Naturerlebnisse seines überaus reichen Forscher-, Lehrer-, Dozenten-, Ehe- und Freundschaftslebens denkend, dann waren das Engadin, waren die anderen Landschaften der Erde mit dabei, der Erde, die er so sehr liebte. Sie waren Teil von ihm geworden und er von ihnen. Daher sein Du-auf-Du, seine buchstäblich brüderliche Freundschaft etwa mit der Schmetterlings- und Vogelwelt, ja mit der ganzen Elementarwelt um die Erde herum.

Die Kraniche

Davon legt vielleicht auch die Signatur der Naturumgebung beim Erdenabschied von Andreas Suchantke ein sprechendes Zeugnis ab. Am 9. November 2014 war Andreas Suchantke kurz nach Mitternacht zu Hause entschlafen. Der Tag wurde unerwartet zu einem jener besonderen und kalten Spätherbst-Schönwettertage, an denen die Kraniche in ihren majestätischen V-Formationen dahin zu ziehen pflegen, immer über die Wittener Gegend hinweg nach Süden, sich schon von weitem mit ihrem charakteristisch krakenden Rufen ankündigend, stets ein erhebendes, ja sakral wirkendes Schauspiel, dem man mit ehrfürchtiger Wehmut zuschaut, erlebend, dass jetzt die Jahreszeitgrenze zum Winter überschritten ist. So auch am 9. November. Die Kraniche näherten sich Witten vom Nordosten in gewaltigen Formationen, zu Hunderten, überflogen den Helenenberg, lösten aber dort ihre Formation auf und begannen, sich direkt über Suchantkes Haus in beträchtlicher Höhe in weiten, sich senkenden und steigenden Kreisen wie suchend zu bewegen, lebhaft rufend, um sich nach längerer Zeit wieder allmählich von Neuem zu sammeln und zu formieren und dann weiter nach Südosten zu ziehen. – Am 14. November fand dann die Bestattungsfeier in der Christengemeinschaft Herdecke und am Freitag, den 12. Dezember die Urnenbeisetzung in einem kleinen, abgelegenen Waldfriedhof im Gederbachtal statt, eines jener Tälchen, das in der schon erwähnten bewaldeten Ostflanke des Ruhrtals liegt, die von Suchantkes aus sichtbar ist. Der Sonntag darauf wurde wieder ein prächtiger strahlender Tag, schon ganz in Winterstimmung, als Michaela Suchantke zusammen mit einer Freundin das Grab aufsuchte. Und siehe da, ganz überraschend näherte sich eine letzte Nachhut von Kranichen auf ihrem Zug nach Süden, sie kamen an das Gederbachtal heran, lösten ihre Formation direkt über dem Friedhof auf und kreisten rufend einige Zeit, bevor sie sich weiter in den Süden aufmachten.

Die Elemente

Auf dem Totenbett im Aufbahrungsraum der Christengemeinschaft gab Andreas Suchantke wieder ganz stark die Impression eines Ritters, besonders wenn man ihn von seiner rechten Seite betrachtete. Diesmal insbesondere durch den kühnen und edlen Schwung seiner Stirn, die gegen die Nasenwurzel zugleich intensivste Gedankenkonzentration auszudrücken schien und vom Kerzenlicht aus der Dunkelheit herausplastiziert wurde. Von der linken Seite betrachtet hatte sein Antlitz dagegen etwas von einem Gelehrten oder Schriftsteller, ja sogar Schüler, und seine gefalteten Hände hatten die bekannte Feinheit seiner schlanken Finger. Durch die Hallen tönten feierlich alte Gesänge, die in den unteren Räumen der Kirche für ein schottisches Dreikönigsspiel geübt wurden, so dass insgesamt eine Stimmung wie bei der Aufbahrung fürstlicher Personen im Mittelalter evoziert wurde. Bei der Urnenbeisetzung auf dem kleinen Waldfriedhof mit seinem aus Steinquadern gebauten alten Kirchlein brauste und heulte der Wind durch die Bäume, unterstützt vom Gekrächzte der Krähen, riss die letzten braunen Laubblätter von den Buchen herunter, und es regnete aus rasch dahin gerissenen grauschweren Wolkenfetzen. Dies zusammen mit der kleinen Gruppe von Menschen am Grab ergab eine Stimmung wie beim Begräbnis eines Mitglieds einer mittelalterlichen Bruderschaft in einsamer Gegend, weit entfernt von der Heimat des Betreffenden und ausgesetzt den Elementen. – Aber wie anders ertönte dann der in diese Elemente hinein rezitierte Grundsteinspruch Rudolf Steiners, der dreifaltig in die Worte mündete: „Das hören die Elementargeister von Ost, West, Nord, Süd; Menschen mögen es hören!" Da wurde deutlich: es sind diese Elementargeister, die Andreas Suchantke in Natur und Landschaften von Ost, West, Süd und Nord gesucht hat, deren Sphäre er in hingebungsvoller Erkenntnisarbeit letztlich zu ergründen suchte und in der seit dem Mysterium von Golgatha wirkt – „Göttliches Licht, Christus-Sonne".

Michael

Da wurde auch deutlich, welcher Art Ritter- und Gelehrtenschaft diejenige von Andreas Suchantke in diesem Leben war: die eines Michaeliten. Da mögen auch kräftige Impulse aus karmischen Zusammenhängen mit eingewirkt haben, über die selbstverständlich nicht spekuliert werden kann. Aber immerhin ist es keine Kleinigkeit, Patensohn von Ita Wegman und Karl König zu sein! Doch schon rein an diesem Leben betrachtet wird der michaelische Grundimpuls von Andreas Suchantke ganz deutlich; er formuliert ihn selbst in der Einleitung zu seiner letzten Schrift: „Wie in einem Vermächtnis und in klarem Bewusstsein für die unerhörte Dringlichkeit formuliert Rudolf Steiner in seinem letzten Lebensjahr, dass es zu den wichtigsten Aufgaben im beginnenden Michael-Zeitalter gehöre, eine neue und vertiefte Beziehung zur Natur zu entwickeln. Es ist bemerkenswert, dass dieser Ruf in einer Zeit erfolgt, in der noch sehr wenige Zeitgenossen die zunehmende Bedrohung der Lebenssphäre durch den Menschen wahrnahmen. ‚Die Menschen müssen wieder die Möglichkeit finden, in dem ‚Buch der Natur' zu lesen. Und das ist der Impuls des Michael: die Menschen, nachdem die von ihm verwaltete Intelligenz zu ihnen gekommen ist, wieder dazu zu bringen, das große Buch der Natur wiederum aufzuschlagen, in dem ‚Buch der Natur' zu lesen' [Rudolf Steiner]. Rudolf Steiner betont ausdrücklich, dass heute an jeden persönlich die Aufforderung ergeht, auf diese Weise *‚die geistige Wirklichkeit der Natur hinter ihrem äußeren Schein zu finden'*."[8]

Das Lebenswerk

Es unterliegt nicht dem geringsten Zweifel, dass Andreas Suchantke diesem durch Rudolf Steiner vermittelten Ruf Michaels gefolgt ist. Sein Lebenswerk besteht in der intensiven Bemühung, den Weg zu diesem Lesen im Buch der Natur auf lebendigste Weise gesucht, geübt, als Wissenschaftler in Methode und Resultaten beschrieben und bei seinen zahlreichen Schülern bleibend veranlagt zu haben. Ein wahrer Streiter Michaels, der wohl auch in seiner weiteren Entwicklung nach dem Tode segensreich in dieser seiner Wesensrichtung weiter wirken wird. Zudem liegt jetzt auch die geistige Sphäre hinter der Erscheinung der Natur offen vor ihm, wie man auch am Beispiel der Post-mortem Entwicklung von Helmuth von Moltke ersehen kann: „Was mir jetzt besonders von Reisen wieder vor die Seele gestellt wird, das ist, während ich im Leibe war, von meiner Seele beschrieben, aber damals nicht vollständig richtig mit meinem Bewusstsein vereinigt. Erst jetzt nimmt das Bewusstsein das richtig auf, was meine Seele damals beschrieben hat. Es standen die geistigen Auren der Landschaften, durchwirkt von ihren elementarischen Wesenheiten, vor meiner Seele; diese Seele beschrieb sie, und dringen jetzt diese Beschreibungen zu mir, so erlebe ich bewusst, was damals unbewusst vor die Seele sich gestellt hat."[9] Man stelle sich nun vor, welch gewaltiges geistig-elementares Panorama des Lebewesens Erde mit seinen Pflanzen, Tieren, Menschen und Landschaften sich da nach dem Tod vor einem Menschen auftut, dessen ganzes aktives Lebensbestreben darin bestand, für diese Sphäre der Erde aufzuwachen und seine Mitmenschen ebenfalls dafür aufzuwecken! Und welche Hilfe er auch in die Zukunft hinein, und jetzt mit Kraft aus der geistigen Welt, für Menschen darstellen kann, die in bewusster Auseinandersetzung mit seinem Werk von ihm in dieser Hinsicht lernen wollen. Wir brauchen solche Hilfen aus der geistigen Welt auf dem beschwerlichen und umkämpften Weg in das neue Michael-Christus-Zeitalter hinein und schauen dankbar zu Andreas Suchantke auf.

Erstmalig erschien dieser Beitrag in „Anthroposophie" Ostern 2015; 69 (271). S. 35–43.
Wir danken Herrn Prof. Dr. med. Peter Heusser sehr herzlich für die freundliche Genehmigung zum Abdruck.

---

1 Suchantke, A.: Lebenslinien – Lebenskreise. Unveröffentlichtes Manuskript o. J. S. 23.
2 Ronner, S.: Mittun des Wahrgenommenen. Erinnerungen an Andreas Suchantke. Das Goetheanum 2014; 93 (50). S. 8–9.
3 Suchantke, A.: Lebenslinien – Lebenskreise. Unveröffentlichtes Manuskript o. J. S. 49.
4 Suchantke, A.: Lesen im Buche der Natur. Wege zum Erfahren des Ätherischen. Verlag am Goetheanum Dornach 2012. S. 24.
5 Steiner, R.: Vom Menschenrätsel (GA 20). Rudolf Steiner Verlag Dornach 1984. S. 159.
6 Ebd. S. 163.
7 Suchantke, A.: Lebenslinien – Lebenskreise. Unveröffentlichtes Manuskript o. J. S. 24.
8 Suchantke, A.: Lesen im Buche der Natur. Wege zum Erfahren des Ätherischen. Verlag am Goetheanum Dornach 2012. S. 11.
9 Meyer, T. (Hrsg.): Helmuth von Moltke 1848–1916. Dokumente zu seinem Leben und Wirken. Band 2. Briefe von Rudolf Steiner an Helmuth und Eliza von Moltke. Perseus Verlag Basel 1993. S.188.

Andreas Suchantke – Ein Freund der Erde

JOHANNES KÜHL

Im Lichte, das aus Geistestiefen
Im Raume fruchtbar webend
Der Götter Schaffen offenbart:
In ihm erscheint der Seele Wesen
Geweitet zu dem Weltensein
und auferstanden
Aus enger Selbstheit Innenmacht.

Rudolf Steiner

„In diesen Zeilen spiegelt sich das Lebensmotiv von Andreas Suchantke, das ihn zu einem vertieften Erleben des Geistigen in der Natur führte, und ihm gleichzeitig ermöglichte, andere Menschen auf diesem Wege mitzunehmen." – Treffender und zugleich schlichter als mit diesen wenigen Worten von der Todesanzeige kann man nicht beschreiben, was diesen Geist im Leben geführt hat und was er bewegt hat.

Geboren 1933 in Basel – sein Vater Gerhard Suchantke war einer der jungen anthroposophisch orientierten Ärzte um Ita Wegman, von ihm lernte er die ersten Pflanzen kennen – verbrachte er seine Kindheit zunächst im nationalsozialistischen Berlin, wo der Vater eine Praxis aufbaute, und später, gegen Ende des Krieges, in Bayern in der Gegend von Starnberg. In der Dorfschule ein Außenseiter, da er nicht Bayerisch sprach, waren bereits hier das Wichtigste die Schulwege, auf denen man die Natur entdecken konnte. Und schon da begegnet man einem Motiv, das im späteren Leben noch eine große Rolle spielen wird: Vor allem begeistern den Knaben die Schmetterlinge!

Nach Kriegsende brachten ihn die Eltern zu Familie Gabert nach Stuttgart, wo er von der 6. Klasse bis zum Abitur die Waldorfschule Uhlandshöhe besuchte. Dort hatte er jedoch wenig erfreuliche Erlebnisse – er selbst bezeichnete diese Zeit als „Stuttgarter Verbannung". Trotzdem konnte er einige der Lehrer fachlich hoch schätzen, insbesondere Friedrich A. Kipp (1908–1997). Es mag sein, dass manche der von ihm als schwierig erlebten pädagogischen Situationen in dem zeitlebens eher „revolutionär" veranlagten Suchantke den Ansporn weckten, es selbst besser zu machen: Er selbst wurde später ein hervorragender und beliebter Lehrer, wie kürzlich von Stephan Ronner beschrieben.[1]

Das Studium der Biologie absolvierte er in Freiburg und München (u. a. beim „Bienenvater" Karl von Frisch (1886–1982) und Konrad Lorenz (1903–1989)) und machte währenddessen auch seine ersten Unterrichtserfahrungen mit Epochen in der Waldorfschule – offenbar haben die Stuttgarter Erlebnisse den Zug dorthin nicht verhindern können. Schon vor dem Studium und dann immer wieder unternahm er „private" Exkursionen, oft mit Freunden, so z. B. zur Beobachtung der Flamingos in der Camargue, „wo ich in einer kleinen Schutzhütte mitten im Reservat unterkam, die umgebenden Schilfwälder voller Bartmeisen und jungen, eben geschlüpften Purpurreihern. Was wollte ich mehr!“

Nach Abschluss des Studiums meldete er sich bei Adolf Portmann zur Dissertation an, doch dazu kam es nicht. Denn kurz darauf folgte er dem Ruf an die Schule: Er hatte gehört, dass die Zürcher Waldorfschule einen Lehrer für Naturwissenschaften in der Oberstufe suche. Die Vorstellung in der Konferenz verlief günstig. Suchantke, dem das menschliche Klima in Stuttgart wenig zusagte, fühlte sich bei den sachlich-pädagogisch orientierten Zürcher Kollegen am rechten Platz. So begann eine 20 Jahre dauernde Lehrertätigkeit. Seine Frau Michaela übernahm bald die Leitung eines Waldorfkindergartens, und sie fühlten sich so am rechten Ort, dass sie die Einbürgerung beantragten und Schweizer wurden.

Lehren bedeutete für Suchantke immer auch lernen. Pädagogisch: Er berichtete z. B., wie er einmal Steiners Lehrplanvorschläge durch eine zusätzliche Zoologie-Epoche in der neunten Klasse „verbessern“ wollte – und durch die Beobachtungen der Kollegen an den Schülern eines anderen belehrt wurde. Und fachlich: Unterricht und Exkursionen waren immer auch gemeinsames Kennenlernen, Beobachten, Erforschen. Aber das reichte ihm nicht: Auch als Lehrer setzte er seine Forschungsreisen fort, besuchte zunächst Orte in der Schweiz, Skandinavien, Griechenland. In seinem Lebensrückblick erzählt er von Delphi; die Tempelanlage wird in einem Nebensatz erwähnt, dafür gibt es eine ganze Seite über die Vögel, Insekten und die blühenden Pflanzen. Überall dringt „das eigene, unvermindert starke Lebensmotiv der innigen Beziehung zur lebendigen, zur belebten Natur“ durch.

Dann folgten bald weitere Reisen: In Ostafrika werden die Begegnungen mit den Menschen, der Landschaft, den Tieren und Pflanzen zu Begegnungen mit „fremden Freunden“ – man schaue in sein diesen Reisen gewidmetes Buch *„Sonnensavannen und Nebelwälder“* (Stuttgart 1972, 2. Auflage 1992). Hier machte Suchantke die Entdeckung der „Biotop-Tracht“ bei Schmetterlingen, des Zusammenhanges von Farben und Mustern der Schmetterlingsflügel mit dem von ihnen beflogenen Lebensraum. – In Südamerika, besonders Brasilien, wurde er Zeuge, wie das durch ausbeuterische Landwirtschaft zerstörte Land in Botocatu durch die Initiative von Pedro Schmidt und engagierten jungen Landwirten durch biologisch-dynamische Bewirtschaftung geheilt und teilweise in einen wunderbaren Park verwandelt wurde. Auch konnte er beim Aufbau der Aitiara-Waldorfschule an diesem Ort helfen und erlebte das heilsame Wirken von Ute Craemer und ihren Freunden in den Favelas. In den Landschaften Brasiliens, des Amazonasbeckens und der Anden gibt es die wunderbarsten Begegnungen mit neuen Pflanzen und Tieren – und überall die Kolibris! Daraus entstand das Buch *„Der Kontinent der Kolibris“* (Stuttgart 1982).

Solche Erlebnisse markieren ein weiteres Lebensmotiv: die Ökologie. Der Mensch zerstört die Natur und die sozialen Verhältnisse durch die Art, wie er in den letzten Jahrhunderten zum „homo faber“ geworden ist. Aber der Mensch kann auch wieder heilen, was er zerstört hat, wenn er sich mit der Natur als Partner, als Freund verbindet. Davon handelt ein weiteres seiner Bücher *„Partnerschaft mit der Natur“* (Stuttgart 1993).

Weiter hat es Andreas Suchantke nach Südafrika, Sri Lanka, das Himalayagebiet, Sibirien, Neuseeland, Ägypten mit der Sekem-Initiative geführt, und wiederholt nach Israel (vgl. *„Mitte der Erde. Israel und Palästina im Brennpunkt natur- und kulturgeschichtlicher Entwicklungen“*, zusammen mit Wolfgang Fackler, Wolfgang Schad,

Hans-Ulrich Schmutz, Stuttgart 1988, 1996). Seine Schilderungen gipfeln immer wieder in der Begeisterung für Blüten, Schmetterlinge und Vögel. Es scheint, dass dieser Übergang vom Pflanzlichen ins Tierische, vom Irdischen in die Luft ihn besonders faszinierte.

Anfang der 80er Jahre ging er zunächst an das im Aufbau befindliche Lehrerseminar in Mannheim, bald darauf dann nach Witten-Annen. Michaela, die ihn auf vielen seiner Reisen begleitet hat, konnte hier den lang gehegten Wunsch nach einem Eurythmie- und Heileurythmiestudium aufgreifen. Trotz verschiedener, z. T. ernster Krankheiten hat Suchantke hier bis vor wenigen Jahren anregend und fruchtbar in der Lehrerbildung gearbeitet, bis es seine Gesundheit nicht mehr zuließ.

Während all dieser Jahre war er erstaunlich produktiv: Er veröffentlichte acht Bücher, allein in der Zeitschrift „Die Drei" publizierte er 44 Aufsätze. Dazu kamen Artikel im „Tycho-de-Brahe-Jahrbuch für Goetheanismus", im „Goetheanum" und in der „Erziehungskunst", außerdem in verschiedenen Sammelwerken. Seine Schilderungen sind immer frisch, bildhaft und verständlich, die oft nach eigenen Fotos angefertigten Zeichnungen künstlerisch lebendig und innerlich transparent.

2002 erschien sein bedeutendes Werk „*Metamorphose – Kunstgriff der Evolution*" (Stuttgart). Hier begegnet man – wie einer Zusammenfassung seiner Forschungen – dem Versuch, dem Lebendigen, das Rudolf Steiner das Ätherische nannte, explizit denkend-erlebend näher zu kommen, nachdem er jahrzehntelang in Begegnung und Wahrnehmung damit umgegangen ist. – Wie in einer weiteren Konzentration erscheint 2012 das Büchlein „*Lesen im Buche der Natur. Wege zum Erfahren des Ätherischen*" (Dornach), eigentlich eine Sammlung von Aufsätzen, die aber die Essenz seines Werkes und seiner Reisen enthalten.

Blickt man auf dieses Leben und Lebenswerk, so kann man nur staunen: Er steht vor einem, einerseits so ungeheuer nah und menschlich – andererseits weit überragend in seinen Kenntnissen, seiner Beobachtungs- und Darstellungsmöglichkeit, und seinem Fleiß. Er gehört zu den bedeutenden anthroposophisch orientierten Naturwissenschaftlern, die die goetheanistische Arbeit in der zweiten Hälfte des 20. Jahrhunderts geprägt haben. Zunächst erscheint es als tragisch, dass diese zwar weitgehend ihre Arbeiten gegenseitig zur Kenntnis nahmen und beurteilten, aber doch jeder seinen eigenen Weg ging, ohne dass es zu einer wirklichen Zusammenarbeit gekommen ist. Es kann aber auch sein, dass man den eigenen Weg nicht hätte weit genug gehen können, wenn man zu sehr nach anderen geschaut hätte, und dass so ein weit größerer „karmischer Umkreis" geschaffen werden konnte.

Andreas Suchantke hat nahezu die ganze Erde bereist und beobachtend in sich aufgenommen. Manche dieser Gebiete wurden für ihn wie zur Heimat – er war auf der ganzen Erde zu Hause! Mit seinem Überschreiten der Schwelle hat die Natur, hat die Erde einen Freund verloren. Für ihn war Wissenschaft nie nur das Sammeln von Kenntnissen, die Freude am Überblick, an erkannten Ordnungen und Gesetzmäßigkeiten, sie war für ihn in erster Linie Begegnung, Zuwendung zu Freunden.

Erstmalig erschien dieser Beitrag in „Elemente der Naturwissenschaft" 2015; (102). S. 93–98.
Wir danken Herrn Johannes Kühl herzlich für die freundliche Genehmigung zum Abdruck.

1 In: Das Goetheanum 2014; 93 (50). S. 8–9.

Bibliographie Andreas Suchantke

Allgemeine Biologie, Botanik, Zoologie, Ornithologie, Anthropologie

I. Bücher:

1. Metamorphosen im Insektenreich. Beitrag zu einem Kapitel Tierwesenskunde. Verlag Freies Geistesleben Stuttgart 1965.
2. Sonnensavannen und Nebelwälder. Pflanzen, Tiere und Menschen in Ostafrika. Verlag Freies Geistesleben Stuttgart 1972.
3. Der Kontinent der Kolibris. Landschaften und Lebensformen in den Tropen Südamerikas. Verlag Freies Geistesleben Stuttgart 1982.
4. Fuglen – antroposofisk set (Dänische Übersetzung von 69 und 108). Antroposofisk Forlag Kobenhavn 1987.
5. Sonnensavannen und Nebelwälder. 2. Auflage. Verlag Freies Geistesleben Stuttgart 1992 (1. Kapitel neu verfasst, einige Zeichnungen ersetzt).
6. Partnerschaft mit der Natur. Entscheidung für das kommende Jahrtausend. Verlag Freies Geistesleben Stuttgart 1993.
7. Metamorphosen im Insektenreich. Verlag Freies Geistesleben Stuttgart 1994 (Veränderte und erweiterte Neuausgabe von 1).
8. Eco-Geography – What we see when we look at landscapes. Lindisfarne Press Great Barrington 2001 (Sammlung von sieben Aufsätzen übersetzt von Norman Skillen).
9. Sexualidad y Libertad. Editorial de la Comunidad de Cristianos Buenos Aires 2001 (Übersetzung von 29).
10. Metamorphose – Kunstgriff der Evolution. Verlag Freies Geistesleben Stuttgart 2002.
11. El continente de los colibries. Udeis Verlag Dortmund 2003 (Spanische Übersetzung von 3).
12. Promeny v risi hmyzu. Mladá Fronta Tschechien 2003 (Tschechische Übersetzung von 7; Verstümmelung – Eliminierung aller goetheanistisch-anthroposophischen Passagen; auf Reklamation keine Reaktion).
13. Zum Sehen geboren – Wege zu einem vertieften Natur- und Kulturverständnis. Sammlung von bereits publizierten und neuen Aufsätzen. Verlag Freies Geistesleben Stuttgart 2008.
14. Metamorphosis – Evolution in Action. Adonis Press New York 2009 (Übersetzung von 10 durch Norman Skillen).
15. Lesen im Buch der Natur – Wege zum Erfahren des Ätherischen. Verlag am Goetheanum Dornach 2012.
16. El continente de los colibries. 2. Auflage. Antroposófica Buenos Aires 2014 (2. Auflage von 11).

II. Buchbeiträge:

17. Von der schöpferischen Unruhe der Jugend. In: Buck, I. (Hrsg.): Trug der Drogen. Erkenntnis, Prophylaxe, Therapie. Siebenstern Verlag Hamburg 1974.
18. Zur Menschenkunde des Jugendalters – Pädagogische Aspekte in den oberen Klassen. In: Lehrerkollegium der Rudolf-Steiner-Schule Zürich (Hrsg.): Zur Menschenbildung. Aus der Arbeit der Rudolf-Steiner-Schule Zürich 1927–1977. Zbinden Verlag Basel 1977.
19. Pädagogische Aspekte des Jugendalters. In: Zur Menschenkunde der Oberstufe. Gesammelte Aufsätze. Pädagogische Forschungsstelle beim Bund der Freien Waldorfschulen Stuttgart 1981 (Nachdruck von 18).
20. Der dreigliedrige Landschaftsorganismus Afrikas. In: Bockemühl, J., Schad W., Suchantke, A.: Mensch und Landschaft Afrikas. Zur Ökogeographie, Biologie und Völkerkunde. Verlag Freies Geistesleben Stuttgart 1978.
21. Die brennenden Wälder Brasiliens. In: Wortmann, M. (Hrsg.): Umwelt – Landbau – Ernährung. Das Fenster Eutin 1979.
22. Neuabdrucke früherer Arbeiten. In: Schad, W. (Hrsg.): Goetheanistische Naturwissenschaft Band 1–4.
    Band 1. Allgemeine Biologie. Verlag Freies Geistesleben Stuttgart 1982.
    Band 2: Botanik. Verlag Freies Geistesleben Stuttgart 1982.
    Band 3: Zoologie. Verlag Freies Geistesleben Stuttgart 1983.
    Band 4: Anthropologie. Verlag Freies Geistesleben Stuttgart 1985.
23. Der anthroposophische Ansatz zu umweltgerechtem Denken und Handeln. In: Landschaftsentwicklung und Umweltforschung. Ökologie und alternative Wissenschaft. Schriftenreihe des Fachbereiches Landschaftsentwicklung der Technischen Universität Berlin 1985.
24. Anthroposophie und Ökologie. In: Limbacher, M. V. (Hrsg.): Projekt Anthroposophie. Denn das Leben verlangt eine Verwandlung unseres Denkens. Rowohlt Verlag Reinbek 1986.
25. Reiseschicksal. In: Lesen im anthroposophischen Buch – ein Almanach. 40 Jahre Verlag Freies Geistesleben. Verlag Freies Geistesleben Stuttgart 1987.
26. Das Sterben in der Natur als Abbild eines Todesprozesses. In: Schnell, G. R. (Hrsg.): Waldsterben – Aufforderung zu einem erweiterten Naturverständnis. Verlag Freies Geistesleben Stuttgart 1987.
27. Natur in Israel – Brennpunkt und Synthese weltweiter Einflüsse. In: Suchantke, A. (Hrsg.): Mitte der Erde – Israel im Brennpunkt natur- und kulturgeschichtlicher Entwicklungen. Verlag Freies Geistesleben Stuttgart 1988.
28. Die Mutations- und Selektionstheorie in der Konfrontation mit der Wirklichkeit. In: Arnold, W. H. (Hrsg.): Entwicklung. Interdisziplinäre Aspekte zur Evolutionsfrage. Verlag Urachhaus Stuttgart 1989.
29. Sexualität – Individualität – Bewusstsein (erweiterte Fassung). In: Suchantke, A., Leber, S., Schad, W.: Die Geschlechtlichkeit des Menschen. Gesichtspunkte zu ihrer pädagogischen Behandlung. Verlag Freies Geistesleben Stuttgart 1989.
30. Erziehung zur Kooperation mit der Natur – das umweltpädagogische Konzept der Waldorfschulen. In: Elster, H.-J. (Hrsg.): Möglichkeiten, Grenzen und ethische Probleme der Biotechnik. Schriften der Gesellschaft für Verantwortung in der Wissenschaft Nr. 6 Stuttgart 1989.

31. Das Problemfeld Mensch – Natur: Gibt es Chancen zur Kooperation? In: Faulstich, M., Lorber, K. E. (Hrsg.): Ganzheitlicher Umweltschutz. Edition Universitas Stuttgart 1990.
32. mit Schad, W.: Ökologische Krise und Waldorfpädagogik – Die Umweltkrise als Denkfolge und Erziehungsaufgabe. In: Bohnsack F., Kranich, E. M. (Hrsg.): Erziehungswissenschaft und Waldorfpädagogik. Beltz Verlag Weinheim 1990.
33. Von der Heimatlosigkeit der Deutschen. In: Suchantke, A. (Hrsg.): Heimatlosigkeit – Fragen an Deutschland. Verlag Urachhaus Stuttgart 1991.
34. Deutschland in Europa. In: Suchantke, A. (Hrsg.): Heimatlosigkeit – Fragen an Deutschland. Verlag Urachhaus Stuttgart 1991.
35. Brasiliens Natur: Geographie, Flora und Fauna der Regionen. In: Wendler, M.: Brasilien. Bucher Verlag München 1991.
36. Nachdruck von 30. In: Hellmich, A., Teigeler, P. (Hrsg.): Montessori-, Freinet-, Waldorfpädagogik: Konzeption und aktuelle Praxis. Beltz Verlag Weinheim 1992, 1994, 1996.
37. The Metamorphosis of Plants. In: Bockemühl, J., Suchantke, A.: Essays by Jochen Bockemühl and Andreas Suchantke (translated by Norman Skillen). Novalis Press Cape Town 1995 (Übersetzung von 107 und 127).
38. Natur in Israel – Brennpunkt und Synthese weltweiter Einflüsse. In: Suchantke, A. (Hrsg.): Mitte der Erde – Israel und Palästina im Brennpunkt natur- und kulturgeschichtlicher Entwicklungen. 2. Auflage Verlag Freies Geistesleben Stuttgart 1996 (Titel leicht verändert, Text ergänzt, Literaturverzeichnis aktualisiert).
39. Die Wahrnehmung der Wahrnehmung. Von der Aktualität des Goetheanismus. In: Dorka, R. (Hrsg.): „Zum Erstaunen bin ich da" – Forschungswege in Goetheanismus und Anthroposophie. Verlag am Goetheanum Dornach 1997.
40. Der ökologische Organismus. In: Suchantke, A. (Hrsg.): Goetheanistische Naturwissenschaft. Bd. 5: Ökologie. Verlag Freies Geistesleben Stuttgart 1998.
41. Verjugendlichungstendenzen in der Evolution und ihre ökologische Bedeutung. In: Suchantke, A. (Hrsg.): Goetheanistische Naturwissenschaft. Band 5: Ökologie. Verlag Freies Geistesleben Stuttgart 1998.
42. Aspekte einer goetheanistischen Ökologie. In: Dietz, K.-M., Messmer, B. (Hrsg.): Grenzen erweitern – Wirklichkeiten erfahren. Perspektiven anthroposophischer Forschung. Verlag Freies Geistesleben Stuttgart 1998.
43. Wiederabdruck von 117 und 133. In: Göpfert, C. (Hrsg.): Das lebendige Wesen der Erde. Zum Geographieunterricht der Oberstufe. Verlag Freies Geistesleben Stuttgart 1999.
44. Wiederabdruck von 143. In: Leber, S. (Hrsg.): Waldorfschule heute. Aktualisierte Neuauflage. Verlag Freies Geistesleben Stuttgart 2001.
45. Kurzbiographien von Gerbert Grohmann und Gerhard Suchantke. In: von Plato, B. (Hrsg.): Anthroposophie im 20. Jahrhundert. Ein Kulturimpuls in biographischen Porträts. Verlag am Goetheanum Dornach 2003.
46. Goetheanismus als „Erdung" der Anthroposophie (überarbeitete Fassung). In: Naturwissenschaftliche Sektion am Goetheanum (Hrsg.): Jahrbuch für Goetheanismus. Tycho Brahe Verlag Niefern-Öschelbronn 2007.
47. Die Mistel und das Geheimnis ihrer Heilkraft. Ergänzte Fassung mit farbigen Abbildungen. In: Naturwissenschaftliche Sektion am Goetheanum (Hrsg.): Jahrbuch für Goetheanismus 2008–2009. Tycho Brahe Verlag Niefern-Öschelbronn 2008.

48. Gestaltmotive in der Gattung Ranunculus. In: Naturwissenschaftliche Sektion am Goetheanum (Hrsg.): Jahrbuch für Goetheanismus 2009. Tycho Brahe Verlag Niefern-Öschelbronn 2009.
49. Der umweltpädagogische Ansatz der Waldorfschule. In: Loebell, P. (Hrsg.): Waldorfschule heute. Verlag Freies Geistesleben Stuttgart 2011.
50. Die mehrmalige Entdeckung der Dreigliederung. In: Haccius, M., Rehm, G. E. (Hrsg.): Anthroposophische Perspektiven. Verlag DuMont Köln 2012.

III. Publikationen in Zeitschriften

51. Insekt und Wirbeltier. Erziehungskunst 1958; 22. S. 161–165.
52. „Lemniskatenflug" eines Schlangenadlers. Der Ornithologische Beobachter 1958; 55. S. 126–128.
53. Kritisches zur Beobachtung einer seltenen Großmöwe im Juni 1958 am Chiemsee. Ornithologische Mitteilungen 1958; 11. S. 141–145.
54. Die Paarung beim Flamingo. Der Ornithologische Beobachter 1959; 56. S. 94–97.
55. Observation de l'Aigle botté dans le département du Jura. Nos Oiseaux 1959; 25. S. 89–90.
56. u. P. Géroudet: La race occidentale du Goéland brun *Larus fuscus graellsii* est-elle observée aussi à l'intérieur du continent? Nos Oiseaux 1959; 25. S. 138–144.
57. Comportement de pèche de la Sterne caspienne (*Hydroprogne caspia)* d'après des observations en Camargue. Alauda 1960; 28. S. 38–44.
58. Herbstlicher Reiherzug an der Camargue-Küste. Die Vogelwelt 1960; 81. S. 33–46.
59. Brachschwalbe und andere Irrgäste an der Ticino-Mündung. Der Ornithologische Beobachter 1960; 57. S. 155–156.
60. u. H. Hohlt, M. Lohmann: Die Vögel des Schutzgebietes Achenmündung und des Chiemsees. Anzeiger der Ornithologischen Gesellschaft in Bayern 1960; 5. S. 452–505.
61. Un Héron pourpré migrateur dans les montagnes de Haute-Provence. Nos Oiseaux 1960; 26. S. 254.
62. September-Beobachtungen auf der ägadischen Insel Marèttimo. Der Ornithologische Beobachter 1960; 57. S. 223–240.
63. u. M. Lohmann: Feldornithologische Kennzeichen junger Rotfußfalken. Journal für Ornithologie 1961; 102. S. 154–157.
64. Vogelzug auf dem Radarschirm. Kosmos 1961; 57. S. 54–59.
65. u. M. Schwarz: Zum Vorkommen des Rohrschwirls *Locustella luscinioides* Savi im Kanton Tessin. Der Ornithologische Beobachter 1961; 58. S. 133–139.
66. Mistel und Vogel. Beiträge zu einer Erweiterung der Heilkunst 1962; 15 (3). S. 91–101.
67. Über das Vorkommen von *Motacilla flava cinereocapilla* Savi am Alpennordrand im Frühjahr 1963. Anzeiger der Ornithologischen Gesellschaft in Bayern 1963; 6. S. 569–570.
68. Führender Naturwissenschaftler fordert Umgestaltung des Unterrichtes im Sinne der Waldorfpädagogik (Walter Heitler). Erziehungskunst 1964; 28. S. 49–52.

69. Was spricht sich in den Prachtkleidern der Vögel aus? Die Drei 1964; 34. S. 278–298.
70. Der werdende Organismus. Erziehungskunst 1965; 29. S. 109–119.
71. Delphische Ornithologie. Kosmos 1965; 61. S. 121–128.
72. Das sogenannte Böse. Zu einem Buch von Konrad Lorenz. Die Drei 1965; 35. S. 54–60.
73. Das Urtümliche im Menschen. Versuch, einige Ergebnisse der Verhaltensforschung für die Menschenerkenntnis fruchtbar zu machen. Die Drei 1966; 36. S. 90–106.
74. Naturschutz braucht Landwirtschaft. Erweiterte schriftliche Fassung des Referates auf dem 23. Deutschen Naturschutztag 6.-10.5.1966, Hamburg. (Das Jahrbuch für Naturschutz und Landschaftspflege, in dem der Beitrag abgedruckt werden sollte, ist nie erschienen.). Manuskript.
75. Umwandlung von Tumoren in normale Gewebe. Beiträge zu einer Erweiterung der Heilkunst 1966; 19 (5). S. 210–212.
76. The so-called Evil: Aggression in Nature (Übersetzung von 72). Journal for Anthroposophy (USA) 1966; 3. S. 15–18.
77. Abseits und doch im Zentrum: altes junges Neuseeland. Die Drei 1996; 66. S. 630–668.
78. Wirklichkeitsferne Idyllen? Anmerkungen des Herausgebers anlässlich der Neuauflage des Buches: Mitte der Erde. Die Drei 1996; 66. S. 1215–1217.
79. Die Metamorphose bei Blütenpflanze und Schmetterling. Elemente der Naturwissenschaft 1966; (4). S. 1–7.
80. Paläontologie als Menschenkunde. Die Menschenschule 1967; 41. S. 105–149.
81. Die Achenmündung – eine gefährdete Oase unberührter Urnatur am Chiemsee. Vogel-Kosmos 1968; 5. S. 207–210.
82. Konvergente Evolution des Skelettes in verschiedenen Tiergruppen. Elemente der Naturwissenschaft 1968; (8). S. 8–26.
83. Evolution und Typus (Teil 2 von 82). Elemente der Naturwissenschaft 1968; (9). S. 56–61.
84. Die Forderungen der Jugend und die Aufgaben der Schule. Die Drei 1968; 38. S. 425–433.
85. Orientierungsversuche im Labyrinth der Drogen. Die Menschenschule 1970; 44. S. 100–122.
86. Ein neuer Beitrag zum Verständnis des Menschen und der Tiere (Buchbesprechung W. Schad: Säugetiere und Mensch). Erziehungskunst 1971; 35. S. 126–129.
87. Die Zeitgestalt der Pflanze. Erziehungskunst 1973; 37. S. 261–273, S. 305–320.
88. Die Abschaffung des Ich. Zum Buch von B. F. Skinner: Jenseits von Freiheit und Würde. Die Drei 1973; 43. S. 447–451.
89. Afrikanische Begegnungen. Die Drei 1974; 44. S. 268–273.
90. Biotoptracht und Mimikry bei afrikanischen Tagfaltern. Elemente der Naturwissenschaft 1974; (21). S. 1–21.
91. Biologie, ein Spezialfach der Polypeptid- und Eiweisschemie? Neue Zürcher Zeitung 1975; 1. S. 23.
92. Zur Menschenkunde des Reifealters. Erziehungskunst 1974; 38. S. 393–398 und 1975; 39. S. 4–15.

93. Umweltkrise und Schule. Skizzen zu einer ökologischen Ethik. Erziehungskunst 1975; 39. S. 561–570, S. 628–633.
94. Ein landwirtschaftliches Praktikum der 11. Klasse auf dem Oswaldhof in Klarsreuti. Beiträge zur Förderung der biologisch-dynamischen Landwirtschaftsmethode in der Schweiz 1975; 24 (9). S. 124–127.
95. Zukunftskeime in Brasilien / Zukunftskeime in der anthroposophischen Arbeit in Brasilien. Das Goetheanum 1975; 54 (46). S. 365–366 und Beilage: Was in der anthroposophischen Gesellschaft vorgeht. Das Goetheanum, selbe Ausgabe. S. 181–183.
96. Die Buckelzirpen (*Membracidae)* und die Formensprache der Insekten. Elemente der Naturwissenschaft 1976; (24). S. 1–14.
97. Biotoptracht bei südamerikanischen Schmetterlingen. Elemente der Naturwissenschaft 1976; (25). S. 1–14.
98. Antropología de la adolescencia. Boletin de Metodología, Institucion Waldorf (Mexico) 1976; 61. S. 1–19 (Übersetzung von 92).
99. Von der Problematik und von neuen Tendenzen in der Biologie. Mitteilungen der Rudolf-Steiner-Schule Zürich 1977; 62. S. 26–40.
100. Die Erde der Mensch. Zur Geographie der 10. Klasse. Erziehungskunst 1977; 41. S. 617–623.
101. La terre de l'homme. Triades 1978; 26. S. 49–57 (Übersetzung von 100).
102. Erziehung zur Brüderlichkeit gegenüber der Natur.
    a) Mitteilungen der Rudolf-Steiner-Schule Zürich 1979; 73.
    b) Lebendige Erde 1980; 31 (1). S. 1-5.
    c) Die Menschenschule 1980; 54 (2).
    d) Übersetzung: El hombre y la naturaleza, educacion hacía una convivencia fraternal. El Puente (Asociacion Educatoria Argentina Rudolf Steiner) 1983; 3.
    e) Übersetzung: La naturaleza, hermana del hombre. Institucion Waldorf – Boletin de Metodología (Mexico) 1982; 95.
103. Zum Begriff und zur Bedeutung der Dreigliederung für den Unterricht. Bund der Freien Waldorfschulen, Lehrerrundbrief 1981; 22. S. 17–24.
104. Sexualität – Individualität – Bewusstsein. Erziehungskunst 1981; 45. S. 130–155.
105. Die Ostküste Südamerikas, das Atlantis-Problem und das Wandern der Kontinente (zur Kritik von G. Suwelack in: Das Goetheanum vom 13. Juni 1982). Das Goetheanum 1982; 61 (34/35).
106. Zerstörung – Ende oder Chance zum Neubeginn? Die Drei 1982; 52. S. 861–874.
107. Das Blatt – „der wahre Proteus". Wie weit ist Goethes Metamorphosenlehre heute noch aktuell? Die Drei 1983; 53. S. 371–384.
108. Der Vogel und sein Evolutionsmotiv. Die Drei 1983; 53. S. 441–462.
109. Der Mensch als Mitte der Natur. Weleda-Nachrichten 1983; 150. S. 1–7 (Abdruck in Weleda-Almanach 1983).
110. Erziehung zur Selbständigkeit. Entwicklungsfragen des Jugendlichen und ihre Beantwortung durch Pädagogik.
    a) Pro Juventute (Zürich) 1983; 64 (4). S. 20–27.
    b) Erziehungskunst 1984; 48. S. 341–350.
111. Educacion para una nueva sensibilidad hacía la naturaleza. Institucion Waldorf, Boletin de Metodología (Mexico) 1983; 100.

112. Anthropósophie und Ökologie.
   a) Info3 1985; 10 (2). S. 4–7.
   b) Lebendige Erde 1985; 36 (2). S. 66–72.
113. Schmetterlinge – Geschöpfe des Lichtes. Weleda-Nachrichten 1985; 158. S. 3–7.
114. Schwarze Schwertlilien in Palästina. Die Drei 1985; 55. S. 233–248.
115. „So lasst uns denn viele Apfelbäume pflanzen" (zum gleichnamigen Buch von H. v. Ditfurth). Die Drei 1986; 56. S. 126–131.
116. Die Landschaft des Menschen. Eichen-Savannen und Wildgetreide-Fluren in Palästina. Die Drei 1986; 56. S. 259–278.
117. Mensch und Natur in anderen Kontinenten und Kulturen. Die Drei 1987; 57. S. 345–356.
118. Erziehung zur Zusammenarbeit mit der Natur. Umweltpädagogik in der Waldorfschule. Erziehungskunst 1987; 51. S. 416–422, S. 491–499.
119. Die Laubblatt-Metamorphose – Ausdruck der Verjugendlichung der Blütenpflanzen. Elemente der Naturwissenschaft 1988; (49). S. 46–53.
120. Der Mensch als Naturkatastrophe. Individualität 1989; 8 (21). S. 24–30.
121. Konrad Lorenz – der Forscher mit den zwei Gesichtern. Aus Anlass des Todes von Konrad Lorenz. Die Drei 1989; 59. S. 267–272.
122. Gerhard Sturm – Leben am Wasser / Leben im Wald. Naturfotografien eines Kenners und Könners (Buchbesprechung). Die Drei 1989; 59. S. 558–559.
123. Anthroposophie und ökologische Krise. Das Goetheanum 1989; 68 (29/30). S. 251–256.
124. Vom Leben im Meer I, II. Erziehungskunst 1989; 53. S. 871–892, S. 974–992.
125. Aus der Arbeit mit den künftigen Oberstufenlehrern. Berichtheft des Bundes der Freien Waldorfschulen Stuttgart 1989.
126. Blütengestalten. Waldorfkalender des Instituts für Waldorfpädagogik Witten 1990.
127. Die Metamorphose der Pflanzen – Ausdruck von Verjüngungstendenzen in der Evolution. Die Drei 1990; 60. S. 513–539.
128. Ein Lehrstück in goetheanistischer Naturbetrachtung. Buchbesprechung T. Marti: Heuschrecken und Landschaft. Erziehungskunst 1990; 54. S. 642–644.
129. Schmetterlinge – Geschöpfe des Lichtes. Waldorfkalender des Instituts für Waldorfpädagogik Witten 1991.
130. Der ökologische Krieg. Die Drei 1991; 61. S. 299–303.
131. Kommt die Umwelterziehung an den Waldorfschulen zu kurz? transparent II 1991; S. 23–25.
132. Aufgaben an der Schwelle zum 21. Jahrhundert. Gegenwart (Sonderheft Kongress über Pädagogik) 1991; 53 (4). S. 66–69.
133. Was geht uns der Regenwald an? Die Drei 1991; 61. S. 701–730.
134. Der Schmetterling in der Landschaft. Biotoptrachten europäischer Tagfalter, verglichen mit den Verhältnissen in tropischen Breiten. Jahrbuch für Goetheanismus. Tycho Brahe Verlag Niefern-Öschelbronn 1991. S. 158–227.
135. Wälder. Waldorfkalender des Instituts für Waldorfpädagogik Witten 1992.
136. Sibirische Impressionen. Die Drei 1992; 62. S. 437–463.
137. Pour une éthique écologique. L'Esprit du Temps 1992; S. 4–20.
138. Tiertrachten. Waldorfkalender des Institut für Waldorfpädagogik Witten 1993.

139. Working in Partnership with Nature – Environmental Education in Rudolf Steiner Schools. Autahi, Journal for New Zealand Rudolf Steiner Schools 1993 (Eastbourne-Wellington).
140. Die Signatur der großen Grabenbrüche. Parallelen in der Erd- und Menschheitsgeschichte. Die Drei 1993; 63. S. 707–727.
141. Umwelterziehung ist integrierter Unterrichtsstoff. Waldorfpädagogik, Ausstellungskatalog zur 44. Sitzung der Internationalen Konferenz für Erziehung und Bildung der UNESCO in Genf 1994.
142. Auseinandersetzung mit der Vergangenheit. Leserbrief zu einer Notiz von C.L. Die Drei 1994; 64. S. 943.
143. Der umweltpädagogische Ansatz der Waldorfschule. Positionspapier zu Händen der 44. Sitzung der Internationalen Konferenz für Erziehung und Bildung der UNESCO in Genf 1994. Erziehungskunst 1995; 59. S. 338–349.
144. Erziehung zur Partnerschaft mit der Natur. Schriftliche Fassung des Referates Tagung E/F/F/E – European Forum for Free Education, Oxford 5.-8.4.1995. Deutsche Fassung.
145. Die Synthese von Natur und Kultur als zentrale Aufgabe der Landwirtschaft. Lebendige Erde 1996; 47 (3). S. 191–198.
146. Pflicht zur Widernatürlichkeit? Eine Wider-Rede zu Hubert Markl. Die Drei 1996; 66. S. 149–150.
147. Von der Aktualität uralter Vergangenheit – die Grotte Chauvet. Die Drei 1996; 66. S. 346–353.
148. Kritische Anmerkungen zu den Beiträgen von B. Gerken: „Einige Fragen und mögliche Antworten zur Geschichte der mitteleuropäischen Fauna und ihrer Einbindung in ein Biozönosespektrum“, und A. Beutler: „Die Großtierfauna Europas und ihr Einfluss auf Vegetation und Landschaft“. In: B. Gerken, C. Meyer (Hrsg.): Wo lebten Pflanzen und Tiere in der Naturlandschaft und der frühen Kulturlandschaft Europas? Natur- und Kulturlandschaft 1997; 2. S. 245–247.
149. Gerbert Grohmann 15. Juni 1895 – 23. Juli 1957. Eine biographische Skizze. Jahrbuch für Goetheanismus. Tycho Brahe Verlag Niefern-Öschelbronn 1997; S. 25–32.
150. Gerbert Grohmann als Forscher und Schriftsteller. Versuch einer Würdigung. Jahrbuch für Goetheanismus. Tycho Brahe Verlag Niefern-Öschelbronn 1997; S. 37–52.
151. Kritische Anmerkungen zu W. Schad: Das Pflanzenkleid Israels in seinen Florenregionen. Jahrbuch für Goetheanismus. Tycho Brahe Verlag Niefern-Öschelbronn 1997; S. 367–378.
152. Begegnung mit „Cobra-Lilies“ im Himalaya und Blick auf die Familie der Araceen. Jahrbuch für Goetheanismus. Tycho Brahe Verlag Niefern-Öschelbronn 1998; S. 241–291.
153. Von der Zeitgestalt der Pflanzen. Jochen Bockemühl, der Forscher und Anreger.
    a) Das Goetheanum 1998; 77 (46). S. 323–324.
    b) Elemente der Naturwissenschaft Oktober 1999; Sonderheft zum 70. Geburtstag von Jochen Bockemühl.
154. Europa – Skizzen einer ganzheitlichen Geographie. Erziehungskunst 1998; 62 (11). S. 1226–1238.

155. Die Öko-Katastrophe – alles nur Panikmache? (Besprechung von Maxeiner und Miersch: Lexikon der Öko-Irrtümer). Die Drei 1998; 68 (12). S. 92–94.
156. Italienische Übersetzung von 127 und Übernahme der englischen Übersetzung. Il Divano Morfologico – Magazine of Morphology 1998; (1).
157. Italienische und englische Übersetzung von 140. Il Divano Morfologico – Magazine of Morphology 1999; (2).
158. Der Birkenspanner und die Selektionstheorie (im Anschluss an den Beitrag von Craig Holdrege: Science as process or dogma? The case of the peppered moth in Elemente der Naturwissenschaft 1999; (70). S. 39–51). Elemente der Naturwissenschaft 1999; (71). S. 72–77.
159. Biotechnologie. Die zunehmende Lebensfeindlichkeit der Landwirtschaft. Die Drei 1999; 69 (5). S. 68.
160. Schwellen-Erleben und Doppelgänger-Erfahrung. Zur Symptomatologie der Jahrtausendwende.
    a) Das Goetheanum 2000; 79 (1–2). S. 6–9.
    b) In: Göbel, T., Zimmermann H. (Hrsg.): Chiffren des 20. Jahrhunderts. Verlag Freies Geistesleben Stuttgart 2000.
161. Über den Zusammenhang von Biotoptracht und Mimikry bei Schmetterlingen. Beobachtungen in Südasien und anderen Kontinenten. Jahrbuch für Goetheanismus. Tycho Brahe Verlag Niefern-Öschelbronn 2000; S. 18–91.
162. Le paysage de l'homme, savannes de chênes et champs de céréales sauvages en Palestine. Biodynamis Hors-Série 2001; (4) (Übersetzung von 116).
163. A traves de la costa desértica hacia los cardonales de los andes occidentales.
    a) Quepo 2002; 16. S. 66–74 (Soc. Peruana de Cactus y Succulentas, Lima; Auszug aus 11).
    b) Quepo 2003; 17. S. 52–57 (Soc. Peruana de Cactus y Succulentas, Lima; Auszug aus 11).
164. Die Erscheinungen sprechen lassen. „...rufen Sie dennoch stark die Vorstellung hervor, dass die Gliedmaßen eingesetzt sind in den menschlichen Organismus" (R. Steiner). Erziehungskunst 2002; 66 (2). S. 131–141.
165. Die Tiere – Brüder und Weggenossen des Menschen. (Vortragsnachschrift).
    a) Rundbrief Naturwissenschaftlichen Sektion Abteilung Landwirtschaft am Goetheanum Herbst 2002; 80.
    b) Info3 2003; 28 (3).
166. Missverständnis. Erwiderung auf Kritik. Erziehungskunst 2003; 67 (1). S. 58.
167. „Die längst fälligen Fragen aufgreifen" – Im Gespräch mit dem Biologen Andreas Suchantke zum aktuellen Goetheanismus-Streit. Info3 2003; 28 (7/8).
168. Ein Buch zum Schenken (Besprechung des Buches von W. Streffer: Magie der Vogelstimmen). Info3 2003; 28 (12).
169. Nochmals: Evolution ohne Retention? Elemente der Naturwissenschaft 2003; (78). S. 194–196.
170. Wie soll man sich den „Mondaustritt" vorstellen? Vom Umgang mit Rudolf Steiners Aussagen zur Erd- und Menschheitsgeschichte. Das Goetheanum 2004; 83 (6). S. 3–6.
171. Lesen in den Bildeprozessen der Natur. Vom Umgang mit Rudolf Steiners Aussagen zur Erd- und Menschheitsgeschichte. Das Goetheanum 2004; 83 (21). S. 7–9.

172. Les Oiseaux (Übersetzung aus 10). L'Esprit du temps Eté 2005.
173. Die Idee der Metamorphose. Mensch und Architektur 2005; 10. 52/53.
174. Goetheanismus als „Erdung" der Anthroposophie. Die Drei 2006; 76. Teil I (2). S. 51 und Teil II (3). S. 36.
175. Interview zu Goethes Typus-Idee, die Evolution und „Intelligent Design". Info3 2006; 76 (3).
176. Nordamerika und Europa – Geschwisterkontinente voller Gegensätze. Die Drei 2006; 76 (8/9). S. 37–49.
177. Die Mistel und das Geheimnis ihrer Heilkraft. Das Goetheanum 2007; 86 (17). S. 7–10.
178. Evolution: Zufall oder „Intelligent Design"?
    a) Teil I: Die Drei 2007; 77 (12). S. 9–18.
    b) Teil II: Die Drei 2008; 78 (1). S. 15–25.
179. Äthergeographie: das Goetheanum im Mittelpunkt. Das Goetheanum 2008; 87. S. 3–8.
180. Dreigliederung, Synorganisation und Co-Evolution – Anthroposophie und Ökologie im Gespräch. Die Drei 2009; 79 (1). S. 23–31.
181. La Perte de la Perçeption. L' Esprit du temps Eté 2009. S. 4–19.
182. Der Januskopf des Darwinismus. Das Goetheanum 2009; 88 (5). S. 11–12.
183. Steiners Alternative zu Darwins Kampf ums Dasein. Erziehungskunst 2009; 73 (9). S. 923–927.
184. Das Ätherische – der selbstlose Bildner. Das Goetheanum 2009; 88 (39). S. 6–9.
185. Andreas Suchantke über sein neues Buch. A tempo 2009; 10 (1).
186. Ist der tropische Regenwald noch zu retten? A tempo 2009; 10 (3).
187. Reproduktion und Nährhaftigkeit. Die Drei 2010; 80 (4). S. 39–44.
188. Einbindung oder Sonderstellung des Menschen. Elemente der Naturwissenschaft 2014; (100). S. 26–42.
189. Interview auf der Basis des Buches „Partnerschaft mit der Natur" und zu biographischen Details in der Sendung „Zwischentöne" des Deutschlandfunk am 19.10.1997 (Tonbandaufnahme vorhanden).
190. Paläontologie als Grundlagenforschung für die Evolutionswissenschaft. Materialien Unterricht 12. Klasse, Kassel.

Reprint in einem Band
448 Seiten · gebunden · 48 €
ISBN: 978-3-9815535-0-5

GERBERT GROHMANN

Die Pflanze

Ein Weg zum Verständnis ihres Wesens

Die Pflanze, das Standardwerk der anthroposophisch-goetheanistischen Botanik von Gerbert Grohmann, wird mit dem vorliegenden Reprint – erweitert um eine Auswahlbibliographie neuerer Publikationen – allen Interessierten wieder zugänglich gemacht.

„In seinem Ideenreichtum, seiner Erfahrungsfülle und seiner mit ihm untrennbar verbundenen Originalität hat Grohmann zahllosen Naturfreunden, Naturwissenschaftlern, Ärzten und Pädagogen zu Verständniszugängen zu der uns begleitenden Pflanzenwelt verholfen."

PROF. DR. WOLFGANG SCHAD

Autor: Dr. Gerbert Grohmann (1897–1957), Botaniker

256 Seiten · gebunden · 38 €
ISBN: 978-3-9815535-3-6

GERBERT GROHMANN

Heilpflanzen in Rudolf Steiners „Geisteswissenschaft und Medizin“

Heutigen Lesern bereitet es zunehmend Schwierigkeiten, sich mit dem „O-Ton" Rudolf Steiners zu befassen. Gerbert Grohmann leistete einen Beitrag zum Verständnis der Heilpflanzen in „Geisteswissenschaft und Medizin". Weitere Publikationen Grohmanns, Essays von Wolfgang Schad und Hans Broder von Laue sowie eine Auswahlbibliographie neuerer Arbeiten runden den vorliegenden Reprint ab.

Autor: Dr. Gerbert Grohmann (1897–1957), Botaniker

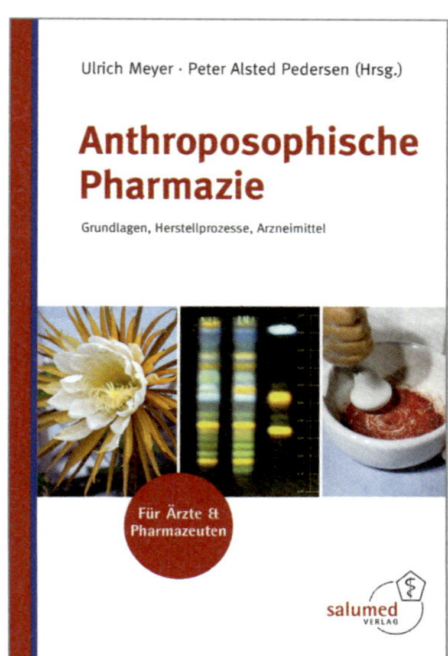

807 Seiten · gebunden · 98 €
ISBN: 978-3-928914-31-4

ULRICH MEYER, PETER A. PEDERSEN (HRSG.)

Anthroposophische Pharmazie

Für Ärzte & Pharmazeuten

Grundlagen, Herstellprozesse, Arzneimittel

„Das vorliegende Lehrbuch ‚Anthroposophische Pharmazie' ist ein erster, aus meiner Sicht sehr gut gelungener Ansatz, vielschichtige Aspekte strukturiert zusammenzuführen. Denjenigen, die mit der Entwicklung, Zusammensetzung und Herstellung, aber auch der Zulassung von anthroposophischen Arzneimitteln befasst sind, sowie natürlich allen anderen an der Thematik Interessierten werden hier Zusatzinformationen an die Hand gegeben, die in klassischen pharmazeutischen Lehrbüchern und den gültigen Arzneibüchern nicht zu finden sind."

PROF. DR. ROLF DANIELS,
Lehrstuhl für Pharmazeutische Technologie,
Eberhard Karls Universität Tübingen

Herausgeber: Prof. Dr. Ulrich Meyer, Apotheker, Salumed Verlag; Dr. Peter A. Pedersen, Apotheker

---

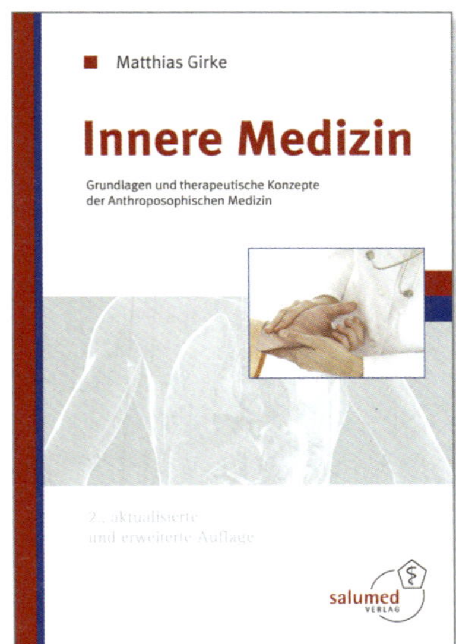

1168 Seiten · gebunden · 139 €
ISBN: 978-3-928914-29-1

MATTHIAS GIRKE

Innere Medizin

2. AUFLAGE!
+„Intensivmedizin"
+ verbessertes Schriftbild!

Grundlagen und therapeutische Konzepte der Anthroposophischen Medizin

Matthias Girke erläutert umfassend alle wichtigen Subdisziplinen der Inneren Medizin unter dem Gesichtspunkt des ganzheitlichen Menschenverständnisses der Anthroposophischen Medizin. Ob Pneumologie oder Gastroenterologie, Onkologie oder Diabetologie – jedes Themengebiet wird systematisch und praxisnah erschlossen. Das Fachbuch führt grundlegend in die anthroposophische Menschenkunde, Krankheits- und Arzneimittellehre ein. Es eignet sich daher sehr gut als Einstieg in die Anthroposophische Medizin. Auch der mit den Behandlungskonzepten bereits vertraute Arzt kann sein Wissen gezielt ergänzen.

Autor: Dr. med. Matthias Girke, Internist, Gemeinschaftskrankenhaus Havelhöhe, Berlin / Leitung der Medizinischen Sektion am Goetheanum, Dornach (Schweiz)

c/o Gemeinschaftskrankenhaus Havelhöhe
Kladower Damm 221 · 14089 Berlin
Tel. +49(0)30/364 313 85 · Fax +49(0)30/364 325 89

Lebenslinien

Andreas Suchantke – Leben und Werk

Zum dritten Jahrestag des am 9. November 2014 verstorbenen Pädagogen, Botanikers, Zoologen und Künstlers

Andreas Suchantke

ist ein anregendes Buch der Erinnerung und Würdigung an ihn und sein Werk erschienen.

Auf ca. 80 Buchseiten zeichnen drei der engsten Freunde und Weggefährten **Peter Heusser, Johannes Kühl und Stephan Ronner,** die Lebenslinien des Menschen und Forschers Andreas Suchantke nach. Außerdem erwarten Leserinnen und Leser einen der bedeutendsten Texte Andreas Suchantkes über den Goetheanismus und die Besonderheit goetheanistischer Forschung.

Das Buch vermag vieles in Erinnerung zu rufen, aber auch anzuregen und zu verlebendigen, was Andreas Suchantke so sehr am Herzen lag.